U0896721

三维机械设计

刘宏新　主编

机械工业出版社

为适应现代机械设计的需要，本书选用业界领导品牌 CATIA 为软件平台，充分体现计算机辅助工程技术的实用性与先进性，使学生掌握前沿的创新手段，并结合多年教学实践经验组织编写而成，是普通高等教育规划教材。本书根据知识模块及功能区划设计了综述、草图、零件、装配、制图、实例共 6 篇 15 章，详细讲解了从构思、造型、装配直至制图的三维机械设计流程与方法。三维机械设计思想、基础训练、能力提高并重，本书力求系统和全面地表述 CATIA 三维设计的相关内容，以使读者能够快速达到熟练、准确、规范、灵活、高效地运用三维 CAD 进行机械产品设计的水平。

本书是普通高等教育机械工程及其相关专业的专业基础课程配套教材，也可供职业院校参考使用，同时又适合工程技术人员培训与自学。本书可满足在实际工作中对经常用到的特征草图绘制、难点结构造型、复杂装配、工程图规范等问题的查询需要。

图书在版编目（CIP）数据

三维机械设计 / 刘宏新主编.—北京：机械工业出版社，2014.12（2017.7 重印）
ISBN 978-7-111-49910-7

Ⅰ. ①三… Ⅱ. ①刘… Ⅲ. ①机械设计—计算机辅助设计—应用软件 Ⅳ. ①TH122

中国版本图书馆 CIP 数据核字(2015)第 071806 号

机械工业出版社（北京市百万庄大街 22 号 邮政编码 100037）
策划编辑：曲彩云 责任印制：孙 炜
北京中兴印刷有限公司印刷
2017 年 7 月第 1 版第 2 次印刷
184mm×260mm・29.25 印张・716 千字
3001－4000 册
标准书号：ISBN 978-7-111-49910-7
ISBN 978-7-89405-718-1（光盘）
定价：69.00 元（含 1DVD）

凡购本书，如有缺页、倒页、脱页，由本社发行部调换

电话服务	网络服务
服务咨询热线：010-88361066	机工官网：www.cmpbook.com
读者购书热线：010-68326294	机工官博：weibo.com/cmp1952
010-88379203	金书网：www.golden-book.com
封面无防伪标均为盗版	教育服务网：www.cmpedu.com

前　言

随着计算机技术的发展，三维机械设计（3D-CAD）开始改变机械产品的设计理念，并已经成为一种必然趋势。利用三维技术创造出的机械产品能更全面、真实、具体地展现设计者的想法，同时也为虚拟样机技术的应用创造了必要的前提。3D-CAD把机械设计水平带到了一个革命性的高度，也给传统教学提出了新的要求。当前我国高校机械设计基础、工程制图等课程的许多内容仍然是由图解法、人工计算、二维绘图占主导地位，涉及三维设计和创新设计方面的内容非常有限，知识结构很难满足新形势下人才培养的需要。现有一些高校为部分专业开设了三维机械设计的选修课程，但由于教学体系和内容缺乏系统规划，学生学习积极性不高，教学效果堪忧，毕业生走上工作岗位后，大部分情况下还需要从头学起。

针对上述问题，本书选用业界领导品牌 CATIA 为软件平台，结合编委多年教学实践经验，以我国高等院校机械及近机械类各专业学生为主要对象开展编写工作。CATIA 是机械工程领域的高端应用软件，代表行业的最高水平，并引领着技术的发展。其具有全面的计算机辅助机械工程解决方案、丰富的功能模块及系统的体系构架支持，从概念起始的设计、模拟、分析、制造、组装、销售直至维护的全部工业流程都极大地提高了产品研发的效率和技术水平。

本书根据知识模块及功能区划设计了综述、草图、零件、装配、制图、实例共 6 篇 15 章，详细讲解了从构思、造型、装配直至制图的三维机械设计流程与方法。三维机械设计思想、基础训练、能力提高并重，本书力求系统和全面地表述 CATIA 三维设计的相关内容，以使读者能够快速达到熟练、准确、规范、灵活、高效地运用 3D-CAD 技术进行机械产品设计的水平。本书编写特色如下：

1.内容体系与先修专业基础课程相呼应，注重知识的连贯性，结构上采用由浅入深、循序渐进的引入方式，从而使课程内容易于接受，重视培养学生基础知识的综合运用能力。

2. 范例丰富，可操作性强，注重学生实践能力的培养。CATIA 软件选项繁多，功能强大，为此，精选了具有代表性和启发性的各类模型作为范例，方便学生在最短的时间内掌握主要功能的使用方法。书中示例及实例均选自实际产品或科研成果，兼顾实用性和兴趣性，避免形成软件操作步骤的简单罗列以及空洞技巧的展示。

3.教案、讲义式编写风格，方便教学和自学，各章节模块均附有课前提示、知识点注释、课后总结及思考题，随书光盘中提供了所有案例的素材。为了提高教学效果，共享教学经验，构建更广泛的交流平台，作者配套研制了多媒体课件，供选用本教材的教师免费索取使用。

参加本书编写的有刘宏新、王素、赵艳忠、赵晓丽、林棻。

由于编写时间及编者水平所限，本书纰漏与不当之处仍在所难免，恳请读者能够谅解并予以指正，也希望能以此书为载体与广大机械工程领域的读者就 CATIA 各功能模块的全面开发以及更广泛的 CAD 技术应用进行交流与合作。

读者信箱：T3D_home@hotmail.com

教材编委会

主　　编：刘宏新
副 主 编：孙　伟
赵晓丽
石端伟
编　　委：（姓氏笔划排序）
丁　乔
王运巧
吴红丹
林　棻
赵艳忠
郭　兵
郭丽峰
寇小希
赖庆辉
参编院校：东北农业大学
哈尔滨工程大学
哈尔滨工业大学
武汉大学
中国农业大学
昆明理工大学
南京航空航天大学
北京石油化工学院
北京航空航天大学
西北农林科技大学

目　录

前言
第一篇综述 1
第 1 章 CAD 技术概述 2
1.1 CAD 技术的基本概念 2
1.2 CAD 技术的发展概况 4
1.3 二维设计与三维设计比较 5
1.3.1 二维设计方法 5
1.3.2 三维设计方法 6
1.3.3 三维 CAD 技术的优势 7
1.4 常用三维机械设计软件 8
1.5 CAD 技术的发展趋势 9
1.6 小结 10
1.7 思考题 10
第 2 章 CATIA 软件概述 11
2.1 初识 CATIA 11
2.1.1 CATIA 的发展历史 11
2.1.2 产品设计的一般过程 12
2.1.3 启动/退出 CATIA 13
2.1.4 CATIA 的工作界面 14
2.1.5 CATIA 的主要功能模块 15
2.2 软件的基本操作 17
2.2.1 鼠标和键盘操作 17
2.2.2 指南针简介 18
2.2.3 结构树简介 19
2.2.4 文件操作 20
2.3 公共工具栏 23
2.3.1 “标准”工具栏 23
2.3.2 “视图”工具栏 23
2.3.3 “测量”工具栏 25
2.4 基本设置 28
2.4.1 管理模式的创建 29
2.4.2 环境设置 31
2.5 功能定制 32
2.5.1 开始菜单定制 33
2.5.2 用户工作台定制 33
2.5.3 工具栏定制 34
2.5.4 命令定制 36

2.5.5 选项定制 37
2.6 小结 37
2.7 思考题 38
第二篇草图 39
第 3 章 CATIA 草图绘制基础 40
3.1 概述 40
3.1.1 基本概念 40
3.1.2 进入和退出草图工作台 40
3.2 工作菜单 42
3.3 工具栏 43
3.4 设置 44
3.4.1 选项设置 44
3.4.2 工具栏设置 46
3.5 小结 48
3.6 思考题 48
第 4 章图形绘制 49
4.1 基础图形 49
4.1.1 轮廓 50
4.1.2 预定义的轮廓 51
4.1.3 圆 55
4.1.4 样条曲线 57
4.1.5 二次曲线 59
4.1.6 直线 63
4.1.7 轴 66
4.1.8 点 67
4.2 修饰特征 70
4.2.1 圆角 70
4.2.2 倒角 71
4.2.3 重新限定 72
4.2.4 变换 75
4.2.5 3D 几何图形 79
4.3 约束 82
4.3.1 对话框中定义的约束 83
4.3.2 约束创建 85
4.3.3 受约束的几何图形 86
4.3.4 对约束应用动画 88
4.3.5 编辑多重约束 89
4.4 草图求解状态与分析 91
4.5 小结 91

4.6 思考题 91
第三篇零件 94
第 5 章 CATIA 零件设计基础 95
5.1 概述 95
5.1.1 零件设计方法 95
5.1.2 零件设计一般步骤 96
5.2 零件设计工作台 97
5.2.1 启动 97
5.2.2 用户界面 97
5.2.3 工具栏 98
5.3 参考元素 98
5.3.1 点 99
5.3.2 直线 99
5.3.3 平面 99
5.4 小结 100
5.5 思考题 100
第 6 章基于草图的 3D 特征 102
6.1 拉伸 105
6.1.1 凸台 106
6.1.2 凹槽 109
6.2 旋转 112
6.2.1 旋转体 112
6.2.2 旋转槽 117
6.3 孔特征 118
6.4 肋特征 122
6.4.1 肋 122
6.4.2 开槽 126
6.5 混合特征 127
6.5.1 实体混合 128
6.5.2 加强肋 129
6.6 多截面特征 132
6.6.1 多截面实体 132
6.6.2 移除多截面实体 135
6.7 小结 137
6.8 思考题 137
第 7 章修饰与变换 138
7.1 圆角 139
7.1.1 一般圆角 139
7.1.2 可变半径圆角 141

7.1.3 弦圆角 144
7.1.4 面与面的圆角 145
7.1.5 三切线内圆角 146
7.2 倒角 147
7.3 拔模 149
7.3.1 拔模斜度 149
7.3.2 拔模反射线 152
7.3.3 可变角度拔模 153
7.4 盒体 154
7.5 厚度 155
7.6 螺纹 157
7.7 移除与替换面 161
7.7.1 移除面 161
7.7.2 替换面 162
7.8 变换特征 162
7.8.1 平移 163
7.8.2 旋转 165
7.8.3 对称 167
7.8.4 定位变换 168
7.9 镜像 170
7.10 阵列 171
7.10.1 矩形阵列 171
7.10.2 圆形阵列 174
7.10.3 用户阵列 179
7.11 比例 181
7.11.1 缩放 181
7.11.2 仿射 183
7.12 小结 185
7.13 思考题 185
第四篇装配 187
第 8 章 CATIA 装配基础 188
8.1 概述 188
8.1.1 装配设计概述 188
8.1.2 装配设计工作台的启动 189
8.1.3 装配设计专属工具栏 190
8.2 插入零部件 190
8.2.1 插入新建部件 190
8.2.2 插入新建产品或零件 191
8.2.3 插入现有部件 192

8.3 管理零部件 193
8.3.1 替换部件 193
8.3.2 图形树重新排序 193
8.3.3 部件的卸载与加载 194
8.3.4 零部件编号 196
8.4 多实例化 197
8.4.1 定义多实例化 197
8.4.2 快速多实例化 198
8.5 小结 198
8.6 思考题 199
第 9 章装配约束与调整 200
9.1 装配约束 200
9.1.1 相合约束 200
9.1.2 接触约束 204
9.1.3 偏移约束 207
9.1.4 角度约束 209
9.1.5 固定约束 211
9.1.6 固联约束 212
9.1.7 快速约束 214
9.1.8 柔性/刚性子装配 215
9.1.9 更改约束 216
9.1.10 重复使用阵列 216
9.2 装配约束设置模式 221
9.2.1 默认模式 221
9.2.2 链式模式 222
9.2.3 堆叠模式 222
9.3 调整零部件 223
9.3.1 位置调整 223
9.3.2 操作对象的切换 224
9.3.3 碰撞时停止操作 226
9.3.4 捕捉和智能移动 226
9.3.5 零部件分解显示 228
9.4 小结 231
9.5 思考题 232
第 10 章装配特征与管理 233
10.1 装配特征 233
10.1.1 部件分割 233
10.1.2 装配孔 235
10.1.3 装配凹槽 237

10.1.4 部件添加 238
10.1.5 部件移除 239
10.1.6 部件对称 240
10.2 装配编辑操作 241
10.2.1 删除装配元素 241
10.2.2 查看某个部件的约束 242
10.2.3 重新定义装配元素的属性 242
10.2.4 产品管理 243
10.2.5 装配设计选项设置 244
10.3 装配标注 245
10.3.1 焊接特征 245
10.3.2 文本 246
10.3.3 标识注解 246
10.4 装配分析 247
10.4.1 物料清单 247
10.4.2 分析更新 248
10.4.3 约束/自由度分析 250
10.4.4 依赖项分析 252
10.4.5 机械结构分析 253
10.4.6 计算碰撞分析 253
10.5 机械标准零件库 256
10.6 小结 257
10.7 思考题 257
第五篇制图 259
第 11 章 CATIA 工程制图基础 260
11.1 概述 260
11.1.1 工程制图概述 260
11.1.2 工程制图工作台的启动 262
11.1.3 工具栏 263
11.1.4 基本操作 263
11.2 基本设置 265
11.2.1 标准文件自定义 265
11.2.2 国家标准制图环境设置 272
11.2.3 图层的设置 274
11.2.4 图纸格式及图框设置 279
11.3 小结 280
11.4 思考题 280
第 12 章机件的表达 281
12.1 概述 281

12.2 常用视图的创建 283
12.2.1 正视图 283
12.2.2 投影视图 287
12.2.3 快速创建基本视图 288
12.3 剖视图的创建 290
12.3.1 全剖视图 292
12.3.2 半剖视图 294
12.3.3 局部剖视图 295
12.3.4 斜剖视图 296
12.3.5 阶梯剖视图 297
12.3.6 旋转剖视图 298
12.3.7 区域填充 300
12.4 视图的操作 303
12.4.1 增加新页 303
12.4.2 视图的更新 304
12.4.3 视图的移动/对齐 306
12.4.4 视图的隐藏/显示/删除 309
12.4.5 视图的复制/粘贴 309
12.4.6 视图的属性修改 310
12.5 其他视图表达方法 316
12.5.1 断面图 316
12.5.2 断裂视图 317
12.5.3 局部放大图 318
12.5.4 局部视图 322
12.5.5 展开视图 324
12.5.6 辅助视图 325
12.5.7 轴测视图 327
12.6 小结 328
12.7 思考题 328
第 13 章标注 330
13.1 概述 330
13.2 参考线与特征线 330
13.2.1 自动生成参考线 331
13.2.2 手动添加轴线 331
13.2.3 手动添加中心线 332
13.2.4 添加螺纹线 334
13.3 尺寸 336
13.3.1 尺寸标注基础 336
13.3.2 自动生成尺寸标注 337

13.3.3 逐步生成尺寸标注 339
13.3.4 手动生成尺寸标注 341
13.3.5 尺寸标注位置调整 352
13.3.6 隐藏与删除尺寸 355
13.3.7 中断与裁剪尺寸 356
13.3.8 编辑尺寸 359
13.3.9 显示双值尺寸 362
13.3.10 标注尺寸公差 363
13.3.11 标注干涉的分析 365
13.4 形位公差 366
13.4.1 基准符号 366
13.4.2 形状公差 367
13.4.3 位置公差 368
13.4.4 编辑形位公差 369
13.5 表面粗糙度 370
13.5.1 表面粗糙度基础 370
13.5.2 符号及代号 371
13.5.3 标注表面粗糙度 372
13.5.4 编辑表面粗糙度 374
13.6 焊接的标注 375
13.6.1 符号及标注方法 375
13.6.2 标注焊点 376
13.6.3 标注焊接符号 377
13.7 文本注释 378
13.7.1 创建注释 378
13.7.2 文本编辑 381
13.7.3 文本的位置/方向链接 382
13.8 表格 383
13.8.1 创建表格 383
13.8.2 编辑表格 385
13.8.3 标题栏的创建 392
13.9 小结 395
13.10 思考题 395
第六篇实例 396
第 14 章零件设计实例 397
14.1 天圆地方 397
14.1.1 实例分析 397
14.1.2 绘制截面轮廓 398
14.1.3 绘制引导线 398

14.2 曲轴造型 400
14.2.1 实例分析 400
14.2.2 创建曲轴基础实体 401
14.2.3 添加几何特征 407
14.2.4 添加修饰特征 413
14.3 曲轴工程图 414
14.3.1 图形分析 414
14.3.2 创建视图 414
14.3.3 标注尺寸 417
14.3.4 标注技术要求和标题栏 418
14.4 小结 420
14.5 思考题 420
第 15 章产品设计实例 421
15.1 深沟球轴承 421
15.1.1 实例分析 421
15.1.2 创建轴承内、外圈 423
15.1.3 创建球 425
15.1.4 创建轴承保持架 425
15.1.5 保持架装配 430
15.1.6 轴承装配 431
15.2 精密排种器 432
15.2.1 实例分析 432
15.2.2 转子装配 433
15.2.3 右壳体装配 439
15.2.4 左壳体装配 441
15.2.5 排种器总装装配 443
15.2.6 耳座螺栓及壳体连接螺栓装配 443
15.2.7 保存 445
15.3 精密排种器装配图 445
15.3.1 图形分析 445
15.3.2 生成基础视图 446
15.3.3 标注尺寸及技术要求 447
15.3.4 生成 BOM 表和零件序号 448
15.4 小结 450
15.5 思考题 450

第一篇 综述

本篇的主要内容为 CAD 技术及 CATIA 软件概述。学习本篇内容的主要目的是认识三维机械设计方法的主要内容，了解 CATIA 软件的基本功能。本篇主要任务如下：

- 理解计算机辅助设计的基本概念
- 了解二维和三维计算机辅助设计的区别
- 理解三维计算机辅助设计的目的
- 熟悉 CATIA 软件的工作界面
- 学会 CATIA 软件的基本设置和操作

第1章 CAD 技术概述

1.1 CAD 技术的基本概念

计算机辅助设计（Computer Aided Design，CAD）是利用计算机快速的数值计算和强大的图文处理功能，辅助工程技术人员进行产品设计、工程绘图和数据管理的一门计算机应用技术，是计算机科学技术发展和应用中的一门重要技术。

CAD 的应用范围很广，其设计对象最初包括两大类，一类是机械、电子、汽车、航天、农业、轻工和纺织产品等；另一类是工程设计产品等，如工程建筑。如今，CAD 技术的应用范围已经延伸到诸如艺术等各行各业，如电影、动画、广告、娱乐和多媒体仿真等都属于 CAD 范畴。

CAD 技术在机械行业的应用最早，也最为广泛。传统机械设计要求设计人员必须具有较强的三维（3-Dimensional，3D）空间想象能力和表达能力，当设计人员设计新产品时，首先必须构想出产品的三维形状，然后按照投影规律，用二维（2-Dimensional，2D）工程图将产品的三维形状表示出来。随着计算机技术的不断进步，人们开始用计算机绘图取代图板绘图，即最初的计算机辅助绘图 CAD（Computer Aided Drafting），所绘制出来的图形为二维图形。随着计算机技术的继续发展，CAD 技术也逐渐由二维绘图向三维设计过渡。三维 CAD 系统采用三维模型进行产品设计，CAD 的含义由 Computer Aided Drafting 变为 Computer Aided Design，即计算机辅助设计。这采用 CAD 技术进行产品设计，不但可以使设计人员甩掉图板，更新传统的设计思想，实现设计自动化，降低产品的成本，提高企业及其产品在市场上的竞争能力；还可以使企业由原来的串行式作业转变为并行作业，建立一种全新的设计和生产技术管理体制，缩短产品的开发周期，提高劳动生产率。

在计算机辅助设计过程中，除了可以利用计算机进行产品的模型建造和出图外，还可以利用计算机进行产品的构思、功能设计、结构分析、加工制造等。因此，CAD 的概念可以从狭义和广义两个层面进行理解。从狭义上讲，CAD 指单纯的计算机辅助设计；而从广义上讲，CAD 则是 CAD/CAE/CAPP/CAM 等的高度集成。

这里简要介绍一下与 CAD 相关的两个概念：计算机辅助工程（CAE）和计算机辅助制造（CAM）。CAE（Computer Aided Engineering）就是使用计算机辅助分析软件，对原 CAD 模型进行仿真成品分析，通过反馈的数据，对原设计或模型进行反复修正，以达到最佳效果。CAM（Computer Aided Manufacturing）就是把计算机应用到生产制造过程中，以代替人进行生产设备与操作的控制，如计算机数控机床、加工中心等都是计算机辅助制造的例子。CAM 不仅能提高产品加工精度、产品质量，还能逐步实现生产自动化，对降低人力成本、缩短生产周期起到了很大的作用。

把 CAD、CAE、CAM 等技术结合起来，使得一件产品在从概念、设计、生产到成品形成的整个过程中，极大地节省了时间和投资成本，而且保证甚至提高了产品质量（见图 1-1）。

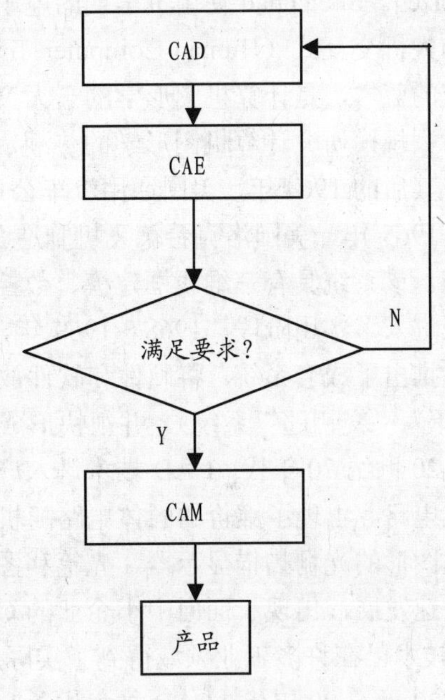

图 1-1　计算机辅助设计过程

在当今世界上，各大航空、航天及汽车等制造业巨头不但广泛采用 CAD/CAE/CAM 技术进行产品设计，而且投入大量的人力、物力及资金进行 CAD/CAE/CAM 软件的开发，以保持自己在技术上的领先地位和国际市场上的竞争优势。

综上所述，CAD 技术是集计算、设计绘图、工程信息管理、网络通信等计算机及其他领域知识于一体的高新技术，是先进制造技术的重要组成部分。其显著特点是，提高设计的自动化程度和质量，缩短产品开发周期，降低生产成本费用，促进科技成果转化，提高劳动生产率，提高技术创新能力。CAD 技术对工业生产、工程设计、机械制造、科学研究等诸多领域的技术进步和快速发展产生了巨大影响。现在，它已成为工厂、企业和科研部门提高技术创新能力，加快产品开发速度，促进自身快速发展的一项必不可少的关键技术。

1.2 CAD 技术的发展概况

CAD 技术的发展可追溯到 1950 年，当时美国麻省理工学院（MIT）在它研制的名为旋风 1 号的计算机上采用了阴极射线管（Cathode Ray Tube，CRT）图形显示器，可以显示一些简单的图形。

20 世纪 60 年代是 CAD 技术发展的起步时期。1963 年，美国学者伊凡·苏泽兰（Ivan Sutherland）在其博士论文中开发出了一个革命性的计算机程序——Sketchpad。因为这项成就，伊凡·苏泽兰在 1988 年获得图灵奖（Turing Award），2012 年获得京都奖（Kyoto Prize）。Sketchpad 使用了早期的电子管显示器，以及当时才刚刚发明的光电笔。它是最早的人机交互式（Human-Computer Interaction，HCI）计算机程序，成为之后众多交互式系统的蓝本，是计算机图形学的一大突破，被认为是现代计算机辅助设计的始祖。从此掀起了大规模研究计算机图形学的热潮，并开始出现 CAD 这一术语。

其后的 1964 年，美国通用汽车公司开发出了用于汽车前窗玻璃型线设计的 DAC-1 系统。1965 年，美国洛克希德飞机制造公司与 IBM 公司联合开发了基于大型机的 CADAM 系统。该系统具有三维线框建模、数控编程和三维结构分析等功能，使 CAD 在飞机工业领域进入了实用阶段。1968～1969 年，美国 CALMA 公司和 Application 公司等一批厂商先后推出了成套系统，将硬件和软件放在一起成套出售给用户，即所谓的 Turnkey Systems（译为“交钥匙”系统），并很快形成 CAD/CAM 产业。

20 世纪 70 年代，CAD 技术进入广泛使用时期。计算机硬件从集成电路发展到大规模集成电路，出现了廉价的固体电路随机存储器，图形交互设备也有了发展，出现了能产生逼真图形的光栅扫描显示器、光笔和图形输入板等。同时，以中小型机为核心的 CAD 系统飞速发展，出现了面向中小企业的 CAD/CAM 商品化系统。到 20 世纪 70 年代后期，CAD 技术已在许多工业领域得到了实际应用。

20 世纪 80 年代，CAD 技术进入突飞猛进时期。小型机，特别是微型机的性价比不断提高，极大地促进了 CAD 技术的发展。同时，计算机外围设备，如彩色高分辨率图形显示器、大型数字化仪、自动绘图机等图形输入输出设备，已逐步形成质量可靠的系列产品，为推动 CAD 技术向更高水平发展提供了必要条件。在此期间，大量的、商品化的、适用于小型机及微型机的 CAD 软件不断涌现，又促进了 CAD 技术的应用和发展。

20 世纪 90 年代，CAD 技术的发展更趋成熟，将开放性、标准化、集成化和智能化作为其发展特色。现在开发应用软件，一般是在某个支撑平台上进行二次开发，因此 CAD 系统必须具有良好的开放性，以满足各行各业 CAD 技术应用的需要。为了实现并行工程和协同工作，将 CAD、CAM、CAPP（计算机辅助工艺编程）、NCP（数控编程）、CAT（计算机辅助测试）集成为一体，为 CAD 技术的发展和应用提供了更广阔的空间。随着人工智能和专家系统技术的不断发展及在 CAD 技术中的应用，智能 CAD 系统也得到了重视和发展，智能 CAD 系统大大提高了设计水平和设计效率。

1.3 二维设计与三维设计比较

1.3.1 二维设计方法

传统的机械 CAD 方法是由二维到三维，由图纸还原出零件。二维设计的一般流程是，先进行装配图设计，再进行零件图拆画，如图 1-2 所示。

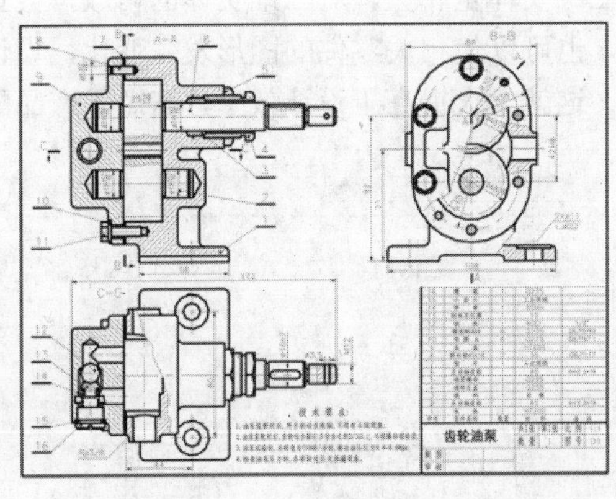

a）齿轮油泵装配图

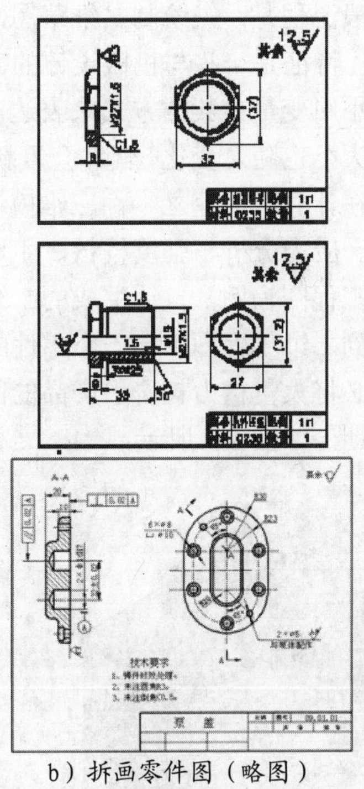

b）拆画零件图（略图）

图 1-2 二维设计过程

由于二维工程图是用正投影法绘制出来的，一个投影图只能表达一个面的投影，因此有时必须用几个不同的投影图来表示一个三维产品；为了清楚地表达产品的工作原理、各零件之间的相互位置和连接方式，还可能需要采用视图、剖视、断面、局部放大等多种表达方法以及符号与文字说明。

装配图绘制出来以后，再根据装配图拆画零件图。由于装配图一般只表达了零件的主要结构形状，对尚未表达清楚的结构形状，应根据其作用和装配关系补充完整。装配图中被省略的工艺结构，如倒角、退刀槽等，在零件图中应该画出。在拆画的过程中，要进一步完善零件的结构形状，标注装配图中已注出的尺寸，补充完整装配图中没有的零件尺寸。相关人员需要认真阅读这些图形，理解设计意图，通过不同视图的描述想象出三维产品的每一个细节。上述工作非常细致艰苦，尽管经过层层设计主管检查和审批，图纸上的错误还是在所难免，经常发生设计完成以后，制造出来的样品零件之间出现干涉的情况。

传统的二维设计都是用固定的尺寸定义几何元素，要进行图纸修改，只有删除原有的线条重新再画。而新产品的设计不可避免地要进行多次修改，而大多数修改都是在原有的基础上进行的，这种大量的重复劳动，不仅增加了设计强度，而且延长了产品的设计周期。产品的改型与升级也是如此。

1.3.2 三维设计方法

无论是设计产品还是产品中的零件，三维设计都是从三维实体造型开始的。

一般流程是，先绘制二维草图，通过拉伸等操作生成实体特征，并在模型上添加更多的特征。特征是一些与机械设计的表达意图相关的简单几何形体，各个特征的几何形状和尺寸大小用变量参数的方式来表达，变量参数发生了变化，则零件的这个特征的几何形状和尺寸大小也随之变化，软件会重新生成该特征及其相关的各个特征，而不需要重新绘制。

当在计算机上建立零件三维模型后，就可以在计算机上进行模型装配、干涉分析、运动仿真、应力分析与强度校核、生成工程图、产生数控加工代码直接加工等操作。

以工程图为例，自动生成的二维工程图与三维实体全相关，对三维实体的修改，会直接反映到二维工程图中。一个零件的尺寸修改，也可以使相关零件的图形发生变化，设计人员不必将大量精力耗费于产品的图形表达上，这就大大提高了设计效率，缩短了产品的设计周期，如图 1-3 所示。

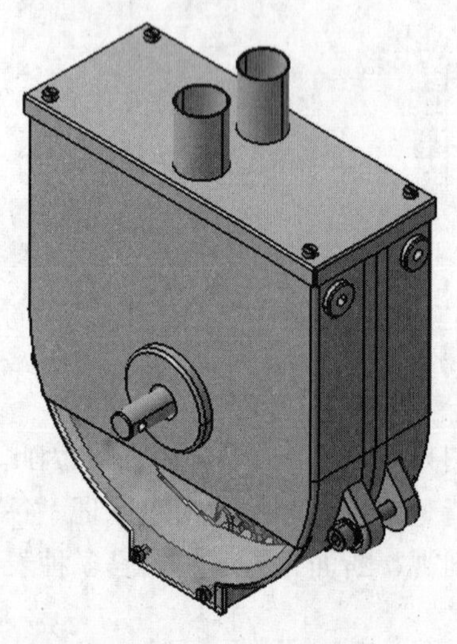

a）排种器三维造型

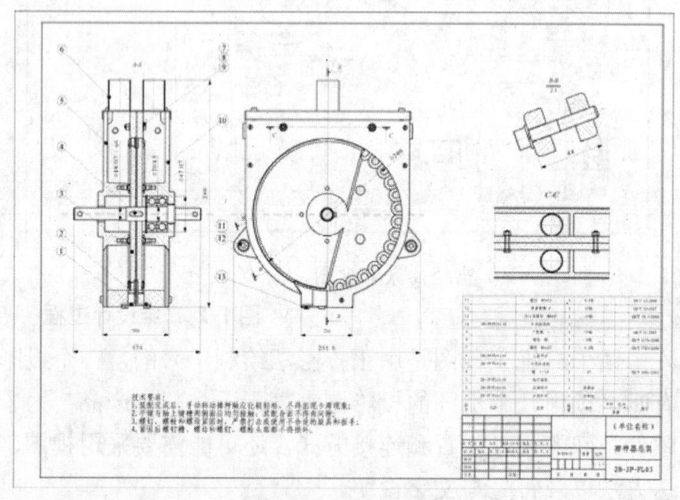

b）生成工程图

图 1-3 三维设计方法

用户在进行产品（装配体）的三维设计时，可以采用“自下而上”或“自上而下”两种设计方法，也可以两种方法结合使用。在装配体零部件的相互配合关系较为简单时多选用前者，反之多选用后者。

（1）自下而上

自下而上设计法是比较传统的方法，其基本流程是由局部到整体。用户先设计并造型零件，然后将之插入装配体，接着使用配合来定位零件。若想更改零件，必须单独编辑零件。这些更改随即可在装配体中体现。自下而上设计法对于先前建造、出售的零件，或者对于诸如金属器件、带轮、马达等之类的标准零部件是优先技术。这些零件可根据用户的设计而更改其形状和大小，除非用户选择不同的零部件。

（2）自上而下

与自下而上设计法不同，自上而下设计法的基本流程是由整体到局部。先从装配架构中开始设计工作，根据配合架构确定零件的位置及结构。也就是说，零件的形状、大小及位置可直接在装配体中设计。经过用户设定的一些参数可以跟随意愿自动调整。该功能对于诸如托架、器具、及外壳之类的零件尤其有帮助，这些零件的目的主要是将其他零件保持在正确位置。自上而下设计方法的优点是，在发生设计更改时，零件可以根据用户所创建的方法自动更新。用户可在零件的某些特征上、完整零件上、或整个装配体上使用自上而下的设计方法。

1.3.3 三维 CAD 技术的优势

通过分析可见，相比二维设计而言，三维设计具有无可比拟的优越性，三维设计是机械设计的发展方向，两者在设计方法上的差别见表 1-1。

表 1-1 二维设计与三维设计对比

设计方法	二维设计方法	三维设计方法
设计思路	想象设计	直观设计
图形绘制	通过绘图工具绘制 2D 平面图形	通过草图工具和特征工具进行 3D 实体造型
零件特征	各线段独立无关联，完整大小且准确放置的线条及其他实体	实体各部分组成有机整体，先绘制实体，然后由尺寸和几何关系控制大小和放置
工程图	根据绘制的平面图形在模板上生成图纸	由绘制好的 3D 零件和装配体直接生成 2D 工程图
视图对应	由绘图者保证	由软件根据实体形状自动投影功能保证
视图与特征	线段、视图与特征各自独立	特征决定视图
图形参数修改编辑	线条参数各自独立调整	特征修改则视图和装配关系自动调整
图形数据管理	属性编辑器	属性编辑器与特征树管理

总体说来，使用三维 CAD 技术进行机械设计的优势有以下几点：

（1）提高产品的质量和技术含量

现代机械生产在三维 CAD 技术的支持下，利用先进的设计方法来提高机械设计的水平，保证产品的设计质量，如优化、产品的虚拟设计、有限元受力分析、运动仿真等。机械产品本身就是与信息技术相融合的，再加之采用 CAD、CIMS 组织生产，使得机械产品的设计产生新的发展。

（2）使零件的装配更加方便与直观

由于 CAD 软件的发展，三维设计可以形象、直观地展示零部件的结构特征。设计人员在设计零件时，可以运用三维实体甚至是带有相当复杂约束关系的三维实体进行设计，实现设计阶段的模拟装配、模拟运转，从而使设计更加接近实际过程。

（3）减少机械设计时间、提高机械设计效率

在三维设计中，其基本思想之一就是实现参数化、变量化设计。传统 CAD 绘图软件和现有二维绘图软件大都无法实现参数化设计。但在三维 CAD 的参数化、变量化设计过程中，零件可以根据结构尺寸的变化而自行更改以达到合适的效果。同样，当零件的尺寸和形状发生变化的时候，其他相关结构也会随之变化。这样，三维 CAD 技术就可以帮助设计人员减少大量的机械设计工作量，使工作时间减少近三分之一，而工作效率却可提高 3~5 倍。

（4）促进实现 CAD/CAM 集成

传统设计中，工作人员是根据 CAD 设计出来的图纸进行数控加工编辑的，因此不可避免地造成在 CAD 和 CAM 中有两套相同的零件数据，很容易导致管理上的混乱。由于三维设计可以实现 CAD/CAM 的集成，这就意味着在三维 CAD 技术的支持下，产品在从设计到制造的整个全过程，通过信息集成和信息流自动化，使 CAM 可以直接获取 CAD 的信息进行加工，可以保证加工获得的产品与设计精确吻合。

1.4 常用三维机械设计软件

初级三维设计软件主要有 AutoCAD、MicroSTation 等。被大家广为认知的 AutoCAD，便是这类软件当中的代表。其优点是命令功能简单易学，符合现代图学教育体系的传统思维，其缺点是缺乏三维设计思维，正因为该软件是从二维向三维转型时期的常用软件，因此，软件虽然提供了三维的功能，却不符合三维的主流架构。

中端三维设计软件的典型代表有 SolidWorks、SolidEdge、Inventor。在机械行业里，这一层面的软件主要是在三维软件广泛存在的情况下，用以取代二维设计软件。以 Solid Works 为例，是法国达索（Dassault）公司旗下子公司的产品。SolidWorks 的优点是操作命令简单易学，可以很轻松地掌握建模的流程和立体概念。同时，它的指令设计和周边的零件库供应，对企业设计人员具有一定的针对性，但该类软件的功能及曲面精细度方面还不够完善。

高端三维设计软件的突出代表为 CREO（原 Pro/ENGINEER）、CATIA、NX（原 UG）。三款软件彼此竞争，各有所长。CREO 在造型设计方面的功能较强，而 NX 在制造方面占有一定优势。CATIA 是对三维软件鼻祖“CADAM”的继承。模块化的 CATIA 系列产品旨在满足客户在产品开发活动中的全部需要，包括风格和外形设计、机械设计、设备与系统工程、管理数字样机、机械加工、分析和模拟等。其优越性主要体现在具有先进的混合建模技

术，所有模块具有全相关性，并行工程的设计环境使得设计周期大大缩短，功能模块覆盖了产品开发的整个过程，并且拥有远远强于其他软件的曲面设计模块。

1.5 CAD 技术的发展趋势

在过去的几十年里，人们已在计算机辅助设计领域中取得了巨大的成就，随着计算机硬件及软件的发展，以及人工智能技术、网络技术和计算机模拟技术等的不断发展，未来 CAD 技术的发展将趋向集成化、智能化、标准化和网络化。

（1）集成化

为适应设计与制造自动化的要求，特别是适应计算机集成制造系统（Computer Integrated Manufacturing System， CIMS）的要求，进一步提高 CAD 的集成化水平是 CAD 技术发展的一个重要方向。集成化形式之一是 CAD/CAM 集成系统。该系统可进行运动学和动力学分析、零部件的结构设计和强度设计、自动生成工程图纸文件、自动生成数控加工所需数据或编码（用以控制数控机床进行加工制造，即可实现所谓的“无图纸生产”）。CAD/CAM 进一步集成是将 CAD、CAM、CAPP、NCP、CAT、PDM（产品数据管理）集成为 CAE，使设计、制造、工艺、数控编程、数据管理和测试工作一体化。

（2）智能化

传统的 CAD 技术在工程设计中主要用于计算分析和图形处理等方面，对于概念设计、评价、决策及参数选择等问题的处理却颇为困难，因为这些问题的解决需要专家的经验和创造性思维。因此将人工智能的原理和方法，特别是专家系统的技术，与传统 CAD 技术结合起来，从而形成智能化 CAD 系统，是工程 CAD 发展的必然趋势。智能 CAD（IntelligentCAD，ICAD）的研究与应用要解决以下三个基本问题：

1）设计知识模型的表示与建模方法。解决如何从需求出发，建立知识模型，进行逻辑计算机辅助设计与制造，并在计算机上实现等问题。

2）知识利用。在知识利用方面，要研究各种推理机制，即要研究各种搜索方法、约束满足方法、基于规则的推理方法、框架推理方法、基于实例的推理方法等。

3）ICAD 的体系结构。研究 ICAD 的体系结构，使之更好地体现 ICAD 的基本思想与特点，如集成的思想、多智能体协同工作的思想等。

（3）标准化

在 CAD 技术不断发展的过程中，工业标准化问题越来越显示出其重要性。迄今已制定了许多标准，如计算机图形接口标准（Computer Graphics Interface，CGI）、计算机图形元文件标准（Computer Graphics Metafile）、计算机图形核心系统标准（Graphics Kernel System，GKS）、程序员层次交互式图形系统标准（Programmer's Hierarchical Interactive Graphics Standard，PHIGS）、基于图形转换规范标准（Initial Graphics Exchange Specification，IGES）和产品数据交换标准（Standard for The Exchange of Product model data，STEP）等。随着技术的进步和功能的需要，新标准还会不断地推出。

（4）网络化

在科学技术和经济水平快速发展的时代，不断出现超大型项目和跨国界项目，这些项目的一个突出特点是参与工作的人员众多，且地理分布较广泛。而项目本身就要求各类型的工作人员紧密合作。如汽车新车型的设计，就需要功能设计师、制造工艺师、安全设计师等多学科专家的共同工作。为了解决这个矛盾，出现了计算机支持协同工作（Computer Supported Collaborative Work，CSCW）这一新型研究领域。

CSCW 是 1984 年由 Iren Grief 和 Paul Cashman 首次提出的，一般认为是指一个工作群体中的人员在计算机的帮助下，得到一个虚拟的共享环境，协同工作，快速高效地完成一个共同的任务。现代设计强调协同设计，从 CSCW 应用的角度出发，协同设计是指在计算机的支持下，各成员围绕一个设计项目，承担相应部分的设计任务，并行交互地进行设计工作，最终得到满足要求的设计结果的设计方法。显然，协同设计可以大大提高设计质量和进度，增强产品的市场竞争能力。协同设计需要多学科专家的协同工作，而实现这一协作的基础就是计算机网络和多媒体技术。通过计算机网络，设计成员可以在设计过程中方便地进行信息交流。

1.6 小结

本章主要介绍了计算机辅助设计的概念、范畴以及计算机辅助设计的现状与发展，对二维和三维设计过程进行了对比分析，介绍了目前常用的三维计算机辅助设计软件。通过本章的学习，可以快速、全面地了解计算机辅助设计的入门知识，明确计算机辅助设计的作用和重要性。本章内容侧重理论的理解，在学习过程中可结合互联网检索，及时了解 CAD 技术的最新进展。

1.7 思考题

（1）什么是计算机辅助设计？

（2）二维和三维计算机辅助设计有何区别？为什么要学习三维计算机辅助设计？

（3）你是否用过某种（些）计算机辅助设计软件，给你的设计过程带来了何种便利？

（4）网络查阅相关资料，了解现有常用的三维机械 CAD 软件都有哪些，主要应用领域是什么，各有什么优缺点。

（5）计算机辅助设计未来的发展趋势如何？

第2章 CATIA 软件概述

2.1 初识 CATIA

2.1.1 CATIA 的发展历史

CATIA（Computer Aided Tri-Dimensional Interface Application）软件是法国 Dassault System（达索）公司开发的高端 CAD/CAE/CAM 一体化工程应用软件，集辅助设计、工程分析和制造于一体，具有三维设计、结构设计、高级外观曲面、交互式二维图、运动模拟、有限元分析、逆向工程、美工设计及数控加工等强大而广泛的功能，在航空航天、汽车、电子与电气等领域都得到了广泛的应用。

CATIA 软件诞生于 20 世纪 70 年代。从 1982 年到 1988 年，CATIA 相继发布了 1 版本、2 版本、3 版本，并于 1993 年发布了基于 UNIX 系统的 4 版本。随着 NT 操作系统的普及以及个人计算机性能的不断提高，许多高端的 CAD/CAM 软件纷纷从 UNIX 移植到 Windows 平台。达索公司在充分了解客户的需求并积累了大量客户的应用经验后，于 1994 年开始开发全新的 CATIA V5 版本，开创了 CAD/CAE/CAM 软件的一种全新风格，其学习的方便性与使用的灵活性同样出色。

围绕数字化产品和电子商务集成概念进行系统结构设计的 CATIA V5 版本，可为企业建立一个针对产品整个开发过程的数字化工作环境。在这个环境中，可以对产品开发过程的各个方面进行仿真，并能够实现工程人员和非工程人员之间的电子通信。它的集成解决方案覆盖所有的产品设计与制造领域，其特有的 DMU 电子样机模块功能及混合建模技术更是推动着企业竞争力和生产力的大幅提高。

国际上，CATIA 的著名用户包括波音、克莱斯勒、宝马、奔驰等一大批著名企业。其用户群体在世界制造业中具有举足轻重的地位。波音飞机公司使用 CATIA 完成了整个波音 777 的电子装配，创造了业界的一个奇迹，从而也确定了 CATIA 在 CAD/CAE/CAM 行业内的领先地位。在国内，包括一汽集团、沈阳金杯、哈飞东安、上海大众、北京吉普、成飞集团、武汉神龙、长安福特等为代表的装备制造厂商都广泛地运用 CATIA，研发工作成功地与国际接轨，并有效地提高了产品的市场竞争力。CATIA 提供的全面工程技术解决方案，能够满足工业领域各种规模企业的需要，其强大的功能已得到国内外各行业的一致认可。

2008 年 4 月，新一代 CATIA V6 版本发布，进一步增强了协同性 RFLP 方案及多学科系统建模和仿真功能。2010 年，基于 DS SIMULIA 核心技术，CATIA V5 系列推出了两个全新的现实模拟解决方案，分别是非线性结构分析（ANL）和热分析（ATH），使 CATIA V5 日趋系统和全面。2012 年，达索公司推出最新 V5 PLM 平台 V5-6R2012，包含了 CATIA、DELMIA、ENOVIA 和 SIMULIA，更加扩大了达索系统 3D 平台的使用范围。2013 年，达索公司推出 CATIA V6R2013，新增 Character Line 功能，强化了 Natural Sketch 功能，并且增强了复杂系统工程程序的控制和可视性。新的 V6 版本的应用需要 V5 系统的基础，不支持单机用户，只能在网络支持下使用，文件需保存在数据库中且软件运行对硬件的要求较高。V6 版本市场主要针对集团公司以及大型团队的协同项目，能更显著地提高企业的研发效率，但并不适合个人用户和初学者。目前，达索将 V6 版本与 V5 版本作为针对不同用户群及不同应用场合的并行产品同步发展。

2.1.2 产品设计的一般过程

CATIA 产品设计遵循三维设计的一般流程，具体地可划分为三维设计、数字样机、样机试制与测试三个阶段，如图 2-1 所示。

（1）三维设计阶段

在使用 CATIA 软件对产品进行设计时，首先从装配设计工作台开始，插入零、部件，然后通过零件设计工作台进入草图工作台，勾勒出整个设计的轮廓和最初概念，并对尺寸进行约束及编辑，完成所有零部件造型后切换到装配设计工作台进行装配及约束。

（2）数字样机阶段

完成三维设计后可对产品进行运动仿真及工程分析，此功能可查看产品的碰撞、间隙、干涉及具体信息，也可对零部件进行快速准确的应力、应变分析，使得在设计阶段就可以对零部件进行反复多次的仿真、分析及计算，从而达到改进和加强产品功能的目的。

（3）样机试制与测试阶段

此阶段可通过 CATIA 从 3D 模型直接生成 2D 工程图的功能，通过工程图对实物样机进行加工，也可以直接由 3D 模型指导产品的数控加工。

CATIA 各个模块基于统一的数据平台，因此各个模块间存在相关性，三维模型的修改自动传递在二维图纸、有限元分析、模具和数控加工等程序中，具有极高的效率及便捷性。CATIA 的主要功能涉及产品、加工和人机工程三个关键领域。使用 CATIA 进行产品设计，无论在造型风格、产品轮廓还是在功能测试方面都具有其独特的优势。

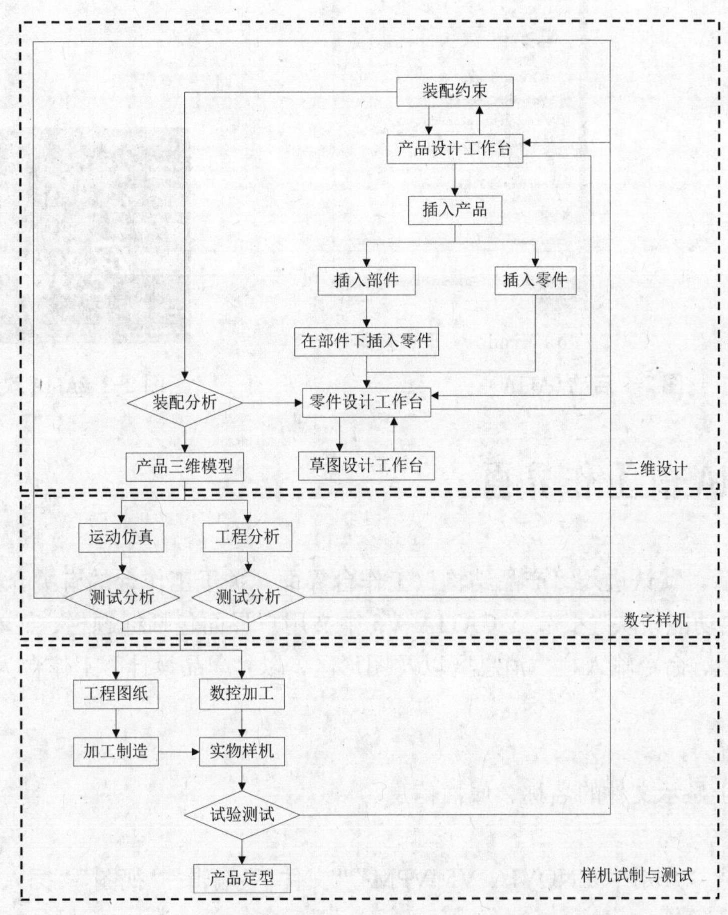

图 2-1　产品设计过程流程图

2.1.3 启动/退出 CATIA

（1）启动 CATIA

可通过以下两种方法启动 CATIA V5 软件。

1）双击 Windows 桌面上的 CATIA 快捷方式图标，如图 2-2a 所示；

2）单击 Windows 任务栏中“开始”按钮，依次选择“所有程序”→“CATIA P3”→“CATIA P3 V5R21”选项（根据所安装软件版本的不同，软件名称及路径可能会略有差别），如图 2-2b 所示。

软件启动时会闪过欢迎画面，如图 2-3 所示。

（2）退出 CATIA

可通过以下两种方法退出 CATIA V5 软件。

1）单击工作窗口页面右上角的“关闭”按钮。

2）在菜单栏中，依次选择“文件”→“退出”选项。

CATIA P3
V5R21

a）CATIA 快捷图标

b）Windows 开始菜单

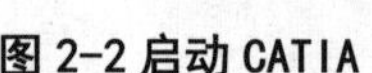

图 2-2 启动 CATIA

图 2-3 CATIA 欢迎画面

2.1.4 CATIA 的工作界面

启动软件后，默认进入“产品结构”工作台界面（关于工作台的有关介绍详见“2.1.5 CATIA 的主要功能模块”小节）。CATIA V5 中文用户界面包括标题栏、菜单栏、指南针、结构树、工具栏、命令输入栏、消息区以及图形区，以“产品设计”工作台为例，如图 2-4 所示。

（1）标题栏

标题栏用于显示文件的名称、属性信息。

（2）菜单栏

菜单栏包含“开始”“ENOVIA V5 VPM”“文件”“编辑”“视图”“插入”“工具”“窗口”和“帮助”等。

（3）工具栏

1）在不同的工作台下，有一部分会经常用到的工具栏（如“标准”“视图”和“测量”等工具栏），默认在工作界面底部水平方向放置，按钮的位置一般是固定的，常称为“公共工具栏”。

2）CATIA 每个工作台都有其特定的功能，工作台通过特定工具栏来实现其功能，这部分工具栏通常默认放置在工作界面右侧的垂直方向，也称为“专属工具栏”。

不论是水平方向的工具栏还是垂直方向的工具栏，用户都可以通过人为操作来改变其默认位置。

（4）图形区

用于显示三维实体模型及其不同的显示效果。

（5）指南针

指南针位于 CATIA 工作界面的右上角，代表模型的三维坐标系。指南针用于对三维模型进行旋转、平移等操作。

（6）结构树

结构树以树状结构显示模型的组织结构，并能对建模过程中的参数进行修改，同时为选择对象提供方便。结构树能显示出所有创建的特征，并且结构树自动以父树、子树关系表示特征之间的层次关系。

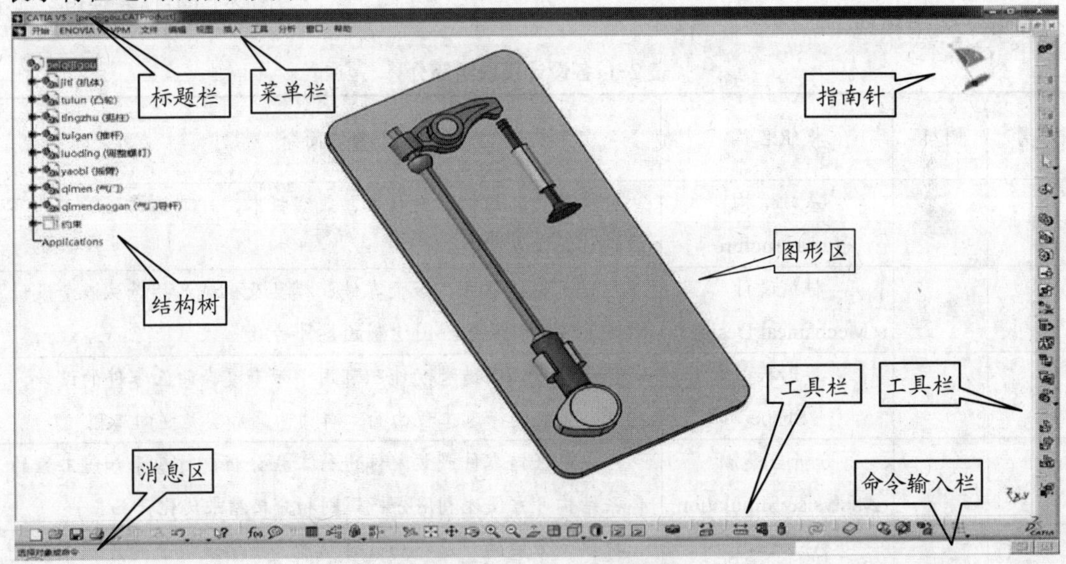

图 2-4 CATIA V5R21 工作界面

（7）消息区

在操作软件的过程中，消息区会实时地显示与当前操作相关的提示信息，以引导用户进行操作。

（8）命令输入栏

又称为超级输入栏，用于通过键盘输入 CATIA 指令来进行相关操作。

2.1.5 CATIA 的主要功能模块

CATIA V5 是一个企业产品生命周期管理（Product Life-Cycle Management，PLM）的应用平台，以应用模块的形式组织它的各个软件产品，并且在各个设计、分析、加工模块之间可以无缝隙跳转切换。用户可以在其产品开发的各个不同阶段切换选用这些模块（工作台）。

V5R21 版本由基础结构、机械设计、形状、分析与模拟、ACE 工厂、加工、数字化装配、设备与系统、制造的数字化处理、加工模拟、人机工程学设计与分析、知识工程和 ENOVIA V5 VPM 等 13 个设计模组（块）组成，如图 2-5 所示，各个模组里又有一个或多个不同的模块。各基础功能模组的功能简介见表 2-1。

在 CAVIA V5 环境中经常使用工作台（Workbench）这个术语。工作台就是应用模块中的工作环境，用户可以使用一些独特的功能来创建几何体并对几何体进行操作。多数工作台就是应用模块的特例。但是，某些工作台（如草图工作台）却结合在多个应用模块中。

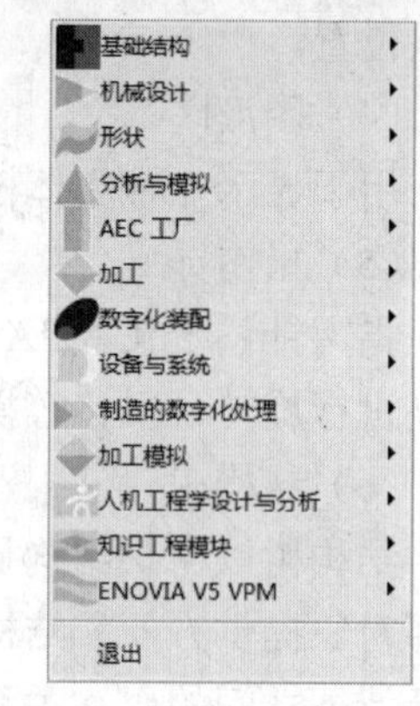

图 2-1 CATIA 模块组

表 2-1 各设计模块组简介

序号	图标	模组名称	功能简介
1		基础结构 Infrastructure	包括了产品结构、材料库、兼容版本、目录编辑器等，为高效设计提供了可能
2		机械设计 Mechanical Design	包括了机械零件、钣金零件、模具及机械产品等从概念设计到细节设计以及工程图绘制的各种功能
3		形状 Shape	包括各种曲面造型功能，可用于带有复杂曲面零件的设计，构建、控制与修改工程曲面、自由曲面和实施逆向工程
4		分析与模拟 Analysis&Simulation	可以对任何零件或装配件进行工程分析，对基于知识工程的体系结构可方便地利用分析规则和分析结果优化产品
5		AEC 工厂 AEC Plant	提供了方便的厂房布局设计功能，可实现快速的厂房布置及其布置的后续工作，优化生产设备布置，优化生产过程和产出
6		加工 Machining	高效的零件编程能力、高度自动化和标准化、高效的变更管理、优化刀径并缩短加工时间、减少管理和技能方面的要求等优点
7		数字化装配 Digital Mockup	用于构建电子样机（虚拟产品），并对其进行检查、模拟和验证
8		设备与系统 Equipment&Systems	用于在 3D 环境下对产品进行复杂电气、液压传动、管路和机械系统的协同设计与集成，并优化其空间布局
9		制造的数字化处理 Digital Process for Manufacturing	提供在三维空间中进行产品的特征、公差与配合标注等功能
10		加工模拟 Machining Simulation	通过对数控机床的实体建模、组装和整机模拟，实现数控加工过程的仿真

序号	图标	模组名称	功能简介
11		人机工程学设计与分析 Ergonomics Design & Analysis	用于人体模型的构造，以及人机工程学方面的分析
12		知识工程 Knowledgeware	提供了丰富的工具，例如参数、关系、公式、规则等手段，将企业知识嵌入到零部件中，实现企业知识的重用
13		ENOVIA V5 VPM	使 CATIA 能够提供基于 Web 的在线学习解决方案，为 CATIA、ENVOIA 用户进行培训

2.2 软件的基本操作

2.2.1 鼠标和键盘操作

（1）鼠标操作

CATIA 推荐使用三键或带滚轮的双键鼠标，在图形区中的鼠标使用方法见表 2-2。

表 2-2 鼠标使用方法

快捷键	功能	鼠标指针变化
单击鼠标左键	选中目标	
Shift+单击鼠标左键	连续选择多个目标	
Ctrl+单击鼠标左键	任意选择多个目标	
单击鼠标右键	弹出快捷菜单	
单击鼠标中键	光标所在位置在绘图区居中	
按住鼠标中键→移动鼠标	绘图区平移	
按住鼠标中键→单击左键或右键→移动鼠标	放大/缩小对象	
Ctrl+鼠标中键→移动鼠标	放大/缩小对象	
按住中键→按住左键或右键→移动鼠标	改变图形对象的观察方向	

（2）键盘操作

CATIA 在提供全图标按钮化操作方式的同时，也提供了键盘快捷键（在 CATIA 软件中称为“加速器”）的操作方式，熟练使用快捷键可以极大地提高工作效率。常用键盘快捷键的使用方法见（3）运行、取消和重复命令

1）运行命令。CATIA 运行命令的方式一般有 3 种：

表 2-3。

（3）运行、取消和重复命令

1）运行命令。CATIA 运行命令的方式一般有 3 种：

表 2-3 键盘快捷键的使用方法

快捷键	功能	快捷键	功能
Ctrl+Z	撤销	F1	实时帮助
Ctrl+S	保存文件	F3	隐藏/显示特征树
Ctrl+O	打开文件	Ctrl+Page Up	放大
Ctrl+N	新建文件	Ctrl+Page Down	缩小
Ctrl+Tab	快速切换窗口	Shift+F3	进入结构树模式

a）单击工具栏命令按钮，此种方式最为常用。这里需要注意，命令运行后，命令按钮会变为“橙色”高亮状态显示。

b）从菜单栏选取命令。

c）在状态栏的命令输入行中输入命令，此种操作方式较为繁琐，使用较少。

2）取消运行命令。如果需要取消已经选择的命令，可以：

a）按键盘上的 Esc 键。

b）再次单击正在执行的命令按钮。

3）连续运行命令。双击某一命令按钮后可连续使用该命令，从而避免多次单击操作。

2.2.2 指南针简介

如图 2-6 所示，指南针是由与坐标轴平行的直线和三个圆弧组成的，其中 X 轴和 Y 轴方向各有两条直线，Z 轴只有一条直线。这些直线和圆弧组成平面，分别与相应的坐标平面相对应。

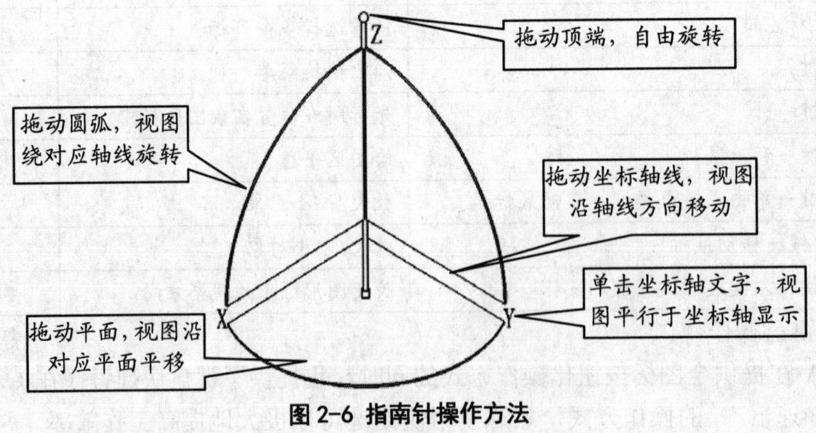

图 2-6 指南针操作方法

（1）基本操作

1）显示或隐藏指南针。在菜单栏中，依次选择“视图”→“指南针”选项可以显示或隐藏指南针。

2）旋转、平移视图。通过对指南针的操作可以旋转、平移视图，具体操作方法如图 2-6 所示。

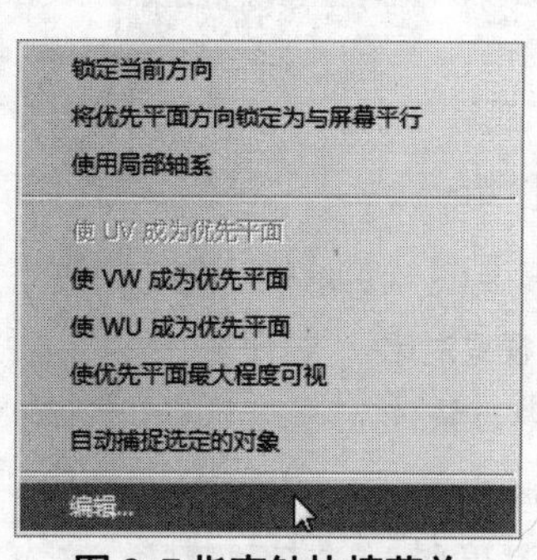

图 2-7 指南针快捷菜单

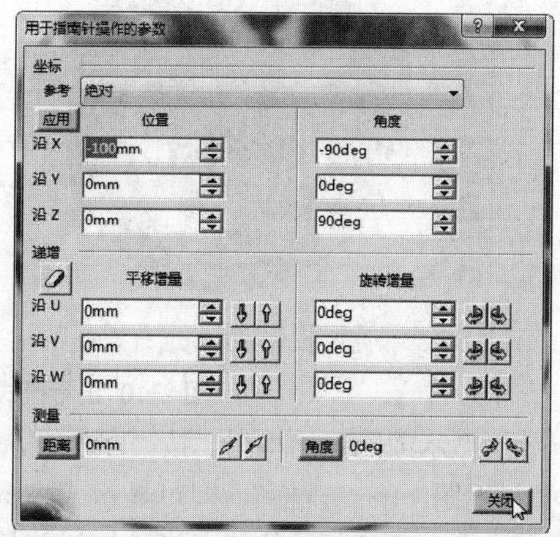

图 2-8 “用于指南针操作的参数”对话框

通过将指南针拖动到几何体上，还可以对几何体进行移动或旋转，具体操作步骤参见“9.3.1 位置调整”。

（2）基本设置

将光标放在指南针上，单击鼠标右键，弹出快捷菜单，如图 2-7 所示，单击“编辑”，在弹出的“用于指南针操作的参数”对话框中可以设置指南针参数，如图 2-8 所示。

2.2.3 结构树简介

（1）结构树的结构

CATIA 的结构树以树状层次结构显示组织结构对象的操作记录和分析结果，如图 2-9 所示。

工作台模块不同，结构树的结构也可能不同。以根节点为例，零件设计工作台模块的根节点是 Part、产品设计工作台模块的根节点是 Product，工程制图工作台模块的根节点是 Drawing。

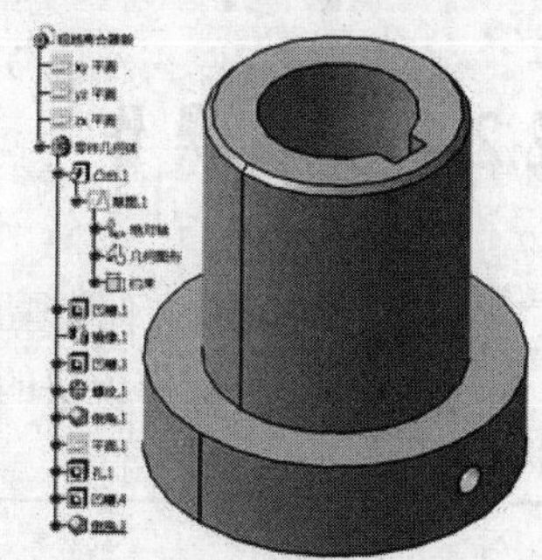

图 2-9 结构树

（2）结构树的操作

1）进入结构树操作模式。在结构树上单击结构线；单击屏幕右下角的坐标系；或同时按住“Shift”+“F3”键，几何模型颜色将变暗显示，进入结构树操作模式，如图 2-10 所示。此时可使用鼠标快捷键（参见表 2-2）进行结构树文字大小的调整，结构树位置的移动等操作。

2）调整结构树的显示大小。按住“Ctrl”键，滚动鼠标滚轮，可调整结构树的显示大小。

3）移动结构树。单击结构树结点的连线，按住鼠标左键，移动鼠标，可拖动结构树到指定位置。

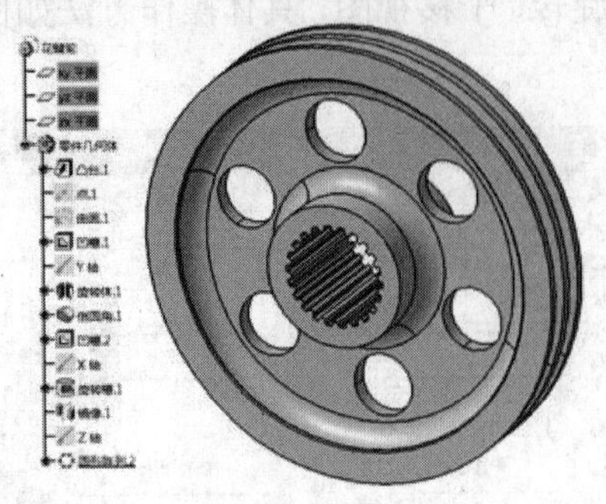

a）正常模式　　　　b）结构树模式

图 2-10　正常模式与结构树操作模式对比

4）显示或隐藏结构树。按“F3”键，或在菜单栏中，依次选择“视图”→“规格”，即可显示或隐藏结构树。

5）上、下翻阅结构树。当结构树的长度大于屏幕高度时，窗口的左侧将出现滚动条，拖动滚动条或直接滚动鼠标滚轮，即可上、下翻阅结构树。

6）结构树展开与折叠在结构树上单击“⊕”节点标记，展开结构树的下一层；单击“⊖”节点标记，收缩结构树回到上一层。在菜单栏中，依次选择“视图”→“树展开”，可以实现结构树的展开与折叠。

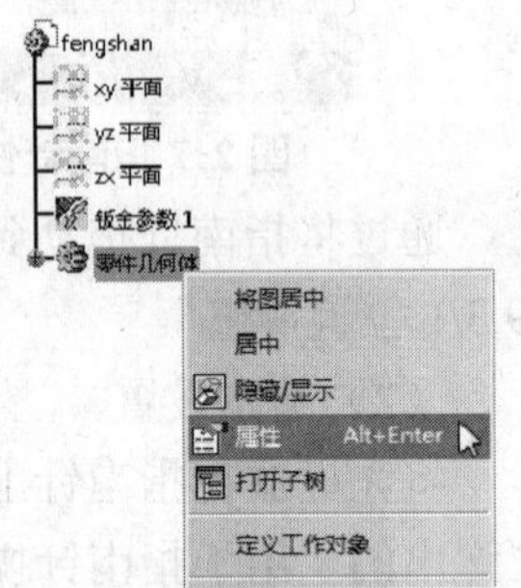

图 2-11 快捷菜单

7）结构树快捷菜单。在结构树中的模型上单击鼠标右键，弹出快捷菜单，如图 2-11 所示，通过快捷菜单中的选项可对模型进行删除、隐藏、更新、更改属性等多种操作。

2.2.4 文件操作

（1）CATIA 文件类型

根据所使用工作模块的不同，常见 CATIA 文档类型见表 2-4。

表 2-4　常见 CATIA 文档类型

工作模块	文档类型	后缀名
草图编辑器	零件	.CATPart
零件设计	零件	.CATPart
装配设计	产品（装配体）	.CATProduct
工程制图	工程图	.CATDrawing
创成式曲面设计	形状	.CATShape
创成式结构分析	分析	.CATAnalysis

（2）新建文件

新建 CATIA 文件的方法主要有以下三种：

1）通过选择工作台新建文件。在菜单栏中，依次选择所需要进入的工作台，例如“开始”→“形状”→“创成式外形设计”选项，如图 2-12 所示，弹出“新建零件”对话框。

图 2-12　开始菜单

在“输入零件名称”文本框内可更改零件的显示名称，可以输入中文或英文，本例取为“example”，如图 2-13 所示。

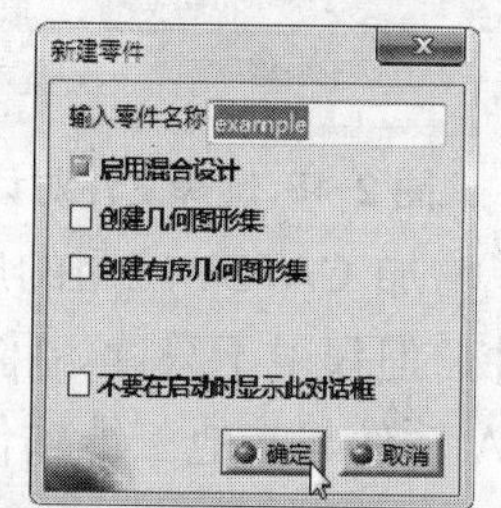

图 2-13　“新建零件”对话框

单击“确定”按钮，即新建了一个零件，并进入创成式外形设计工作台界面。

2）通过单击“新建”按钮新建文件。在“标准”工具栏中单击“新建”按钮，弹出“新建”对话框，如图 2-14 所示。

在“新建”对话框中选择相应的文件类型，如产品（装配体）设计选择“Product”，单击“确定”按钮，即新建了一个产品文件，并进入装配设计工作台界面。

3）通过“文件”菜单栏下的“新建”命令新建文件

在菜单栏中，依次选择“文件”→“新建”选项，弹出“新建”对话框，参见图 2-14。

在“类型列表”中选择“Part”，弹出“新建”对话框。

在“输入零件名称”文本框中输入零件名称，其他选项保持默认状态，单击“确定”按钮，即进入零件设计工作台。

图 2-14　“新建”对话框

（3）打开文件

打开 CATIA 文件有以下三种方法：

1）双击电脑硬盘中已存储的 CATIA 文件。

2）在“标准”工具栏中单击“打开”按钮，弹出“选择文件”对话框，如图 2-15 所示。选择目标文件，单击“打开”按钮，即可打开目标文件。

3）在菜单栏中，依次选择“文件”→“打开”选项，后续操作步骤同上。

（4）存储文件

存储文件功能包括：保存、另存为、全部保存、保存管理等。

1）保存。在“标准”工具栏中单击“保存”按钮，或在菜单栏中，依次选择“文件”→“保存”选项。第一次保存时会弹出“另存为”对话框，如图 2-16 所示，用户可以设置保存路径、重命名、设置保存类型等。需要注意，CATIA 文件在硬盘中保存的文件名称只能为英文或数字。

2）另存为。通过“另存为”命令可以生成与已保存文件相同的新文件，同时已保存的原文件不受影响。在菜单栏中，依次选择“文件”→“另存为”，弹出“另存为”对话框，即可更改生成新文件的保存路径、文件名、文件类型。

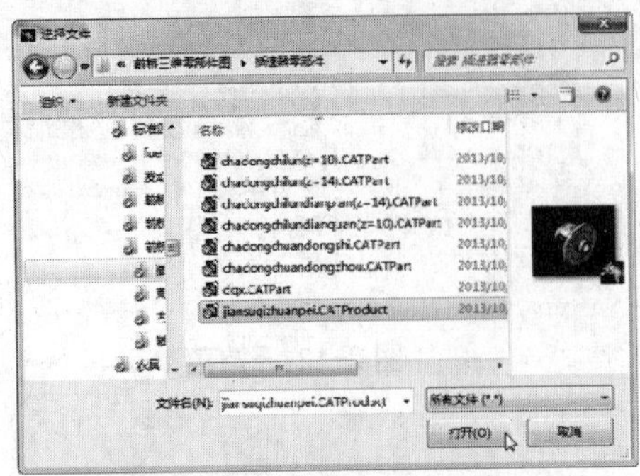

图 2-15 选择文件对话框

图 2-16 另存为对话框

为了增加 CATIA 应用的广泛性，CATIA 的零件文件可以“另存为”其他三维软件格式的文件，但仅限于只读。将 CATIA 格式的文件保存为通用格式的文件，可以顺利地实现 CATIA 软件与其他三维软件的兼容，CATIA 可以存储的常用文件格式见表 2-5。

表 2-5 三维软件格式

文件格式	对应软件	文件格式	对应软件
.CATPart/.CATProduct	CATIA	.cgr	CorelDRAW 软件
.stl	三角网格来表现三维模型	.icem	ICEMSurf 软件
.igs	通用格式	.wrl	VRML viewer
.model	CATIA V4 与 V5 中间格式	.stp	通用格式

3）全部保存。当需要保存的 CATIA 文件数量在两个以上时，使用“全部保存”功能将更加快捷简便。在菜单栏中，依次选择“文件”→“全部保存”选项，弹出“全部保存”提示框，如图 2-17 所示，单击“确定”按钮，完成全部保存。没有发生改动的文件不会出现在提示的文档数量中。

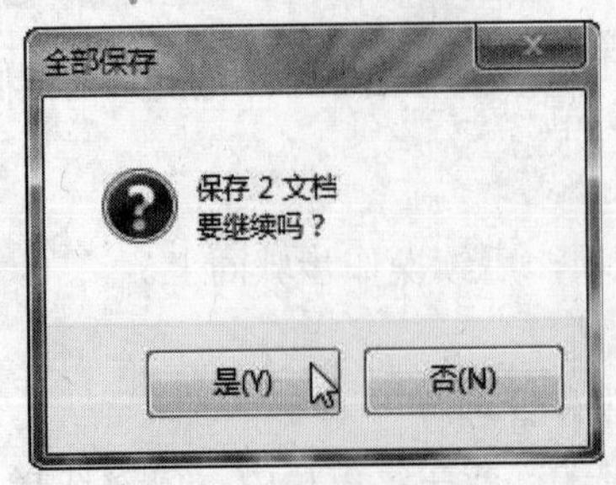

图 2-17 全部保存提示框

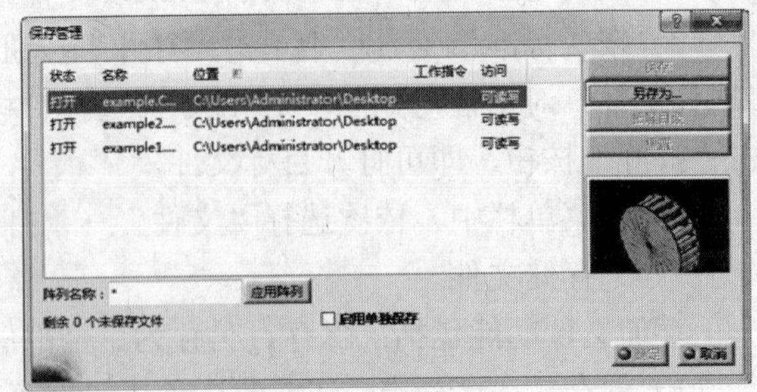

图 2-18 保存管理对话框

4）保存管理。在菜单栏中，依次选择“文件”→“保存管理”选项，弹出“保存管理”对话框，如图 2-18 所示。

单击“另存为…”按钮，可以打开“另存为”对话框，从而以不同名称或路径保存选定文档，如图 2-16 所示。如果首次使用“保存管理”功能保存 Product 产品文件，产品当中包含的 Part 文件也会自动保存，而且文件的保存路径相同。

2.3 公共工具栏

公共工具栏包括“标准”“视图”“测量”等。

2.3.1 “标准”工具栏

“标准”工具栏主要包括一些常用的文件操作工具，如图 2-19 所示。“标准”工具栏的按钮及功能见表 2-6。

图 2-19 “标准”工具栏

表 2-6 “标准”工具栏的按钮及功能

按钮	功能	按钮	功能
	新建		复制
	打开		粘贴
	保存		撤销
	打印		重做
	剪切		按钮功能提示

2.3.2 “视图”工具栏

（1）基本功能

“视图”工具栏主要包括一些用于图形显示的工具，如图 2-20 所示。“视图”工具栏的各部分按钮及功能如表 2-7 所示。

（2）快速查看

在“视图”工具栏中单击“等轴测视图”按钮下的三角箭头，弹出“快速查看”工具栏。各部分按钮及显示效果见表 2-8。

（3）视图模式

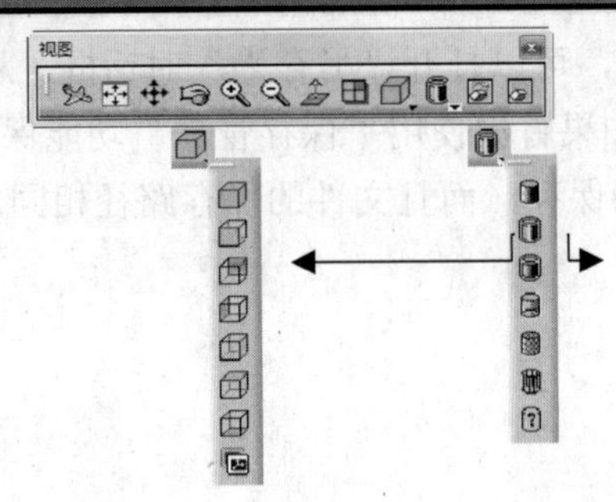

图 2-20 "视图"工具栏

表 2-7 "视图"工具栏的按钮及功能

按钮	功能	按钮	功能
	选择飞行模式		沿选定平面的法线方向观察模型
	将物体充满全屏		以多视图方式浏览模型
	平移视图		快速切换视图方向
	旋转视图		快速切换视图模式
	放大视图		隐藏与显示
	缩小视图		交换可视空间

表 2-8 "快速查看"工具栏的按钮及显示效果

名称	按钮	显示效果	名称	按钮	显示效果
等轴测视图			右视图		
正视图			俯视图		
背视图			仰视图		
左视图			已命名的视图		

表 2-9 “视图模式”工具栏的按钮及显示效果

名称	按钮	显示效果	名称	按钮	显示效果
着色			含边线和隐藏边线着色		
含边线着色			含材料着色		
带边着色但不光顺边线			线框		

1）模型显示设置。在“视图”工具栏中单击“含边线着色”按钮下的三角箭头，弹出“视图模式”工具栏，其各部分按钮及显示效果见表 2-9。

2）自定义视图参数。在“视图模式”工具栏中单击“自定义视图参数”按钮，弹出“视图模式自定义”对话框，如图 2-21 所示，可对视图的各种参数进行自定义。

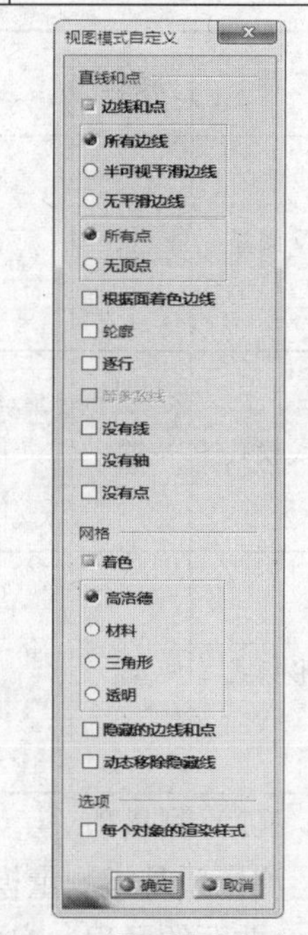

图 2-21 视图模式自定义

2.3.3 测量工具栏

“测量”工具栏中包括对模型的各类参数进行测量的工具，如图 2-22 所示。

（1）测量间距

测量间距是指测量模型中两个元素之间的参数，如距离、角度等。测量间距的测量类型、功能及示例见表 2-10。

【例2-1】 测量间距的操作方法。

① 打开任意 Part/Product 文件，在“测量”工具栏中单击“测量间距”按钮，弹出“测量间距”对话框，如图 2-23a 所示。

② 单击“自定义”，弹出“测量间距自定义”对话框，如图 2-23b 所示。

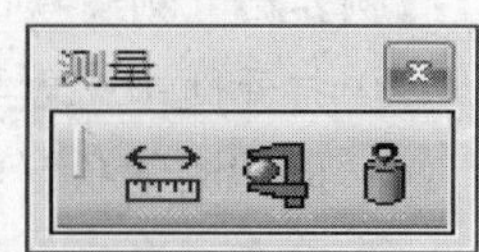

图 2-22 测量工具栏

③ 可以通过激活或取消激活“显示选项”选项区各按钮，定制测量功能的第二选择项，定制结果在“测量间距”对话框中的“结果”选项区中显示。

a）测量间距对话框

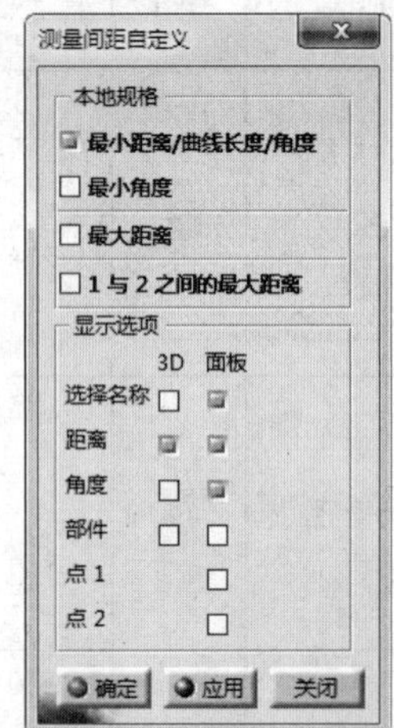

b）自定义

图 2-23 “测量间距”与“测量间距自定义”对话框

表 2-10 测量类型、功能及示例

名称	按钮	功能	示例
测量间距		测量两个对象之间的距离	
链式模式		第一次测量需要选择两个元素，以后的测量都是以前一次选择的元素作为再次测量的起始元素	
扇形模式		第一次测量所选择的第一个元素一直作为以后每次测量的第一个元素	

（2）测量项

测量项是指测量模型中单个元素的尺寸参数，如点的坐标、边线的长度、弧的直径（半径）、曲面的面积、实体的体积等。测量类型、功能及示例如表 2-11 所示。

【例2-2】 测量项的使用方法。

① 打开随书光盘中的本例文件，在“测量”工具栏中单击“测量项”按钮，弹出“测量项”对话框，如图 2-24 左图所示。

② 单击“自定义”按钮，弹出“测量项自定义”对话框，如图 2-24 右图所示。

③ 可以根据需要选中各选项区的复选框，以获取需要的测量数据。

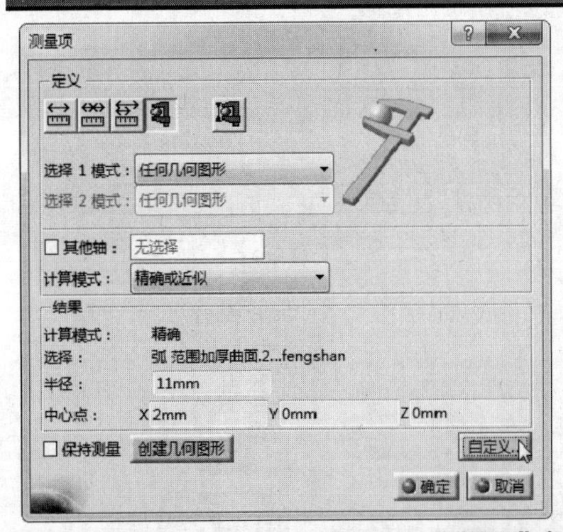

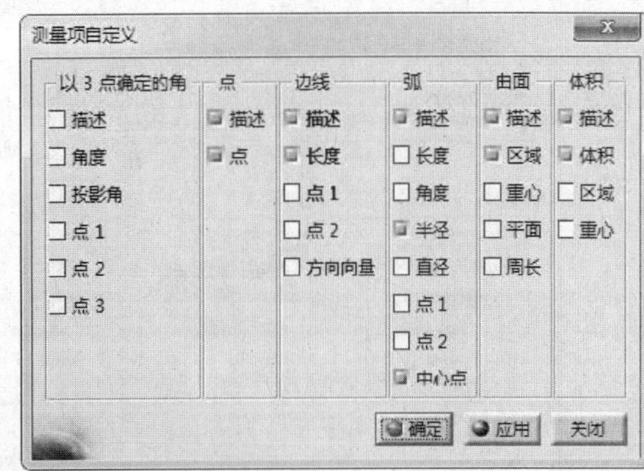

图 2-24 “测量项”与“测量项自定义”对话框

表 2-11 测量项的测量类型、功能及示例

名称	按钮	功能	示例
测量项		测量某个几何元素的参数，如长度、面积、体积等	
测量厚度		测量几何体的厚度	

（3）测量惯量

测量惯量是指测量零件、部件的惯量参数，如面积、质量、重心位置、对点的惯量矩、对轴的惯量矩等。测量惯量测量类型、功能及示例见表 2-12。

【例2-3】 测量惯量的操作步骤。

① 打开随书光盘中的本例文件，在“测量”工具栏中单击“测量惯量”按钮，弹出“测量惯量”对话框，如图 2-25 所示。选择测量区域，展开对话框，如图 2-26 左图所示。

② 单击“自定义”按钮，弹出“测量惯量自定义”对话框，如图 2-26 右图所示。

③ 可以根据需要选中各复选框，以获取需要的数据。

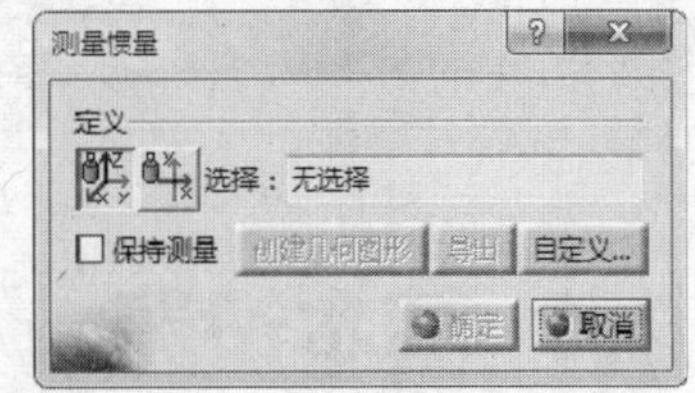

图 2-25 “测量惯量”对话框

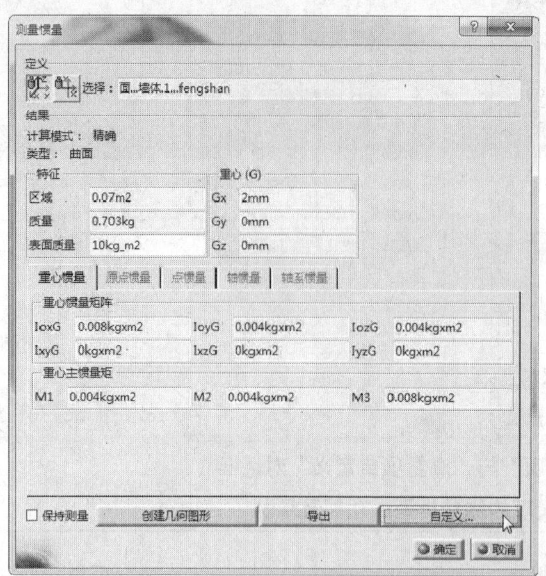

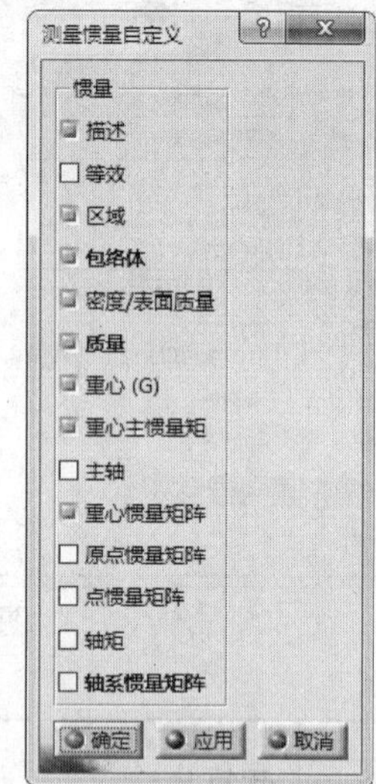

图 2-26 测量惯量自定义对话框

表 2-12 测量惯量类型、功能及示例

名称	按钮	功能	实例
测量 3D 的惯量		测量模型的 3D 惯性特性、重心、重心惯量、原点惯量、点惯量、轴惯量、轴系惯量	单击此表面
测量 2D 的惯量		测量一个平面的重心、重心惯量和重心主惯量距	单击此表

2.4 基本设置

使用者可以设置符合操作习惯的 CATIA 工作环境，从而提高工作效率。

CATIA 的设置模式分为“普通模式”和“管理模式”两种。管理模式是指以“管理员”的身份进入 CATIA，具有更高的管理权限，可以对 CATIA 进行高级设置，如“标准”中的参数修改、草图的默认设置（如线宽）等。

2.4.1 管理模式的创建

（1）创建环境储存目录

在进入管理模式之前，首先要建立一个英文名称的环境储存文件夹，然后进入环境编辑器进行路径设置。

【例2-4】 创建一个新的环境储存目录。

① 在电脑 D 盘中新建一个文件夹，命名为“CATEnv”。

② 单击 Windows 任务栏中的“开始”按钮，依次选择“开始”→“所有程序”→“CATIA P3”→“Tools”→“Environment Editor V5R21”选项，弹出“环境编辑器消息”提示框，如图 2-27a、b 所示。

③ 单击“环境编辑器消息”提示框中的“确定”按钮，“环境编辑器警告消息”提示框显示警告信息，如图 2-27c 所示，单击“确定”按钮，进入“环境编辑器”对话框，如图 2-28 所示。

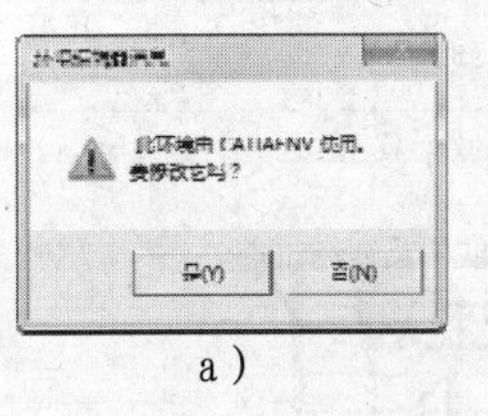

a）

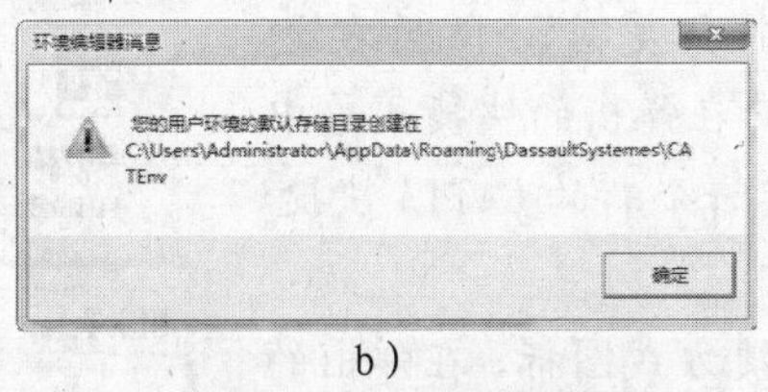

b）

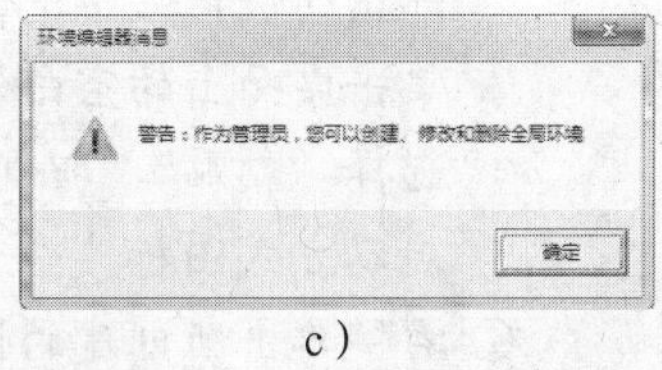

c）

图 2-27 环境编辑器提示

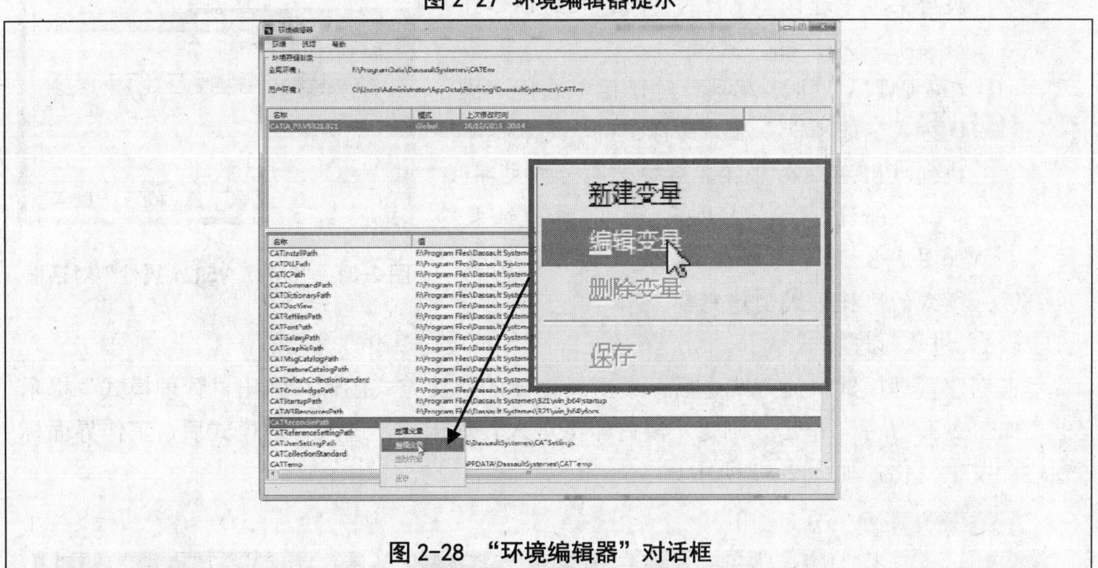

图 2-28 “环境编辑器”对话框

④ 在“环境编辑器”对话框中选中“CATReconcilePath”，单击鼠标右键，在弹出的快捷菜单中选择“编辑变量”选项，弹出“变量编辑器”对话框，如图 2-29 所示。在“值”文本框中输入前面所创建的环境目录文件夹的文件路径“D:\CATEnv”，单击“确定”按钮。

⑤ 在“环境编辑器”对话框中分别对“CATReferenceSettingPath”和“CATCollection Standard”选项进行步骤 0 的操作。

⑥ 关闭“环境编辑器”对话框，弹出“环境编辑器消息”提示框，如图 2-30 所示，单击“是”按钮，完成环境储存目录的设置。

图 2-29 “变量编辑器”对话框

图 2-30 “环境编辑器消息”提示框

（2）创建管理模式快捷方式

在设置完毕环境储存目录后，用户即可通过下述步骤创建管理模式的快捷方式。

【例2-5】 为“管理模式”创建快捷方式。

① 右键单击桌面上的 CATIA 快捷方式图标，在弹出的快捷菜单中选择“复制”。随后右键单击桌面上的空白处，在弹出的快捷菜单中选择“粘贴”，即创建一个新的 CATIA 快捷启动方式图标。

② 右键单击新创建的快捷方式图标，在弹出的快捷菜单中选择“属性”，弹出“CATIA V5R21 属性”对话框。

③ 在“CATIA V5R21 属性”对话框中选择“快捷方式”选项卡，在“目标（T）”文本框中找到“CNEXT. exe”，在其后输入引号内文字：“␣-admin”（“␣”为一空格），修改结果如图 2-31 所示，单击“确定”按钮，管理模式的快捷方式创建完毕。

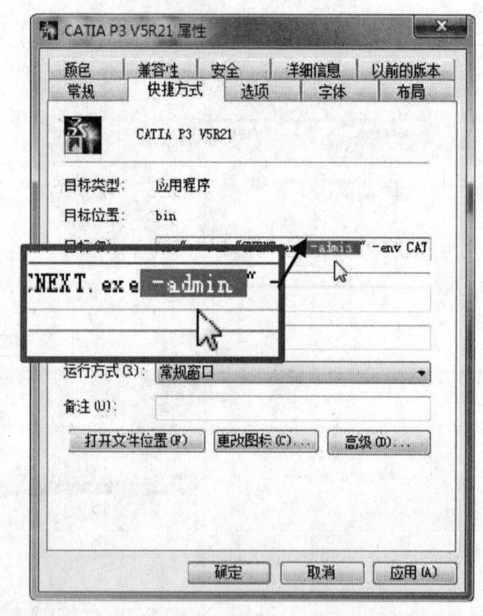

图 2-31 “CATIA V5R21 属性”对话框

（3）进入管理模式

在创建管理模式快捷方式之后，双击新创建的快捷方式图标，弹出“管理模式”提示框，如图 2-32 所示，单击“确定”按钮即可进入管理模式。进入管理模式后，工作界面标题栏会发生变化，如图 2-33 所示。

图 2-32 管理模式提示框

a）“普通模式”标题栏

b）“管理模式”标题栏

图 2-33 普通模式与管理模式

2.4.2 环境设置

w”命令，弹出“选项”对话框，在该对话框中，可以自定义 CATIA 的各种设置。

【例2-6】 图形区背景色设置。

① 运行“选项”命令，弹出“选项”对话框。

② 在“选项”对话框左侧选择“常规”→“显示”选项，选择“可视化”选项卡，如图 2-34 所示。

③ 选择背景色为白色，单击“确定”按钮，完成设置。留意更改前后图形区背景颜色的变化（默认背景颜色在实际绘图时具有良好的视觉效果，本教材为了出版印刷清晰，大部分图例为白色背景下截取）。

【例2-7】 工作界面设置。

① 运行“选项”命令，弹出“选项”对话框。

② 在“选项”对话框左侧选择“常规”选项，在右侧选择“常规”选项卡。

③ 选择“用户界面样式”为“P3”，弹出“警告”窗口，提示“请重新启动 CATIA 使修改生效”，如图 2-35 所示。

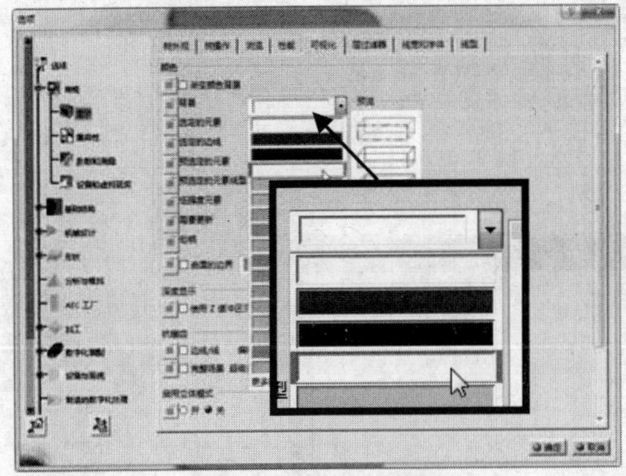

图 2-34 更改背景色

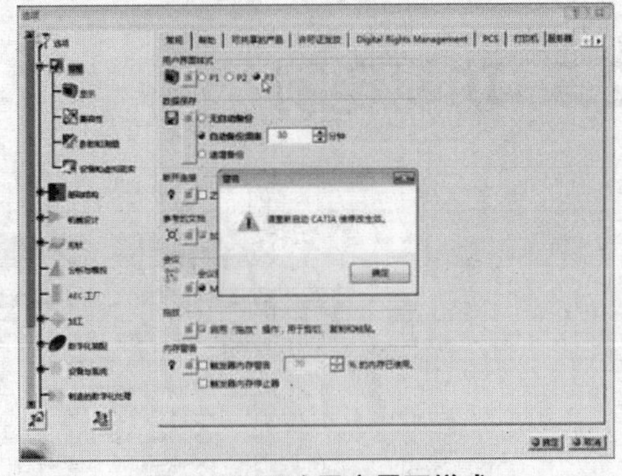

图 2-35 更改用户界面样式

④ 退出 CATIA，然后重新启动 CATIA，留意新工作界面与图 2-4 所示默认的“P2”工作界面的区别。

【例2-8】 区分管理模式与普通模式。

① 首先以“管理模式”进入 CATIA。

② 运行“选项”命令，弹出“选项”对话框。

③ 在“选项”对话框左侧选择“常规”，在右侧选择“常规”选项卡。

④ 单击“用户界面样式”前面的解锁/锁定按钮（默认为绿色解锁状态，表示对应选项可以在普通模式下进行更改），单击后按钮变为黄色锁定状态，如图 2-36 所示。

⑤ 退出 CATIA，然后以“普通模式”启动 CATIA。

⑥ 运行“选项”命令，弹出“选项”对话框。在对话框左侧选择“常规”，在右侧选择“常规”选项卡。

⑦ 此时“用户界面样式”前面的解锁/锁定按钮发生变化，由绿色解锁状态变为红色锁定状态，表示“用户界面样式”此时不可进行更改。留意其余选项前面的灰色解锁/锁定按钮，如图 2-37 所示。

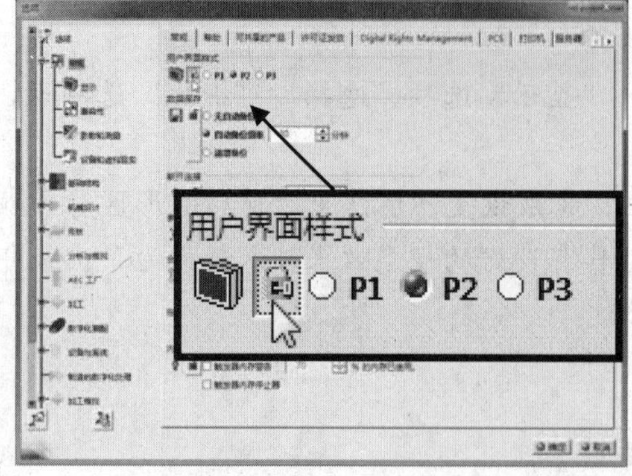

图 2-36 管理模式下锁定用户界面样式

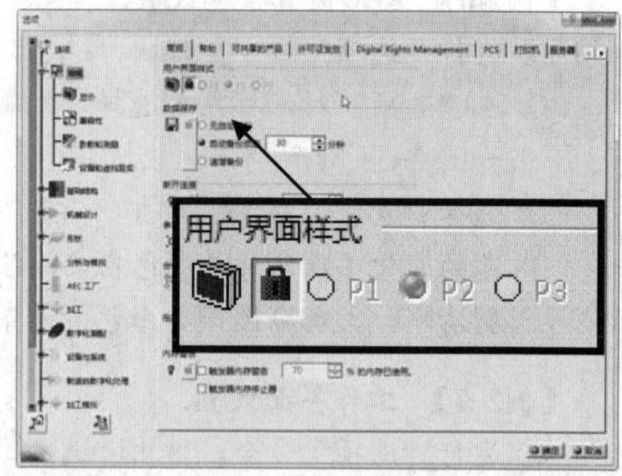

图 2-37 锁定之后的状态

2.5 功能定制

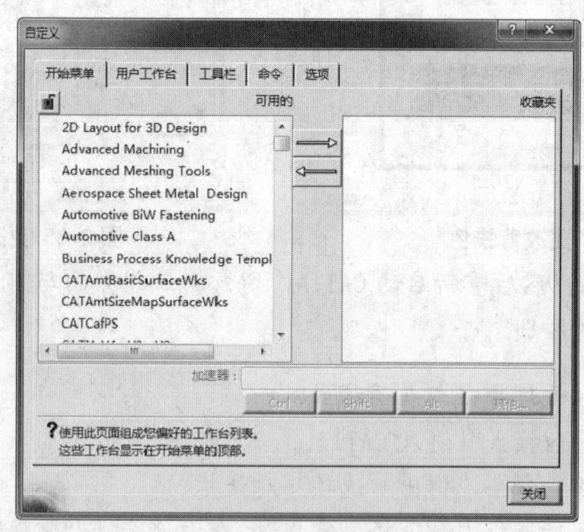

图 2-38 “自定义”对话框

用户可以对 CATIA 进行个性化设置，定制工作界面，以符合自己的操作习惯。

进入 CATIA V5，在菜单栏中，依次选择“工具”→“自定义”选项，可从开始菜单、用户工作台、工具栏、命令、选项 5 个方面对 CATIA 进行个性化定制，如图 2-38 所示。

2.5.1 开始菜单定制

“开始菜单”选项卡可以对“开始”菜单栏及“工作台”工具栏进行定制。

【例2-9】 在“开始”菜单栏下添加“工程制图”“零件设计”工作台的快捷方式。

① 运行“自定义”命令，默认为“开始菜单”选项卡。按住“Ctrl”键，在左侧列表中依次单击“工程制图”和“零件设计”。

② 单击右箭头，右侧列表框会显示所添加的工作台，如图 2-39 所示。完成设置后单击“关闭”按钮。

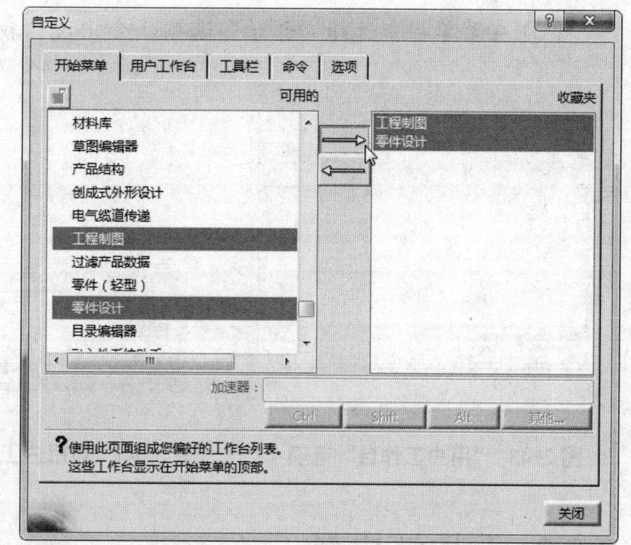

图 2-39 开始“菜单自定义”对话框

③ 添加的工作台出现在“开始”菜单栏的顶部，如图 2-40 所示。

④ 在“工作台”工具栏中直接单击“工作台”按钮（此按钮的外观跟随工作台而变），弹出“欢迎使用 CATIA V5”对话框（收藏夹），如图 2-41 所示，列出了刚添加完毕的“工程制图”和“零件设计”工作台按钮。

⑤ 在“工作台”工具栏中的“工作台”按钮上直接单击鼠标右键，弹出“工程制图”和“零件设计”工作台按钮，如图 2-42 所示。

在如图 2-39 所示的对话框中，单击左箭头可移除已经添加到收藏夹中的工作台。对于已经添加到收藏夹中的工作台，用户还可以单独为其设定快捷键（加速器）。

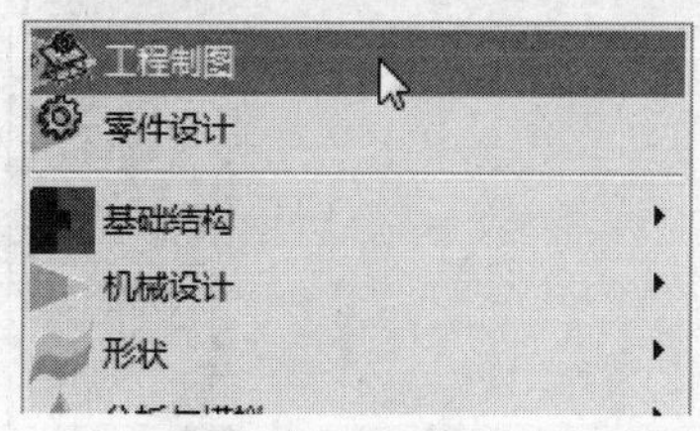

图 2-40 开始菜单

图 2-41 收藏夹

图 2-42 工作台列表

2.5.2 用户工作台定制

使用“用户工作台”选项卡可以新建一个工作台，用户可以将常用的模块和工具等功能设置到新建的工作台中，从而减少在设计过程中的功能切换操作。

【例2-10】 新建一个用户工作台。

① 运行“自定义”命令，单击“用户工作台”选项卡，如图 2-43 所示。

② 单击“新建”按钮，弹出“新用户工作台”对话框，如图 2-44 所示。将“工作台名称”文本框内容设置为“我的工作台”，单击“确定”按钮返回至“自定义”对话框，单击“关闭”按钮，用户工作台定制完毕。

③ 在菜单栏中选择“开始”选项，会出现“我的工作台”，如图 2-45 所示。

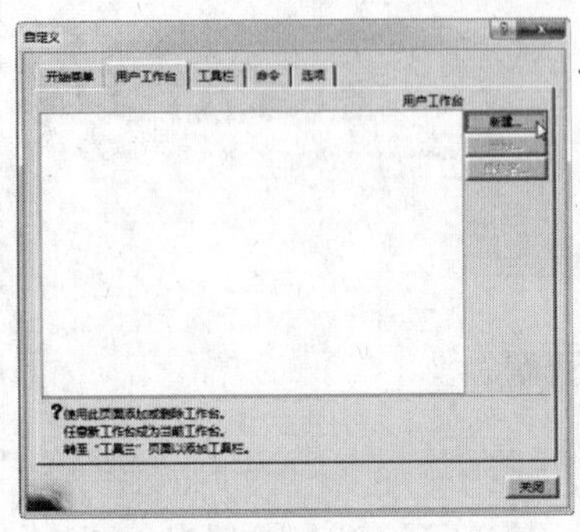

图 2-43 “用户工作台”选项卡

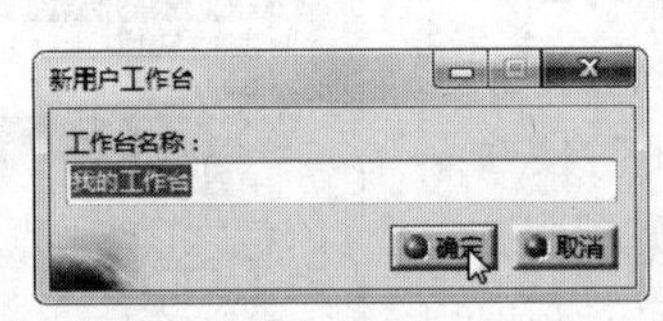

图 2-44 “新用户工作台”对话框

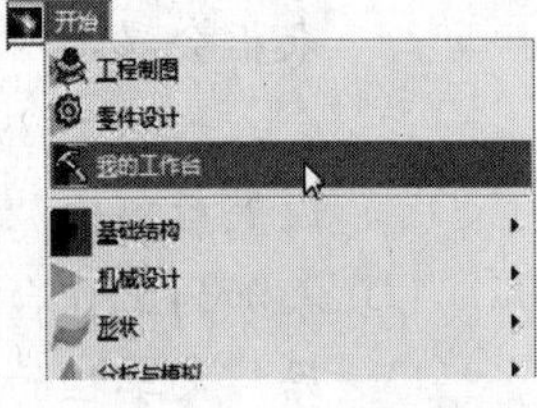

图 2-45 我的工作台

2.5.3 工具栏定制

“工具栏”选项卡可以对工作台中的工具栏进行添加与移除。

【例2-11】 为新建的工作台添加工具栏。

① 参见本书“2.5.2 用户工作台定制”节内容，新建一个用户工作台，名为“我的工作台”。

② 运行“自定义”命令，切换至“工具栏”选项卡，图 2-46 所示。

③ 单击“新建”按钮，弹出“新工具栏”对话框。将“工具栏名称”文本框内容设置为“我的工具栏”，如图 2-47 所示。

④ 单击“确定”按钮，“我的

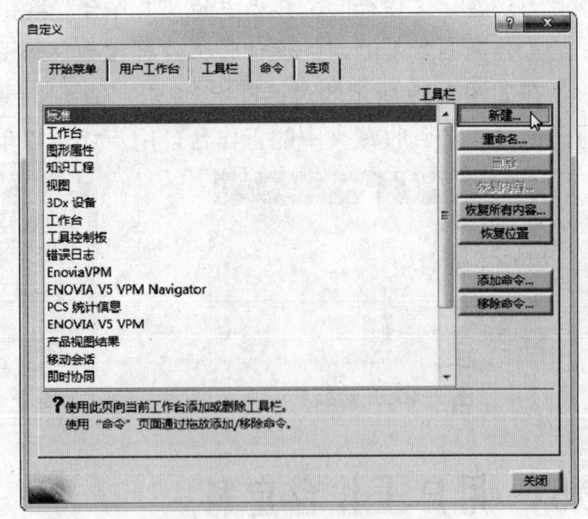

图 2-46 “工具栏自定义”对话框

工作台”中出现“我的工具栏”。

⑤ 向工具栏中添加命令按钮。单击“添加命令”按钮，弹出“命令列表”对话框，如图 2-48 所示。

⑥ 按住“Ctrl”键，选择“含边线和隐藏边线着色”“含边线着色”“含材料和边线着色”选项，单击“确定”按钮。

⑦ 添加按钮前后工具栏的变化如图 2-49 所示。

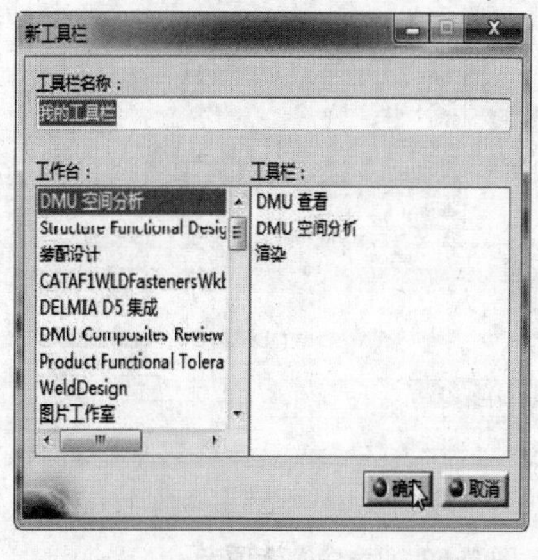

图 2-47 “新工具栏”对话框

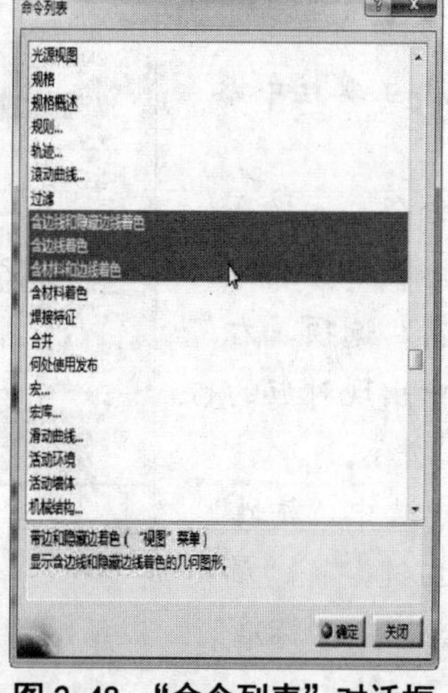

图 2-48 “命令列表”对话框

a）添加前

b）添加后

图 2-49 添加按钮前后对比

“工具栏”选项卡可以将工具栏位置和内容恢复到初始状况。用户可以根据需要，单击“工具栏自定义”对话框中“恢复内容”“恢复所有内容”或“恢复位置”按钮来恢复工作界面，如图 2-50 所示。在进行恢复操作时会弹出确认对话框，如图 2-51 所示。

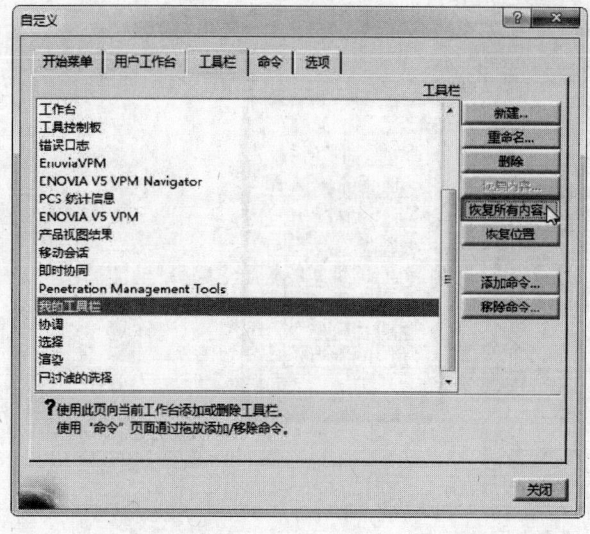

图 2-50 “工具栏”选项卡

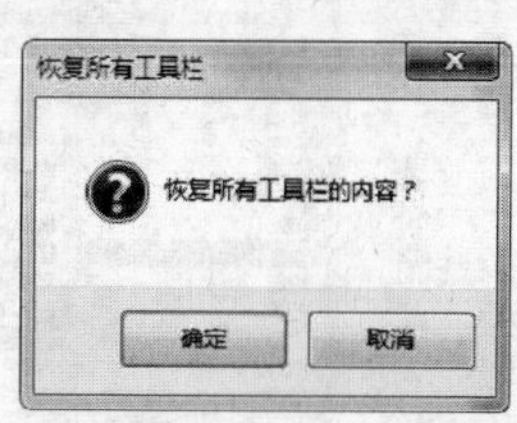

a）恢复所有内容提示框

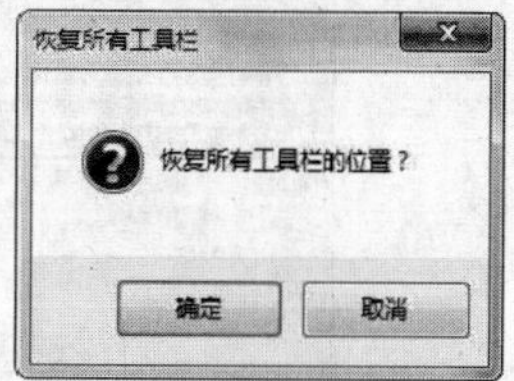

b）恢复所有位置提示框

图 2-51 “恢复所有工具栏”提示框

2.5.4 命令定制

（1）添加与移除工作台按钮

通过将一些常用的命令添加到工具栏，或将一些不常用的命令从工具栏中移除，可使设计工作变得更加高效。

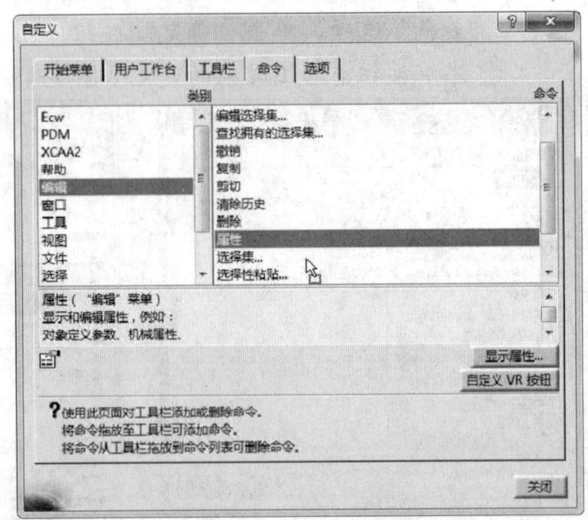

图 2-52 “命令”选项卡

【例2-12】 在“标准”工具栏中添加“属性”按钮。

① 运行“自定义”命令，切换至“命令”选项卡，在“类别”列表中选择“编辑”选项，右侧“命令”列表中出现对应的命令，如图 2-52 所示。

② 在“命令”列表中选中“属性”选项，按住鼠标左键，将“属性”拖动到工作台中的“标准”工具栏中，如图 2-53 所示。

③ 相反地，选中工具栏中需要移除的按钮，按住左键，将该按钮拖动到“命令”列表中，即可移除该按钮。

a）添加前　　b）添加后

图 2-53 工作台按钮添加对比

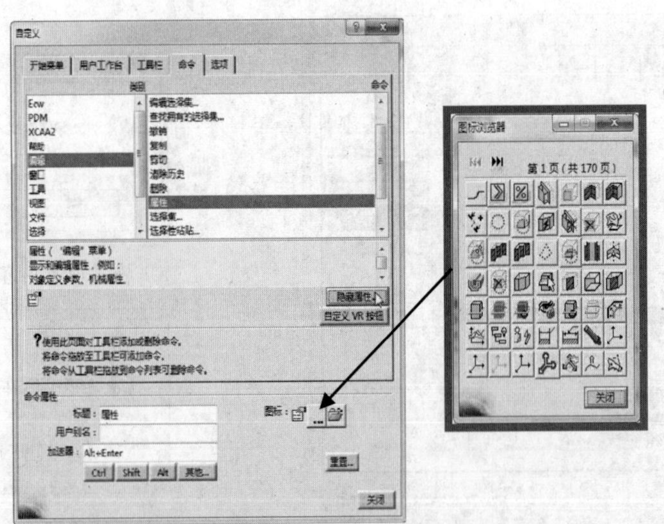

图 2-54“命令”选项卡

（2）设置命令属性

1）在如图 2-52 所示的“命令”选项卡中，单击“显示属性”按钮，展开“命令属性”选项区，如图 2-54 所示。

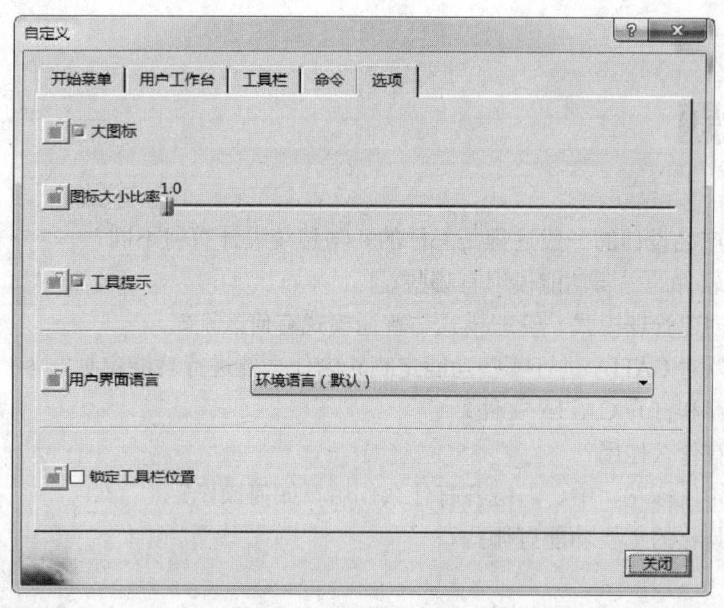

图 2-55　“选项”选项卡

2）在“命令属性”选项区中，用户可以为命令设置“标题”“用户别名”“加速器”“图标”等属性。

a）“标题”和“用户别名”用于修改命令的按钮图标和名称。

b）“加速器”的设置方法与工具栏定制相同。

c）点击“图标浏览器”按钮 ...，弹出“图标浏览器”对话框，可更改按钮的图标样式。

2.5.5 选项定制

通过选项定制功能，可以对 CATIA 软件按钮的图标大小、图标大小比率、工具提示、用户界面语言等进行设置。

运行“自定义”命令，切换至“选项”选项卡，如图 2-55 所示，即可在选项卡中进行各选项的定制。

2.6 小结

本章介绍了 CATIA V5R21 软件的基本入门知识。主要内容为各功能模块简介、基本设置、功能定制、基本操作、公共工具栏等。重点需要理解 CATIA 软件的设计过程，熟悉软件的工作界面，特别是要熟练掌握软件的基本操作方法。为学习后面各章内容打下坚实的基础。

2.7 思考题

(1) CATIA 产品设计的一般过程是怎样的？与传统设计有何不同？

(2) CATIA 软件的主要功能模组有哪些？

(3) 为何要创建管理模式？管理模式与普通模式有何区别？

(4) 用户可以对 CATIA 进行哪些功能定制？为什么要进行功能定制？

(5) 如何保存和打开 CATIA 文件？

(6) 指南针有什么作用？

(7) 三键滚轮鼠标左、中、右键各有什么作用？如何操作？

(8) 公共工具栏的主要功能有哪些？

第二篇 草图

本篇的主要内容为 CATIA 软件的草图绘制技术。学习本篇内容的目的是掌握在 CATIA 草图工作台中各种草图绘制命令的操作方法，以及草图绘制的技巧。本篇主要任务如下：

- 熟悉进入和退出草图工作平台的操作
- 了解 CATIA 草图绘制工作菜单和工具栏的内容
- 学会 CATIA 草图绘制的设置
- 学会绘制基本几何图形
- 学会对草图几何图形进行修饰
- 学会约束草图几何图形
- 掌握草图处理与分析的基本方法

第3章

CATIA 草图绘制基础

3.1 概述

3.1.1 基本概念

草图是在指定的二维平面上绘制的二维图形元素或图形元素的集合。二维图形元素包括点、线或者点线组合的图形。草图设计的目的是创建生成三维模型的轮廓线。用户可以在草图上绘制出概念图形，然后利用约束和尺寸标注等功能绘制详细的图形。三维模型是由一些特征构成的，可以先绘制草图，再利用草图创建凸台、凹槽、旋转体等特征，最后结合修饰命令生成复杂的三维模型。

3.1.2 进入和退出草图工作台

草图工作台包含以下功能：

1）提供选择平面上对象元素的功能，以及进入或退出草图工作台的功能。

2）绘制各种二维曲线图形的功能。

3）移动、旋转、偏置、缩放等各种二维曲线的编辑功能。

4）提供曲线约束关系的各种约束设置方法。

草图设计是通过草图编辑器模块实现的。草图是一个二维环境，进入草图绘制状态前需要选择一个草图绘制平面。

用户可以按照以下步骤进入草图工作台：

1）启动 CATIA V5 R21。

2）在菜单栏中，依次选择“开始”→“机械设计”→“草图编辑器”选项，进入草图工作台，如图 3-1 所示。

图 3-1 草图工作台启动路径

3）弹出“新建零件”对话框，如图 3-2 所示。用户根据需要选择默认设置和默认零件名称，或者在“输入零件名称”框中输入零件名称，单击“确定”按钮，进入零件设计工作台，如图 3-3 所示。

4）首次进入零件设计工作台，“草图”命令处于激活状态，此时可以在 CATIA 中选择窗口中央的三个基准平面（xy 平面、yz 平面、zx 平面），或者可以选择平面与实体上的任何一个平面作为草图的工作平面，进入“草图工作台”，如图 3-4 所示。

在进行零件设计的过程中，用户可以在“草图编辑器”工具栏中直接单击“草图”按钮，选择草图工作平面，进入“草图工作台”。

从草图工作台返回零件设计工作台，用户可以在“工作台”工具栏中直接单击“退出工作台”按钮 ，退出草图工作台。

图 3-2 “新建零件”对话框

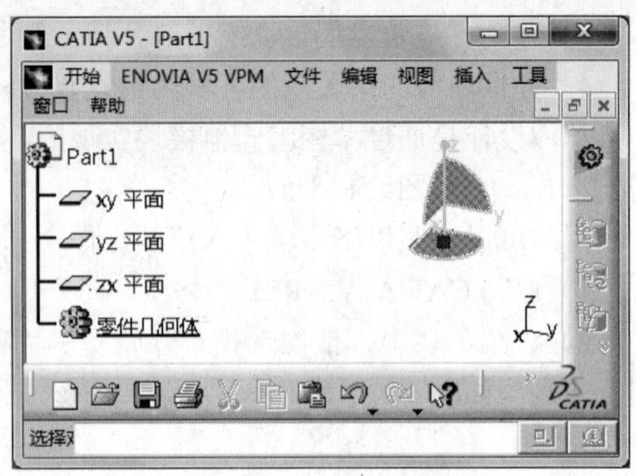

图 3-3 零件设计工作台

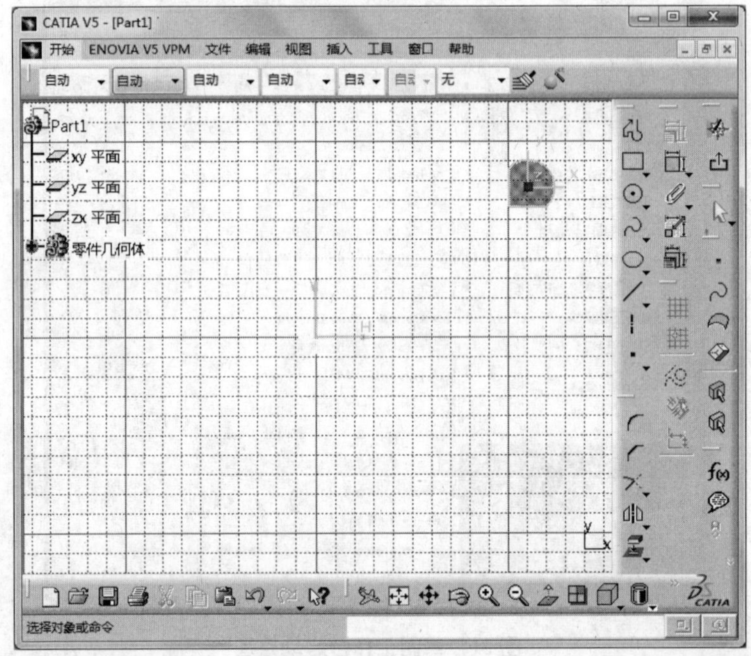

图 3-4 草图工作台

3.2 工作菜单

CATIA V5 草图工作台的菜单栏包括“开始”“ENOVIA V5 VPM”“文件”“编辑”“视图”“插入”“工具”“窗口”和“帮助”等。在“插入”下拉菜单中包括草图工作台的工作菜单。“插入”下拉菜单包括“约束”“轮廓”和“操作”命令，其下拉菜单中的命令选项与草图工作台的工具栏一一对应，如图 3-5 所示。

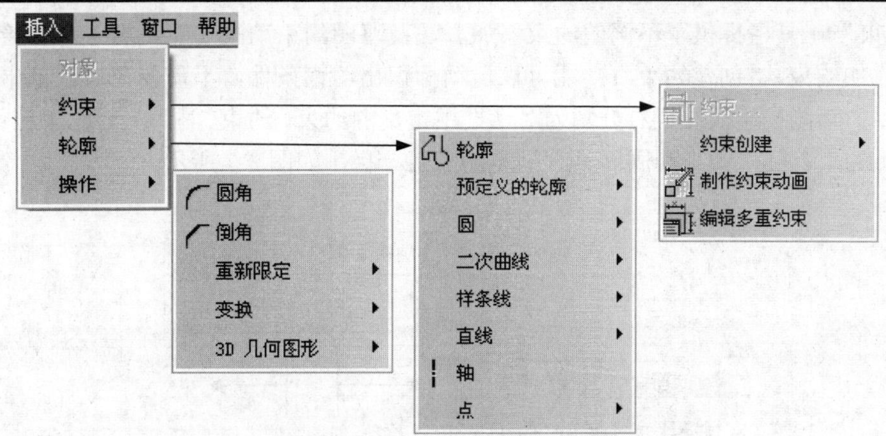

图 3-5 草图“插入”下拉菜单

3.3 工具栏

在草图设计过程中主要用到三个工具栏，“约束”“轮廓”和“操作”工具栏，单击工具栏中相应按钮右下的黑色倒三角，将展开 11 个工具栏。

（1）“轮廓”工具栏

“轮廓”工具栏提供各种草图轮廓线的绘制工具，以方便用户绘制二维几何图形，该工具栏提供了多种几何元素绘制的功能按钮。工具栏中的功能按钮从左至右分别为轮廓、矩形、圆、样条线、椭圆、直线、轴、通过单击创建点。其中矩形、圆、样条线、椭圆和直线具有扩展功能工具栏，如图 3-6 所示。

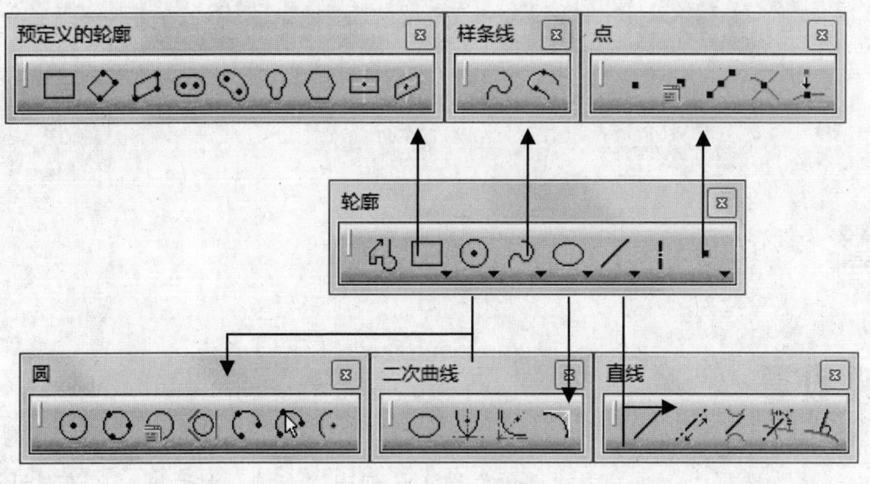

图 3-6“轮廓”工具栏

（2）“约束”工具栏

“约束”工具栏提供了不同的约束添加方法及草图约束动画功能，用于对已绘制的几何图形添加约束。“创建约束”功能可以自动标识出约束条件，不需要在对话框中选择。工具栏中的功能按钮从左至右分别为对话框中定义的约束、约束、固联、对约束应用对话、编辑多重约束。其中约束和固联具有扩展功能工具栏，如图 3-7 所示。

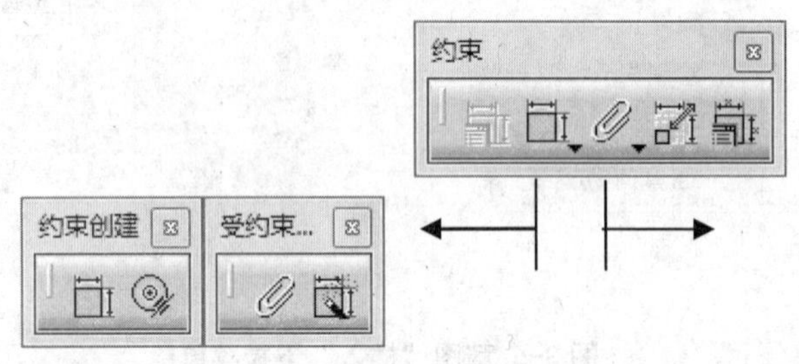

图 3-7“约束”工具栏

（3）“操作”工具栏

“操作”工具栏提供了对绘制的几何图形进行修饰、修剪等操作的功能。工具栏中的功能按钮从左至右分别为圆角、倒角、修剪、镜像、投影 3D 元素。其中修剪、镜像和投影 3D 元素具有扩展功能工具栏，如图 3-8 所示。

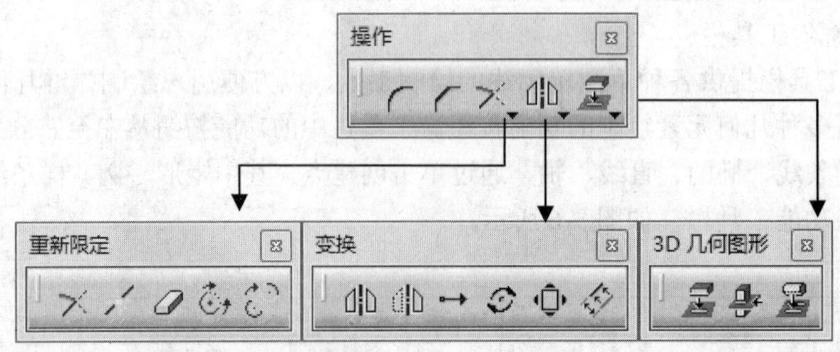

图 3-8“操作”工具栏

3.4 设置

3.4.1 选项设置

在菜单栏中，依次选择“工具”→“选项”选项，弹出“选项”对话框，在该对话框的左侧结构树中，依次选择“机械设计”→“草图编辑器”选项，对话框右侧显示为“草图编辑器”选项卡，如图 3-9 所示。

1）“网格”选项区设置草图工作台的背景网格，其操作项目如下：

a）显示：切换网格的显示/隐藏状态，可用于引导创建草图。

b）点捕捉：切换网格约束的开/关状态，使创建的元素与网格的最近相交点对齐。

c）允许变形：允许“H”和“V”轴方向的网格有不同刻度和间距。

2）“草图平面”选项区 设置草图平面的显示效果，以提高设计效率，其操作项目如下：

a）将草图平面着色：将草图平面着色，以便于草图平面旋转时查看。

b）使草图平面与屏幕平行：将草图平面设置为与屏幕平行。

c）光标坐标的可视化：显示草图工作台中光标所在位置的坐标值。

3）“几何图形”选项区操作项目如下：

a）创建圆心和椭圆中心：若选中该复选框，则在绘制圆或椭圆的同时绘制出其中心。

b）允许直接操作：若选中该复选框，则可以用光标直接拖动图形对象。

4）“约束”选项区提供约束创建功能，其操作项目如下：

a）创建几何约束：自动检测和创建相关的几何约束。

b）创建尺寸约束：通过输入参数创建的草图元素自动创建尺寸约束。

5）“颜色”选项区定义约束颜色，其操作项目如下：

a）元素的默认颜色：未经过任何约束图形的颜色。

b）诊断的可视化：系统判断所受约束类型并在图形元素上显示相应的颜色。

c）元素的其他颜色：设置“受保护的元素”“构造元素”“智能拾取”的颜色。

6）更新时若草图不是完全约束，退出草图工作台时会提示更新错误。

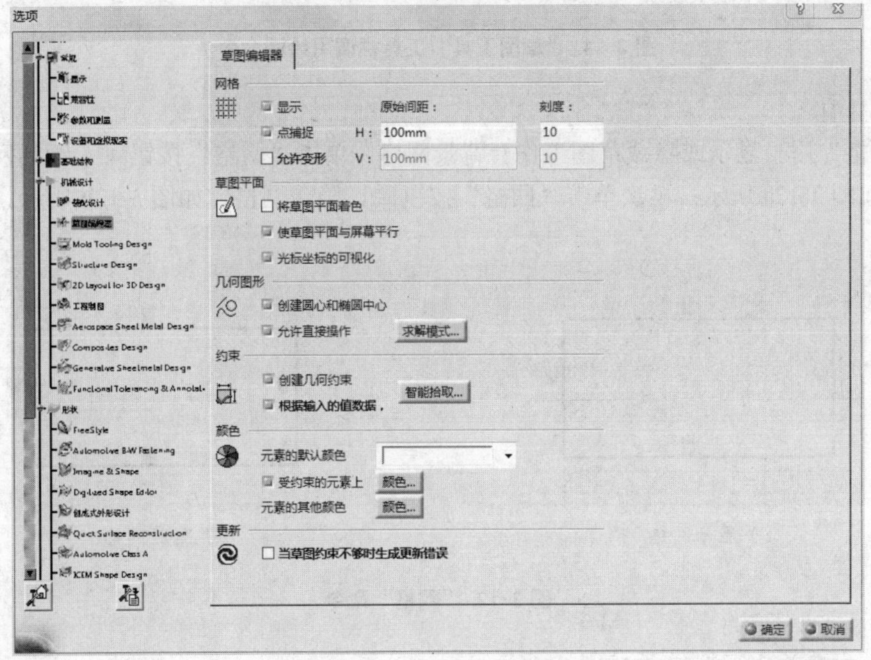

图 3-9“草图编辑器”选项卡

3.4.2 工具栏设置

“草图工具”工具栏提供了绘制和编辑草图的工具，用于草图环境和几何图形元素及约束的设置。在绘制草图时，一般要将“草图工具”工具栏打开。工具栏中的功能按钮从左至右分别为网格、点对齐、构造/标准元素、几何约束和尺寸约束，如图 3-10 所示。

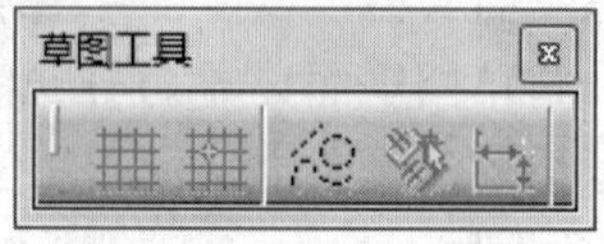

图 3-10 “草图工具”工具栏

根据当前用户所选绘制功能的不同，工具栏自动扩充与当前绘制功能有关的选项，例如可以输入坐标点、角度值、相应功能按钮等，如图 3-11 所示。该工具栏的部分按钮功能可以在“选项”对话框中的“草图编辑器”选项卡中进行设置，“草图工具”工具栏可以在草绘平面上直接进行设置，与“草图编辑器”选项卡设置相比更加方便、快捷。下面对“草图工具”工具栏作详细介绍。

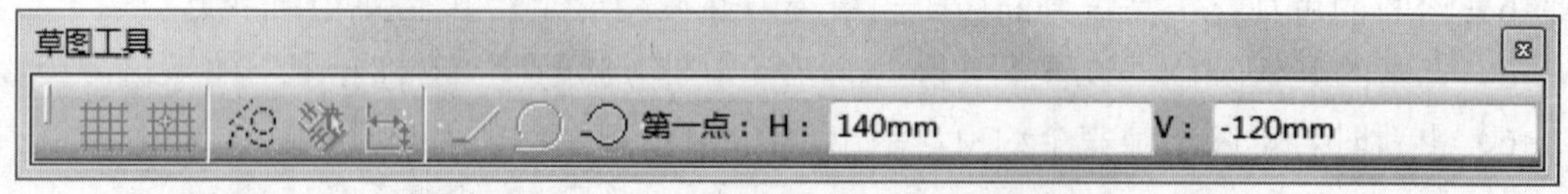

图 3-11 “草图工具”工具栏调用绘图命令

（1）网格

“网格”用于显示或隐藏草图工作台背景网格。单击“网格”按钮，激活网格显示状态，如图 3-12a 所示；再次单击“网格”按钮，隐藏网格，如图 3-12b 所示。

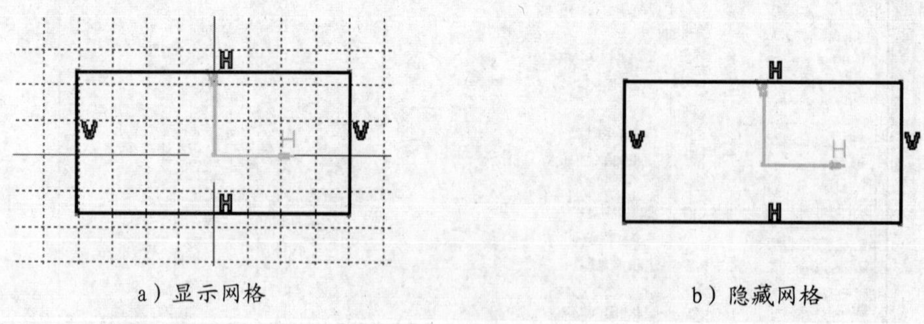

a）显示网格　　b）隐藏网格

图 3-12 “网格”命令

（2）点对齐

“点对齐”用于在草图绘制过程中，建立各种几何元素时使光标只能捕捉到网格的交点上或已有图形元素的端点上，可以快速输入点。单击“点对齐”按钮，激活捕捉网格状态，绘制图形如图 3-13a 所示；再次单击“网格”按钮，取消捕捉网格状态，绘制图形如图 3-13b 所示。

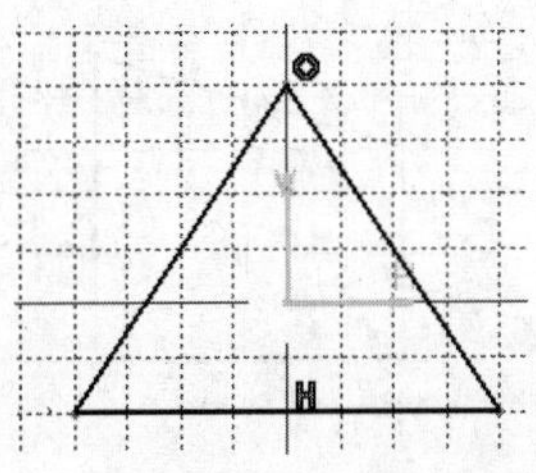

a）捕捉网格交点

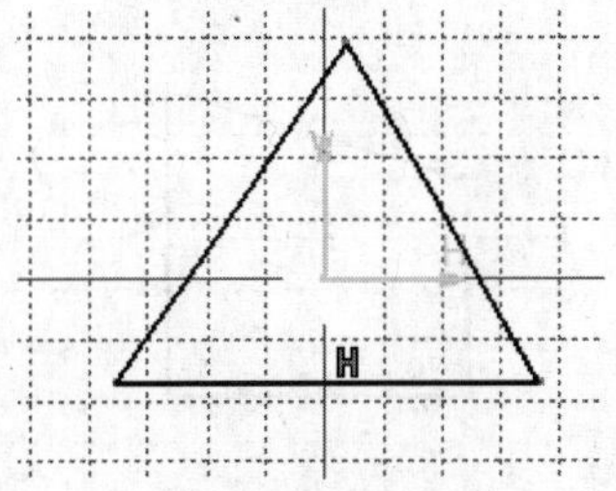

b）未捕捉网格交点

图 3-13 “点对齐”命令

（3）构造/标准元素

“构造/标准元素”是用于切换构造元素模式与标准元素模式之间的命令，或在草图设计过程中将几何元素确定为构造元素。通常情况下草图中绘制的点或线是“标准元素”，这些元素是草图轮廓的一部分，可以生成三维实体或曲面。“构造元素”是草图中的参考与辅助元素，是绘制草图时建立的辅助线或点，不作为草图轮廓生成实体，在屏幕上用虚线显示。

单击“构造/标准元素”按钮，激活构造元素状态，此时绘制的几何元素是构造元素，如图 3-14a 所示。选择构造元素，单击“构造/标准元素”按钮，可以将构造元素转换成标准元素，如图 3-14b 所示。

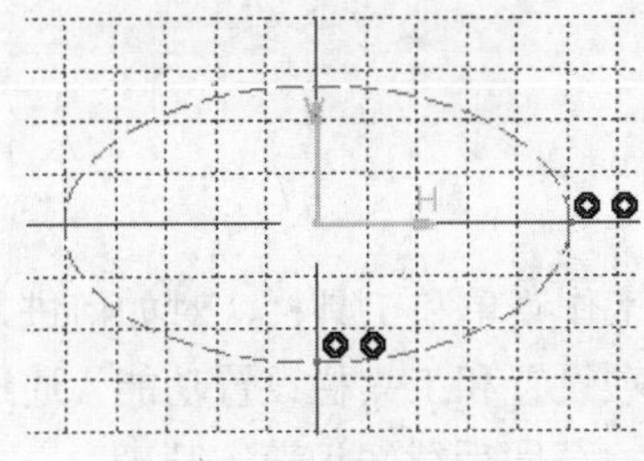

a）构造元素

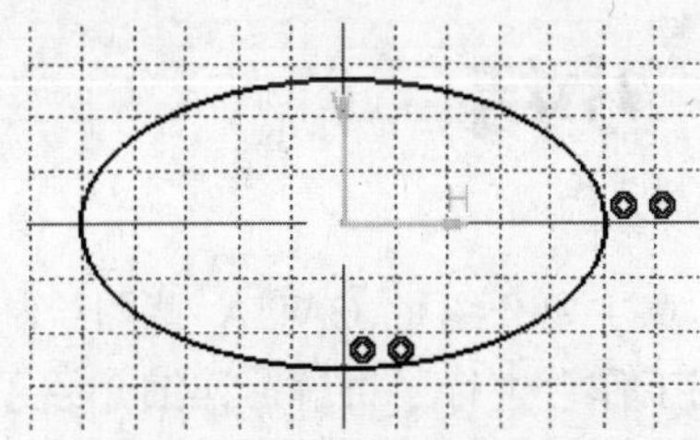

b）将构造元素转换为标准元素

图 3-14 “构造/标准元素”命令

（4）几何约束

“几何约束”用于在草图绘制过程中系统自动创建必要的几何约束，如相切、水平、垂直、重合等。单击“几何约束”按钮，激活几何约束状态，绘制图形如图 3-15a 所示；再次单击“几何约束”按钮，取消几何约束状态，绘制图形如图 3-15b 所示。

（5）尺寸约束

“尺寸约束”用于在草图绘制过程中自动标注尺寸。如果“尺寸约束”功能不激活，在“草图工具”工具栏中输入参数创建的草图元素不自动创建尺寸约束。单击“尺寸约束”

按钮，激活尺寸约束状态，绘制图形如图 3-16a 所示；再次单击“尺寸约束”按钮，取消尺寸约束状态，绘制图形如图 3-16b 所示。

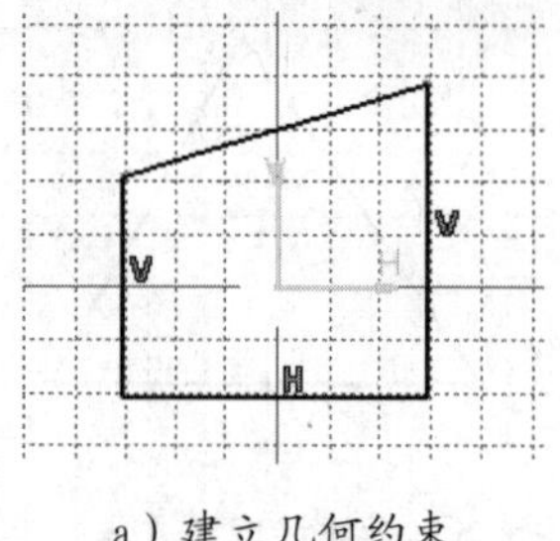

a）建立几何约束

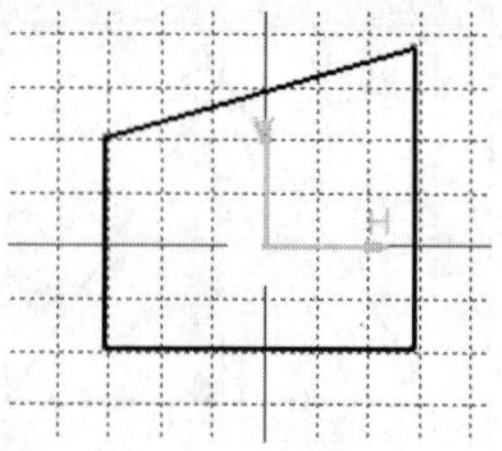

b）不建立几何约束

图 3-15 “几何约束”命令

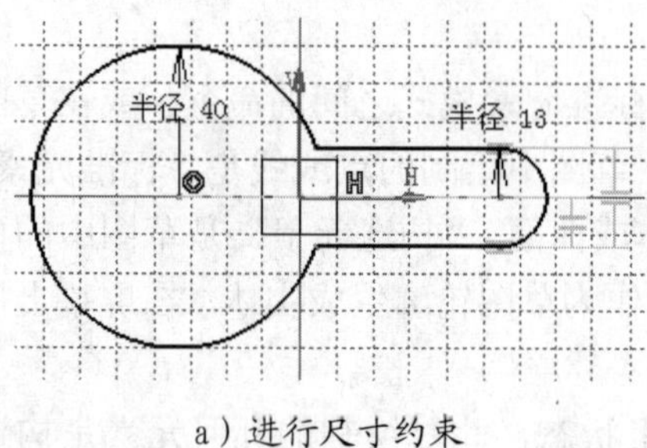

a）进行尺寸约束

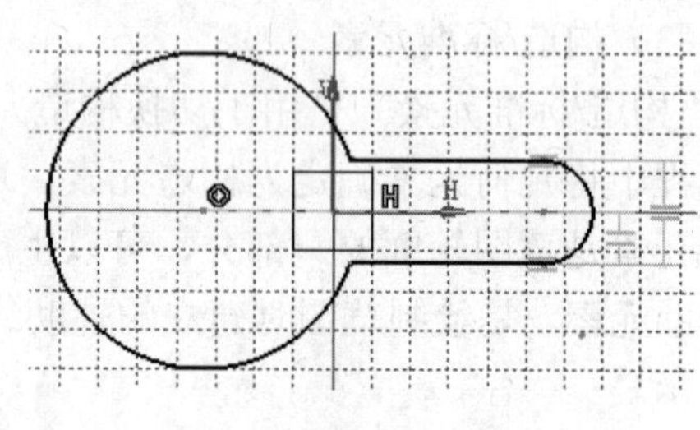

b）不进行尺寸约束

图 3-16 “尺寸约束”命令

3.5 小结

本章主要介绍了 CATIA 草图绘制的基本概念、工作菜单和工具栏，对如何进入和退出草图工作台进行了讲解，详细介绍了草图绘制的选项设置和工具栏设置功能。通过本章的学习，可以熟悉草图绘制的基本功能和操作，为学习草图后续知识奠定基础。

3.6 思考题

（1）什么是草图绘制？

（2）如何进入和退出草图工作台？

（3）草图绘制功能有几个工具栏，分别是什么？

（4）构造/标准元素的功能和作用是什么，如何操作？

第4章 图形绘制

4.1 基础图形

“轮廓”工具栏提供了各种草图轮廓线的绘制工具，以方便用户绘制二维轮廓线。包括“轮廓”“预定义的轮廓”“圆”“样条线”“二次曲线”“直线”“轴”和“点”等绘图工具按钮，如图 4-1 所示。

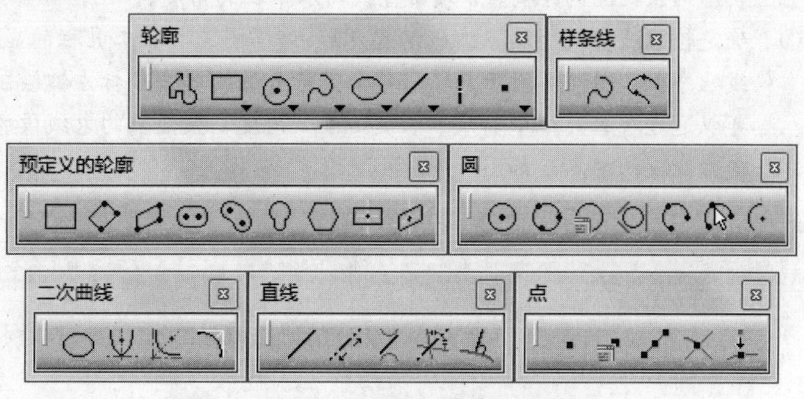

图 4-1 “轮廓”工具栏及其扩展工具栏

4.1.1 轮廓

“轮廓”是绘制草图时最常用的命令之一，使用轮廓命令可以连续绘制若干直线和圆弧。该轮廓可以是封闭的，也可以是不封闭的。绘制封闭轮廓时，轮廓曲线封闭便自动结束绘制；绘制不封闭轮廓时，按两下“Esc”键或单击“轮廓”按钮或在绘制最后一点时双击该点结束绘制。

【例4-1】 绘制草图轮廓。

① 进入草图工作平面，在“轮廓”工具栏中单击“轮廓”按钮，“草图工具”工具栏显示状态如图 4-2 所示，工具栏中新增按钮的详细内容见表 4-1。

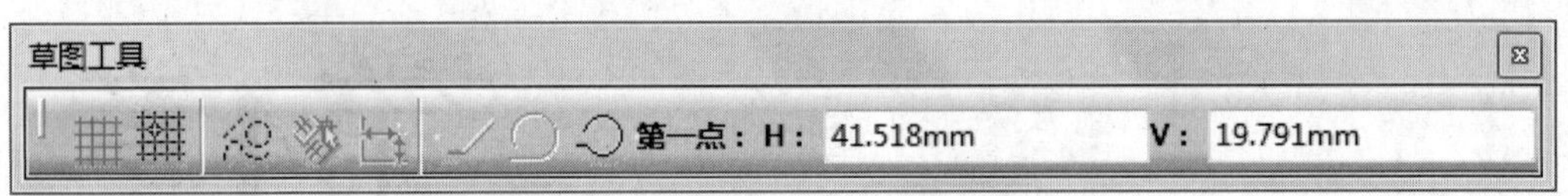

图 4-2 “草图工具”工具栏一

表 4-1 草图工具栏新增按钮

序号	按钮	按钮名称	功能
1		直线	绘制连续直线
2		相切弧	绘制与直线（或圆弧）相切的圆弧
3		三点弧	绘制三点圆弧

② 移动鼠标时会在“草图工具”工具栏中显示光标的当前位置，单击鼠标左键确定起点；或者在“草图工具”工具栏内输入起点坐标点，其中 H 表示与坐标原点的水平距离（即水平坐标值），V 表示与坐标原点的垂直距离（即垂直坐标值），L 表示两点之间的距离，A 表示直线与水平轴的角度。

③ 确定轮廓线直线的端点。确定起点后，“草图工具”工具栏的显示状态为绘制直线状态，如图 4-3 所示。可以移动鼠标并继续单击鼠标左键绘制连续的直线，也可以通过在工具栏中输入“长度”和“角度”数值来约束线段的长度和角度，确定直线段的端点，如图 4-4a 所示。

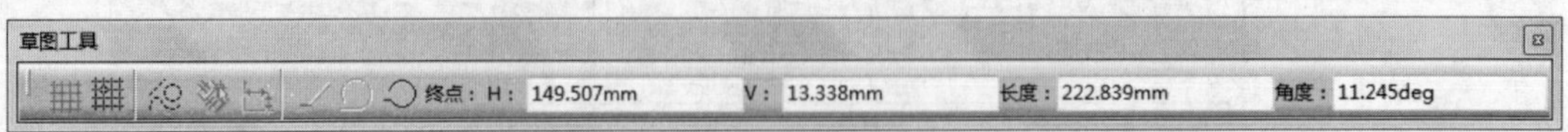

图 4-3 “草图工具”工具栏二

④ 对于每段线段来说在开始绘制时都是直线状态，如果想绘制带有圆弧的草图，可以通过单击“草图工具”工具栏中的“相切弧”按钮或“三点弧”按钮来切换成相切弧或圆弧的绘制状态；也可以按住左键并拖动鼠标切换至相切弧的状态。带有“相切弧”的草图如图 4-4b 所示；带有“三点弧”的草图如图 4-4c 所示。

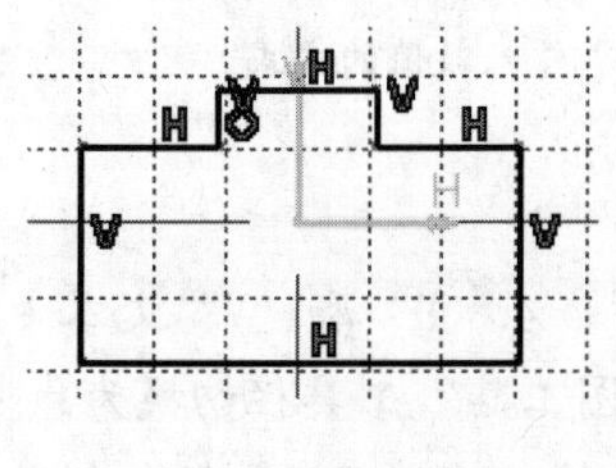

a）直线草图

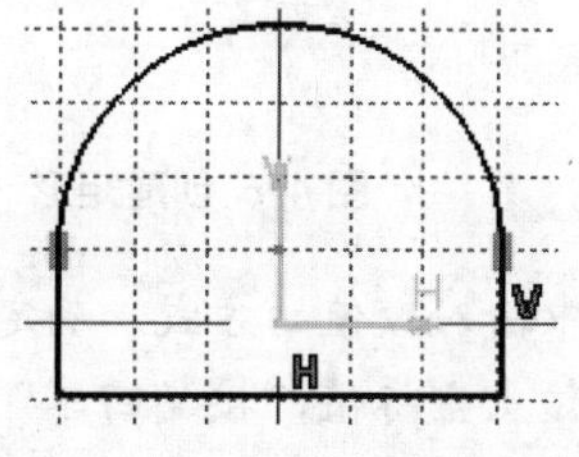

b）相切弧草图

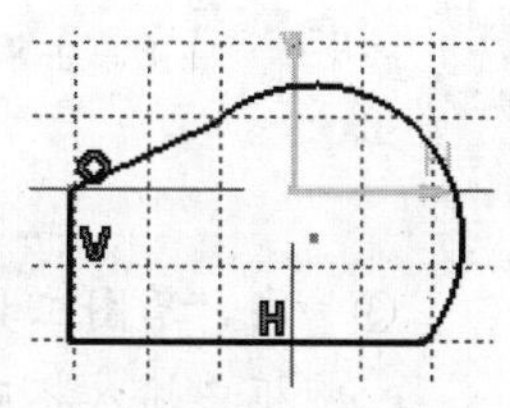

c）三点弧草图

图 4-4 轮廓命令绘制草图

⑤ 如果在绘制圆弧时改变为绘制直线，可单击返回到直线绘制状态。

⑥ 如果连续直线形成封闭图形，即自动结束连续线的绘制；如果绘制不封闭的连续直线，则可单击按钮结束绘制；或直接单击其他按钮转换绘图方式；也可以在连续直线的最后一点双击鼠标左键，即可完成连续折线的绘制。

4.1.2 预定义的轮廓

预定义轮廓是系统已经定义的一些常用的轮廓线，以便快速完成草图的绘制。在“轮廓”工具栏中单击“矩形”按钮下的三角箭头，弹出“预定义的轮廓”工具栏，该工具栏包括“矩形”“斜置矩形”“平行四边形”“延长孔”“圆柱形延长孔”“钥匙孔轮廓”“六边形”“居中矩形”和“居中平行四边形”，如图 4-1 所示。

（1）矩形

通过两点绘制边与坐标轴平行的矩形。

【例4-2】 创建矩形。

① 在“预定义的轮廓”工具栏中单击“矩形”按钮，“草图工具”工具栏显示状态如图 4-5 所示。

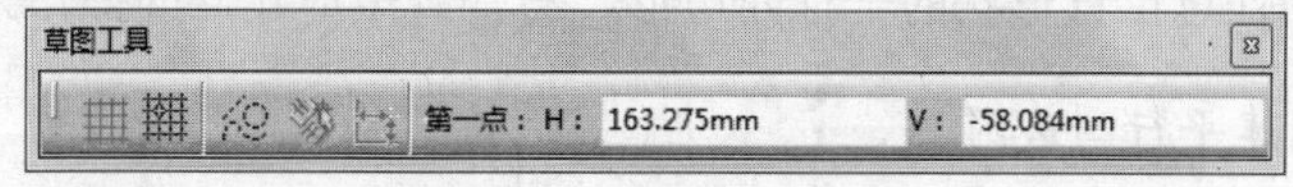

图 4-5 “草图工具”工具栏

② 鼠标左键单击两点作为矩形的对角点。在草绘平面上单击一点作为初始点，移动鼠标单击对角第二点以创建矩形，系统自动生成矩形 U 和 V 约束，如图 4-6a 所示。

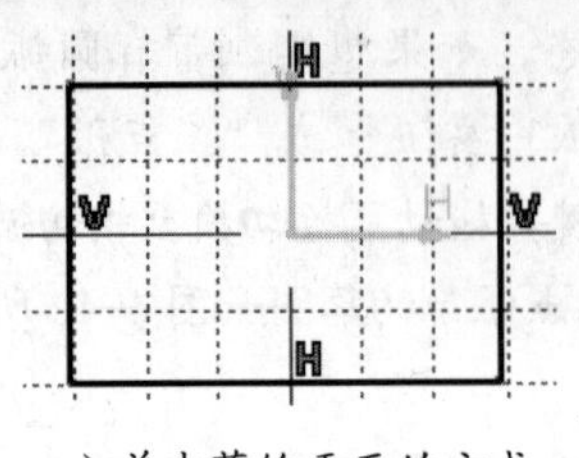

a）单击草绘平面的方式

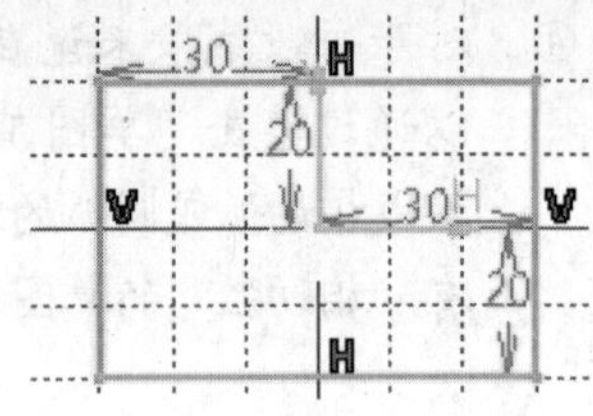

b）输入数值的方式

图 4-6 创建矩形

③ 在“草图工具”工具栏中输入数值的方式。确定第一点时，在“H”和“V”文本框中输入相应数值作为该点坐标值，按“回车”键，“草图工具”工具栏切换为确定第二点的显示状态，在“H”和“V”文本框中输入数值，按“回车”键，创建的矩形如图 4-6b 所示。确定第二点时，也可以在“宽度”和“高度”文本框中输入矩形的宽度和高度值以确定矩形。

（2）斜置矩形

斜置矩形可以通过三点绘制边与坐标轴成任意角度的矩形。

【例4-3】 创建斜置矩形。

① 在“预定义的轮廓”工具栏中单击“斜置矩形”按钮◇。

② 鼠标左键单击两点作为矩形的一个边长，也可以用输入坐标值的方式确定矩形的边长。

③ 移动鼠标确定矩形的高度，也可以输入矩形的高度，结果如图 4-7 所示。

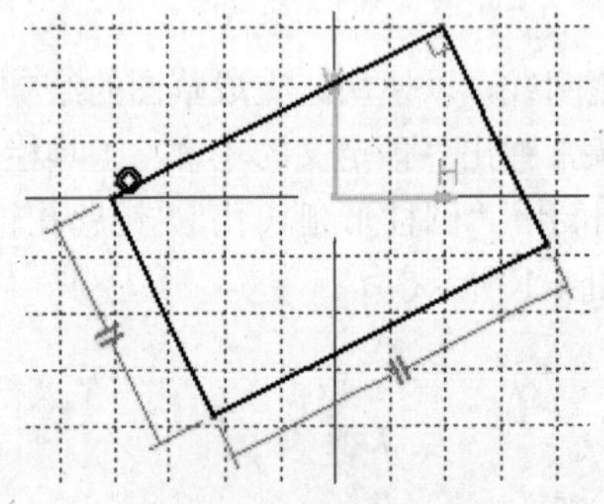

图 4-7 创建斜置矩形

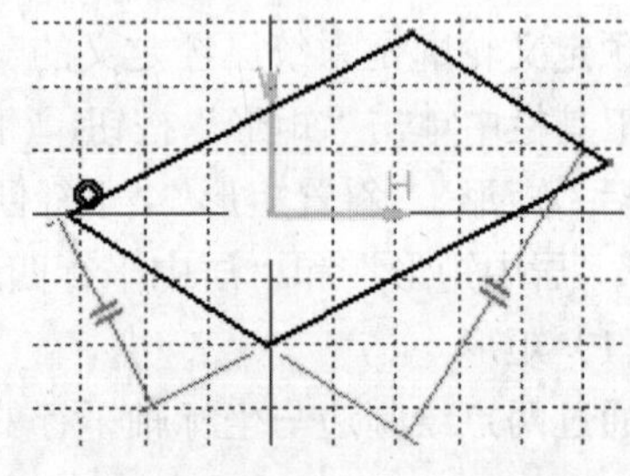

图 4-8 创建平行四边形

（3）平行四边形

通过三点绘制任意位置形状的平行四边形，与斜置矩形建立的操作方式一致。

【例4-4】 创建平行四边形。

① 在“预定义的轮廓”工具栏中单击“平行四边形”按钮▱。

② 单击鼠标左键确定第一点。

③ 移动鼠标单击鼠标左键确定第二点。

④ 再次移动鼠标单击鼠标左键确定对角点，结果如图 4-8 所示。

（4）延长孔

通过三点绘制矩形延长孔。

【例4-5】 创建延长孔。

① 在“预定义的轮廓”工具栏中单击“延长孔”按钮。

② 单击鼠标左键确定圆弧圆心。

③ 移动鼠标，单击鼠标左键确定另一个圆弧圆心。

④ 继续移动鼠标，单击确定圆弧半径上一点，也可以通过在“草图工具”工具栏内输入坐标值、圆弧半径的方法确定，结果如图 4-9 所示。

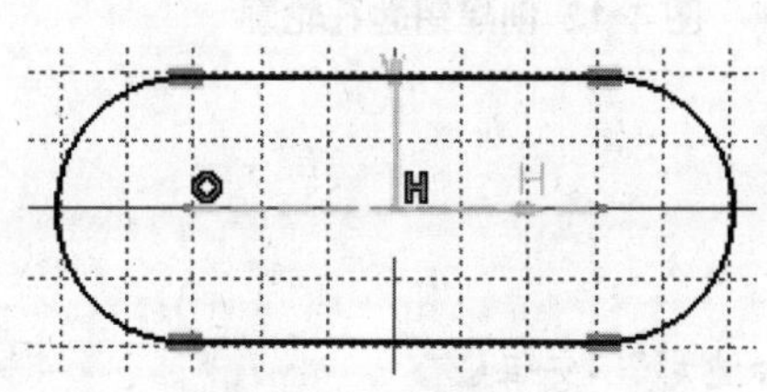

图 4-9 创建延长孔

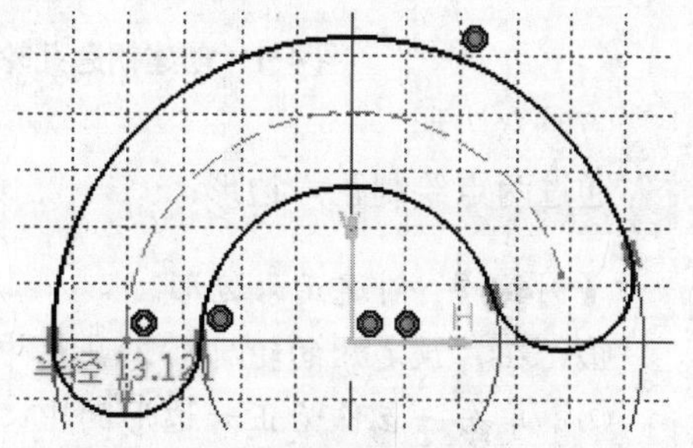

图 4-10 创建圆柱形延长孔

（5）圆柱形延长孔

通过四点绘制圆柱形延长孔。

【例4-6】 创建圆柱形延长孔。

① 在“预定义的轮廓”工具栏中单击“圆柱形延长孔”按钮。

② 单击一点作为圆形延长孔圆弧的圆心，或在“草图工具”工具栏内的“圆心”内输入圆心的坐标值。

③ 再单击第二个点作为圆形延长孔圆弧的起始点，或在“草图工具”工具栏内的“起点”内输入起始坐标点。

④ 再单击第三个点作为圆形延长孔圆弧的终止点，或在“草图工具”工具栏内的“终点”内输入终止点的坐标值。

⑤ 单击圆柱形延长孔周围边上的任一点，或在“草图工具”工具栏的“圆柱形延长孔上的点”内输入延长孔周边上一点的坐标值，或直接在工具栏的“半径”内输入孔半径值，结果如图 4-10 所示。

（6）钥匙孔轮廓

通过四点绘制钥匙孔轮廓。

【例4-7】 创建钥匙孔轮廓。

① 在“预定义的轮廓”工具栏中单击“钥匙孔轮廓”按钮。

② 单击一点作为钥匙孔中大圆的圆心，或在“草图工具”的“中心”项中输入坐标值。

③ 单击第二个点作为钥匙孔中小圆的圆心，此点同时决定两个圆心的距离。

④ 单击第三个点，决定小圆的半径。

⑤ 再单击第四个点决定大圆的半径，结果如图 4-11 所示。

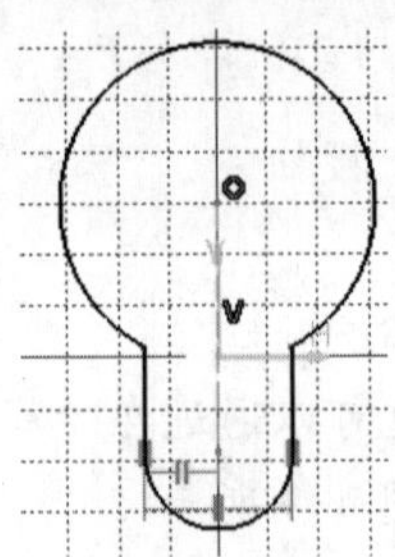

图 4-11 创建钥匙孔轮廓

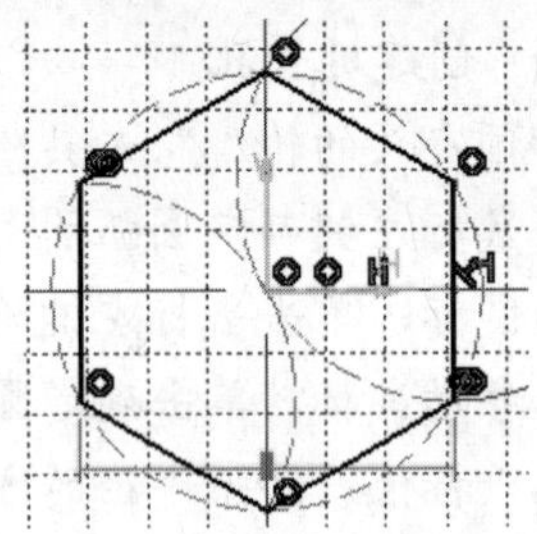

图 4-12 创建钥匙孔轮廓

（7）六边形

通过两点绘制正六边形。

【例4-8】 创建正六边形。

① 在“预定义的轮廓”工具栏中单击“正六边形”按钮⬡。

② 单击一点作为正六边形的中心，或在“草图工具”的“六边形中心”项中输入中心坐标值。

③ 单击第二个点作为正六边形一边的中点，或在工具栏中输入角度和尺寸值，角度为六边形中心点与当前要设置边的中点的连线与水平轴的夹角，尺寸是中心点到边的距离值，结果如图 4-12 所示。

（8）居中矩形

【例4-9】 创建居中矩形。

① 在“预定义的轮廓”工具栏中单击“居中矩形”按钮⊡。

② 单击草绘平面确定中心点。

③ 移动鼠标，单击确定对角点，结果如图 4-13 所示。

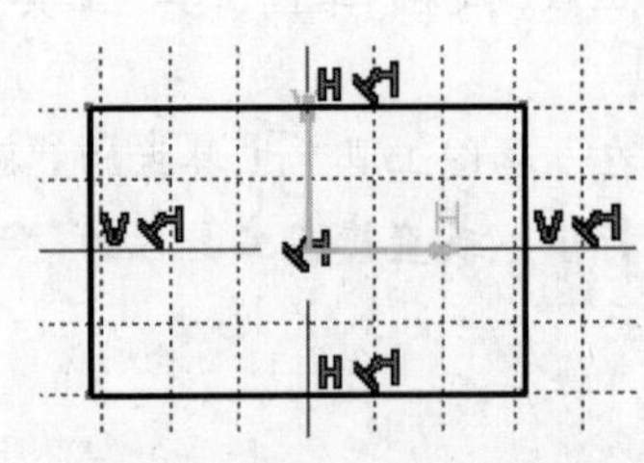

图 4-13 创建居中矩形

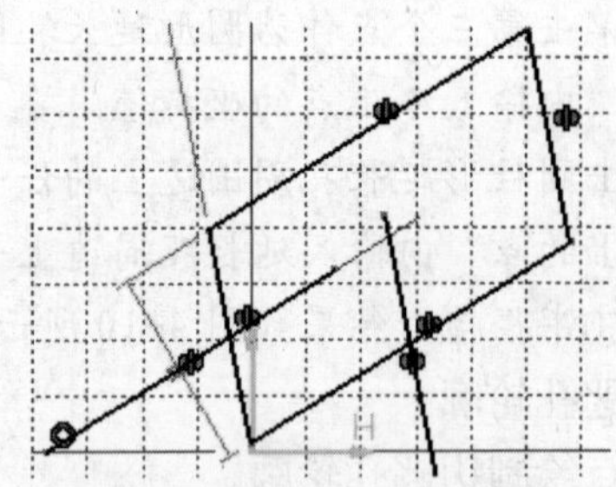

图 4-14 创建居中平行四边形

（9）居中平行四边形

以两条相交直线为中心线绘制平行四边形。

【例4-10】 创建居中平行四边形。

① 在“预定义的轮廓”工具栏中单击“居中平行四边形”按钮⊡。

② 选择已有直线。

③ 选择另一条已有直线。

④ 移动鼠标，单击确定对角点，结果如图 4-14 所示。

4.1.3 圆

在“轮廓”工具栏中单击“圆”按钮下的三角箭头，弹出“圆”工具栏，包括“圆”“三点圆”“使用坐标创建圆”“三切线圆”“三点弧”“起始受限的三点弧”和“弧”，如图 4-1 所示。

（1）圆

以圆心和半径的方式创建圆。

【例4-11】 创建圆。

① 在“圆”工具栏中单击“圆”按钮，“草图工具”工具栏显示状态如图 4-15 所示。

图 4-15 “草图工具”工具栏

② 单击草绘平面的方式。在草绘平面上单击两点即可绘制圆，第一点用来确定圆心，移动鼠标单击第二点用来确定半径，如图 4-16a 所示。

③ 在“草图工具”工具栏中输入数值的方式。在“草图工具”工具栏中的“H”“V”文本框中输入坐标值（0，0），在“R”文本框中输入半径值“30”，按“回车”键，如图 4-16b 所示。

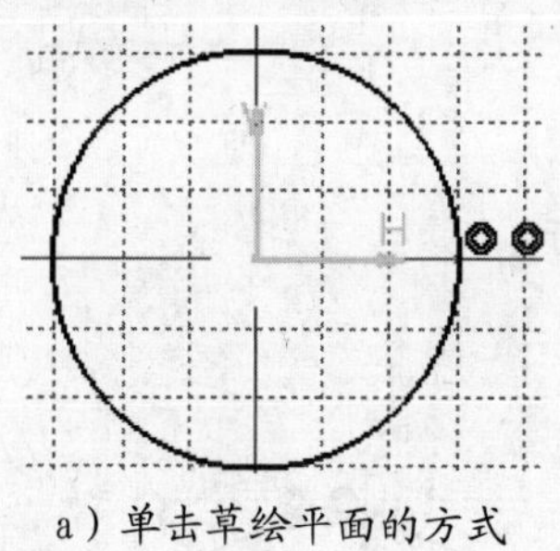

a）单击草绘平面的方式

b）输入数值的方式

图 4-16 创建圆

（2）三点圆

通过三个不共线的点创建整圆。

【例4-12】 创建三点圆。

① 在“圆”工具栏中单击“三点圆”按钮。

② 单击草绘平面确定圆上任意一点。

③ 移动鼠标单击确定圆第二点。

④ 再次拖动鼠标单击确定圆的第三点，如图 4-17 所示。

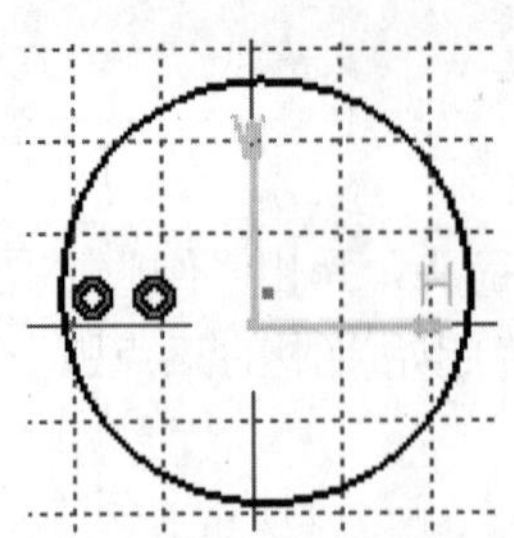

图 4-17 创建三点圆

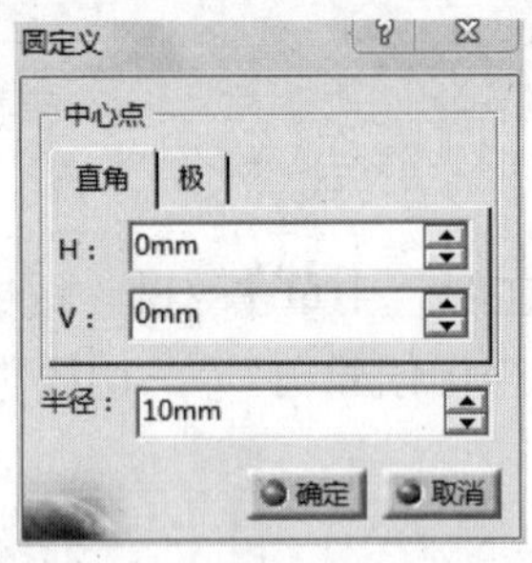

图 4-18 “圆定义”对话框

（3）使用坐标创建圆

通过坐标定义圆心位置和半径确定圆。

【例4-13】 使用坐标创建圆。

① 在“圆”工具栏中单击“使用坐标创建圆”按钮，弹出“圆定义”对话框，如图 4-18 所示。

② 在“中心点”选项区的“H”和“V”文本框中输入数值确定圆心。

③ 在“半径”文本框中输入数值以确定圆半径。

（4）三切线圆

绘制与已知三条直线或曲线相切的圆。

【例4-14】 创建三切线圆。

① 在“圆”工具栏中单击“三切线圆”按钮。

② 选择已有曲线。

③ 选择第二条已有曲线。

④ 再选择第三条已有直线，结果如图 4-19 所示。

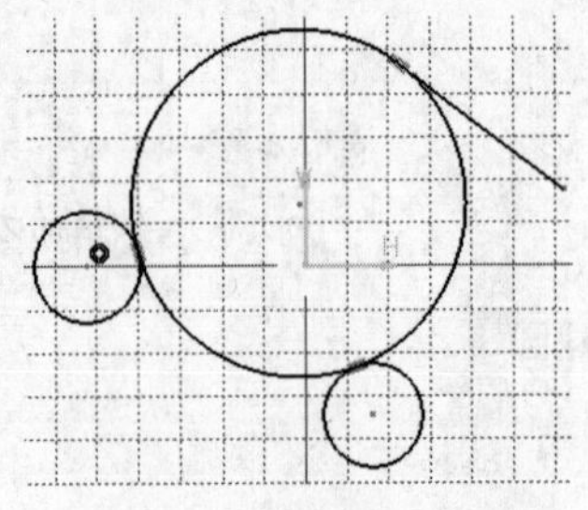

图 4-19 创建三切线圆

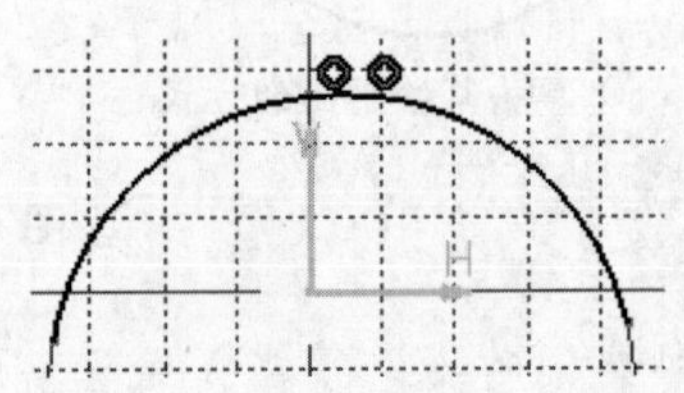

图 4-20 创建三点弧

（5）三点弧

通过三个不共线的点绘制一段圆弧。

【例4-15】 创建三点弧。

① 在“圆”工具栏中单击“三点弧”按钮。

② 单击草绘平面确定圆弧起点。

③ 移动鼠标单击确定圆弧第二点。

④ 再次移动鼠标单击确定圆弧的终点，如图 4-20 所示。

（6）起始受限的三点弧

创建起点、终点受限的三点弧，中间点任意选取。

【例4-16】 创建起始受限的三点弧。

① 在“圆”工具栏中单击“起始受限的三点弧”按钮。

② 单击草绘平面确定圆弧起点。

③ 移动鼠标单击确定圆弧终点。

④ 再次移动鼠标选择圆弧上一点，图形同【例 4-15】。

（7）弧

通过中心点，起始点和终点绘制圆弧。

【例4-17】 创建弧。

① 在“圆”工具栏中单击“弧”按钮。

② 单击草绘平面确定圆弧圆心。

③ 移动鼠标单击确定圆弧的起点。

④ 再次移动鼠标单击确定圆弧终点，图形同【例 4-15】。

4.1.4 样条曲线

在“轮廓”工具栏中单击“样条线”按钮下的三角箭头，弹出“样条线”工具栏，该工具栏包括“样条线”和“连接”，如图 4-1 所示。

（1）样条线

【例4-18】 创建样条线。

① 在“样条线”工具栏中单击“样条线”按钮，“草图工具”工具栏显示状态如图 4-21 所示。

图 4-21 “草图工具”工具栏一

② 第一种方式，在草绘工作平面上依次单击鼠标左键确定样条线的各个控制点，绘制不规则的平滑曲线。再次单击“样条线”按钮或者双击鼠标左键完成样条曲线的绘制，如图 4-22a 所示。

③ 第二种方式，在“草图工具”工具栏中的“H”和“V”文本框中输入一系列相应的坐标值生成控制点，按“回车”键，结果如图 4-22b 所示。

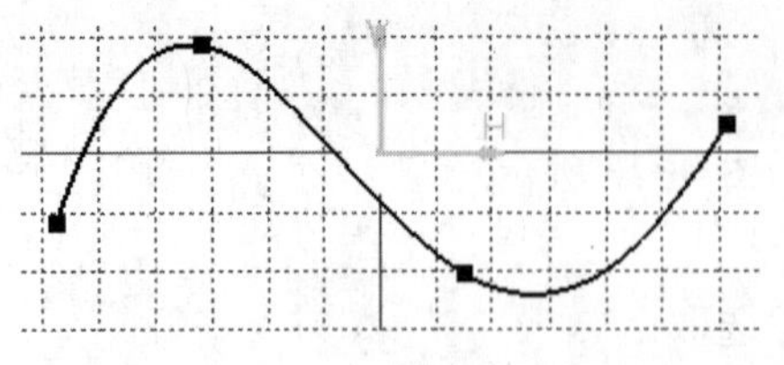

a）单击草绘平面的方式

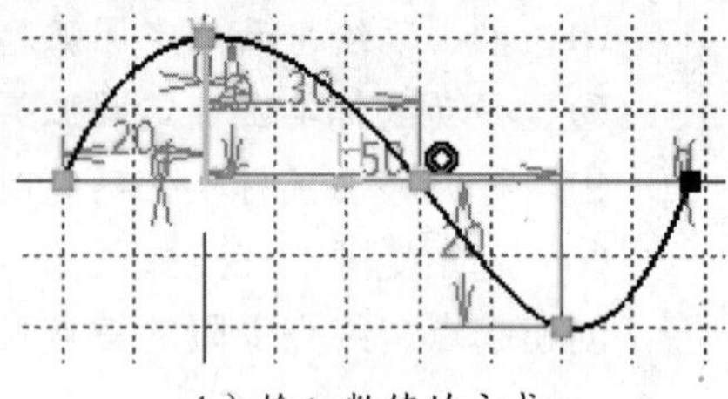

b）输入数值的方式

图 4-22 创建样条线

（2）连接线

“连接”是以弧的形式连接两条曲线。在“样条线”工具栏中单击“连接”按钮，“草图工具”工具栏显示状态如图 4-23 所示。

【例4-19】 创建用弧连接的连接线。

① 绘制两条曲线如图 4-24a 所示。

图 4-23 “草图工具”工具栏二

② 在“样条线”工具栏中单击“连接”按钮。

③ 在“草图工具”工具栏中单击“用弧连接”按钮。

④ 在草绘平面上依次单击两条目标曲线的端点，连接图形如图 4-24b 所示。

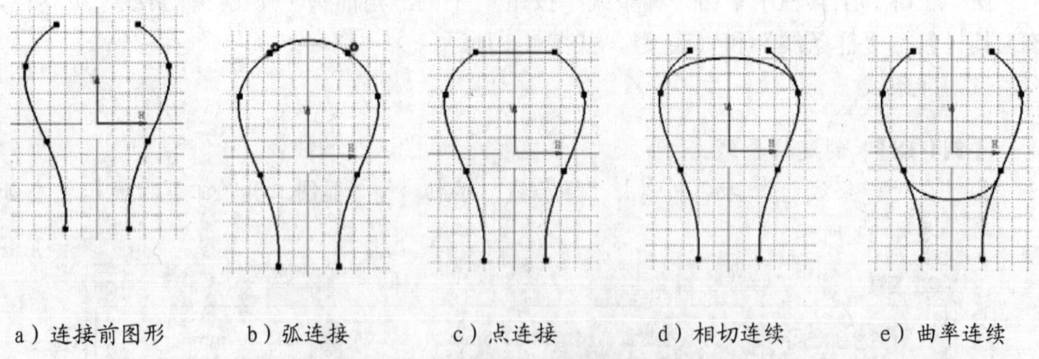

a）连接前图形 b）弧连接 c）点连接 d）相切连续 e）曲率连续

图 4-24 连接曲线

【例4-20】 创建用点连续的方式绘制样条连接线。

① 在“样条线”工具栏中单击“连接”按钮，再在“草图工具”工具栏中单击“用样条线连接”按钮，“草图工具”工具栏显示状态如图 4-25 所示。

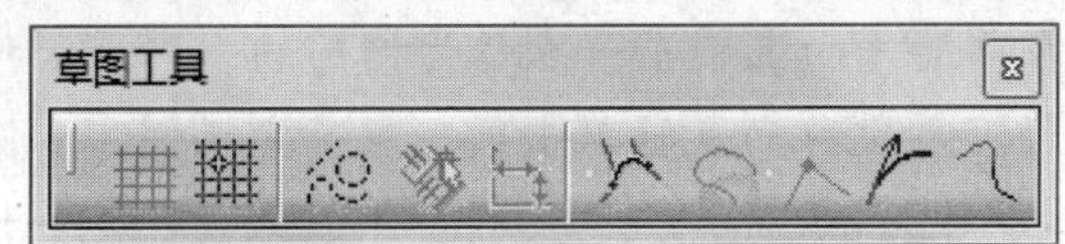

图 4-25 “草图工具”工具栏三

② 在“草图工具”工具栏中单击“点连续”按钮。

③ 依次单击图 4-24a 中两条曲线的端点，通过直线连接两条曲线，如图 4-24c 所示。

【例4-21】 创建用相切连续的方式绘制样条连接线。

① 在“草图工具”工具栏中单击“相切连续”按钮，“草图工具”工具栏显示状态如图 4-26 所示。

图 4-26 “草图工具”工具栏四

② 依次单击图 4-24a 中两条曲线的端点，通过在连接处相切的曲线连接两条曲线，如图 4-24d 所示。

【例4-22】 创建用曲率连续的方式绘制样条连接线。

① 在“草图工具”工具栏中单击“曲率连续”按钮，“草图工具”工具栏显示状态如图 4-26 所示。

② 依次单击图 4-24a 中两条曲线的端点，通过在连接处曲率相等的曲线连接两条曲线，如图 4-24e 所示。

4.1.5 二次曲线

在“轮廓”工具栏中单击“椭圆”按钮下的三角箭头，弹出“二次曲线”工具栏，该工具栏包括“椭圆”“通过焦点创建抛物线”“通过焦点创建双曲线”和“二次曲线”，如图 4-1 所示。

（1）椭圆

【例4-23】 创建椭圆。

① 在“二次曲线”工具栏中单击“椭圆”按钮，“草图工具”工具栏显示状态如图 4-27 所示。

图 4-27 “草图工具”工具栏一

② 第一种方式。在草绘平面上单击一点作为椭圆的中心点，移动鼠标单击第二点确定椭圆长轴半径，再次移动鼠标单击第三点确定椭圆，如图 4-28a 所示。

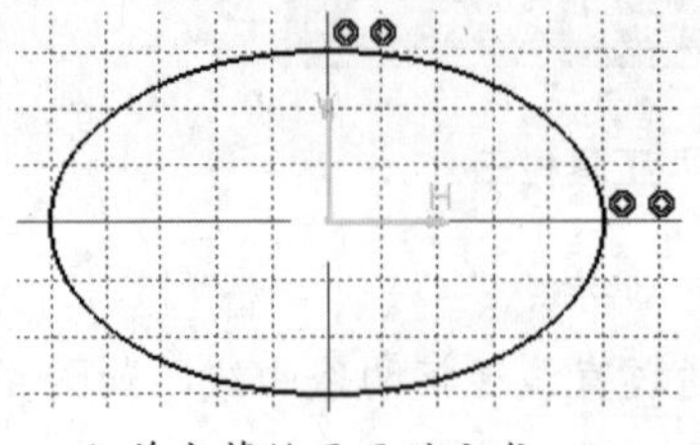

a）单击草绘平面的方式

b）输入数值的方式

图 4-28 创建椭圆

③ 第二种方式。在“草图工具”工具栏“H”“V”“长轴半径”“短轴半径”和“A（角度）”文本框中输入相应数值，按“回车”键，如图 4-28b 所示。

（2）抛物线

通过确定抛物线的焦点、顶点和两个端点绘制抛物线。

【例4-24】 创建抛物线。

① 在“二次曲线”工具栏中单击“抛物线”按钮，“草图工具”工具栏显示状态如图 4-29 所示。

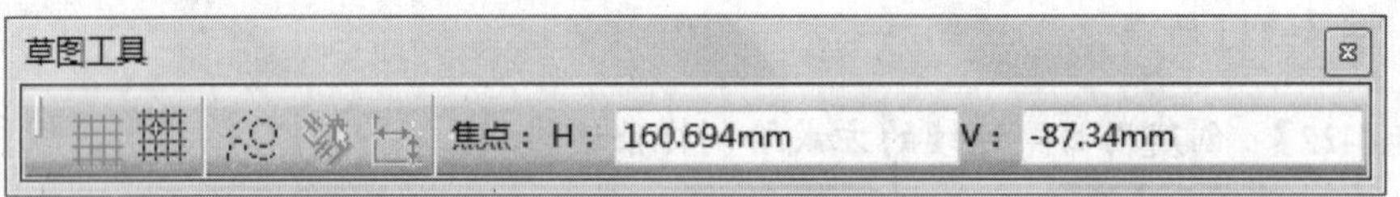

图 4-29 “草图工具”工具栏二

② 单击第一点作为抛物线的焦点。

③ 移动鼠标单击第二点作为抛物线的顶点。

④ 继续移动鼠标单击第三点作为抛物线的起点。

⑤ 再次移动鼠标单击第四点作为抛物线的终点，如图 4-30 所示。

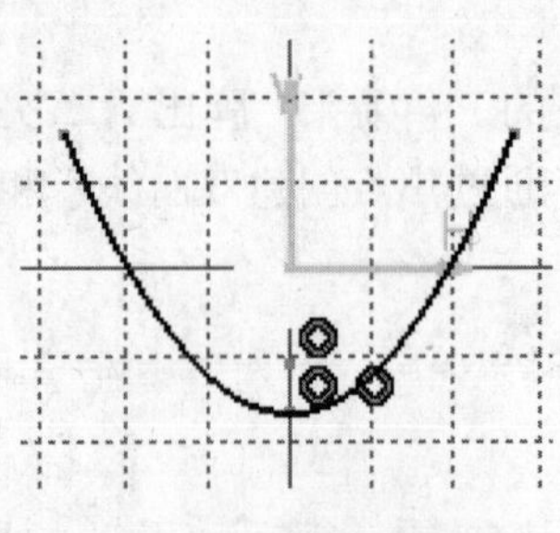

图 4-30 创建抛物线

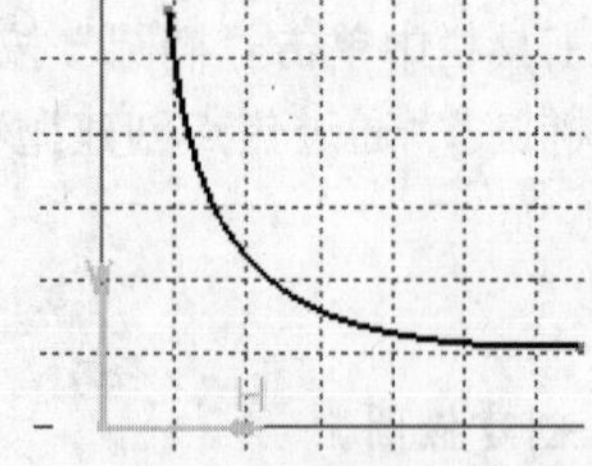

图 4-32 创建双曲线

（3）双曲线

通过确定双曲线的焦点、中心、顶点和两个端点绘制双曲线。

【例4-25】 创建双曲线。

① 在“二次曲线”工具栏中单击“双曲线”按钮，“草图工具”工具栏显示状态如图 4-31 所示。

图 4-31 “草图工具”工具栏三

② 单击第一点作为双曲线的焦点。

③ 移动鼠标单击第二点作为双曲线的中心点。

④ 继续移动鼠标单击第三点作为双曲线的顶点。

⑤ 再次移动鼠标单击第四点作为双曲线的起点。

⑥ 最后移动鼠标单击第五点作为双曲线的终点，如图 4-32 所示。

（4）二次曲线

二次曲线有六种创建方法，分别是“最近的终点”“两个点”“四个点”“五个点”“起点切线和终点切线”和“切线相交点”。

“最近的终点”是使用已有曲线上最近的端点作为二次曲线的端点。

“两个点”是使用已有曲线的端点作为二次曲线的端点。

“四个点”是通过曲线上四个点和起点处的切线确定二次曲线。

“五个点”是通过曲线上五个点确定二次曲线。

“起点切线和终点切线”在选择“两个点”或“四个点”时可用，分别绘制两切线，创建方法同“两个点”。

“切线相交点”在选择“两个点”时可用，通过两切线的起点及两切线的交点确定切线。

【例4-26】 通过“最近的终点”创建二次线。

① 在“二次曲线”工具栏中单击“二次曲线”按钮，再单击“最近的终点”按钮，“草图工具”工具栏显示状态如图 4-33 所示。

图 4-33 “草图工具”工具栏四

② 选择第一条曲线，系统默认选中选择曲线时离选取位置最近的端点作为二次曲线的起点。

③ 选择第二条曲线，系统默认选中选择曲线时离选取位置最近的端点作为二次曲线的终点。

④ 移动鼠标单击第三个点确定二次曲线，如图 4-34a 所示。

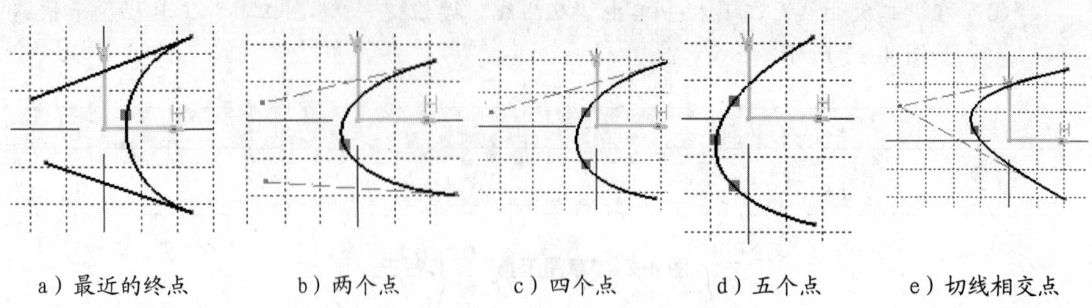

a）最近的终点　　b）两个点　　c）四个点　　d）五个点　　e）切线相交点

图 4-34 创建二次曲线

【例4-27】 通过“两个点”创建二次线。

① 在“二次曲线”工具栏中单击“二次曲线”按钮，再单击“两个点”按钮，“草图工具”工具栏显示状态如图 4-33 所示。

② 选择曲线起点，作为二次曲线的起点。

③ 选择第二个点确定起点处的切线方向。

④ 选择第三个点确定二次曲线终点。

⑤ 再选择第四个点确定终点处的切线方向。

⑥ 最后移动鼠标单击曲线通过第五个点确定二次曲线，如图 4-34b 所示。

【例4-28】 通过“四个点”创建二次线。

① 在“二次曲线”工具栏中单击“二次曲线”按钮，再单击“四个点”按钮，“草图工具”工具栏显示状态如图 4-35 所示。

② 选择曲线起点，作为二次曲线的起点。

③ 选择第二个点确定起点处的切线方向。

④ 选择第三个点确定二次曲线终点。

⑤ 选择第四个点确定二次曲线上的第一点。

⑥ 最后选择第五个点确定二次曲线上的第二点，如图 4-34c 所示。

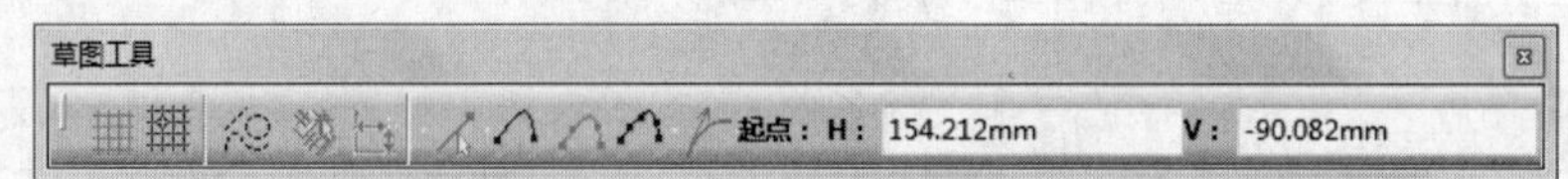

图 4-35 “草图工具”工具栏五

【例4-29】 通过“五个点”创建二次线。

① 在“二次曲线”工具栏中单击“二次曲线”按钮，再单击“五个点”按钮，“草图工具”工具栏显示状态如图 4-36 所示。

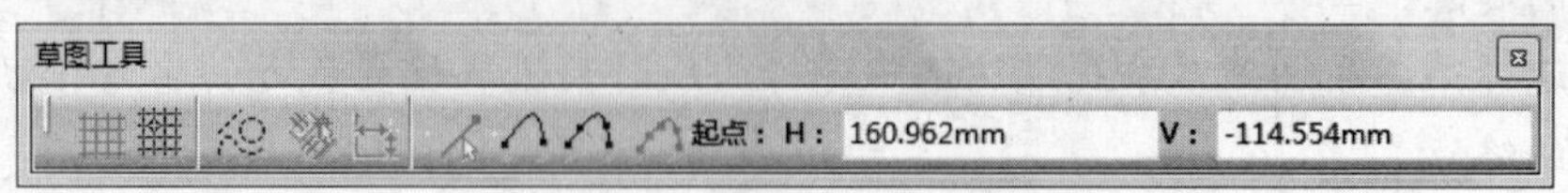

图 4-36 “草图工具”工具栏六

② 选择曲线起点，作为二次曲线的起点。

③ 选择第二个点确定二次曲线终点。

④ 任意选择曲线通过的三个点确定二次曲线，如图 4-34d 所示。

【例4-30】 通过“切线相交点”创建二次线。

① 在“二次曲线”工具栏中单击“二次曲线”按钮，再单击“切线相交点”按钮，“草图工具”工具栏显示状态如图 4-37 所示。

图 4-37 “草图工具”工具栏七

② 选择第一个点，作为二次曲线的起点。

③ 移动鼠标选择第二个点，确定二次曲线终点。

④ 再选择第三个点确定两条切线方向。

⑤ 最后移动鼠标单击曲线通过第四个点确定二次曲线，如图 4-34e 所示。

4.1.6 直线

在“轮廓”工具栏中单击“直线”按钮下的三角箭头，弹出“直线”工具栏，该工具栏包括“直线”“无限长线”“双切线”“角平分线”和“曲线的法线”，如图 4-1 所示。

（1）直线

【例4-31】 通过两点绘制直线。

① 在“直线”工具栏中单击“直线”按钮，“草图工具”工具栏显示状态如图 4-38 所示。

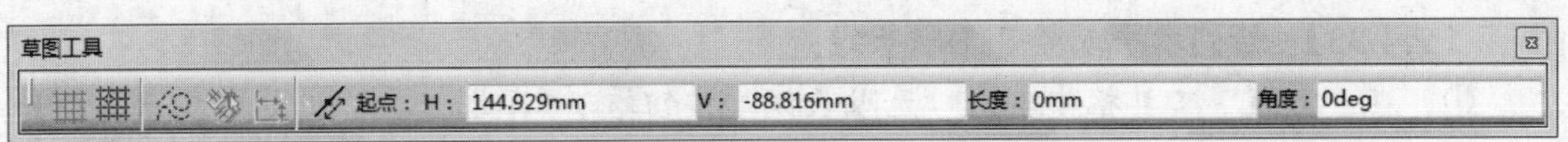

图 4-38 “草图工具”工具栏一

② 在草绘工作平面上单击第一点确定直线的起点，移动鼠标单击第二点确定直线的终点，如图 4-39a 所示。

③ 也可以在“草图工具”工具栏“H”“V”“长度”和“角度”文本框中输入相应值，按“回车”键，直线绘制结果如图 4-39b 所示。

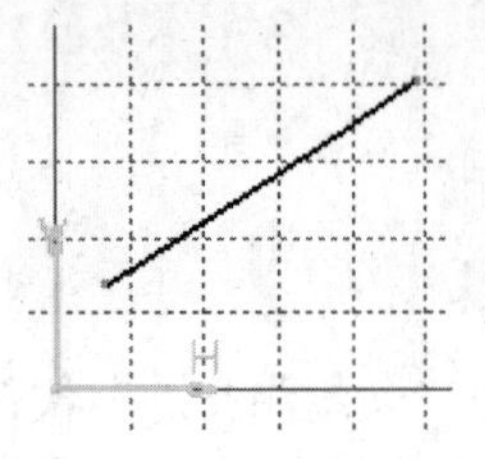

a）单击草绘平面的方式

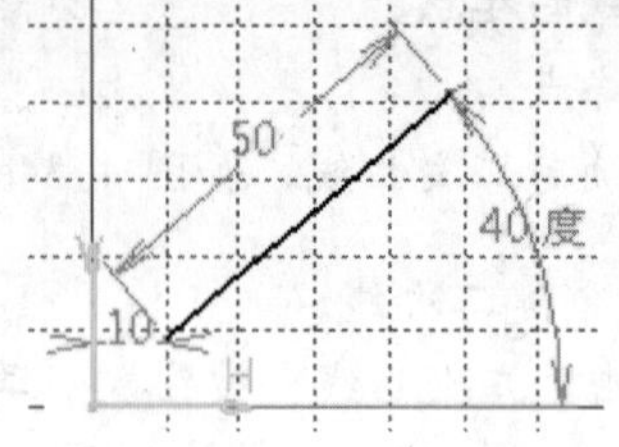

b）输入数值的方式

图 4-39 创建直线

图 4-41 创建对称直线

【例4-32】 通过两点绘制对称直线。

① 在“直线”工具栏中单击“直线”按钮，“草图工具”工具栏显示状态如图 4-40 所示。在“草图工具”工具栏上单击按钮，绘制对称直线。

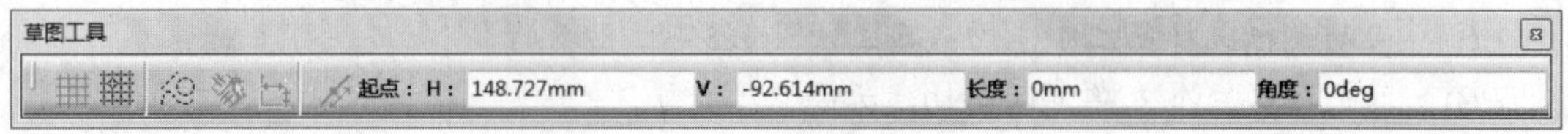

图 4-40 “草图工具”工具栏二

② 在草绘工作平面上单击第一点确定直线的对称中点。

③ 移动鼠标单击第二点确定直线的终点，如图 4-41 所示。

（2）无限长线

可以在草图工作平面绘制无限长的直线，该命令有三个选项：“水平线”“竖直线”和“通过两点的直线”。

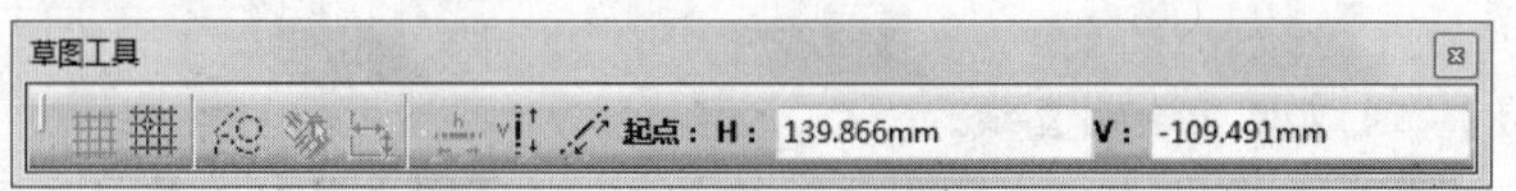

图 4-42 “草图工具”工具栏三

【例4-33】 绘制水平或竖直无限长线。

① 在“直线”工具栏中单击“无限长线”按钮，“草图工具”工具栏显示状态如图 4-42 所示。

② 在“草图工具”工具栏上单击按钮或者，绘制水平或者竖直无限长线。

③ 在草绘工作平面上单击一点绘制水平线或者竖直线，如图 4-43a、b 所示。

【例4-34】 绘制通过两点的无限长线。

① 在“直线”工具栏中单击“无限长线”按钮，“草图工具”工具栏显示状态如图 4-42 所示。

② 在草绘工作平面上单击一点作为直线的起点。

③ 单击第二点作为直线的终点，如图 4-43c 所示。

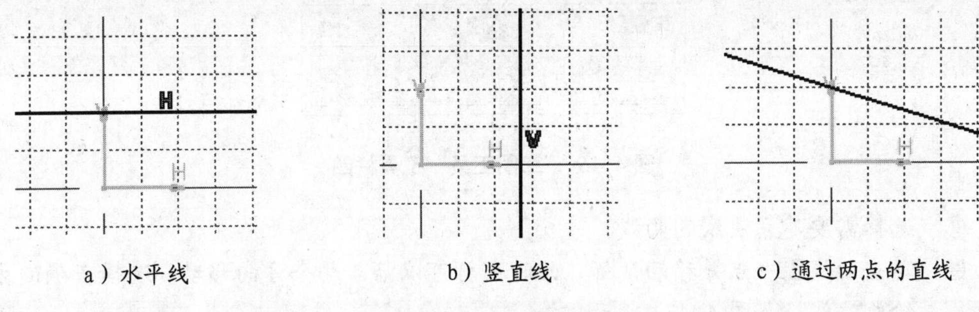

a）水平线　　b）竖直线　　c）通过两点的直线

图 4-43 创建无限长线

（3）双切线

该命令可以绘制两条曲线（圆、圆弧、二次曲线、样条曲线等）的公切线。所生成的公切线与所选择的曲线位置有关，因此选择曲线时应尽可能接近切点，否则可能会绘制出其他的公切线。

【例4-35】 在已有的两个元素间绘制双切线。

① 在“直线”工具栏中单击“双切线”按钮。

② 选择两个需要相切的圆或圆弧，依次单击选取两圆，如图 4-44 所示。

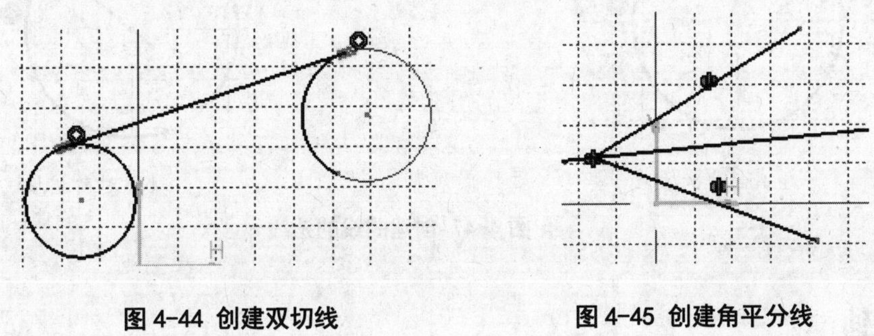

图 4-44 创建双切线　　图 4-45 创建角平分线

（4）角平分线

该命令可以在两条选择的直线间绘制一条无限长的角平分线。如果选择的两条直线是平行线，则在两条平行线之间绘制直线。

【例4-36】 绘制两直线的角平分线。

① 在“直线”工具栏中单击“角平分线”按钮。

② 选择两条需要建立角平分线的直线，如图 4-45 所示。

（5）曲线的法线

该命令可以过一点绘制被选择曲线的法线。

【例4-37】 绘制已知曲线的法线。

① 在“直线”工具栏中单击“角平分线”按钮，“草图工具”工具栏显示状态如图 4-46 所示。

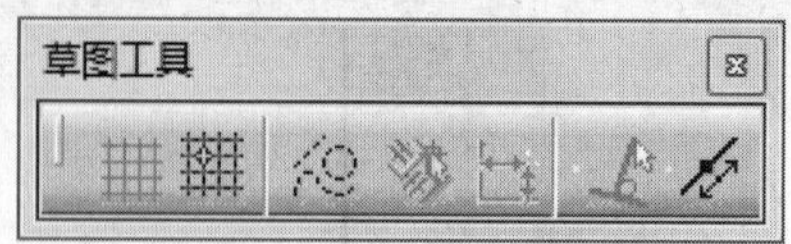

图 4-46 “草图工具”工具栏四

② 选择需要建立法线的曲线。

③ 单击曲线上一点并移动鼠标，此时鼠标可以沿着两个方向移动，选择正确的方向绘制法线，如图 4-47a 所示。

【例4-38】 在曲线的两侧绘制法线。

① 在“直线”工具栏中单击“角平分线”按钮，“草图工具”工具栏显示状态如图 4-46 所示。单击“对称扩展”按钮。

② 选择需要建立法线的曲线。

③ 单击曲线上一点并移动鼠标，绘制对称法线，如图 4-47b 所示。

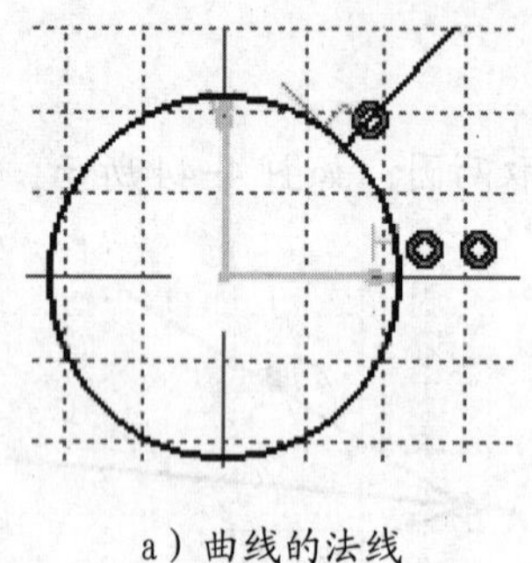

a）曲线的法线

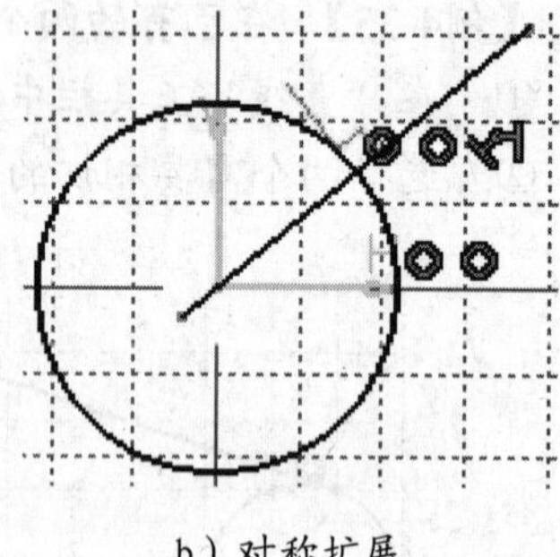

b）对称扩展

图 4-47 创建曲线的法线

4.1.7 轴

“轴线”是特殊的线，不能直接作为草图轮廓，主要功能是作为对称元素的中心线或者实体造型旋转曲面的旋转轴线，其线型为点画线。一个草图中只能有一条轴线，如果在草图中添加了两条轴线，第一条轴线会自动转化为构造线，生成旋转体时，以最后添加的轴线作为回转轴线。

【例4-39】 绘制轴线。

① 在“轮廓”工具栏中单击“轴”按钮，“草图工具”工具栏显示状态如图 4-48 所示。

图 4-48 “草图工具”工具栏

② 在草绘平面上单击不同的两点绘制轴线，如图 4-49a 所示。

③ 或者在“草图工具”工具栏中输入轴线的起点坐标、长度和角度，也可以得到通过两点的轴线，如图 4-49b 所示。

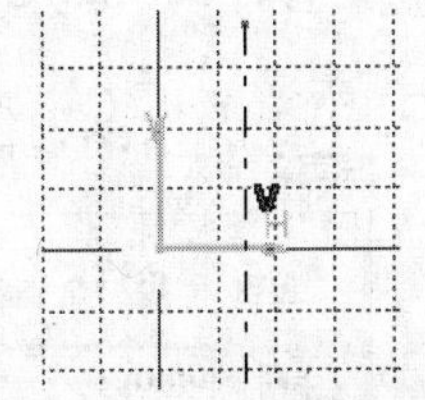

a）单击草绘平面的方式

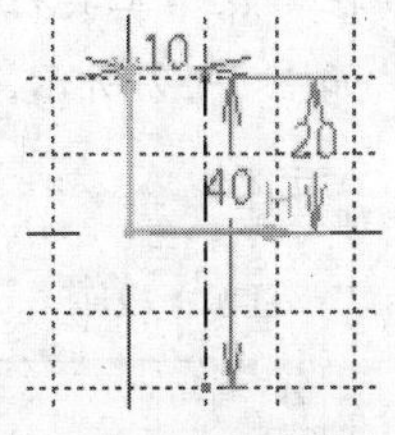

b）输入数值的方式

图 4-49 创建轴线

4.1.8 点

在“轮廓”工具栏中单击“点”按钮下的三角箭头，弹出“点”工具栏，该工具栏包括“通过单击创建点”“使用坐标创建点”“等距点”“相交点”和“投影点”，如图 4-1 所示。

（1）通过单击创建点

【例4-40】 绘制点。

① 在“点”工具栏中单击“通过单击创建点”按钮，“草图工具”工具栏显示状态如图 4-50 所示。

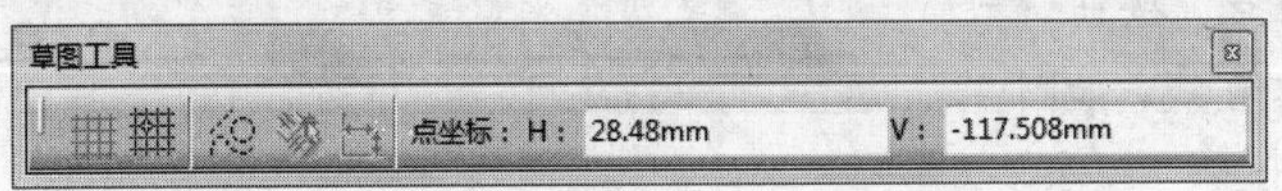

图 4-50 “草图工具”工具栏一

② 移动鼠标，在草绘工作平面合适位置单击鼠标左键绘制点，如图 4-51a 所示。

③ 在“草图工具”工具栏中的“H”和“V”文本框中输入相应数值也可以绘制点，如图 4-51b 所示。

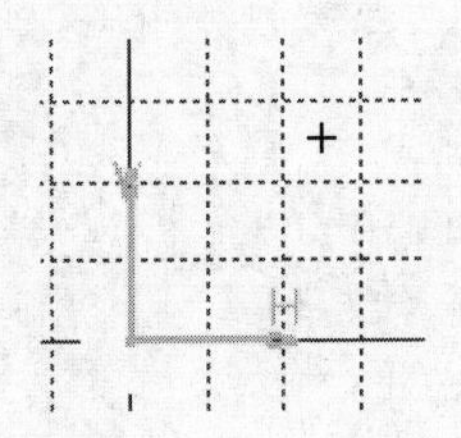

a）单击草绘平面的方式

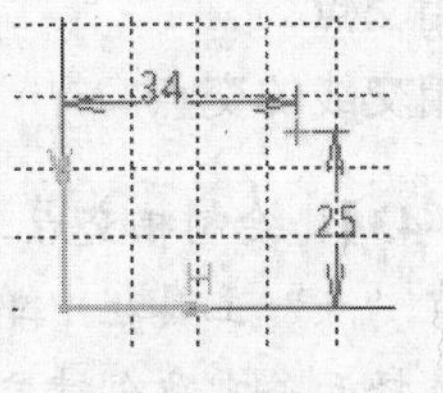

b）输入数值的方式

图 4-51 创建点

（2）使用坐标创建点

【例4-41】 通过使用坐标创建点。

① 在“点”工具栏中单击“使用坐标创建点”按钮，会弹出“点定义”对话框，如图 4-52 所示。

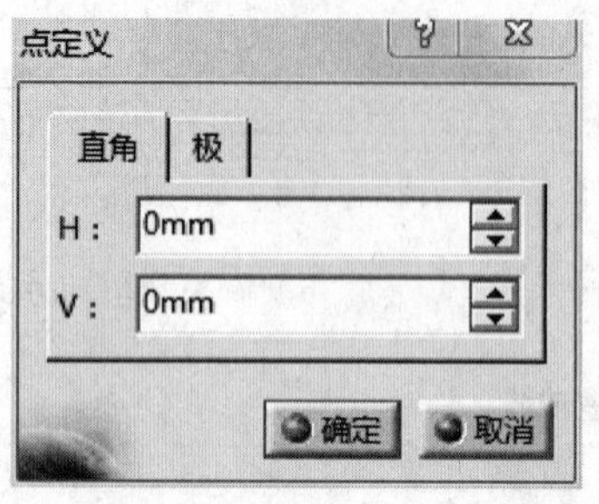

a）直角坐标

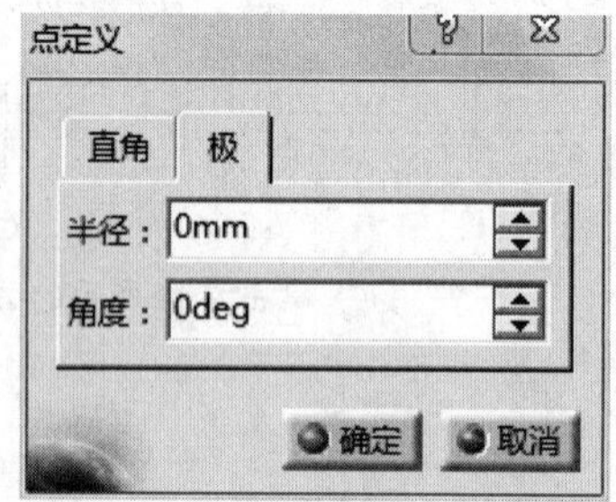

b）极坐标

图 4-52 “点定义”对话框

② 分别在直角坐标选项卡中的“H”和“V”文本框中输入数值，单击“确定”按钮。

③ 或者在极坐标选项卡中的“半径”和“角度”文本框中输入数值，单击“确定”按钮。

（3）等距点

在直线或曲线上创建等距离的点或将线等距离划分。

【例4-42】 创建等距点。

① 在“点”工具栏中单击“等距点”按钮。

② 选择任意直线，如图 4-53a 所示。

③ 在弹出的“等距点定义”对话框中输入新点的个数，如图 4-54 所示。

④ 单击“确定”按钮，如图 4-53b 所示。

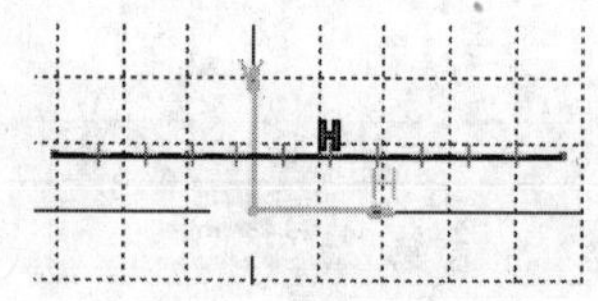

a）选择直线

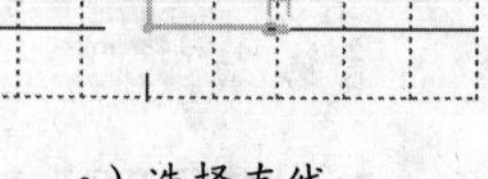

b）输入新点后

图 4-53 创建等距点

（4）相交点

绘制相交线的交点。

【例4-43】 绘制相交点。

① 在“点”工具栏中单击“相交点”按钮。

② 选择两条需要创建交点的直线，如图 4-55 所示。

（5）投影点

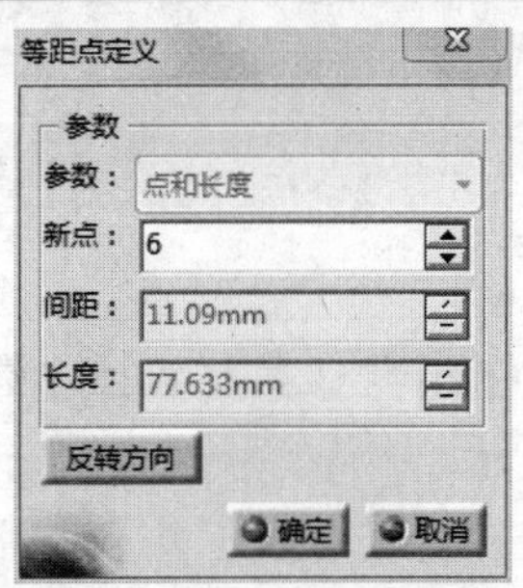

图 4-54 “等距点定义”对话框

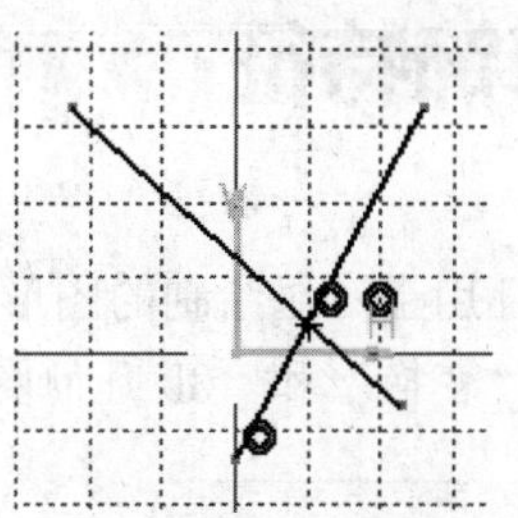
图 4-55 创建相交线

将点垂直或沿某一方向投影到平面几何元素上。

【例4-44】 绘制投影点，将点垂直投影到平面几何元素上。

① 在“点”工具栏中单击“投影点”按钮，“草图工具”工具栏显示状态如图 4-56 所示。

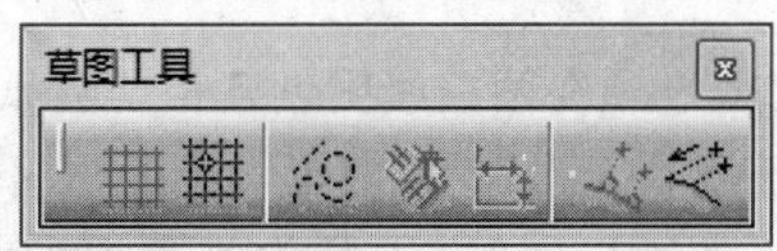

图 4-56 “草图工具”工具栏二

② 选择需要投影的点。

③ 选择投影元素曲线或者直线，如图 4-57 所示。

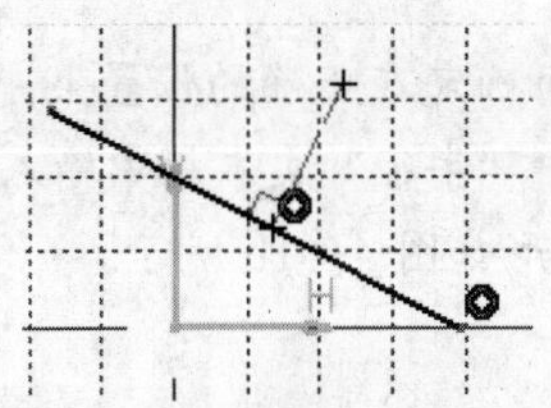
图 4-57 创建正交投影点

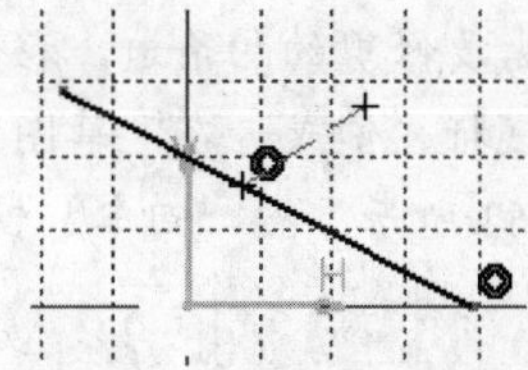
图 4-58 创建沿某一方向投影点

【例4-45】 绘制投影点，将点沿某一方向投影到平面几何元素上。

① 在“点”工具栏中单击“投影点”按钮，在“草图工具”工具栏上单击“沿某一方向”按钮，“草图工具”工具栏显示状态如图 4-56 所示。

② 选择需要投影的点。

③ 选择投影元素曲线或者直线上一点。

④ 再单击投影元素，如图 4-58 所示。

4.2 修饰特征

修饰特征用于对已绘制的图形进行修饰和补充。“操作”工具栏包括“圆角”“倒角”“重新限定”“变换”和“3D 几何图形”，如图 4-59 所示。

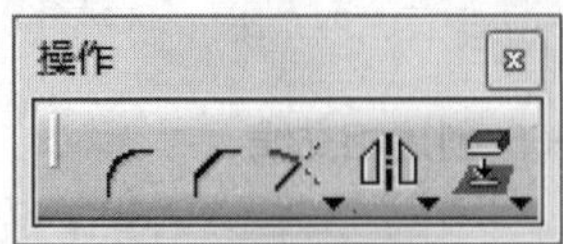

图 4-59 “操作”工具栏

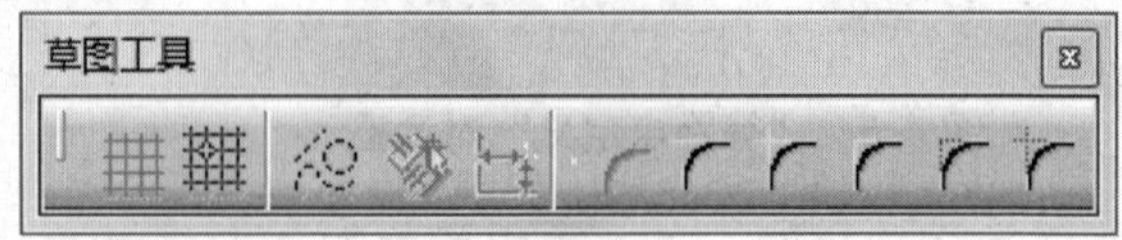

图 4-60 “草图工具”工具栏

4.2.1 圆角

“圆角”是通过不同的修剪选项在两曲线间创建相切圆弧。圆角命令在草图工具栏中有六种修剪模式，包括“修剪所有元素”“修剪第一元素”“不修剪”“标准线修剪”“构造线修剪”和“构造线未修剪”。在“操作”工具栏中单击“圆角”按钮，如图 4-60 所示。

【例4-46】 删除圆角之外的多余线段。

① 绘制图形如图 4-61a 所示。

② 在“操作”工具栏中单击“圆角”按钮，在“草图工具”工具栏中单击“修剪所有元素”按钮。

③ 选择需要修剪的两条边，移动鼠标，使圆角确定在正确的位置上。

④ 单击鼠标左键或者在“草图工具”工具栏中“半径”文本框中输入相应数值，如图 4-62 所示，按“回车”键，修剪后的图形如图 4-61b 所示。

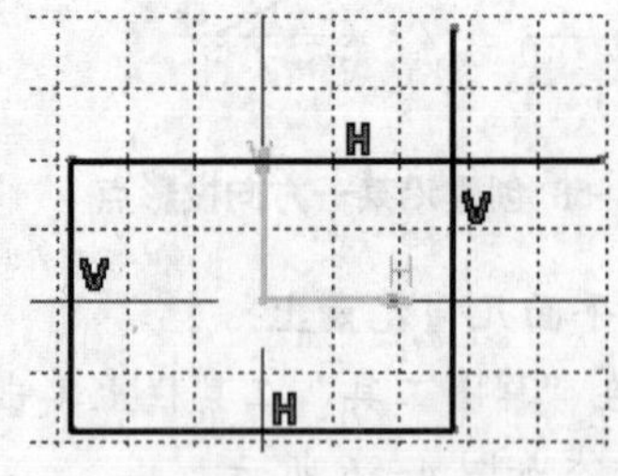

a）修剪前图形

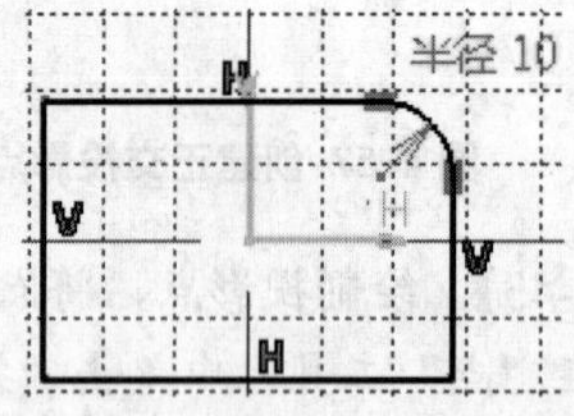

b）修剪后图形

图 4-61 修剪所有元素的方式的创建圆角

图 4-62 “草图工具”工具栏

【例4-47】 其他方式绘制圆角。

① 绘制图形如图 4-61a 所示。

② 在“操作”工具栏中单击“圆角”按钮，在“草图工具”工具栏中单击其他圆角按钮。

③ 选择需要修剪的两条边，移动鼠标，使圆角确定在正确的位置上。

④ 单击鼠标左键或者在“草图工具”工具栏中“半径”文本框中输入相应数值，如图 4-62 所示，按“修剪第一元素”按钮修剪后的图形如图 4-69a 所示，按“不修剪”按钮如图 4-63b 所示，按“标准线修剪”按钮如图 4-63c 所示，按“构造线修剪”按钮如图 4-63d 所示，按“构造线未修剪”按钮如图 4-63e 所示。

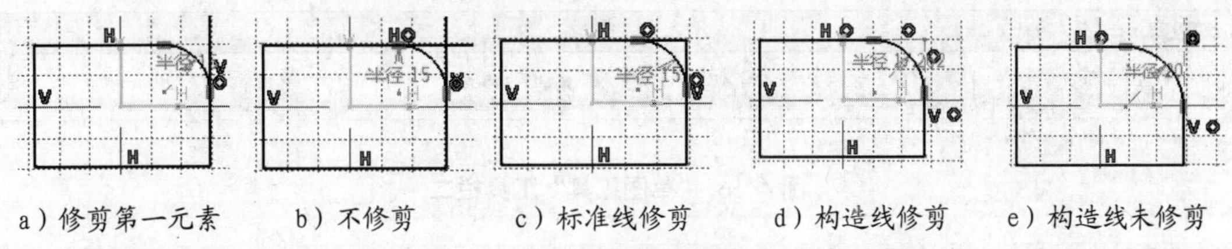

a）修剪第一元素　b）不修剪　c）标准线修剪　d）构造线修剪　e）构造线未修剪

图 4-63 创建圆角

4.2.2 倒角

使用“倒角”命令可在任意类型的相交曲线上创建出倒角。倒角命令与圆角命令类似，有六种修剪模式，包括“修剪所有元素”“修剪第一元素”“不修剪”“标准线修剪”“构造线修剪”和“构造线未修剪”。在“操作”工具栏中单击“倒角”按钮，“草图工具”工具栏如图 4-64 所示。

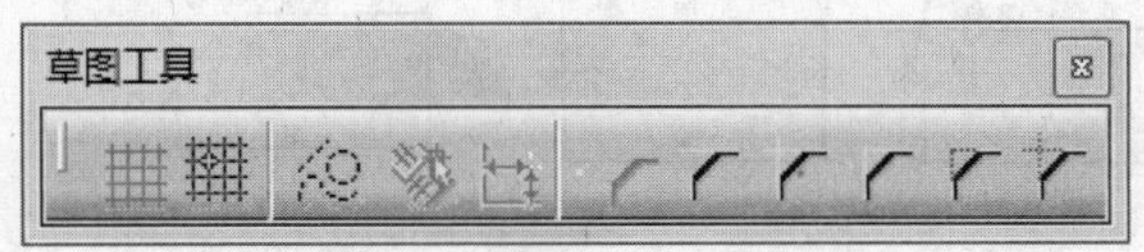

图 4-64 “草图工具”工具栏一

【例4-48】 删除倒角之外的多余线段。

① 绘制图形如图 4-65a 所示。

② 在“操作”工具栏中单击“倒角”按钮，在“草图工具”工具栏中单击“修剪所有元素”按钮。

③ 选择需要修剪的两条边，移动鼠标，使倒角确定在正确的位置上。

④ 在“草图工具”工具栏中单击“角度和斜边”按钮，或者“第一长度和第二长度”按钮，或者“角度和第一长度”按钮。

⑤ 单击鼠标左键或者在“草图工具”工具栏中的“角度”和“长度”文本框内输入相应数值，如图 4-66 所示，按“回车”键，修剪后的图形如图 4-65b、c、d 所示。

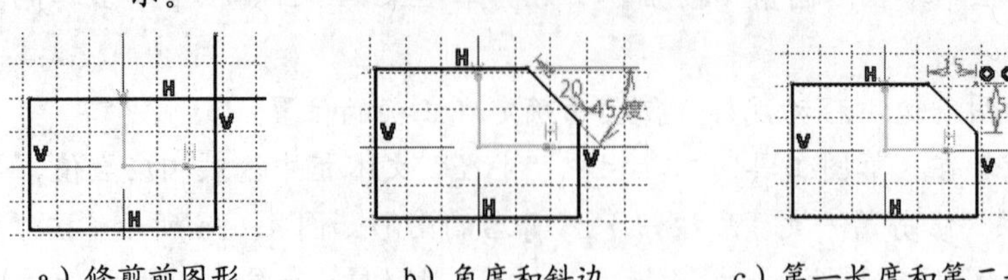

a）修剪前图形　b）角度和斜边　c）第一长度和第二长度　d）角度和第一长度

图 4-65 修剪所有元素的方式的创建倒角

图 4-66 “草图工具”工具栏二

【例4-49】 其他方式绘制倒角。

① 绘制图形如图 4-65a 所示。

② 在“操作”工具栏中单击“倒角”按钮，在“草图工具”工具栏中单击其他倒角按钮。

③ 选择需要修剪的两条边，移动鼠标，使倒角确定在正确的位置上。

④ 单击鼠标左键，按“修剪第一元素”按钮修剪后的图形如图 4-67a 所示，按“不修剪”按钮如图 4-67b 所示，按“标准线修剪”按钮如图 4-67c 所示，按“构造线修剪”按钮如图 4-67d 所示，按“构造线未修剪”按钮如图 4-67e 所示。

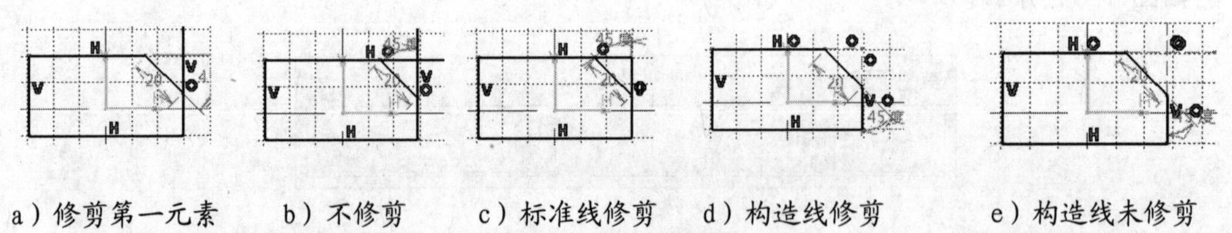

a）修剪第一元素　b）不修剪　c）标准线修剪　d）构造线修剪　e）构造线未修剪

图 4-67 创建倒角

4.2.3 重新限定

重新限定工具用于修剪和补充图形元素，包含五个命令：“修剪”“断开”“快速修剪”“封闭弧”和“补充”。在“操作”工具栏中单击“修剪”按钮下的三角箭头，弹出“重新限定”工具栏，如图4-68所示。

图 4-68 重新限定工具栏

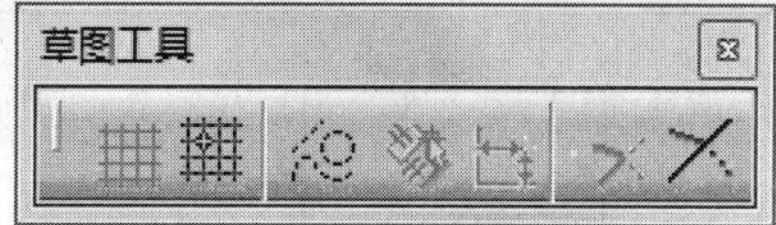

图 4-70“草图工具”工具栏一

（1）修剪

“修剪”是指将两条线在交点处断开，并删除其中一部分，其中有两个选项：“修剪所有元素”和“修剪第一元素”。

【例4-50】 对几何元素进行修剪。

① 在“重新限定”工具栏中单击“修剪”按钮。

② 选择需要修剪的边，如图 4-69a 所示。

③ 在“草图工具”工具栏中单击“修剪所有元素”按钮或者“修剪第一元素”按钮，如图 4-70 所示。

④ 移动鼠标至要修剪的元素上选择要保留的部分，单击鼠标，修剪直线或者曲线，如图 4-69b、c 所示。

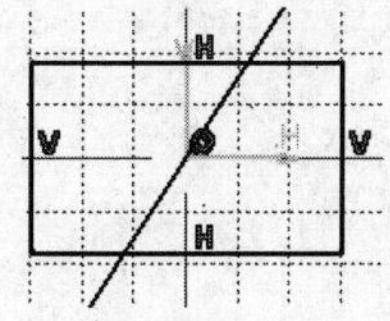

a）修剪前图形

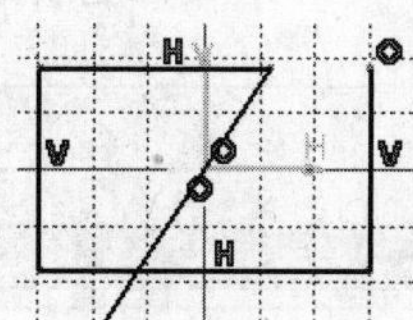

b）修剪所有元素

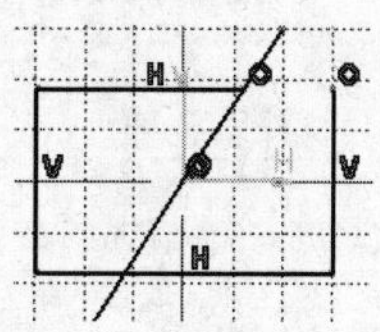

c）修剪第一元素

图 4-69 修剪直线

⑤ 如果是修剪圆或椭圆的闭合曲线，角度 0 为闭合点，也就是曲线的断点，如图 4-71 所示。

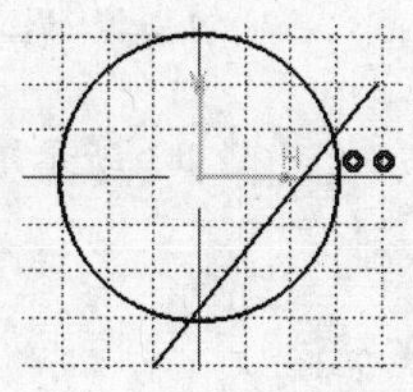

a）修剪前图形

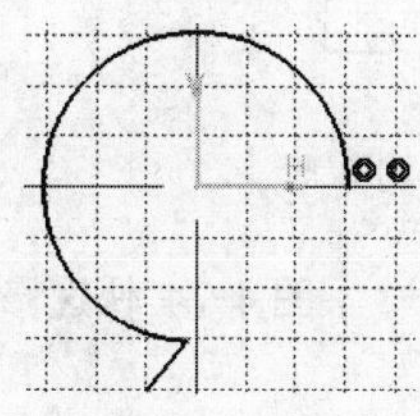

b）修剪所有元素

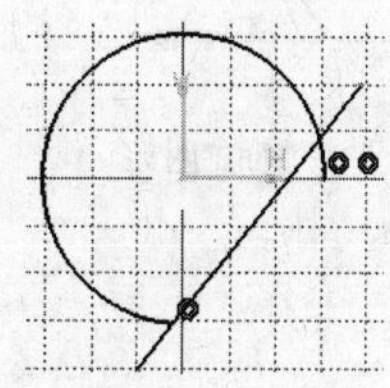

c）修剪第一元素

图 4-71 修剪圆

（2）断开

【例4-51】 使用断开命令把一条线断开为两部分。

① 在“重新限定”工具栏中单击“断开”按钮。

② 选择需要断开的线，如图 4-72a 所示。

③ 选择断开的边界对象，如图 4-72b 所示。

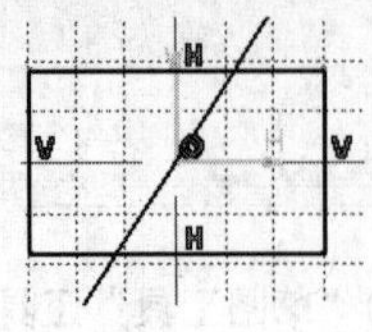

a）断开图形前

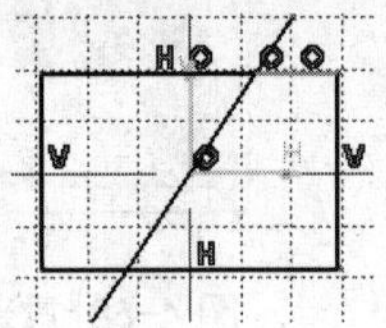

b）断开图形后

图 4-72 断开直线

（3）快速修剪

快速修剪可以把图形元素的一部分修剪掉，但是不能删除整个图形元素，该命令包含三个选项：“断开及内擦除”、“断开及外擦除”和“断开并保留”。

【例4-52】 将草图元素快速断开，并将其中的某一部分删除或保留，且两曲线间建立相合约束。

① 在“重新限定”工具栏中单击“快速修剪”按钮。

② 在“草图工具”工具栏中，选择快速修剪选项“断开及内擦除”按钮，“断开及外擦除”按钮，或者“断开并保留”按钮，如图 4-73 所示。

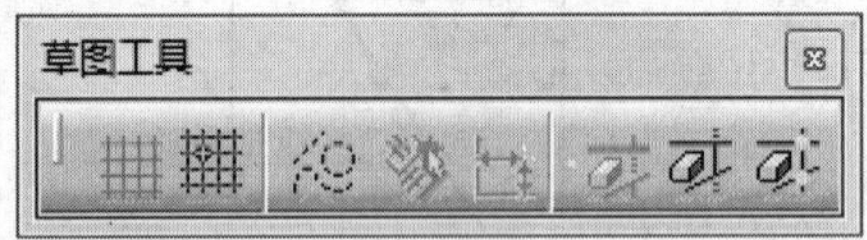

图 4-73 “草图工具”工具栏二

③ 选择要修剪的图形元素，如图 4-74 所示。

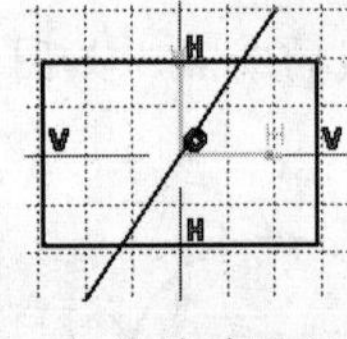

a）修剪前图形

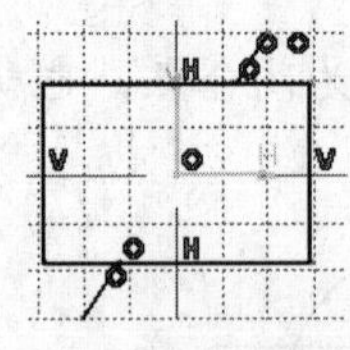

b）断开及内擦除

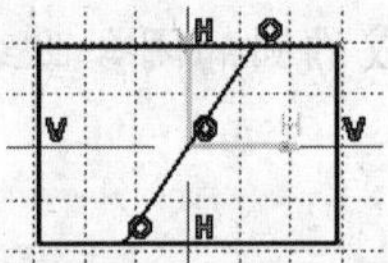

c）断开及外擦除

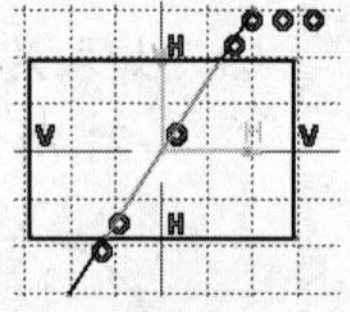

d）断开并保留

图 4-74 快速修剪

（4）封闭弧

使用该命令可以把圆弧或椭圆弧闭合为圆或者椭圆。

【例4-53】 封闭不完整的圆或椭圆等有规律图形。

① 在“重新限定”工具栏中单击“封闭弧”按钮。

② 选择要闭合的圆弧或椭圆弧，如图 4-75 所示。

（5）补充

使用该命令可以删除选择的弧，显示出这个弧的余弧。

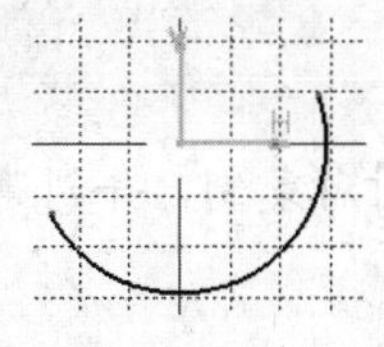

a）封闭图形前

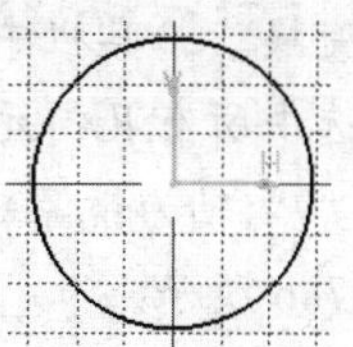

b）封闭图形后

图 4-75 创建封闭弧

【例4-54】 对不完整的圆弧或椭圆弧等有规律图形进行取余操作。

① 在“重新限定”工具栏中单击“补充”按钮。

② 选择要补充的圆弧或椭圆弧，如图 4-76 所示。

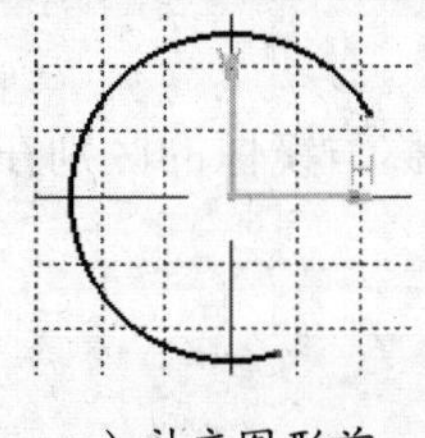

a）补充图形前

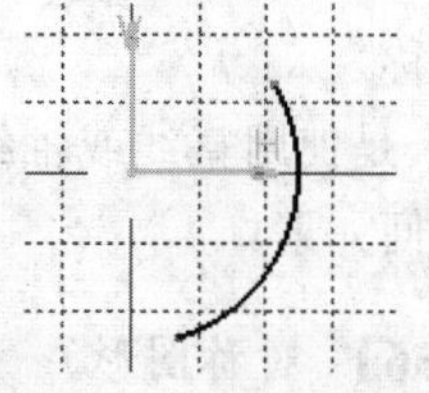

b）补充图形后

图 4-76 创建补充弧

4.2.4 变换

变换操作具有重复复制的功能，可以利用该功能进行阵列操作，变换操作包括“镜像”“对称”“平移”“旋转”“缩放”和“偏移”。在“操作”工具栏中单击“镜像”按钮下的三角箭头，弹出“变换”工具栏，如图 4-77 所示。

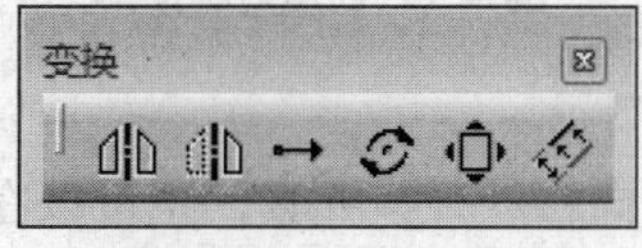

图 4-77 “变换”工具栏

（1）镜像

“镜像”是使用直线或轴线对称复制现有的几何元素，保留原对象。镜像时，如果先执行命令，再选择几何元素，只能镜像一个对象；如果先选择对象，再执行命令，则可以选择多个对象进行镜像。

【例4-55】 镜像图形。

① 绘制几何图形如图 4-78a 所示。

② 在“变换”工具栏中单击“镜像”按钮。
③ 框选选中所有几何元素或者按住“Ctrl”键多选。
④ 选择“V”轴为镜像轴，所选几何元素关于“V”轴对称复制，并创建对称约束，如图 4-78b 所示。

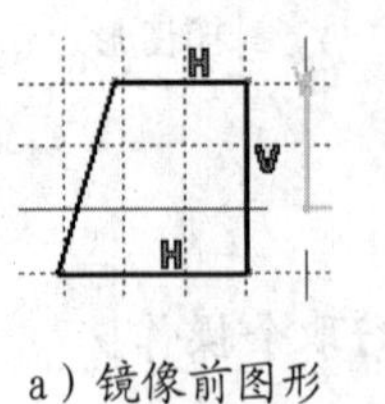

a）镜像前图形

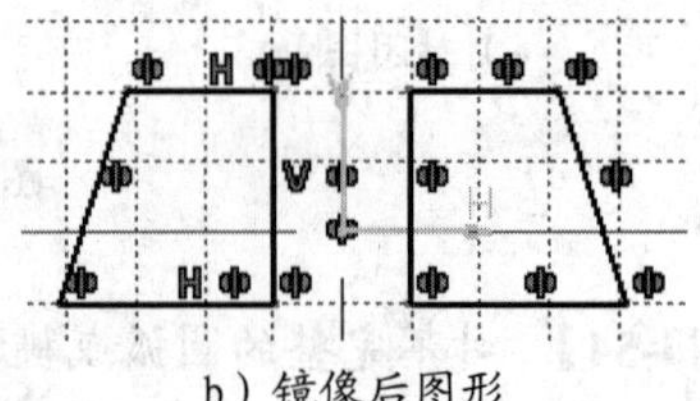

b）镜像后图形

图 4-78 创建镜像图形

（2）对称

“对称”是使用直线或轴线对称现有的几何元素。对称与镜像的区别在于，对称不保留原来的几何元素。

【例4-56】 对称图形。

① 绘制几何图形如图 4-79a 所示。
② 在“变换”工具栏中单击“对称”按钮。
③ 框选选中所有几何元素或者按住“Ctrl”键多选。
④ 选择“V”轴为对称轴，所选几何元素关于“V”轴对称，如图 4-79b 所示。

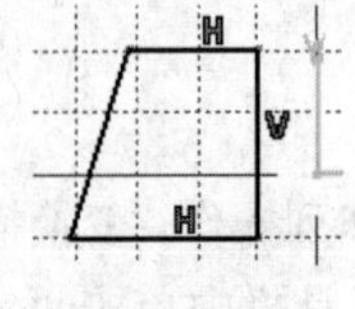

a）对称前图形

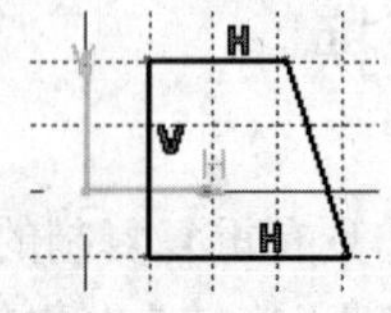

b）对称后图形

图 4-79 创建对称图形

（3）平移

“平移”命令可以按直线方向移动几何元素，也可以在移动的同时复制几何元素。在“变换”工具栏中单击“平移”按钮，弹出“平移定义”对话框，如图 4-80 所示。

1）实例：设置复制几何元素的数目。
2）复制模式：激活该复选框，可以复制几何元素。
3）保持内部约束：激活该复选框，保留被选择几何元素间的内部约束。
4）保持外部约束：激活该复选框，保留被选择元素与其他元素间的外部约束。
5）值：设定几何元素移动的距离。
6）捕捉模式：激活该复选框，移动距离时会自动捕捉，默认捕捉间距是 5mm。

【例4-57】 平移图形。

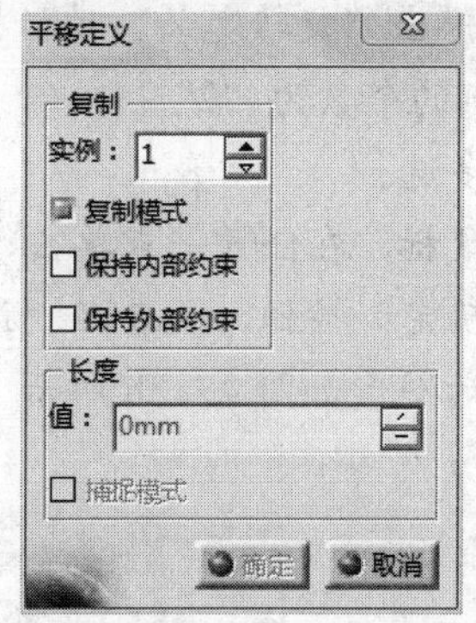

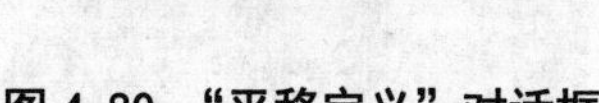
图 4-80 “平移定义”对话框

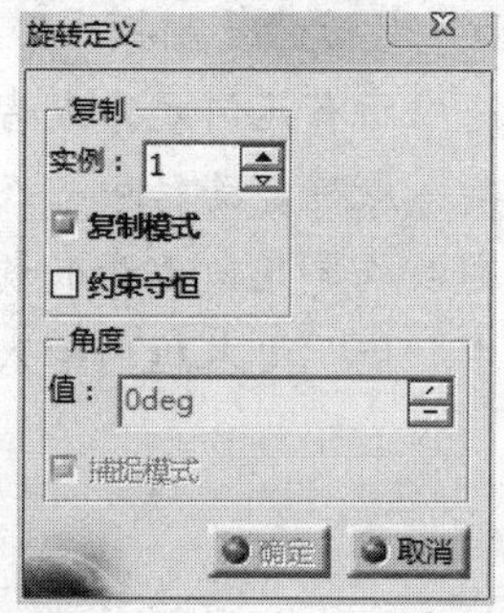

图 4-82 “旋转定义”对话框

① 绘制几何图形如图 4-81a 所示。

② 在“变换”工具栏中单击“平移”按钮，弹出“平移定义”对话框，如图 4-80 所示，激活“复制模式”复选框并设置实例的个数为“2”。

③ 框选选中所有几何元素或者按住“Ctrl”键多选。

④ 选择某一点确定参考点移动的方向，确定平移起点后，可以在“平行定义”对话框中“值”文本框内输入数值，单击“确定”按钮，或者移动鼠标至某一点单击以确定平移方向，平移复制后的图形，如图 4-81b 所示。

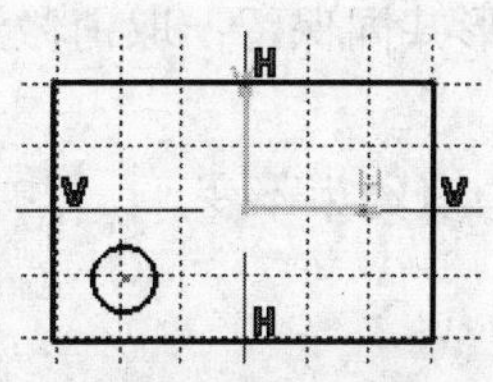

a）平移前图形

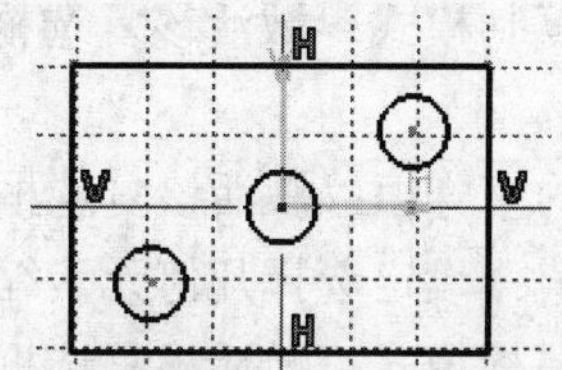

b）平移复制后图形

图 4-81 平移图形

（4）旋转

“旋转”可以以某个点为旋转中心旋转几何元素，在旋转过程中也可以复制几何元素。

在“变换”工具栏中单击“旋转”按钮，弹出“旋转定义”对话框，如图 4-82 所示。

1）实例：设置复制几何元素的数目。

2）约束守恒：激活该复选框，旋转后的几何元素自身约束不变。

3）值：设定几何元素旋转的角度。

4）捕捉模式：激活该复选框，旋转角度为整数。

【例4-58】 旋转图形。

① 绘制几何图形如图 4-83a 所示。

② 在“变换”工具栏中单击“旋转”按钮，弹出“旋转定义”对话框，如图 4-81 所示，激活“复制模式”复选框并设置实例的个数为“2”。

③ 框选选中所有几何元素或者按住“Ctrl”键多选。

④ 选择某一点确定旋转中心及转动半径，移动鼠标，在任意一点单击，再次移动鼠标单击以确定几何元素的旋转位置，单击“确定”按钮，或者在“旋转定义”对话框中“值”文本框内输入旋转角度，旋转后图形如图 4-83b 所示。

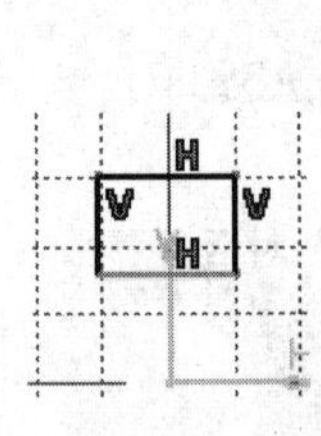

a）旋转前图形

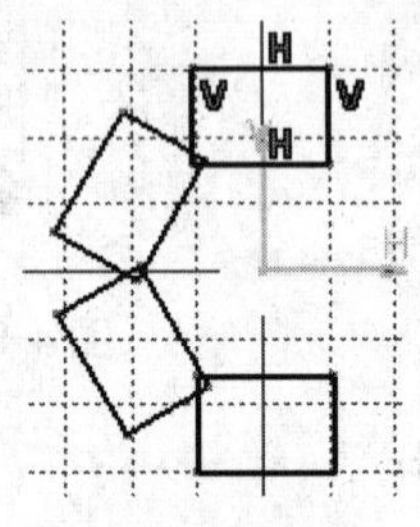

b）旋转复制后图形

图 4-83 旋转图形

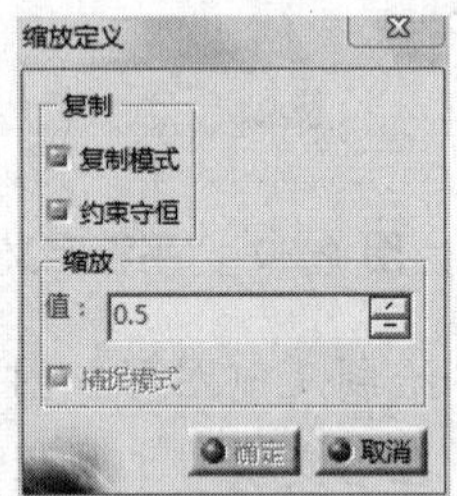

图 4-84 “缩放定义”对话框

（5）缩放

“缩放”可以将几何图形按倍数进行比例缩放。在“变换”工具栏中单击“缩放”按钮，弹出“缩放定义”对话框，如图 4-84 所示。

1）复制模式：激活该复选框，几何图形与缩放图形共同保留；取消激活后，只保留缩放图形。

2）约束守恒：激活该复选框，缩放后的几何元素自身约束不变。

3）值：设定选择几何元素缩放的比例。

4）捕捉模式：激活该复选框，缩放倍数为整数。

【例4-59】 缩放图形。

① 绘制几何图形如图 4-85a 所示。

② 在“变换”工具栏中单击“缩放”按钮，弹出“缩放定义”对话框，如图 4-84 所示，激活“复制模式”复选框。

③ 框选选中所有几何元素或者按住“Ctrl”键多选。

④ 移动鼠标并在某一位置单击以确定缩放图形的中心点，继续移动鼠标，在某一位置单击以确定缩放倍数；或者在确定缩放图形的中心点后，在“缩放定义”对话框中“值”文本框内输入数值，单击“确定”按钮，缩放后的图形如图 4-85b 所示。

（6）偏移

“偏移”可以对选定的几何元素进行偏移和复制，包括“无拓展”“相切拓展”“点拓展”和“双侧偏移”。在“变换”工具栏中单击“偏移”按钮，“草图工具”工具栏如图 4-86 所示。

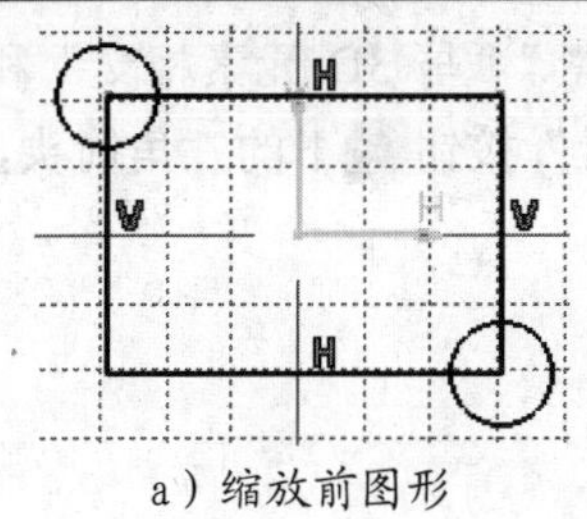

a）缩放前图形

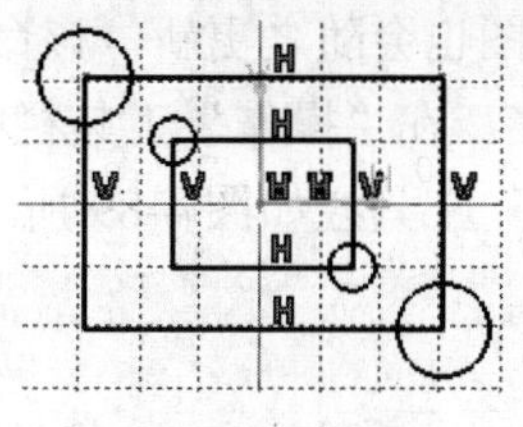

b）缩放后图形

图 4-85 缩放图形

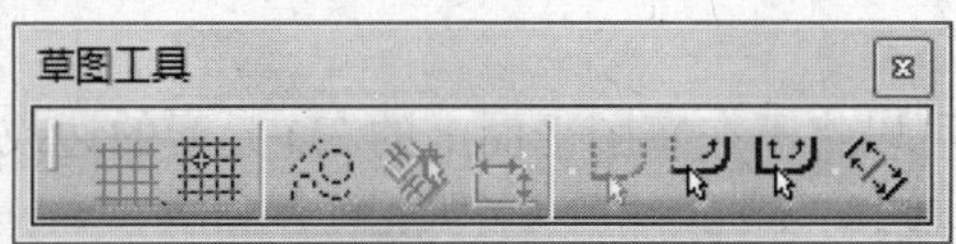

图 4-86 “草图工具”工具栏一

【例4-60】 偏移图形。

① 绘制几何图形如图 4-88a 所示。

② 单击需要偏移的曲线。

③ 单击“偏移”按钮，在“草图工具”工具栏中单击“无拓展”按钮、“相切拓展”按钮、“点拓展”按钮或者“双侧偏移”按钮。

④ 移动鼠标至合适位置单击鼠标左键，或者在“草图工具”工具栏中输入数值后按“回车”键，如图 4-87 所示。偏移后的图形如图 4-88b、c、d、e 所示。

图 4-87 “草图工具”工具栏二

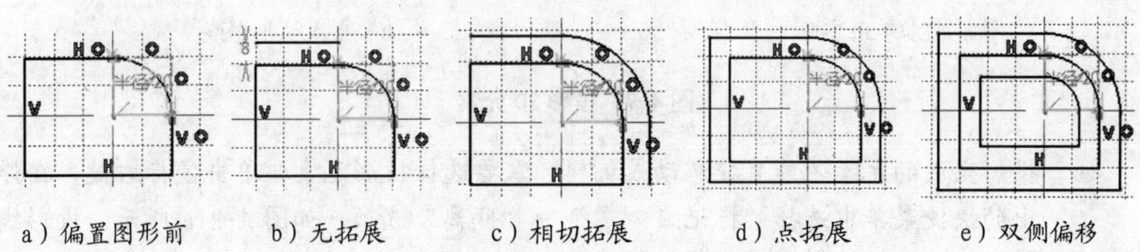

a）偏置图形前　b）无拓展　c）相切拓展　d）点拓展　e）双侧偏移

图 4-88 创建偏置图形

4.2.5 3D 几何图形

3D几何图形是将三维实体或草图中的一些几何特征投影到平面上生成草图几何元素，用于在不同平面中获取实体轮廓或者草图的几何元素，如果修改了三维实体对象，则投影得到的草图也会随之更新，该命令包括“投影 3D 元素”“与 3D 元素相交”和“投影 3D 轮廓边线”。在“操作”工具栏中单击“投影 3D 元素”按钮下的三角箭头，弹出“3D 几何图形”工具栏如图 4-89 所示。

图 4-89 “3D 几何图形”工具栏

（1）投影 3D 元素

“投影 3D 元素”命令可以将不在草图平面上的 3D 元素的边或者面投影到草绘平面上，得到投影线或者面的边界线。

【例4-61】 投影 3D 元素到草图平面。

① 在零件设计工作台中创建实体，如图 4-90a 所示。

② 选择长方体表面作为草绘平面，在“草图编辑器”工具栏中单击“草图”按钮，进入草图工作台。

③ 选中凸台面轮廓线，在“3D 几何图形”工具栏中单击“投影 3D 元素”按钮，生成黄色的投影边线，如图 4-90b 所示。

a）创建 3D 实体

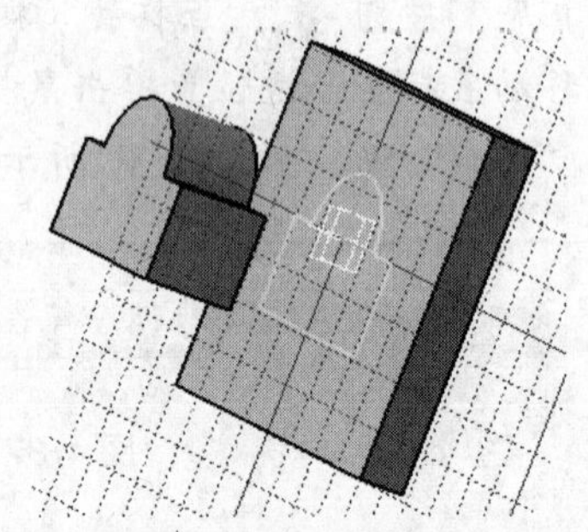

b）生成的投影线

图 4-90 投影 3D 元素

④ 投影生成的元素不能直接移动或编辑，需要选择投影元素，单击鼠标右键，在弹出的快捷菜单中选择“标记. 1 对象”→“隔离”选项，如图 4-91a 所示；投影线隔离后便可对其进行移动或编辑操作，如图 4-91b 所示。

（2）与 3D 元素相交

“与 3D 元素相交”命令用于创建三维元素与草绘平面上的交线或者交点，得到的相交线与三维实体具有链接关系，可以用右键中“隔离”命令分离。

【例4-62】 创建 3D 元素与草绘平面的交线。

① 在零件设计工作台创建实体，如图 4-92a 所示。

② 选择长方体表面作为草绘平面，在“草图编辑器”工具栏中单击“草图”按钮，进入草图工作台。

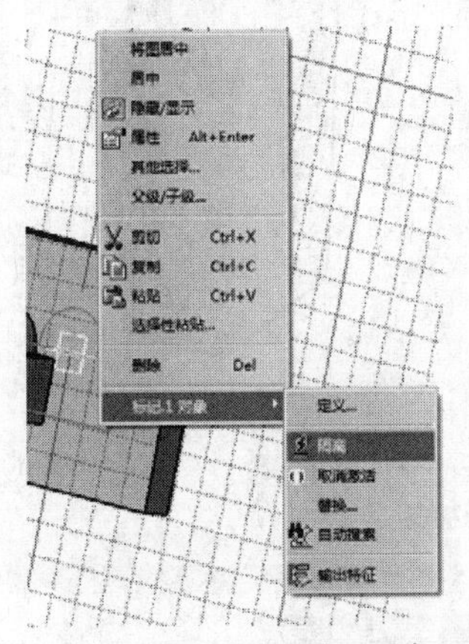

a）隔离快捷菜单

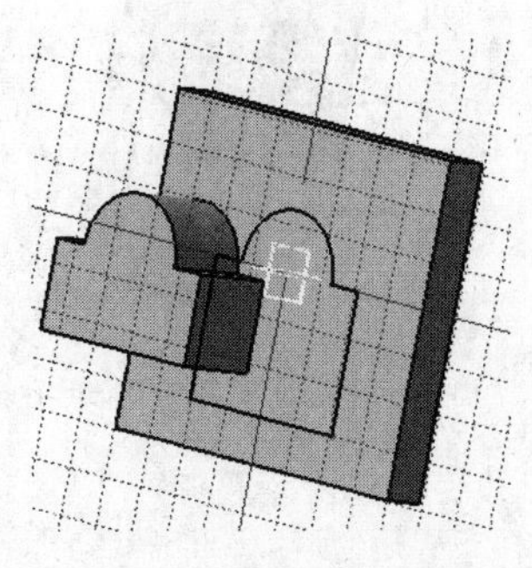

b）隔离移动后的投影线

图 4-91　移动投影线

③ 选中相交位置的凸台，在“3D 几何图形”工具栏中单击“与 3D 元素相交”按钮，生成凸台与平面黄色交线，如图 4-92b 所示。

a）创建的实体

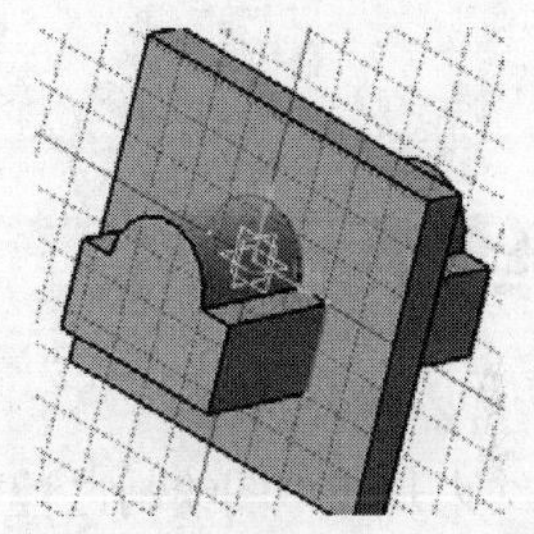

b）生成的交线

图 4-92　投影 3D 元素相交线

（3）投影 3D 轮廓边线

“投影 3D 轮廓边线”命令用于创建三维几何体曲面轮廓线在草绘平面上的投影。

【例4-63】　投影 3D 轮廓边线。

① 在零件设计工作台创建一个三维实体和一个参考平面，如图 4-93a 所示。选择参考平面为草绘平面，单击“草图”按钮，进入草图工作台。

② 选中圆柱面，在“3D 几何图形”工具栏中单击“投影 3D 轮廓边线”按钮，弹出“轮廓.1”警告提示框，如图 4-94 所示。

③ 单击“确定”按钮，生成黄色圆柱体轮廓投影线，如图 4-93b 所示。

图 4-93 投影 3D 轮廓边线

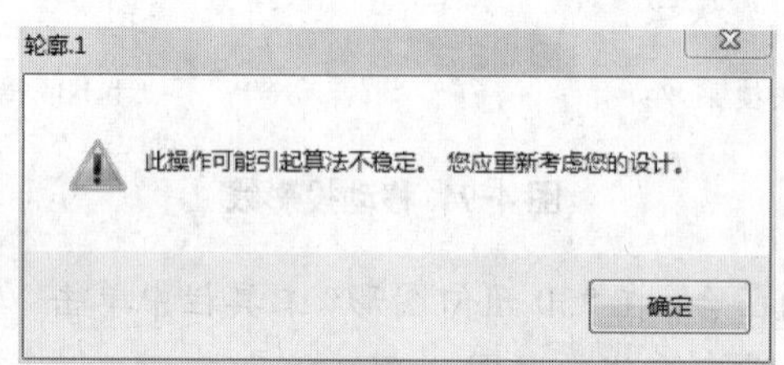

图 4-94 “轮廓.1”警告提示框

4.3 约束

草图约束是在草图绘制过程中，对草图中的几何元素进行限制。约束可以限制草图的形状、尺寸、方向和位置，约束对象可以是单个也可以是多个。草图约束分为几何约束和尺寸约束两种类型。几何约束是对一个几何元素或多个几何元素之间设置的限制关系；尺寸约束是使用尺寸值对几何对象进行约束。草图工作台中的“约束”工具栏如图 4-95 所示。

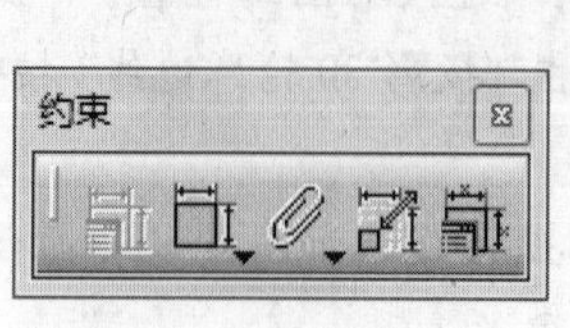

图 4-95 “约束”工具栏

图 4-96 “约束定义”对话框

4.3.1 对话框中定义的约束

“对话框方式定义约束”功能可以对点、直线、曲线作规划并标出限制条件。选择需要约束的图形元素后，在“约束”工具栏中单击“对话框方式定义约束”按钮，弹出“约束定义”对话框如图 4-96 所示，此时对话框中会高亮显示能够约束的类型。对话框约束类型见表 4-2。

表 4-2 对话框约束类型

元素数	几何约束	功能	图形
单个元素	长度	约束一条直线的长度	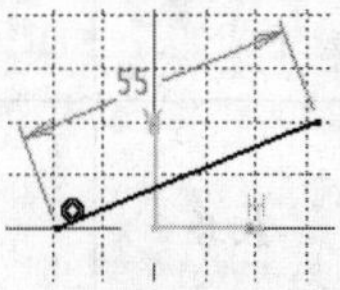
	半径/直径	定义圆或圆弧的半径/直径	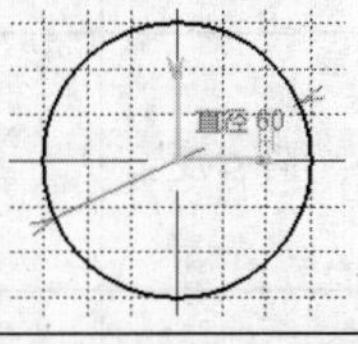
单个元素	半长轴	定义椭圆的长半轴的长度	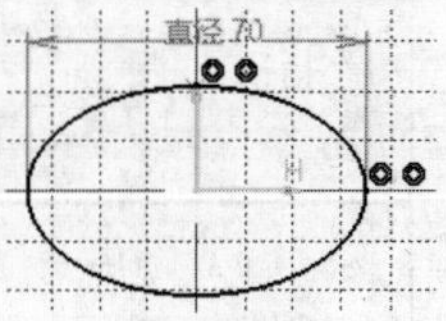
	半短轴	定义椭圆的短半轴的长度	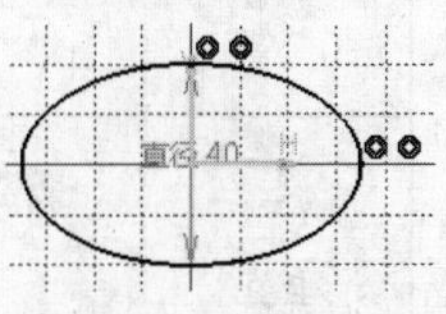
	固定	使选定的对象固定	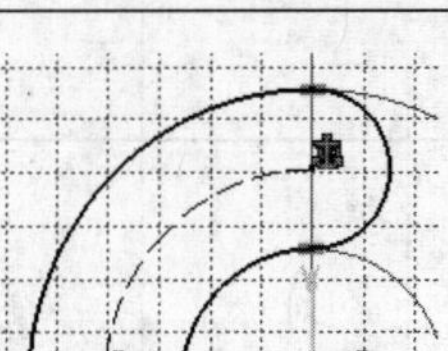
	水平	使直线处于水平状态	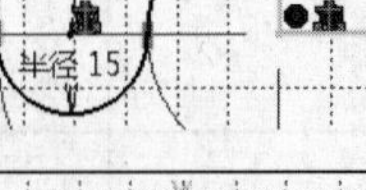

元素数	几何约束	功能	图形
单个元素	竖直	使直线处于竖直状态	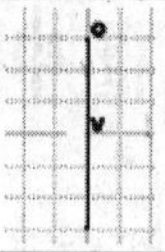
两个元素	距离	约束两个指定元素之间的距离	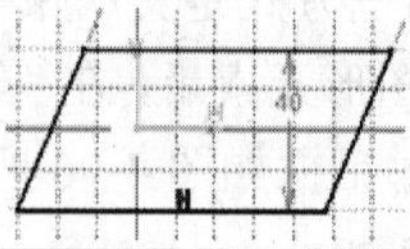
	角度	定义两个元素之间的角度	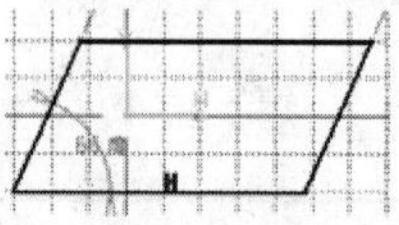
	中点	定义点在曲线的中点上	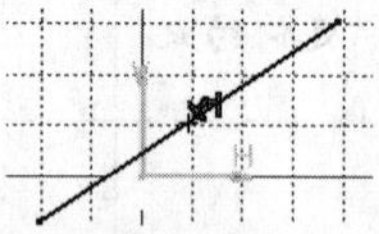
	相合	使选定的对象相合	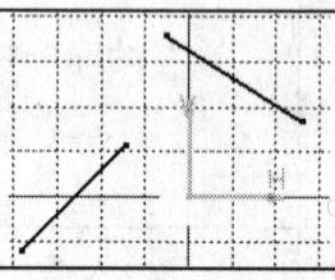 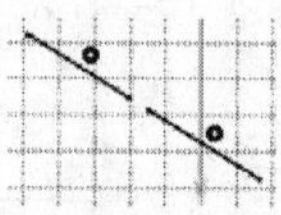
	同心度	使选定的两个元素同心	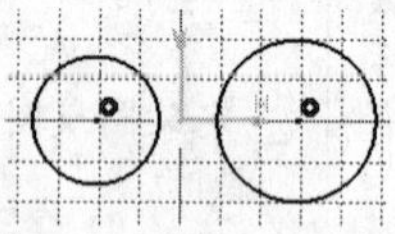 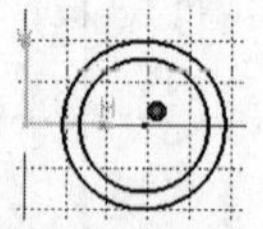
	相切	使选定的对象相切	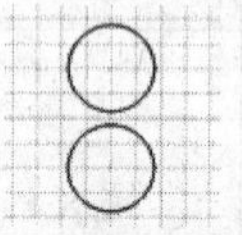 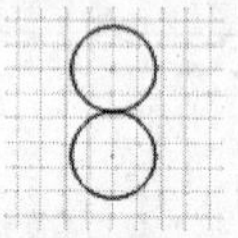
	平行	使两直线平行	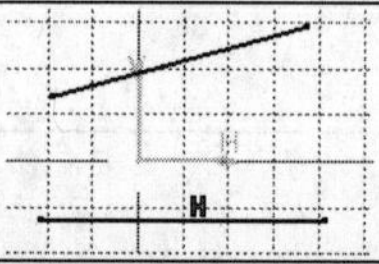 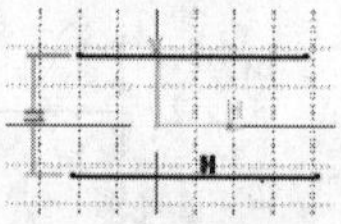
	垂直	使两直线垂直	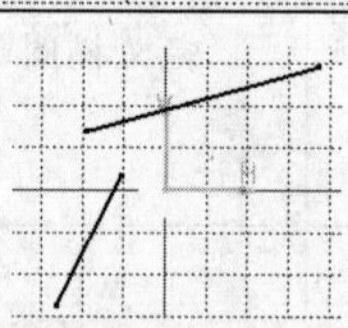 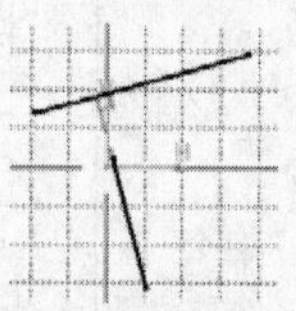
三个元素	对称	使两元素关于某元素对称	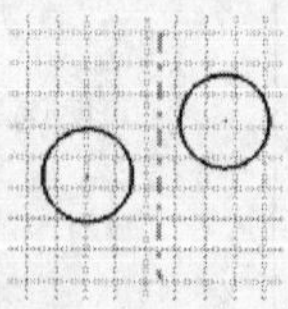 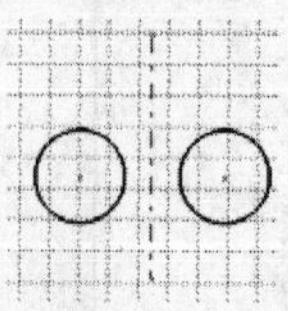
	等距点	使直线上三点彼此间的距离相等	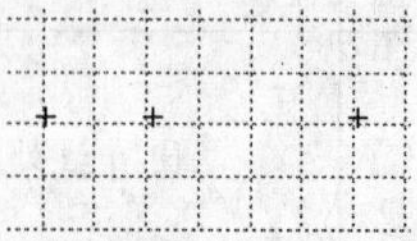 

4.3.2 约束创建

在“约束”工具栏中单击“约束”按钮下的三角箭头，弹出“约束创建”工具栏，该工具栏包括：“约束”和“接触约束”，如图 4-97 所示。与“对话框方式定义约束”功能的不同之处是，“创建约束”功能可以自动标识出约束条件，不需要在对话框中选择。

图 4-97 “约束创建”工具栏

（1）约束

“约束”用于创建尺寸约束或几何约束，比如长度、角度、距离等。在创建该类型的约束时，如果选择一个几何元素，则可以定义该元素自身的约束，比如标注出长度和半径/直径；如果选择两个几何元素，则可以定义两个元素之间的关系，比如角度、距离等。

与其他命令一样，在使用“约束”工具创建约束时，单击“约束”按钮，表示命令执行一次，双击该按钮，表示一直执行该命令，直到再次单击该按钮或其他按钮时停止。

【例4-64】 对几何图形创建尺寸约束。

① 在草绘平面绘制几何图形，如图 4-98a 所示。

② 在“约束”工具栏中单击“约束”按钮。

③ 选择要约束的几何对象。如果自动标注的约束不是正确的约束，可以单击右键，在快捷菜单中选择要标注的约束类型。

④ 单击选择尺寸线放置的位置，如图 4-98b 所示。单击“约束”按钮，结束创建尺寸约束。

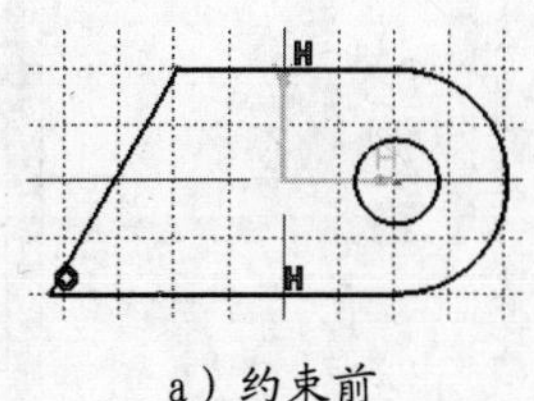

a）约束前

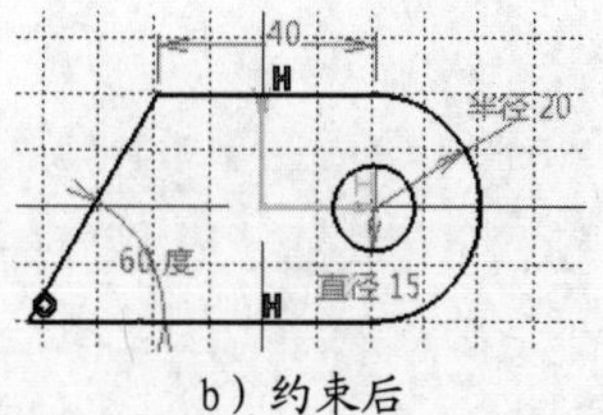

b）约束后

图 4-98 尺寸约束几何图形

（2）接触约束

“接触约束”用于创建几何元素之间相切、同心、共线等接触约束。

【例4-65】 对几何图形创建接触约束。

① 绘制的几何图形如图 4-99a 所示。

② 单击“接触约束”按钮，分别单击直线和大圆，使直线与圆相切，如图 4-99b 所示；再分别单击小圆和大圆，使两个圆同心，如图 4-99c 所示。

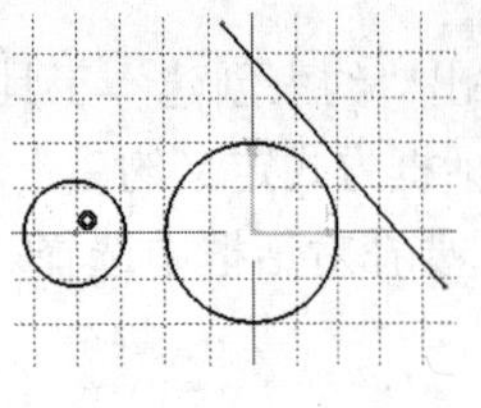
a）约束前

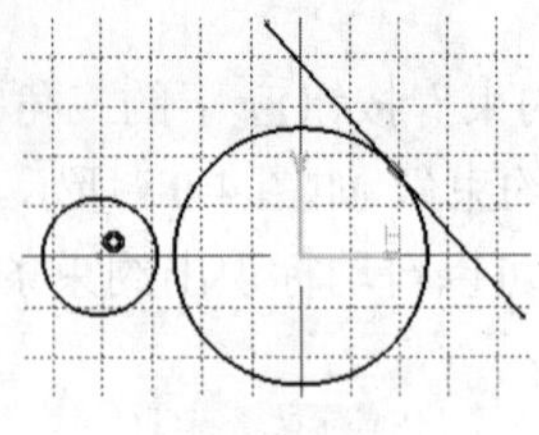
b）相切

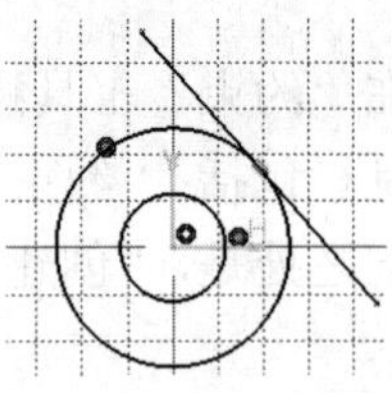
c）同心

图 4-99 接触约束几何图形

4.3.3 受约束的几何图形

在“约束”工具栏中单击“固联”按钮下的三角箭头，弹出“受约束的几何图形”工具栏，该工具栏包括“固联”和“自动约束”，如图 4-100 所示。

（1）固联

“固联”用于将多个几何元素固定在一起，这些几何元素将被视为一个刚性组，只要移动其中的一个元素，其他所有元素都会被移动，并且形状不会发生变化。在“受约束的几何图形”工具栏中单击“固联”按钮，弹出“固联定义”对话框，如图 4-101 所示。

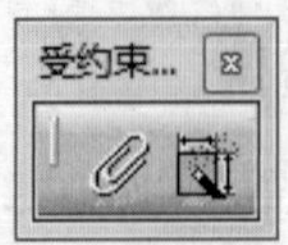

图 4-100 “受约束的几何图形”工具栏

图 4-101 “固联定义”对话框一

【例4-66】 对几何图形创建固联约束。

① 绘制的几何图形如图 4-102a 所示。

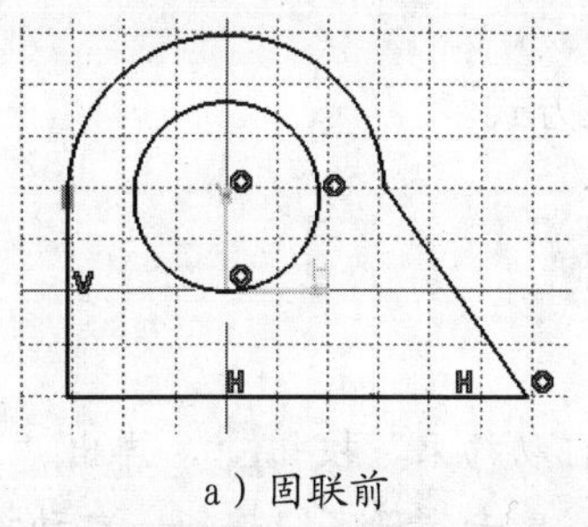

a）固联前

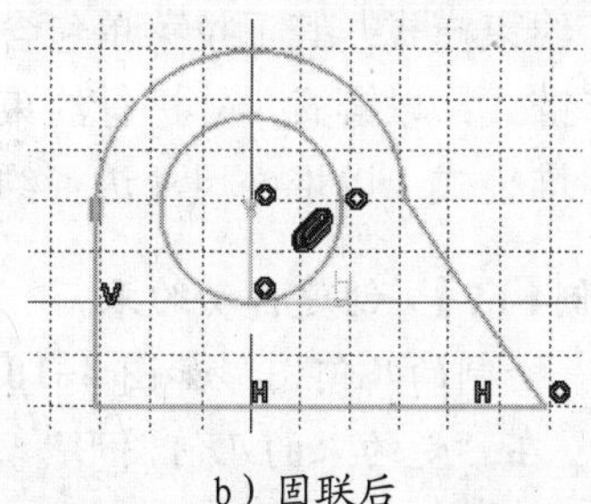

b）固联后

图 4-102 固联几何图形

② 选取所有几何元素，在“受约束的几何图形”工具栏中单击“固联”按钮，弹出“固联定义”对话框，对话框列出了几何图形的所有元素，如图 4-103 所示。

③ 单击“确定”按钮，将几何图形所有元素固定在一起，如图 4-102b 所示。

（2）自动约束

“自动约束”用于检测几何元素间的约束，并创建选定元素的尺寸约束和几何约束。系统可以根据使用者的定义自动生成相关的尺寸并进行标注，如果有些尺寸不符合要求可以进行修改或删除。在“受约束的几何图形”工具栏中单击“自动约束”按钮，弹出“自动约束”对话框，如图 4-104 所示。

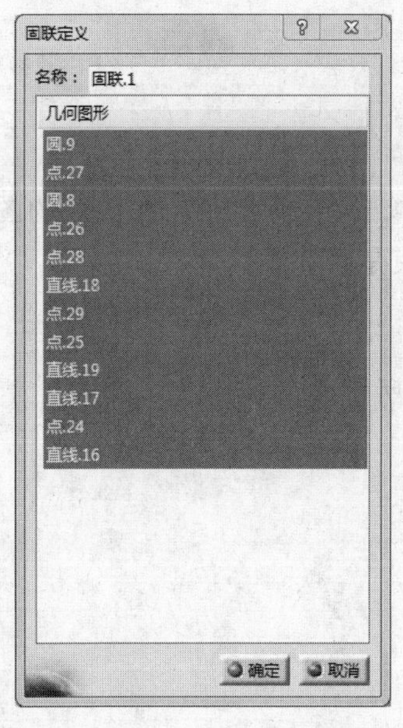

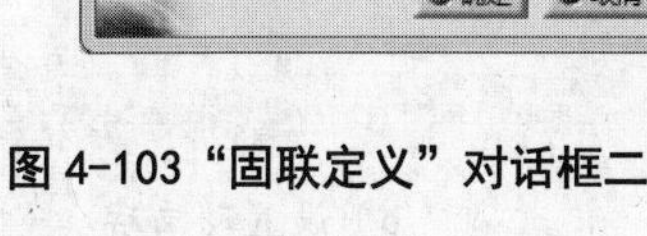

图 4-103“固联定义”对话框二

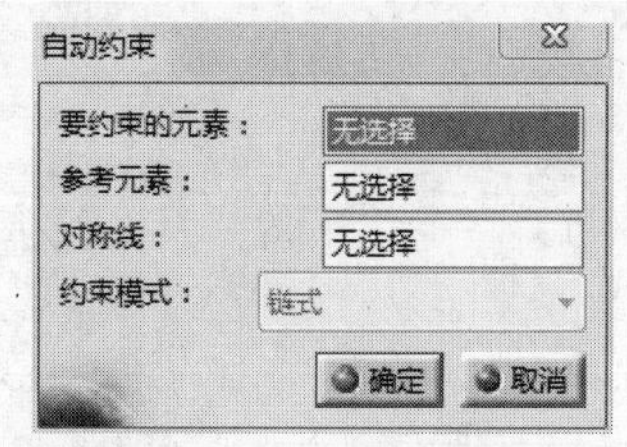

图 4-104 “自动约束”对话框

1）要约束的元素：选择约束几何元素。

2）参考元素：约束几何元素与参考元素有相对约束关系。

3）对称线：约束对象关于某个轴线对称。

4）约束模式：其下拉菜单包含两个选项。

5）链式：以链式尺寸进行约束，系统默认约束方式。

6）堆叠式：以堆叠尺寸进行约束。

【例4-67】 创建自动约束。

① 绘制的几何图形如图 4-105a 所示。

② 在“受约束的几何图形”工具栏中单击“自动约束”按钮，弹出“自动约束”对话框，如图 4-104 所示。选取整个图形，单击“确定”按钮，自动约束创建完成，如图 4-105b 所示。

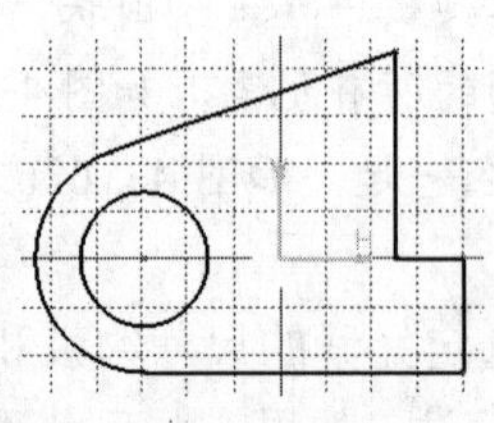

a）自动约束前

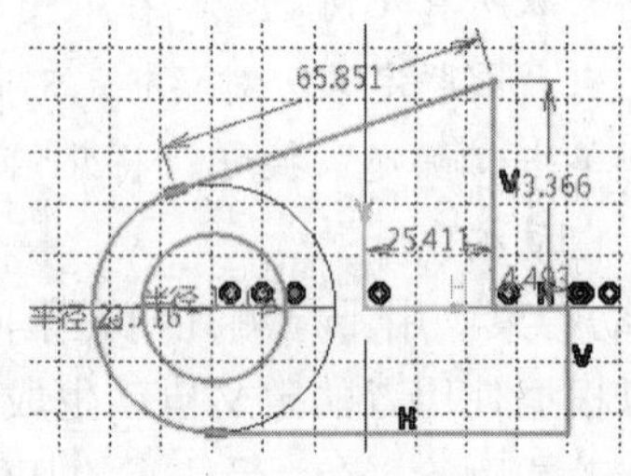

b）自动约束后

图 4-105 自动约束草图

4.3.4 对约束应用动画

对于一个约束完整的几何图形，如果改变其中一个约束的值，相关联的图形元素也会随之改变。可以利用约束动画检验几何图形的约束是否完整。

【例4-68】 创建约束动画。

① 绘制几何图形并进行约束，如图 4-106a 所示。

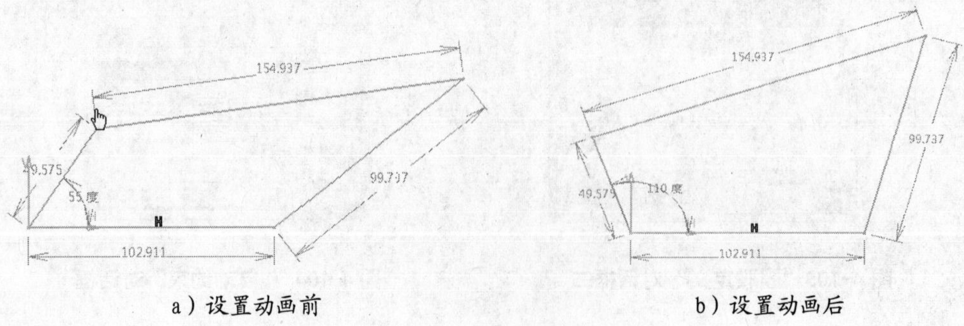

a）设置动画前 b）设置动画后

图 4-106 创建约束动画

② 在“约束”工具栏中单击“对约束应用动画”按钮，选择角度尺寸“55deg(度)”，弹出“对约束应用动画”对话框，在“最后一个值”输入框中输入动画限定值，在“步骤数”输入框中输入动画的步数，如图 4-107 所示。

③ 单击◀或者▶按钮，几何图形按指定方向连续运动，如图 4-106b 所示。

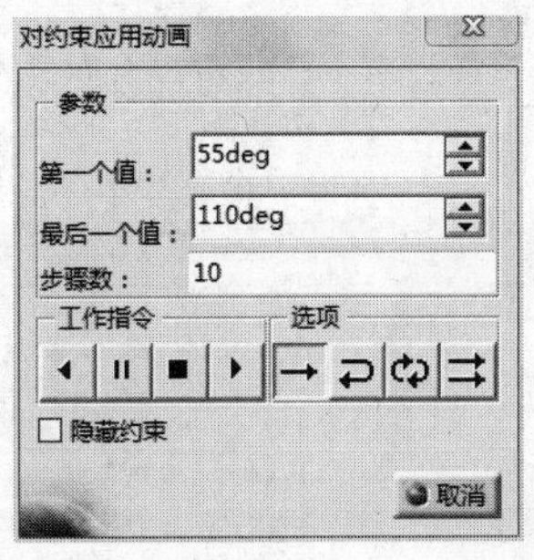

图 4-107 “对约束应用动画”对话框

1）第一个值：输入所选约束的第一个数值。

2）最后一个值：输入所选约束的最后一个数值。

3）步骤数：输入从第一个值到最后一个值期间的步数。

4）隐藏约束：激活该选项，隐藏几何约束和尺寸约束。

4.3.5 编辑多重约束

“编辑多重约束”命令用于对全部或部分已标注的尺寸约束进行编辑与修改。选中已约束的草图，在“约束”工具栏中单击“编辑多重约束”按钮，弹出“编辑多重约束”对话框，如图 4-108 所示。

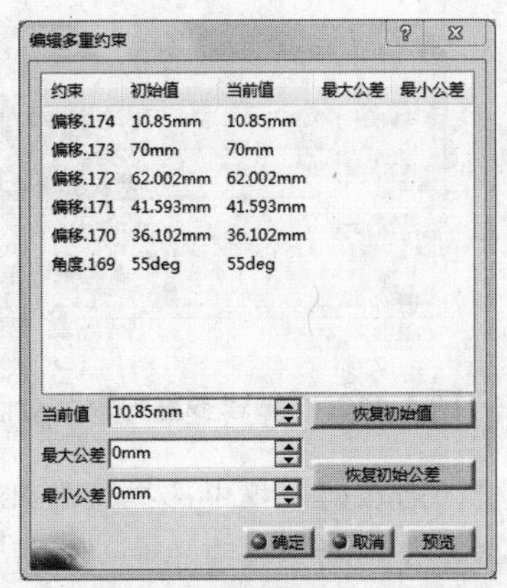

图 4-108 “编辑多重约束”对话框一

1）列表框内容包括约束、初始值、当前值、最大公差、最小公差选项，用于显示各项的值。

2）当前值：用于修改当前选中约束的数值。

3）最大公差：用于设置约束的最大公差。

4）最小公差：用于设置约束的最小公差。

5）恢复初始值：恢复当前选中约束的初始值。

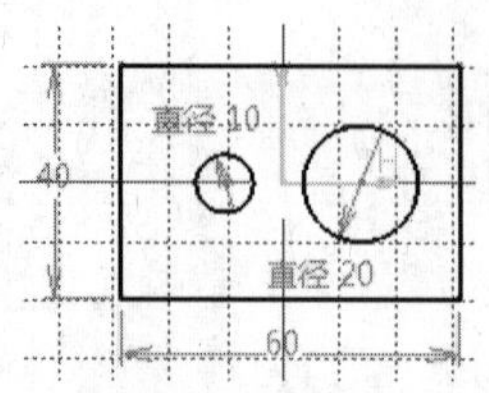

a）部分约束的几何图形

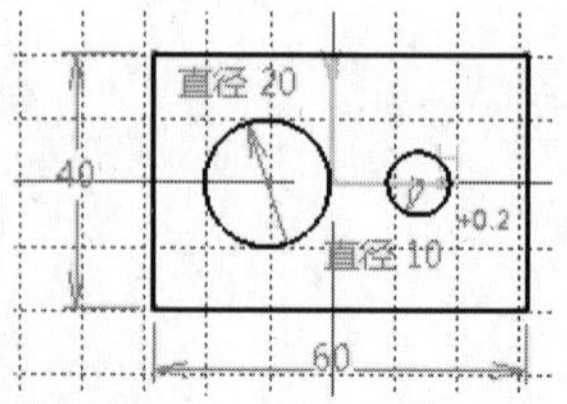

b）修改数值及设置公差

图 4-109 设置图形尺寸

6）恢复初始公差：恢复公差的初始值。

【例4-69】 编辑图形的多重约束。

① 绘制几何图形并对图形进行部分约束，如图 4-109a 所示。

② 框选选中图形中的所有尺寸，在“约束”工具栏中单击“编辑多重约束”按钮，弹出“编辑多重约束”对话框，如图 4-110 所示。

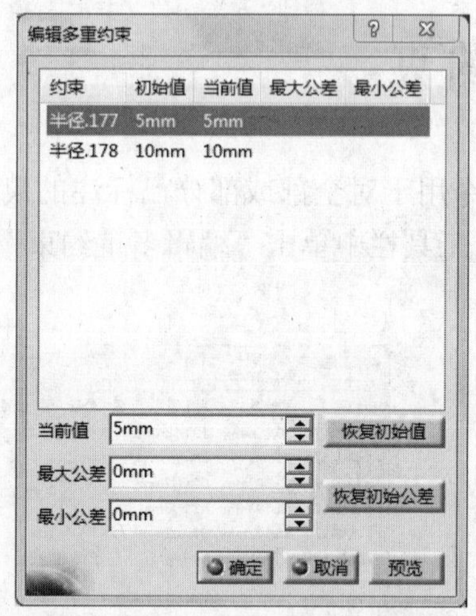

图 4-110 “编辑多重约束”对话框二

③ 如果要改变某个约束值，则在列表框中选择该约束，修改“当前值”文本框中的数值；如果要将当前值恢复到初始值，单击“恢复初始值”按钮。

④ 可以为当前的约束值设置公差，设置公差后，其值显示在对话框以及草图约束中，如图 4-109b 所示。

⑤ 单击“恢复初始公差”按钮，则公差值恢复为初始值 0。

4.4　草图求解状态与分析

“2D 分析”工具栏包含两个命令：“草图求解状态”和“草图分析”，如图 4-111 所示。

图 4-111　“2D 分析”工具栏

图 4-112　“草图求解状态”对话框

（1）草图求解状态

可以分析当前草图约束是否完整。在“2D 分析”工具栏中，单击草图分析按钮，系统弹出“草图求解状态”对话框如图 4-112 所示。

（2）草图分析

草图分析可以找到绘制草图时产生的错误，而这些错误是很难找到的。如草图轮廓未封闭、草图轮廓有交叉或者有独立的点或线未转换为构造元素。

在“2D 分析”工具栏中，单击草图分析按钮，系统会弹出“草图分析”对话框，如图 4-113 所示。

1）几何图形：可以查看草图几何关系。

2）使用边线：快速修改投影和交集的错误元素。

3）诊断：可以分析草图元素的约束状态。

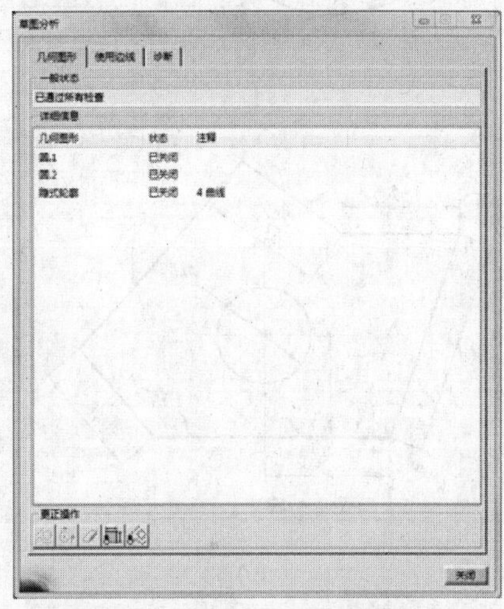

图 4-113　“草图分析”对话框

4.5　小结

本章主要介绍了 CATIA 草图绘制的基础图形、修饰特征、约束和草图处理与分析，对各个命令进行了详细的讲解。通过本章的学习，可以熟练掌握草图绘制的操作，为学习 CATIA 软件后续模块操作奠定了基础。

4.6　思考题

（1）绘制如图 4-114 所示的草图并添加约束。

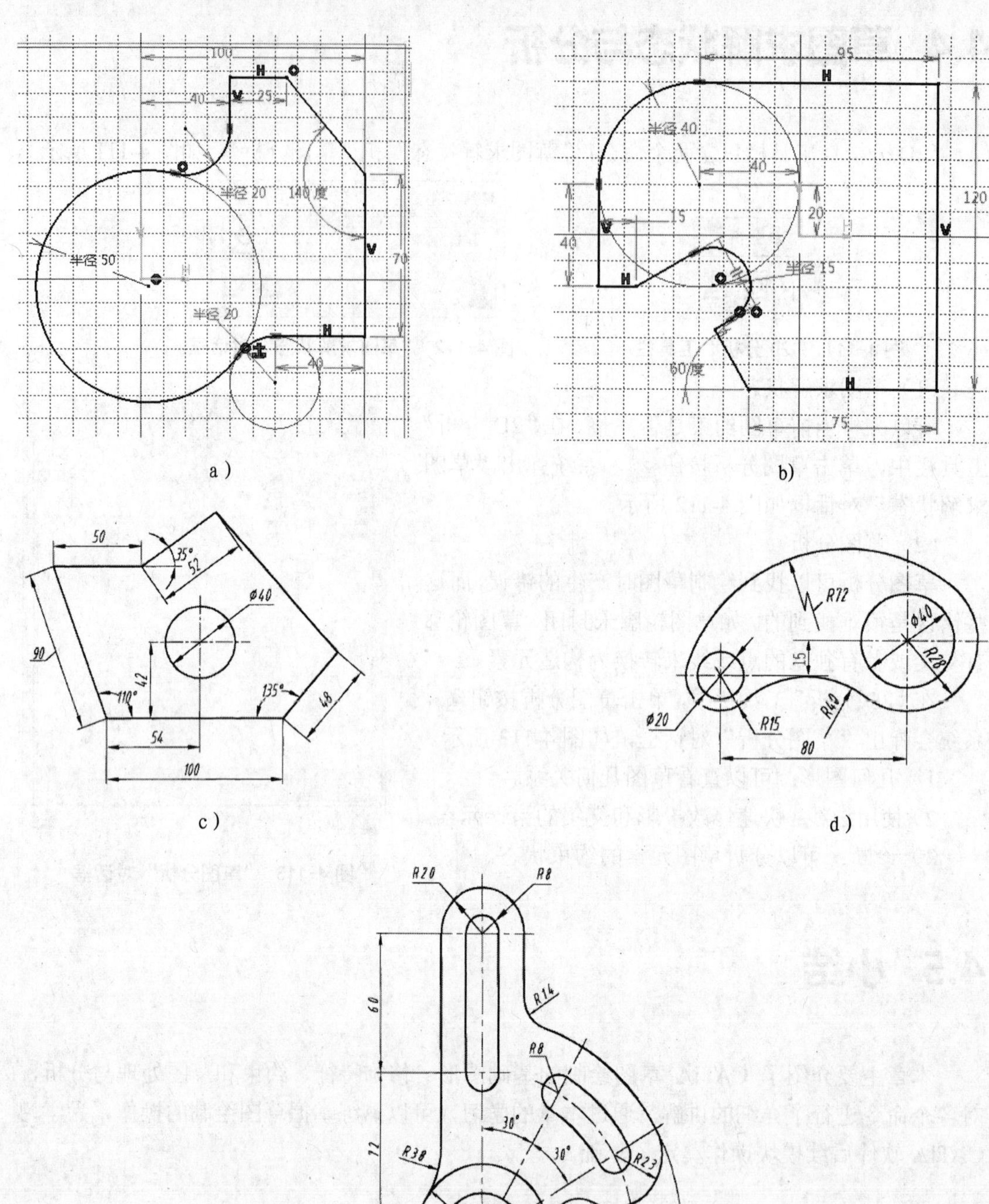

100
40
25
半径 20
140 度
半径 50
70
半径 20
40
a）
95
半径 40
40
20
15
120
40
半径 15
60 度
75
b）
50
35°
52
Φ40
90
42
110°
135°
48
54
100
c）
R72
Φ40
15
R28
Φ20
R15
R40
80
d）
R20
R8
60
R14
R8
30°
30°
72
R38
R23
Φ65
Φ40
R14
R73
R96
e）

图 4-114 习题图一

（2）绘制如图所示的机构草图，并对角度值应用草图动画。

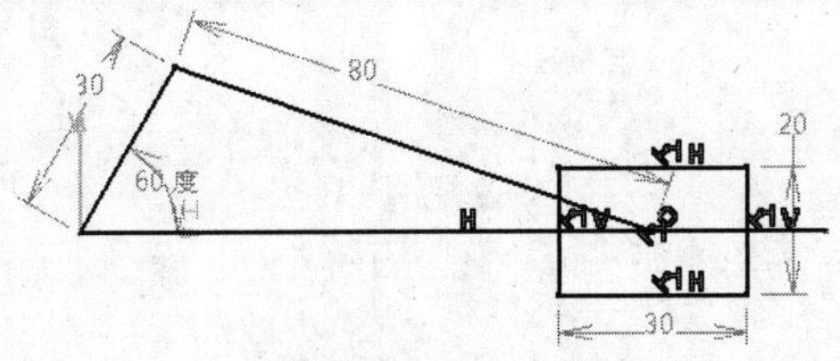

图 4-115　习题图二

第三篇 零件

本篇的主要内容为 CATIA 软件的零件设计。学习本篇内容的目的是掌握在 CATIA 各种模块下进行零件设计的基本技能。本篇主要任务如下：

- 认识和熟悉零件设计工作台
- 学会创建基于草图的 **3D** 特征
- 学会对零件进行修饰与变换的常用方法

第5章 CATIA 零件设计基础

5.1 概述

零件是指组成机器的不可拆分的基本单元，如螺栓、螺钉、键、带、齿轮、轴、弹簧、销等，零件设计是产品设计的基础。CATIA 中的零件是在零件设计工作台中设计的。零件设计工作台为用户提供了丰富的实体造型功能。通过对这些功能的运用，可以对实体进行创建、编辑、排序等操作，最终设计出所需零件。同时该模块还可以与 CATIA 其他模块有机结合，例如与线框和曲面设计模块切换使用，提高了建模的灵活性。

5.1.1 零件设计方法

CATIA 零件设计方法分两种，布尔操作和特征添加。

（1）布尔操作

布尔操作是通过对点、线、面、体的一系列运算来创建实体的一种建模方法。布尔操作具有如下特点：

1）无论形状多么复杂的实体都能创建。

2）布尔操作只是针对点、线、面、体进行并、交、和的运算。

3）布尔运算的图形处理方式较抽象，需要理论基础，不适于大众群体。

（2）特征添加

特征添加是按照加工工序对基础三维模型进行形状改变和技术属性添加的一种建模方法。特征添加具有如下特点：

1）更符合设计人员的逻辑，使三维模型的创建顺序可以与加工工艺顺序过程一致，软件更容易上手和逐渐深入。

2）通过添加特征设计零件的方式便于零件参数的修改和零件的参数化设计。

5.1.2 零件设计一般步骤

零件设计的一般步骤如下，流程如图 5-1 所示。

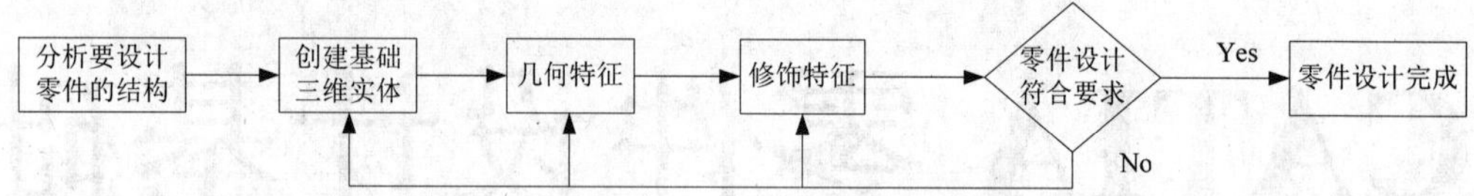

图 5-1 零件设计流程

（1）分析要设计零件的结构

对要设计零件的基础三维实体结构以及需要添加的特征进行分析。

（2）创建基础三维实体

根据步骤（1）分析的结果创建基础三维实体。

（3）添加几何特征

添加凹槽、旋转槽、开槽、孔等特征。

（4）添加修饰特征

添加倒圆角、倒角、拔模等修饰特征。

以法兰盘为例，其设计的一般步骤如图 5-2 所示。

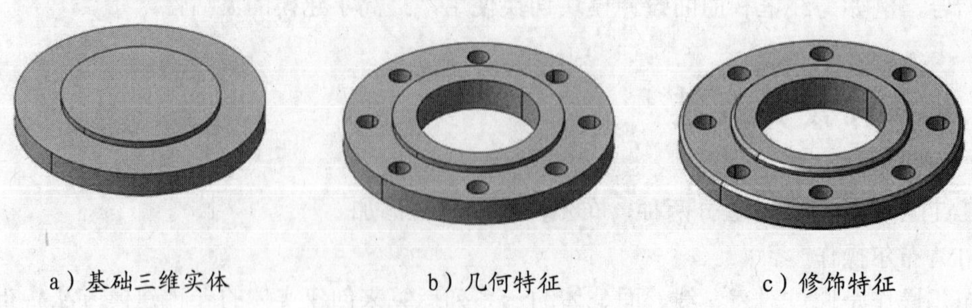

a）基础三维实体　　b）几何特征　　c）修饰特征

图 5-2 零件设计一般步骤

5.2 零件设计工作台

5.2.1 启动

进入零件设计工作台的方法有以下两种：

1）在菜单栏中，依次选择“开始”→“机械设计”→“零件设计”选项，弹出“新建零件”对话框，参见图 3-2。

a）输入零件名称：在输入零件名称文本框中输入零件名称，零件名称可以为中文。

b）启用混合设计：在创建三维模型过程中，可以在几何体中插入线框和曲面元素。

c）创建几何图形集：该项用于在进入零件设计工作台后自动创建几何图形集。

d）创建有序几何图形集：该项用于在进入零件设计工作台后自动创建有序几何图形集。

e）不要在启动时显示：该项在激活后，用户在下次进入零件设计工作台时不会出现“新建零件”对话框，直接进入零件设计工作台。单击“确定”按钮，进入零件设计工作台。

2）在“标准”工具栏中单击“新建”按钮，弹出“新建”对话框，如图 5-3 所示，在“类型列表”中选择“Part”，单击“确定”按钮，出现“新建零件”对话框，单击“确定”按钮，进入零件设计工作台。

图 5-3 “新建”对话框

5.2.2 用户界面

零件设计工作界面包括“菜单栏”“标题栏”“指南针”“结构树”“专属工具栏”“消息区”“公共工具栏”和“命令输入栏”，如图 5-4 所示。

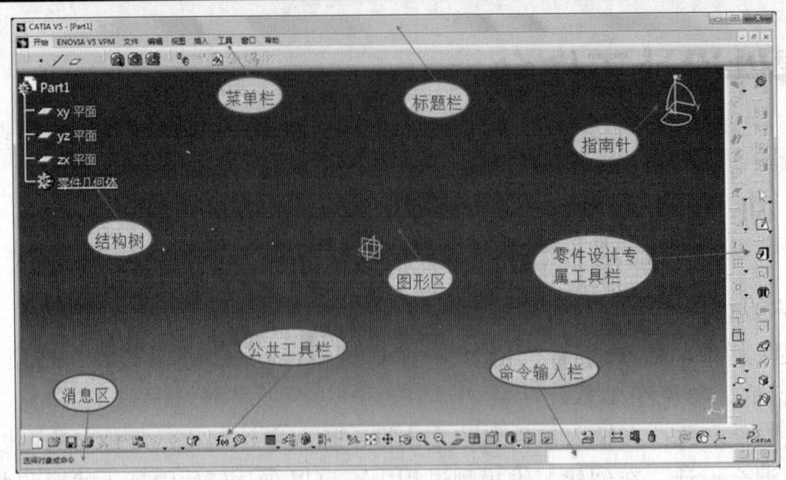

图 5-4 零件设计工作界面

5.2.3 工具栏

零件设计工作台中的专属工具栏主要包括：“参考元素”工具栏、“布尔操作”工具栏、“变换特征”工具栏、“修饰特征”工具栏和“基于草图的特征”工具栏，如图 5-5 所示，各项功能将在后续章节中详细介绍。

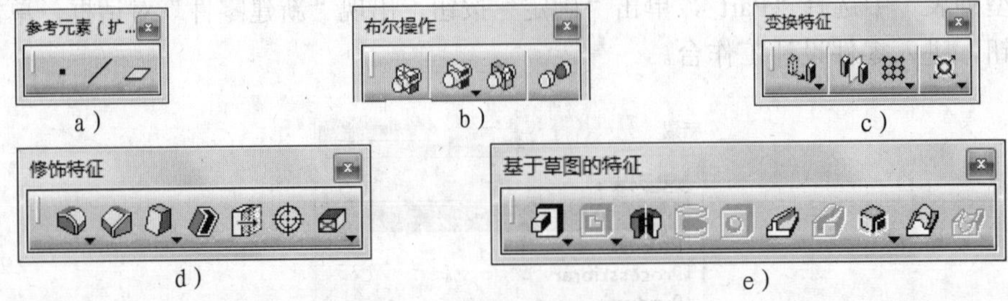

图 5-5 零件设计专属工具栏

5.3 参考元素

“参考元素”，即基准，是三维设计过程中的定位与参照，是实体零件设计平台中非常重要的辅助工具模块。参考元素工具栏虽然不能直接生成实体零件，但是在零件设计过程中经常需要使用参考元素帮助生成零件。CATIA 参考元素由点、直线、平面三种几何元素以及坐标系（轴系）组成，参考元素工具栏如图 5-5a 所示。下面仅简单介绍各种参考元素的创建方法，具体操作步骤将在以后用到时详述。

5.3.1 点

“点”工具是创建参考点的工具，参考点可以通过以下方法创建：“坐标”“在曲线上”“在平面上”“在曲面上”“圆或球面中心”“曲线上切点和两点间”。

单击“参考元素”工具栏上的“点”按钮 ▪，系统弹出“点定义”对话框，如图 5-6 所示。在“点类型”下拉列表框中，可以选择各种点的创建方法。还可以使用锁定按钮，只需单击此按钮，锁定按钮变为红色，防止在选择几何图形时自动更改类型。

5.3.2 直线

“直线”工具是用于创建参考线的工具。单击“参考元素”工具栏上的“直线”按钮╱，系统弹出“直线定义”对话框，如图 5-7 所示。在“线型”下拉列表框中提供了 6 种生成直线的方法：创建两点连线、指定点和方向、与曲线成角度或法线、创建曲线的切线、创建曲面的法线、创建角分线。

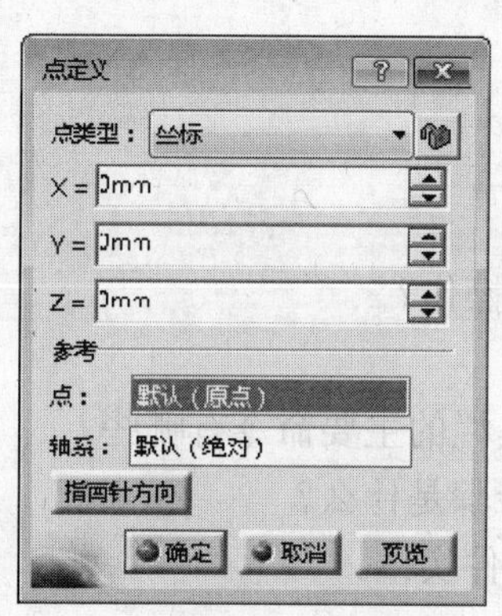

图 5-6 “点定义”对话框

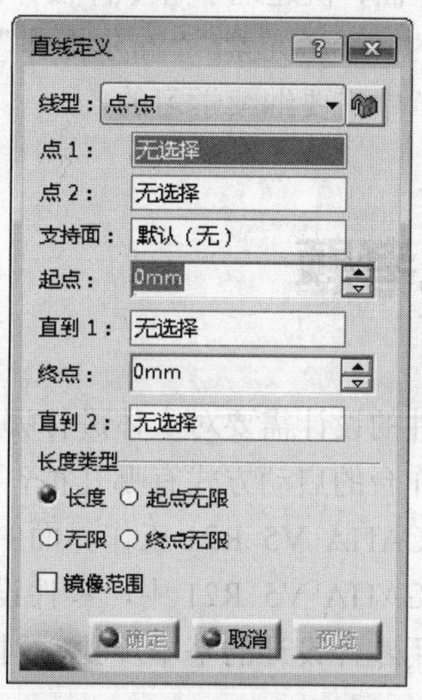

图 5-7 “直线定义”对话框

5.3.3 平面

“平面”工具是用于创建参考平面的工具。单击“参考元素”工具栏上的“平面”按钮▱，系统弹出“平面定义”对话框，如图 5-8 所示。在对话框中“平面类型”下拉列表框中提供了 11 种平面的生成方式，分别是“偏移平面”“平行通过点”“平面的角度/法线”“通过三点”“通过两条直线”“通过点和直线”“通过平面曲线”“曲线的法线”“曲线的切线”“方程式”和“平均通过点”。

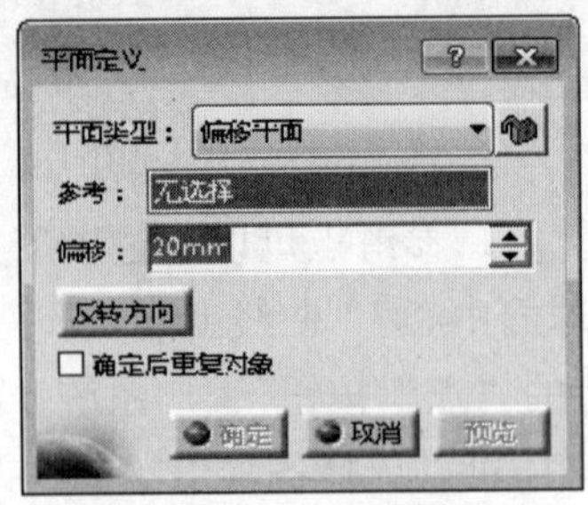

图 5-8 “平面定义”对话框

5.4 小结

本章主要介绍了 CAITA V5 R21 的主要工作界面，包括零件设计工作台的界面认识、工作台的启动、零件设计专属工具栏的认识以及零件的设计方法与一般步骤。通过本章的学习，可以全面、快速地了解零件设计工作界面的主要命令，明确计算机辅助设计的一般步骤，其中的“参考元素”“布尔操作”“变换特征”“修饰特征”和“基于草图的特征”等是后续几章中需要继续学习的。

5.5 思考题

（1）零件的设计需要对实体进行哪几个方面的操作？
（2）工作台的启动方式有哪几种？
（3）在 CATIA V5 R21 工作界面中，专属工具栏的主要命令有哪些？
（4）在 CATIA V5 R21 中，零件设计的一般步骤是什么？
（5）利用零件设计的基本步骤，创建一简单零件实体。

第6章 基于草图的 3D 特征

“基于草图的特征”是指以草图为构造元，所建立的三维实体基本特征。基于草图的特征包括“拉伸”“旋转”“孔”“肋”“混合”“加强肋”和“多截面特征”等，其工具栏及相关拓展工具栏如图 6-1 所示。

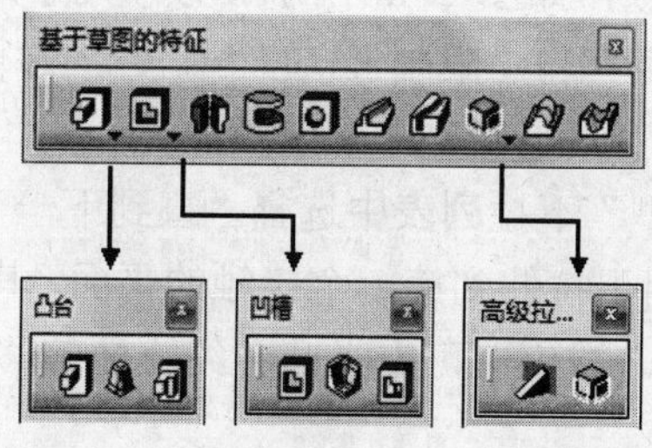

图 6-1 “基于草图的特征”工具栏

6.1 拉伸

拉伸是指以二维草图轮廓为基础进行拉伸而添加的特征。根据增加或减少实体，拉伸实体特征分为凸台和凹槽。

6.1.1 凸台

“凸台”是指对草图轮廓沿指定的一个或两个方向拉伸时生成实体，属于增料过程。在“基于草图的特征”工具栏中单击“凸台”按钮下的三角箭头，弹出“凸台”工具栏，参见图 6-1。

（1）普通凸台

在“凸台”工具栏中单击“凸台”按钮，弹出“定义凸台”对话框，在对话框中单击“更多”按钮，展开对话框，如图 6-2 所示。

1）“第一限制”选项区：该项用于设置拉伸草图轮廓一侧凸台的拉伸类型。随着拉伸类型的变化，操作项目也发生变化。

a）类型：“类型”下拉列表包括“尺寸”“直到下一个”“直到最后”“直到平面”和“直到曲面”，如图 6-3 所示。

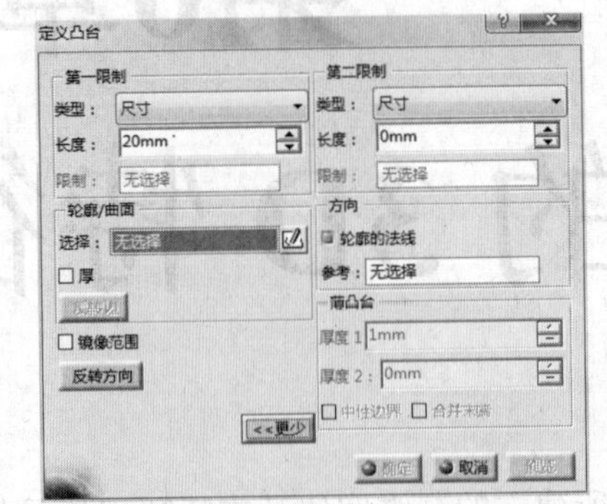

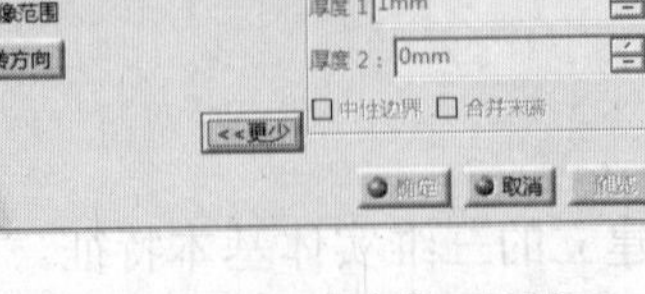

图 6-2 “定义凸台”对话框

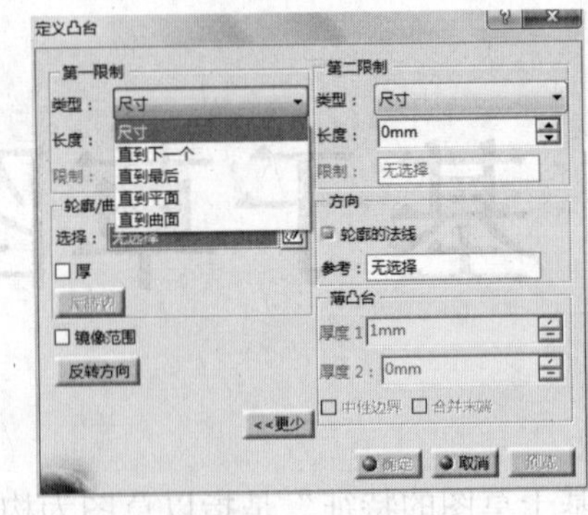

图 6-3 拉伸类型

b）尺寸：尺寸是默认选项，如图 6-4a 所示。该项用于通过长度尺寸来定义凸台拉伸长度，其操作项目包括“长度”和“限制”。在“长度”文本框中输入数值即可实现沿草图平面的法线方向拉伸轮廓；“限制”文本框未激活。

c）直到下一个：在“类型”下拉列表中选择“直到下一个”，“定义凸台”对话框切换显示，如图 6-4b 所示。该项用于拉伸到第一个接触的平面，其操作项目包括“限制”和“偏移”。在“偏移”文本框中输入数值即可定义凸台终止面偏移的长度，该值可为负数；“限制”文本框未激活。

d）直到最后：在“类型”下拉列表中选择“直到最后”，“定义凸台”对话框切换显示，如图 6-4c 所示。该项用于拉伸到最后接触到的零件，其操作项目包括“限制”和“偏移”。

e）直到平面：在“类型”下拉列表中选择“直到平面”，“定义凸台”对话框切换显示，如图 6-4d 所示。该项用于拉伸到目标平面，可以是坐标平面也可以是实体平面，其操作项目包括“限制”和“偏移”。

f）直到曲面：在“类型”下拉列表中选择“直到曲面”，“定义凸台”对话框切换显示，如图 6-4e 所示。该项用于拉伸到目标曲面，其操作项目包括“限制”和“偏移”。

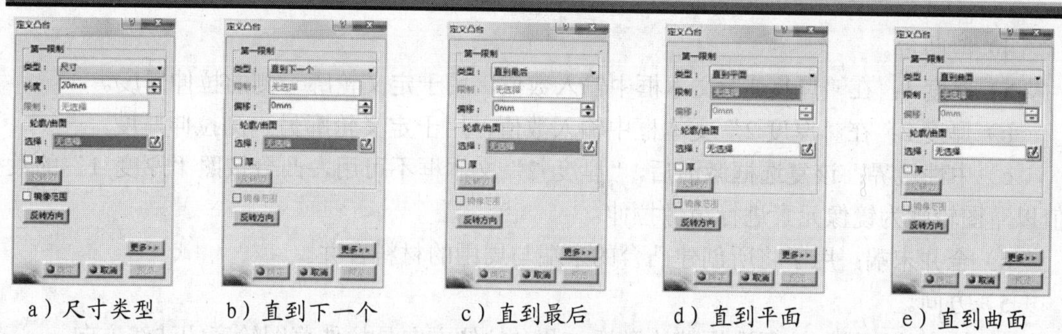

a）尺寸类型　b）直到下一个　c）直到最后　d）直到平面　e）直到曲面

图 6-4 不同拉伸类型的对话框

不同类型的拉伸效果，如图 6-5 所示。

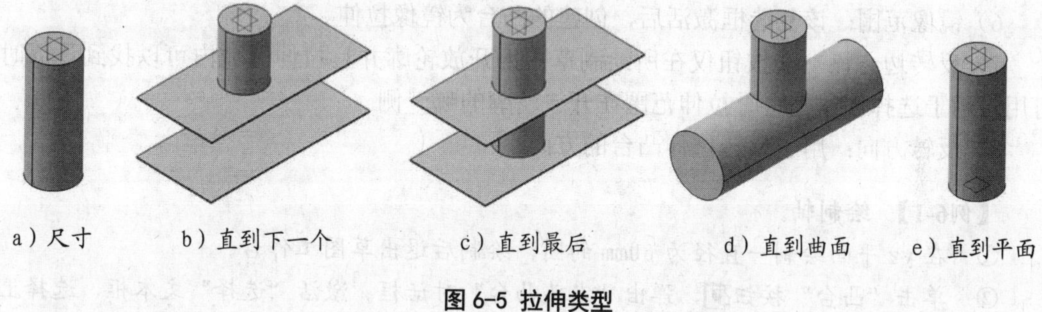

a）尺寸　b）直到下一个　c）直到最后　d）直到曲面　e）直到平面

图 6-5 拉伸类型

2）“第二限制”选项区：该项用于设置草图轮廓另一侧方向凸台的拉伸类型。“第二限制”选项区功能、用法与“第一限制”选项区相同，不再赘述。

3）轮廓/曲面。

a）选择：用于选择拉伸草图轮廓，该项提供了两种方法：一种是激活“选择”文本框（由灰色变为蓝色），单击草图；另一种是在“定义凸台”对话框中单击“绘制草图”按钮进入草图工作台，在草图工作台中绘制和编辑草图。

b）厚：“厚”是指对拉伸草图轮廓的厚度进行拉伸而生成的三维实体。拉伸的草图轮廓可以是不封闭的。“厚”复选框激活时，“薄凸台”选项区可用，如图 6-6 所示。“薄凸台”选项区功能见下文所述。

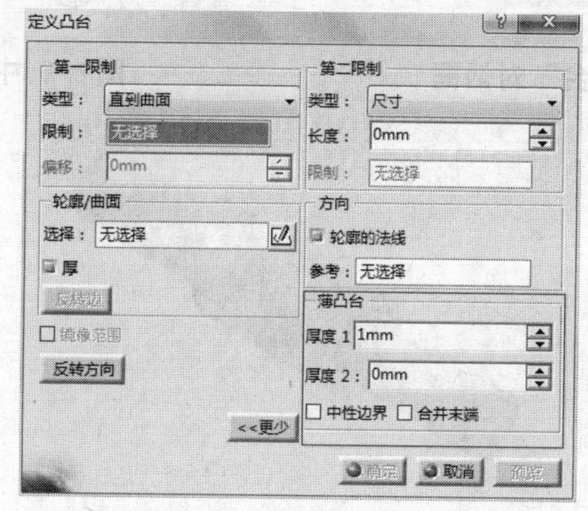

图 6-6 “定义凸台”对话框

4）薄凸台。

a）厚度 1：在“厚度 1”文本框中输入数值，用于定义轮廓一侧的拉伸厚度。

b）厚度 2：在“厚度 2”文本框中输入数值，用于定义轮廓另一侧拉伸厚度。

c）中性边界：该复选框激活后，“厚度 2”文本框不可用，凸台按照“厚度 1”的数值以草图轮廓为镜像元素进行镜像拉伸。

d）合并末端：用于将所创建凸台的末端与周围的材料合并。

5）方向。

a）轮廓的法线：该复选框默认激活，凸台拉伸方向是拉伸草图轮廓的法线方向。

b）参考：用于自定义凸台方向。方向指示元素可以是直线段、实体边、平面的法线等。

6）镜像范围：该复选框激活后，创建的凸台为镜像拉伸。

7）反转边：该功能按钮仅在所绘制草图为开放轮廓并且拉伸区域内可以找到边界时可用，用于选择创建凸台时拉伸范围在开放轮廓的哪一侧。

8）反转方向：用于反转拉伸凸台的方向。

【例6-1】 绘制轴。

① 在 yz 平面绘制一直径为 60mm 的圆，绘制后退出草图工作台。

② 单击“凸台”按钮，弹出“定义凸台”对话框。激活“选择”文本框，选择上一步绘制的凸台草图轮廓，草图轮廓添加完毕，“定义凸台”对话框如图 6-7 所示。

③ 在“长度”文本框中输入数值，本例取“50”，激活“镜像范围”复选框。单击“预览”，确认无误后单击“确定”按钮，如图 6-8 所示。

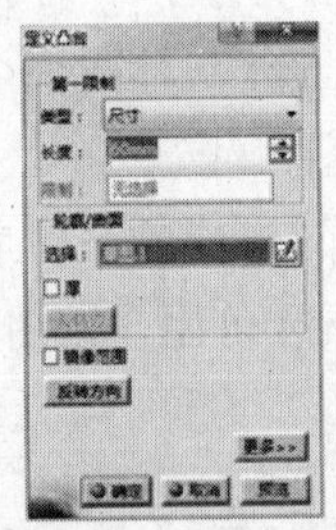

图 6-7 “定义凸台”对话框

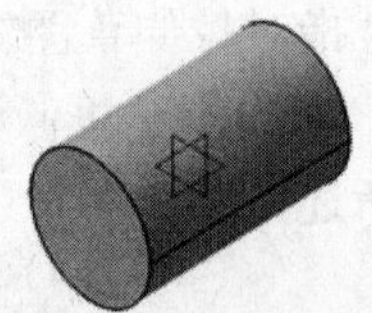

图 6-8 中间轴段

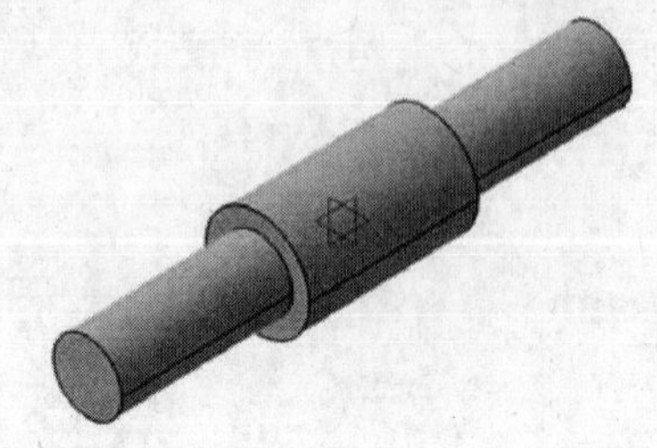

图 6-9 轴

④ 分别在圆柱体两端面上创建直径为 40mm、长度为 100mm 的圆柱体，生成带有一段轴肩的轴，如图 6-9 所示。

【例6-2】 斜凸台的创建。

① 在 xy 平面绘制一直径为 60mm 的圆后退出草图工作台，在 zx 平面绘制与水平方向成 60 度的直线后退出草图工作台，如图 6-10 所示。

② 单击“凸台”按钮，选择直径为 60mm 的圆作为凸台轮廓，在弹出的“凸台定义”对话框中单击“更多”，展开对话框，取消激活“轮廓的法线”复选框，此时“参考”文本框处于激活状态，选择上一步绘制的直线作为拉伸方向，如图 6-11 所示。

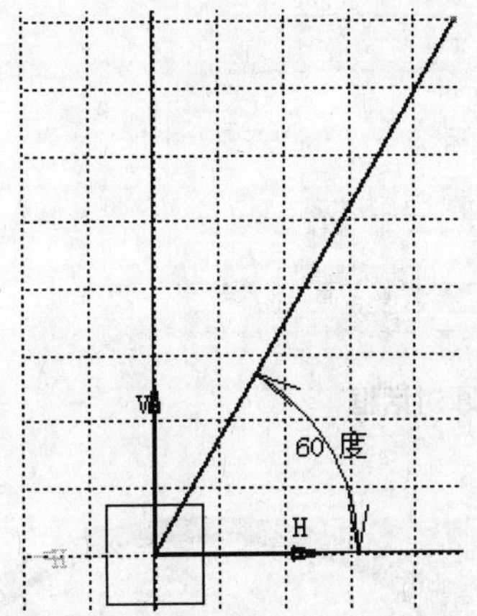

图 6-10 自定义凸台拉伸方向

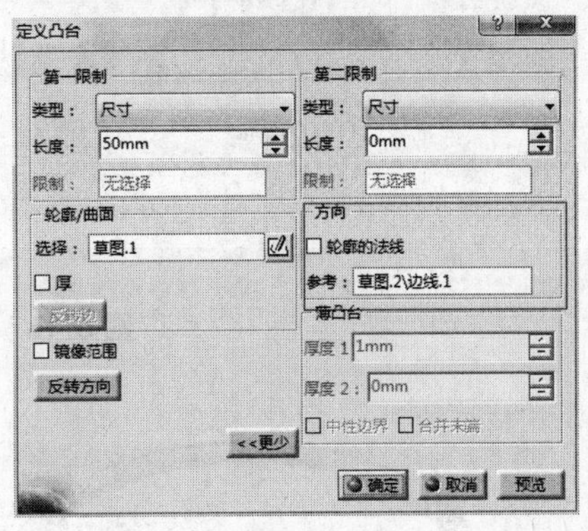

图 6-11 “方向”选项区

③ 单击“预览”，确认无误后单击“确定”按钮，凸台不同拉伸方向对比如图 6-12 所示。

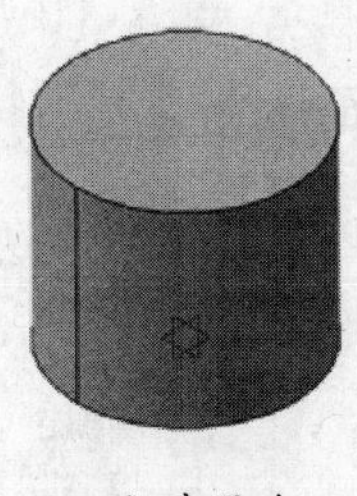

a）直凸台

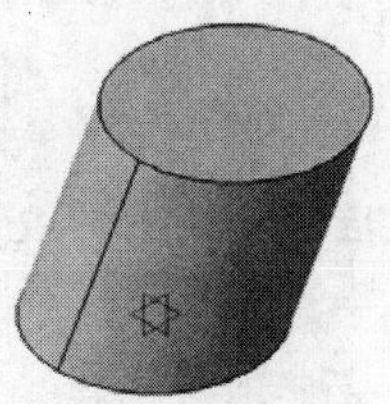

b）斜凸台

图 6-12 凸台不同拉伸方向对比

【例6-3】 圆环的绘制。

① 在 xy 平面绘制一直径为 60mm 的圆后退出草图工作台。选中该草图，单击“凸台”按钮，弹出“定义凸台”对话框，激活“厚”复选框，展开对话框，薄凸台被激活，如图 6-13 所示。

② 分别在“厚度 1”与“厚度 2”文本框中分别输入数值，本例取“1”和“2”。

③ 单击“预览”，如图 6-14a 所示，确认无误后单击“确定”按钮，如图 6-14b 所示。

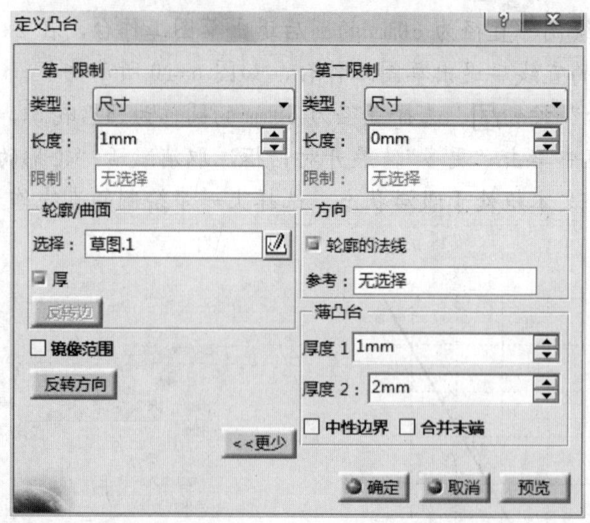

图 6-13 “定义凸台”厚对话框

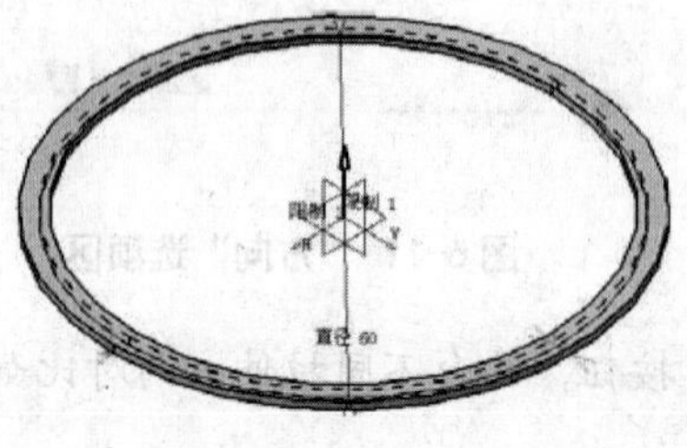

a）预览图

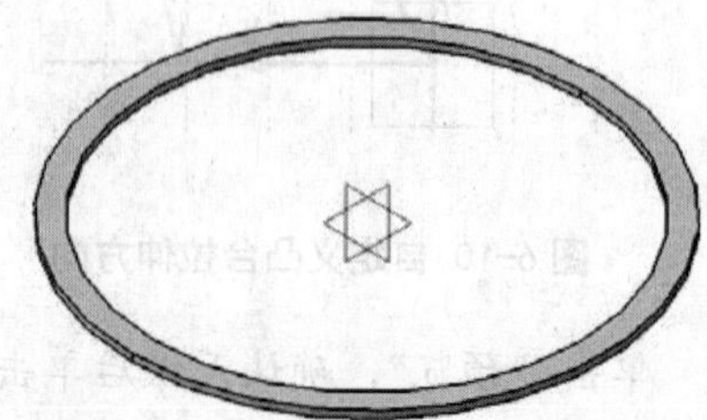

b）圆环

图 6-14 拉伸厚度凸台

④ 厚度拉伸的轮廓可以是不封闭的，如图 6-15 所示。

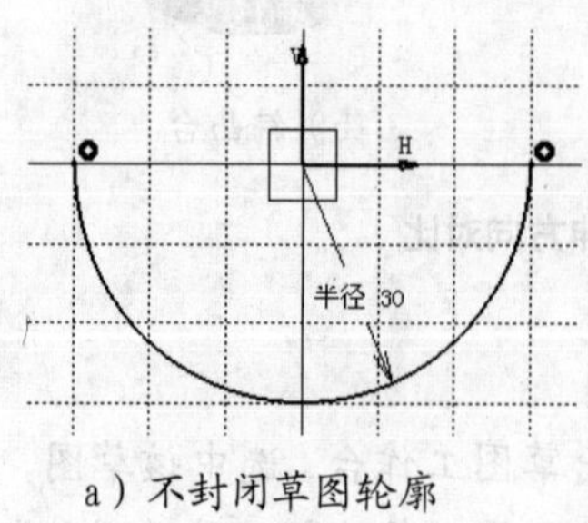

a）不封闭草图轮廓

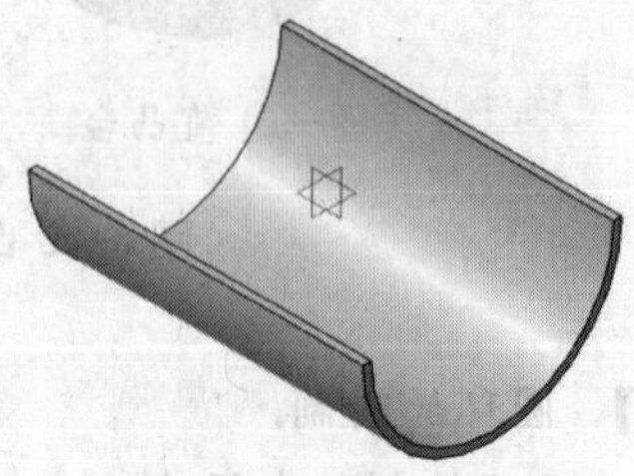

b）不封闭轮廓拉伸

图 6-15 不封闭轮廓

（2）拔模圆角凸台

拔模圆角凸台是指在创建拉伸特征的同时进行拔模和圆角操作，属于增料过程。

在“凸台”工具栏中单击“拔模圆角凸台”按钮，弹出“定义拔模圆角凸台”对话框，如图 6-16 所示。

1）第一限制：用于设置拔模圆角凸台的拉伸长度。

2）第二限制：用于选择拔模圆角凸台起始基准面，该基准面为不与草图轮廓垂直的平面。

3）反转方向：用于反转拔模圆角凸台的拉伸方向。

有关“拔模”及“圆角”命令的用法将在第 7 章进行讲解。

【例6-4】 拔模圆角凸台基本应用。

① 在 xy 平面绘制一直径为 60mm 的圆后退出草图工作台。

② 选中上步中绘制的凸台草图轮廓，在“凸台”工具栏中单击“拔模圆角凸台”按钮，弹出“定义拔模圆角凸台”对话框，参数设定如图 6-17 所示。

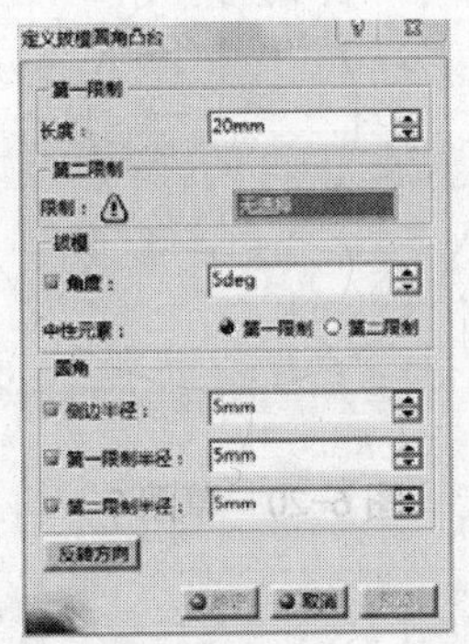

图 6-16 “定义拔模圆角凸台”对话框一

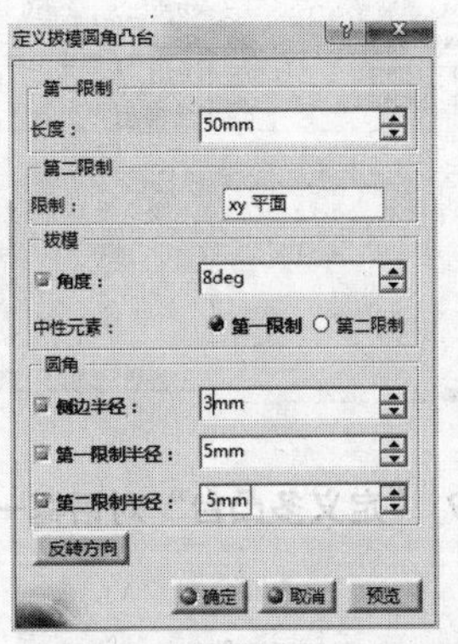

图 6-17 “定义拔模圆角凸台”对话框二

③ 单击“预览”按钮，确认无误后单击“确定”按钮，如图 6-18a 所示。

第一限制长度为 50mm，表示从 xy 平面向上拉伸 50mm；第二限制选择与 xy 平面偏移 20mm 的偏移平面，表示从 xy 平面向上拉伸 50mm 后切去第二限制平面与 xy 平面之间的部分，如图 6-18b 所示。

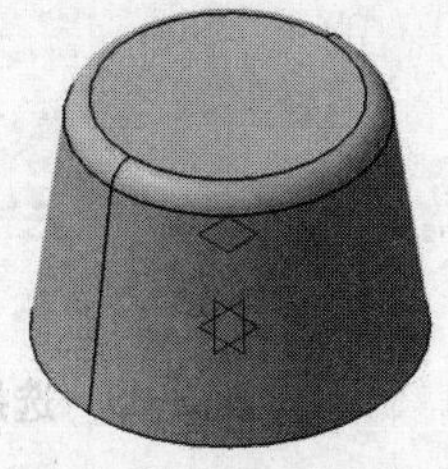

a）第二限制为 xy 平面

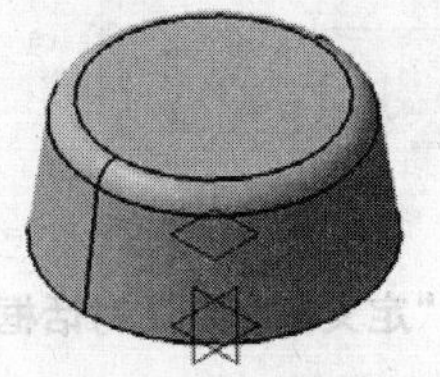

b）第二限制为偏移平面

图 6-18 拔模圆角凸台效果图

（3）多凸台

多凸台是指对同一草图内不相交的轮廓进行相同或相反方向不同长度的拉伸。

在“凸台”工具栏中单击“多凸台”按钮，弹出“定义多凸台”对话框，单击“更多”按钮，展开对话框，如图 6-19 所示。

1）第一限制：用于定义拉伸草图轮廓一侧不同拉伸域的拉伸类型，用法同前。

2）第二限制：用于定义拉伸草图轮廓另外一侧不同拉伸域的拉伸类型，其功能和用法与“第一限制”选项区相同。

3）域：用于选择和显示不同的拉伸域。

4）“方向”选项区：功能与用法同前。

【例6-5】 多凸台基本应用。

① 在 xy 平面绘制如图 6-20 所示的草图后退出草图工作台。

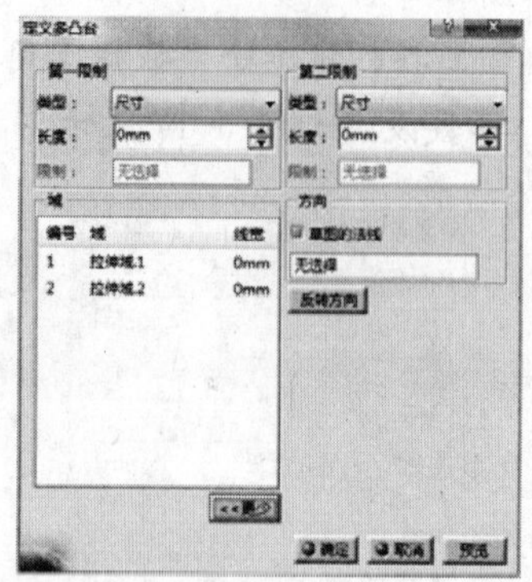

图 6-19 “定义多凸台”对话框一

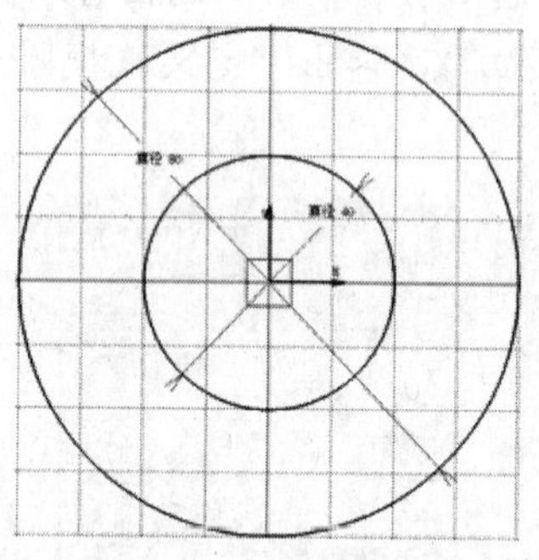

图 6-20 草图 3

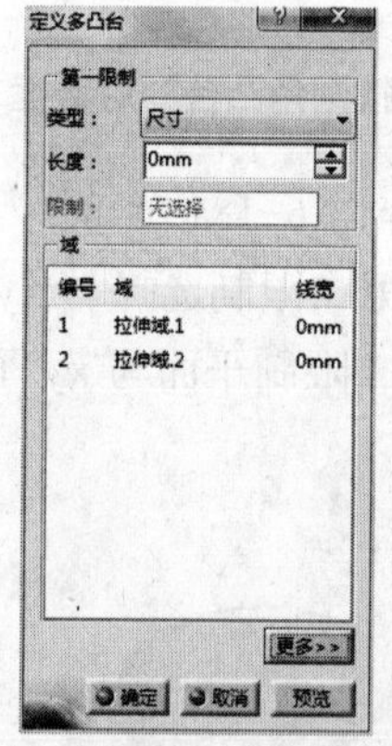

图 6-21 “定义多凸台”对话框二

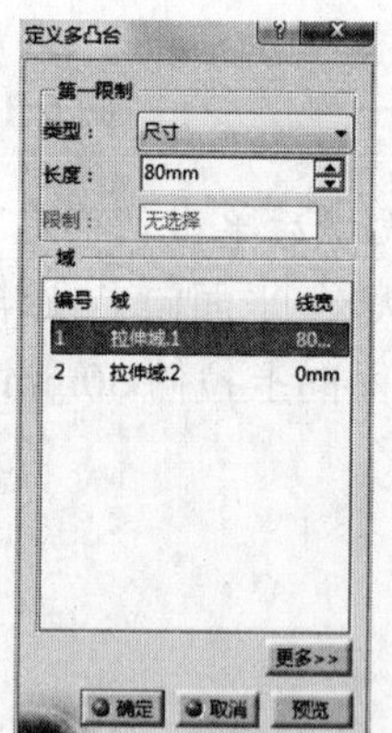

图 6-22 选择拉伸域 1

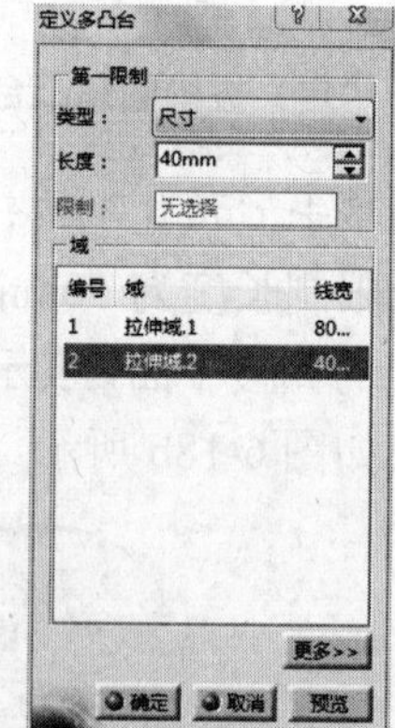

图 6-23 选择拉伸域 2

② 单击“多凸台”按钮，弹出“定义多凸台”对话框，如图 6-21 所示。单击“拉伸域 1”，在“长度”文本框中输入数值，本例取“80mm”，如图 6-22 所示；单击“拉伸域 2”，在“长度”文本框中输入数值，本例取“40mm”，如图 6-23 所示。

③ 单击“预览”按钮，确认无误后单击“确定”按钮，如图 6-24 所示。

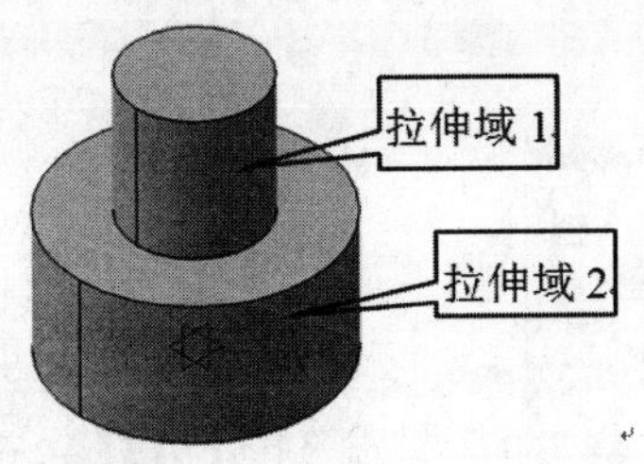

图 6-24 多凸台

6.1.2 凹槽

“凹槽”是指草图轮廓或曲面沿指定的一个或两个方向拉伸时移除实体而生成的特征，属于减料过程。在“基于草图的特征”工具栏中单击“凹槽”按钮下的三角箭头，参见图 6-1。凹槽轮廓可以是不封闭的。

（1）普通凹槽

在“凹槽”工具栏中单击“凹槽”按钮，弹出“定义凹槽”对话框，在对话框中单击“更多”按钮，展开对话框，如图 6-25 所示。

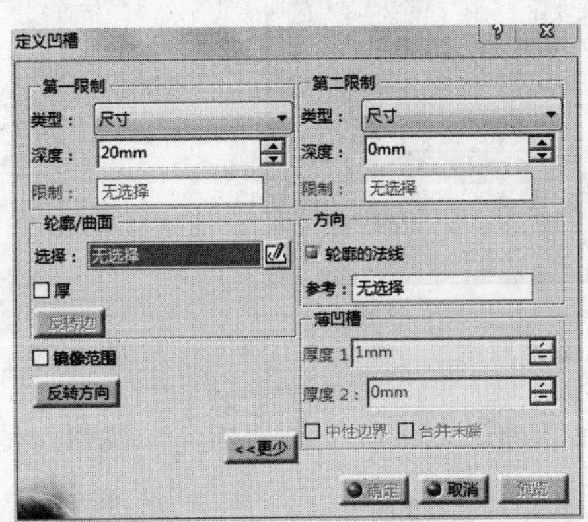

图 6-25 “定义凹槽”对话框一

创建凹槽时，“反转边”项用于反转凹槽切除的范围，其余“定义凹槽”对话框功能与定义凸台对话框用法一致，这里不再赘述。

【例6-6】 创建键槽。

① 绘制或打开一个轴类零件。在“参考元素”工具栏中单击“平面”按钮，弹出“平面定义”对话框。

② 默认平面类型为“偏移平面”，激活“平面定义”对话框中的“参考”文本框，选择 xy 平面，在“偏移”文本框中输入数值，本例取“15mm”，如图 6-26 所示。单击“确定”按钮，平面 1 创建完毕，如图 6-27 所示。

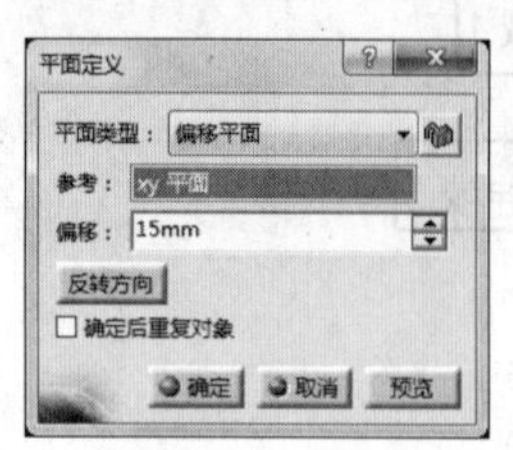

图 6-26 “平面定义”对话框

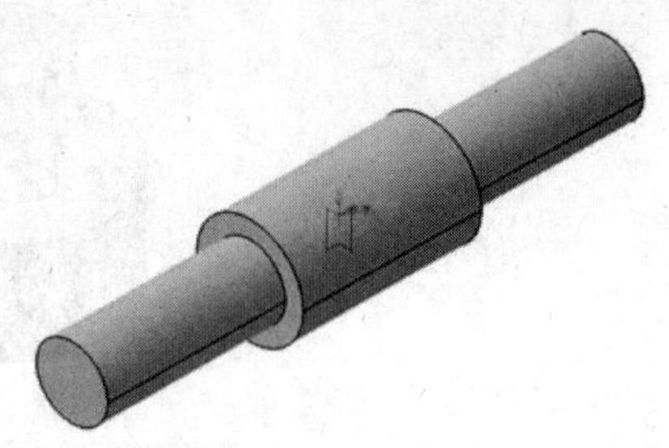

图 6-27 新建平面

③ 在步骤②中新建的平面上绘制如图 6-28 所示的草图，绘制后退出草图工作台。

④ 在“凹槽”工具栏中单击“凹槽”按钮，弹出“定义凹槽”对话框，如图 6-29 所示。激活“选择”文本框，选择如图 6-28 所示的草图。

⑤ 在“深度”文本框中输入数值，本例取“20mm”。

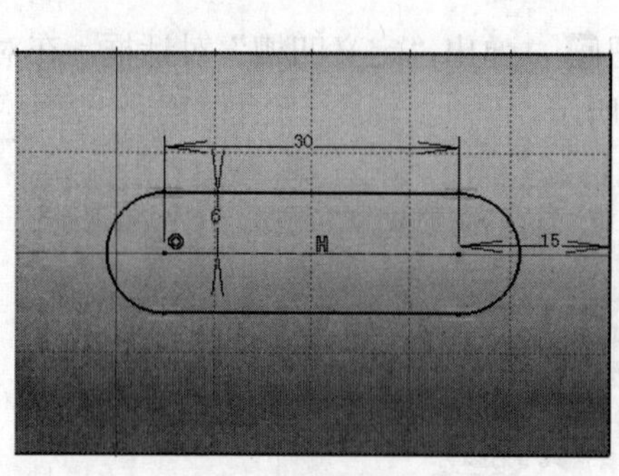

图 6-28 键槽草图

图 6-29 “定义凹槽”对话框二

⑥ 单击“预览”按钮，确认无误后单击“确定”按钮，键槽如图 6-30 所示。

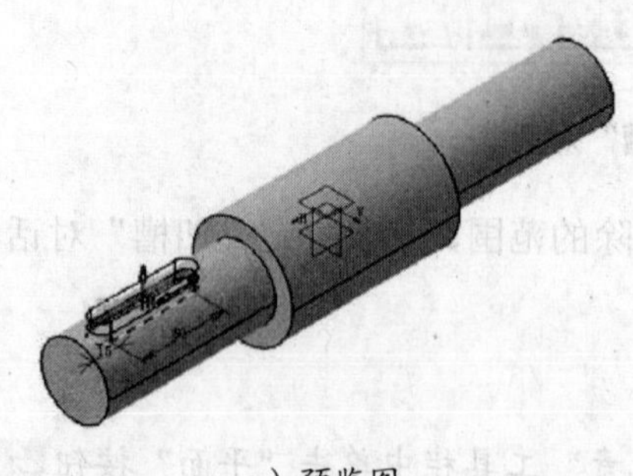

a）预览图

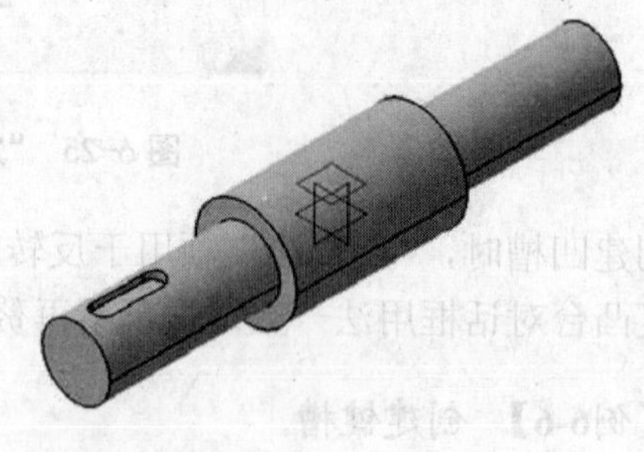

b）效果图

图 6-30 键槽

【例6-7】 创建定位槽。

① 绘制或打开一个轴类零件。在其中一侧端面上任意绘制图 6-31 中所示的草图后退出草图工作台。

② 单击“凹槽”按钮，弹出“定义凹槽”对话框，如图 6-32 所示，激活“选择”文本框，选择如图 6-31 所示的草图，在“深度”文本框中输入数值，本例取“20mm”。

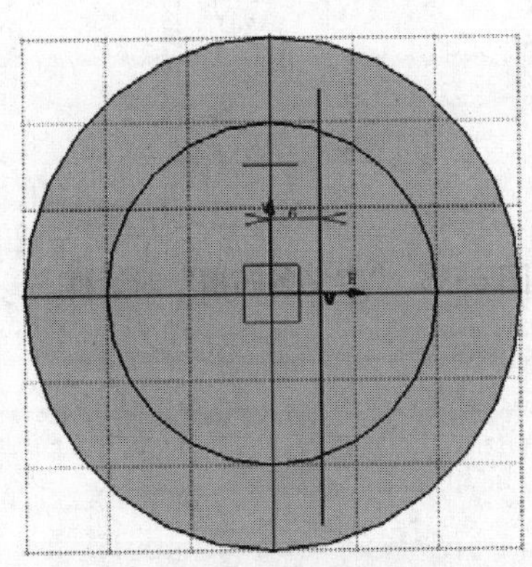

图 6-31 切割线

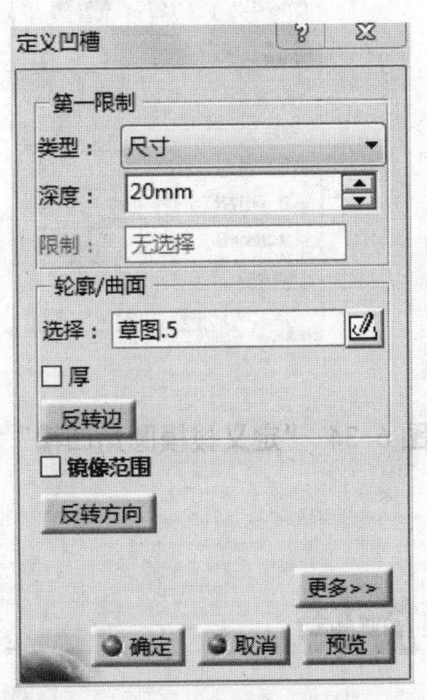

图 6-32 “定义凹槽”对话框三

③ 在“定义凹槽”对话框中单击“反转边”按钮，凹槽切除范围发生改变，如图 6-33 所示。单击“预览”按钮，确认无误后单击“确定”按钮。

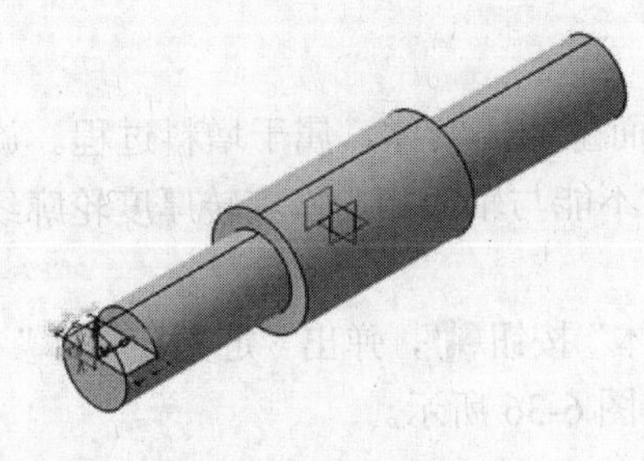

a）反转前

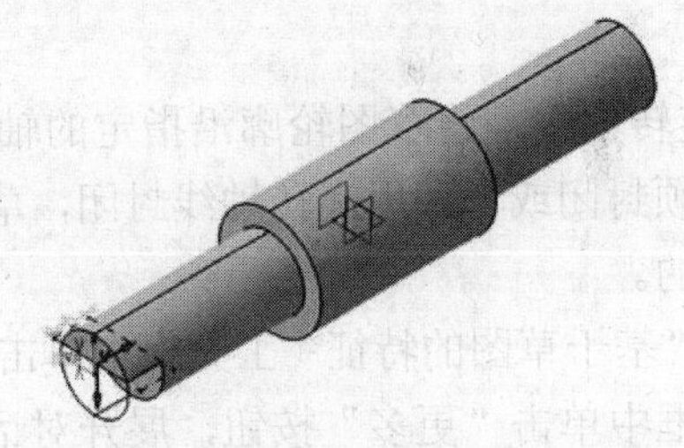

b）反转后

图 6-33 反转方向

（2）拔模圆角凹槽与多凹槽

分别单击“凹槽”工具栏中的“拔模圆角凹槽”按钮和“多凹槽”按钮，弹出“定义拔模圆角凹槽”对话框和“定义多凹槽”对话框，如图 6-34 和图 6-35 所示。

拔模圆角凹槽、多凹槽功能与拔模圆角凸台、多凸台功能相同，在此不再赘述。

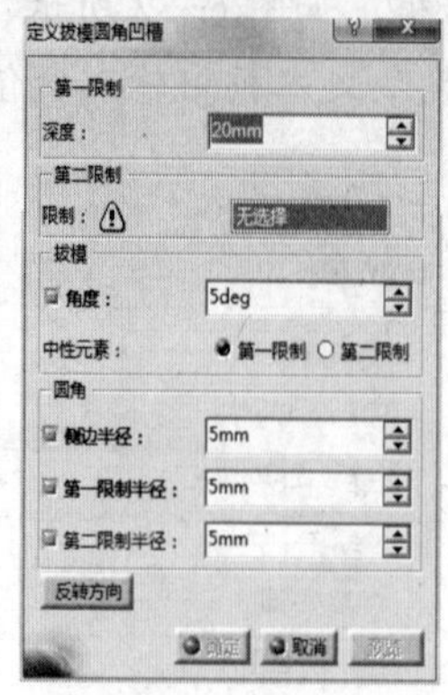

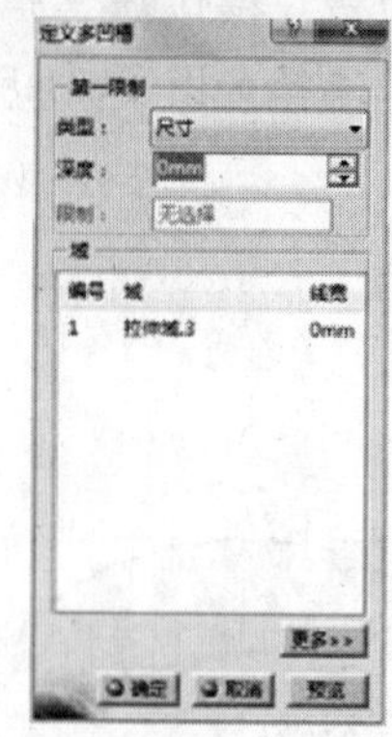

图 6-34 “定义拔模圆角凹槽”对话框

图 6-35 “定义多凹槽”对话框

6.2 旋转

旋转包括“旋转体”和“旋转槽”，适用于轴系、盘类以及具有回转特征的零件的创建。

6.2.1 旋转体

“旋转体”是将草图轮廓沿指定的轴线旋转而生成的实体，属于增料过程。旋转体轮廓线必须封闭或者利用旋转轴线封闭，草图轮廓不能与轴线相交；旋转厚度轮廓线可以是不封闭的。

在“基于草图的特征”工具栏中单击“旋转体”按钮，弹出“定义旋转体”对话框，在对话框中单击“更多”按钮，展开对话框，如图 6-36 所示。

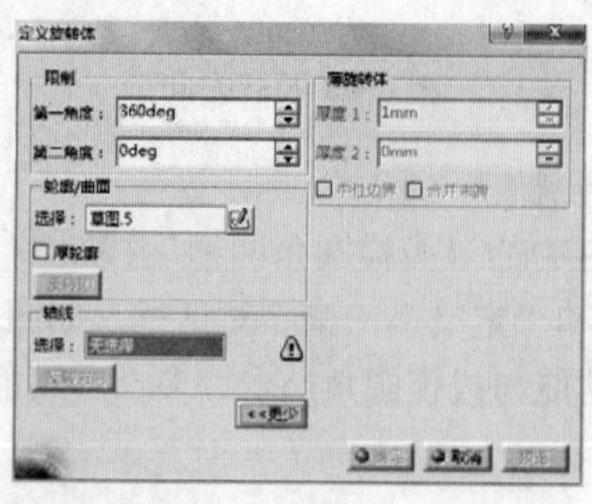

图 6-36 “定义旋转体”对话框一

（1）限制

1）第一角度：以轮廓线为起点，向一个方向旋转的角度。

2）第二角度：以轮廓线为起点，向另外一个方向旋转的角度。

（2）轮廓/曲面

1）选择：用于添加旋转体草图轮廓。

2）厚轮廓：“厚轮廓”是指对草图轮廓的厚度进行旋转而生成的三维实体。

（3）轴线选择

1）V 轴、H 轴。在草图工作台中，如果以 V 轴或 H 轴为旋转轴线基准绘制草图轮廓，绘制旋转体草图时，旋转轴线应与 V 轴或 H 轴相合。相应地，轴线“选择”文本框就会变为“横向”或“纵向”。

2）右键单击轴线“选择”文本框，在弹出快捷菜单中选择 X 轴、Y 轴或 Z 轴，如图 6-37 所示。

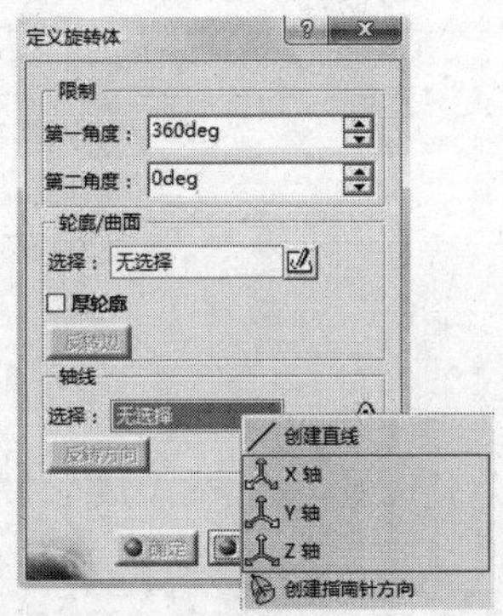

图 6-37 指南针轴系选择

3）三维造型中，很多情况下轴线需要自定义，自定义旋转轴线的方法有下面三种：

一种是以封闭轮廓为旋转轴，如图 6-38 所示。

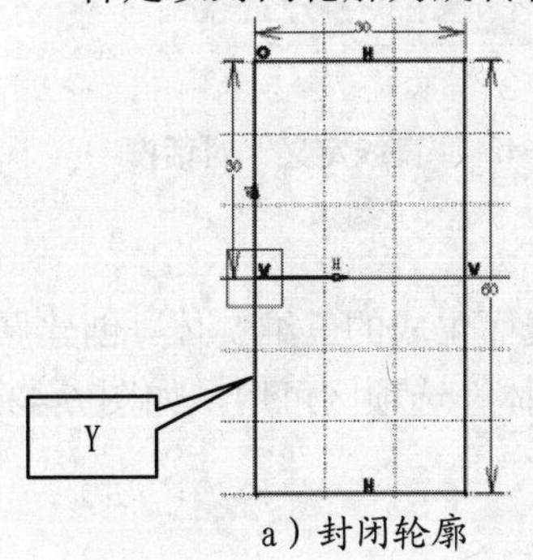

a）封闭轮廓

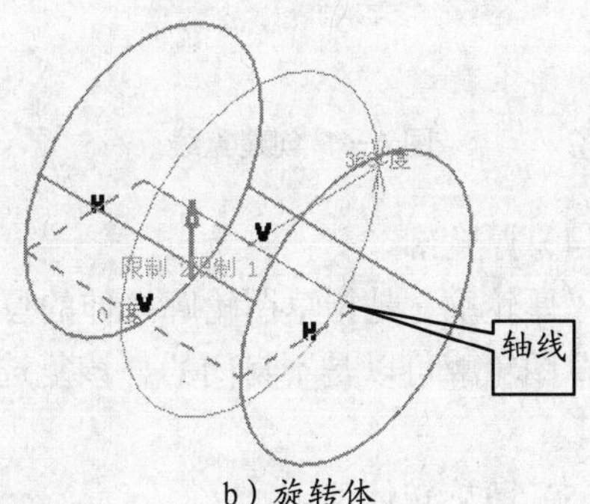

b）旋转体

图 6-38 封闭轮廓轴线选择

第二种是在绘制草图时，通过“轮廓”工具栏中的“轴”功能绘制旋转轴，如图 6-39 所示。绘制完毕后，在创建旋转体时，“定义旋转体”对话框中的轴线“选择”文本框不需要手动添加轴线，默认轴线为旋转草图轮廓中所绘制的轴线，如图 6-40 所示。

第三种是右键单击“定义旋转体”对话框中的轴线“选择”文本框，如图 6-41 所示，在弹出的快捷菜单中选择“创建直线”，弹出“直线定义”对话框，如图 6-42 所示，可以通过 6 种不同的方法创建轴线。

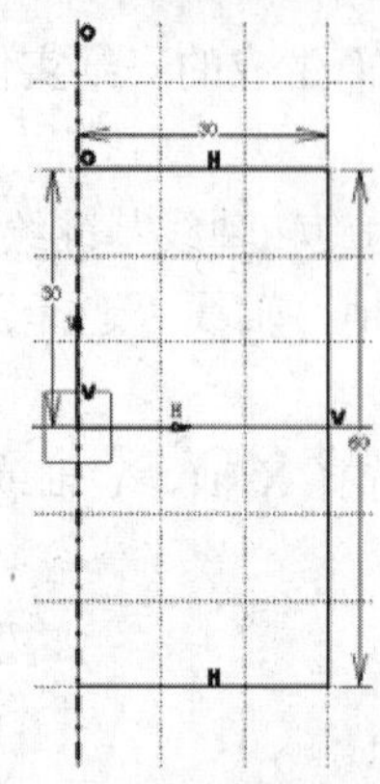

图 6-39 草图轴线

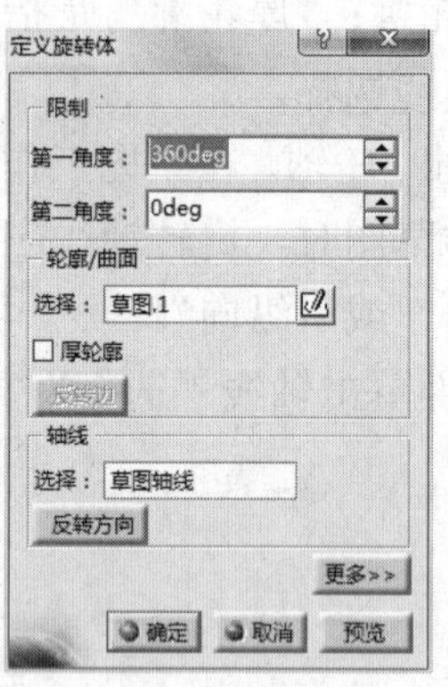

图 6-40 “定义旋转体”对话框二

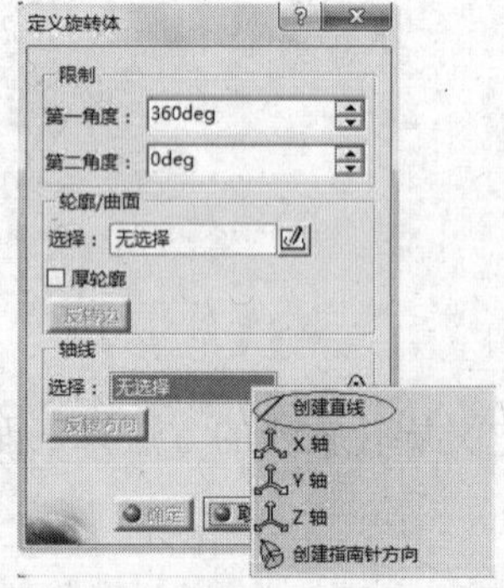

图 6-41 创建直线

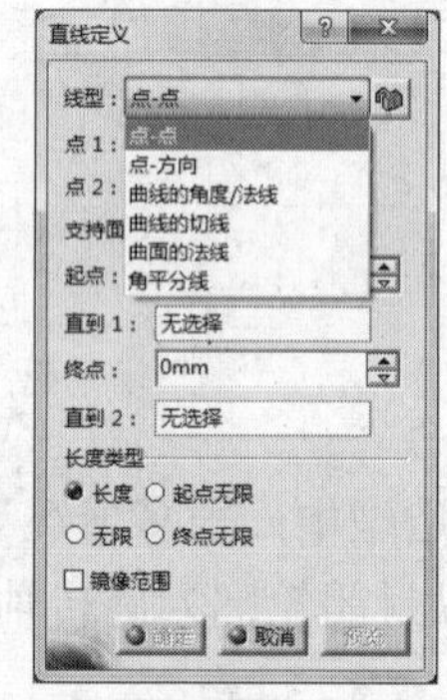

图 6-42 “直线定义”对话框

（4）厚轮廓

“厚轮廓”是指草图轮廓拉伸的厚度绕某一固定的轴线而生成的三维实体。创建厚轮廓的草图轮廓可以是不封闭的。该复选框激活时，“薄旋转体”选项区可用，如图 6-43 所示。

（5）薄旋转体

1）厚度 1：在“厚度 1”文本框中输入数值用于定义轮廓一侧的薄旋转体厚度。

2）厚度 2：在“厚度 2”文本框中输入数值用于定义轮廓另一侧薄旋转体厚度。

3）中性边界：该复选框激活后，“厚度 2”文本框不可用，旋转体厚度按照“厚度 1”的数值以草图轮廓为镜像元素进行镜像分布。

4）合并末端：将所创建的旋转体与周围材料合并。

（6）反转边

该功能按钮仅在所绘制草图为开放轮廓并且旋转区域内可以找到边界时可用，用于选择创建旋转体时旋转体在开放轮廓的哪一侧。

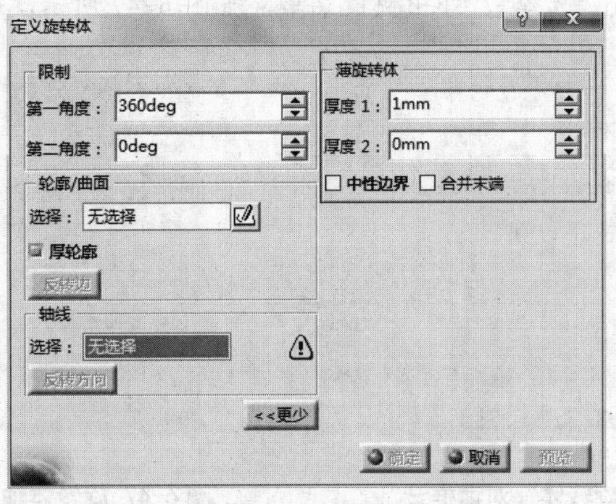

图 6-43 “薄旋转体”选项区

（7）反转方向

在“定义旋转体”对话框中单击“反转方向”，改变的是“第一角度”与“第二角度”相对于旋转草图轮廓的位置，对比如图 6-44 所示。

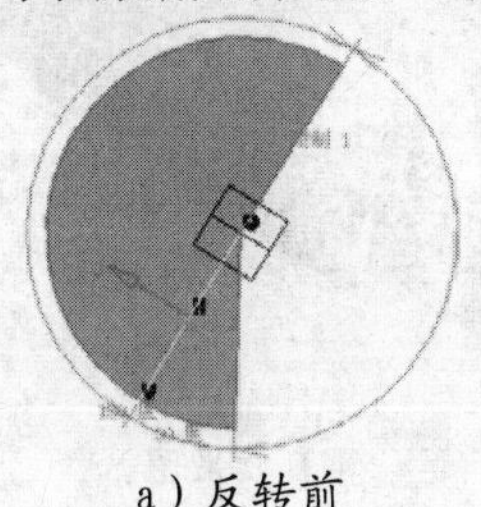

a）反转前

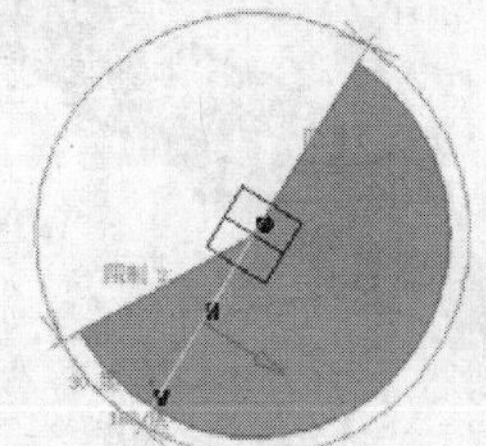

b）反转后

图 6-44 反转方向

【例6-8】 以旋转方式创建轴。

① 轴可以通过“旋转体”来创建。选择 xy 平面，进入草图工作台，绘制如图 6-45 所示的草图后退出草图工作台。

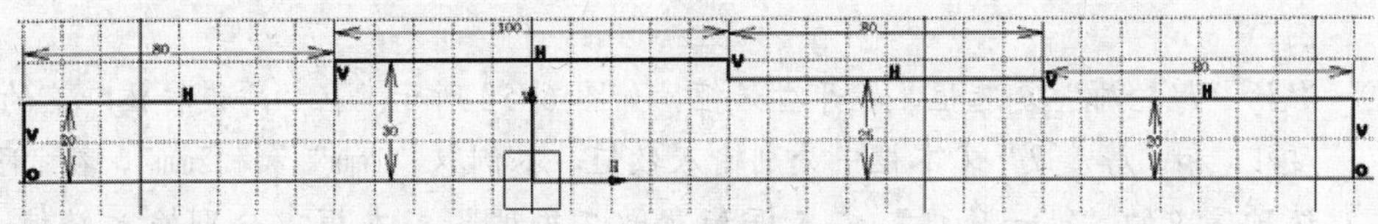

图 6-45 旋转体草图

② 单击“旋转体”按钮，弹出“定义旋转体”对话框，如图 6-46 所示，激活“定义旋转体”对话框中的“选择”文本框，选择上步绘制的草图。

③ 分别在“第一角度”和“第二角度”文本框中输入数值，本例取“360”和“0”，右键单击轴线“选择”，弹出快捷菜单，如图 6-47 所示，选择“X 轴”。

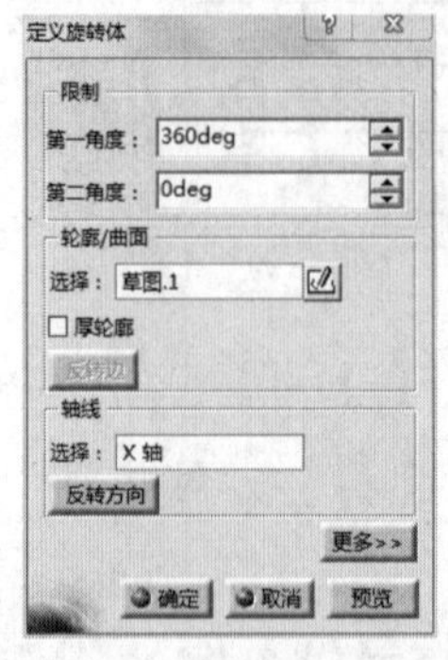

图 6-46 “定义旋转体”对话框三

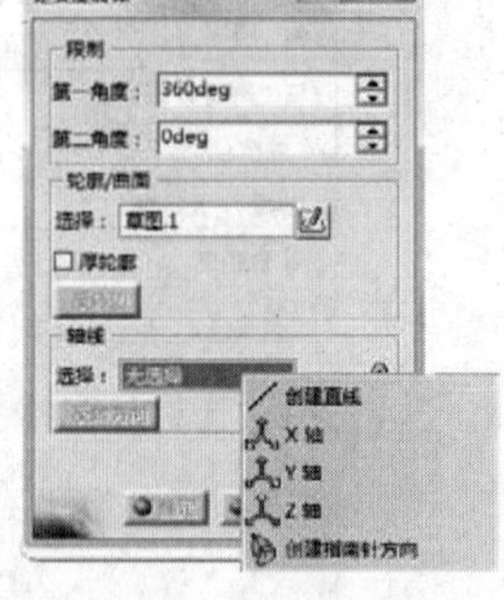

图 6-47 旋转体轴线选择

④ 单击“预览”按钮，如图 6-48a 所示，确认无误后单击“确定”按钮，如图 6-48b 所示。

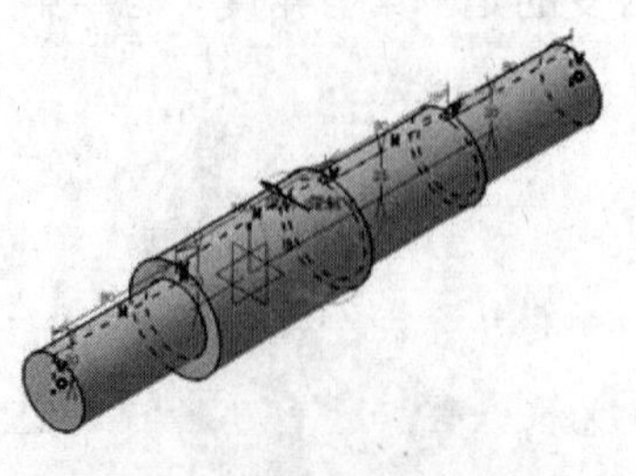
a）预览图

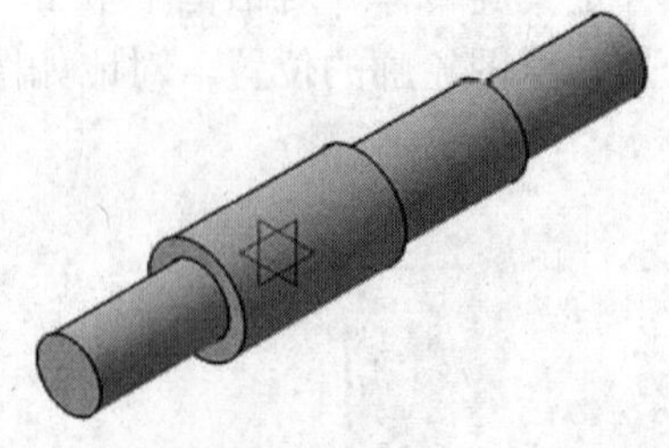
b）效果图

图 6-48 旋转轴

【例6-9】 旋转厚度基本应用。

① 在 xy 平面绘制如图 6-49 所示的草图后退出草图工作台。

② 在“基于草图的特征”工具栏中单击“旋转体”按钮，弹出“定义旋转体”对话框。激活“定义旋转体”对话框中的轴线“选择”文本框，选择上步绘制的草图。

③ 激活“厚轮廓”复选框，展开对话框，如图 6-50 所示。在“薄旋转体”下的“厚度 1”和“厚度 2”文本框中分别输入数值，本例取“1mm”和“2mm”，在“限制”选项区中的“第一角度”文本框和“第二角度”文本框中分别输入数值，本例取“360deg（度）”和“0deg（度）”，轴线选择“Y 轴”。

④ 单击“预览”按钮，确认无误后单击“确定”按钮，如图 6-51 所示。

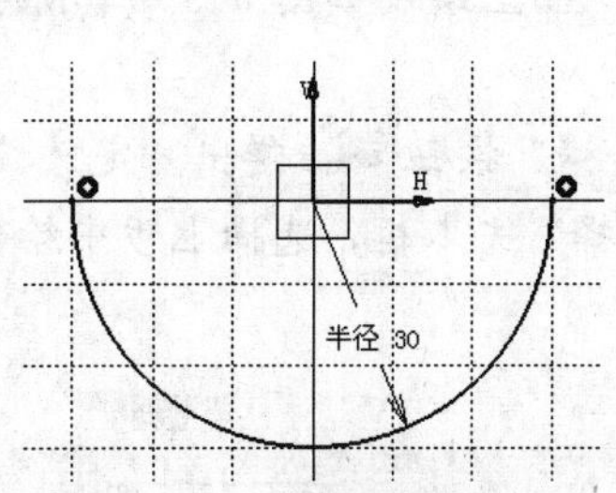

图 6-49 旋转厚度草图

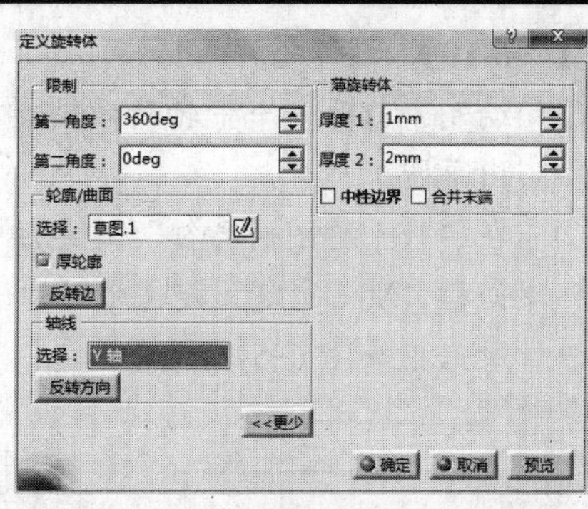

图 6-50 “定义旋转体”对话框四

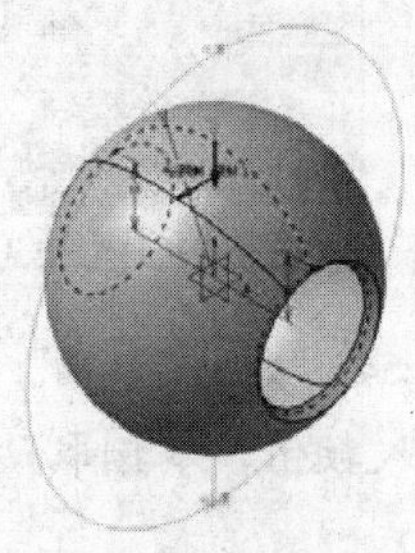

a）预览图

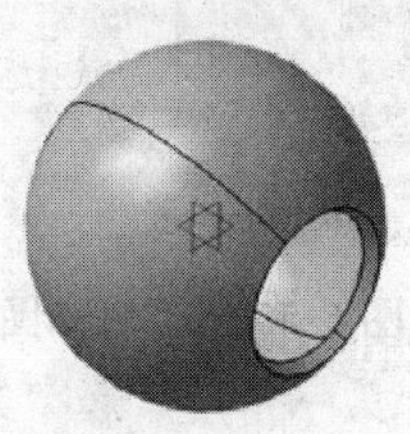

b）效果图

图 6-51 旋转厚度

6.2.2 旋转槽

“旋转槽”命令通过将草图轮廓或曲面沿指定的轴线旋转移除实体而生成特征，属于减料过程。

在“基于草图的特征”工具栏中单击“旋转槽”按钮，弹出“定义旋转槽”对话框，在对话框中单击“更多”按钮，展开对话框，如图 6-52 所示，对话框中的选项与“定义旋转体”相同。

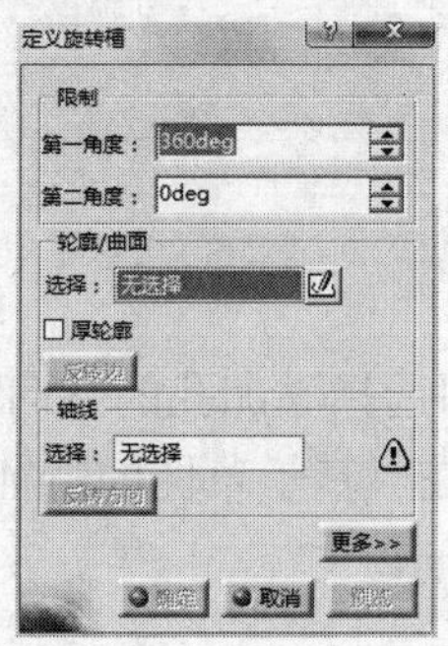

图 6-52 “定义旋转槽”对话框一

【例6-10】 退刀槽。

① 绘制或打开一个带轴肩的轴类零件。在 xy 平面上绘制如图 6-53 所示的草图后退出草图工作台。

② 在“基于草图的特征”工具栏中单击“旋转槽”按钮，弹出“定义旋转槽”对话框，激活“定义旋转槽”对话框中的“选择”文本框，选择上步中绘制的草图，对话框如图 6-54 所示。

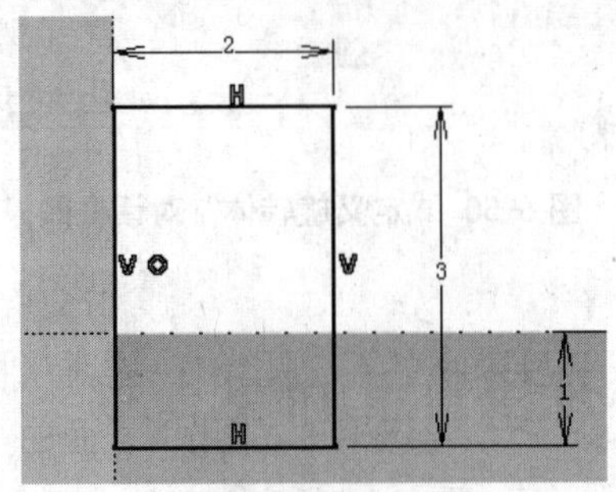

图 6-53 退刀槽草图

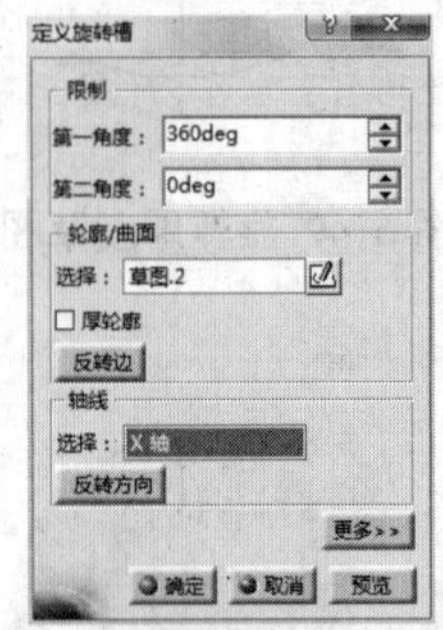

图 6-54 “定义旋转槽”对话框二

③ 在“第一角度”和“第二角度”文本框中分别输入数值，本例取“360deg”和“0 deg”，轴线选择“X 轴”。

④ 单击“预览”按钮，确认无误后单击“确定”按钮，如图 6-55 所示。

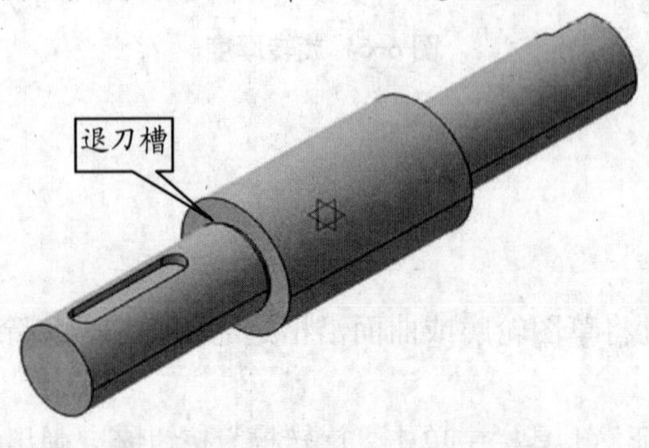

图 6-55 退刀槽

6.3 孔特征

“孔”是指通过定位孔中心点和选择添加孔的方向移除实体而生成的孔特征。

选择需要添加“孔”的平面，在“基于草图的特征”工具栏中单击“孔”按钮，弹出“定义孔”对话框，如图 6-56 所示。

（1）扩展选项卡

1）延伸类型：在“定义孔”对话框中单击“延伸类型”下拉列表，如图 6-57 所示。

右侧的预览框为延伸类型预览图，如图 6-58 所示，延伸类型效果如图 6-59 所示。

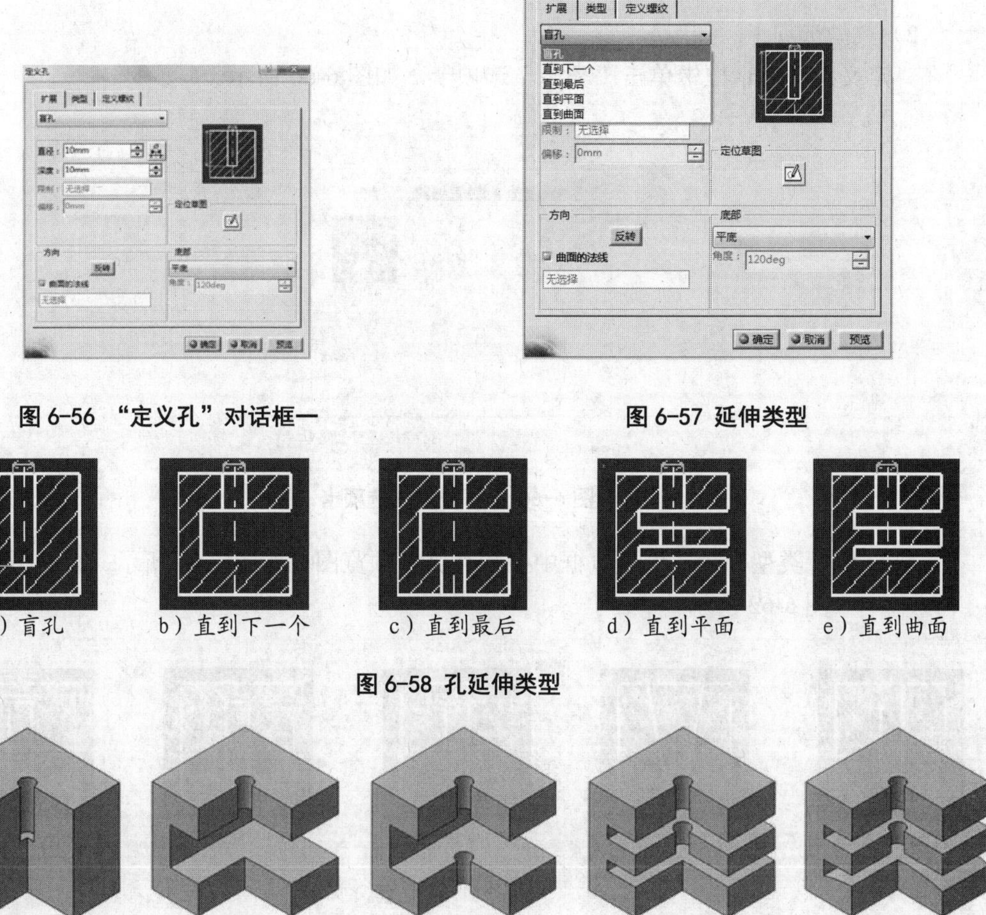

图 6-56 “定义孔”对话框一

图 6-57 延伸类型

a）盲孔　b）直到下一个　c）直到最后　d）直到平面　e）直到曲面

图 6-58 孔延伸类型

a）盲孔　b）直到下一个　c）直到最后　d）直到平面　e）直到曲面

图 6-59 孔延伸效果

2）直径：用于定义孔的直径。

3）深度：用于定义孔的深度，仅在延伸类型为盲孔时可用。

4）偏移：用于定义孔的深度超出限制对象的深度，除盲孔以外的延伸类型可用。

5）方向：用于定义孔的方向。

a）反转：用于改变孔的生成方向。

b）曲线的法线：表示孔的生成方向与孔的支持面垂直。该复选框取消激活时，右键单击复选框下方的文本框，在弹出的快捷菜单中选择相应的参考元素。

6）底部：用于设置孔的底部类型。

a）平底：孔底为平底。

b）V 型底：孔底为尖型，使用角度参数设置孔底尖锐程度。

c）已修剪：使用限制的平面或曲面来修剪孔底，除“直到下一个”“直到最后”以外的延伸类型可用。

7）定位草图：在“定义孔”对话框中单击“草图定位”，进入草图工作台。草图中出现“*”为孔中心，可以对“*”的位置进行约束，从而定义孔的位置。

（2）类型选项卡

在“定义孔”对话框中单击“类型”选项卡，如图 6-60 所示。

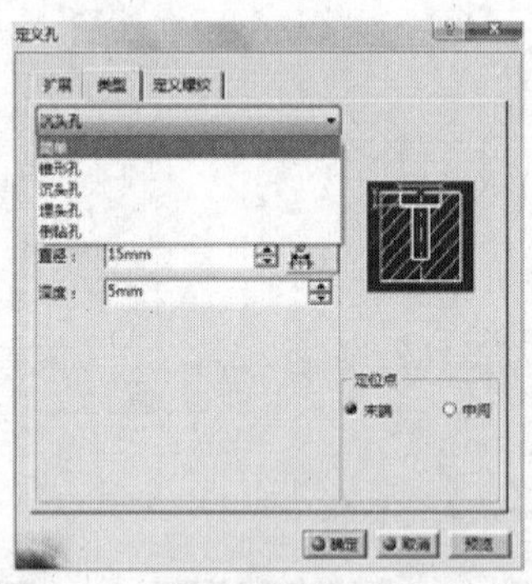

图 6-60 孔“类型”选项卡

1）孔类型：在右侧预览框中显示孔类型预览图，如图 6-61 所示，孔类型效果如图 6-62 所示。

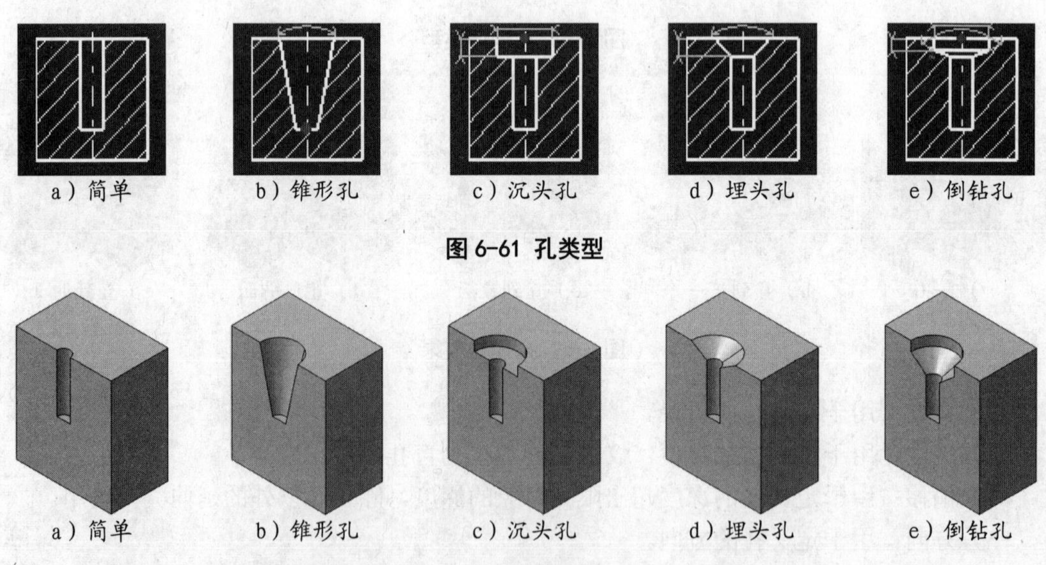

a）简单　b）锥形孔　c）沉头孔　d）埋头孔　e）倒钻孔

图 6-61 孔类型

a）简单　b）锥形孔　c）沉头孔　d）埋头孔　e）倒钻孔

图 6-62 孔类型效果

2）参数：用于定义不同孔类型的参数。

a）简单：不需要设置参数。

b）锥形孔：需要设置角度参数。

c）沉头孔：需要设置直径和深度参数。

d）埋头孔：需要设置模式，相应的模式需要设置参数。埋头孔模式包括“深度和角度”“深度和直径”“角度和直径”。

e）倒钻孔：需要设置直径、深度和角度参数。

3）定位点：用于定义定位点的位置。

（3）定义螺旋选项卡

用于创建螺纹孔。在“定义孔”对话框中单击“定义螺纹”选项卡，激活“螺纹孔”复选框，对话框如图 6-63 所示。

1）底部类型。

a）尺寸：用于定义螺纹孔中螺纹的深度。在“类型”下拉列表中单击“尺寸”。在“螺纹深度”文本框中输入数值定义螺纹的深度。

b）支持面深度：用于使螺纹孔深度与螺纹长度相等。在“类型”下拉列表中单击“支持面深度”，“螺纹深度”文本框取消激活。

c）直到平面：在“类型”下拉列表中单击“直到平面”。“底部限制”文本框被激活，用于添加孔延伸的目标平面。

2）定义螺纹。

a）定义螺纹类型：螺纹类型包括非标准螺纹、公制细牙螺纹、公制粗牙螺纹。

b）定义螺纹参数：螺纹参数包括螺纹直径、孔直径、螺纹深度、孔深度、螺距。

3）螺纹旋转方式：根据螺纹旋转方向不同分为右旋螺纹和左旋螺纹。

【例6-11】 轴中心孔。

① 绘制或打开一个轴类零件。选中轴键槽一侧的端面，在“基于草图的特征”工具栏中单击“孔”按钮，弹出“孔定义”对话框，单击“定位草图”按钮，进入草图工作台，对孔的位置进行约束，如图 6-64 所示，定位后退出草图工作台。

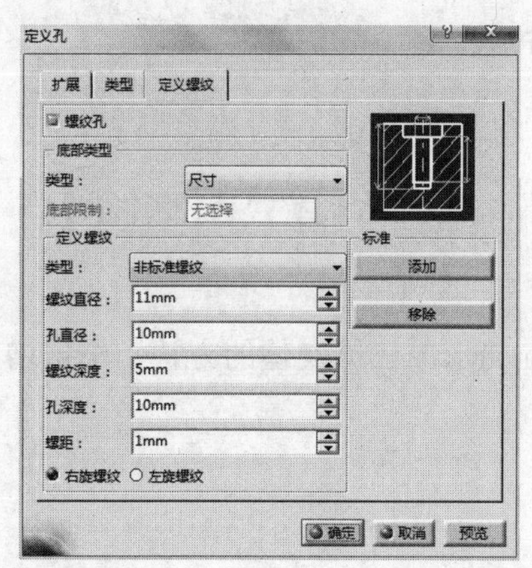

图 6-63 “定义螺纹”选项卡

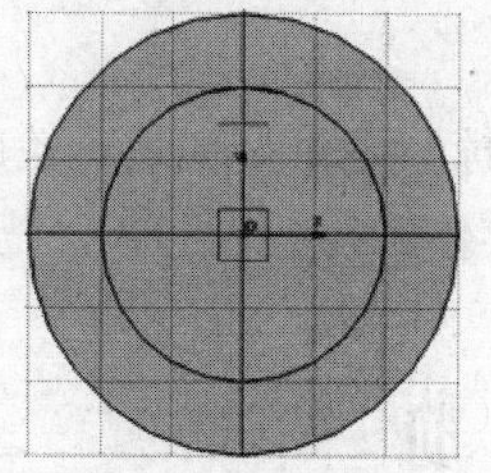

图 6-64 孔定位定位

② 分别在“扩展”选项卡中的“直径”和“深度”文本框中输入数值，本例取“4mm”和“12mm”，如图 6-65a 所示。切换到“类型”选项卡，孔类型选择“埋头孔”，“模式”选择“角度和直径”，分别在“角度”和“直径”文本框中输入数值，本例取“75deg”和“12deg”，如图 6-65b 所示。

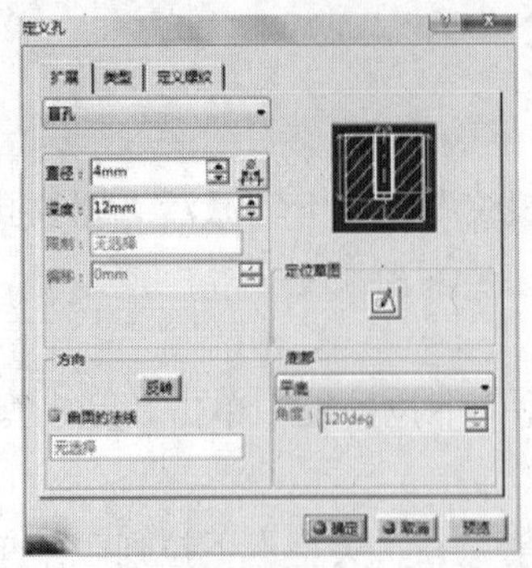

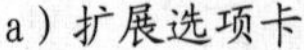
a）扩展选项卡

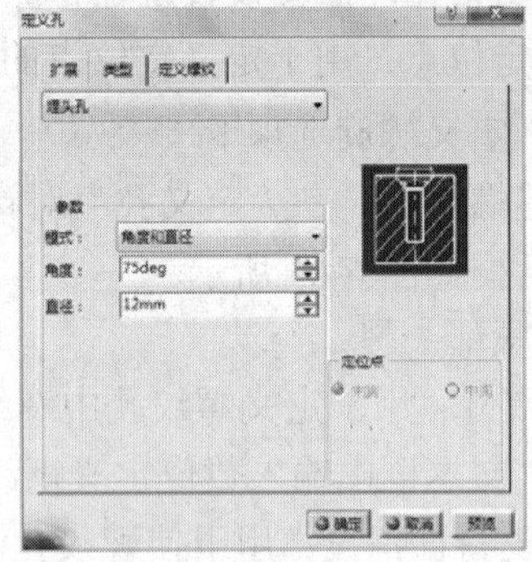

b）类型选项卡

图 6-65 “定义孔”对话框二

③ 单击“预览”按钮，确认无误后单击“确定”按钮，如图 6-66 所示。

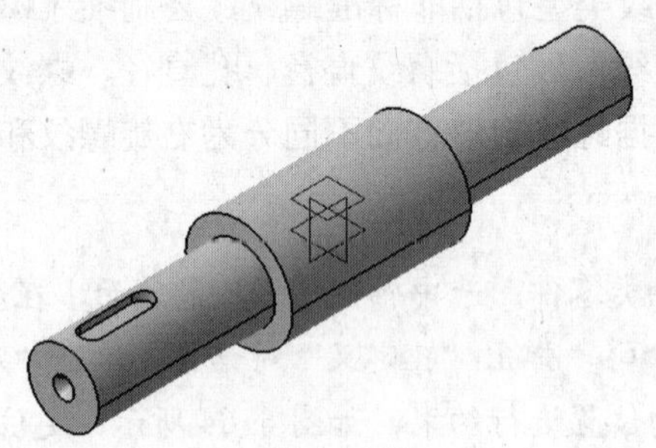

图 6-66 中心孔

6.4 肋特征

“扫掠”命令是通过对轮廓沿中心曲线扫描而形成三维实体的方法。根据增加或减少实体，实体特征分为肋和开槽。

6.4.1 肋

“肋”是通过对草图轮廓沿引导路径扫描而生成的实体。在创建肋时扫描轮廓是封闭的，创建薄肋时可以是不封闭的，中心曲线可以是空间曲线，也可以是平面曲线。

创建肋时为了保证扫描轮廓完全按照中心曲线的尺寸扫描，扫描轮廓中心必须与中心曲线的起点相合。扫描轮廓与中心法线垂直时为正平面，否则为斜截面。根据需求可自行设置扫描轮廓与中心法线的角度。

在“基于草图的特征”工具栏中单击“肋”按钮，弹出“定义肋”对话框，如图 6-67 所示。

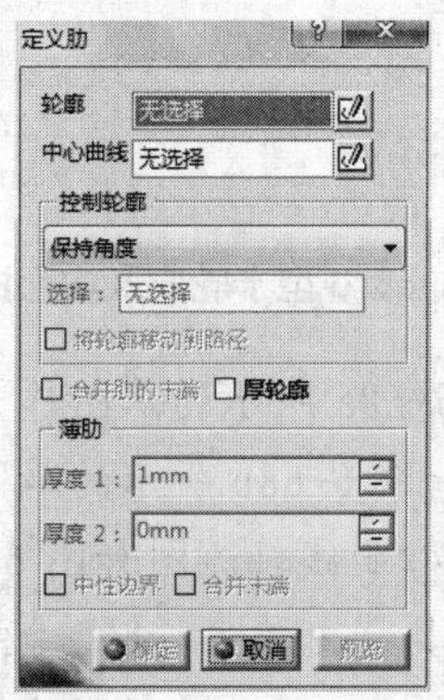

图 6-67 “定义肋”对话框一

（1）轮廓

用于选择和编辑扫描轮廓，单击“草图绘制”按钮，进入草图工作台对扫描轮廓进行编辑。

（2）中心曲线

用于选择和编辑中心曲线，单击“草图绘制”按钮，进入草图工作台对中心曲线进行编辑。

（3）“控制轮廓”选项区

用于控制轮廓线的扫描方式。

1）保持角度：扫描过程中，轮廓线所在平面与中心曲线切线方向的夹角始终不变。

2）拔模方向：扫描过程中，轮廓线的法线方向始终保持一个指定的方向。

3）参考曲面：扫描过程中，轮廓线的法线方向与指定的参考曲面之间的夹角始终保持不变。

（4）厚轮廓

“厚轮廓”是指对草图轮廓的厚度进行扫描而生成的三维实体。厚轮廓的扫描轮廓可以是不封闭的。该复选框激活后，“薄肋”选项区可用。

（5）薄肋

1）厚度 1：在创建薄肋时，用于定义轮廓一侧的扫掠厚度。

2）厚度 2：在创建薄肋时，用于定义轮廓另一侧的扫掠厚度。

3）中性边界：在创建薄肋时，用于使草图轮廓两侧拉伸的厚度相同。该复选框激活后，“厚度 2”文本框不可用，肋按照“厚度 1”的数值以草图轮廓为镜像元素进行镜像拉伸。

4）合并末端：将所创建的肋与周围的材料合并。

【例6-12】 U 型卡的创建。

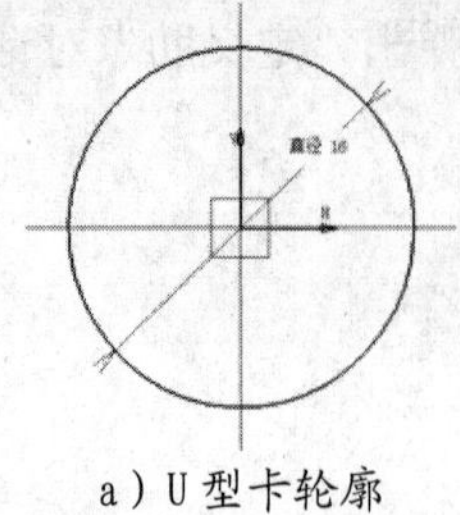

a）U 型卡轮廓

b）U 型卡中心曲线

图 6-68 U 型卡轮廓及中心曲线

① 选择 xy 平面，绘制如图 6-68a 所示的草图作为 U 型卡轮廓，绘制后退出草图工作台。选择 yz 平面绘制如图 6-68b 所示的草图作为 U 型卡中心曲线，绘制后退出草图工作台，轮廓与中心曲线轴测图如图 6-69 所示。

② 在“基于草图的特征”工具栏中单击“肋”按钮，弹出“定义肋”对话框，如图 6-70 所示。选择如图 6-68a 所示的草图为轮廓，图 6-68b 中的草图为中心曲线。

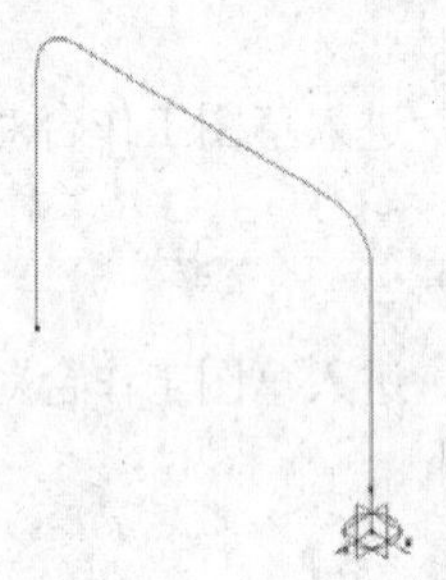

图 6-69 U 型卡轮廓与中心曲线轴测图

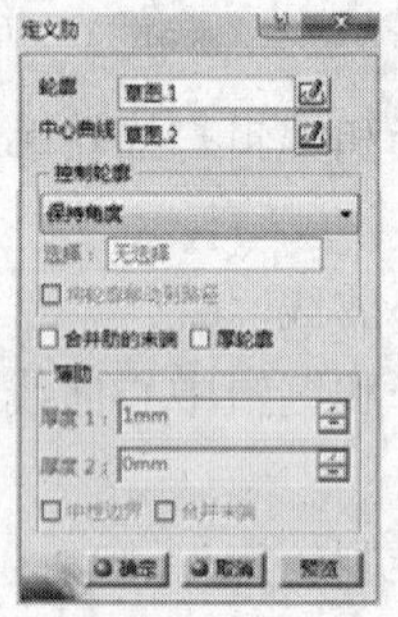

图 6-70 “定义肋”对话框二

③ 单击“预览”按钮，如图 6-71a 所示，确认无误后单击“确定”按钮，U 型卡如图 6-71b 所示。

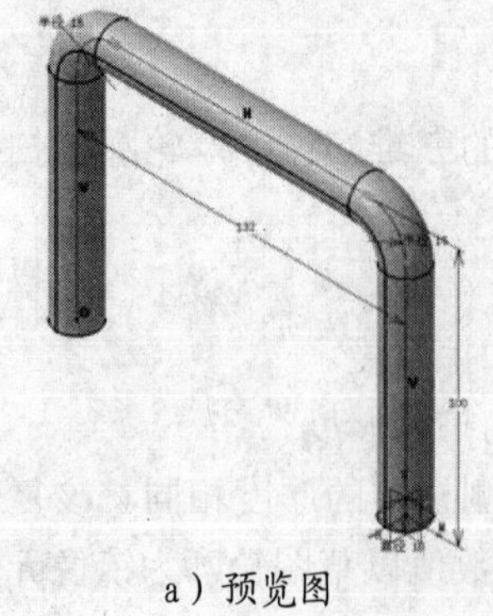

a）预览图

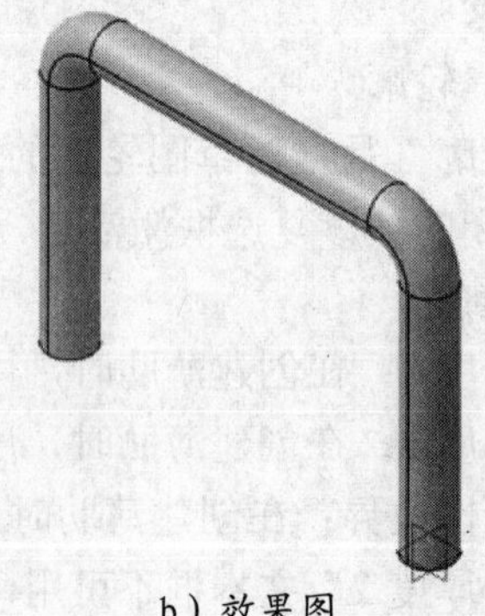

b）效果图

图 6-71 U 型卡

【例6-13】 扫掠厚度基本应用。

① 在xy平面绘制如图6-72a所示的草图作为扫掠厚度轮廓，yz平面绘制如图6-72b所示的草图。

② 在“基于草图的特征”工具栏中单击“肋”按钮，弹出“定义肋”对话框。激活“厚轮廓”复选框，薄肋变为可用。

③ 激活“轮廓”文本框，选择如图6-72a所示的草图，激活“中心曲线”文本框，选择如图6-72b所示的草图。分别在“厚度1”和“厚度2”文本框中输入数值，本例取“1mm”和“2mm”，其余选项默认，对话框如图6-73所示。

④ 单击“预览”按钮，确认无误后单击“确定”按钮，如图6-74所示。

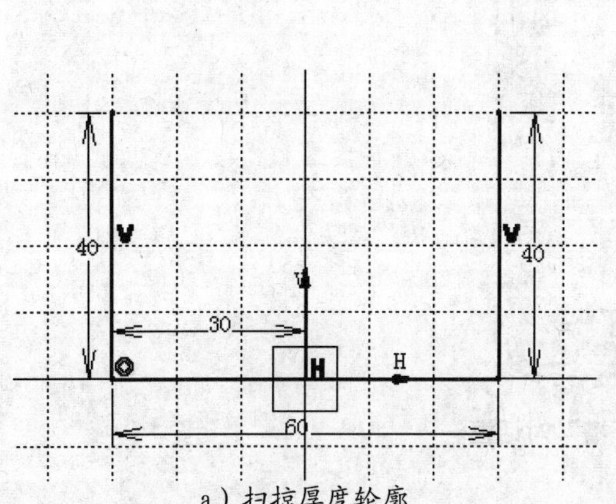

a）扫掠厚度轮廓

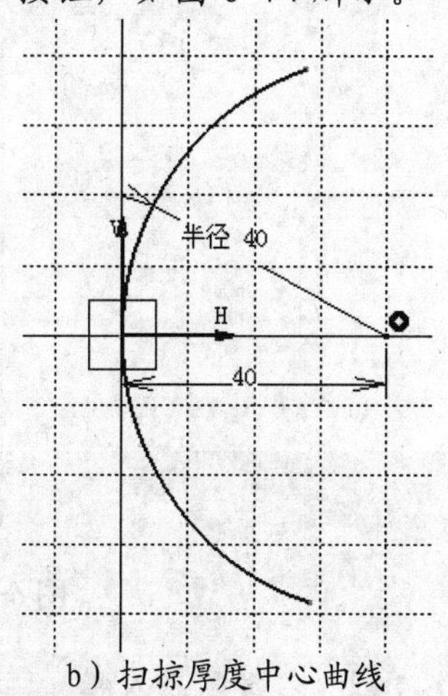

b）扫掠厚度中心曲线

图6-72 扫掠厚度轮廓及中心曲线

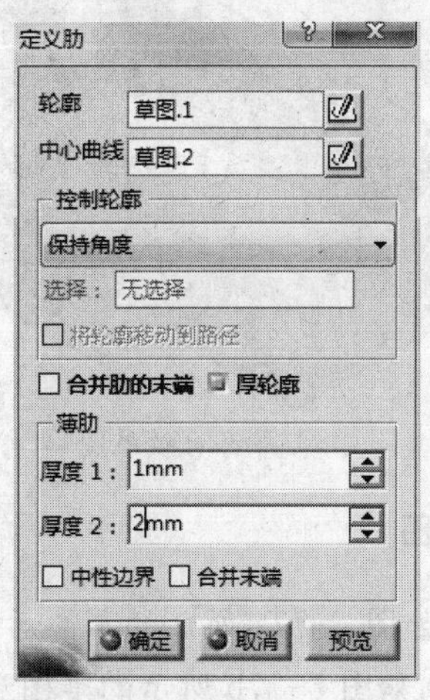

图6-73 “定义肋”对话框三

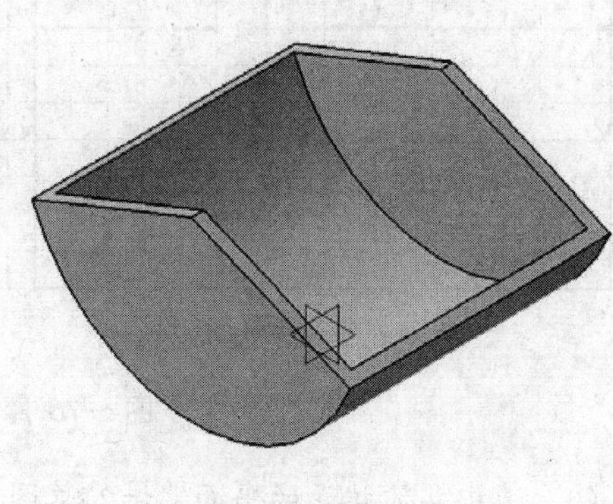

图6-74 厚轮廓

6.4.2 开槽

“开槽”是通过对草图轮廓沿引导路径扫描而移除实体而添加的特征。扫描轮廓和中心曲线的选择方法与肋相同。

在“基于草图的特征”工具栏中单击“开槽”按钮，弹出“定义开槽”对话框，如图 6-75 所示，对话框各选项与“定义肋”对话框相同。

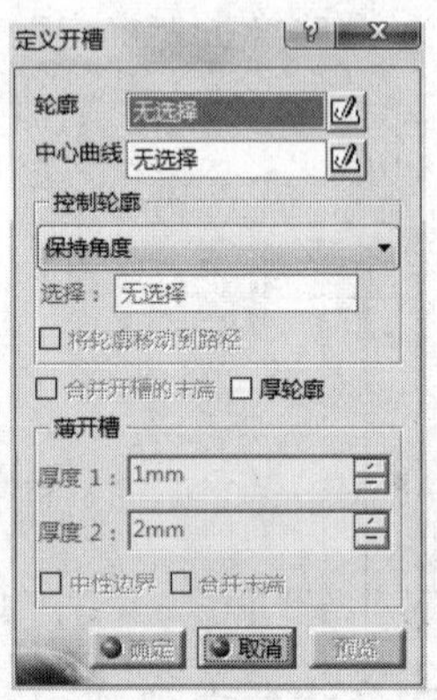

图 6-75 “定义开槽”对话框一

【例6-14】 密封圈嵌入槽。

① 在 xy 平面绘制如图 6-76a 所示的草图后退出草图工作台，通过“凸台”中“厚”创建内、外厚度均为 6mm，拉伸长度为 40mm 的厚凸台，如图 6-76b 所示。

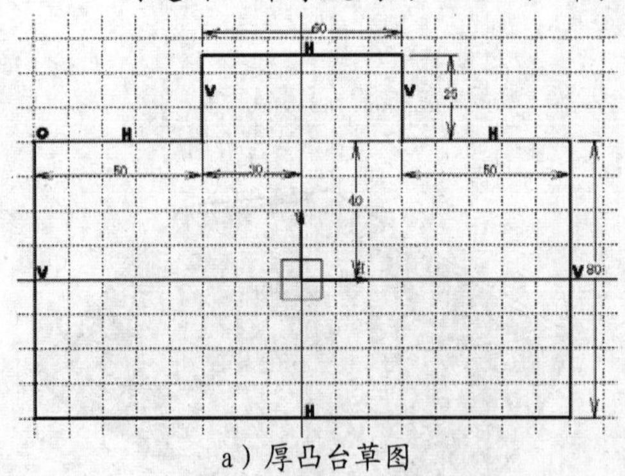

a）厚凸台草图

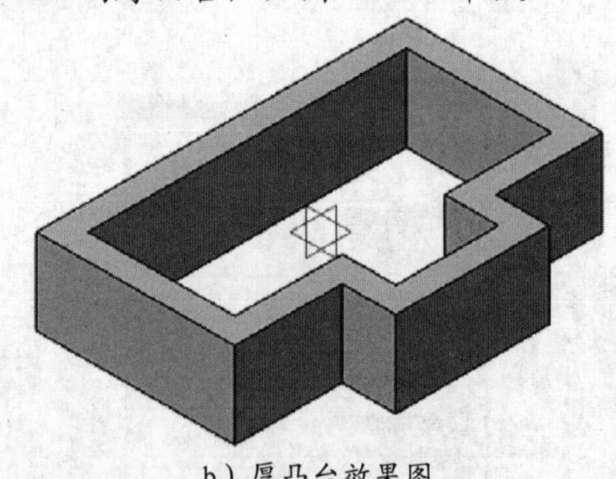

b）厚凸台效果图

图 6-76 厚凸台草图及效果图

② 选中实体端面的平面，进入草图工作台。绘制如图 6-77a 所示的草图后退出草图工作台。选中 yz 平面，进入草图工作台。绘制如图 6-77b 所示的草图后退出草图工作台。

③ 在“基于草图的特征”工具栏中单击“开槽”按钮，弹出“定义开槽”对话框，如图 6-78 所示。选择如图 6-77a 所示的草图作为轮廓，选择如图 6-77b 所示的草图作为中心曲线，其余选项默认。

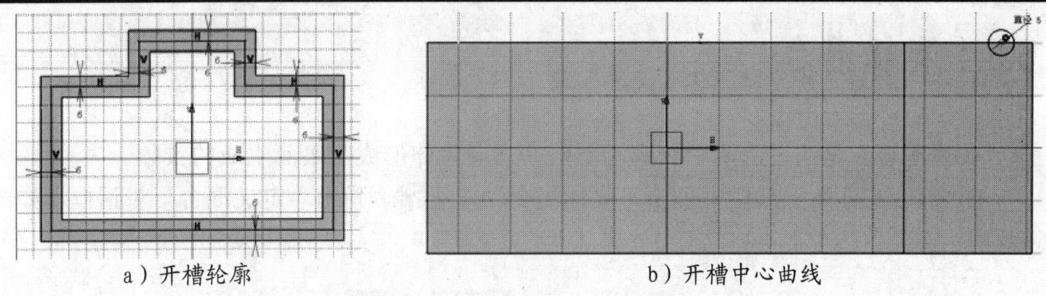

a）开槽轮廓　　　　　　　　　　　　b）开槽中心曲线

图 6-77 开槽轮廓及中心曲线

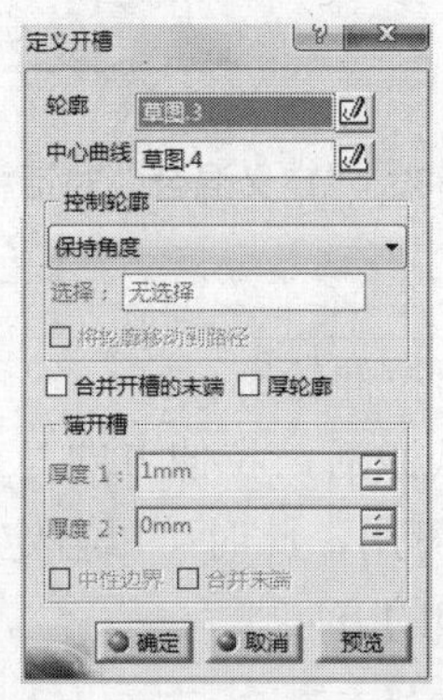

图 6-78 “定义开槽”对话框二

④ 单击“预览”按钮，如图 6-79a 所示，确认无误后单击“确定”按钮，如图 6-79b 所示。

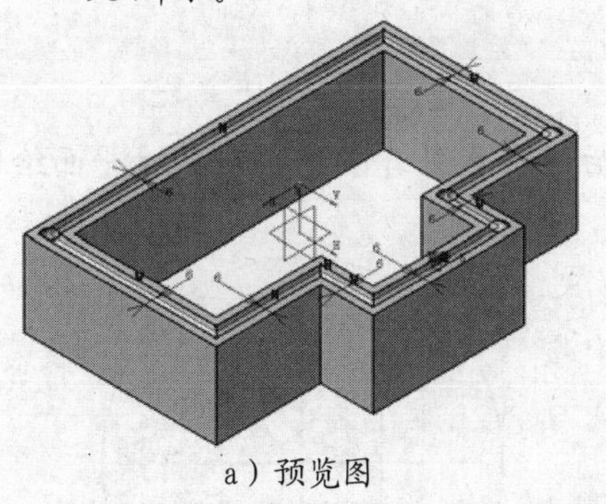

a）预览图　　　　　　　　　　　　b）效果图

图 6-79 开槽

6.5 混合特征

高级拉伸包括实体混合和加强肋。在“基于草图的特征”工具栏中单击“实体混合”按钮下的三角箭头，弹出“高级拉伸特征”工具栏，参见图 6-1。

6.5.1 实体混合

“实体混合”是通过由两个轮廓沿不同的方向拉伸形成交集而生成的实体。

在“混合实体”工具栏中单击“实体混合”按钮，弹出“定义混合”对话框，如图6-80所示。

图6-80 “定义混合”对话框一

（1）第一部件

1）轮廓：用于添加第一部件的拉伸轮廓。

2）轮廓的法线：该复选框默认激活，拉伸方向与草图绘制平面轮廓垂直。复选框取消激活时“方向”文本框变为可用，此时可以自定义拉伸方向。

3）方向：用于确定自定义拉伸的方向。

（2）第二部件

1）轮廓：用于添加第二部件的拉伸轮廓。

2）轮廓的法线：该复选框默认激活，拉伸方向与草图绘制平面轮廓垂直。复选框取消激活时“方向”文本框变为可用，此时可以自定义拉伸方向。

3）方向：用于确定自定义拉伸的方向。

【例6-15】 旋钮。

① 选择xy平面绘制如图6-81a所示的草图后退出草图工作台，选择zx平面绘制如图6-81b所示的草图后退出草图工作台。

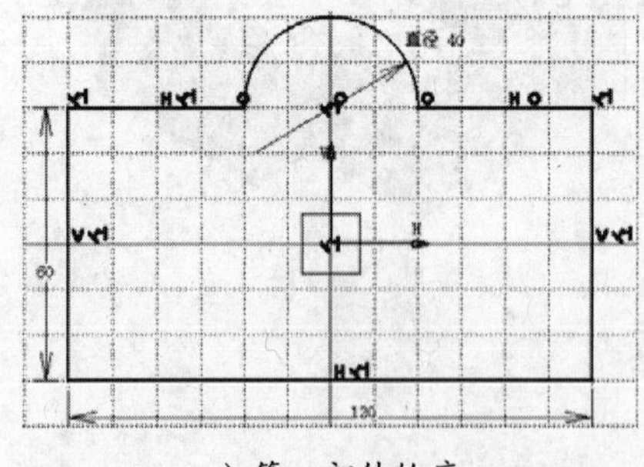

a）第一部件轮廓

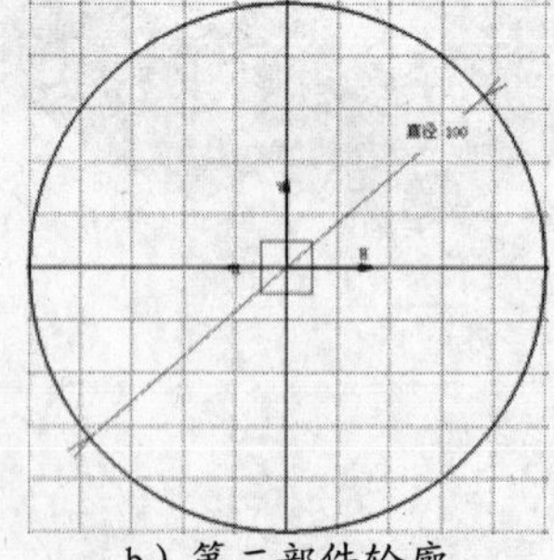

b）第二部件轮廓

图6-81 旋钮草图

② 在“基于草图的特征”工具栏中单击“实体混合”按钮，弹出“定义混合”对话框，如图6-82所示。第一部件轮廓选择如图6-81a所示的草图，第二部件轮

廓选择如图 6-81b 所示的草图，两草图沿各自法线方向拉伸，所拉伸的两实体交集为目标模型，如图 6-83 所示。

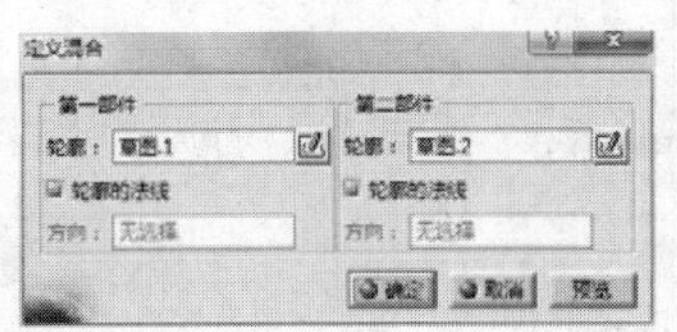

图 6-82 “定义混合”对话框二

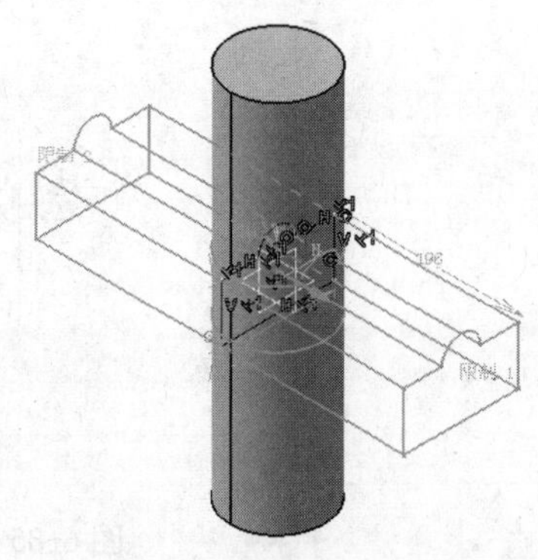

图 6-83 实体混合示意图

③ 单击“预览”按钮，确认无误后单击“确定”按钮，如图 6-84 所示。

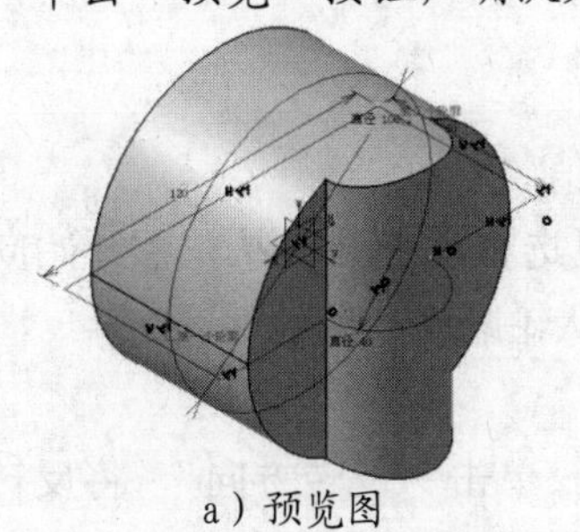

a）预览图

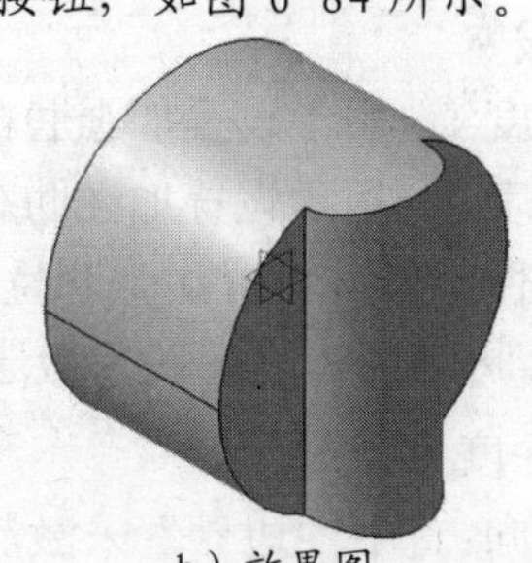

b）效果图

图 6-84 旋钮

6.5.2 加强肋

“加强肋”又叫加强筋，通过定义加强肋的草图以及加强肋的增料方向在已有实体上添加加强肋的实体，属于增料过程。用于在实体上创建可以增加强度的肋板，在结构体中起支撑和加固的作用。

加强肋轮廓必须满足以下三个条件：

1）轮廓必须是不封闭的。

2）加强肋拉伸必须要有接触面的支持。

3）在没有接触面接触的一端创建加强肋时，草图轮廓需要封闭。

在“基于草图的特征”工具栏中单击“加强肋”按钮，弹出“定义加强肋”对话框，如图 6-85 所示。

（1）模式

1）从侧面：表示在轮廓所在平面方向两侧进行拉伸，并添加轮廓平面的厚度，如图 6

-86 所示。

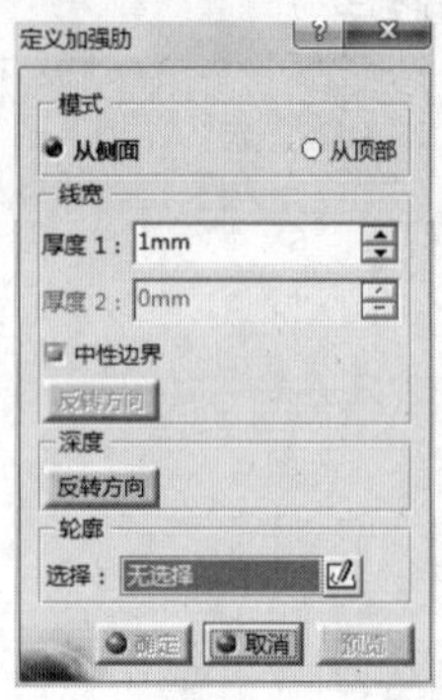

图 6-85 “定义加强肋”对话框一

2）从顶部：表示在轮廓所在平面方向向接触面进行拉伸，直至与接触面接触，如图 6-87 所示。

（2）线宽

1）厚度 1：用于设置加强肋在第一方向上的厚度值。

2）厚度 2：用于设置加强肋在第二方向上的厚度值。

3）中性边界：设置加强肋拉伸的方向。激活该复选框，加强肋从轮廓开始向两侧各拉伸厚度值的一半；取消激活该复选框，加强肋从轮廓向一侧拉伸。

（3）深度

反转方向：“中性边界”未激活时，该复选框可用。单击“反转方向”，将反转加强肋的拉伸方向。

（4）轮廓

用于选择和编辑加强肋的轮廓边。

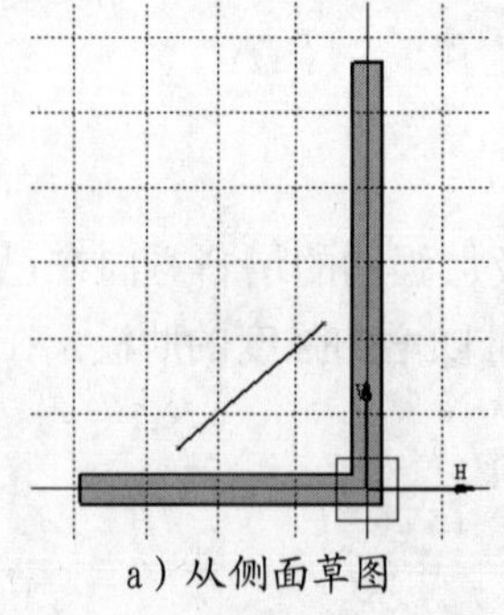

a）从侧面草图

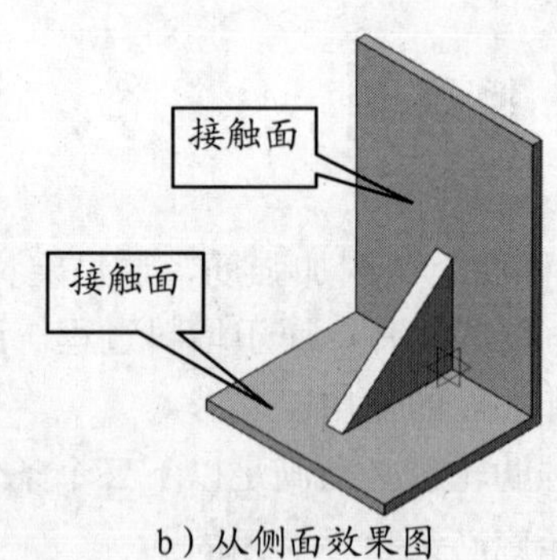

b）从侧面效果图

图 6-86 从侧面模式

【例6-16】 轴套加强肋。

① 打开随书光盘中的本例文件，如图 6-88a 所示。选中 xy 平面，进入草图工作台。绘制如图 6-88b 所示的草图后退出草图工作台。

② 在“基于草图的特征”工具栏中单击“加强肋”按钮，弹出“定义加强肋”对话框，如图 6-89 所示。

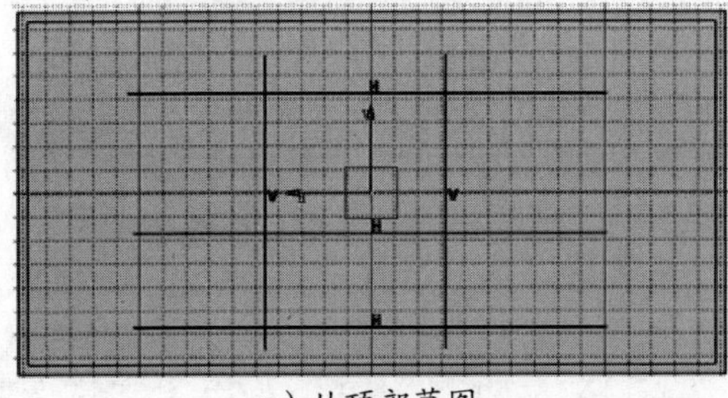

a）从顶部草图

b）从顶部效果图

图 6-87 从顶部模式

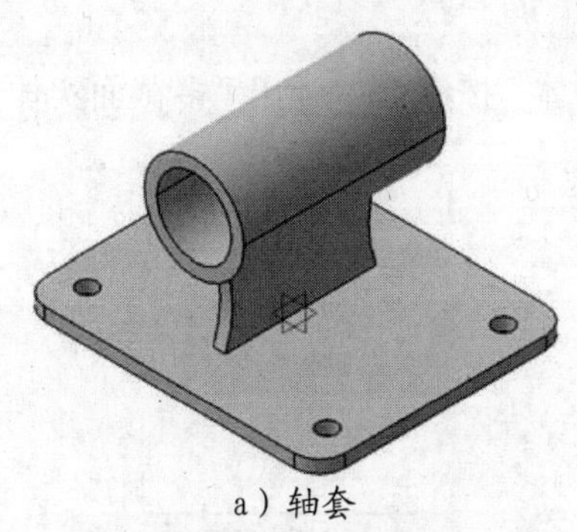

a）轴套

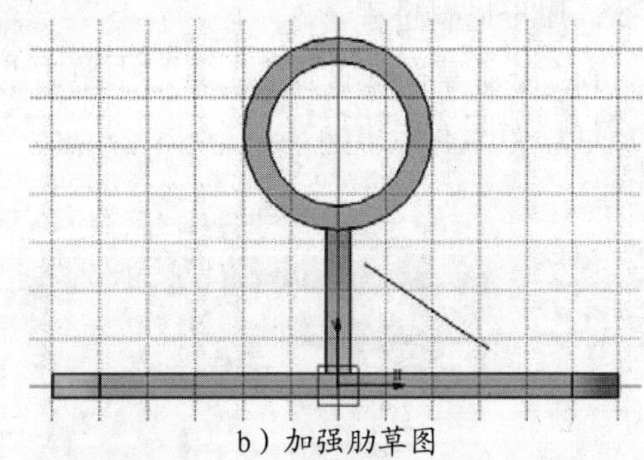

b）加强肋草图

图 6-88 轴套及加强肋草图

③ 激活“定义加强肋”对话框中的轮廓“选择”文本框，单击如图 6-88b 所示的草图，草图添加完毕。模式选择“从侧面”，厚度 1 文本框中输入数值，本例取“5 mm”，激活“中性边界”复选框。

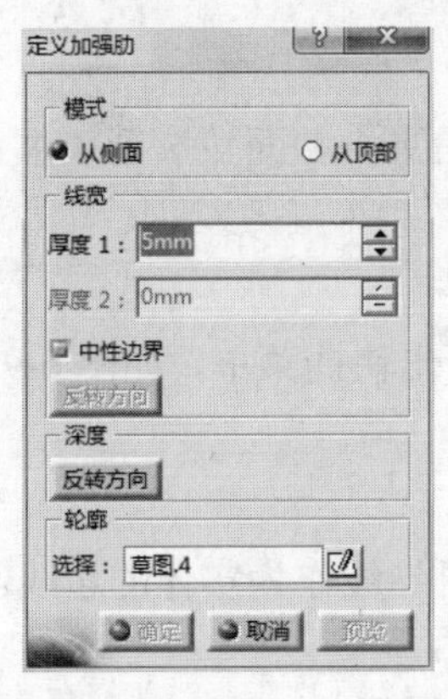

图 6-89 “定义加强肋”对话框二

图 6-90 加强肋

④ 单击“预览”按钮，确认无误后单击“确定”按钮，如图 6-90 所示。

6.6 多截面特征

“多截面特征”是指通过多个可变截面草图轮廓扫描而添加的特征。根据增加或减少实体，多截面特征分为多截面实体和多截面移除。

6.6.1 多截面实体

“多截面实体”是指通过多个截面草图沿指定的控制元素放样生成的截面不断变化的实体，属于增料过程。

在“基于草图的特征”工具栏中单击“多截面实体”按钮，弹出“多截面实体定义”对话框，如图 6-91 所示。

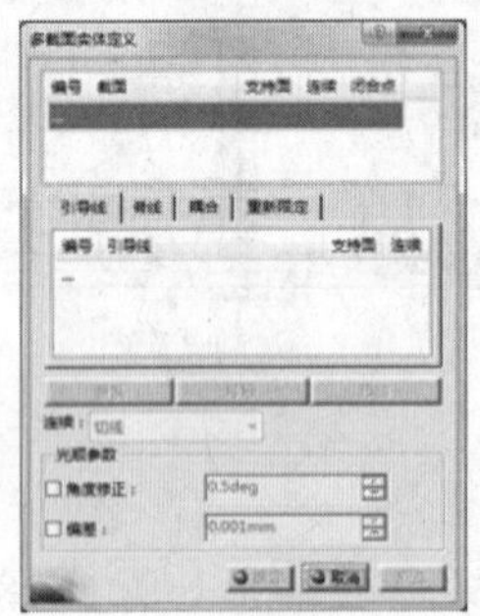

图 6-91 “多截面实体定义”对话框一

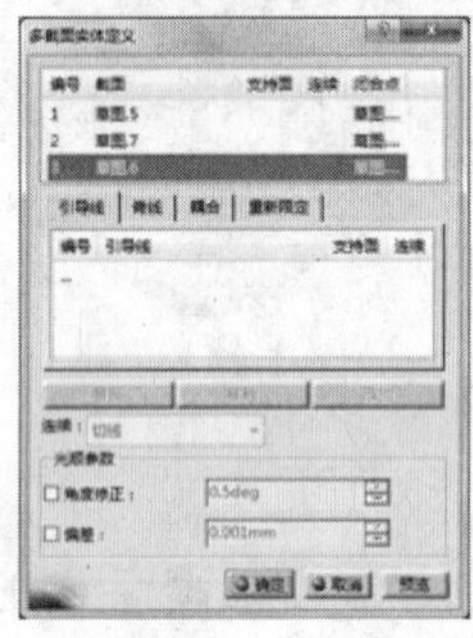

图 6-92 “多截面实体定义”对话框二

（1）截面轮廓列表框

用于添加多截面实体扫描轮廓以及显示所选截面的信息。截面轮廓列表框包括截面、闭合点、切线，如图 6-92 所示。

（2）截面轮廓快捷菜单

右键单击“截面轮廓”列表框中已经选中的草图，弹出快捷菜单，如图 6-93 所示，可对截面、闭合点、切线进行操作。

（3）引导线

引导线选项卡为默认选项卡。用于添加一条或多条引导线作为实体的边线。引导线由用户添加，形状简单的形体可以不创建引导线。

（4）脊线

单击“脊线”选项卡，“多截面实体定义”对话框切换显示，如图 6-94 所示。该项用于添加实体放样的中心曲线。默认脊线由系统自动计算生成。脊线文本框用于添加已绘制的脊线。

（5）耦合

用于设置各个轮廓之间的连接方式。截面耦合列表框包括比率、相切、相切然后比率、顶点，如图 6-95 所示。

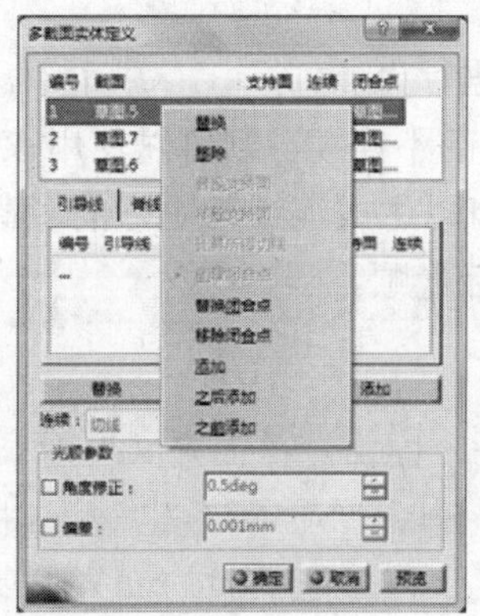

图 6-93 截面快捷菜单

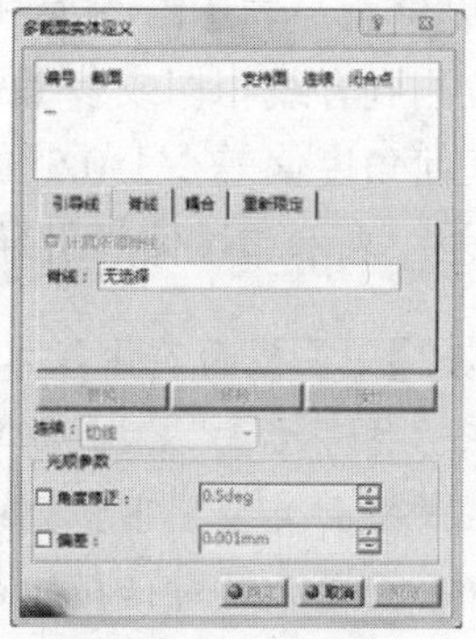

图 6-94 “脊线”选项卡

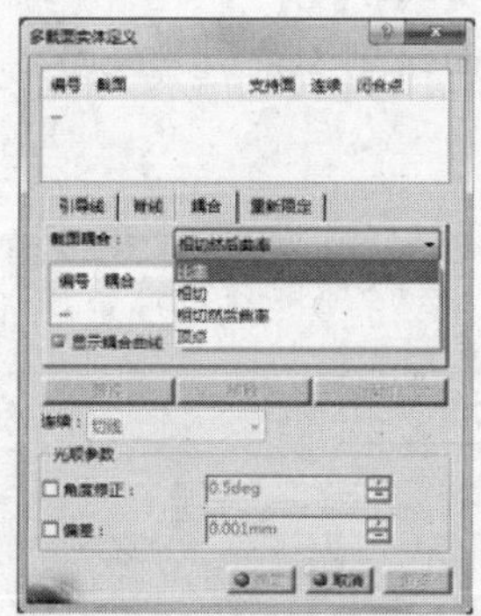

图 6-95 截面耦合方式

1）比率：表示轮廓之间根据曲线的横坐标比率进行连接。

2）相切：表示轮廓之间根据转折点进行连接。各轮廓曲线上的点数必须一样，否则无法使用该项进行耦合。

3）相切然后曲率：表示轮廓之间根据曲率不连续的点进行连接。各轮廓曲线上的点数必须一样，否则无法使用该项进行耦合。

4）顶点：表示轮廓之间根据轮廓顶点进行连接。各轮廓曲线上的点数必须一样，否则无法使用该项进行耦合。

（6）替换

用于替换引导线、脊线、耦合曲线。

（7）移除

用于移除引导性、脊线、耦合曲线。

（8）添加

用于添加引导性、脊线、耦合曲线。

（9）重新限定

用于设置两端的轮廓截面。

（10）光顺参数

1）角度修正：表示沿参考引导曲线对多截面实体进行光顺。

如果检测到脊线相切或参考引导曲线法线存在轻微的不连续，则可以使用该选项。光顺应用于任何角度偏差小于0.5º的不连续，使用该功能可以生成连续性更好的多截面实体。

2）偏差：表示通过偏离引导曲线对多截面实体进行光顺。

【例6-17】 多截面实体基本应用。

① 在“参考元素”工具栏中单击“平面”按钮▱，弹出“平面定义”对话框。

② 在“平面类型”下拉列表中选择“偏移平面”，弹出“平面定义”对话框。激活“平面定义”对话框中的“参考”文本框，单击 yz 平面，在“偏移”文本框中输入数值，本例取“120”，单击“确定”按钮，平面 1 创建完毕。

③ 依照上述步骤创建一与 yz 平面偏移距离为 240mm 的平面 2，如图 6-96 所示。

④ 分别在平面 2、平面 1、平面 yz 绘制 3 个矩形，长×宽分别为 120×60、220×120、360×180。在 xy 平面绘制 1 条引导线与 3 个矩形短边相合，轴测图如图 6-97 所示。

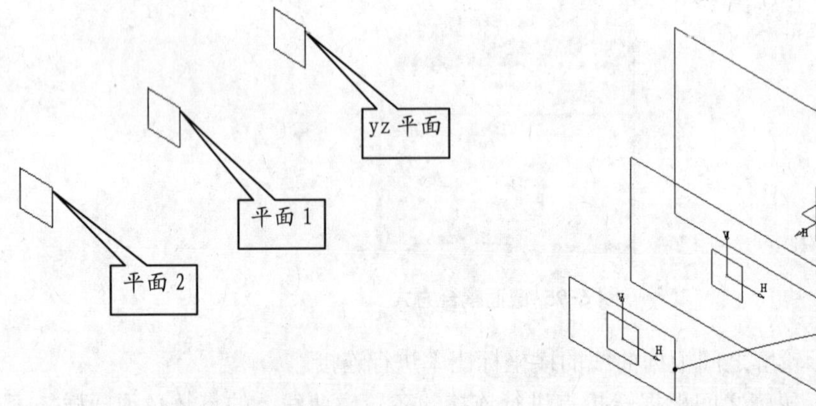

图 6-96 新建平面　　图 6-97 草图轴测图

① 在“基于草图的特征”工具栏中单击“多截面实体”按钮，弹出“多截面实体定义”对话框。

② 在“截面轮廓”列表框中分别添加前面绘制的 3 个矩形。在“引导线”列表中添加前面绘制的 1 条引导线，对话框如图 6-98 所示。

③ 单击“预览”按钮，如图 6-99a 所示，确认无误后单击“确定”按钮，如图 6-99b 所示。

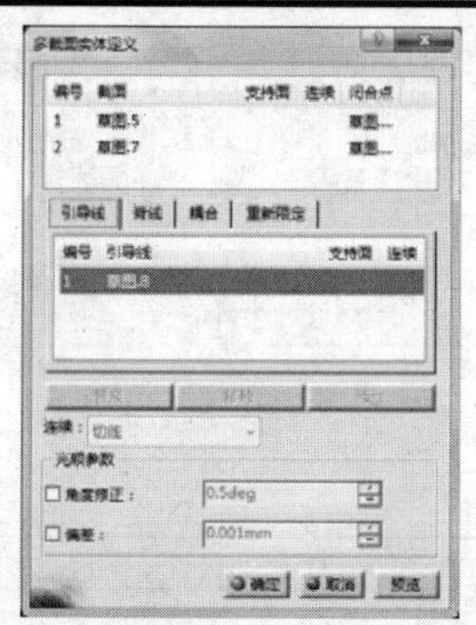

图 6-98 “多截面实体定义”对话框三

这里需要注意的是创建多截面实体时，截面轮廓的闭合点应保持一致，否则将出现更新错误，单击闭合点箭头可调整闭合点的方向。

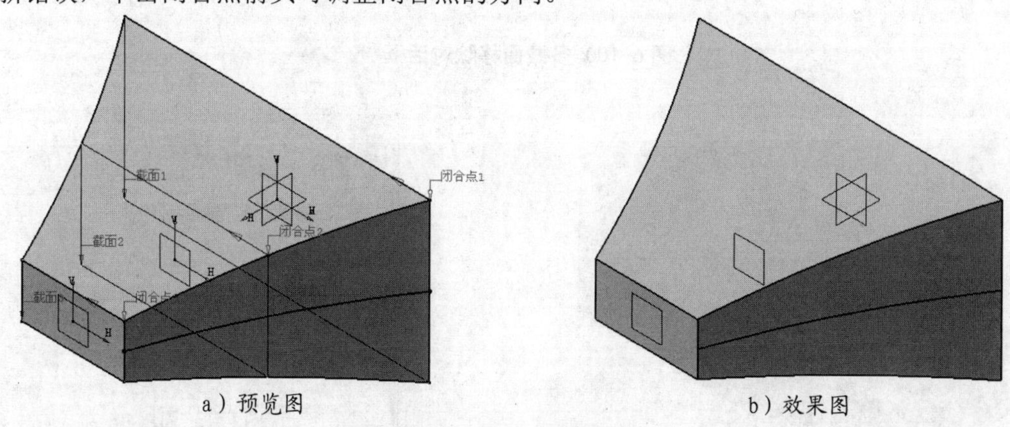

a）预览图　　b）效果图

图 6-99 多截面实体

6.6.2 移除多截面实体

“多截面移除”是通过多个截面草图轮廓沿指定的控制元素扫描并移除截面不断变化的实体，属于减料过程。

在“基于草图的特征”工具栏中单击“多截面移除”按钮，弹出“多截面移除定义”对话框，如图 6-100 所示，对话框中各项含义与“多截面实体定义”相同。

【例6-18】 多截面移除基本应用。

① 创建任意一长方体，在长方体相对的两端面上分别绘制直径为 40mm 的圆，在 zx 平面上绘制一直径为 80mm 的圆，轴测图如图 6-101 所示。

② 在“基于草图的特征”工具栏中单击“多截面移除”按钮，弹出“多截面移除”对话框，如图 6-102 所示，在“截面轮廓”列表框中添加上一步所绘制的草图。

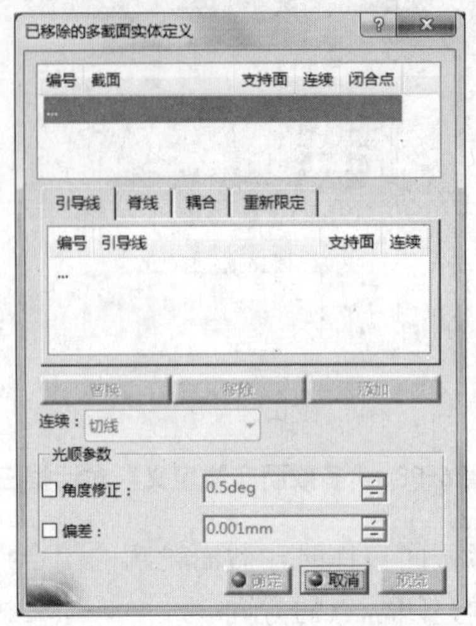

图 6-100 多截面移除对话框

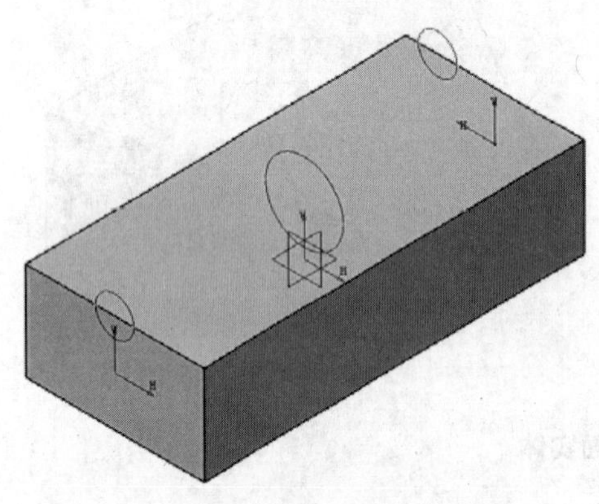

图 6-101 截面草图轴测图

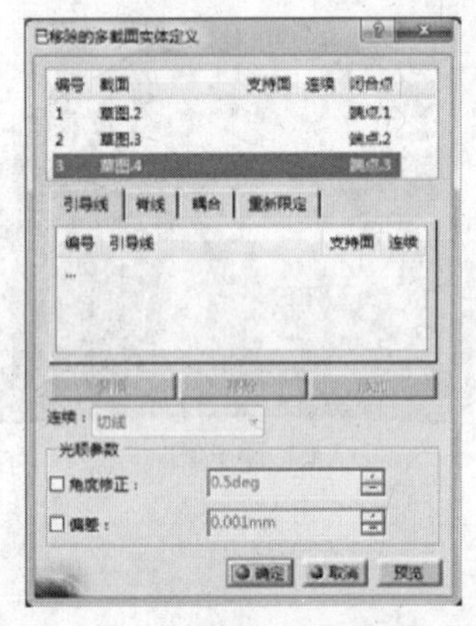

图 6-102 多截面移除定义对话框

③ 单击“预览”按钮，确认无误后单击“确定”按钮，多截面移除如图 6-103a 所示。如出现如图 6-103b 所示的更新错误，单击箭头改变闭合点的方向，使截面上的闭合点方向相同，则多截面移除的更新错误消失。

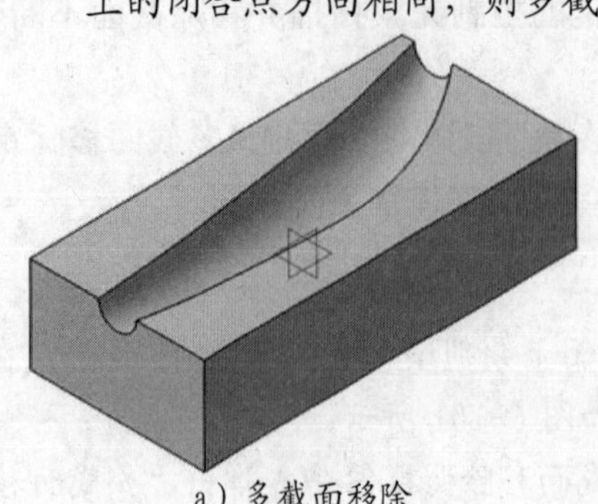

a）多截面移除

b）更新错误

图 6-103 多截面移除及其更新错误

6.7 小结

本章通过对草图的“拉伸”“旋转”“孔”“肋”“混合”“加强肋”和“多截面特征的讲解，使读者了解到从二维草图或者修饰特征到三维实体特征的形成过程。这些特征是组成模型的构建块，并且有助于获取设计意图。

6.8 思考题

（1）是否可以在草图中同时作出 1 个大矩形和 4 个小矩形，一次拉伸出桌面的形状？

（2）对于一种旋转体，是否可以在草图中作出截面形状，直接旋转成形？

（3）对于第一步复杂的草图，是否可以在草图中不倒圆角，然后旋转成三维实体后倒圆角？

（4）是否可以不使用壳的功能，直接生成管道形状？

（5）对于未开槽之前的实体，是否可以采取旋转成形？

（6）绘制如图所示的几何体，并写出建模过程中所用到的命令。

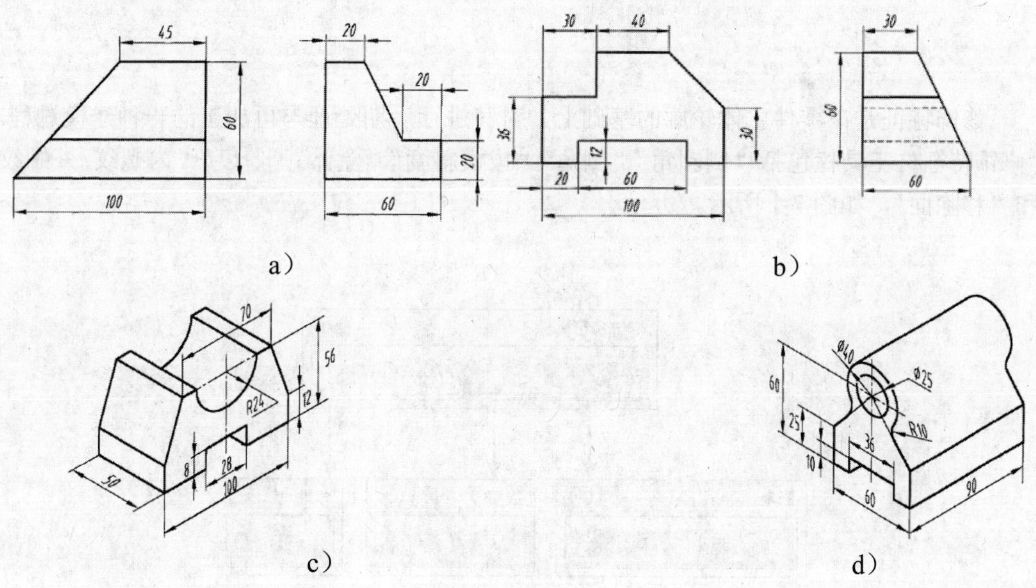

图 6-104 题图

第7章 修饰与变换

修饰特征是在零件主体轮廓的基础上，对其进行后期处理与再加工的一种建模过程。“修饰特征”工具栏包括“倒圆角”“倒角”“拔模斜度”“盒体”“厚度”“内螺纹/外螺纹”和“移除面”，如图 7-1 所示。

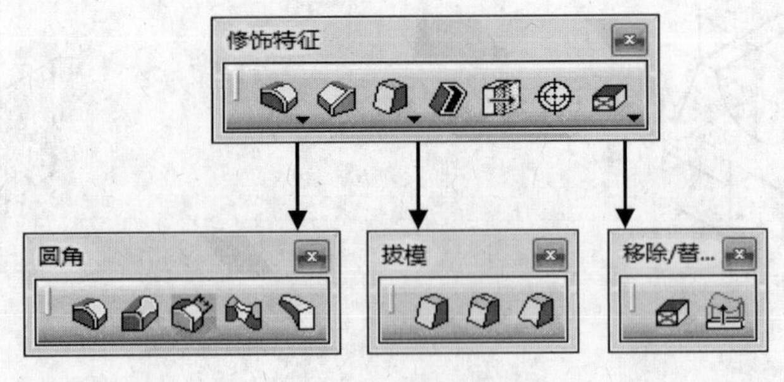

图 7-1 “修饰特征”工具栏

7.1 圆角

在“修饰特征”工具栏中单击“倒圆角”按钮下的三角箭头，弹出“圆角”工具栏。该工具栏包括“倒圆角”“可变半径圆角”“弦圆角”“面与面的圆角”和“三切线内圆角”，参见图 7-1。

7.1.1 一般圆角

使用“倒圆角”命令可以在两个相邻面之间创建圆滑过渡的效果。

在“圆角”工具栏中单击“倒圆角”按钮，弹出“倒圆角定义”对话框，单击对话框中的“更多”按钮展开对话框，如图 7-2 所示。单击“选择模式”下拉列表，弹出列表框，“选择模式”包括“相切”“最小”“相交”和“与选定特征相交”，如图 7-3 所示。

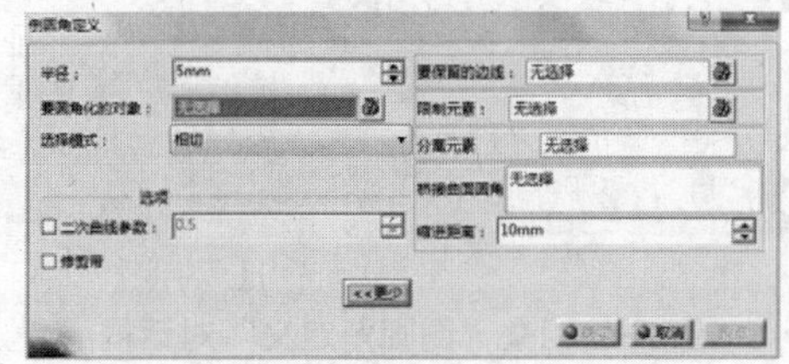

图 7-2 “倒圆角定义”对话框　　**图 7-3 “选择模式”下拉列表**

（1）相切

“选择模式”下拉列表默认为“相切”，参见图 7-2。所选的圆角化对象只能为面或锐边，且所选对象的相切边线也将被选择，以“相切”形式进行的倒圆角，其操作项目如下：

1）半径：用于设置倒圆角半径的大小。

2）要圆角化的对象：用于选择要进行倒圆角的对象，可以是边线，也可以是面。

3）“选项”选项区：

a）二次曲线参数：在倒圆角半径范围内使用二次曲线进行圆滑过渡，参数值介于 0 和 1 之间。

b）修剪带：对两个重叠的圆角进行修剪。

4）要保留的边线：在倒圆角边线时，根据定义的半径值，可能会影响到其他边线。为了避免产生这样的效果，在进行倒圆角操作之前，选中要保留的边线。

5）限制元素：用于限制倒圆角的范围，可以选择一个或多个元素进行设置。

6）分离元素：用于选择将倒圆角曲面分割开的元素。

7）桥接曲面圆角：当倒圆角相交时，可能会影响圆角效果，使用该命令可以快速重新整形圆角。

8）缩进距离：在边线顶点开始的空区域内添加材料以改进圆角外形。

9）挑选按钮：单击该按钮，弹出已选对象对话框，可对误选对象进行“移除”和

“替换”，以“圆角对象”对话框为例，如图 7-4 所示。

图 7-4 “圆角对象”对话框

（2）最小

在“选择模式”下拉列表中选择“最小”选项，所选的圆角化的对象只能为面或锐边，且只能对所选对象进行操作，“倒圆角定义”对话框切换显示如图 7-5 所示。

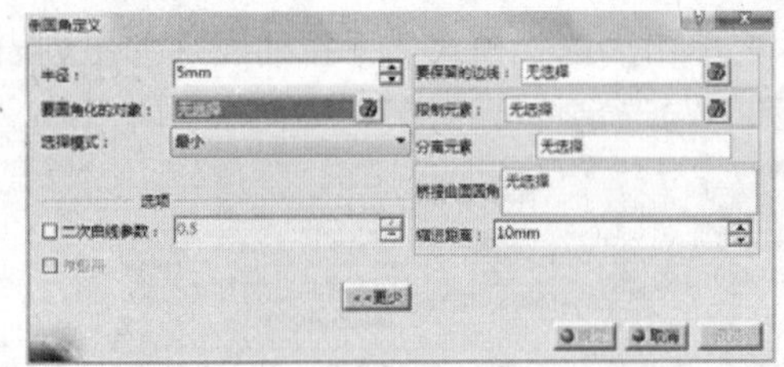

图 7-5 最小“倒圆角定义”对话框

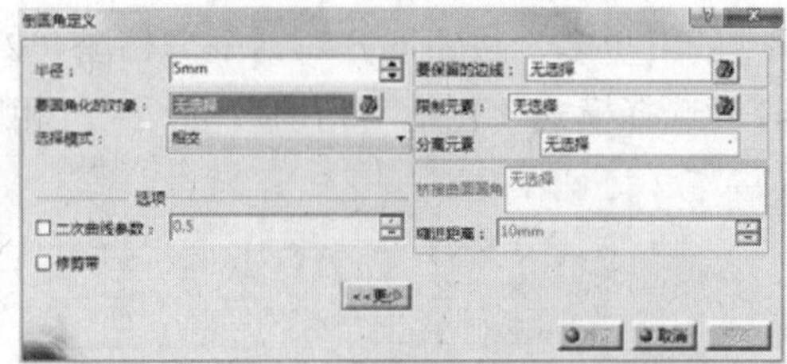

图 7-6 相交“倒圆角定义”对话框

以“最小”形式进行的倒圆角，与以“相切”形式进行的倒圆角的不同操作项目为修剪带，该复选框处于未激活状态。

（3）相交

在“选择模式”下拉列表中选择“相交”，所选的圆角化的对象只能为特征，且系统只对与所选特征相交的锐边进行操作，“倒圆角定义”对话框切换显示如图 7-6 所示。以“相交”形式进行的倒圆角，与以“相切”形式进行的倒圆角的不同操作项目为桥接曲面圆角，该文本框处于未激活状态。

（4）与选定特征相交

在“选择模式”下拉列表中选择“与选定特征相交”，所选的要圆角化的对象只能为特征，而且还要选择一个与其相交的特征为相交对象，系统只对相交所产生的锐边进行操作，“倒圆角定义”对话框切换显示如图 7-7 所示。

以“与选定特征相交”形式进行的倒圆角，与以“相切”形式进行的倒圆角的不同操作项目如下：

1）所选特征：用于选择造型特征。

2）桥接曲面圆角：该文本框处于未激活状态。

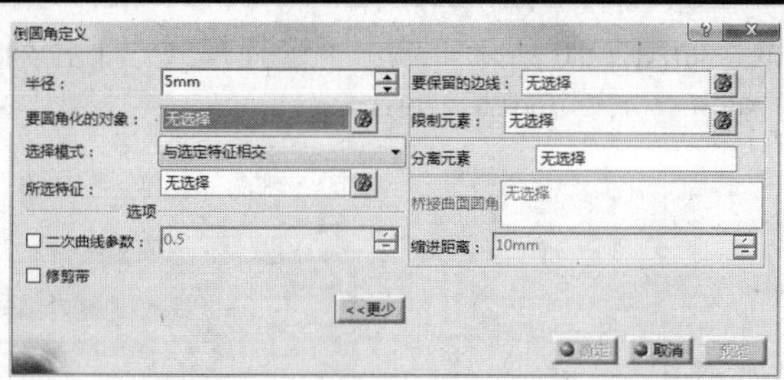

图 7-7 与选定特征相交“倒圆角定义”对话框

【例7-1】 四通管相贯线倒圆角。

① 打开随书光盘中的本例文件，如图 7-8 所示。

② 单击“倒圆角”按钮，弹出“倒圆角定义”对话框，参见图 7-2。在“半径”文本框中输入数值，本例取“10”，在“选择模式”下拉列表中选择“与选定特征相交”，激活“要圆角化的对象”文本框，选择圆柱体 1，激活“所选特征”文本框，选择圆柱体 2，其他选项采用默认设置。

③ 单击“预览”按钮，如图 7-9a 所示，确认无误后单击“确定”按钮，如图 7-9b 所示。

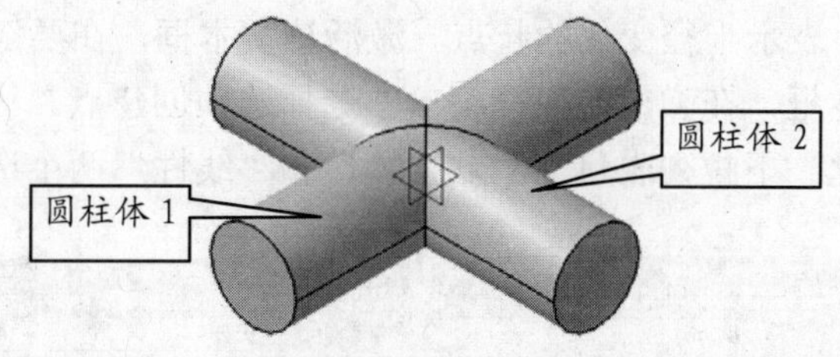

图 7-8 实体模型

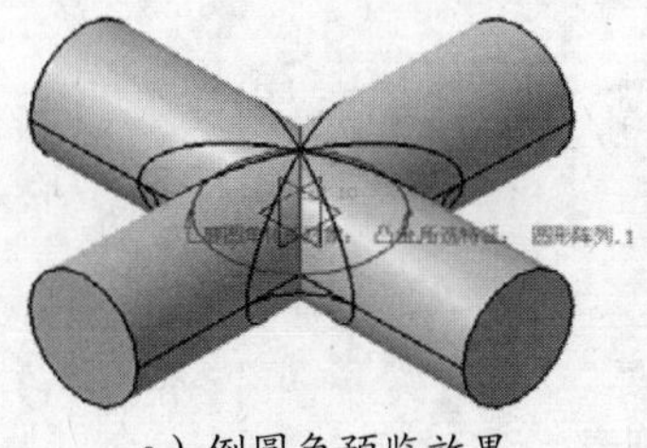

a）倒圆角预览效果

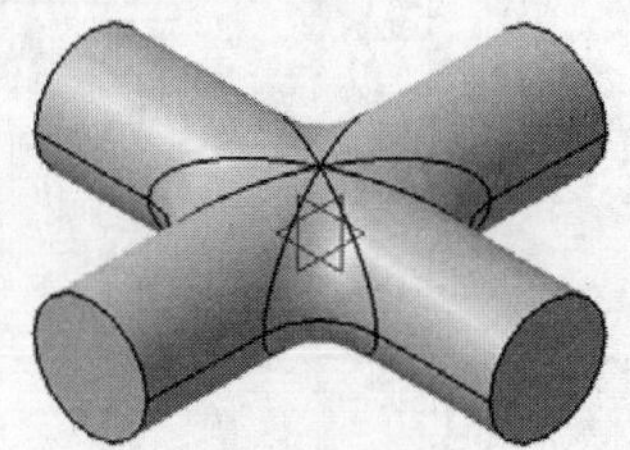

b）倒圆角效果

图 7-9 四通管倒圆角

7.1.2 可变半径圆角

“可变半径圆角”是通过在某条边线上指定多个圆角半径，从而生成半径以一定规律变化的圆角。

单击“可变半径圆角”按钮，弹出“可变半径圆角定义”对话框，单击对话框中的

“更多”按钮展开对话框，如图 7-10 所示。单击“选择模式”下拉列表，弹出列表框，“选择模式”包括“相切”和“最小”，如图 7-11 所示。

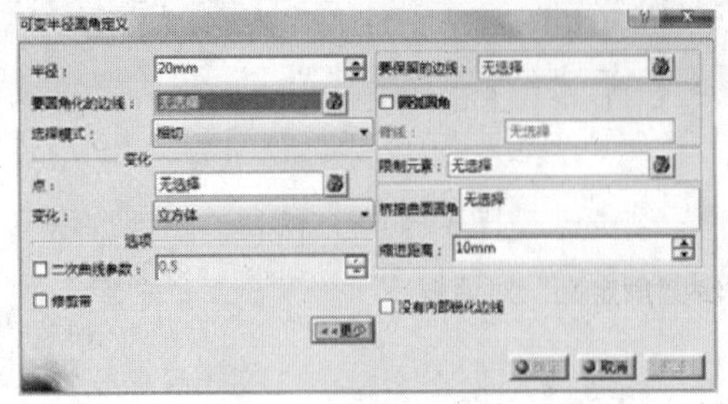

图 7-10 “可变半径圆角定义”对话框

图 7-11 “选择模式”下拉列表

“可变半径圆角定义”对话框中的部分选项与“倒圆角定义”对话框中的选项相同，相同部分不再赘述。

（1）相切

“选择模式”下拉列表默认为“相切”，参见图 7-10，以“相切”形式进行的可变半径圆角，其操作项目如下：

1）“变化”选项区：用于设置变化点和变化半径之间的过渡方式。

a）“点”文本框：表示半径变化的起点。激活该文本框，在要倒圆角的边上创建点；也可以右键单击该文本框，在弹出的快捷菜单中选择选项创建点。

b）“变化”：“变化”下拉列表包含“立方体”和“线性”两个选项，如图 7-12 所示。

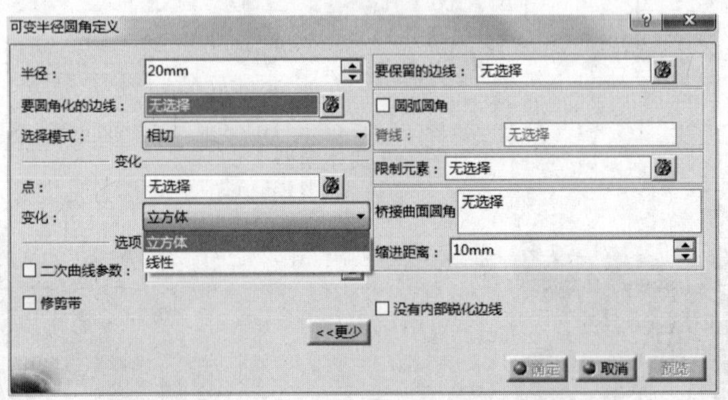

图 7-12 “变化”下拉列表

● “立方体”形式采用逐渐过渡的方式连接不同半径的圆角。

● “线性”形式采用直接过渡的方式连接不同半径的圆角。

2）圆弧圆角：激活该复选框，将使用垂直于脊线的平面所包含的圆进行倒圆角。

3）脊线：用于选择倒圆角截面的控制线，所有的倒圆角截面都将经过该脊线。

4）没有内部锐化边线：如果要连接的曲面是相切连续而不是曲率连续，则选择该复选框可以移除所有可能生成的锐化边线。

（2）最小

在“选择模式”下拉列表中选择“最小”，“倒圆角定义”对话框切换显示如图 7-13 所示。

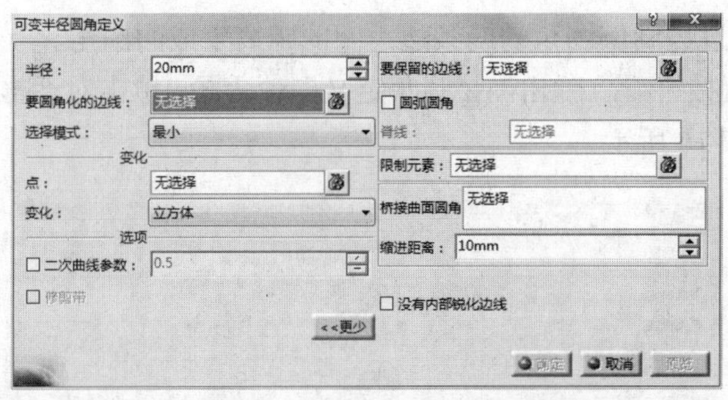

图 7-13 最小“可变半径圆角定义”对话框

以“最小”形式进行的倒圆角，与以“相切”形式进行的倒圆角的不同操作项目为修剪带，该复选框处于未激活状态。

【例7-2】 创建机械手手指可变半径圆角。

① 打开随书光盘中的本例文件，如图 7-14 所示。

② 单击“可变半径圆角”按钮，弹出“可变半径圆角定义”对话框，参见图 7-10。在“半径”文本框中输入数值，本例取“3”，激活“要圆角化的边线”文本框，选择要进行倒圆角的边线，激活“点”文本框，在选择边线的拐角处单击创建一点，双击创建点的半径值，弹出“参数定义”对话框，在“值”文本框中输入数值，本例取“5”，单击“确定”按钮，返回“可变半径圆角定义”对话框。

③ 单击“预览”按钮，如图 7-15a 所示，确认无误后单击“确定”按钮，如图 7-15b 所示。

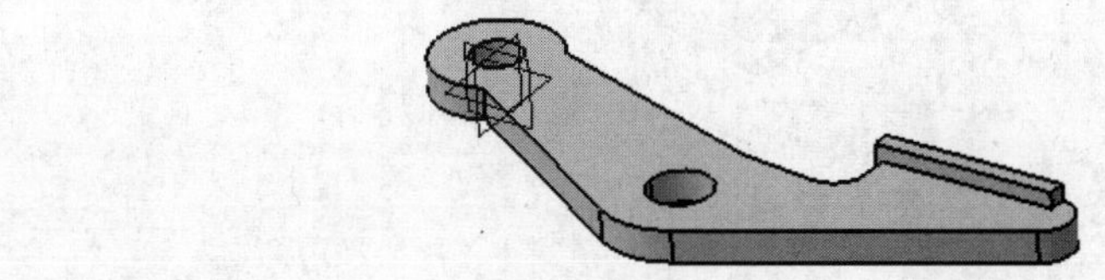

图 7-14 机械手手指

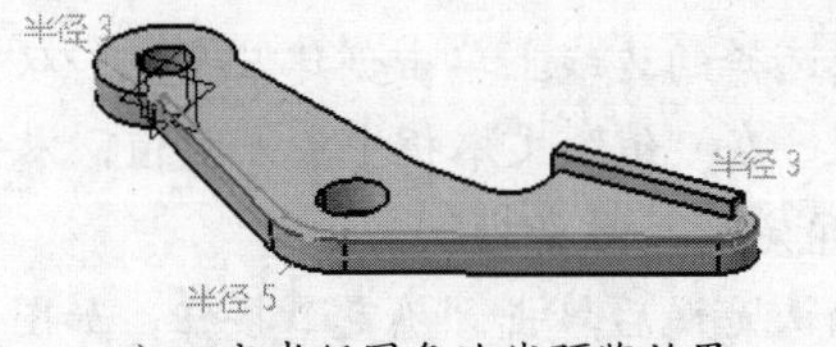

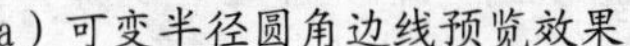
a）可变半径圆角边线预览效果

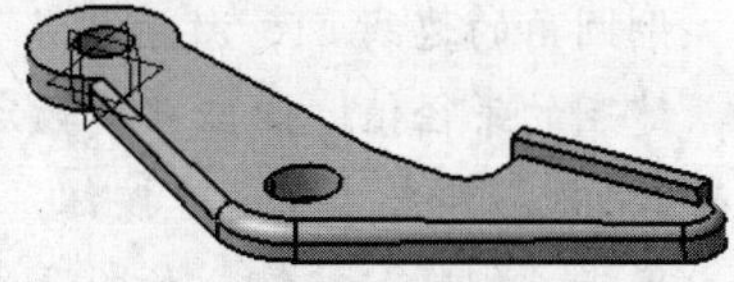
b）可变半径圆角效果

图 7-15 创建机械手指可变半径圆角

7.1.3 弦圆角

“弦圆角”是通过控制倒圆角的两条边之间的距离生成的圆角。

单击“弦圆角”按钮，弹出“弦圆角定义”对话框，单击对话框中的“更多”按钮，展开对话框，如图 7-16 所示。

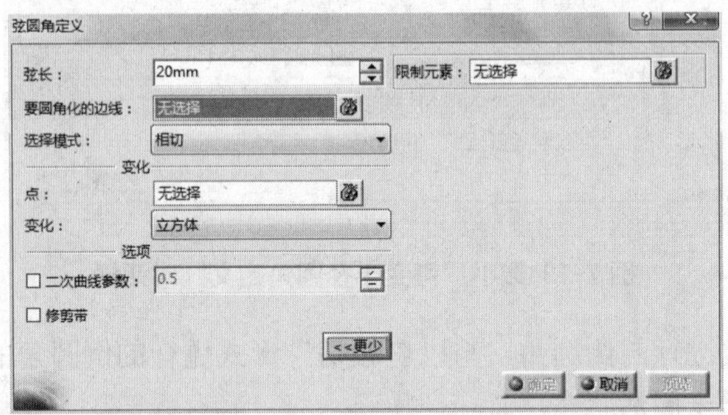

图 7-16 “弦圆角定义”对话框

以“弦圆角”形式进行的倒圆角，与以“倒圆角定义”及“可变半径圆角定义”形式进行的倒圆角的不同操作项目为弦长，用于设置圆角的弦长。

【例7-3】 钳口边线倒弦圆角。

① 打开随书光盘中的本例文件，如图 7-17 所示。

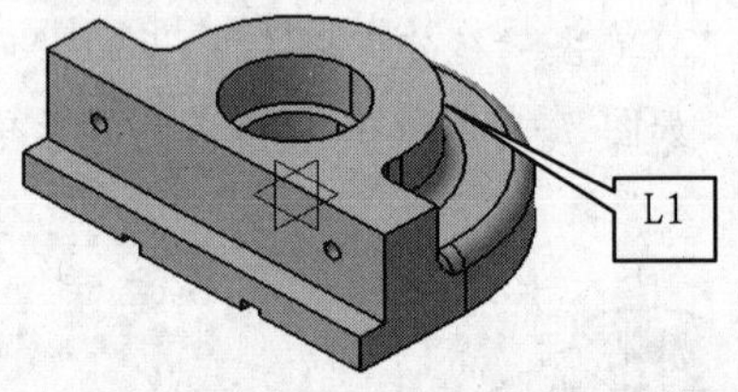

图 7-17 台虎钳钳口

② 单击“弦圆角”按钮，弹出“弦圆角定义”对话框，参见图 7-16。在“弦长”文本框中输入数值，本例取“5”，激活“要圆角化的边线”文本框，选择要进行倒圆角的边线 L1；激活“点”文本框，在选择的边线上单击创建三个点；双击创建点的半径值，弹出“参数定义”对话框，在“值”文本框中输入数值，本例取“10”，单击“确定”按钮，返回“弦圆角定义”对话框。

③ 单击“预览”按钮，如图 7-18a 所示，确认无误后单击“确定”按钮，如图 7-18b 所示。

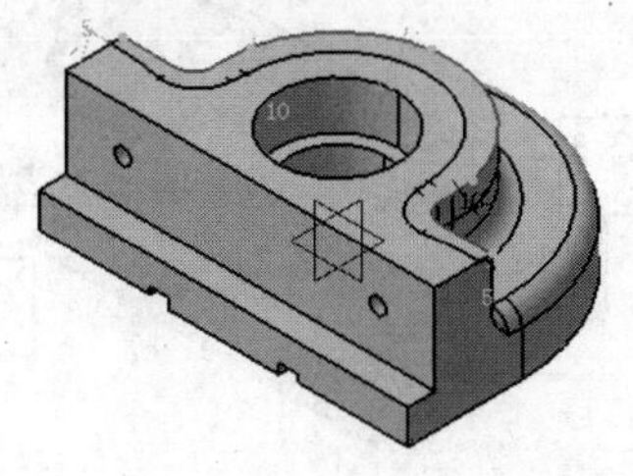

a）弦圆角预览效果

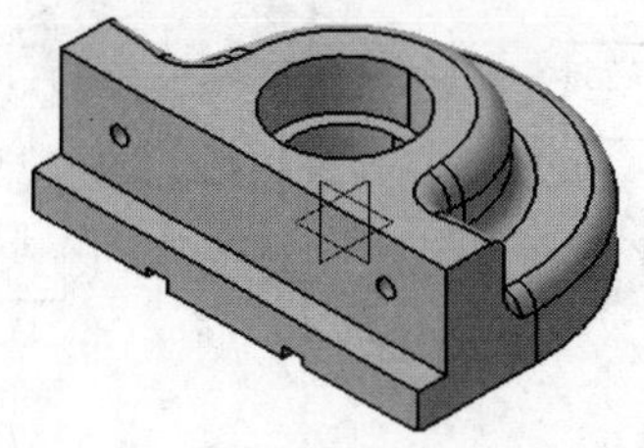

b）弦圆角效果

图 7-18 钳口边线倒弦圆角

7.1.4 面与面的圆角

“面与面的圆角”是指在不连接的曲面之间生成圆滑过渡的效果。

单击“面与面的圆角”按钮，弹出“定义面与面的圆角”对话框，单击对话框中的“更多”按钮展开对话框，如图 7-19 所示。

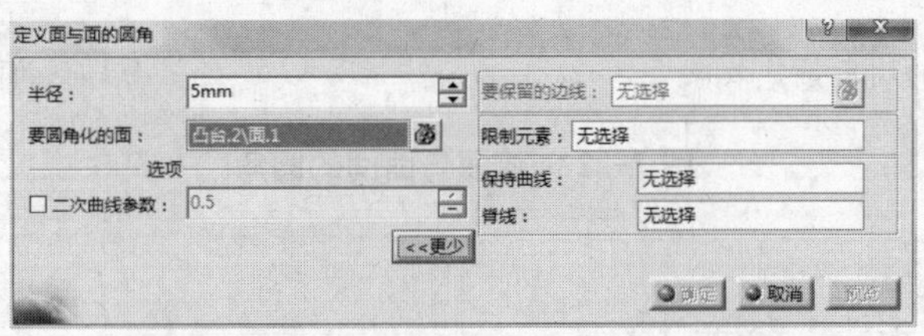

图 7-19 “定义面与面的圆角”对话框

以“定义面与面的圆角”形式进行的倒圆角，与以“倒圆角定义”形式进行的倒圆角的不同操作项目如下：

1）要圆角化的面：指定要圆角化的两个面。

2）保持曲线：该曲线用来控制可变半径的倒圆角半径。

3）脊线：指定要圆角化面的脊线。

【例7-4】 创建凸台间面与面的圆角。

① 打开随书光盘中的本例文件，如图 7-20 所示。

② 使用倒圆角工具对两个凸台边线 L1、L2 进行倒圆角，如图 7-21 所示。单击“面与面的圆角”按钮，弹出“定义面与面的圆角”对话框，参见图 7-19。在“半径”文本框中输入合适数值，输入的半径值要大于两个面之间距离的一半，本例取“27”，激活“要圆角化的面”文本框，选择两个倒圆角面。

③ 单击“预览”按钮，如图 7-22a 所示，确认无误后单击“确定”按钮，如图 7-22b 所示。

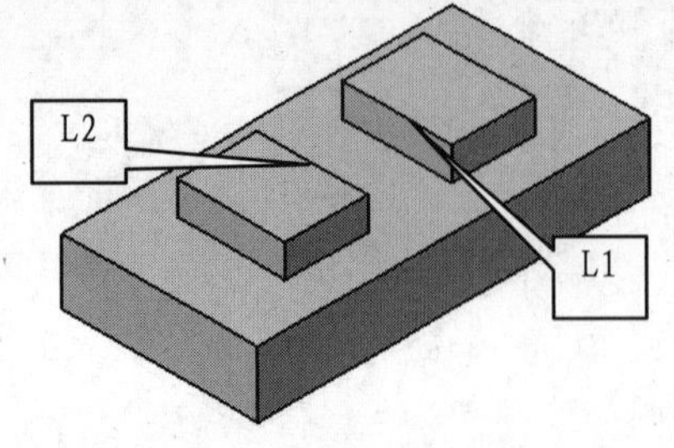

图 7-20 实体模型

图 7-21 倒圆角

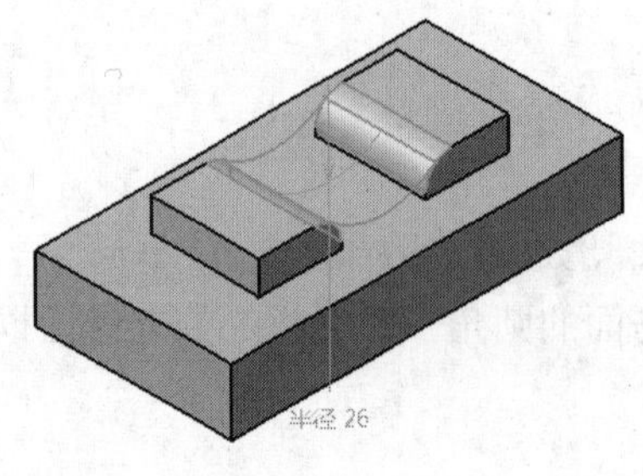

a）面与面的圆角预览效果

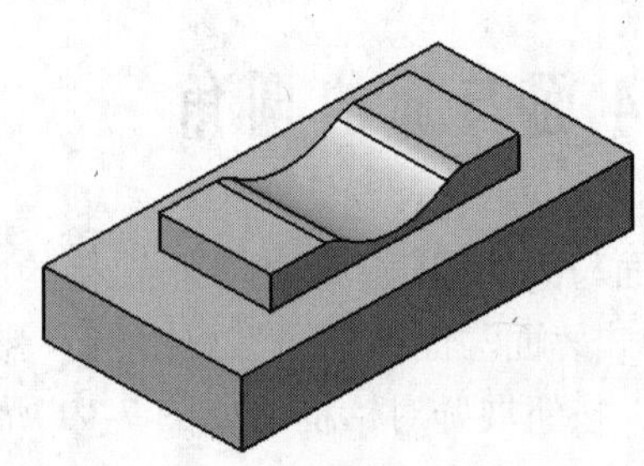

b）面与面的圆角效果

图 7-22 创建面与面间的圆角

7.1.5 三切线内圆角

“三切线内圆角”是通过去除连接面而创建的两个不相邻面之间的圆滑过渡效果。

单击“三切线内圆角”按钮，弹出“定义三切线内圆角”对话框，单击对话框中的“更多”按钮展开对话框，如图 7-23 所示。以“定义三切线内圆角”形式进行的倒圆角，与以“倒圆角定义”及“定义面与面的圆角”形式进行的倒圆角中的不同操作项目为要移除的面，用于移除两不相邻面间平面。

图 7-23 “定义三切线内圆角”对话框

【例7-5】 创建万向节叉三切线内圆角。

① 打开随书光盘中的本例文件，如图 7-24 所示。

② 单击“三切线内圆角”按钮，弹出“定义三切线内圆角”对话框，参见图 7-23。激活“要圆角化的面”文本框，选择图 7-24 中的上表面和下表面，激活“要移除的面”文本框，选择侧面。

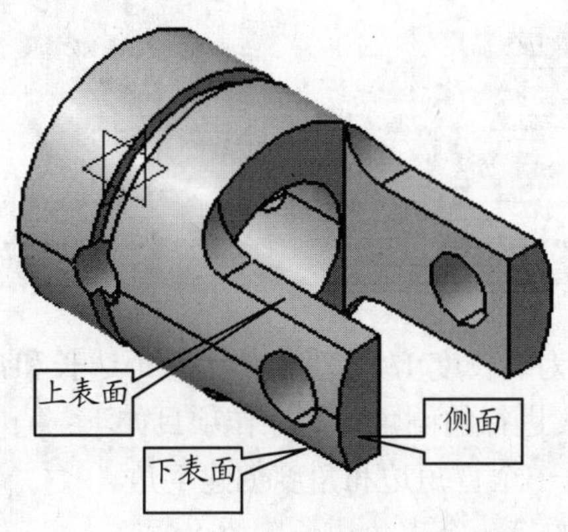

图 7-24 万向节叉

③ 单击“预览”按钮，如图 7-25a 所示，确认无误后单击“确定”按钮，如图 7-25b 所示。

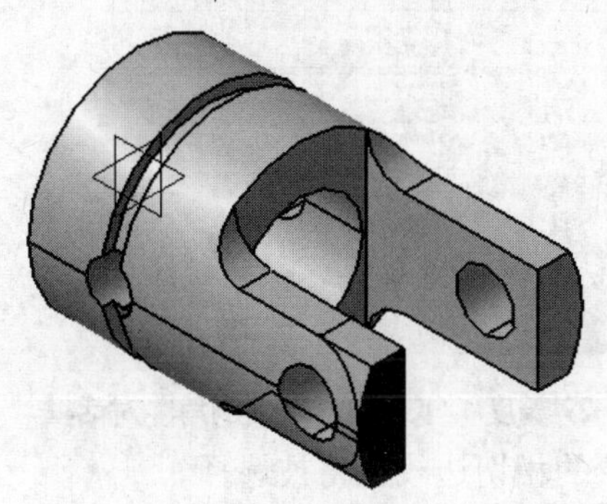

a）三切线内圆角预览效果

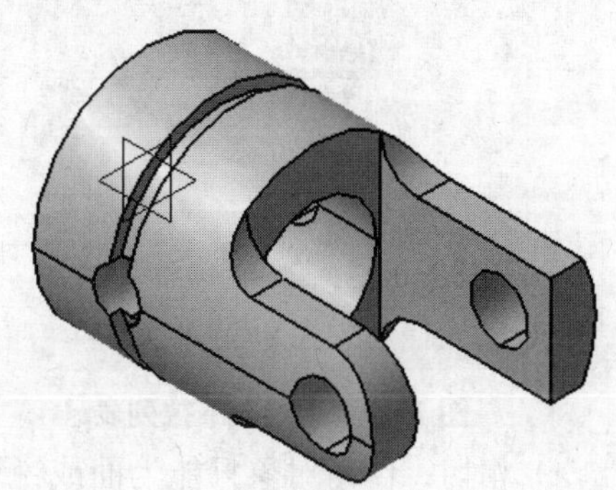

b）三切线内圆角效果

图 7-25 创建万向节三切线内圆角

7.2 倒角

“倒角”是指在选定的边线上移除或添加平截面，以便在共用此边线的两个原始面之间创建斜曲面。通过沿一条或多条边线拓展可获得倒角。

在“修饰特征”工具栏中单击“倒角”按钮，弹出“定义倒角”对话框，如图 7-26 所示。单击“模式”下拉列表，弹出列表框，“模式”包括：“长度 1/角度”和“长度 1/长度 2”，如图 7-27 所示。

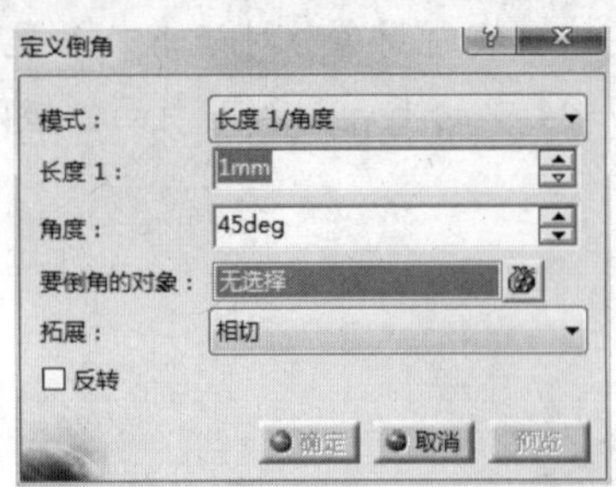

图 7-26 “定义倒角”对话框

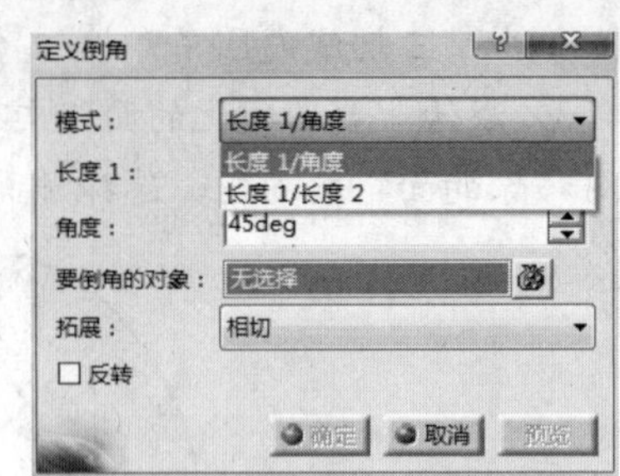

图 7-27 “模式”下拉列表

（1）长度 1/角度

“模式”下拉列表默认为“长度 1/角度”，使用一个边长和角度来创建倒角，参见图 7-26，以“长度 1/角度”形式进行的倒角，其操作项目如下：

1）长度 1/角度：使用一个直角边和角度创建倒角。

2）长度 1：指定倒角的第一个直角边长度值。

3）角度：用于设置倒角的角度。

4）要倒角的对象：用于选择要倒角的对象，可以选择边，也可以选择面。

5）拓展下拉列表：包含两种拓展方式，如图 7-28 所示。

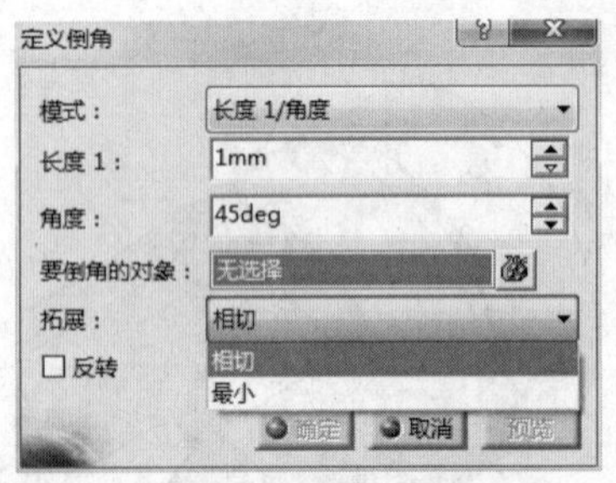

图 7-28“拓展”下拉列表

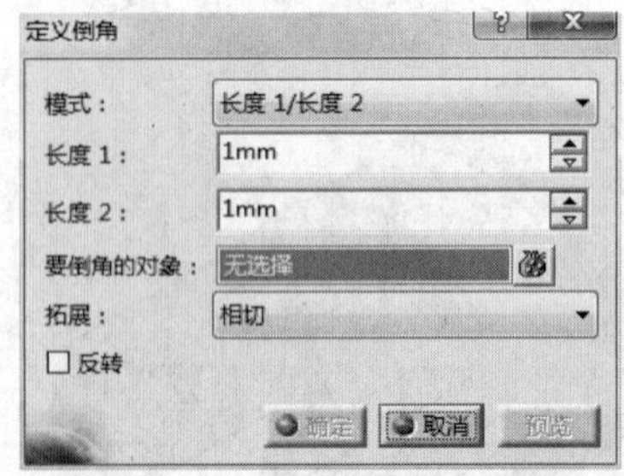

图 7-29 长度 1/长度 2“定义倒角”对话框

a）相切：倒角对象只能为面或锐边，且所选对象的相切边线也将被选择。

b）最小：倒角对象只能为面或锐边，且只能对所选对象进行操作。

6）反转：反转倒角的方向。

（2）长度 1/长度 2

在“模式”下拉列表中选择“长度 1/长度 2”模式，使用两个直角边创建倒角，“定义倒角”对话框切换显示如图 7-29 所示。

以“长度 1/长度 2”形式进行的倒角，与以“长度 1/角度”形式进行的倒角的不同操作项目如下：

1）长度 1：指定倒角的第一个直角边长度值。

2）长度 2：指定倒角的第二个直角边长度值。

【例7-6】 创建销轴倒角。

① 打开随书光盘中的本例文件，如图 7-30 所示。

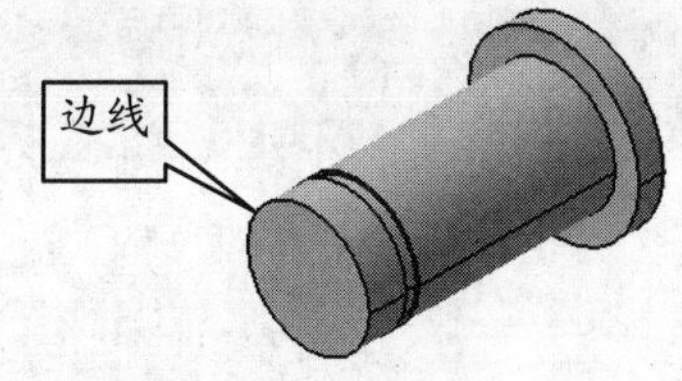

图 7-30 销轴

② 单击“倒角”按钮，弹出“定义倒角”对话框，参见图 7-26。在“模式”下拉列表中选择“长度 1/角度”模式，在“长度 1”文本框中输入数值，本例取“1”，“角度”文本框中输入值，本例取“45”，选择销轴的边线作为倒角对象。

③ 单击“预览”按钮，如图 7-31a 所示，确认无误后单击“确定”按钮，如图 7-31b 所示。

a）倒角预览效果

b）倒角效果

图 7-31 创建销轴倒角

7.3 拔模

注射件和铸件通常需要一个拔模斜面，才能顺利脱模。在“修饰特征”工具栏中单击“拔模斜度”按钮下的三角箭头，弹出“拔模”工具栏，该工具栏包括“拔模斜度”“拔模反射线”和“可变角度拔模”，参见图 7-1。

7.3.1 拔模斜度

“拔模斜度”通过指定要拔模的面、拔模方向、中性元素等参数创建拔模斜面。

在“拔模”工具栏中单击“拔模斜度”按钮，弹出“定义拔模”对话框，单击对话框中的“更多”按钮，展开对话框，如图 7-32 所示。

（1）常量

“拔模类型”选项卡默认为“常量”，通过设置一个常量值创建拔模，参见图 7-32，以“常量”形式进行的拔模，其操作项目如下：

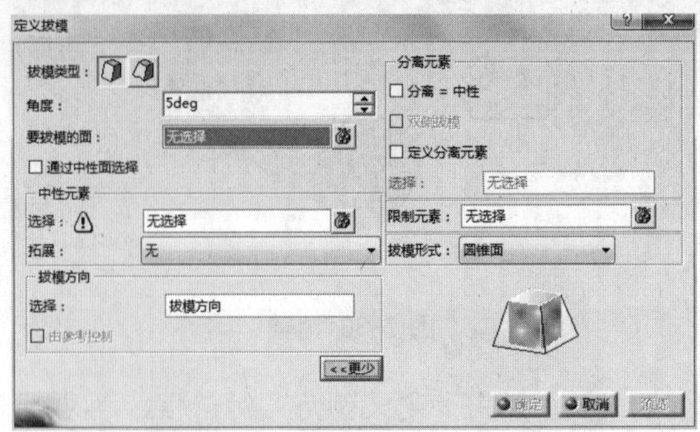

图 7-32 “定义拔模”对话框

1）角度：设置拔模角度。

2）要拔模的面：用于选择需要拔模的面。

3）通过中性面选择：中性面指拔模后保持不变的顶面，激活该复选框后，系统会根据指定的中性面自动计算要拔模的面，此时，“要拔模的面”文本框取消激活。

4）“中性元素”选项区：可以选择多个面来定义中性元素。

a）选择：默认设置下，由选择的第一个面确定拔模方向。

b）“拓展”下拉列表：包含两种选择拔模的延伸模式，如图 7-33 所示。

●无：默认选项，表示拔模不延伸。

●光顺：表示拔模平滑延伸。

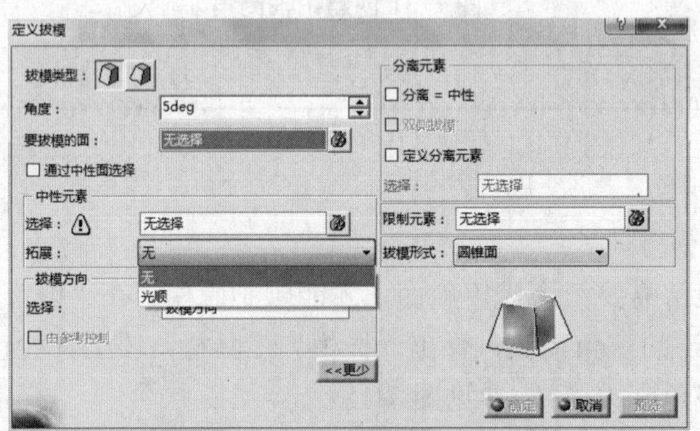

图 7-33“拓展”下拉列表

5）“拔模方向”选项区

a）选择：指定模具的移除方向，一般是指直线或边线的方向，也可以是垂直于平面或面的方向。

b）由参考控制：定义拔模方向的参考所做的任何修改都会影响拔模。

6）“分离元素”选项区：分离元素用于限制拔模。

a）分离=中性：指定拔模是否具有等于中性的分离元素。

b）双侧拔模：指定面是否用分离元素沿两个方向进行拔模。

c）定义分离元素：指定拔模是否具有分离元素。

d）选择：指定用于限制拔模的面。

7）限制元素：用以限制拔模区域范围的几何要素。

8）“拔模形式”下拉列表：包含两种拔模形式，如图 7-34 所示。

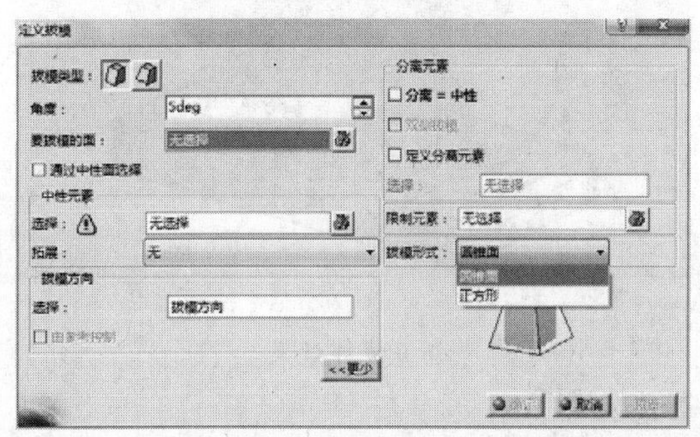

图 7-34 “拔模形式”下拉列表

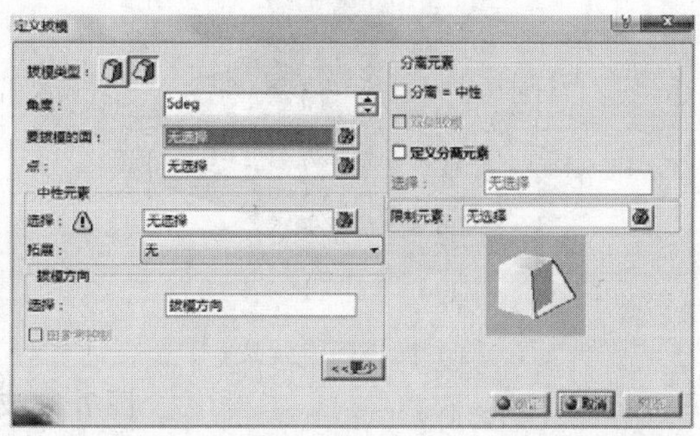

图 7-35 变量“定义拔模”对话框

a）圆锥面：默认选项，以圆锥面的形式拔模。

b）正方形：以正方形的形式拔模。

（2）变量

在“拔模类型”选项卡中选择“变量”按钮，通过设定多个角度值创建可变角度拔模，“定义拔模”对话框切换显示如图 7-35 所示。

以“变量”形式进行的拔模，与以“常量”形式进行拔模的不同操作项目为点指定，拔模经过的点，可以通过创建点、中点、终点等方式确定中性线上的点。

【例7-7】 支架柱体拔模。

① 打开随书光盘中的本例文件，如图 7-36 所示。

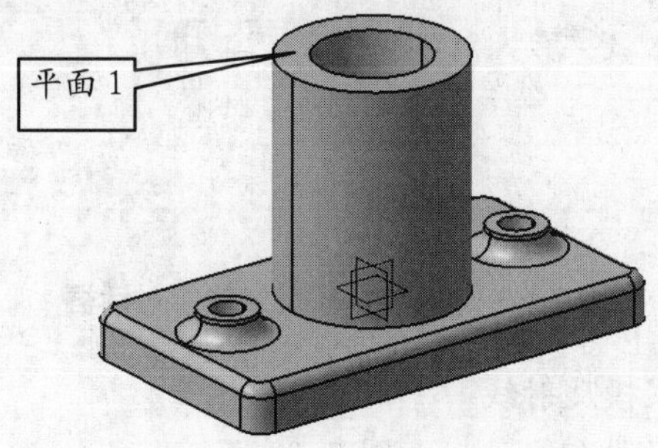

图 7-36 支架柱体

② 单击“拔模斜度”按钮，弹出“定义拔模”对话框，参见图 7-32。在“角度”文本框中输入数值，本例取“6”，激活“通过中性面选择”复选框，在“选择”文本框中选取圆柱体上端面。

③ 单击“预览”按钮，如图 7-37a 所示，确认无误后单击“确定”按钮，如图 7-37b 所示。

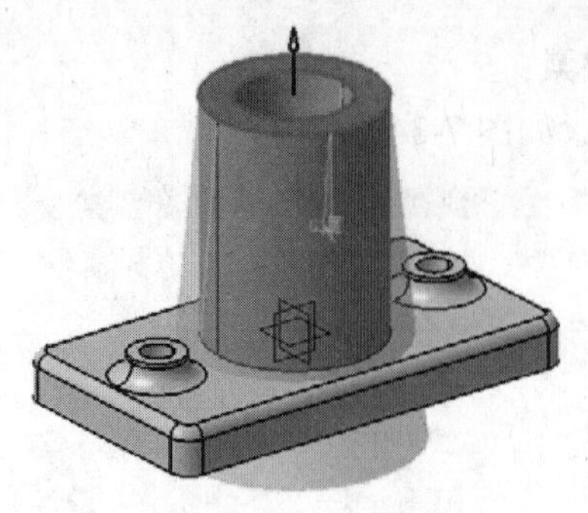

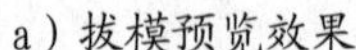

a）拔模预览效果　　　　b）拔模效果

图 7-37 支架柱体拔模

7.3.2 拔模反射线

“拔模反射线”是指将反射线用作中性线来拔模面。

在“拔模”工具栏中单击“拔模反射线”按钮，弹出“定义拔模反射线”对话框，单击对话框中的“更多”按钮，展开对话框，如图 7-38 所示，对话框中的选项与“拔模斜度”相同。

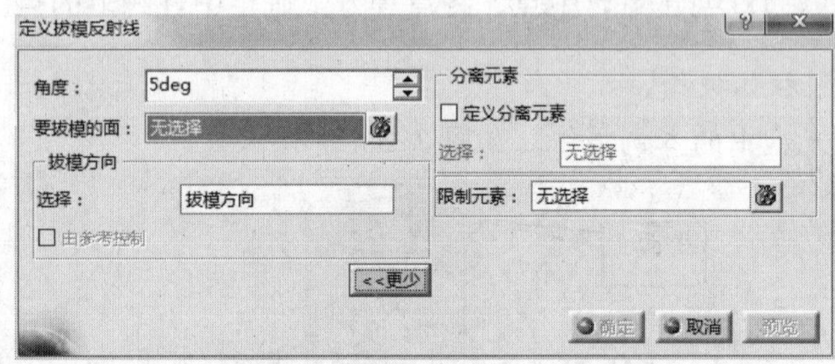

图 7-38 “定义拔模反射线”对话框

【例7-8】 圆柱创建拔模反射线。

① 打开随书光盘中的本例文件，如图 7-39 所示。

② 单击“拔模反射线”按钮，弹出“定义拔模反射线”对话框，参见图 7-38。在“角度”文本框中输入数值，本例取“5”，选择圆柱面作为要拔模的面，选择平面 1 作为拔模方向，激活“定义分离元素”复选框，选择平面 1 作为分离元素，对话框参数设置如图 7-40 所示。

③ 单击“预览”按钮，如图 7-41a 所示，单击箭头改变其拔模指示方向，确认无误后单击“确定”按钮，如图 7-41b 所示。

④ 单击“预览”按钮，如图 7-41a 所示，单击箭头改变其拔模指示方向，确认无误后单击“确定”按钮，如图 7-41b 所示。

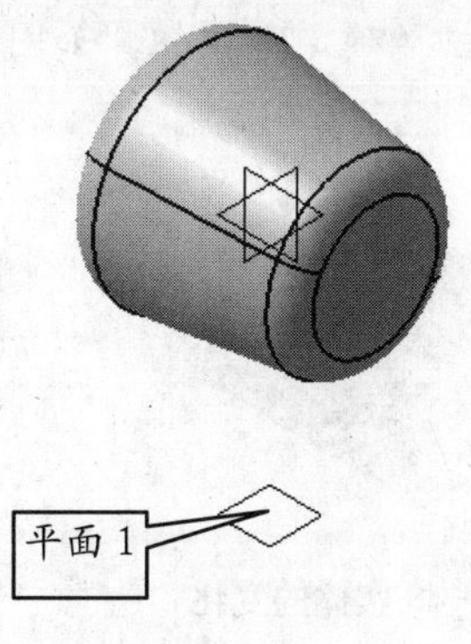

图 7-39 圆柱体和平面

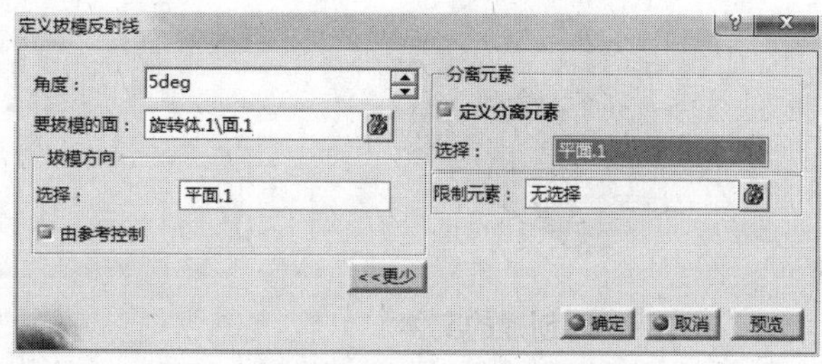

图 7-40 “定义拔模反射线”对话框设置

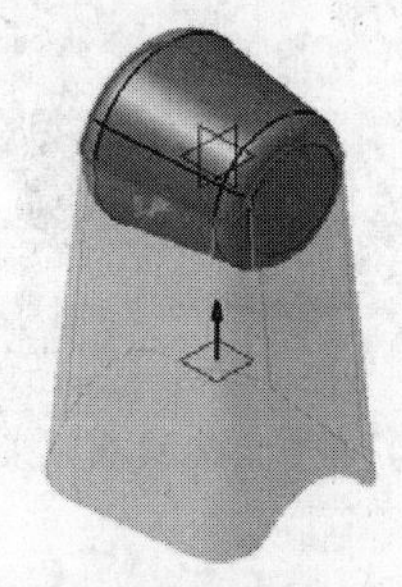

a）拔模反射线预览效果

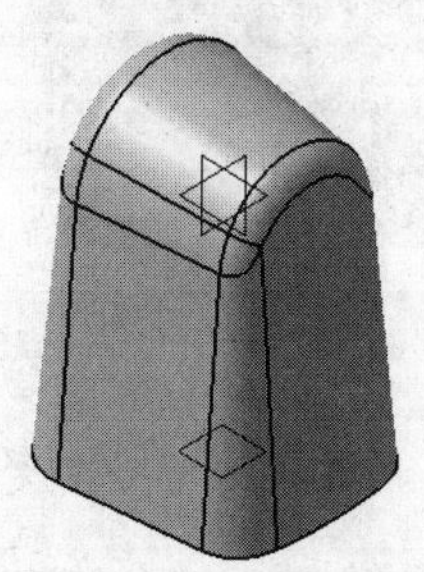

b）拔模反射线效果

图 7-41 创建拔模反射线

7.3.3 可变角度拔模

“可变角度拔模”可以在中性线上创建多个点，从而可以创建出在各点有不同拔模角度的拔模效果。

在“拔模”工具栏中单击“可变角度拔模”按钮，弹出“定义拔模”对话框，单击对话框中的“更多”按钮，展开对话框，参见图 7-35，对话框中的选项同前。

【例7-9】 创建可变角度的拔模。

① 打开随书光盘中的本例文件，如图 7-42 所示。

② 单击“可变角度拔模”按钮，弹出“定义拔模”对话框，参见图 7-35。在“角度”文本框中输入数值，本例取“5deg（度）”；激活“要拔模的面”文本框，选择实体的前表面作为要拔模的面；激活“选择”文本框，选择实体的上表面作为中性元素；激活“点”文本框，在中性面和要拔模面的相交边线上单击以创建 3 个可变角度的点；双击创建点处的角度值，在弹出的“参数定义”文本框中输入数值，本例取“15”，如图 7-43 所示。

③ 单击“预览”按钮，如图 7-44a 所示，确认无误后单击“确定”按钮，如图 7-44b 所示。

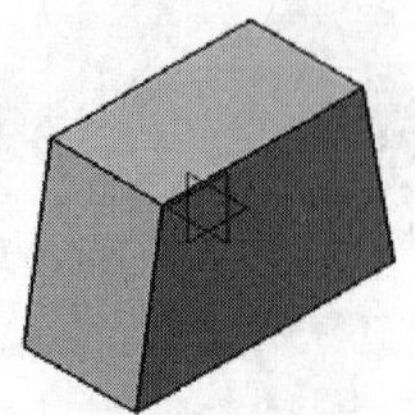
图 7-42 创建的实体

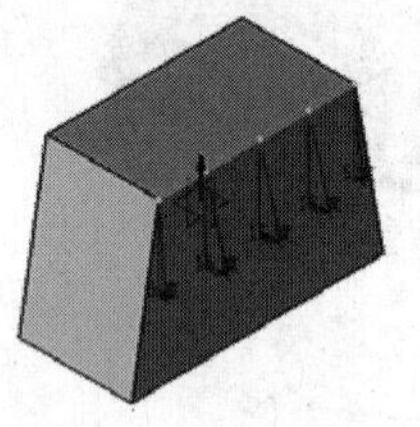
图 7-43 实体的变化

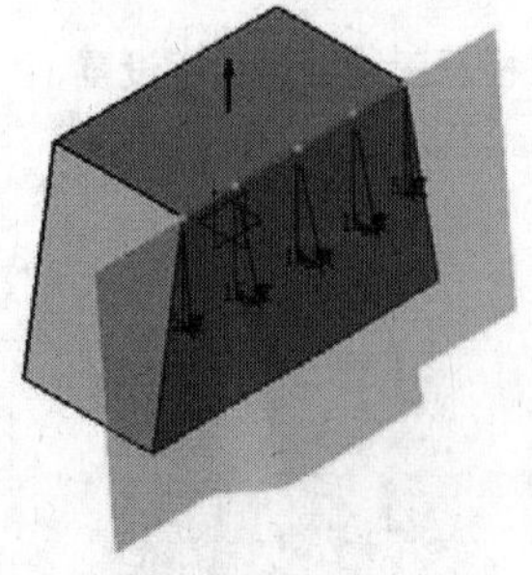
a）可变角度拔模预览效果

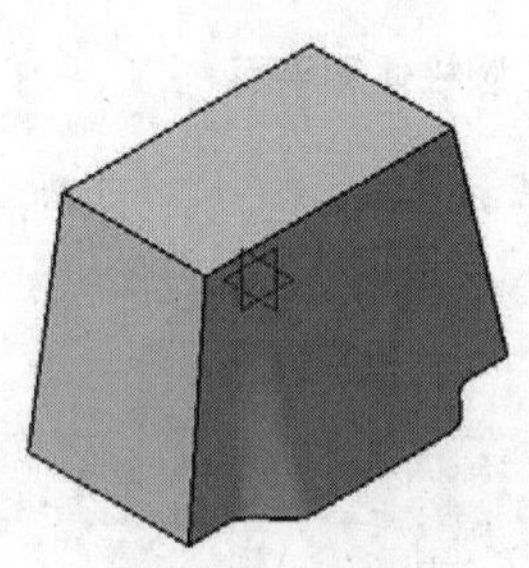
b）可变角度拔模效果

图 7-44 创建可变角度拔模

7.4 盒体

“盒体”也称为抽壳，是将实体变成薄壳零件的操作，适合于薄壁零件的创建。

在“修饰特征”工具栏中单击“盒体”按钮，弹出“定义盒体”对话框，单击对话框中的“更多”按钮，展开对话框，如图 7-45 所示。

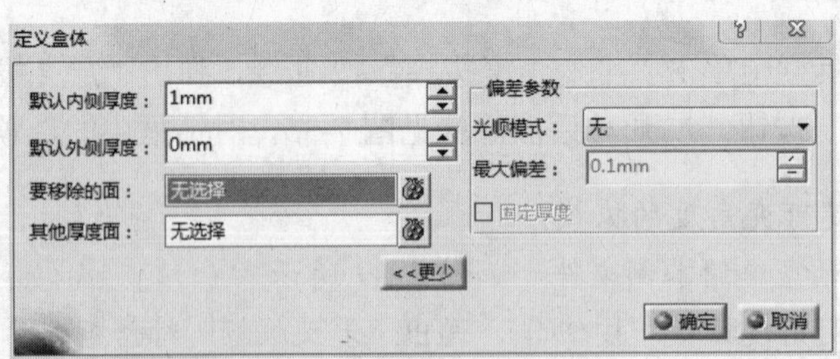

图 7-45 “定义盒体”对话框

（1）默认内侧厚度：设置实体的内侧厚度。

（2）默认外侧厚度：抽壳后，实体表面向外增加的厚度。

（3）要移除的面：指定要移除材料的面。

（4）其他厚度面：指定不同厚度的多个面。

（5）“偏差参数”选项区

“偏差参数”选项区包括光顺模式、最大偏差、固定厚度。

1）“光顺模式”下拉列表：包含三种模式，如图 7-46 所示。

a）无：默认选项，最大偏差值锁定，不可设置偏差。

b）手动：手动输入最大偏差值。

c）自动：最大偏差值锁定，不可设置偏差。

2）最大偏差：在“手动”模式下，该选项才能被激活，输入最大偏差数值。

3）固定厚度：为避免偏差，使用“固定厚度”创建盒体。

【例7-10】 四通管抽壳。

① 打开随书光盘中的本例文件，如图 7-47 所示。

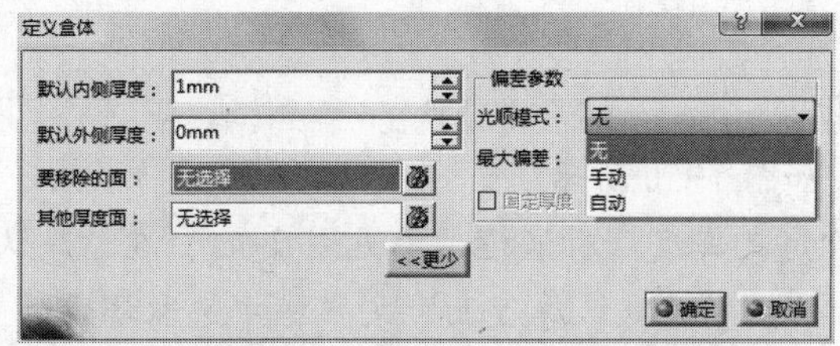

图 7-46 “光顺模式”下拉列表

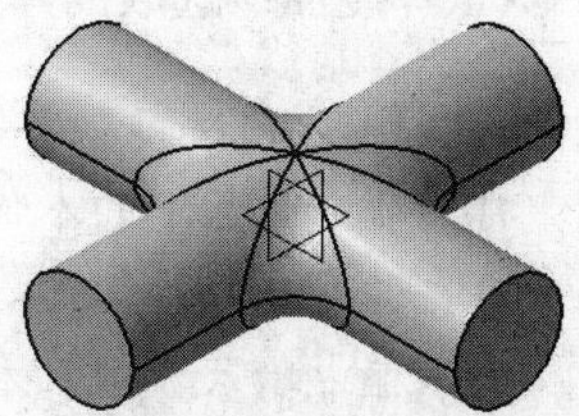

图 7-47 四通管

② 单击“盒体”按钮，弹出“定义盒体”对话框，参见图 7-45。在“默认内侧厚度”文本框中输入数值，本例取“2”，选取 4 个圆柱端面，其他选项采用默认设置，选取的移除面如图 7-48a 所示，单击“确定”按钮，如图 7-48b 所示。

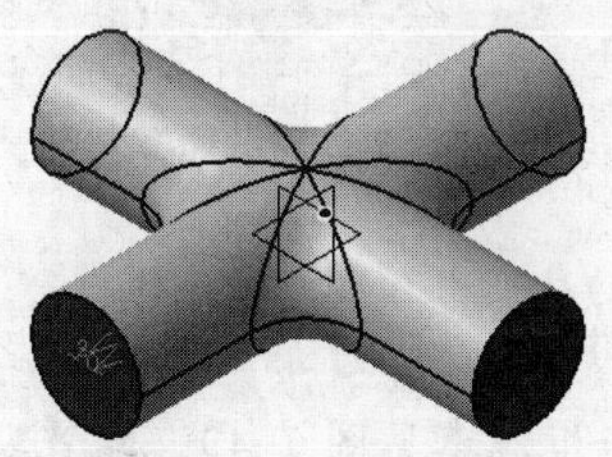

a）选择的移除面

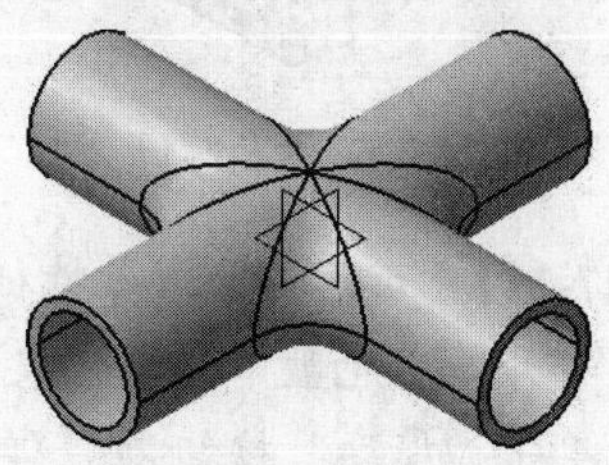

b）抽壳效果

图 7-48 四通管抽壳

7.5 厚度

“厚度”是指对一个或多个面增加或减少厚度。

在“修饰特征”工具栏中单击“厚度”按钮，弹出“定义厚度”对话框，单击对话框中的“更多”按钮，展开对话框，如图 7-49 所示。

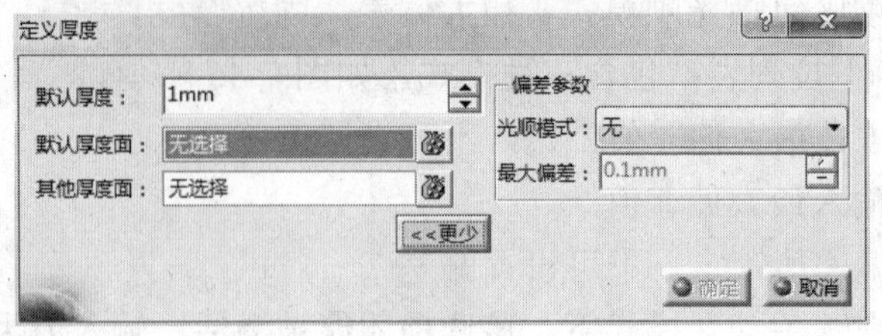

图 7-49 “定义厚度”对话框

“定义厚度”对话框与“定义盒体”对话框中的不同操作项目如下：

1）默认厚度：设定厚度值。

2）默认厚度面：选取的厚度面。

【例7-11】 六角螺母加厚特征变化。

① 打开随书光盘中的本例文件，如图 7-50 所示。

② 单击“厚度”按钮，弹出“定义厚度”对话框，参见图 7-49。在“默认厚度”文本框中输入数值，本例取“4”，在“默认厚度面”文本框中选取螺母的 6 个侧面，单击“确定”按钮，如图 7-51 所示。

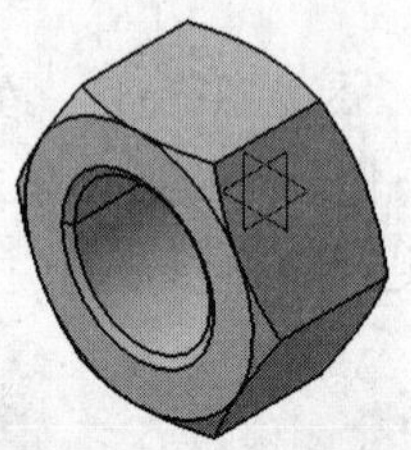

图 7-50 六角螺母

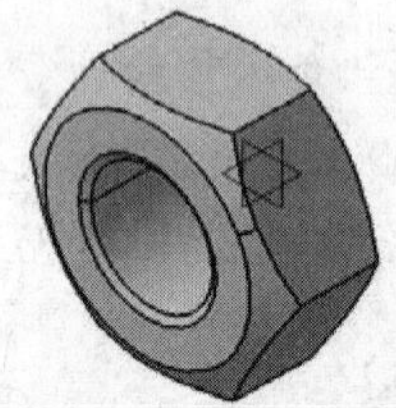

图 7-51 六角螺母加厚特征

【例7-12】 六角螺母减厚特征变化。

① 打开随书光盘中的本例文件，参见图 7-50。

② 单击“厚度”按钮，弹出“定义厚度”对话框，参见图 7-49。在“默认厚度”文本框中输入数值，本例取“-4”，在“默认厚度面”文本框中选取螺母的 6 个侧面；单击“确定”按钮，如图 7-52 所示。

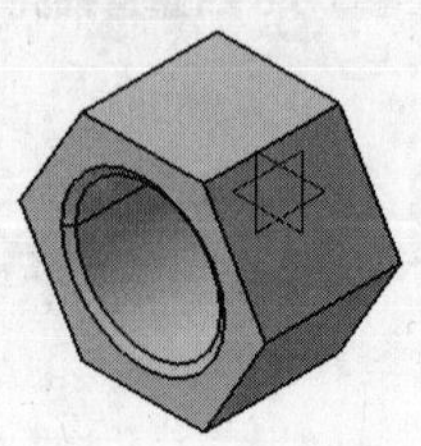

图 7-52 六角螺母减厚特征

7.6 螺纹

“螺纹”是通过指定支持面、限制和数值来创建外螺纹或内螺纹。

在“修饰特征”工具栏中单击“内螺纹/外螺纹”按钮，弹出“定义外螺纹/内螺纹”对话框，如图 7-53 所示。

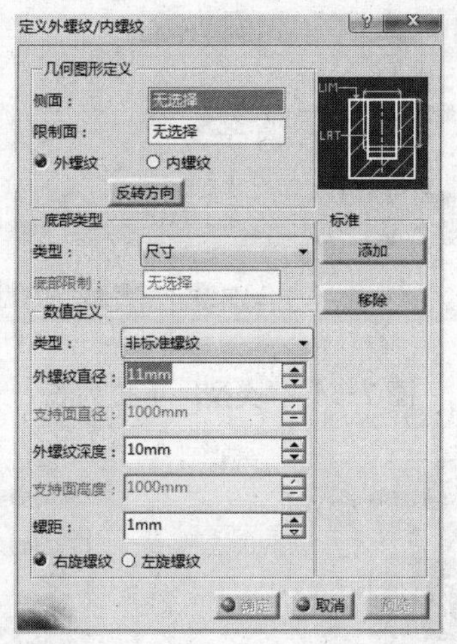

图 7-53 “定义外螺纹/内螺纹”对话框

（1）“几何图形定义”选项区

1）侧面：选择螺纹所在的圆柱面。

2）限制面：选择螺纹的限制平面。

3）螺纹类型：

a）外螺纹：默认选项，创建圆柱面的外螺纹。

b）内螺纹：创建圆柱面的内螺纹。

4）反转方向：反转螺纹方向。

（2）“底部类型”选项区

1）“类型”下拉列表：包含三个选项，如图 7-54 所示。

a）“类型”下拉列表默认为“尺寸”，用于设置螺纹深度值，参见图 7-53。

b）在“类型”下拉列表中选择“支持面深度”，螺纹延伸至圆柱面底部，“定义外螺纹/内螺纹”对话框切换显示如图 7-55 所示。

c）在“类型”下拉列表中选择“直到平面”，螺纹延伸至底部限制平面处，“定义外螺纹/内螺纹”对话框切换显示如图 7-56 所示。

2）底部限制：选择螺纹的底部限制面，该文本框只有在“直到平面”类型下才被激活。

（3）“数值定义”选项区

“类型”下拉列表：包含三个选项，如图 7-57 所示。

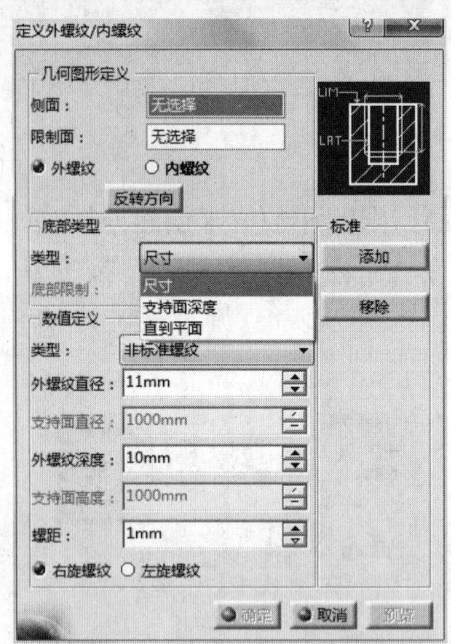

图 7-54 “类型”下拉列表

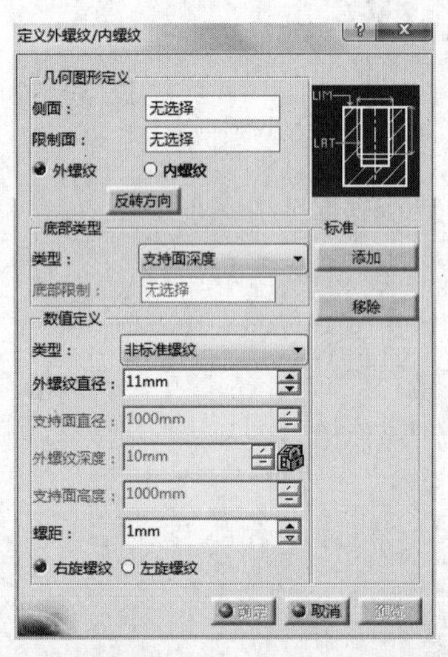

图 7-55 支持面深度“定义外螺纹/内螺纹”对话框

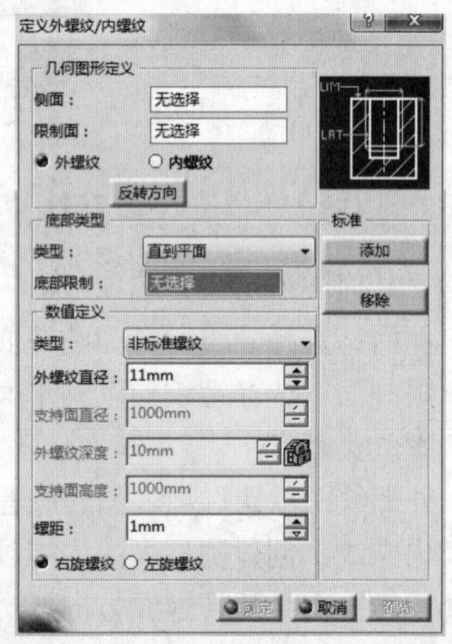

图 7-56 直到平面“定义外螺纹/内螺纹”对话框

a)“类型”下拉列表默认为“非标准螺纹”，参见图 7-53，以“非标准螺纹”样式添加的螺纹，其操作项目如下：

●外螺纹直径：调整外螺纹直径的大小。

●支持面直径：是指螺纹的公称直径，即螺纹的大径，处于未激活状态。

●外螺纹深度：指定的螺纹深度。

●支持面高度：所绘制螺纹的圆柱体高度，处于未激活状态。

●螺距：螺纹间的距离。

●右旋螺纹：默认选项。

●左旋螺纹：激活后，改变螺纹的旋向。

b）在“类型”下拉列表中选择“公制细牙螺纹”，“定义外螺纹/内螺纹”对话框切换显示如图 7-58 所示。

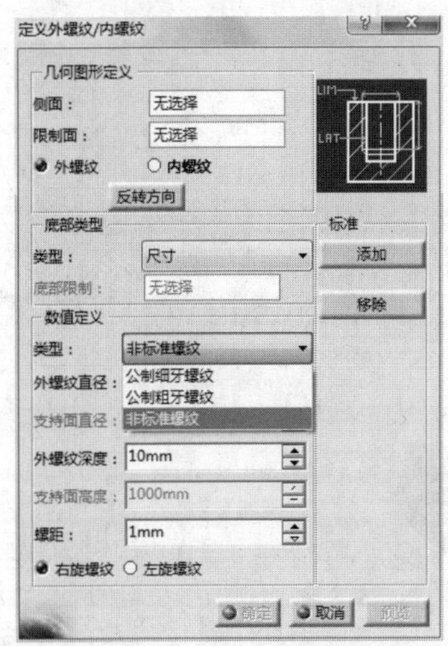

图 7-57 “类型”下拉列表

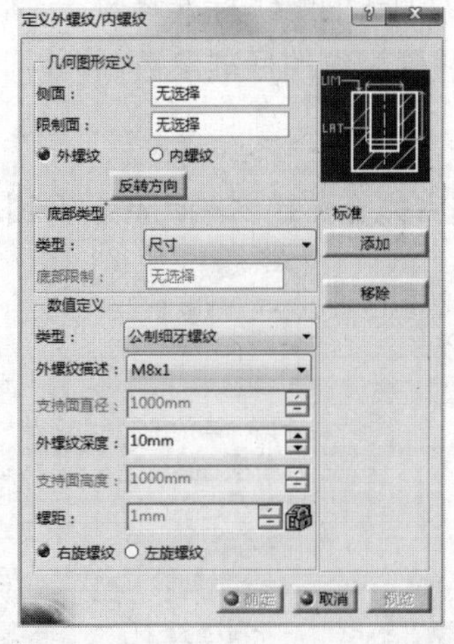

图 7-58 公制细牙螺纹“定义外螺纹/内螺纹”对话框

以“公制细牙螺纹”样式添加螺纹的过程，与以“非标准螺纹”样式添加螺纹的过程的不同操作项目如下：

●外螺纹：描述系统提供的较为常用的螺纹尺寸。

●螺距：处于未激活状态。

c）在“类型”下拉列表中选择“公制粗牙螺纹”，“定义外螺纹/内螺纹”对话框切换显示如图 7-59 所示。

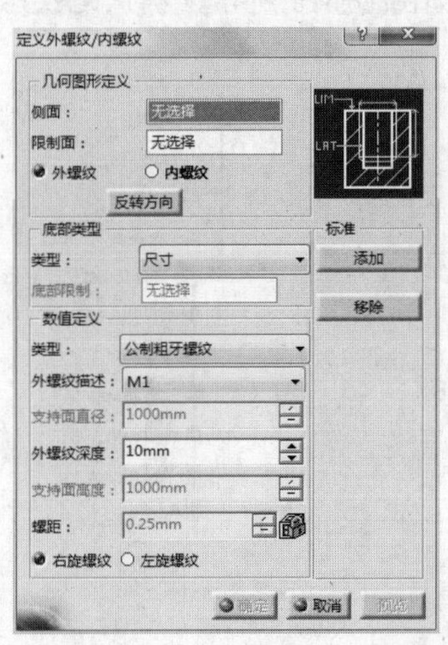

图 7-59 公制粗牙螺纹“定义外螺纹/内螺纹”对话框

以“公制粗牙螺纹”样式添加螺纹的过程，与以“非标准螺纹”样式添加螺纹的过程的不同操作项目如下：

●外螺纹：描述系统提供的较为常用的螺纹尺寸。

●螺距：处于未激活状态。

(4)“标准”选项区

1）添加：添加新的螺纹标准参数。

2）移除：移除螺纹的标准参数。

【例7-13】 六角螺杆添加螺纹。

① 打开随书光盘中的本例文件，如图 7-60 所示。

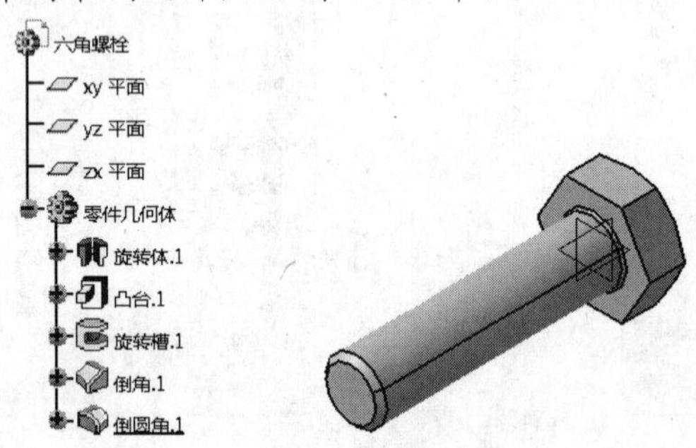

图 7-60 六角螺栓毛坯

② 单击“内螺纹/外螺纹”按钮，弹出“定义外螺纹/内螺纹”对话框，参见图 7-53。在“侧面”文本框选择螺杆的圆柱面，在“限制面”文本框选择螺杆的起始面，在“类型”下拉列表中选择“公制粗牙螺纹”，在“外螺纹深度”文本框中输入数值，本例取“30”，其他选项采用默认设置。

③ 单击“预览”按钮，如图 7-61a 所示，确认无误后单击“确定”按钮，如图 7-61b 所示。

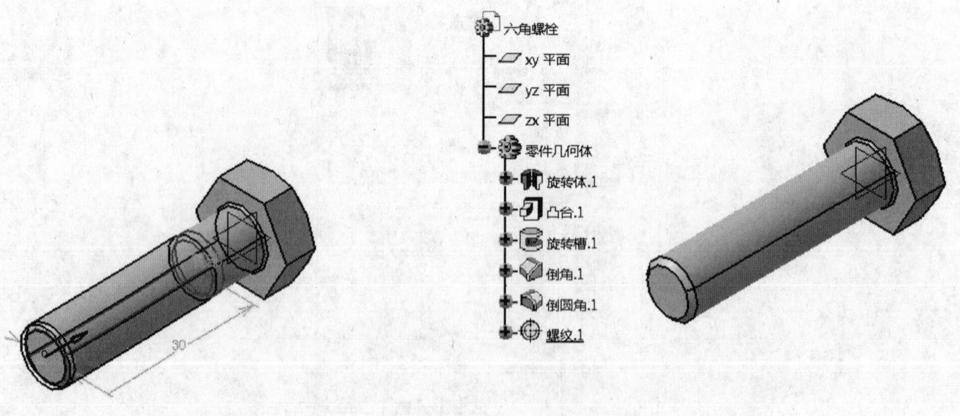

a）外螺纹预览效果　　b）外螺纹效果

图 7-61 六角螺栓毛坯添加螺纹

7.7 移除与替换面

在“修饰特征”工具栏中单击“移除面”按钮下的三角箭头，弹出“移除/替换面”工具栏，该工具栏包括“移除面”和“替换面”，参见图 7-1 所示。

7.7.1 移除面

“移除面”用于删除实体对象上的面。

在“移除/替换面”工具栏中单击“移除面”按钮，弹出“移除面定义”对话框，如图 7-62 所示。

1）要移除的面：如果选取单个移除面，必须要制定保留面来配合；如果选取所有的移除面，就无需选择保留面。

2）要保留的面：选择的保留面。

3）显示所有要移除的面：当选择移除面时，能够看到选取移除面的状况。

【例7-14】 盒体移除面。

① 打开随书光盘中的本例文件，如图 7-63 所示。

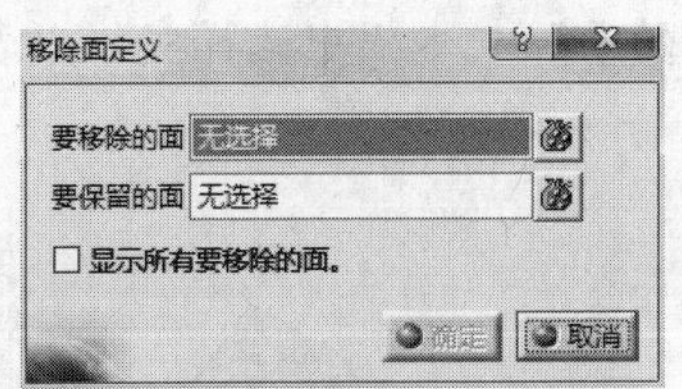

图 7-62 “移除面定义”对话框

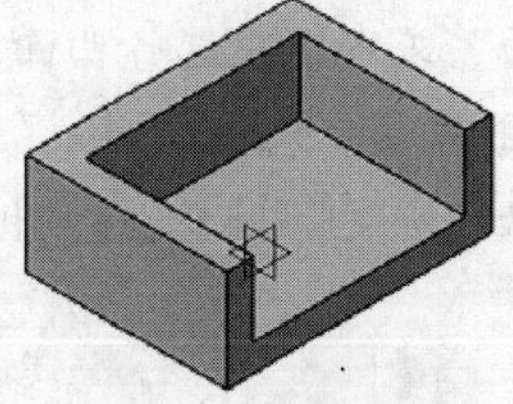

图 7-63 实体模型

② 单击“移除面”按钮，弹出“移除面定义”对话框，参见图 7-62。在“要移除的面”文本框中选择移除面，如图 7-64a 所示，单击“确定”按钮，如图 7-64b 所示。

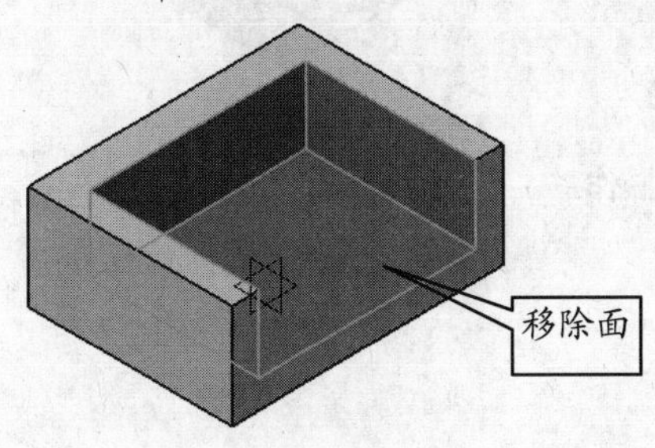

a）选择移除面

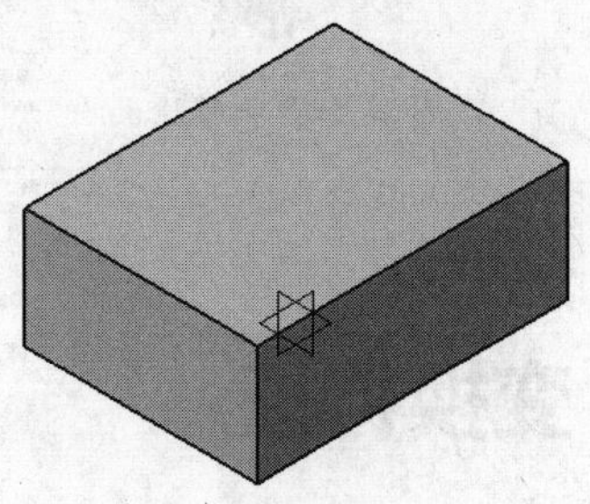

b）移除面效果

图 7-64 盒体移除面

7.7.2 替换面

“替换面”是使用一个外部的曲面来替换实体上的面。曲面不能与实体相交或相切，且曲面投影面要不小于实体面。

在“移除/替换面”工具栏中单击“替换面”按钮，弹出“定义替换面”对话框，如图 7-65 所示。

1）替换曲面：选择指定的曲面来替换实体面。

2）要移除的面：选择要移除的面，可以是实体上的平面或曲面。

【例7-15】 替换面操作。

① 打开随书光盘中的本例文件，如图 7-66 所示。

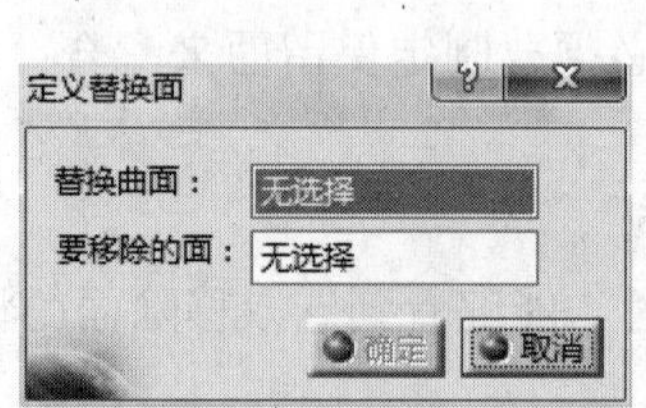

图 7-65 “定义替换面”对话框

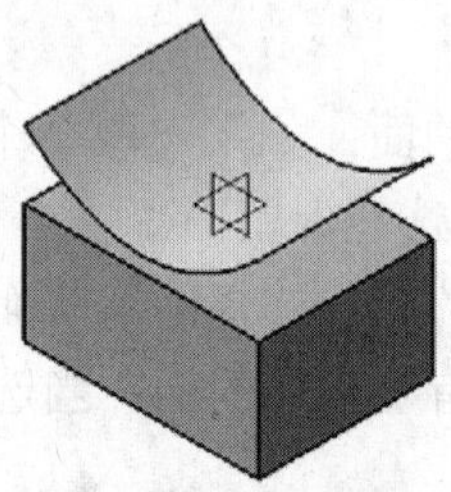

图 7-66 实体和曲面

② 单击“替换面”按钮，弹出“定义替换面”对话框，参见图 7-65。在“替换曲面”文本框中选择曲面；在“要移除的面”文本框中选择实体上表面，如图 7-67a 所示。

③ 单击“确定”按钮，如图 7-67b 所示。

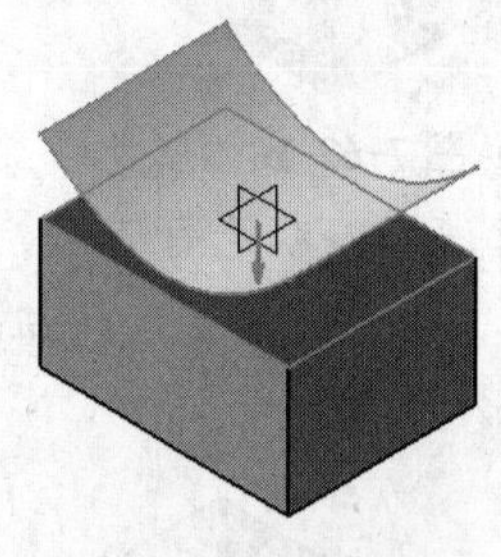

a）替换曲面和移除面

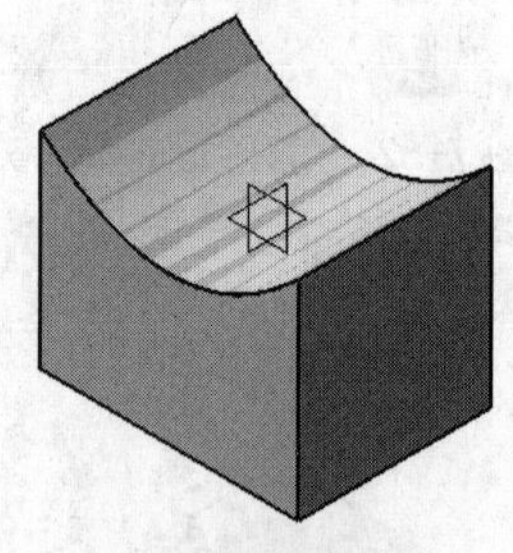

b）替换面效果

图 7-67 替换面操作

7.8 变换特征

变换特征是对已生成的实体进行特征变换，用于实体整体或局部几何部分的移动旋转、对称变换、阵列和仿射处理。当绘图区具有实体模型时，“变换特征”工具栏处于激活状态，该工具栏包括“变换”“镜像”“阵列”和“比例”等功能，如图 7-68 所示。

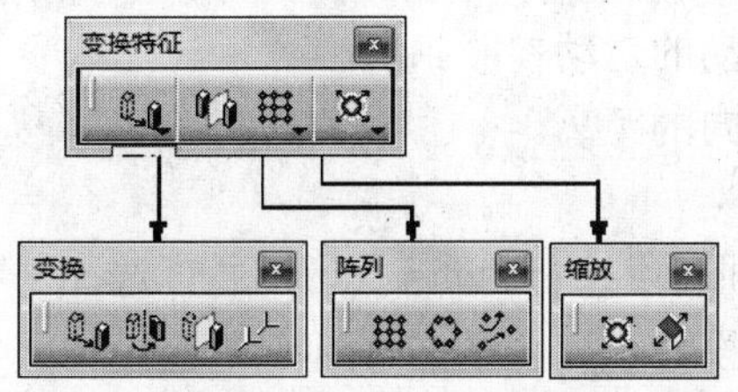

图 7-68 “变换特征”工具栏

在“变换特征”工具栏中单击“平移”按钮下的三角箭头，弹出“变换”工具栏，该工具栏包括“平移”“旋转”“对称”和“定位变换”。

7.8.1 平 移

“平移”是将实体的位置在空间中按直线方向移动。

在“变换”工具栏中单击“平移”按钮，弹出“问题”提示框，如图 7-69 所示，同时弹出未激活状态的“平移定义”对话框，如图 7-70 所示。

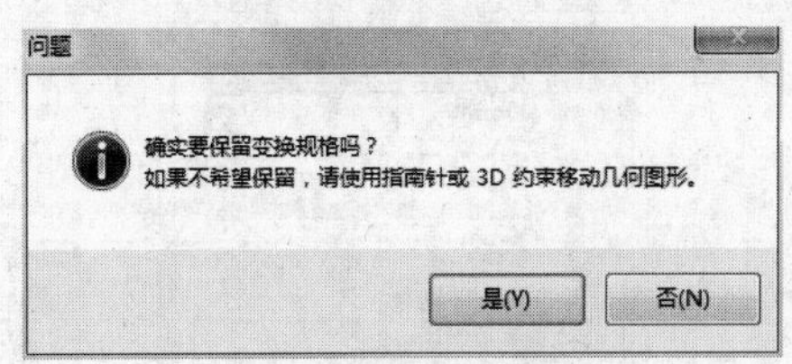

图 7-69 “问题”提示框

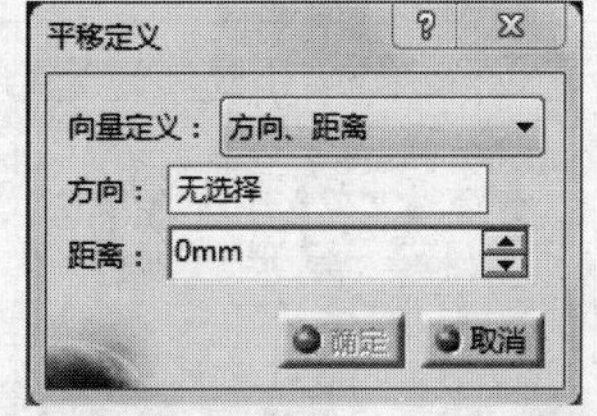

图 7-70 “平移定义”对话框一

“问题”提示框是用于防止误操作而改变实体相对于坐标平面的位置。如果单击“否”按钮，则取消已启动的命令；单击“是”按钮，才能使用平移功能，此时，“平移定义”对话框处于激活状态，如图 7-71 所示。

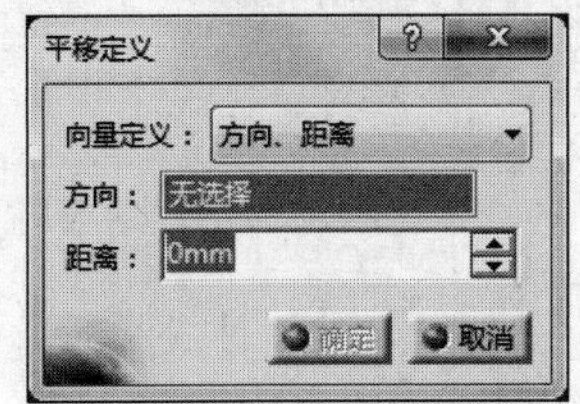

图 7-71 “平移定义”对话框二

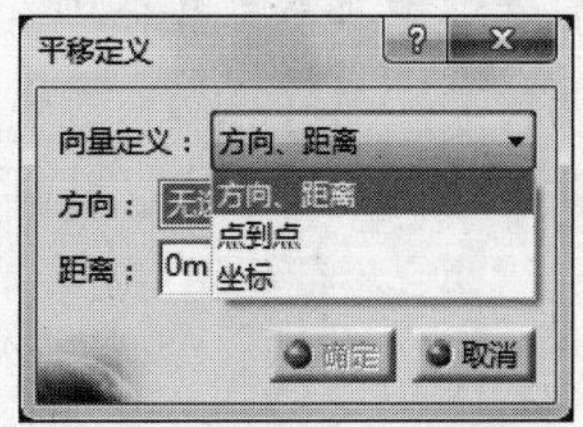

图 7-72 “向量定义”下拉列表

单击“向量定义”下拉列表，弹出列表框，“向量定义”包括“方向、距离”“点到点”和“坐标”，如图 7-72 所示。

（1）方向、距离

“向量定义”下拉列表默认为“方向、距离”，通过指定移动方向和移动距离进行实体移动，参见图 7-71。以“方向、距离”形式进行的平移，其操作项目如下：

1）方向：选择物体移动的运动参照。

2）距离：指定移动方向的距离。

（2）点到点

在“向量定义”下拉列表中选择“点到点”，通过选择平移的起点和终点进行实体移动，“平移定义”对话框切换显示如图 7-73 所示。

以“点到点”形式进行的平移，其操作项目如下：

1）起点：对象平移的起点。

2）终点：对象平移的终点。

（3）坐标

在“向量定义”下拉列表中选择“坐标”，通过在 X、Y、Z 文本框中输入坐标值进行实体的移动，“平移定义”对话框切换显示如图 7-74 所示。

以“坐标”形式进行的平移，其操作项目如下：

1）X、Y、Z：在各文本框中输入坐标值。

2）轴系：坐标平移方向的基准。

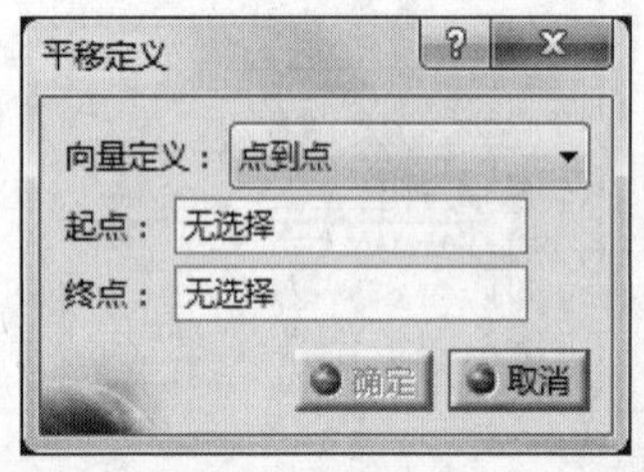

图 7-73 点到点“平移定义”对话框

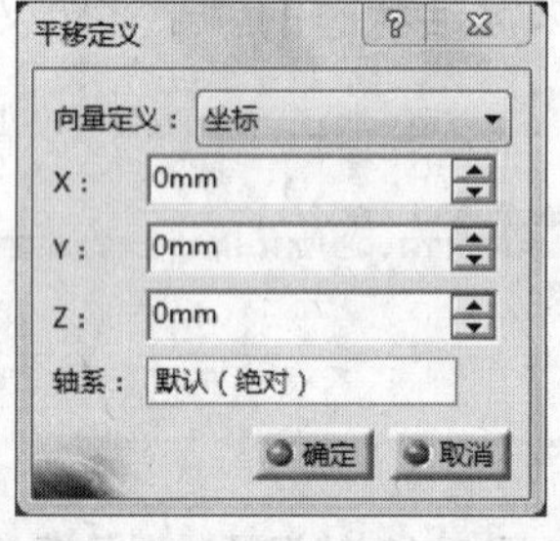

图 7-74 坐标“平移定义”对话框

【例7-16】 齿轮空间平移。

① 打开随书光盘中的本例文件，本例为齿轮，如图 7-75 所示。

图 7-75 齿轮

② 在“变换”工具栏中单击“平移”按钮，在弹出的“问题”提示框中单击“是”按钮，参见图 7-69，“平移定义”对话框处于激活状态，参见图 7-71。在“向量定义”下拉列表中选择“方向、距离”，激活“方向”文本框，选择 zx 平面，在“距离”文本框中输入数值，本例取“-100”。

③ 单击图形区空白处，预览效果如图 7-76a 所示，确认无误后单击“确定”按钮，平移后模型如图 7-76b 所示。

a）平移预览效果

b）平移效果

图 7-76 齿轮空间平移

7.8.2 旋转

“旋转”是指实体绕着某旋转轴旋转一定的角度。

在“变换”工具栏中单击“旋转”按钮，同样弹出“问题”提示框，参见图 7-69，同时弹出未激活状态的“旋转定义”对话框，如图 7-77 所示。

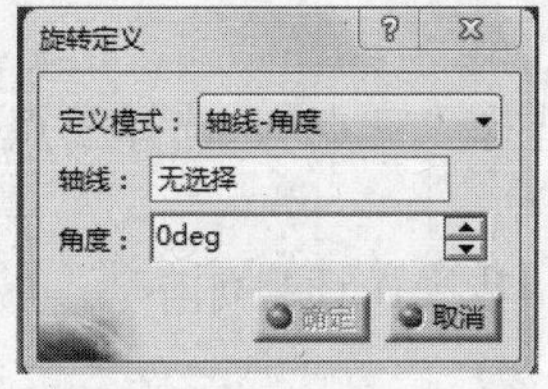

图 7-77 “旋转定义”对话框一

在“问题”提示框中单击“是”按钮，“旋转定义”对话框处于激活状态，如图 7-78 所示。单击“定义模式”下拉列表，弹出列表框，“定义模式”包括“轴线-角度”“轴线-两个元素”和“三点”，如图 7-79 所示。

（1）轴线-角度

“定义模式”下拉列表默认为“轴线-角度”，参见图 7-78。指定的实体绕某固定轴旋转一定角度，以“轴线-角度”形式进行的旋转，其操作项目如下：

1）轴线：实体旋转时的参考轴线。

2）角度：实体的旋转角度。

图 7-78 “旋转定义”对话框二

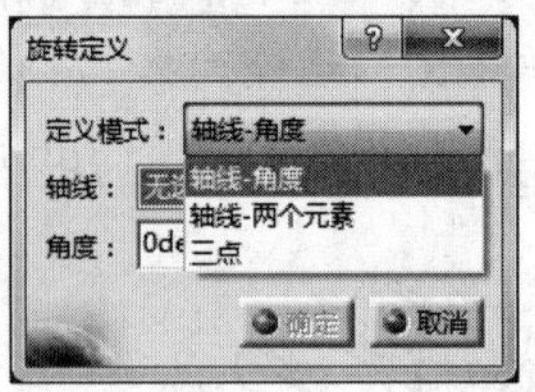

图 7-79 “定义模式”下拉列表

（2）轴线-两个元素

在“定义模式”下拉列表中选择“轴线-两个元素”，选择旋转轴后，单击起点和终点以确定旋转位置，“旋转定义”对话框切换显示如图 7-80 所示。

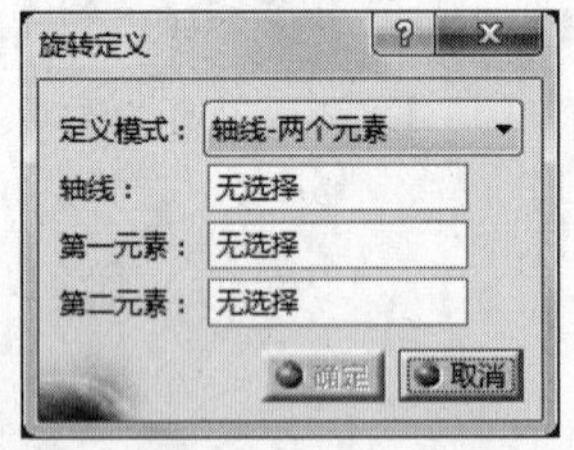

图 7-80 轴线-两个元素“旋转定义”对话框

图 7-81 三点“旋转定义”对话框

以“轴线-两个元素”形式进行的旋转，其操作项目如下：

1）第一元素：指定旋转第一元素。

2）第二元素：指定旋转第二元素。

（3）三点

在“定义模式”下拉列表中选择“三点”，选择三点确定旋转位置。“旋转定义”对话框切换显示如图 7-81 所示。

以“三点”形式进行的旋转，其操作项目如下：

1）第一点：旋转时的牵引点。

2）第二点：旋转时的回转点。

3）第三点：第一点的目标方向点。

【例7-17】 万向节旋转。

① 打开随书光盘中的本例文件，本例为万向节，如图 7-82 所示。

② 在“变换”工具栏中单击“旋转”按钮，在弹出的“问题”提示框中单击“是”按钮，参见图 7-69，“旋转定义”对话框处于激活状态，参见图 7-78。在“定义

模式”下拉列表中选择“轴线-角度”，激活“轴线”文本框，选择中心线 L1 作为轴线，在“角度”文本框中输入数值，本例取“150”。

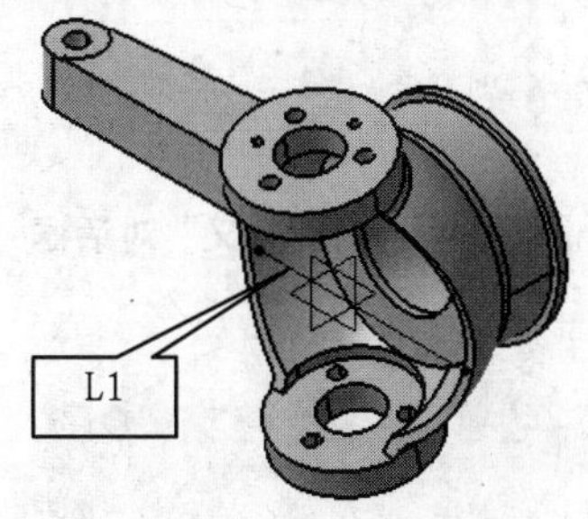

图 7-82 万向节

③ 单击图形区空白处，预览效果如图 7-83a 所示，确认无误后单击“确定”按钮，如图 7-83b 所示。

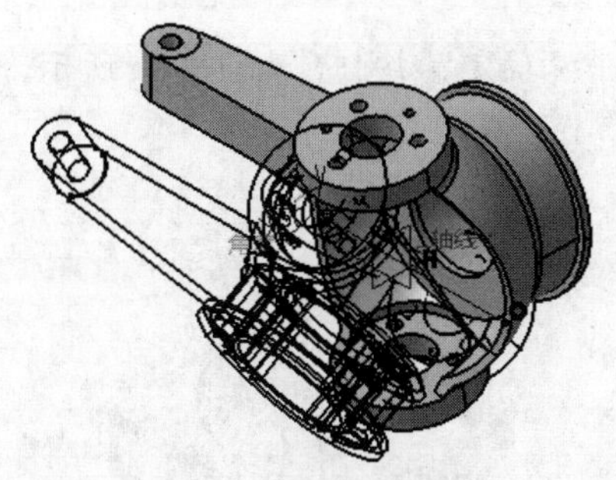

a）旋转预览效果

b）旋转效果

图 7-83 万向节旋转

7.8.3 对称

“对称”是根据选定面或坐标平面对实体进行镜像，但不复制实体。

在“变换”工具栏中单击“对称”按钮，同样弹出“问题”提示框，参见图 7-69，同时弹出未激活状态的“对称定义”对话框，在“问题”提示框中单击“是”按钮，“对称定义”对话框处于激活状态，如图 7-84 所示。“参考”选项用于选择对称的参考平面。

【例7-18】 排种器壳体对称。

① 打开随书光盘中的本例文件，本例为排种器左壳体，如图 7-85 所示。

② 在“变换”工具栏中单击“对称”按钮，在弹出的“问题”提示框中单击“是”按钮，参见图 7-69，“对称定义”对话框处于激活状态，参见图 7-84，选择 xy 平面作为对称面。

图 7-84 “对称定义”对话框

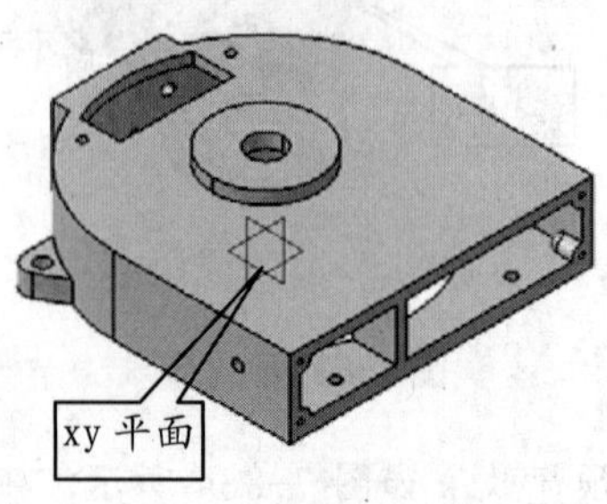

图 7-85 排种器左壳体

③ 预览效果如图 7-86a 所示，确认无误后单击“确定”按钮，如 7-86b 所示。

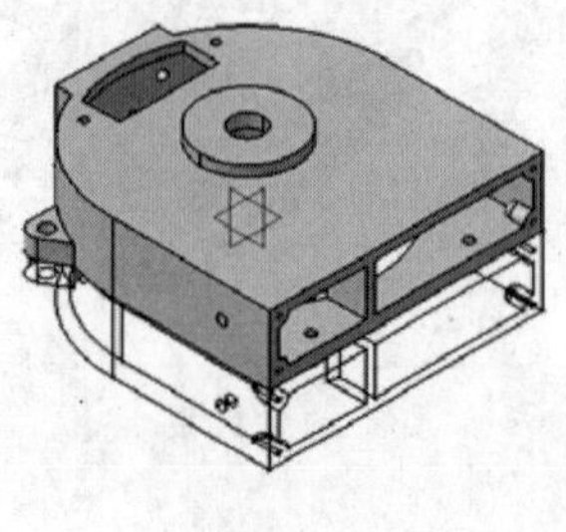

a）对称预览效果

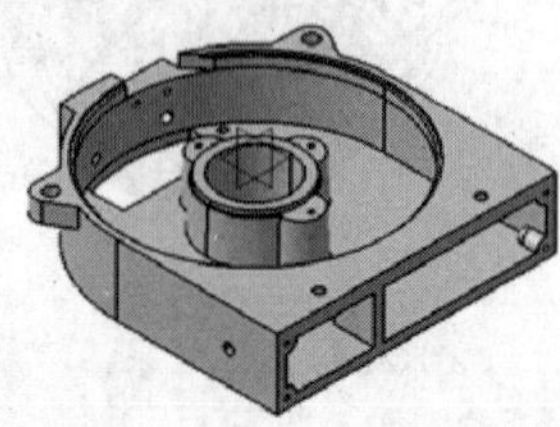

b）对称效果

图 7-86 排种器壳体对称变换

7.8.4 定位变换

“定位变换”是将实体在两个坐标系（轴系）之间实现空间位置的转换。

在“变换”工具栏中单击“定位变换”按钮，同样弹出“问题”提示框，参见图 7-69，同时弹出未激活状态的“‘定位变换’定义”对话框，在“问题”提示框中单击“是”按钮，“定位变换定义”对话框处于激活状态，如图 7-87 所示。

（1）参考：定义变换前的轴系。

（2）目标：定义变换的目标轴系。

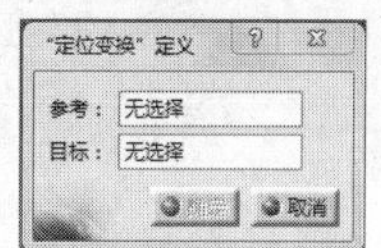

图 7-87 “‘定位变换’ 定义”对话框

【例7-19】 锥齿轮轴系转换。

① 打开随书光盘中的本例文件，本例为花键锥齿轮，如图 7-88 所示。

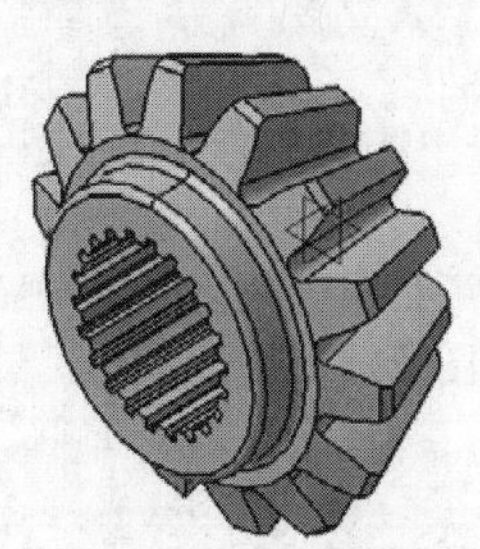

图 7-88 锥齿轮

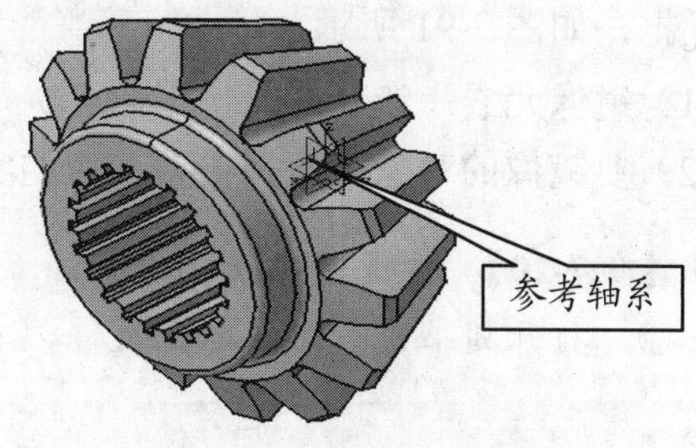

图 7-89 创建的参考轴系

② 在“变换”工具栏中单击“定位变换”按钮，在弹出的“问题”提示框中单击“是”按钮，参见图 7-69，“‘定位变换’ 定义”对话框处于激活状态，参见图 7-87。

③ 右键单击“参考”文本框，在弹出的快捷菜单中选择“创建轴系”，弹出“轴系定义”对话框。采用系统默认轴系，单击“确定”按钮，创建的参考轴系如图 7-89 所示。

④ 右键单击“目标”文本框，在弹出的快捷菜单中选择“创建轴系”，弹出“轴系定义”对话框，右键单击“原点”文本框，在弹出的快捷菜单中选择“坐标”，弹出“原点”对话框，参见图 4-52。在“X”“Y”“Z”文本框中分别输入数值，本例取“-13.3”“0”“0”，单击“关闭”按钮，返回至“轴系定义”对话框，单击“确定”按钮，目标轴系创建完成。

⑤ 预览效果如图 7-90a 所示，确认无误后单击“确定”按钮，锥齿轮的位置由参考轴系处移至目标轴系处，如图 7-90b 所示。

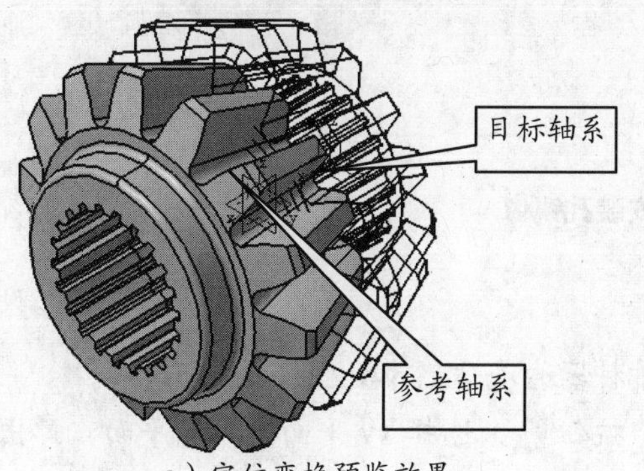

a）定位变换预览效果

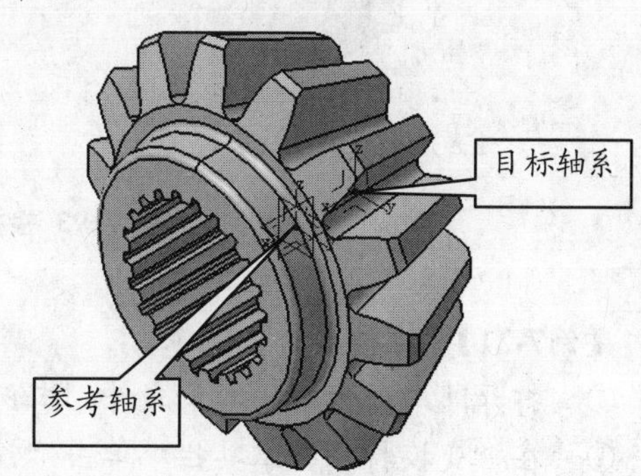

b）定位变换效果

图 7-90 锥齿轮轴系转换

7.9 镜像

“镜像”是使实体或三维实体特征对称地复制一个副本。镜像的操作步骤与对称相似，不同的是，镜像后保留原来实体或三维实体特征，而对称后不保留原来实体。

在“变换特征”工具栏中单击“镜像”按钮，选择任意平面后，弹出“定义镜像”对话框，如图 7-91 所示。

1）镜像元素：选择的镜像平面。

2）要镜像的对象：选择需要镜像的实体特征。

【例7-20】 检视窗安装孔镜像。

① 打开随书光盘中的本例文件，本例为检视窗，如图 7-92 所示。

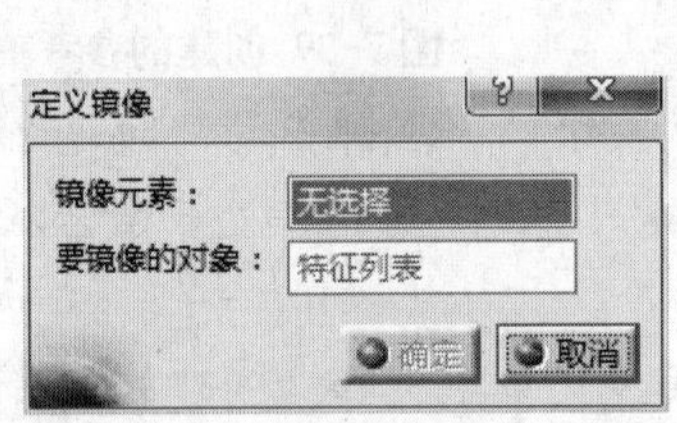

图 7-91 “定义镜像”对话框

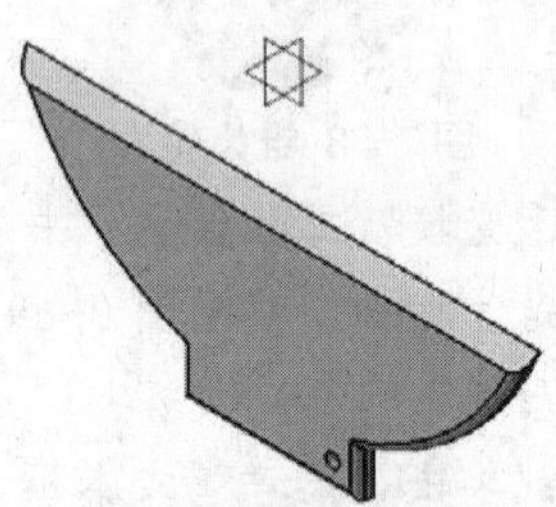

图 7-92 检视窗

② 在结构树中选择“孔.1”，在“变换特征”工具栏中单击“镜像”按钮，弹出“定义镜像”对话框，参见图 7-91，选择检视窗 zx 平面为镜像平面。

③ 预览效果如图 7-93a 所示，确认无误后单击“确定”按钮，如图 7-93b 所示。

a）镜像预览效果

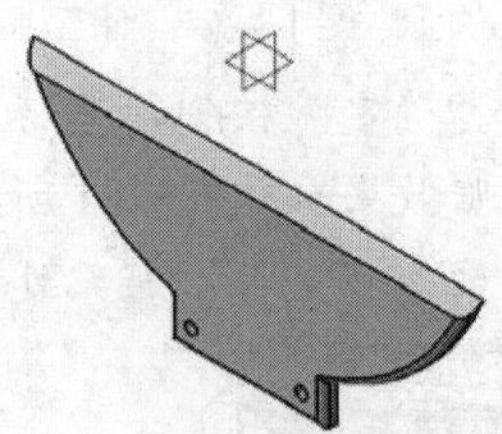

b）镜像效果

图 7-93 检视窗安装孔镜像

【例7-21】 排种器壳体镜像。

① 打开随书光盘中的本例文件，本例为排种器左壳体，参见图 7-86。

② 在“变换特征”工具栏中单击“镜像”按钮，选择 xy 平面为镜像平面，弹出“定义镜像”对话框，参见图 7-91。

③ 预览效果如图 7-94a 所示，确认无误后单击“确定”按钮，如图 7-94b 所示。

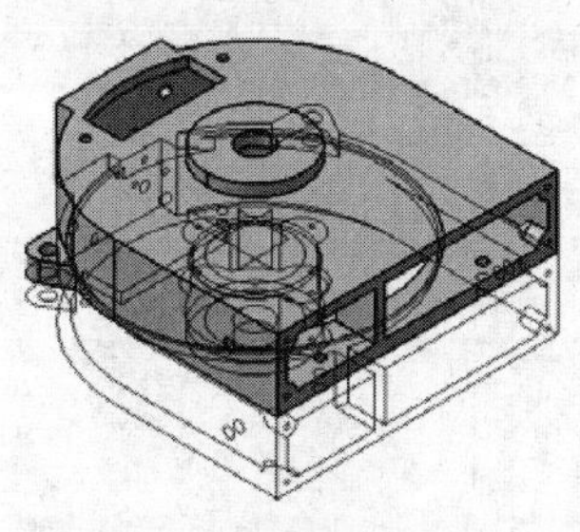

a）镜像预览效果

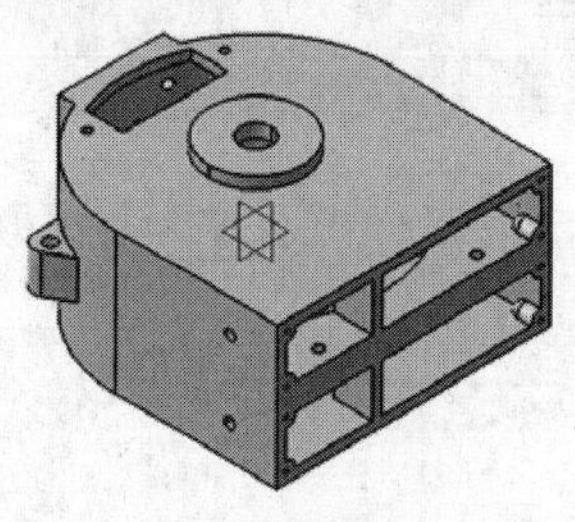

b）镜像效果

图 7-94 排种器壳体镜像变换

7.10　阵列

“阵列”是选择一个实体或三维实体特征作为参考样式，以阵列的方式重复应用这些样式，从而快速生成新的实体或三维实体特征。在“变换特征”工具栏中单击“矩形阵列”按钮下的三角箭头，弹出“阵列”工具栏，该工具栏包括“矩形阵列”“圆形阵列”和“用户阵列”，参见图 7-95。

7.10.1 矩形阵列

“矩形阵列”功能以选择的实体特征为样式，按照指定的方向和距离以矩形数组的方式重复应用，生成一系列的造型特征。阵列可以选择两个阵列的方向，这两个方向既可以是正交模式也可以是任意角度的斜交模式。

在“阵列”工具栏中单击“矩形阵列”按钮，弹出“定义矩形阵列”对话框，单击对话框中的“更多”按钮，展开对话框，如图 7-95 所示。单击“参数”下拉列表，弹出列表框，“参数”包括“实例和长度”“实例和间距”“间距和长度”和“实例和不等间距”，如图 7-96 所示。

“第一方向”和“第二方向”两个选项卡，用于设置阵列在两个方向的阵列效果，两选项卡下的操作项目相同，下面以“第一方向”选项卡介绍对话框。

（1）实例和间距

“参数”下拉列表默认为“实例和间距”，通过设置实例的个数和间隔距离进行阵列，参见图 7-95。以“实例和间距”形式进行的阵列，其操作项目如下：

1）实例：设置在一个方向上的实例数，初始对象包括在内。

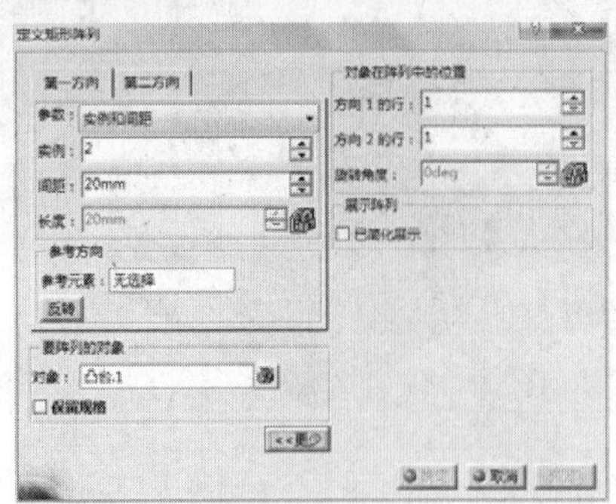

图 7-95 “定义矩形阵列”对话框

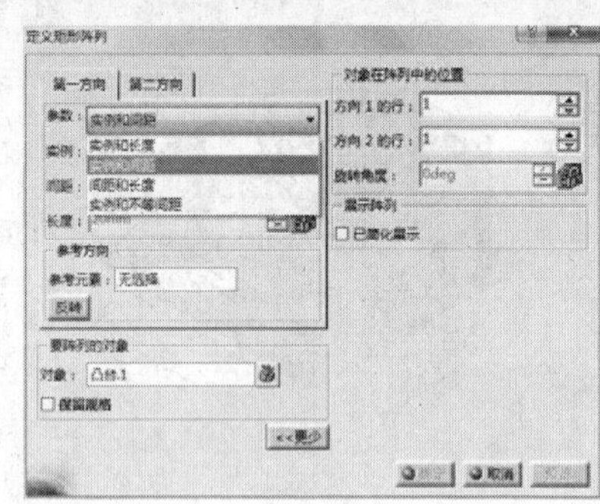

图 7-96 “参数”下拉列表

2）间距：设置阵列的间距。

3）长度：设置阵列的总长度，该文本框处于未激活状态。

4）“参考方向”选项区：阵列的参考方向。

a）参考元素：用于选择阵列的参考元素，可以选定实体的边线或者坐标轴，也可以选定平面作为参考元素。

b）反转：用于反转阵列的方向。

5）“要阵列的对象”选项区：用于选择要阵列的对象。

6）“对象在阵列中的位置”选项区：用于对整个阵列进行设置。

a）方向 1 的行：用于设置阵列对象在第一方向上所在行的位置。

b）方向 2 的行：用于设置阵列对象在第二方向上所在行的位置。

c）旋转角度：用于设置整个矩阵的旋转角度。

7）“展示阵列”选项区：已简化展示 选择该复选框后单击某些阵列的中心点，这些阵列在设置阵列定义时以实体的形式展现，完成阵列创建后，单击过的阵列不可见。

（2）实例和长度

在“参数”下拉列表中选择“实例和长度”，通过设置实例的个数和阵列总长度进行阵列，“定义矩形阵列”对话框切换显示如图 7-97 所示。

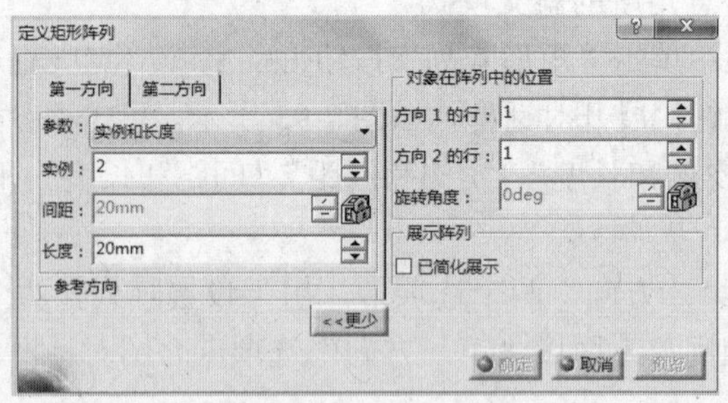

图 7-97 实例和长度“定义矩形阵列”对话框

以“实例和长度”形式进行的阵列，与以“实例和间距”形式进行的阵列的不同操作项目如下：

1）间距：该文本框处于未激活状态。

2）长度：该文本框处于激活状态。

（3）间距和长度

在“参数”下拉列表中选择“间距和长度”，通过设置间隔的距离和阵列后的总长度进行阵列，“定义矩形阵列”对话框切换显示如图 7-98 所示。

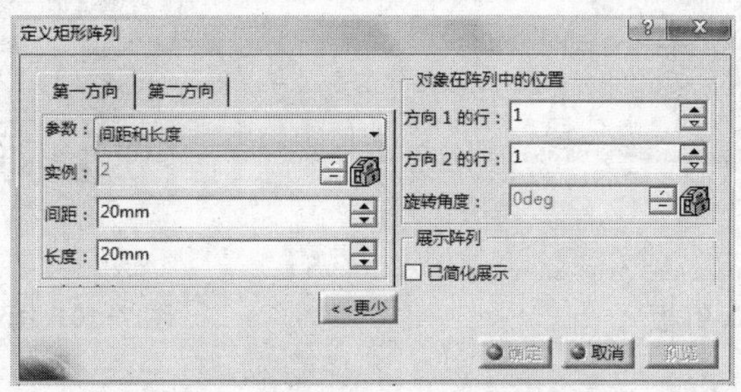

图 7-98 间距和长度“定义矩形阵列”对话框

以“间距和长度”形式进行的阵列，与以“实例和间距”形式进行的阵列的不同操作项目如下：

1）实例：该文本框处于未激活状态。

2）长度：该文本框处于激活状态。

（4）实例和不等间距

在“参数”下拉列表中选择“实例和不等间距”，通过设置实例的个数和不等间隔的距离进行阵列，“定义矩形阵列”对话框切换显示如图 7-99 所示。

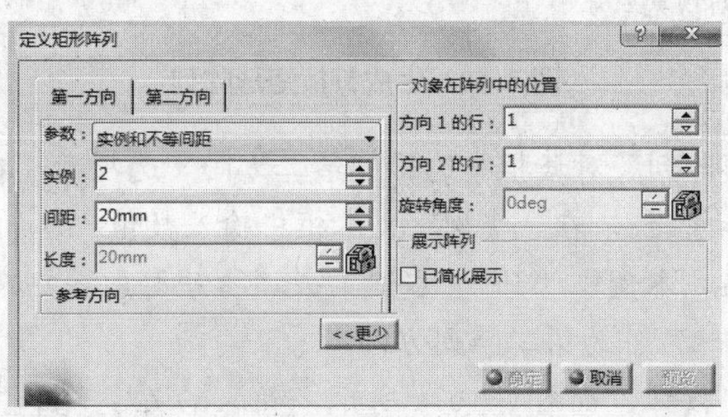

图 7-99 实例和不等间距“定义矩形阵列”对话框

【例7-22】 钉板矩形阵列。

① 打开随书光盘中的本例文件，本例为钉板，如图 7-100 所示。

② 在“阵列”工具栏中单击“矩形阵列”按钮，弹出“定义矩形阵列”对话框，参见图 7-95。

③ 在“参数”下拉列表中选择“实例和间距”，激活“对象”文本框，选择凸台作为阵列对象。在“实例”文本框中输入数值，本例取“6”，“间距”文本框中输入数值，本例取“30”；右键单击“参考元素”文本框，在弹出的快捷菜单中选择“X 轴”作为第一阵列方向，如图 7-101 所示。

图 7-100 钉板

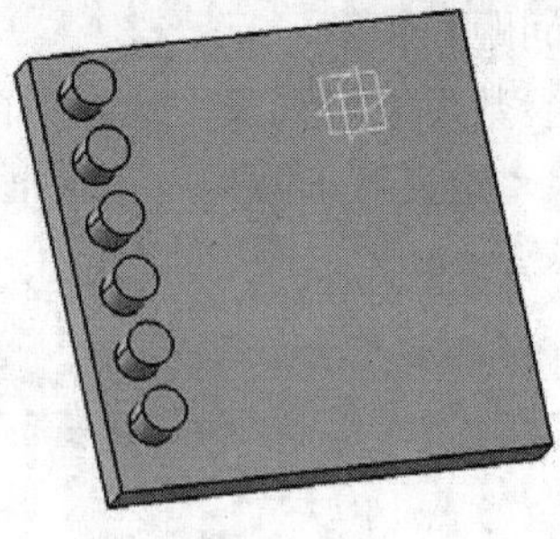

图 7-101 第一阵列方向

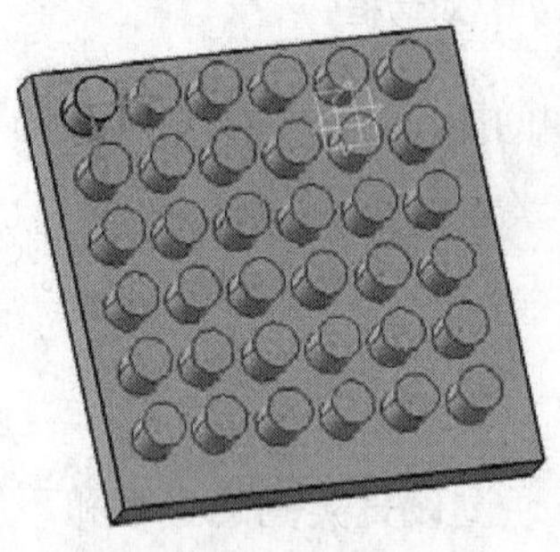

a）矩形阵列预览效果

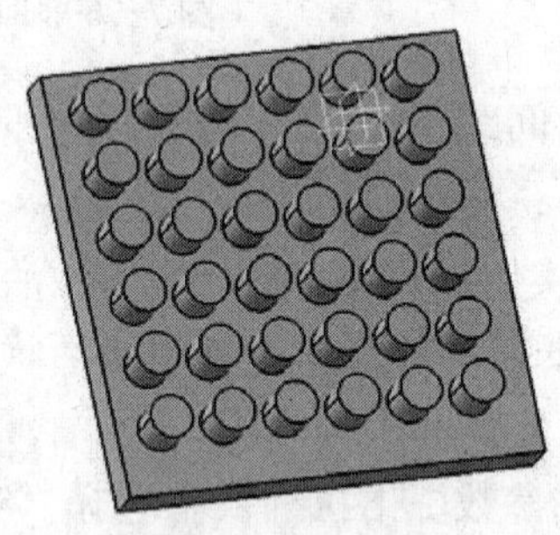

b）矩形阵列效果

图 7-102 生成钉板矩形阵列

④ 在“定义矩形阵列”对话框中选择“第二方向”选项卡。在“参数”下拉列表中选择“实例和间距”，在“实例”文本框中输入数值，本例取“6”，“间距”文本框中输入数值，本例取“30”；右键单击“参考元素”文本框，在弹出的快捷菜单中选择“Y 轴”作为第二阵列方向。

⑤ 单击“预览”按钮，如图 7-102a 所示，确认无误后单击“确定”按钮，如图 7-102b 所示。

7.10.2 圆形阵列

“圆形阵列”是将选择对象绕着参考元素按照圆周排列的方式进行对象的复制和排列。

在“阵列”工具栏中单击“圆形阵列”按钮，弹出“定义圆形阵列”对话框，单击对话框中的“更多”按钮，展开对话框，如图 7-103 所示。单击“参数”下拉列表，弹出列表框，“参数”包括“实例和总角度”“实例和角度间距”“角度间距和总角度”“完整径向”和“实例和不等角度间距”，如图 7-104 所示。

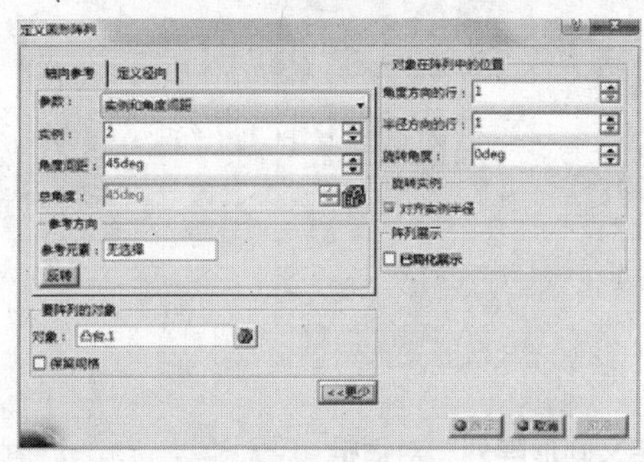

图 7-103 “定义圆形阵列”对话框

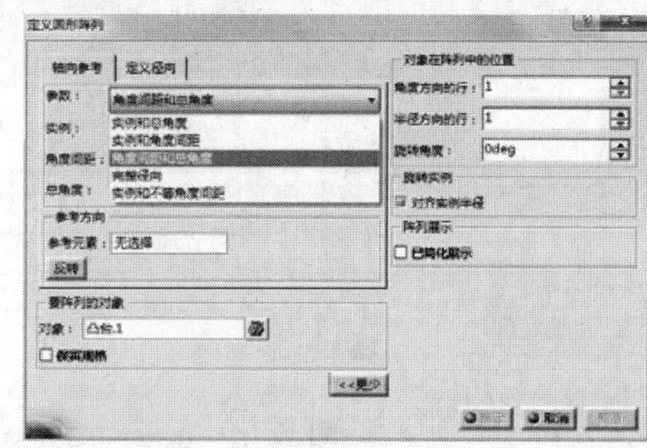

图 7-104 “参数”下拉列表

（1）“轴向参考”选项卡

选择“轴向参考”选项卡，参见图 7-103。

1）实例和角度间距：“参数”下拉列表默认为“实例和角度间距”，通过设置阵列的实例个数和各实例间的角度间距进行阵列，参见图 7-103。以“实例和角度间距”形式进行的阵列，其操作项目如下：

a）实例：在圆周上要阵列的个数。

b）角度间距：阵列相邻两元素间的夹角。

c）总角度：阵列对象总的角度，该文本框处于未激活状态。

2）实例和总角度：在“参数”下拉列表中选择“实例和总角度”，通过设置实例个数以及阵列的总角度进行阵列，“定义圆形阵列”对话框切换显示如图 7-105 所示。

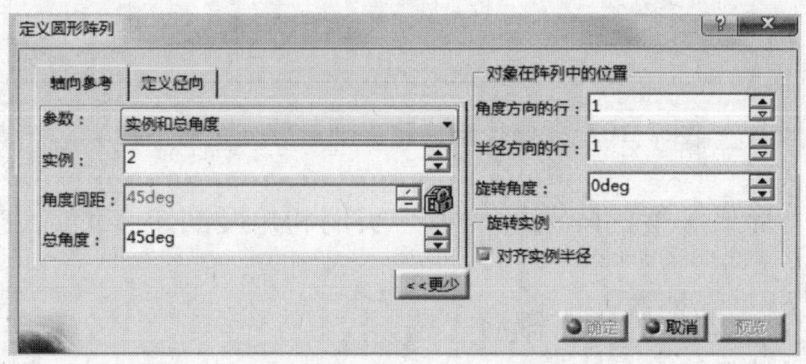

图 7-105 实例和总角度“定义圆形阵列”对话框

以“实例和总角度”形式进行的阵列，与以“实例和角度间距”形式进行的阵列的不同操作项目如下：

a）角度间距：该文本框处于未激活状态。

b）总角度：该文本框处于激活状态。

c）角度间距和总角度：在“参数”下拉列表中选择“角度间距和总角度”，通过设置各实例间的角度间距以及阵列的总角度进行阵列，“定义圆形阵列”对话框切换显示如图 7-106 所示。

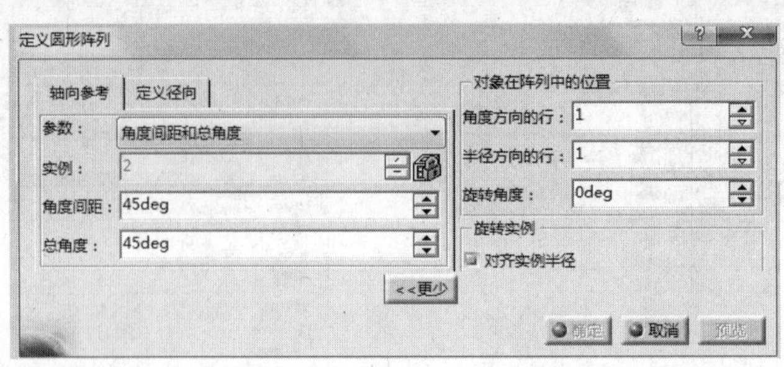

图 7-106 角度间距和总角度“定义圆形阵列”对话框

以“角度间距和总角度”形式进行的阵列，与以“实例和角度间距”形式进行的阵列的不同操作项目如下：

a）实例：该文本框处于未激活状态。

b）总角度：该文本框处于激活状态。

3）完整径向：在“参数”下拉列表中选择“完整径向”，通过设置实例个数，阵列实例按照一周均匀排布的方式进行阵列，“定义圆形阵列”对话框切换显示如图 7-107 所示。

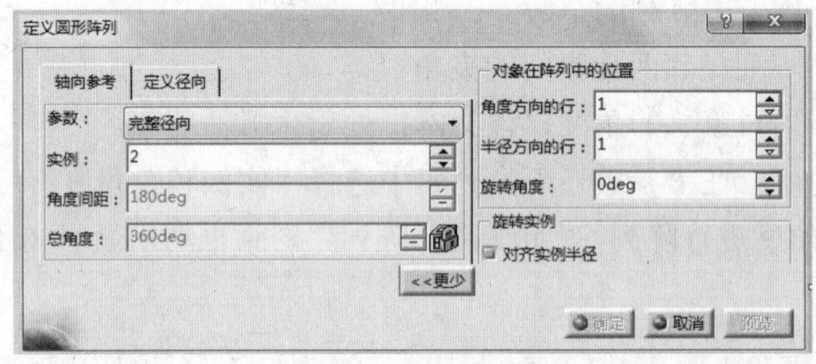

图 7-107 完整径向“定义圆形阵列”对话框

以“完整径向”形式进行的阵列，与以“实例和角度间距”形式进行的阵列的不同操作项目如下：

a）角度间距：该文本框处于未激活状态。

b）实例和不等角度间距：在“参数”下拉列表中选择“实例和不等角度间距”，通过设置实例个数和阵列的不等角度间距进行阵列，“定义圆形阵列”对话框切换显示如图 7-108 所示。

4）“参考方向”选项区：

a）参考元素：用于选择的阵列方向。

b）反转：用于反转阵列的旋转方向。

5）“要阵列的对象”选项区：

a）对象：选择要阵列的对象。

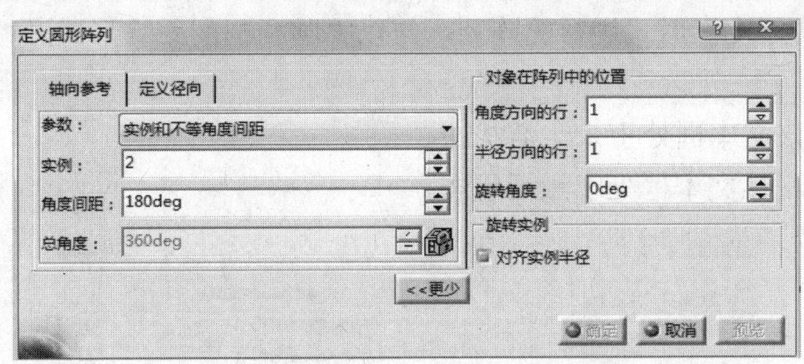

图 7-108 实例和不等角度间距“定义圆形阵列”对话框

b）保留规格：激活此功能后可以使用待阵列对象的所有规格来创建实例。

6）“对象在阵列中的位置”选项区：用于对整个阵列进行设置。

a）角度方向上的行：用于设置阵列对象在角度方向上所在行的位置。

b）半径方向的行：用于设置阵列对象在半径方向上所在行的位置。

c）旋转角度：用于设置阵列对象的旋转角度。

7）“旋转实例”选项区：

对齐实例半径：激活该复选框，则所有实例的方向将与圆切线垂直，不激活复选框，则所有实例的方向将与原始对象相同。

（2）“定义径向”选项卡

选择“定义径向”选项卡，如图 7-109 所示。单击“参数”下拉列表，弹出列表框，“参数”包括“圆和径向厚度”“圆和圆间距”和“圆间距和径向厚度”，如图 7-110 所示。

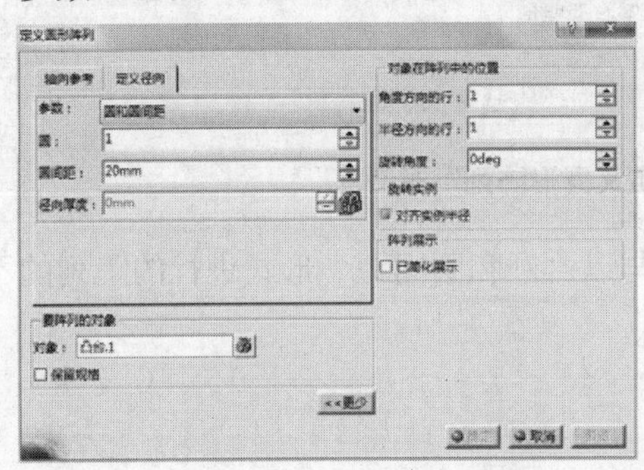

图 7-109 “定义径向”选项卡

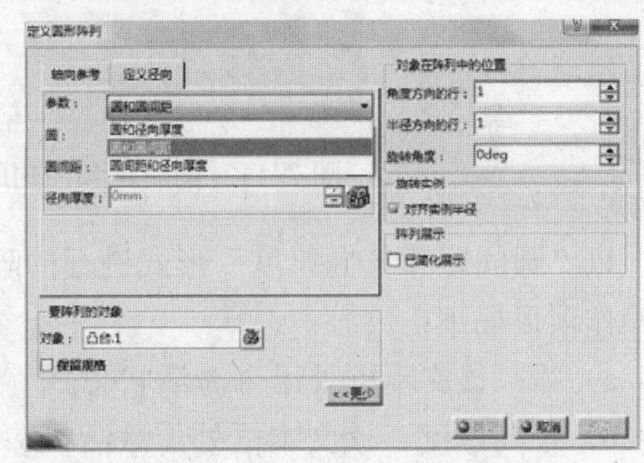

图 7-110 “参数”下拉列表

1）圆和圆间距：“参数”下拉列表默认为“圆和圆间距”，参见图 7-109。通过设置圆阵列的个数和相邻两圆圆心间的距离进行阵列。以“圆和圆间距”形式进行的阵列，其操作项目如下：

a）圆：定义圆阵列的个数。

b）圆间距：指定相邻两圆圆心距离。

c）径向厚度：定义阵列半径方向上的总距离，该文本框处于未激活状态。

2）圆和径向厚度：在“参数”下拉列表中选择“圆和径向厚度”，通过设置圆阵列的个数和半径方向上的总距离进行阵列，“定义圆形阵列”对话框切换显示如图 7-111 所示。

以“圆和径向厚度”形式进行的阵列，与以“圆和圆间距”形式进行的阵列的不同操作项目如下：

a）圆间距：该文本框处于未激活状态。

b）径向厚度：该文本框处于激活状态。

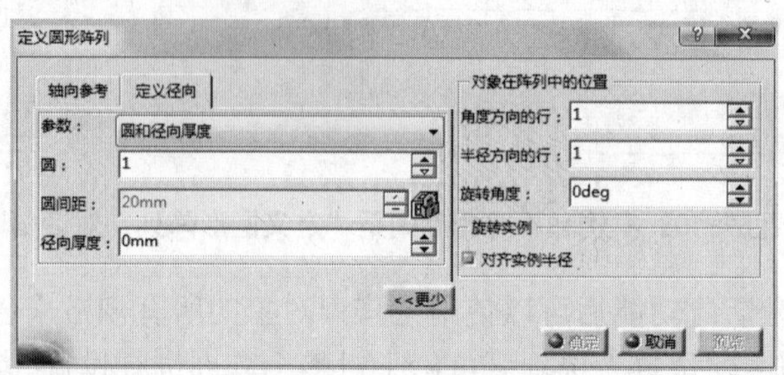

图 7-111 圆和径向厚度“定义圆形阵列”对话框

3）圆间距和径向厚度：在“参数”下拉列表中选择“圆间距和径向厚度”，通过设置相邻两圆圆心间的距离和半径方向上的总距离进行阵列，“定义圆形阵列”对话框切换显示，如图 7-112 所示。

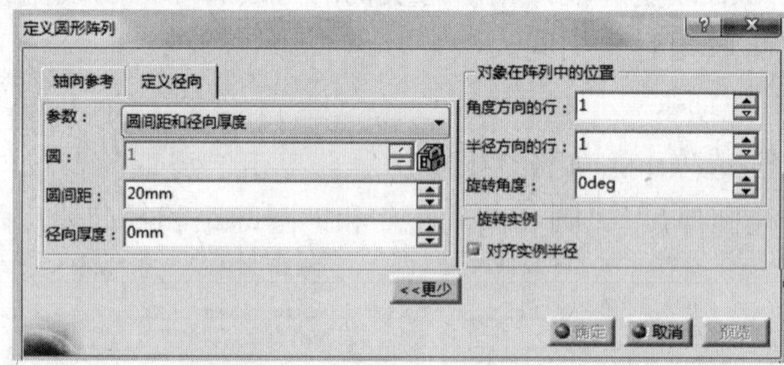

图 7-112 圆间距和径向厚度“定义圆形阵列”对话框

以“圆间距和径向厚度”形式进行的阵列，与以“圆和圆间距”形式进行的阵列的不同操作项目如下：

a）圆：该文本框处于未激活状态。

b）径向厚度：该文本框处于激活状态。

【例7-23】 生成凹槽圆形阵列。

① 打开随书光盘中的本例文件，本例为花键轮，如图 7-113 所示。

② 在“阵列”工具栏中单击“圆形阵列”按钮，弹出“定义圆形阵列”对话框，参见图 7-103。

③ 在“参数”下拉列表中选择“实例和角度间距”，激活“对象”文本框，选择凹槽为阵列对象。在“实例”文本框中输入数值，本例取“6”，“角度间距”文本框中输入数值，本例取“60”；右键单击“参考元素”文本框，在弹出的快捷菜单中选择“X 轴”为轴。

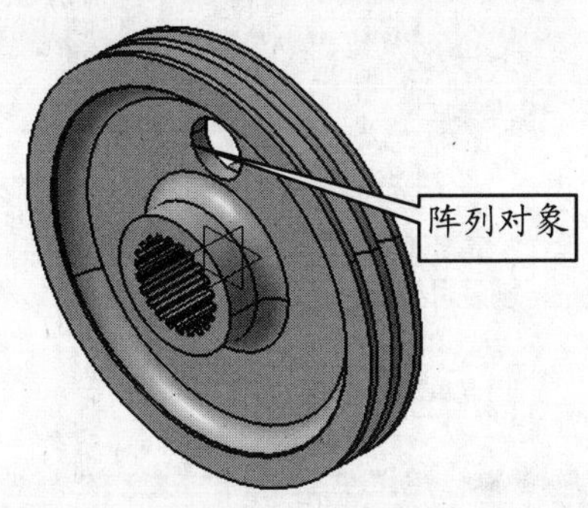

图 7-113 花键轮

④ 单击“预览”按钮，如图 7-114a 所示，确认无误后单击“确定”按钮，如图 7-114b 所示。

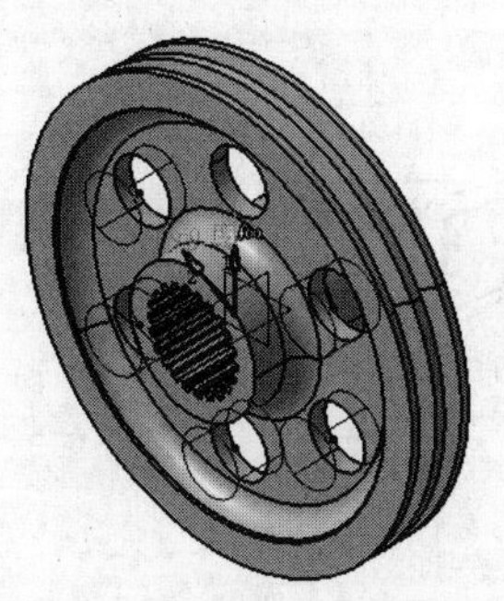

a）圆形阵列预览效果

b）圆形阵列效果

图 7-114 生成花键轮圆形阵列

7.10.3 用户阵列

“用户阵列”是根据自定义的方式对实体特征进行阵列复制的操作。

在“阵列”工具栏中单击“用户阵列”按钮，弹出“定义用户阵列”对话框，如图 7-115 所示。

（1）“实例”选项区

1）位置：生成阵列的位置点是在草绘平面上绘制的。

2）数目：定义实体阵列的数目。

（2）“要阵列的对象”选项区

1）对象：用于选择需要阵列的实体。

2）定位：用于选择参考点，系统默认的参考点是坐标原点。

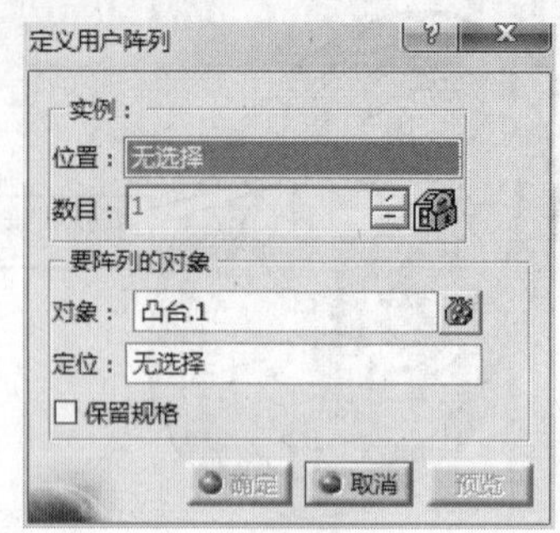

图 7-115 “定义用户阵列”对话框

【例7-24】 生成车桥壳体连接螺栓孔用户阵列。

① 打开随书光盘中的本例文件，本例为车桥右端盖，如图 7-116 所示。

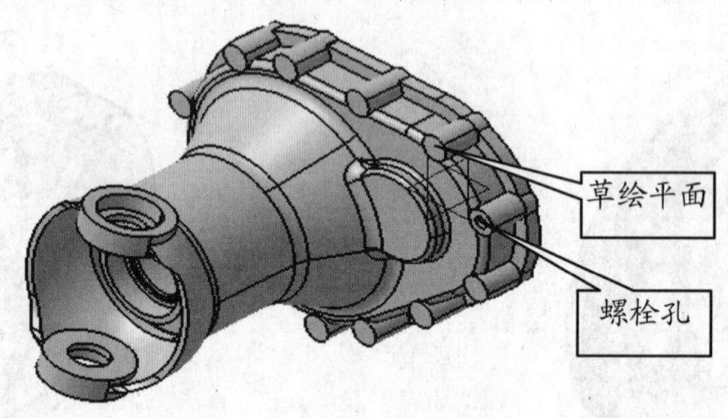

图 7-116 车桥右端盖

② 以螺栓凸台表面为草绘平面进入草图工作台，通过“点”工具创建连接螺栓凸台的同心点，如图 7-117 所示。

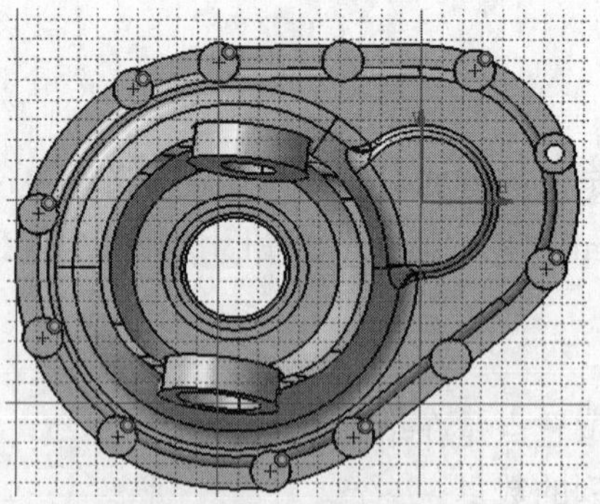

图 7-117 创建的点

③ 在“阵列”工具栏中单击“用户阵列”按钮，弹出“定义用户阵列”对话框，参见图 7-115。激活“对象”文本框，选择螺栓孔作为阵列对象，激活“位置”文本框，选择在草图工作台创建的位置点。

④ 单击“预览”按钮，如图 7-118a 所示，确认无误后单击“确定”按钮，如图 7-118b 所示。

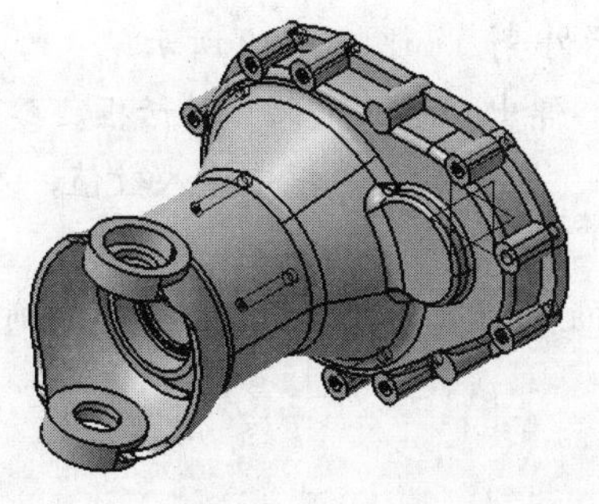

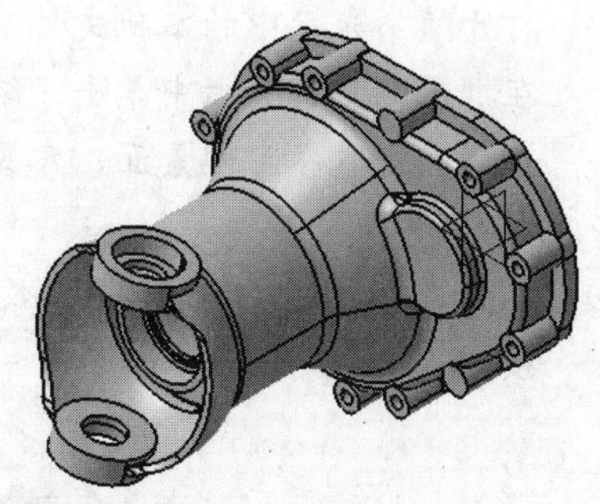

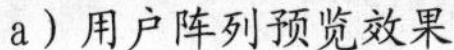

a）用户阵列预览效果　　b）用户阵列效果

图 7-118 生成螺栓孔用户阵列

7.11 比例

“比例”可以将实体进行放大或者缩小的变换。在“变换特征”工具栏中单击“缩放”按钮下的三角箭头，弹出“比例”工具栏，该工具栏包括“缩放”和“仿射”，参见图 7-68。

7.11.1 缩 放

“缩放”是指实体沿指定方向进行等比例的放大或缩小。

在“比例”工具栏中单击“缩放”按钮，弹出“缩放定义”对话框，如图 7-119 所示。

图 7-119 “缩放定义”对话框

1）参考：选取缩放参考元素，参考元素既可以是点也可以是面。如果选取点为参考元素，实体将会以选择点的三维方向进行等比例缩放；如果选取面为参考元素，实体将会沿着面的法线方向进行缩放。

2）比率：用于设置缩放比例的数值。

【例7-25】 差速器外壳缩放。

① 打开随书光盘中的本例文件，本例为差速器外壳，如图 7-120 所示。

② 在“比例”工具栏中单击“缩放”按钮，弹出“缩放定义”对话框，参见图 7-119。选取参考元素面，参见图 7-120，在“比率”文本框中输入数值，本例取“0.7”。

③ 单击图形区空白处，预览效果如图 7-121a 所示，确认无误后单击“确定”按钮，如图 7-121b 所示。

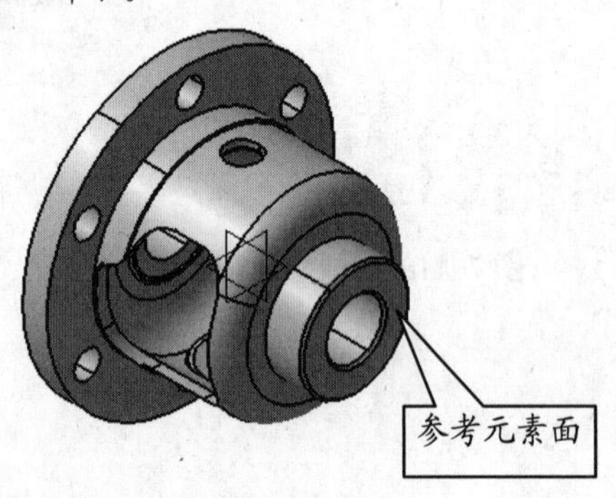

图 7-120 差速器外壳

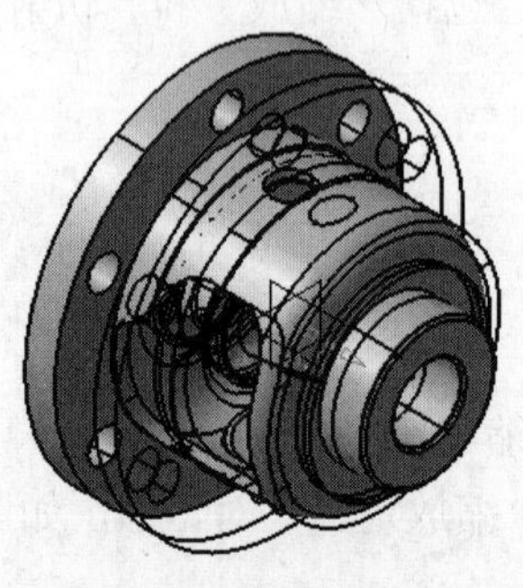

a）缩放预览效果

b）缩放后的差速器外壳

图 7-121 差速器外壳缩放变换

【例7-26】 手柄缩放变换。

① 打开随书光盘中的本例文件，本例为手柄，如图 7-122 所示。

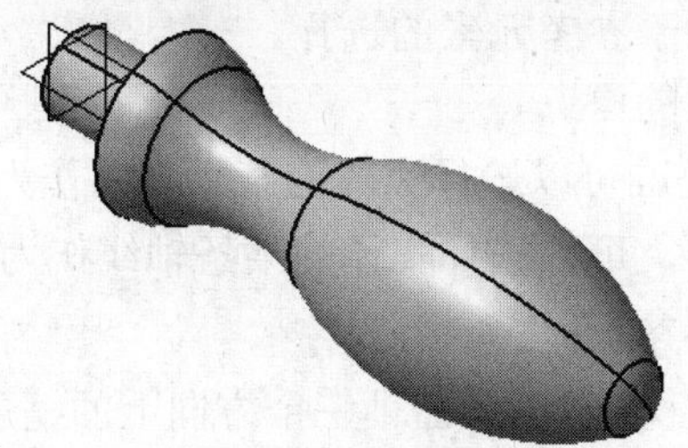

图 7-122 手柄

② 在“比例”工具栏中单击“缩放”按钮，弹出“缩放定义”对话框，参见图 7-119。右键单击“参考”文本框，在弹出的快捷菜单中选择“创建点”，弹出“点定义”对话框，参见图 4-52。采用系统默认原点，单击“确定”按钮，返回“缩放定义”对话框，在“比率”文本框中输入数值，本例取“1.2”。

③ 单击图形区空白处，预览效果如图 7-123a 所示，确认无误后单击“确定”按钮，如图 7-123b 所示。

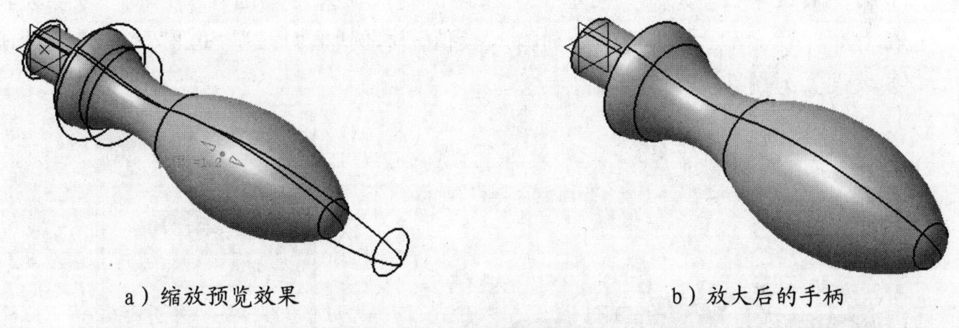

a）缩放预览效果　　b）放大后的手柄

图 7-123 手柄缩放变换

7.11.2 仿射

“仿射”用于实体沿着坐标轴系的三个方向进行任意比例的放大或缩小。在“比例”工具栏中单击“仿射”按钮，弹出“仿射定义”对话框，如图 7-124 所示。

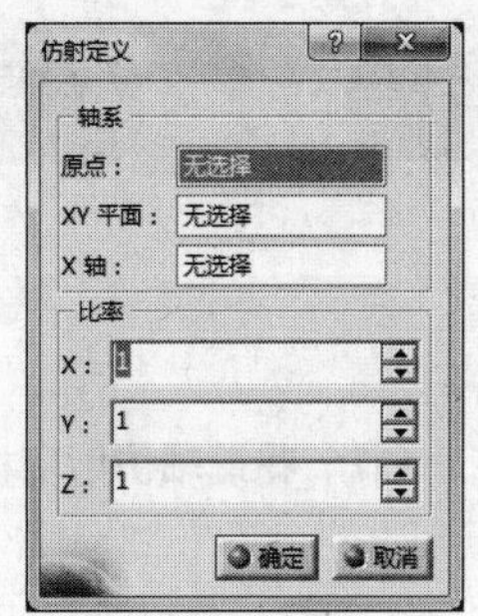

图 7-124 “仿射定义”对话框

（1）“轴系”选项区：用于参考元素的选择。

1）原点：指定放射轴系的原点。

2）XY 平面：变换的面基准可以选择实体的某个表面作为 XY 平面，也可以创建平面。

3）X 轴：变换的轴基准，可以选择实体的某条轴线作为 X 轴，也可以创建直线的方式确定 X 轴。

（2）“比率”选项区：定义 X、Y、Z 轴三个方向上的缩放比例。

【例7-27】 花键轴仿射变换。

① 打开随书光盘中的本例文件，本例为花键轴，如图 7-125 所示。

② 在“比例”工具栏中单击“仿射”按钮，弹出“仿射定义”对话框，参见图 7-124。

③ 右键单击“原点”文本框，在弹出的快捷菜单中选择“创建点”，弹出“点定义”对话框，参见图 4-52。选取花键轴轴线上一点或选择系统默认的原点，单击“确定”；右键单击“XY 平面”文本框，在弹出的快捷菜单中选择“ZX 平面”为参考平面；右键单击“X 轴”文本框，在弹出的快捷菜单中选择“Y 轴”为参考轴；在“X”“Y”“Z”文本框中分别输入数值，本例取“1.2”“0.8”“0.8”；对话框参数设置如图 7-126 所示。

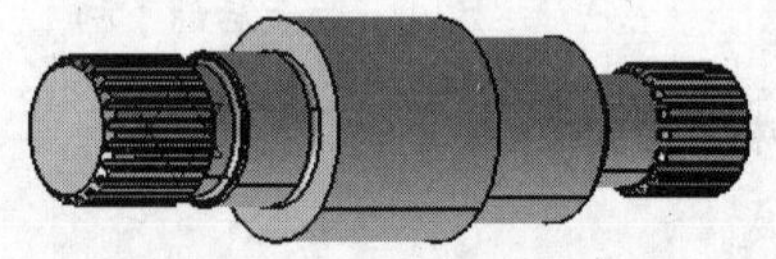

图 7-125 花键轴

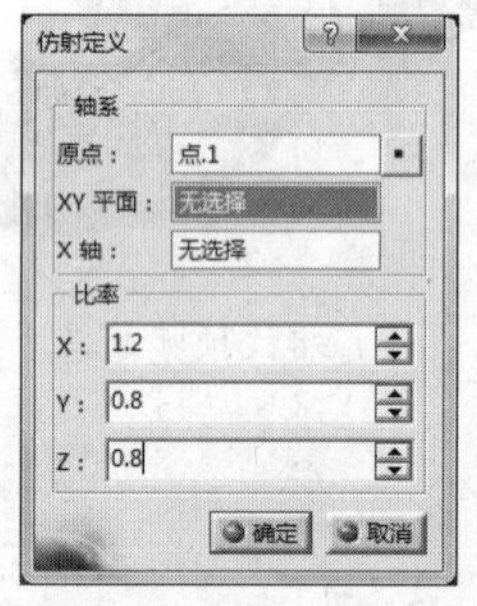

图 7-126 “仿射定义”对话框参数设置

④ 单击图形区空白处，预览效果如图 7-127a 所示，确认无误后单击“确定”按钮，如图 7-127b 所示。

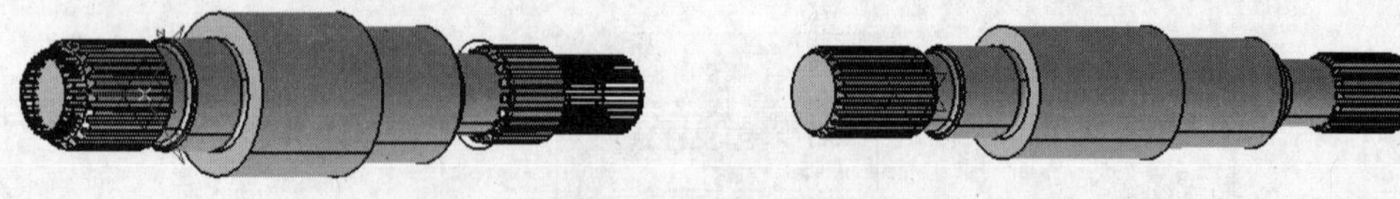

a）仿射预览效果　　b）仿射效果

图 7-127 花键轴仿射变换

7.12 小结

本章介绍了 CATIA V5 R21 在零件设计时修饰与变换特征的应用。其中修饰功能主要有“倒圆角”“倒角”“拔模斜度”“盒体”“厚度”“内螺纹/外螺纹”和“移除面”等命令；变换特征功能主要有“变换”“镜像”“阵列”和“缩放”等命令。熟练掌握修饰与变换特征的使用方法，可以对已生成的实体进行方便、快捷的设计和修改，从而更加方便地对三维实体特征进行建模。

7.13 思考题

（1）在同一零件上倒多个不同半径的圆角时可用那些方法？其中哪种方法更简便？

（2）应用“盒体”命令来修饰零件有哪些优点？

（3）“内螺纹”和“孔”命令均可用于定义螺纹孔，二者有什么区别？

（4）对于一种旋转体，是否可以画出一半，镜像出另一半？

（5）运用阵列命令独立完成如图 7-128 所示法兰盘实体图。

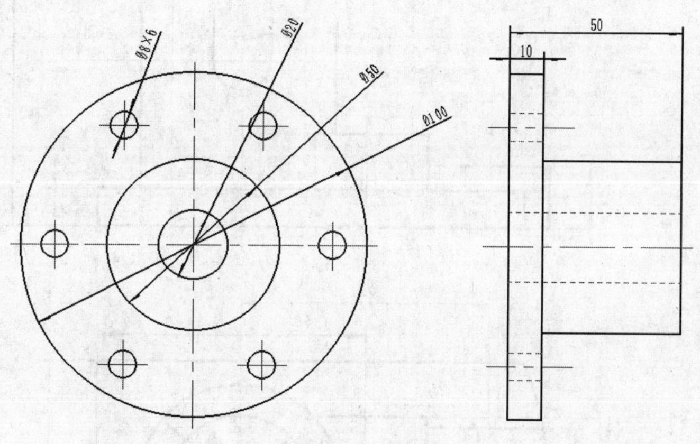

图 7-128　习题图

（6）绘制如图 7-129 所示的几何体，写出建模过程中所用到的命令。

70
16
8
16
24
φ60
20
54
70
R24
R14
24
16
φ60
85
45
60
48
R15
R15
12
φ88
φ32
70
100
110
3Xφ12
96
a)
22
60
R10
75
18
20
12
80
40
46
R12
φ65
45
38
80
φ45
R8
R102
60
b)

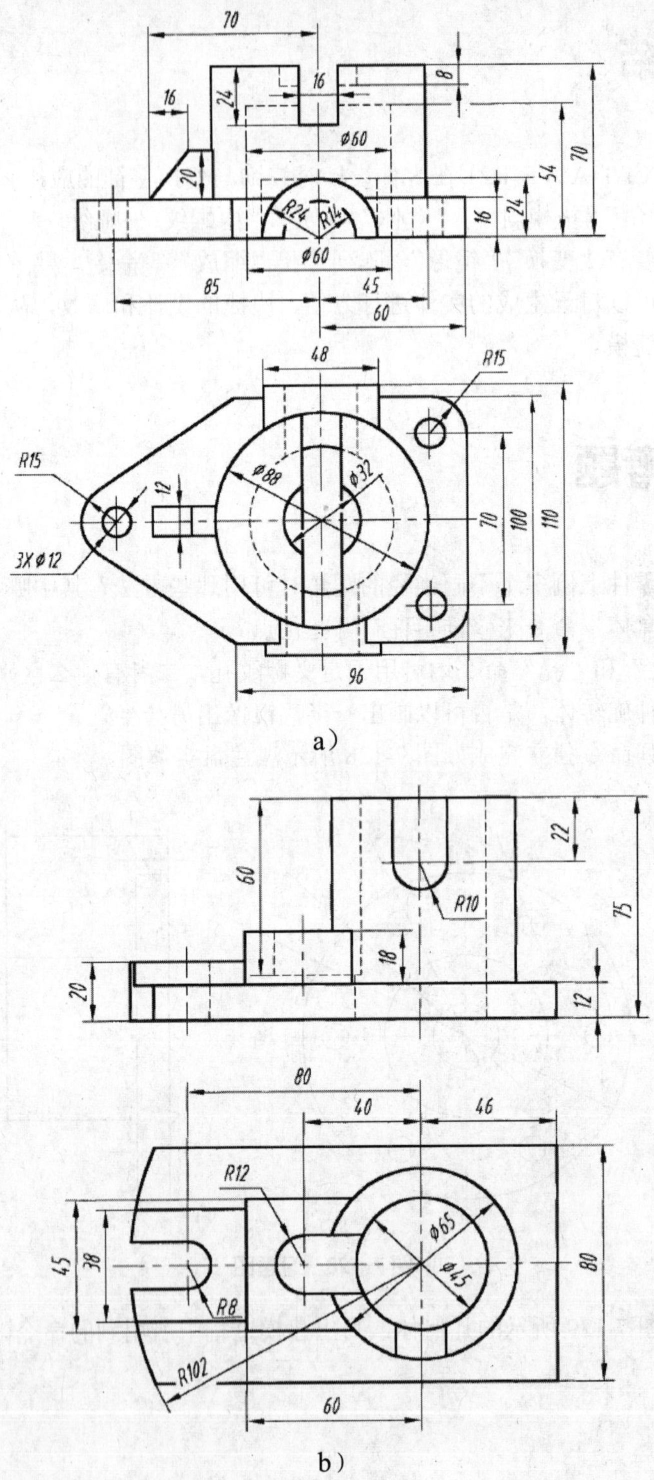

图 7-129　习题图

第四篇 装配

本篇的主要内容为 CATIA 软件的装配设计。学习本篇内容的目的是掌握在 CATIA 装配工作台中建立装配约束从而制作产品的基本技能。本篇主要任务如下：

- 认识和熟悉装配设计工作台
- 理解并学会对装配体内各零部件进行约束和调整的方法
- 掌握对装配体进行编辑和管理的方法
- 学会对装配体进行标注
- 学会如何对装配体进行分析

第8章 CATIA 装配基础

8.1 概述

8.1.1 装配设计概述

一件成型的产品往往是由多个零部件组合而成的。CATIA 装配设计，就是通过对零部件建立约束，逐步减少零部件自由度，最终确定零部件之间空间位置关系的过程。空间位置确定后，进行装配管理与装配分析，对装配体进行干涉、碰撞等检查，从而帮助设计者快速、准确地定义和管理多层次的装配结构。

（1）零件、部件、装配、产品

零件是最基本的装配单元，是特征树上显示的最后一级独立的几何体模型。

部件是由零件和（或）其他部件组成的。部件可以是一个或多个零件构成的子装配，也可以是由多个零件和（或）次级子装配构建而成的装配结果。

装配就是对零部件这些几何体的集合进行管理，指定部件之间的相对限制条件，而不是生成几何体。如果装配的零件发生改变，装配会自动更新。

产品是装配设计的最终产物。它由零件和（或）部件以及约束关系构成，是零件和（或）部件保存路径的集合。

（2）装配设计的目的

1）提供产品整体应用操作平台。

2）定义产品中零部件之间的相互关系。

3）添加产品标识及清单。

4）检查产品中零部件的干涉、碰撞，分析自由度等是否符合要求。

5）为产品的后期应用提供准备。

（3）装配设计的一般流程

CATIA 装配设计的一般流程如图 8-1 所示，具体操作步骤如下：

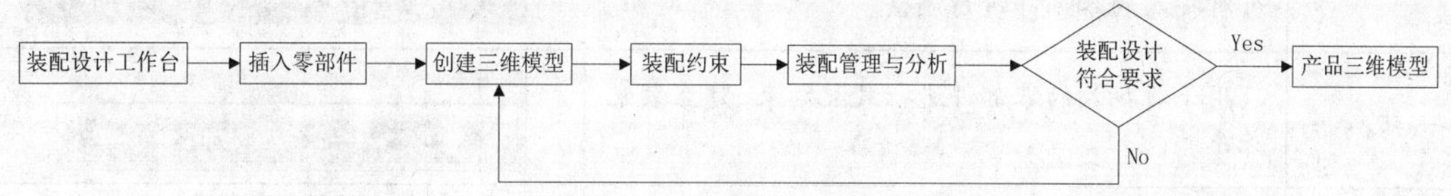

图 8-1 装配设计流程图

1）进入装配设计工作台。

2）规划产品结构，分析产品中零部件的关系。

3）插入新建零部件，在新建零部件中创建三维模型。

4）对已创建的零部件进行装配约束。

5）装配分析及其他后续操作。

6）装配分析满足要求后生成产品三维模型，不满足要求则修改三维模型。

8.1.2 装配设计工作台的启动

可以通过以下方法进入装配设计工作台：

（1）通过开始菜单启动

在菜单栏中，依次选择“开始”→机械设计”→“装配设计”选项。

（2）通过新建命令启动

在“标准”工具栏中单击“新建”按钮，弹出“新建”对话框，如图 8-2 所示。在“类型列表”中选择“Product”，有经验的用户也可直接在“选择”文本框中直接输入“Product”进行快速选择，单击“确定”按钮。

图 8-1 “新建”对话框

（3）通过快捷方式启动

具体操作步骤请参见本书“2.5.1 开始菜单定制”小节内容。

8.1.3 装配设计专属工具栏

装配设计的专属工具栏主要包括“产品结构”工具栏、“约束”工具栏、“移动”工具栏和“装配特征”工具栏等，各工具栏简介见表 8-1。

表 8-1 装配设计专属工具栏

工具栏	简介	工具栏按钮
产品结构	用于在新建的装配设计工作台中插入零部件，并对插入的零部件进行调整	产品结构工具
约束	用于对插入的零部件进行装配约束，建立装配关系	约束
移动	用于调整零部件的位置关系，并将部件进行分解，以显示相对零部件的位置关系	移动
装配特征	用于对装配件整体进行修改和编辑	装配特征
空间分析	用于检查零部件的碰撞、干涉、距离和区域等分析	空间分析
标注	用于对零部件进行编号，标注焊接符号等	标注

8.2 插入零部件

8.2.1 插入新建部件

“插入新建部件”命令用于将一个新创建的部件插入到当前产品中，这里的“部件”仅表示零件或产品的装配关系，有关该部件的数据直接储存在当前产品内，不会生成新文件。在插入的新建部件下还可以插入其他产品或零件。

为产品插入新建部件的具体操作步骤是，首先选中结构树上要插入部件的产品，在菜单栏中，依次选择“插入”→“新建部件”选项；或在“产品结构工具”工具栏中单击“部件”按钮。此时结构树上出现所插入部件的节点，如图 8-3 所示，在 Prudoct1 产品下插入了新的 Product2 部件，请注意 Product1（产品）与 Product2（新插入部件）图标的区别。

a）插入前

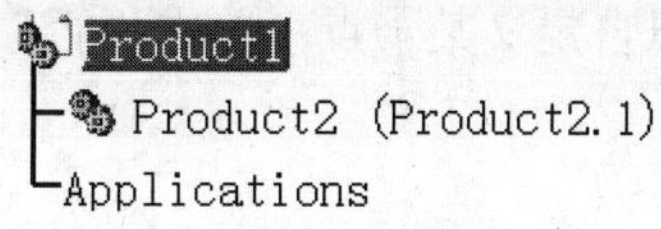

b）插入后

图 8-3 插入部件

8.2.2 插入新建产品或零件

（1）插入新建产品

“插入新建产品”命令用于将一个新建的产品插入到当前产品中，在这个产品下还可以插入其他产品或零件。有关该新建产品的数据储存在新文件内。通过插入新建产品命令可以将完整、独立的部分放到产品里，使之生成单独的装配文件。

为产品插入新建产品的具体操作步骤是，选中结构树上要插入新建产品的节点，在菜单栏中，依次选择“插入”→“新建产品”选项；或在“产品结构工具”工具栏中单击“产品”按钮，此时，结构树上增加了一个新节点，结构树的变化如图 8-4 所示，在 Prudoct1 产品下插入了新的 Product2 产品。

a）插入前

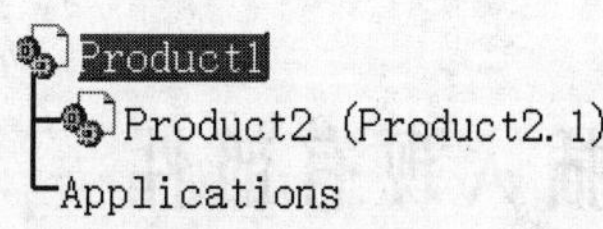

b）插入后

图 8-4 插入产品

这里需要注意，新建部件与新建产品都可以互相放到各自的根目录下，都是属于结构树主根目录级别的特征。不相同的地方是，新建部件不保存到本地路径下，只能用于管理。而新建产品可以保存到本地路径下，产生装配数据零件，也可以单独打开装配产品。另外，部件目录下的子零件不允许单独拖拽移动与互相约束，锁定为整个部件移动与约束。

（2）插入新建零件

“插入新建零件”命令用于将一个新零件插入到当前产品中，这个零件是新创建的，其数据存储在独立的新文件内。

为产品插入新建零件的具体操作步骤是，选中结构树上要插入零件的产品，在菜单栏中，依次选择“插入”→“新建零件”选项；或在“产品结构工具”工具栏中单击“零件”按钮，此时结构树上增加一个新节点，如图 8-5 所示，一个名为“Part1”的新建零件被插入到当前产品“Product1”当中。双击“Part1”节点下的零件图标，即可进入零件设计工作台进行后续操作。

重复上述操作可以继续在产品中插入零件，在继续插入零件时弹出“新零件：原点”提示框，如图 8-6 所示。单击“是”按钮，新建零件的原点可以定义在产品中某一部件的原点，也可以自定义某一点；单击“否”按钮，新建零件的原点与产品的原点重合。

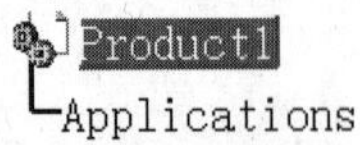

a）插入前

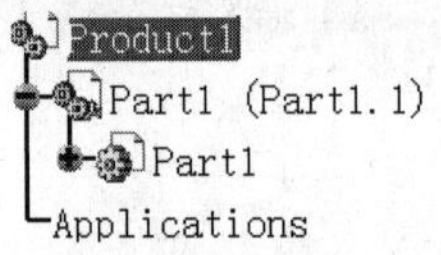

b）插入后

图 8-5 插入零件

继续插入新建零件后，结构树如图 8-7 所示。

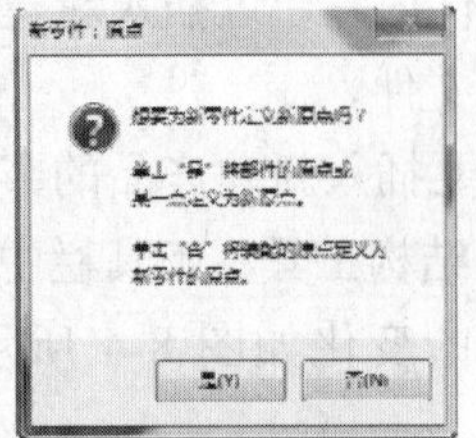

图 8-6 “新零件：原点”提示框

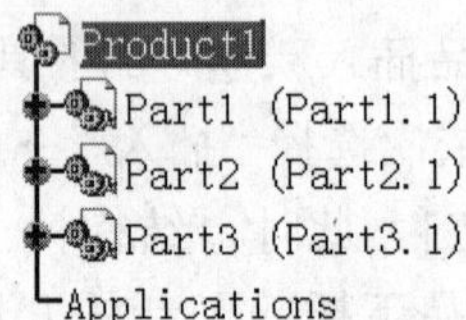

图 8-7 插入多零件产品结构树

8.2.3 插入现有部件

（1）插入现有部件

“插入现有部件”命令用于将已存在的部件插入到当前产品中。这里所指的“部件”可以是产品，也可以是零件，与“插入新建部件”命令当中所指的部件含义不同。

为产品插入现有部件的具体操作步骤是，选中结构树上要插入现有部件的产品，在菜单栏中，依次选择“插入”→“现有部件”选项；或在“产品结构工具”工具栏中单击“现有部件”按钮 。系统弹出“选择文件”对话框，如图 8-8 所示。选择已存储的目标文件，单击“打开”按钮，结构树上即增加新节点，选择的目标文件即被插入到当前产品中。插入现有部件前后结构树的变化如图 8-9 所示。

（2）具有定位的现有部件

“具有定位的现有部件”是指在插入一个已存在的部件时，设定其装配约束，确定插入部件的位置。

其基本操作步骤是，打开任意 Product 文件，选中结构树上要插入现有部件的产品，在“产品结构工具”工具栏中单击“具有定位的现有部件”按钮 ，弹出“选择文件”对话框，选择需要插入的零部件，单击“打开”按钮，弹出“智能移动”对话框，“智能移动”操作的用法参见后面“9.3.4 捕捉和智能移动”小节相关内容。

图 8-8 “选择文件”对话框

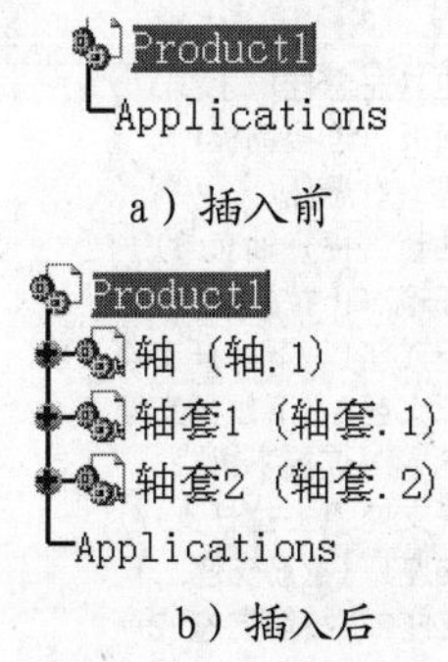

图 8-9 插入现有零部件

8.3 管理零部件

8.3.1 替换部件

“替换部件”是指用其他零部件代替现有装配中的零部件。其基本操作步骤是，在“产品结构工具”工具栏中单击“替换部件”按钮，弹出“选择文件”对话框，在“选择文件”对话框中选择需要替换的零部件后弹出“对替换的影响”对话框，如图 8-10 所示。单击“确定”按钮，原来的零部件将被替换为新的零部件。

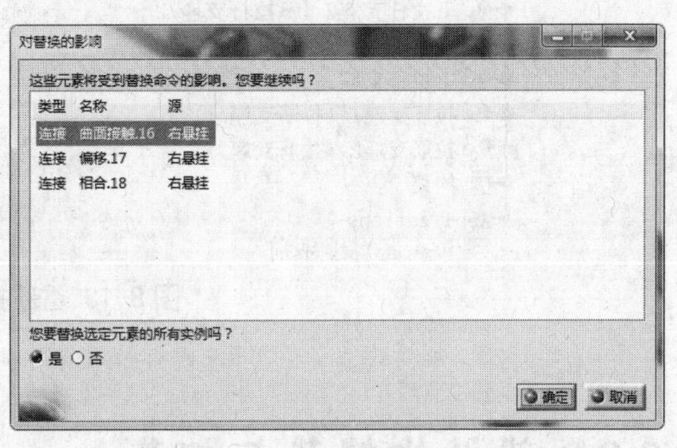

图 8-2 “对替换的影响”对话框

8.3.2 图形树重新排序

“图形树重新排序”用于将产品结构树中各零部件的顺序进行重新排列。

【例8-1】 图形树重新排序基本操作。

① 打开随书光盘中的本例文件，选中结构树上要重新排序零部件顺序的产品，如图 8-11 所示。在“产品结构工具”工具栏中单击“图形树重新排序”按钮，弹出“图形树重新排序”对话框，该对话框列出了结构树中所有的零部件，如图 8-12a 所示。

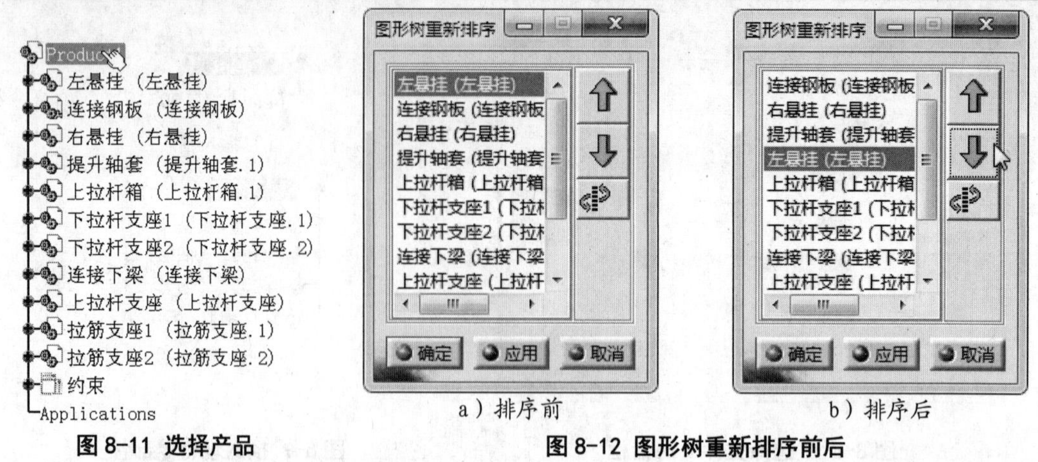

图 8-11 选择产品

图 8-12 图形树重新排序前后

② 选择需要排序的零部件，单击“上箭头”“下箭头”或“移动”，调整零部件的位置。单击“应用”按钮，图形树目录中零部件的顺序发生改变，如图 8-12b 所示。单击“确定”按钮，结果如图 8-13 所示。

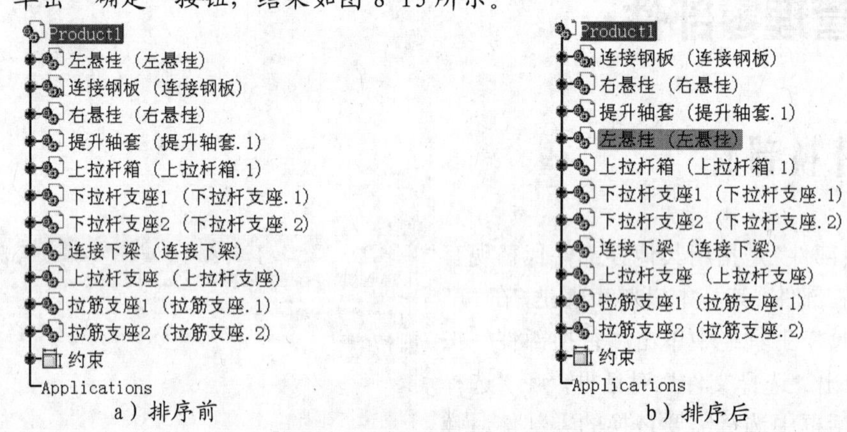

图 8-13 重新排序效果对比图

8.3.3 部件的卸载与加载

（1）卸载部件

“卸载部件”是指将零部件的几何数据从计算机内存中移除，当产品包含大量的零部件时，此功能可以有效地减轻系统负担，此外“卸载”操作不保存到模型中。

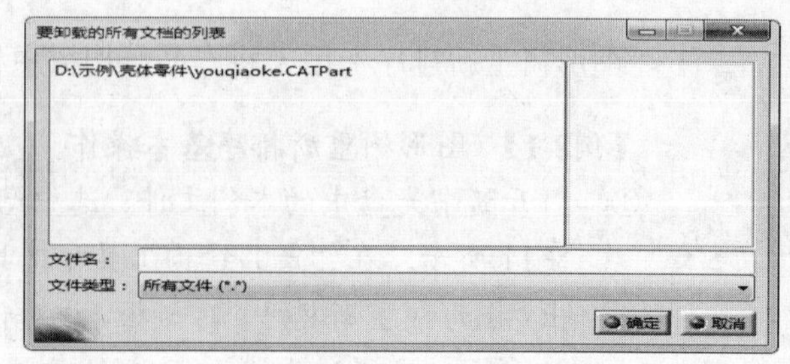

图 8-3 “要卸载的所有文档的列表”对话框

在结构树中选取需要卸载的零部件，在菜单栏中，依次选择“编辑”→“部件”→“卸载”选项，弹出“要卸载的所有文档的列表”对话框，如 图 8-14 所示，单击

“确定”按钮，完成零部件的卸载。

（2）加载部件

与“卸载部件”命令相反，“加载部件”是指将已卸载的零部件的几何数据重新载入计算机内存中。

【例8-2】 加载部件的基本操作。

① 打开随书光盘中的本例文件，本例为已经卸载桥壳的车桥装配，如图 8-15 所示。

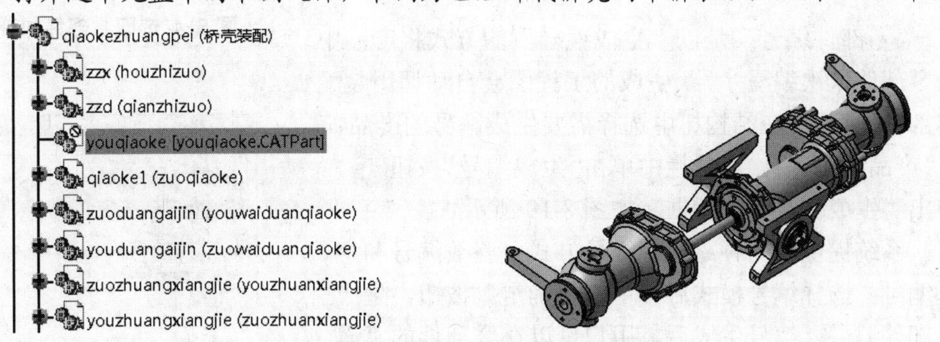

图 8-15 已卸载桥壳的车桥装配

② 在“产品结构工具”工具栏中单击“选择性加载”按钮，弹出“产品加载管理”对话框，如图 8-16 所示。

③ 在结构树中选择要加载的零部件“qiaoke2”，并在对话框的“Open depth”下拉列表中选择加载程度，单击对话框中的“选择性加载”按钮，此时对话框“延迟的工作指令”列表框显示该零件已被加载，如图 8-16 所示。

④ 单击“应用”，可继续加载其他零部件；单击“确定”按钮完成加载，如图 8-17 所示。

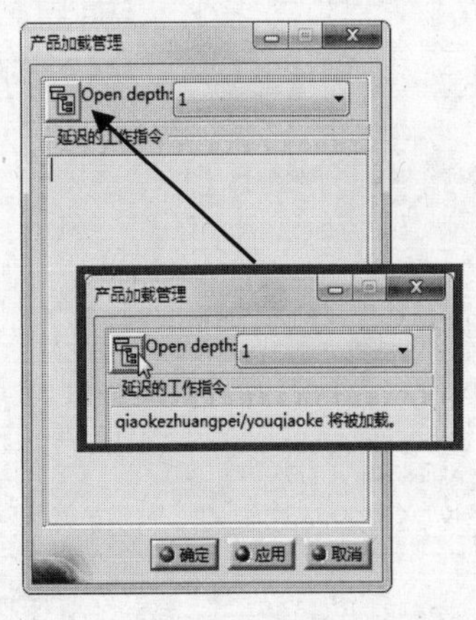

图 8-16 “产品加载管理”对话框

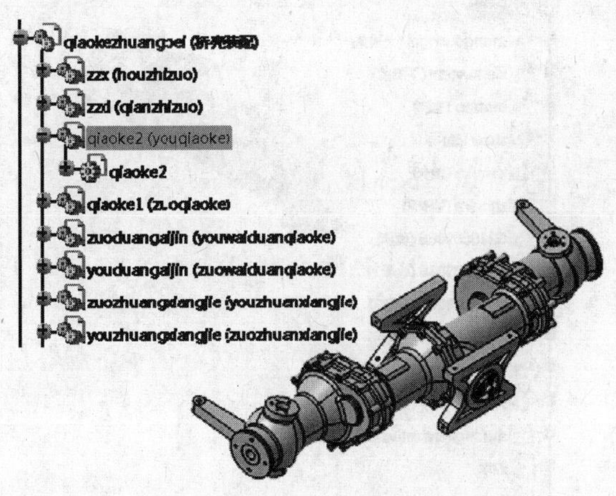

图 8-17 加载后的车桥装配

也可以在结构树中选取需要加载的零部件，在菜单栏中，依次选择“编辑”→“部件”→“加载”选项来加载零部件，如图 8-18 所示。

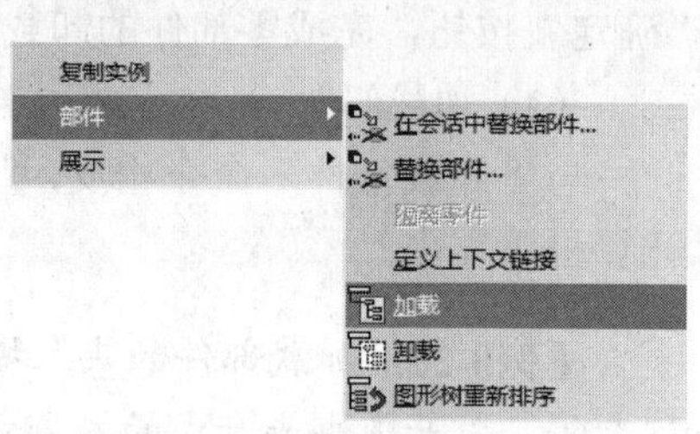

图 8-4 选取零部件加载命令

8.3.4 零部件编号

“零部件编号”是以“生成编号”的方式将产品中的零部件依次编写序号。生成的工程图会自动调用装配零部件的编号。在结构树中选择需要生成编号的产品，在“产品结构工具”工具栏中单击“生成编号”按钮，弹出“生成编号”对话框，如图 8-19 所示。

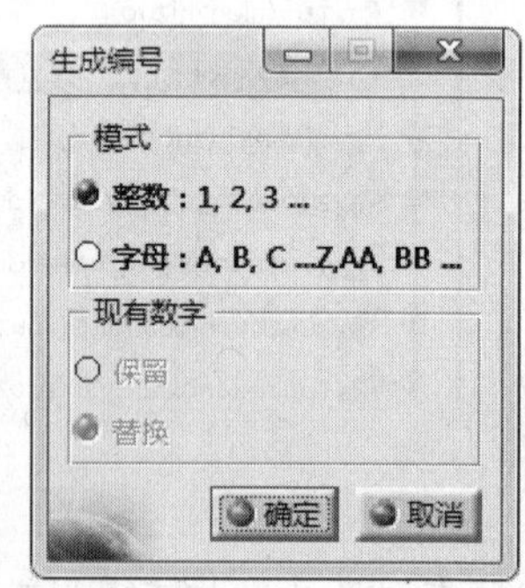

图 8-5 “生成编号”对话框

系统提供了两种零部件编号方式：整数编号和字母编号。选择编号模式后，单击“确定”按钮，生成零部件编号。编号生成后，用户可以在零部件的“属性”对话框的“产品”选项卡中查看。

【例8-3】 套销部装生成编号。

① 打开随书光盘中的本例文件，本例为套销部装，如图 8-20 所示。

② 在结构树中选中“套销部装”，在“产品结构工具”工具栏中单击“生成编号”按钮，弹出“生成编号”对话框，参见图 8-19，单击“确定”按钮，生成零件编号。

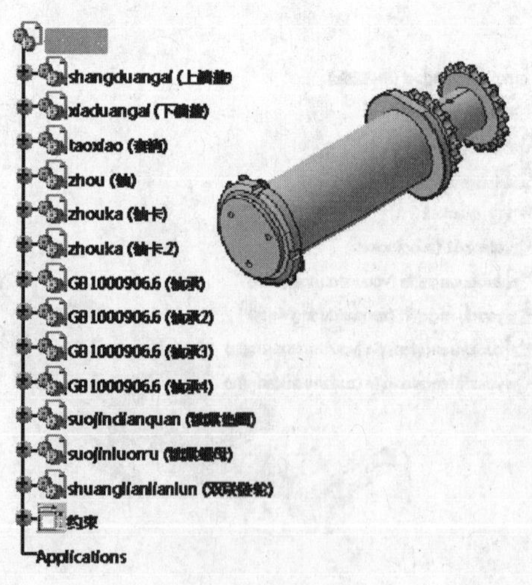

图 8-20 套销部装

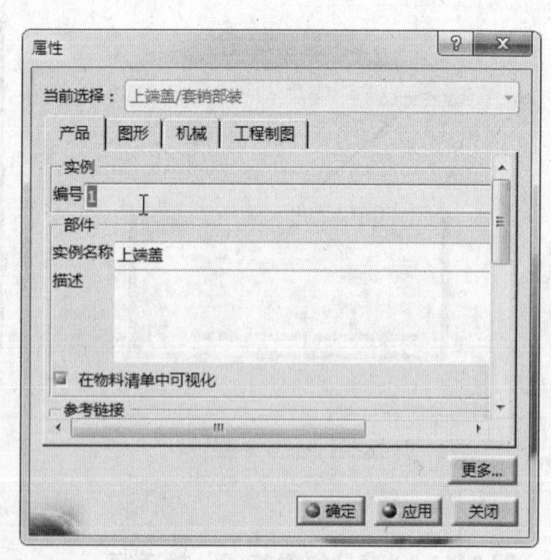

图 8-21 “产品”选项卡

③ 在结构树中右键单击“上端盖”，在弹出的快捷菜单中选择“属性”，弹出“属性”对话框，选择“产品”选项卡，如图 8-21 所示，“编号”文本框显示零件编号为“1”。

8.4 多实例化

“多实例化”命令用于在 X、Y、Z 或给定方向上复制一定间距的多个部件，形成单行阵列，但部件之间不生成约束关系。

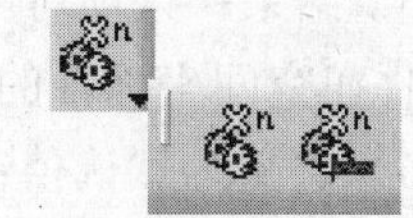

图 8-22 “多实例化”工具栏

在“产品结构工具”工具栏中单击“快速多实例化”按钮下的三角箭头，弹出“多实例化”工具栏，如图 8-22 所示。

8.4.1 定义多实例化

在“多实例化”工具栏中单击“定义多实例化”按钮，弹出“多实例化”对话框，如图 8-23 所示。

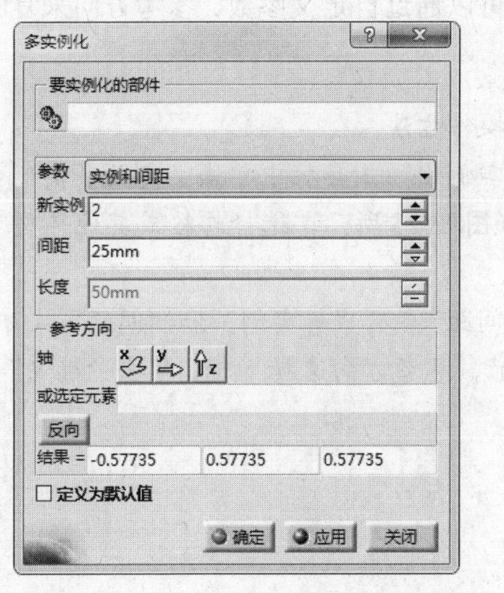

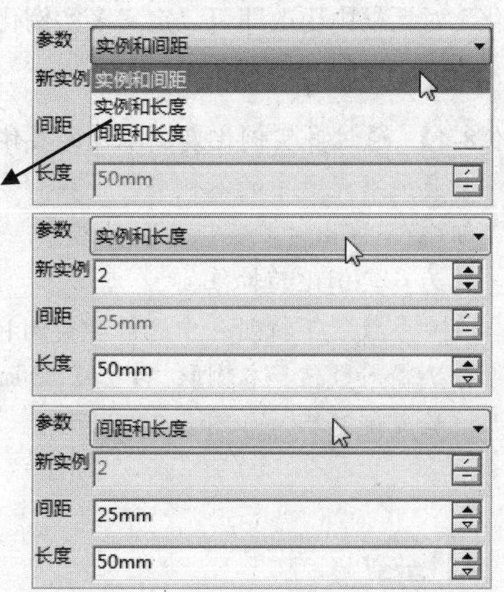

图 8-23 “多实例化”对话框及“参数”下拉列表

1）要实例化的部件：用于添加实例化的零部件。

2）参数：“参数”下拉列表包括实例和间距、实例和长度、间距和长度。

a）实例和间距：用于定义单行阵列实例的数量和零部件的间距。通过“实例和间距”操作项目多实例化，“新实例”和“间距”文本框激活，“长度”文本框取消激活。

b）实例和长度：用于定义单行阵列实例零部件的数量和总长度。通过“实例和长度”

操作项目多实例化，“新实例”和“长度”文本框激活，“间距”文本框取消激活。

c）间距和长度：用于定义单行阵列零部件的间距和总长度。通过“间距和长度”操作项目多实例化，“间距”和“长度”文本框激活，“新实例”文本框取消激活。

3）参考方向：用于定义单行阵列的方向。

a）轴：用于选择单击 x 轴、y 轴或 z 轴作为单行阵列的参考方向。

b）选定元素：选择几何元素作为单行阵列的排列方向。

4）反向：该项用于反转多实例化部件的方向。

5）结果：该项对应 x 轴、y 轴、z 轴坐标，在 3 个文本框内输入数值即可确定多实例化部件在空间坐标轴的方向。

6）定义为默认值：该项激活后，将保存现有参数设置，在使用后面介绍的“快速多实例化”命令时，会根据此时设置的参数直接进行零部件的复制。

8.4.2 快速多实例化

“快速多实例化”是根据当前“多实例化”对话框中设置的参数将选择的零部件生成单行阵列。

在“多实例化”工具栏中单击“快速多实例化”按钮，选择需要复制的零部件，即可根据“定义多实例化”设置的参数进行复制操作。如果需要进行参数改动，在“定义多实例化”对话框中更改即可。定义多实例化可以通过自定义参数、参考方向来复制零部件。

【例8-4】 通过多实例化复制螺栓的具体操作方法。

① 打开随书光盘中的本例文件，在“多实例化”工具栏中单击“定义多实例化”按钮，弹出“多实例化”对话框，如图 8-23 所示，选择螺栓或其他类型零部件作为多实例化的对象。

② 在“参数”下拉列表中选择“实例和间距”。在“新实例”和“间距”文本框中分别输入数值，本例取“4”和“30mm”，参考方向选择 y 轴，单击“确定”按钮，螺栓复制完毕，如图 8-24 所示。

8.5 小结

本章介绍了 CATIA 装配功能的基本知识，是学习后续装配约束与调整的基础。主要内容包括装配工作台简介、装配设计的步骤、插入零部件的方法、其他基本操作等。通过 CATIA 装配设计，可以使设计师建立并管理基于 3D 的零件机械装配件，加快装配件的设计进度，后续应用可利用此模型进行进一步的设计、分析、制造等。学习时要注意软件相关术语的区分，特别是插入零部件相关命令的理解和掌握。另外要结合随书光盘内容边学边练，理论与实践相结合。

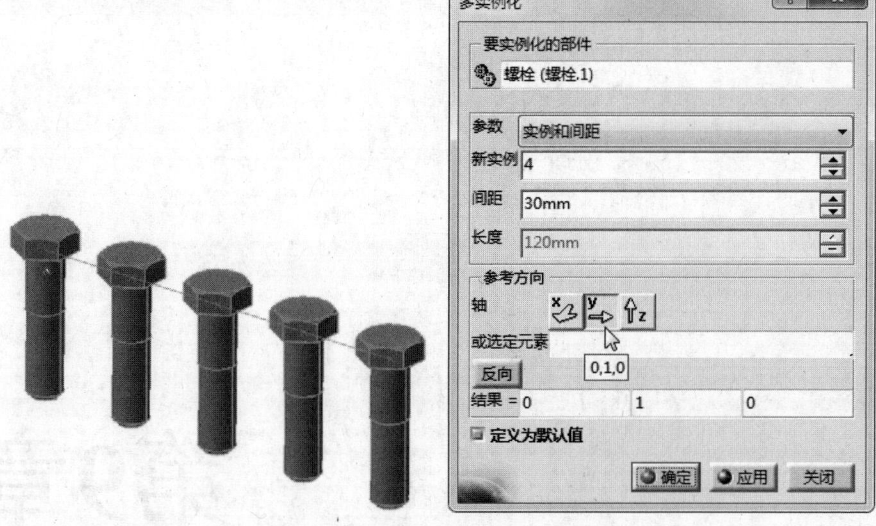

图 8-24 定义多实例化设置及效果图

8.6 思考题

（1）怎样区分产品、部件和零件？

（2）装配设计的目的是什么？

（3）写出 CATIA 装配设计的一般步骤。

（4）插入新建部件与插入新建产品有何区别？如何选用？

（5）如何插入新建部件与现有部件？

第9章 装配约束与调整

9.1 装配约束

“装配约束”是装配设计的基础，用于定义各零部件几何元素（零部件的点、线、面或轴线）之间相对几何关系的限制条件。通过装配约束，可以按照约束关系将零件、部件整合在一起。只有设置了规范的装配约束，才能创建装配关系正确的产品，装配约束选择的规范性与装配顺序的正确度，对模型后续的数字样机、虚拟仿真等环节均具有重要的影响。

装配约束包括相合约束、接触约束、偏移约束、角度约束、固定、固联、快速约束、柔性/刚性子装配、更改约束、重复使用阵列和多实例化等，其工具栏参见表 8-1。

9.1.1 相合约束

“相合约束”是指设置两个零件、部件的几何元素之间共点、共线（同轴）或共面。一般可以通过经验判断各几何元素能否设置相合约束，具体详见表 9-1。

新建装配设计工作台，插入两个或两个以上零部件（图例为轴与轴套），如图 9-1 所示。在“约束”工具栏中单击“相合”按钮，选择轴端面与轴套端面，弹出“约束属性”对话框，如图 9-2 所示。

表 9-1 可以设置相合约束的几何元素

	点	直线	曲线	坐标平面	实体平面	曲面	球/球心	轴	轴系
点	✓	✓	✓	✓	✓	✓	✓	×	×
直线	✓	✓	×	✓	✓	×	✓	✓	×
曲线	✓	×	×	×	×	×	✓	×	×
坐标平面	✓	✓	×	✓	✓	×	✓	✓	×
实体平面	✓	✓	×	✓	✓	×	✓	✓	×
曲面	✓	×	×	×	×	×	×	✓	×
球/球心	✓	✓	✓	✓	✓	✓	✓	✓	×
轴	✓	✓	×	✓	✓	×	✓	✓	×
轴系	×	×	×	×	×	×	×	×	✓

注：“√”表示可以创建，“×”表示不能创建，后同。

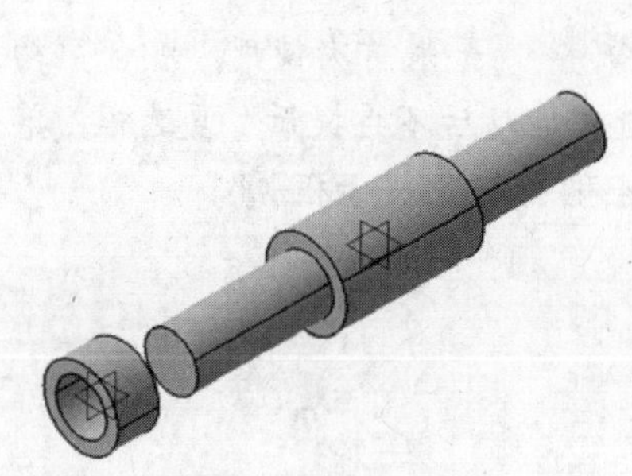

图 9-1 轴与轴套

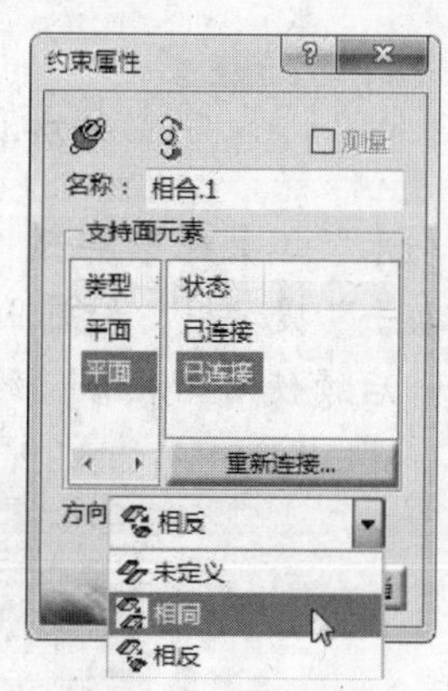

图 9-2 约束属性对话框

（1）名称

显示所创建相合约束的名称，可进行更改。

（2）支持面元素

显示创建相合约束时所选的几何元素。

（3）方向

在选择的几何元素为平面时会出现该选项，用于定义所选择的约束平面方向是否相同。

1）未定义：系统自动选择的方向。

2）相同：全部更新后几何元素的方向相同，如图 9-3a 所示。同时几何元素上出现绿色箭头，单击绿色箭头可以改变几何元素的方向。

3）相反：全部更新后几何元素的方向相反，如图 9-3b 所示。同时几何元素上出现绿色箭头，单击绿色箭头可以改变几何元素的方向。

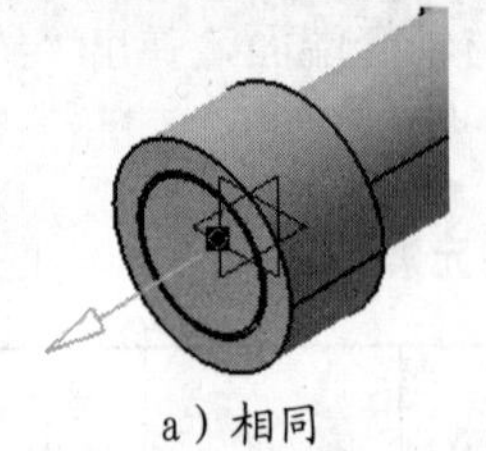

a）相同

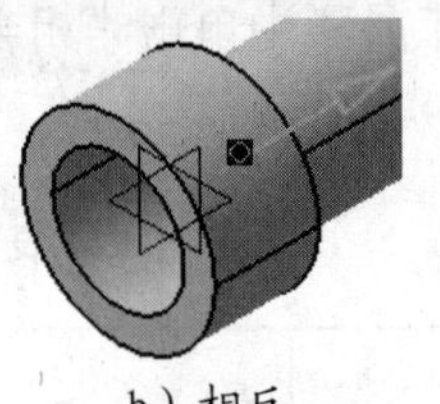

b）相反

图 9-3 约束方向

【例9-1】 相合基本应用——共线（同轴）。

① 打开随书光盘中的本例文件，如图 9-4 所示。

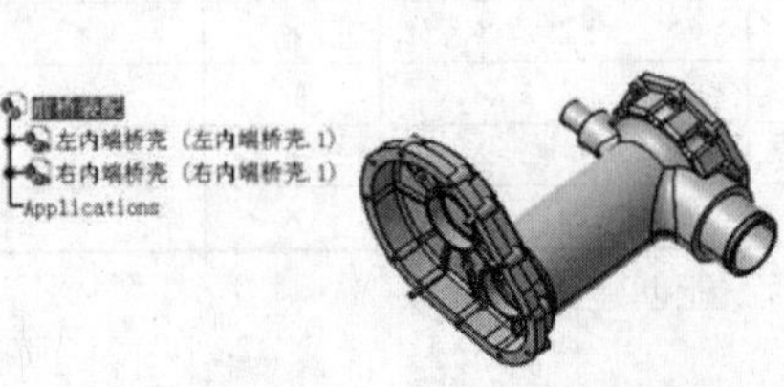

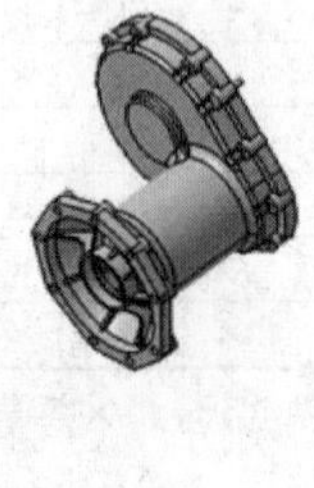

图 9-4 左内端桥壳与右内端桥壳

② 在“约束”工具栏中单击“相合”按钮。如果首次使用“相合”约束，会弹出“助手”提示框，如图 9-5 所示，选中“以后不再提示”复选框，单击“关闭”按钮，后续使用“相合”约束时将不会再出现此提示框。

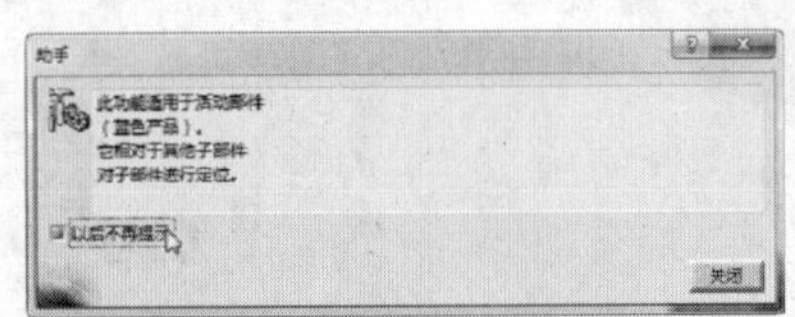

图 9-5 “助手”提示框

③ 将光标移动至螺栓孔内壁上，分别选择两壳体螺栓孔轴线，如图 9-6 所示。

④ 此时，相合约束符号“◉”显示为黑色，左、右内端桥壳位置未发生变化，如图 9-7a 所示。单击“全部更新”按钮，相合约束符号变为绿色，左、右内端桥壳螺栓孔轴线相合，结果如图 9-7b 所示。

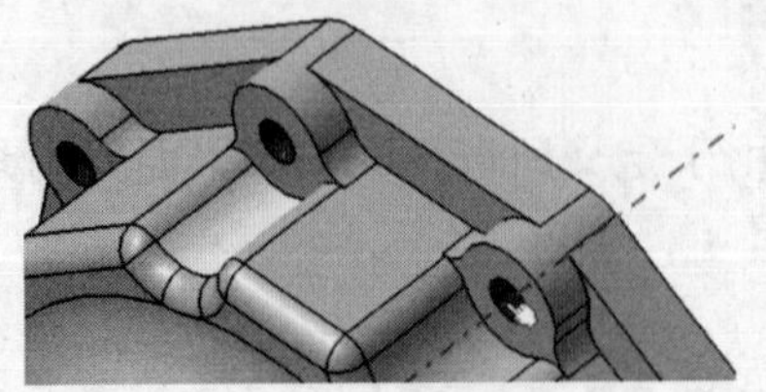

a）左内端桥壳轴线选择

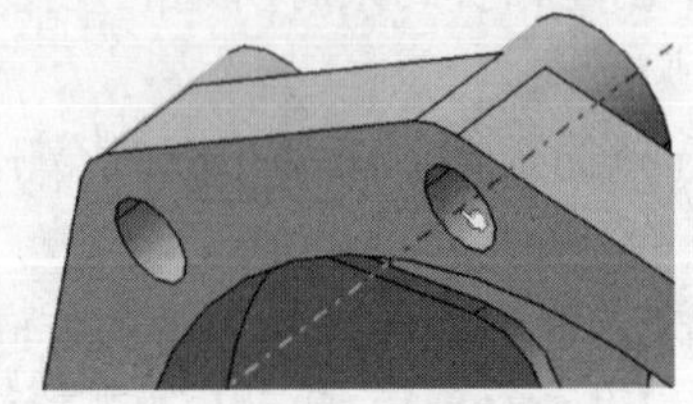

b）右外端桥壳轴线选择

图 9-6 轴线选择

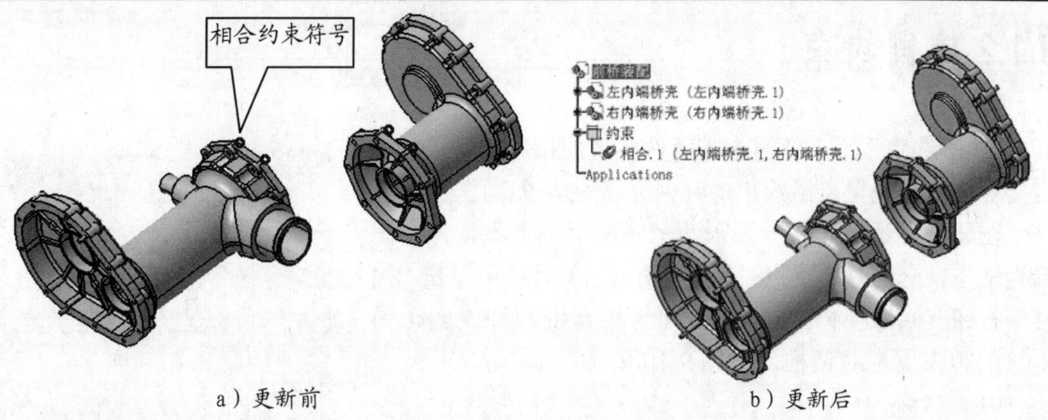

a）更新前　　　　b）更新后

图 9-7 相合约束更新前后变化

【例9-2】 相合基本应用——共面相合。

① 打开随书光盘中的本例文件。

② 在“约束”工具栏中单击“相合”按钮，分别选取左内端桥壳、右内端桥壳的端面，如图 9-8 所示。在弹出的“约束属性”对话框中单击“方向”下拉列表，选择“相反”。

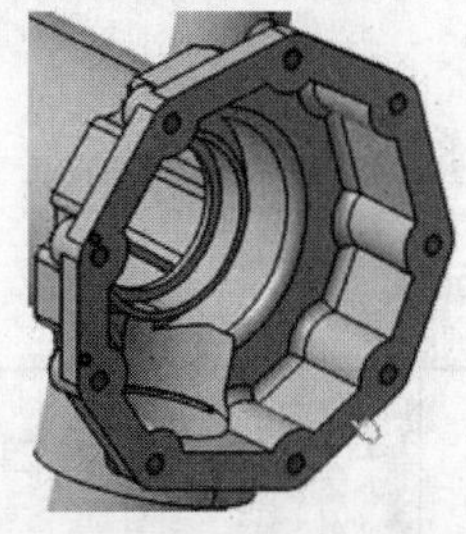

a）左内端桥壳端面

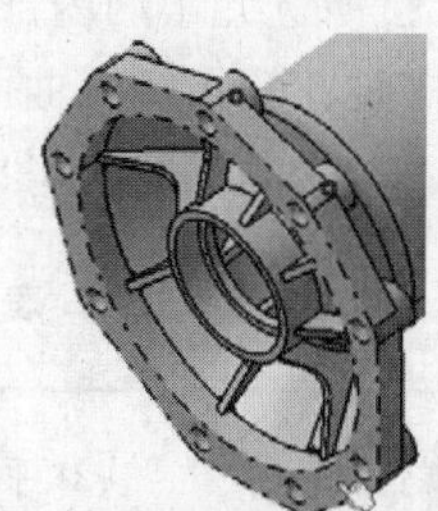

b）右内端桥壳端面

图 9-8 端面选择

③ 单击“确定”按钮，单击“全部更新”按钮，左、右内端桥壳端面相合在一起，桥壳的位置如图 9-9 所示。

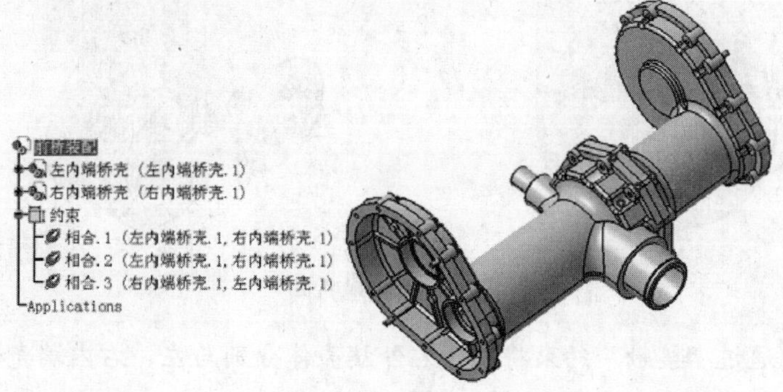

图 9-9 共面相合约束

9.1.2 接触约束

“接触约束”用于使两个零部件实现面接触、点接触或线接触。可以设置接触约束的几何元素见表 9-2。

在装配设计工作台中插入两个或两个以上零部件（图例为轴与轴套），参见图 9-1。在“约束”工具栏中单击“接触”按钮，选择轴外圆柱表面与轴套内圆柱表面，弹出接触约束属性对话框，如图 9-10 所示。

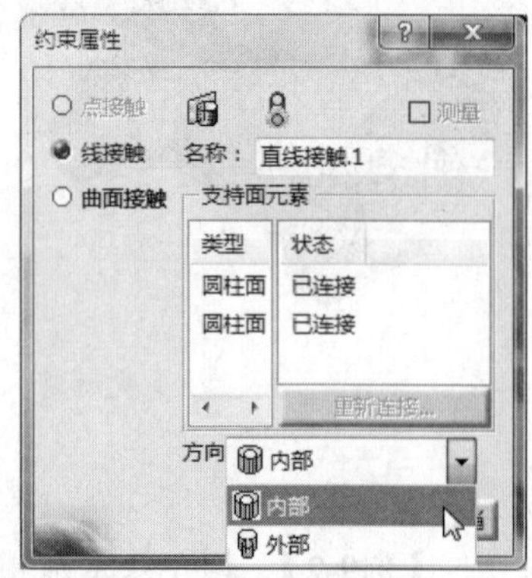

图 9-10 接触“约束属性”对话框一

（1）名称

用于更改接触约束名称。

（2）支持面元素

用于显示所选的几何元素。

（3）方向

用于改变接触约束所选元素的方向。

1）外部：所选元素的外部接触，如图 9-11a 所示。

2）内部：所选元素的内部接触，如图 9-11b 所示。

（4）点接触、线接触、曲面接触

根据所选元素的不同，可以定义为点、线、面等不同的接触类型。

表 9-2 可以设置接触约束的几何元素

	实体平面	球	圆柱	圆锥	圆（圆弧）
实体平面	√	√	√	×	×
球面	√	√	×	√	√
圆柱面	√	×	√	×	×
圆锥面	×	√	×	√	√
圆（圆弧）	×	√	×	√	×

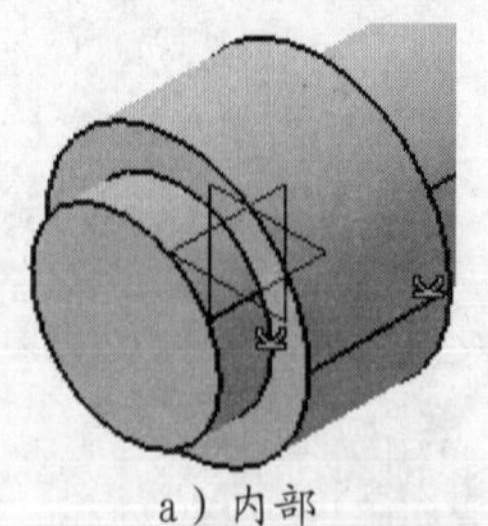

a）内部

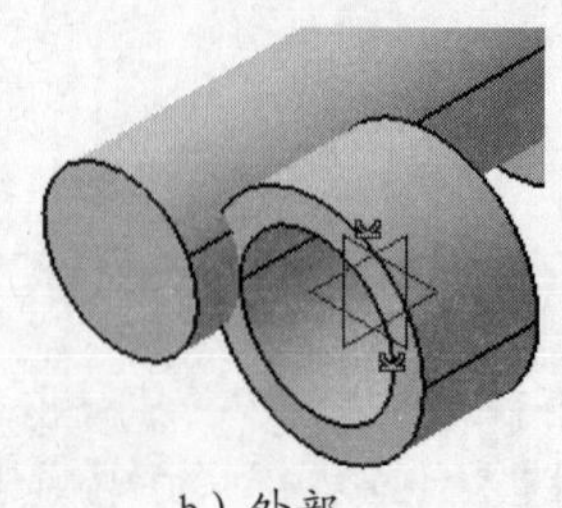

b）外部

图 9-11 接触方向

【例9-3】 通过“接触”约束将左、右外端壳体分别与左、右内端壳体装配。

① 打开随书光盘中的本例文件，如图 9-12 所示。

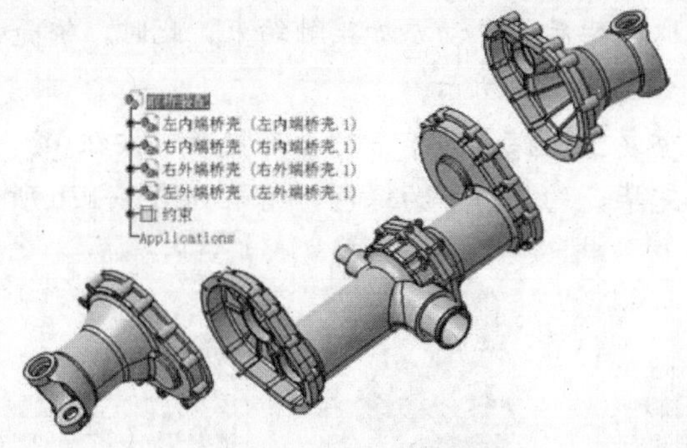

图 9-12 插入左、右外端桥壳

② 在“约束”工具栏中单击“接触”按钮，分别选择左内端桥壳定位销的外表面与左外端桥壳定位孔内表面，如图 9-13 所示。另外一组定位销与定位孔重复该操作。

③ 接触面选择后，弹出“约束属性”对话框，如图 9-14 所示，单击“确定”按钮。完成接触约束设置后，壳体位置未改变，接触约束符号为黑色，如图 9-15a 所示。

④ 在另外一侧桥壳重复上述操作。单击“全部更新”按钮，定位销外表面与孔内表面接触，结果如图 9-15b 所示。

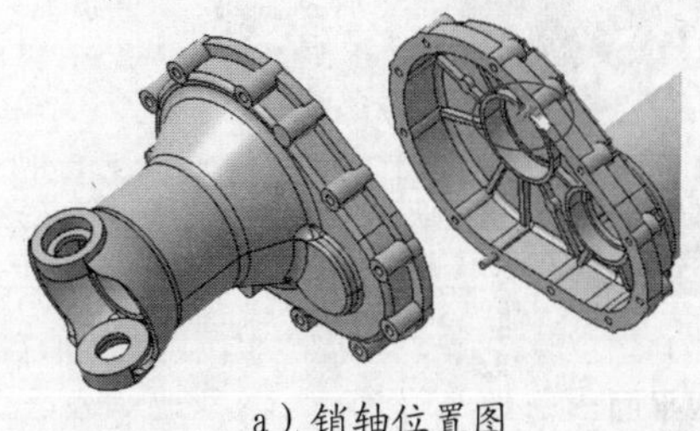

a）销轴位置图

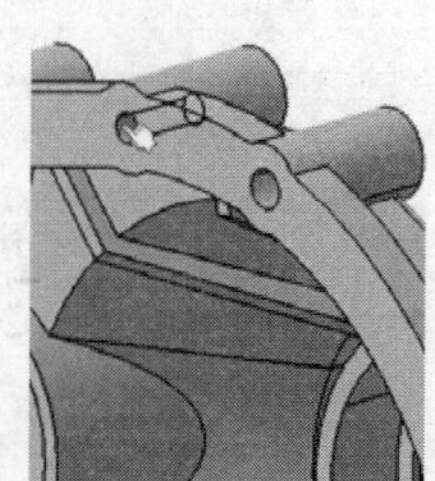

b）局部放大图

图 9-13 定位销面选择

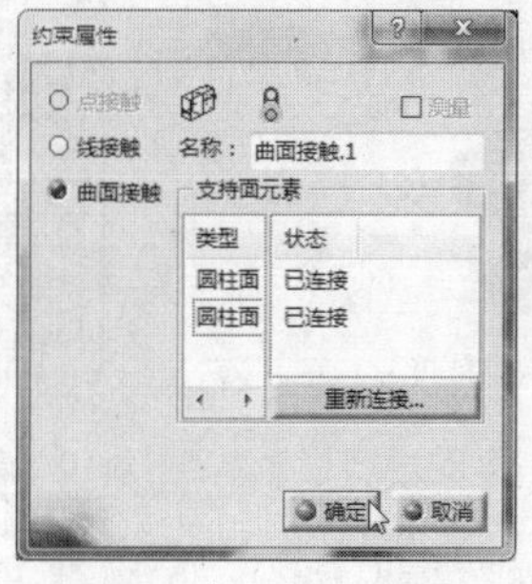

图 9-14 接触“约束属性”对话框二

⑤ 在“约束”工具栏中单击“接触”按钮，选取左外端桥壳端面与左内端桥壳端面，如图 9-16 所示。

⑥ 两相对平面选取完毕后，自动添加接触约束。此时，桥壳位置未改变，约束符号显示为黑色，如图 9-17a 所示。

⑦ 另外一侧桥壳重复上述操作。单击“全部更新”按钮，左右外端桥壳与左右内端桥壳装配完毕，约束符号为绿色，结果如图 9-17b 所示。

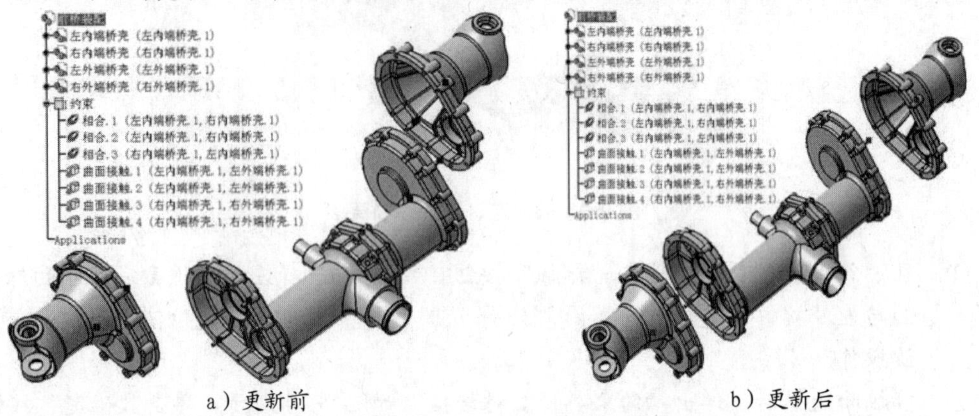

a）更新前　　b）更新后

图 9-15 曲面接触约束添加及更新

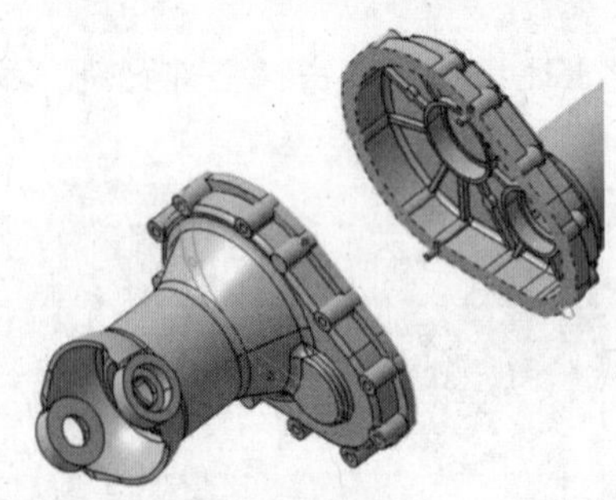

图 9-16 选取平面

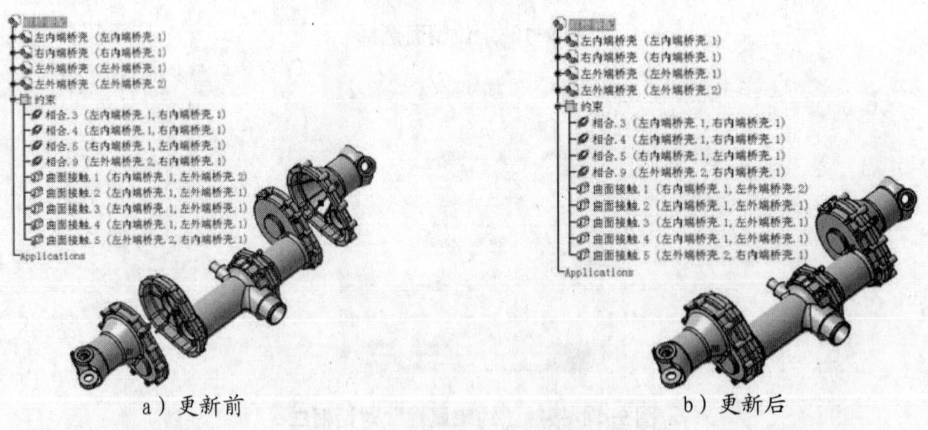

a）更新前　　b）更新后

图 9-17 平面接触约束添加及更新

9.1.3 偏移约束

“偏移约束”用于为两个零部件几何元素之间设置一定的距离。表 9-3 提供了可以设置偏移约束的几何元素。

表 9-3 可以设置偏移约束的几何元素

	点	线	坐标平面	实体平面
点	✓	✓	✓	×
线	✓	✓	✓	×
坐标平面	✓	✓	✓	✓
实体平面	×	×	✓	✓

在装配设计工作台中插入两个或两个以上零部件（图例为轴与轴套），参见图 9-1。在“约束”工具栏中单击“偏移”按钮，选择轴端面与轴套端面，弹出偏移约束属性对话框，如图 9-18 所示。

（1）名称

用于改变偏移约束的名称。

（2）支持面元素

用于显示所选的几何元素。

（3）方向

用于改变偏移约束所选元素的方向，单击几何元素上出现的绿色箭头可以改变几何元素的方向。

1）未定义：系统自动选择方向。

2）相同：几何元素的方向相同，如图 9-19a 所示。

3）相反：几何元素的方向相反，如图 9-19b 所示。

（4）偏移

用于输入偏移约束的数值。

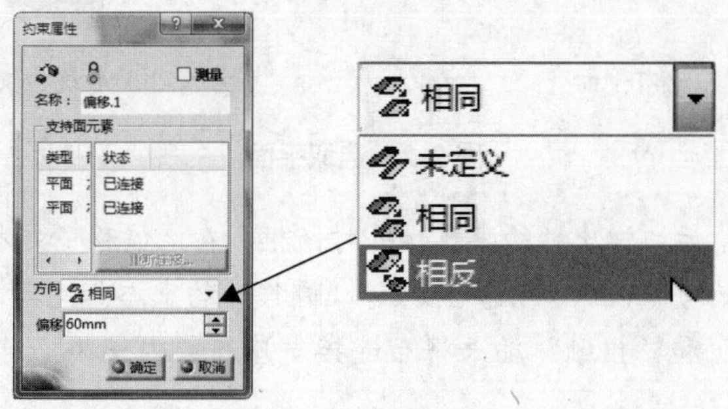

图 9-18 偏移“约束属性”对话框与偏移“方向”下拉列表

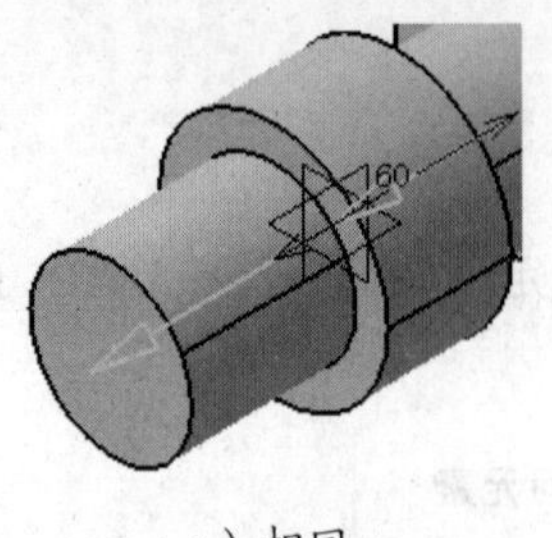

a）相同　　　　b）相反

图 9-19 偏移方向

【例9-4】 通过“相合”约束将前、后连接支座进行同轴约束。

① 打开随书光盘中的本例文件，如图 9-20 所示。

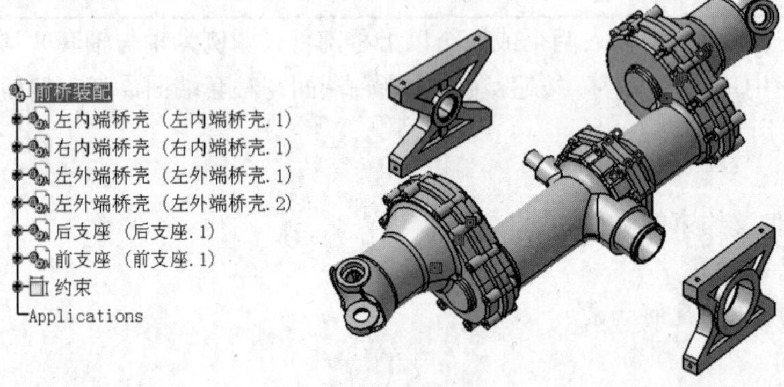

图 9-20 前后连接支座

② 在“约束”工具栏中单击“偏移”按钮，分别选取前、后连接支座平面相对的平面，如图 9-21 所示。

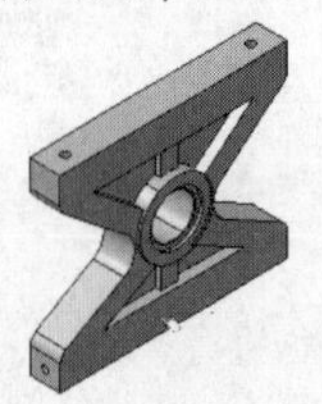

a）前连接支座内平面　　　　b）后连接支座内平面

图 9-21 选取平面

③ 平面选取完毕后，弹出“约束属性”对话框，在“偏移”文本框中输入数值，本例取“214.5mm”，单击“确定”按钮，“偏移”约束添加完毕，如图 9-22 所示。

④ 通过“相合”和“接触”约束将后连接支座与左内端桥壳连接轴装配，结果如图 9-23 所示。

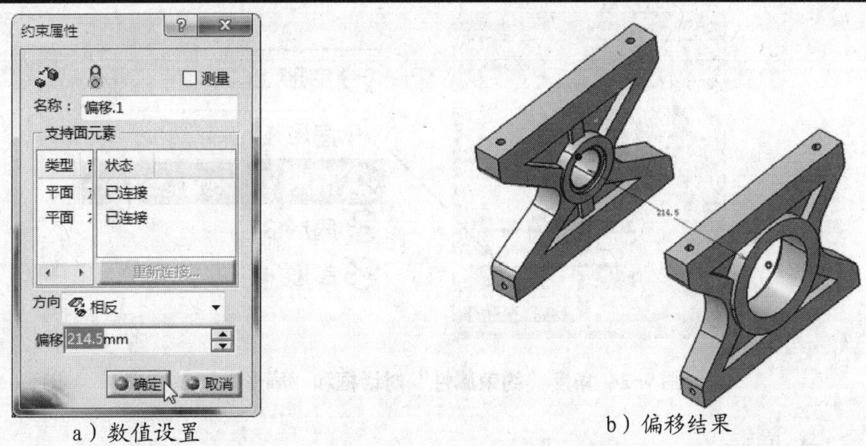

a）数值设置　　b）偏移结果

图 9-22 偏移“约束属性”对话框及偏移约束效果

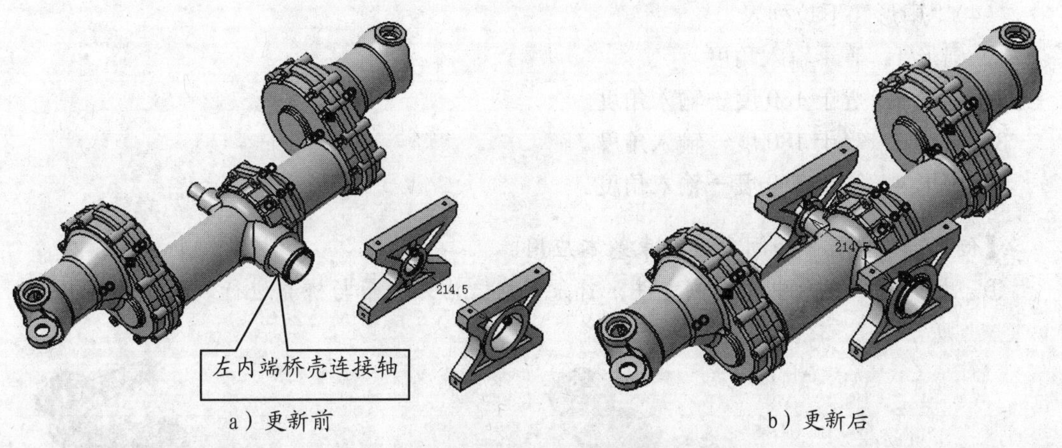

a）更新前　　b）更新后

图 9-23 偏移约束更新

9.1.4 角度约束

“角度约束”用于设置两个零部件几何元素之间的角度。可以定义角度约束的元素包括直线、平面、圆柱面的轴和圆锥面的轴。

在装配设计工作台中插入两个或两个以上零部件，在“约束”工具栏中单击“角度”按钮，选择需要定义角度的元素，弹出角度约束属性对话框，如图 9-24 所示。对话框中包括选定约束的属性以及可用约束的列表，对话框在选中垂直、平行、角度、平面角度等单选按钮时会发生改变。以选中角度单选按钮为例，对话框的各选项含义如下。

（1）名称

用于改变角度约束的名称。

（2）支持面元素

用于显示所选的几何元素。

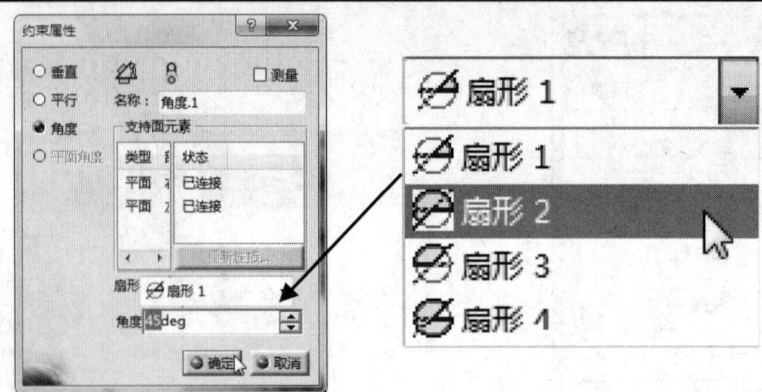

图 9-24 角度“约束属性”对话框和“扇形”下拉列表

（3）角度

用于输入角度约束的角度。

（4）“扇形”下拉列表

1）扇形 1：等于输入角度。

2）扇形 2：等于 180 度＋输入角度。

3）扇形 3：等于 180 度－输入角度。

4）扇形 4：等于 360 度－输入角度。

【例9-5】 坐标平面间角度约束基本应用。

① 打开随书光盘中的本例文件，首先将左、右万向节与桥壳进行装配，如图 9-25 所示。

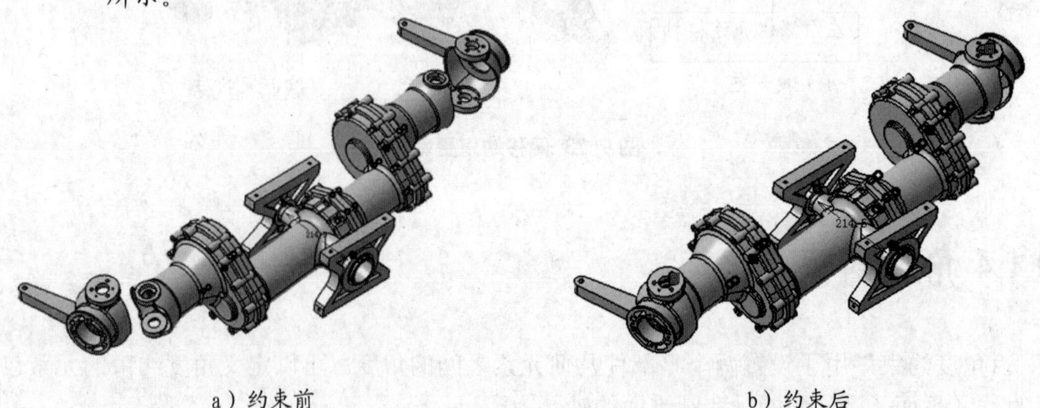

a）约束前　　b）约束后

图 9-25 左右万向节

② 在“约束”工具栏中单击“角度”按钮，分别选择桥壳平面和万向节的 yz 平面，如图 9-26 所示。

③ 平面选取完毕后，弹出“约束属性”对话框。在“角度”文本框中输入角度值，本例取“150”，选择“扇形”下拉列表为“扇形 3”，单击“确定”按钮，“角度”约束添加完毕。

④ 此时万向节位置未更新，角度约束显示为黑色，如图 9-27a 所示。单击“全部更新”按钮，万向节位置更新，角度约束显示为绿色，如图 9-27b 所示。

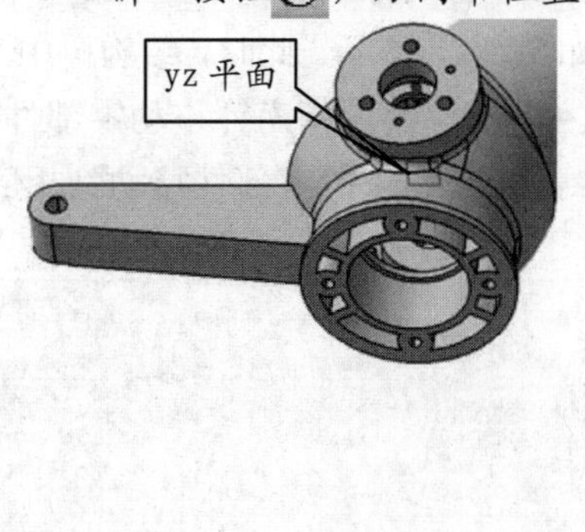

a）局部放大图

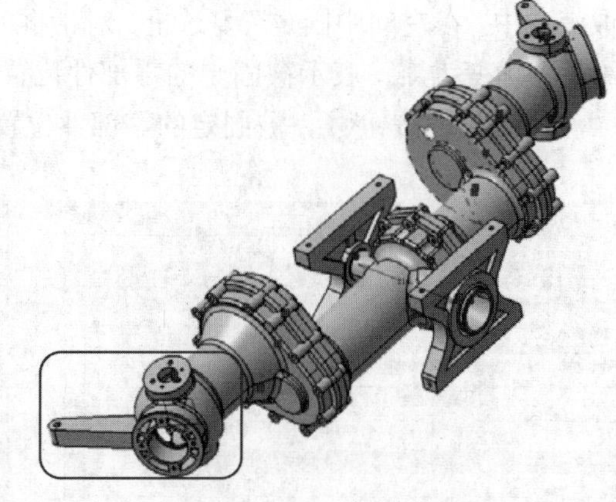

b）万向节平面选择

图 9-26 选取平面

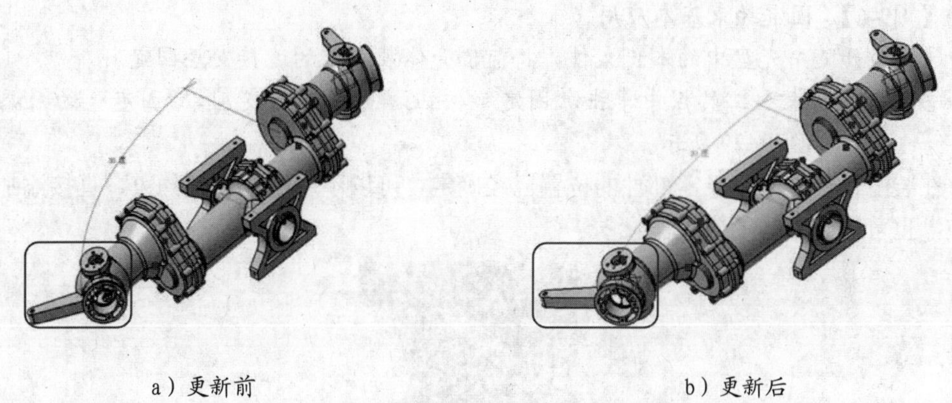

a）更新前 b）更新后

图 9-27 角度约束添加及更新

9.1.5 固定约束

“固定约束”用于对产品中的零部件进行固定，从而作为设置其他装配约束的参照。当向装配体中引入第一个部件时，常常对该部件添加这种约束。固定零部件的方法有以下两种：

（1）空间绝对位置固定

以装配原点为参照进行空间固定，结构树上的“固定”约束图标为，表示空间绝对位置固定，被固定的位置不再改变。使用指南针移动移动零部件后，单击“全部更新”按钮，零部件回到原来的位置。

（2）空间相对位置固定

在结构树上双击已创建的“固定”约束，弹出“约束属性”对话框，单击“更多”按钮，取消选中“在空间中固定”复选框，对话框的变化如图 9-28 所示。此时，结构树中“固定”约束图标变为![icon]，表示被固定的零部件位置可以发生改变，使用指南针移动零部件后，单击“全部更新”按钮![icon]，被固定的零部件位置不变，其相关约束的零部件移动到相应位置。

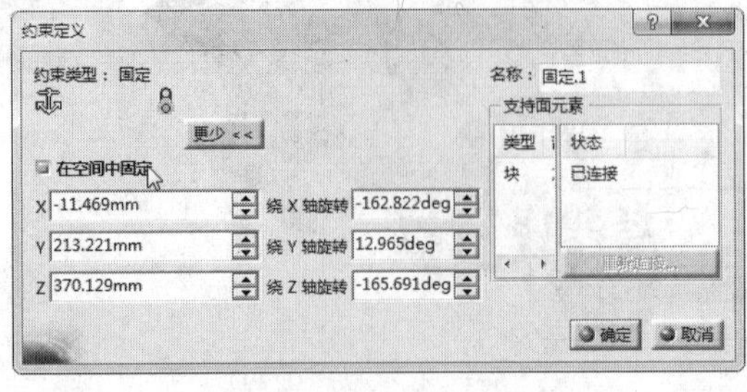

a）选中“在空间固定”复选框

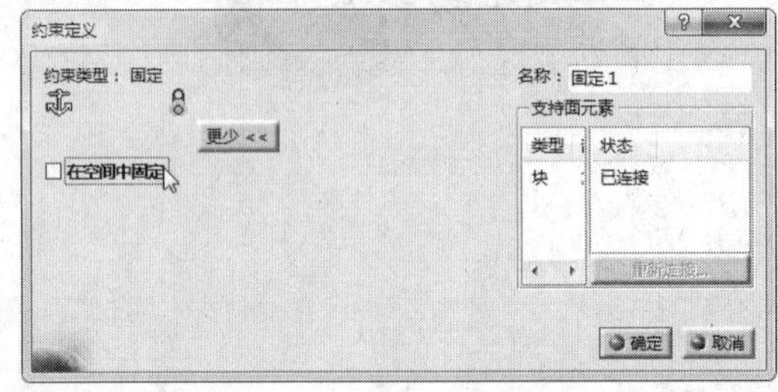

b）取消选中“在空间固定”复选框

图 9-28 固定“约束定义”对话框

【例9-6】 固定约束基本应用。

① 打开随书光盘中的本例文件，将前桥壳体装配中的连接支座固定。

② 在“约束”工具栏中单击“固定”按钮![icon]，选择前支座，“固定”约束添加完毕，如图 9-29 所示。

在装配设计中，如果零部件的位置已经确定，可以不用添加其他约束，直接添加固定约束，也可达到同样的效果。

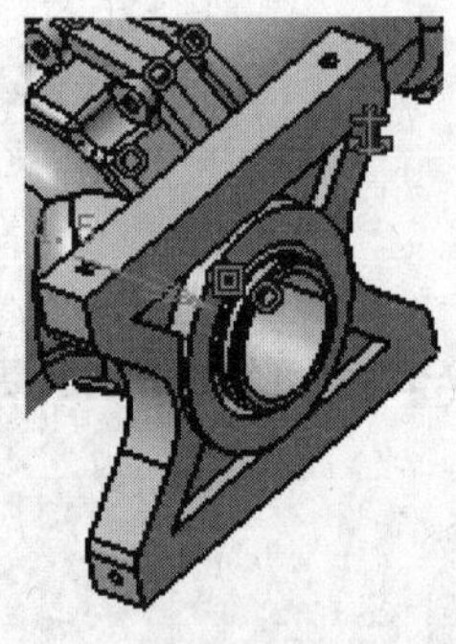

图 9-29 固定约束添加

9.1.6 固联约束

“固联约束”是将选取的零部件按照装配约束关系的相对位置固定成整体。当移动其中任意一组零部件时，可以使已经固联的零部件作为整体一起移动。

添加固联约束之前需要更改选项设置。在菜单栏中，依次选择“工具”→“选项”选项，弹出“选项”对话框。在对话框左侧目录中单击“装配设计”，在“常规”选项卡中找到如图 9-30 所示的选项。

通过该选项用户可以选择是否开启固联功能。选中“始终”单选按钮，固联功能一直开启；选中“从不”单选按钮，固联功能一直关闭；选中“每次都询问”单选按钮，固联功能开启时出现对话框提示。

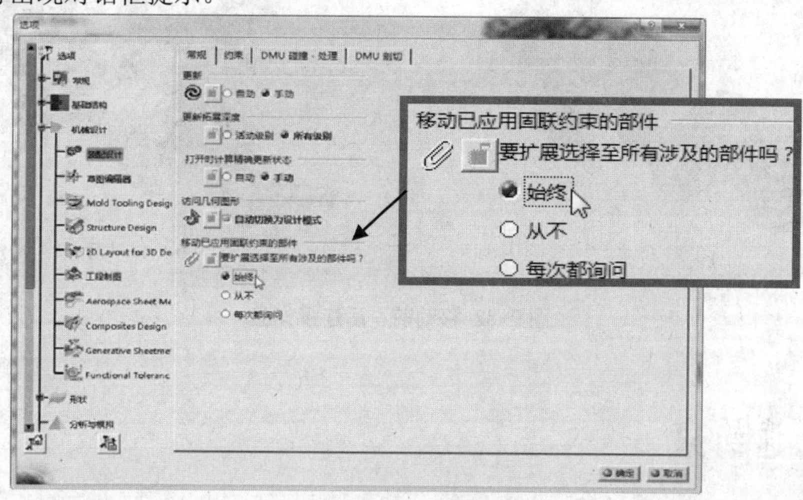

图 9-30 “选项”对话框

【例9-7】 固联约束基本应用。

① 打开随书光盘中的本例文件。

② 在“约束”工具栏中单击“固联”按钮，弹出“固联”对话框，如图 9-31 所示。

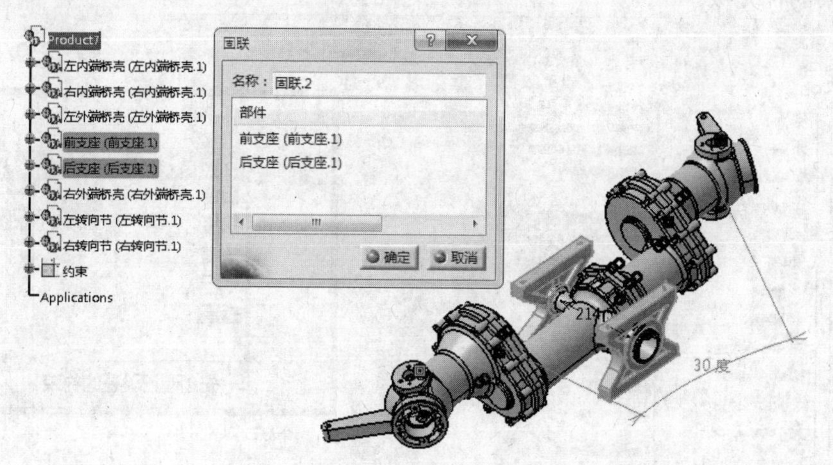

图 9-31 固联约束

③ 选择前、后连接支座。单击“确定”按钮，固联约束添加完毕。

④ 使用指南针拖动前、后连接支座其中的一个，前、后连接支座一起移动，其他零部件位置不变，如图 9-32 所示。

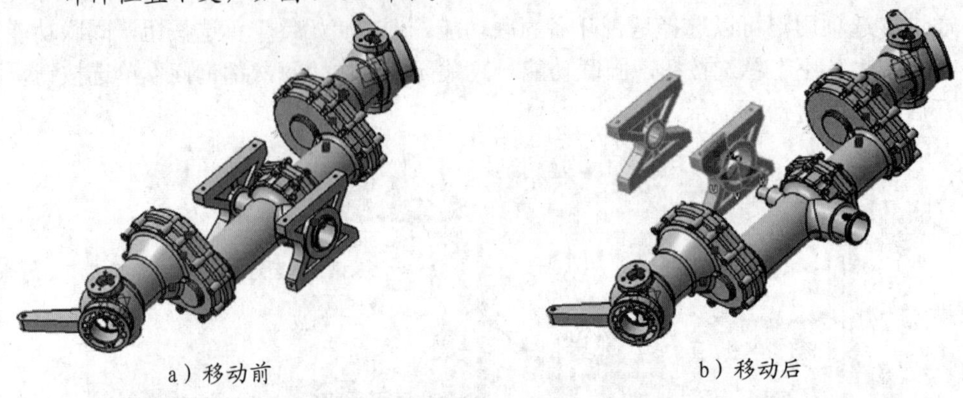

a）移动前　　　　b）移动后

图 9-32 移动前、后连接支座

9.1.7 快速约束

使用“快速约束”命令可以按优先级列表中的顺序设置可能实现的约束。

在“约束”工具栏中单击“快速约束”按钮，选择需要创建约束的元素，如平面、曲面、轴线等，系统自动按用户指定的快速约束优先级来添加约束。

在菜单栏中，依次选择“工具”→“选项”选项，在对话框左侧目录中单击“装配设计”，在“约束”选项卡里找到如图 9-33 所示的快速约束选项，通过上下箭头按钮可以改变快速约束的优先级。

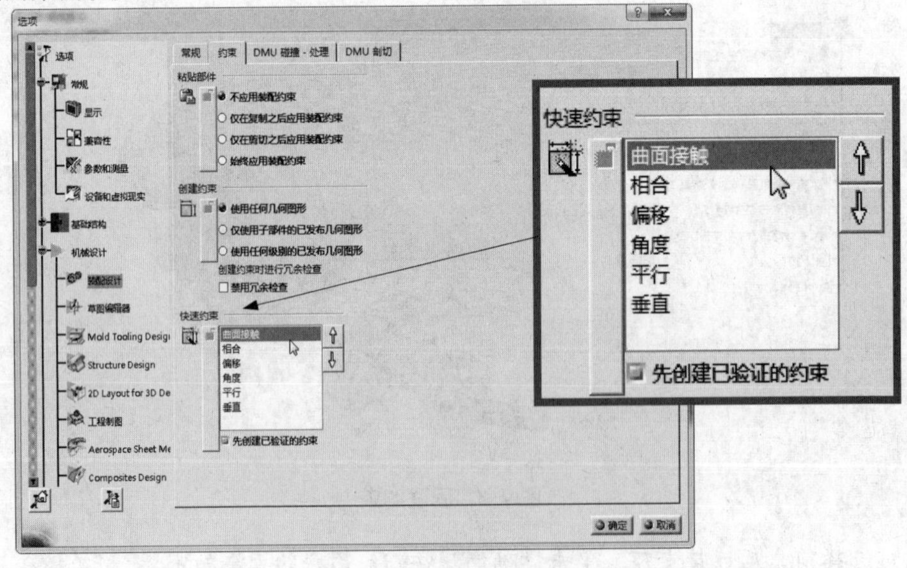

图 9-33 “选项”对话框

9.1.8 柔性/刚性子装配

如果在装配设计时插入一个部件，那么该部件将默认作为一个刚性装配体，整组零部件同步操作。

通过“柔性/刚性子装配”命令可以把部件由刚性装配转化为柔性装配，实现对部件内部的零部件的操作。

【例9-8】 右悬挂的柔性/刚性部件转换。

① 打开随书光盘中的本例文件，如图 9-34 所示，将右悬挂由刚性部件转换成柔性部件。

② 在“约束”工具栏中单击“柔性/刚性子装配”按钮，选择结构树中的“右悬挂”，注意到结构树中“右悬挂”图标中的齿轮颜色由蓝色变为紫色。

③ 此时，刚性部件变为柔性部件，可以对该部件内的零部件、装配关系进行操作，如图 9-35 所示，将“右悬挂”中的加强肋进行平移。

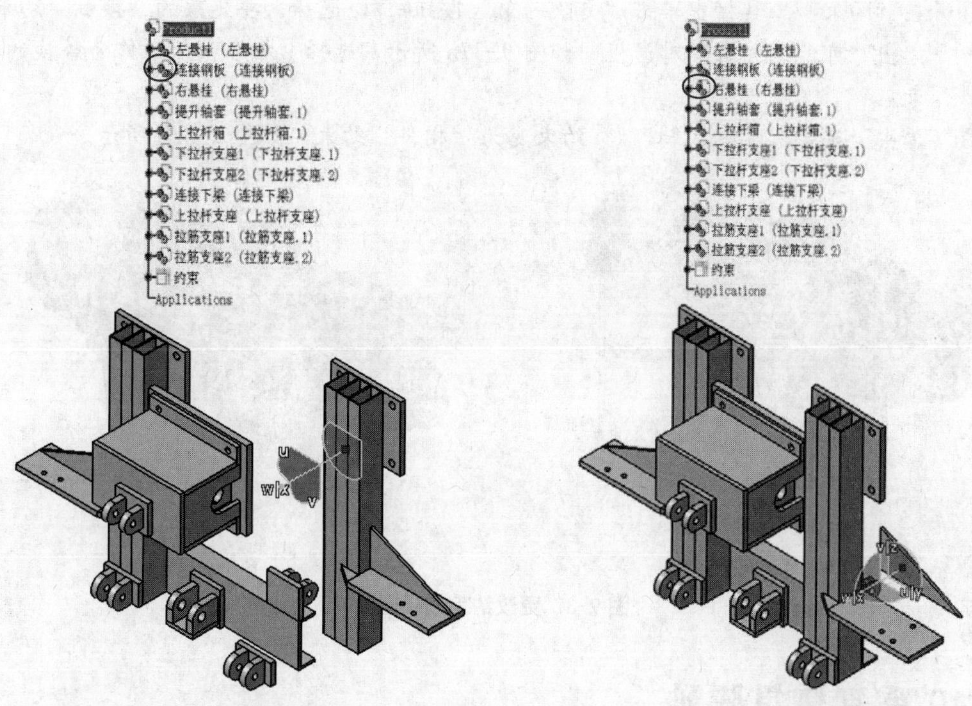

图 9-34 刚性部件操作　　　　**图 9-35 柔性部件操作**

④ 欲将该部件变回刚体，在“约束”工具栏中单击“柔性/刚性子装配”按钮，在结构树中单击“右悬挂”，弹出“严重警告”提示栏，如图 9-36 所示，单击“确定”按钮，该部件从柔性变为刚性。

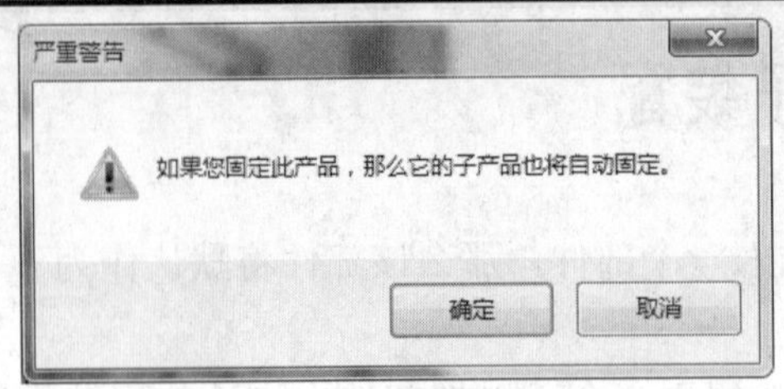

图 9-36 “严重警告”提示栏

9.1.9 更改约束

在装配设计过程中，可以通过“更改约束”命令将已经设置的装配约束更改为其他类型的约束。

【例9-9】 更改变速箱壳体装配的原有约束。

① 打开随书光盘中的本例文件。

② 在“约束”工具栏中单击“更改约束”按钮，选择需要更改的“接触”约束，弹出“可能的约束”对话框，如图 9-37a 所示，选择“相合”约束作为替换的约束。

③ 单击“确定”按钮，“接触”约束变为“相合”约束，如图 9-37b 所示。

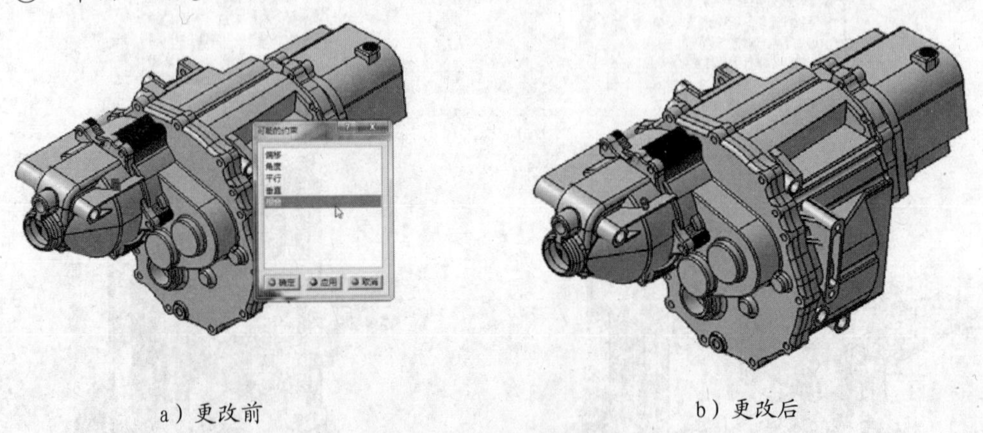

a）更改前　　b）更改后

图 9-37 更改约束效果图

9.1.10 重复使用阵列

“重复使用阵列”命令用于按照建模时定义的阵列模式生成装配设计中的零部件阵列。

在“约束”工具栏中单击“重复使用阵列”按钮，弹出“在阵列上实例化”对话框，如图 9-38 所示。

（1）保留与阵列的链接

1）选中该复选框，表示在“装配设计”工作台中创建的零部件阵列和“零件设计”工作台中创建的阵列之间创建关联，若零件中的阵列发生改变，装配设计中的阵列结果会随之更新。

2）取消选中该复选框，表示不创建关联，若零件中的阵列被改变，不会影响装配设计中重复使用阵列的结果。

以如图 9-39a 所示法兰盘上的孔和螺栓为例，法兰盘上共有 8 个均布的孔，使用重复使用阵列命令，在“重复使用阵列”对话框中选中“保留与阵列的链接”复选框，将生成 8 个螺栓。如果进入零件设计工作台，将法兰盘上的孔的阵列数改为 4。然后切换至装配工作台，单击“全部更新”按钮，法兰盘上螺栓与孔的数量将自动更新为 4，如图 9-39b 所示。

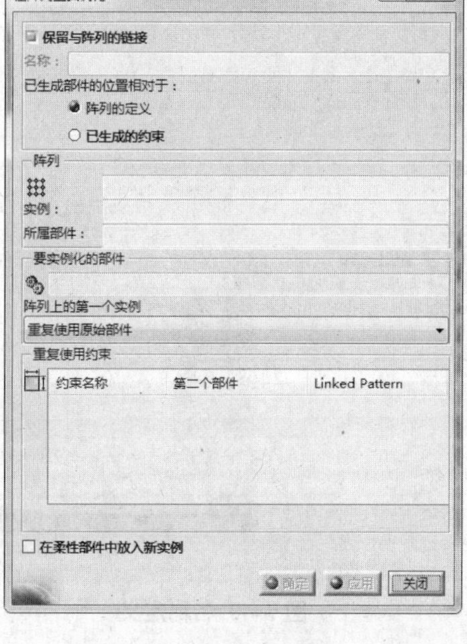

图 9-1 “在阵列上实例化”对话框

（2）名称

在使用重复使用阵列命令时，其名称不能定义，当“重复使用阵列”创建完毕后，可以在结构树上重新定义名称。

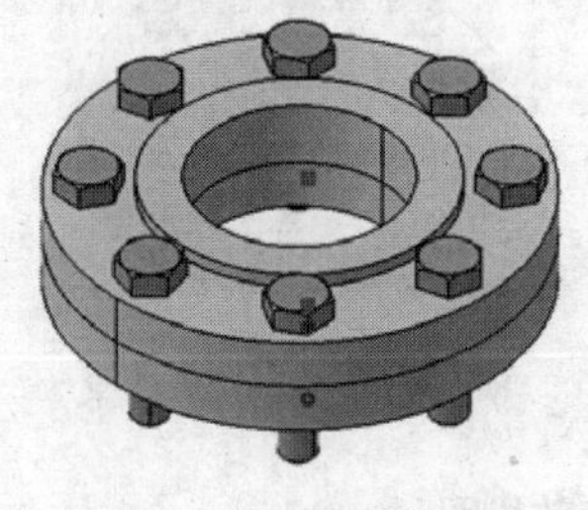
a）更改前

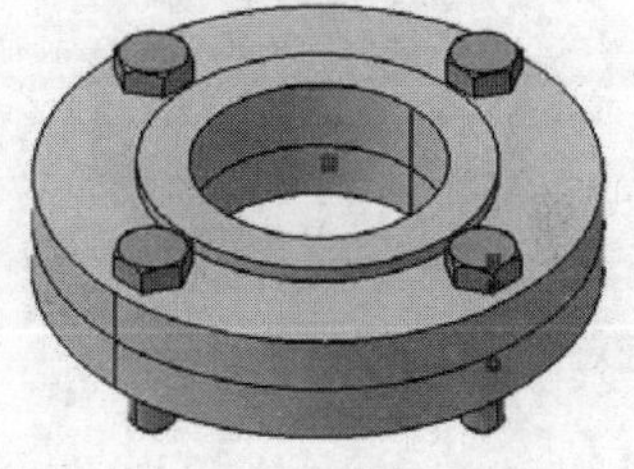
b）更改后

图 9-39 阵列更改效果图

如图 9-40 所示，在结构树上展开“装配特征”节点，右键单击“装配特征”节点下的“重复使用的圆形阵列.1”，在弹出的快捷菜单中依次选择“重复使用的圆形阵列.1 对象”→“定义”选项，弹出“重复使用阵列定义”对话框，如图 9-41 所示，在此对话框中可以更改名称。

（3）已生成部件位置类型

用于确定重复使用阵列生成部件位置的类型。

1）选中“阵列的定义”复选框后，在进行重复使用阵列时，“重复使用阵列”的零件相对于阵列所属部件的空间位置与要实例化的部件一致，但“重复使用阵列”的零件与阵列所属部件没有装配关系，如图 9-42a 所示。

图 9-40 名称定义

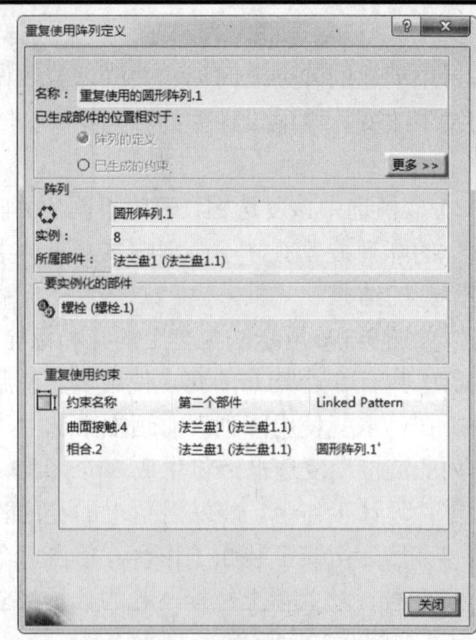

图 9-41 “重复使用阵列定义”对话框

2）选中“已生成的约束”复选框后，在进行重复使用阵列时，“重复使用阵列”的零件与阵列所属部件的装配关系与要实例化部件固有的装配关系一致，如图 9-42b 所示。

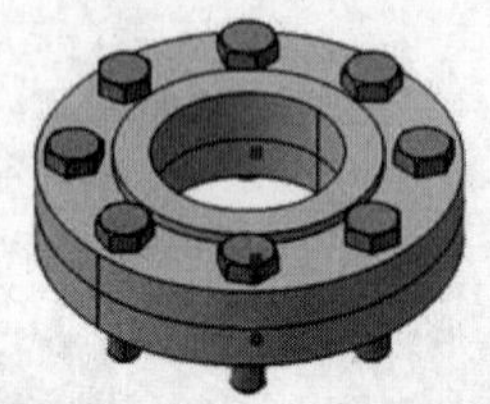

a）激活阵列的定义

b）激活已生成的约束

图 9-42 阵列定义与已生成约束效果图

在“重复使用约束”选项区中，单击“全部”按钮，约束全部使用，单击“清除”按钮，约束全部不使用，如图 9-43 所示。如有必要，用户也可以使用“Ctrl+鼠标左键”选择部分约束。

（4）阵列

“阵列”选项区包括阵列的类型、实例个数、所属部件，如图 9-44 所示，用于显示重复使用阵列中实例化部件生成的位置阵列。

1）▦：用于选择零件中定义的阵列。

2）实例：用于显示零件定义的阵列的实例数量。

（5）要实例化的部件

激活“要实例化的部件”文本框，选择要“重复使用阵列”的零部件，零部件名称会显示在文本框中。

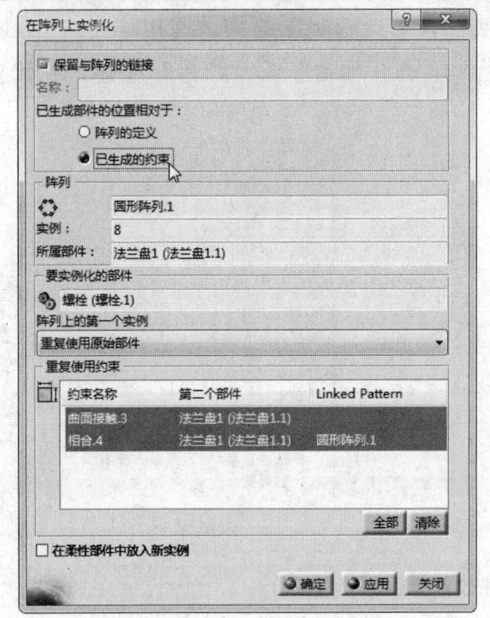

图 9-43 已生成部件位置类型

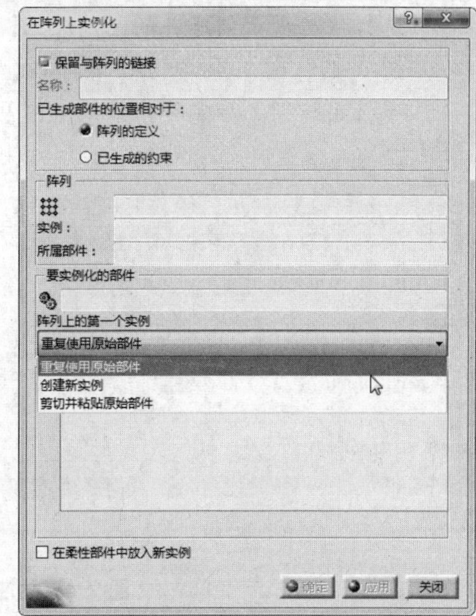

图 9-44 “阵列”选项区

（6）阵列上的第一个实例

通过该选项下拉列表可以设置对第一个零部件的几种处理方式。

1）重复使用原始部件：继续使用第一个零部件，其在结构树和装配关系中的位置保持不变。

2）创建新实例：第一次装配的零部件保持不变，在“重复使用阵列”时，在第一次装配的零部件位置插入一新零部件。

3）剪切并粘贴原始部件：第一次装配的零部件会保留在装配模式中，但在结构树中的位置会改变。

（7）在柔性部件中放入新实例

1）选中该复选框后，重复使用阵列生成的零部件在结构树中的位置会放到一个新部件下面，如图 9-45a 所示。

2）取消选中该复选框后，这些零部件在结构树中将分散放置，如图 9-45b 所示。

【例9-10】 重复使用阵列基本应用。

① 打开随书光盘中的本例文件，在法兰盘上装配第一个螺栓。需要注意的是，这里与螺栓装配的孔是法兰盘上创建的孔，而不是选择生成的阵列孔，如图 9-46 所示。

② 在“约束”工具栏中单击“重复使用阵列”按钮，弹出“在阵列上实例化”对话框，参见图 9-38。

③ 单击法兰盘上已经约束的螺栓，对话框中“要实例化的部件”文本框显示“螺栓（螺栓）”，如图 9-47 所示。

④ 选择法兰盘上创建孔的圆周阵列，在法兰盘 1 结构树上选择“圆周阵列.1”，如图 9-41、图 9-48 所示，阵列添加完毕。单击“确定”或“应用”按钮，螺栓重复使用阵列添加完毕，结果如图 9-49 所示。

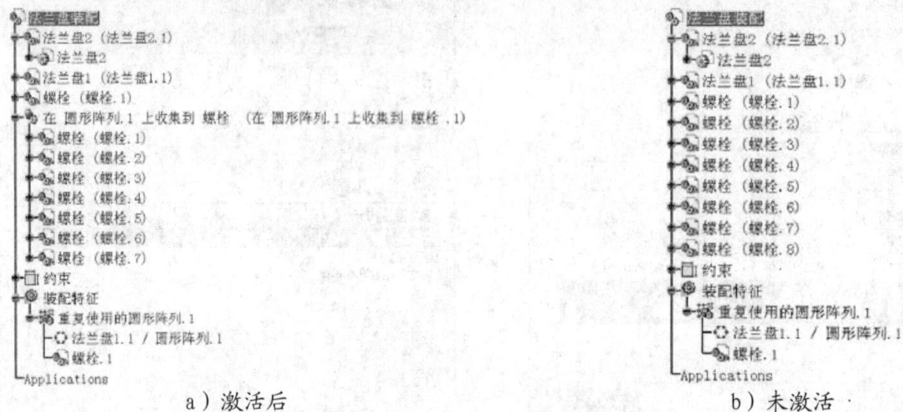

a）激活后　　b）未激活

图 9-45 柔性部件放入新实例

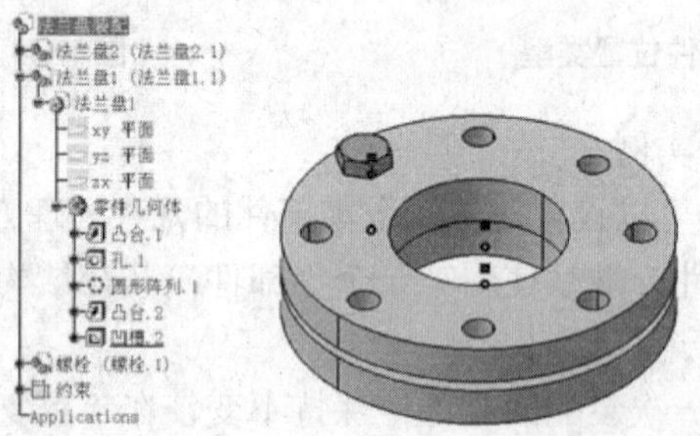

图 9-46 法兰盘上装配第一个螺栓

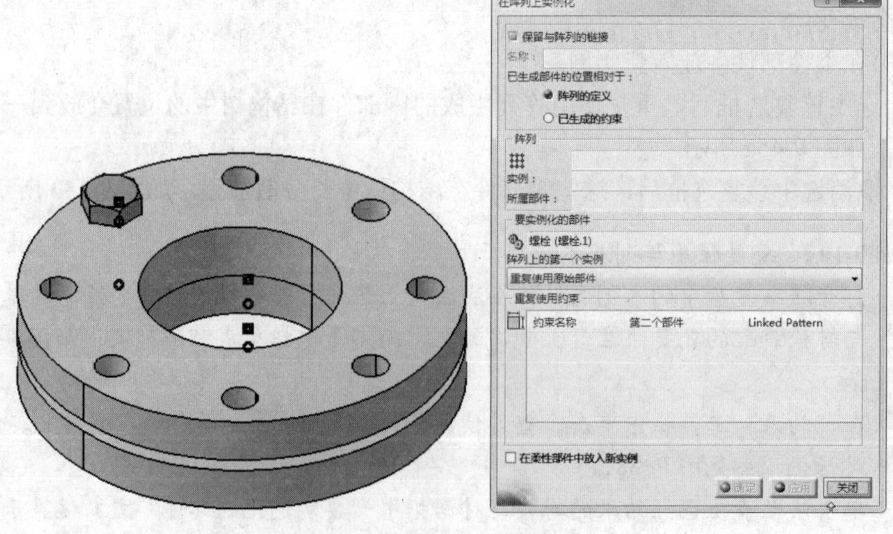

图 9-47 添加要实例化的部件

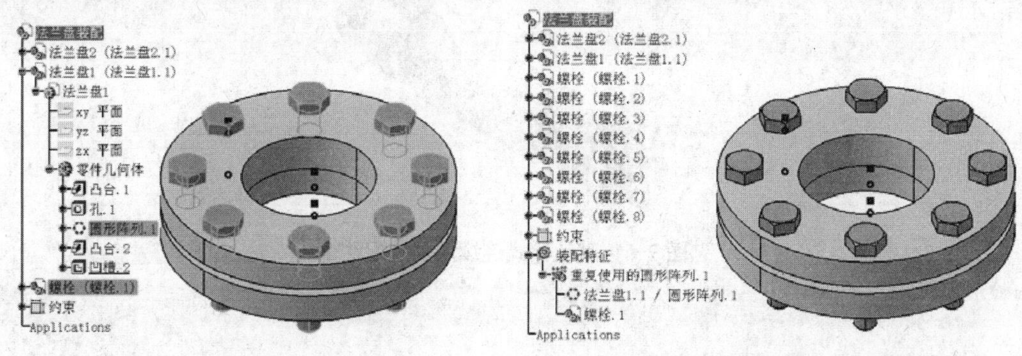

图 9-48 添加阵列　　　　图 9-49 重复使用阵列效果图

9.2 装配约束设置模式

在进行装配约束时，可以使用“创建约束模式”工具栏进行装配约束的连续设置。“创建约束模式”工具栏如图 9-50 所示。

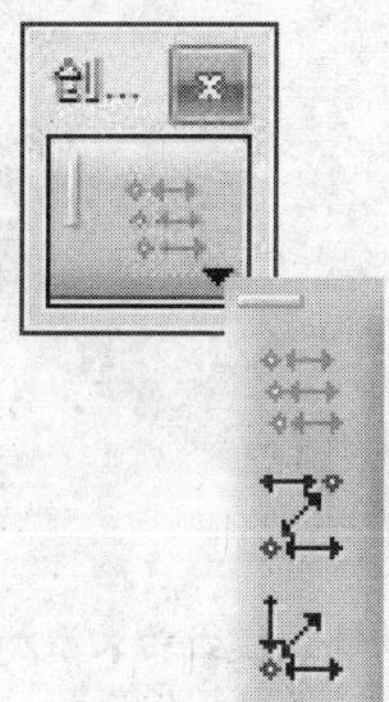

图 9-50 “创建约束模式”工具栏

9.2.1 默认模式

在默认模式下，可以连续使用某一项装配约束功能，对任意部件进行装配约束设置。

在“创建约束模式”工具栏中单击“默认模式”按钮，进入默认模式。双击需要连续使用的约束按钮，以偏移约束为例，选择装配约束的几何元素，设置偏移参数添加约束，如图 9-51 所示。此时，“偏移”约束按钮仍处于激活状态，用户可以继续添加该约束，连续使用“偏移”约束，直至完成所有该类型约束的添加，再单击“偏移”约束按钮，结束该约束的添加。

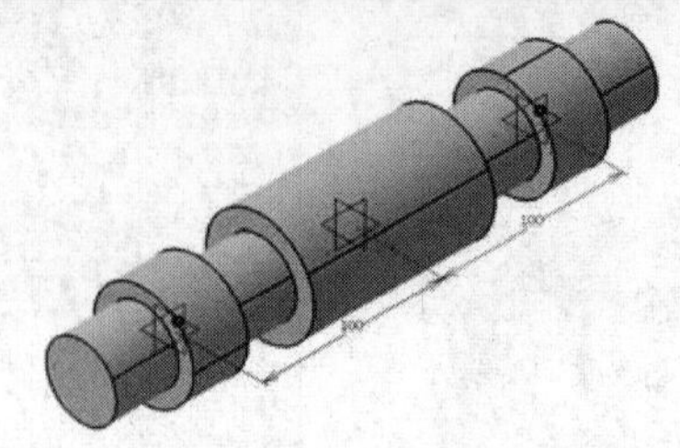

图 9-51 默认模式连续添加装配约束

9.2.2 链式模式

在链式模式下，用户可以连续使用某一项装配约束功能，但用户在连续使用该约束时，所选的第二个几何元素会自动成为基准，下一次使用该约束时它将成为第一个几何元素。

在“创建约束模式”工具栏中单击“链式模式”按钮，进入链式模式。双击需要连续使用的约束按钮，以“偏移”约束为例，第一个偏移约束添加完毕后，系统以第一次添加约束的几何元素作为此次约束添加的第一个几何元素，如图 9-52a 所示，最后形成的链式尺寸，如图 9-52b、c 所示。

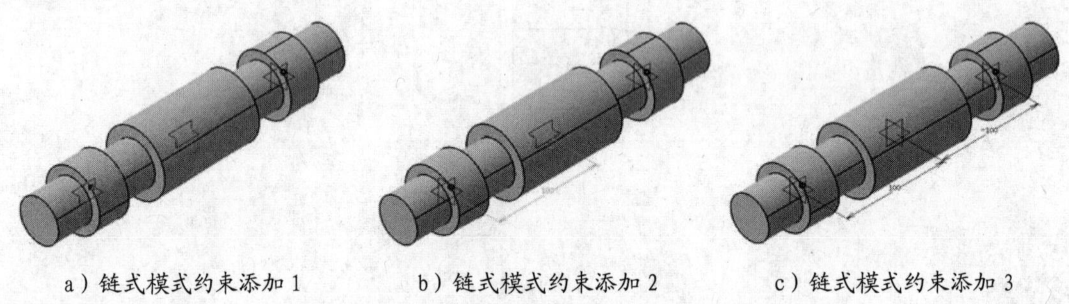

a）链式模式约束添加 1　　b）链式模式约束添加 2　　c）链式模式约束添加 3

图 9-52 链式模式连续添加装配约束

9.2.3 堆叠模式

在堆叠模式下，用户可以连续使用某一项装配约束功能，但用户在连续使用约束时，以所选的第一个几何元素作为基准，它将一直是添加装配约束的第一个几何元素。

在“创建约束模式”工具栏中单击“堆叠模式”按钮，进入堆叠模式。双击需要连续使用的约束按钮，以“偏移”约束为例，第一个偏移约束添加完毕后，系统以第一次添加约束的几何元素作为此次约束添加的第一个几何元素，最后形成堆叠尺寸，如图 9-53 所示。

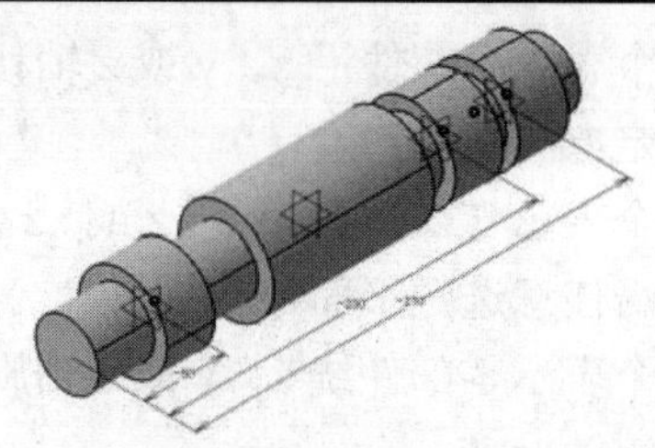

图 9-53 堆叠模式连续添加装配约束

9.3 调整零部件

装配设计中，有时需要对零部件的位置进行调整，CATIA 提供了调整零部件的功能。

9.3.1 位置调整

（1）通过“指南针”

通过对指南针进行操作，可使选中的零部件脱离整个装配的约束条件，进行自由的移动。在装配工作台中使用指南针进行操作的步骤如下：

1）将鼠标移动到指南针的底座红点处，此时鼠标指针形状变为✥，如图 9-54 所示。

2）拖动鼠标至零部件适当位置。

3）单击需要移动的零部件，指南针变为绿色。

4）通过拖动指南针上的直线和圆弧，即可移动或旋转选中的零部件，如图 9-55 所示。有关指南针的其他内容参见“2.2.2 指南针简介”小节相关内容。

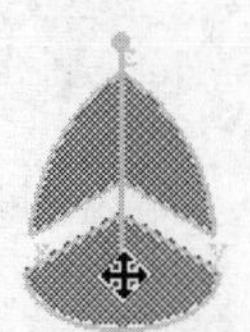

图 9-54 移动指南针

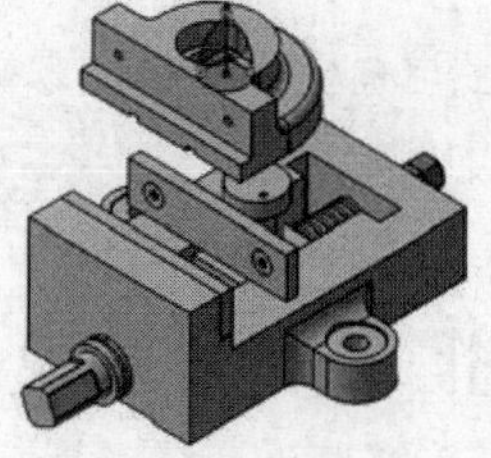

图 9-55 移动零部件

（2）通过“操作”命令

在“移动”工具栏中单击“操作”按钮，弹出“操作参数”对话框，如图 9-56 所示。选中不同的调整方式按钮后，再拖动零部件即可进行操作。

1）调整方式：操作调整方式共有 12 个按钮。

第一行的 4 个按钮，前 3 个表示零部件沿 x、y 或 z 轴移动，最后一个表示零部件沿任意选定方向移动。

第二行的 4 个按钮，前 3 个表示零部件沿 xy、yz 或 xz 平面移动，最后一个表示零部件沿任意选定平面移动。

第三行的 4 个按钮，前 3 个表示零部件绕 x、y 或 z 轴旋转，最后一个表示零部件沿任意选定轴旋转。

2）遵循约束：选中复选框，用户在调整零部件时，所调整的零部件遵循所施加在零部件上的约束，即在已施加的约束条件下调整零部件的位置。

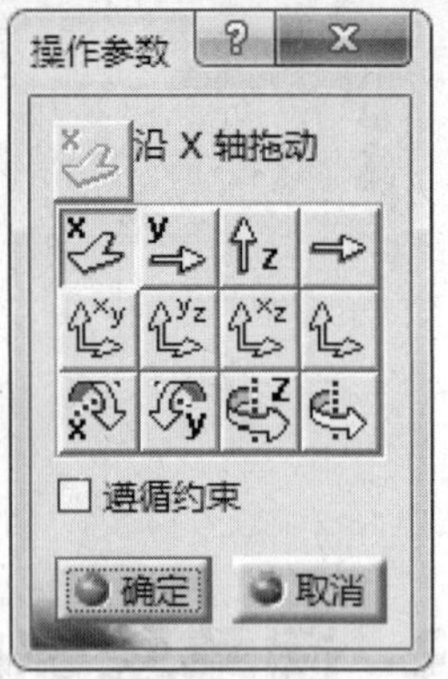

图 9-2 “操作参数”对话框

【例9-11】 对变速箱壳体装配进行移动操作。

① 打开随书光盘中的本例文件。

② 在“移动”工具栏中单击“操作”按钮，弹出“操作参数”对话框，参见图 9-56，单击“沿 z 轴拖动”按钮，并取消选中“遵循约束”复选框。

③ 选择需要调整的零部件，按住鼠标左键并拖动鼠标，该零部件就会按照“操作参数”对话框中所选择的方式进行调整，如图 9-57 所示。

④ 选中“遵循约束”复选框，再次对零部件进行调整，观察图形区的变化。

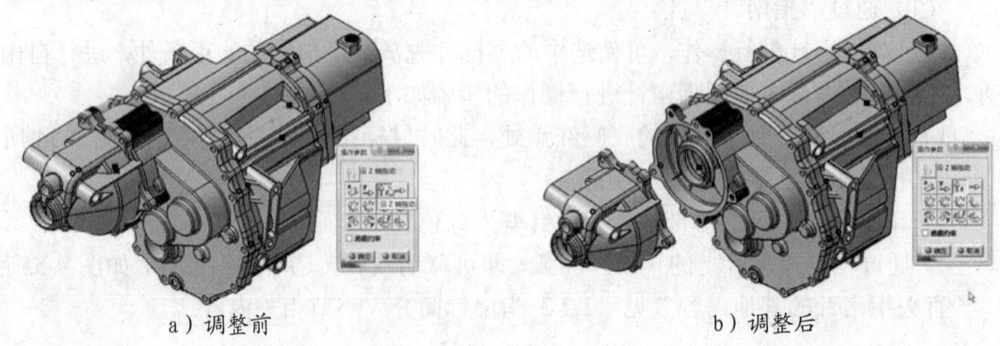

a）调整前　　b）调整后

图 9-57 零部件位置调整

⑤ 单击“确定”按钮，零部件位置调整完毕，若单击“取消”按钮，零部件位置将恢复原始状态。

9.3.2 操作对象的切换

装配设计工作台中的结构树展示了产品中零部件的层次关系和约束关系。

“层次关系”可分为两种，一种结构树中仅有零件或仅有部件，如图 9-58 所示，此种形式适用于简单的产品。另外一种结构树中同时存在零件和部件，如图 9-59 所示，此种形式适用于较复杂的产品。

“约束关系”表示了各个零、部件之间所建立起的约束关系。

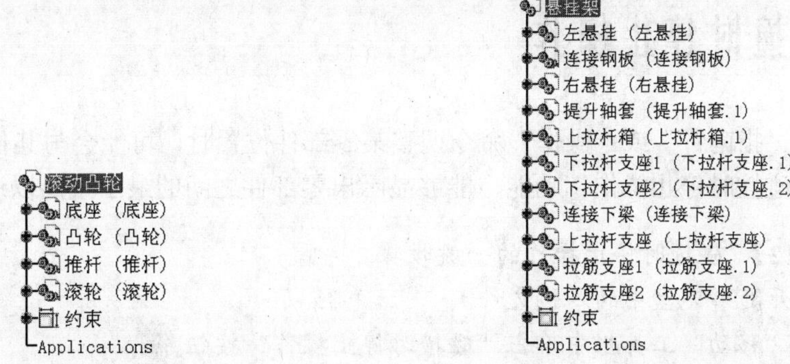

图 9-58 仅存在零件　　　　图 9-59 同时存在零件和部件

（1）打开装配中的零部件

如图 9-60 所示，在装配结构树上选中要打开的零部件（图例为“左悬挂”），单击鼠标右键，弹出快捷菜单，在快捷菜单中依次选择“左悬挂 对象”→“在新窗口中打开”选项，即可打开装配体中的零部件。

（2）激活结构树中的装配体

对装配体中的零部件添加约束时，要注意所选的几何体是否全部属于当前被激活的装配体。

以如图 9-61 所示的装配体中的结构树为例，首先双击装配体 B 将其激活，情况如下：

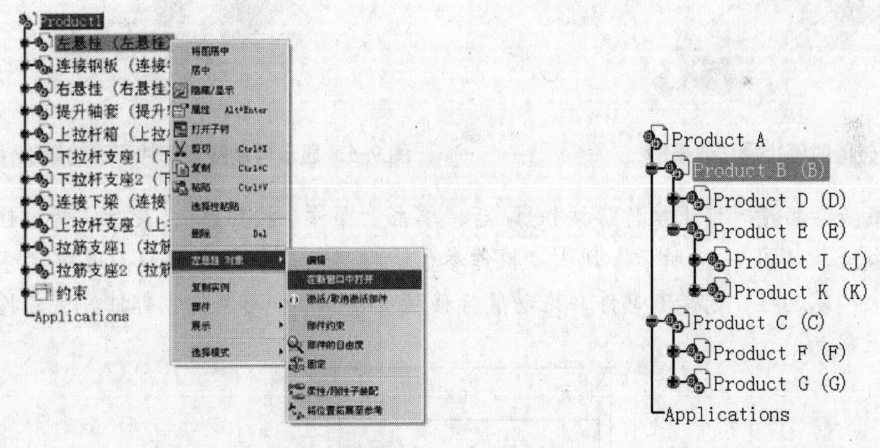

图 9-60 在新窗口中打开零部件　　　　图 9-61 结构树

1）D 和 G 之间不能施加约束，因为 G 不是当前被激活的 B 的部件，要在 D 和 G 之间施加约束，就必须激活 A。

2）J 和 K 之间不能施加约束，因为 J 和 K 同属于 E，而 E 尚未被激活，要在 J 和 K 之间施加约束，必须激活 E。

3）D 和 J 之间可以施加约束，它们是已被激活的 B 的部件。

9.3.3 碰撞时停止操作

在通过“指南针”或“操作”命令调整某零部件位置时，可能会与其他零部件发生干涉。激活“碰撞时停止操作”功能，能够显示出零部件之间的最小距离以避免发生干涉。

【例9-12】 碰撞时停止操作的一般步骤。

① 打开随书光盘中的本例文件。

② 在“移动”工具栏中单击“碰撞时停止操作”按钮。

③ 将指南针拖动到需要移动的零部件上。选中该零部件，先按住“Shift”键，然后拖动指南针，这样零部件只能在约束范围内及部件之间不干涉的情况下进行调整，如图 9-62 所示。

④ 当调整零部件与其他零部件发生干涉时，与其干涉的零部件会显示出来，如图 9-63 所示。

⑤ 零部件位置调整完毕后，再单击“碰撞时停止操作”按钮，零部件调整结束。

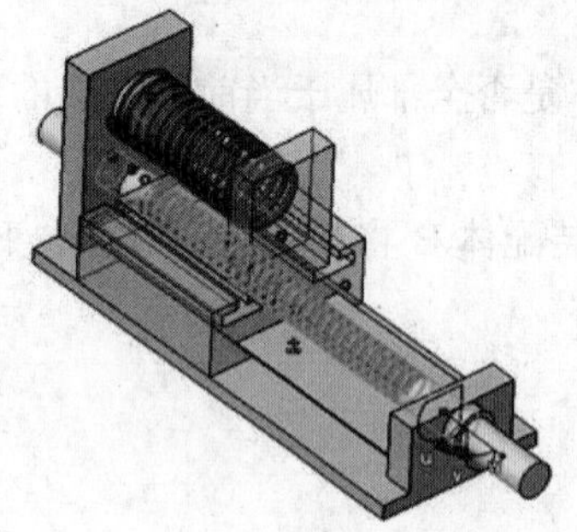

图 9-62 碰撞时停止操作效果图

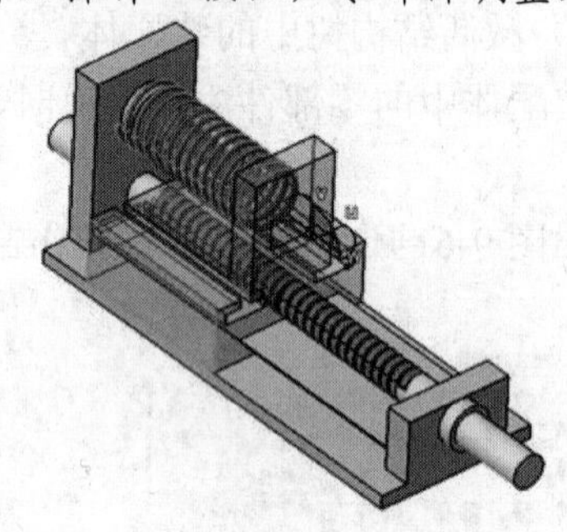

图 9-63 显示与调整零部件干涉的零部件

⑥ 激活“碰撞时停止操作”按钮后，单击“操作”按钮，此时，两按钮同时激活，如图 9-64 所示。弹出“操作参数”对话框，参见图 9-56。选中“遵循约束”复选框，选择零部件，拖动鼠标移动零部件，如与其他零部件发生碰撞将停止移动。

图 9-64 同时激活按钮

9.3.4 捕捉和智能移动

“捕捉”是指通过捕捉零部件的几何元素（点、线、面），快速移动零部件的位置。“捕捉”工具栏包括捕捉和智能移动，如图 9-65 所示。

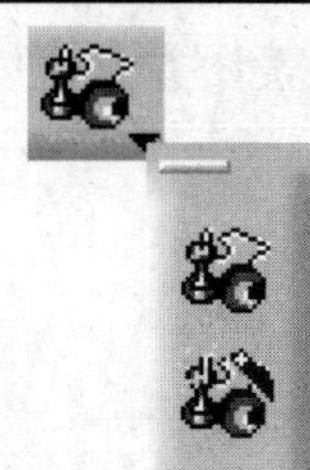

图 9-65 “捕捉”工具栏

（1）捕捉

“捕捉”可以将一个零部件捕捉到另一个零部件上，使所选取的两零部件的几何元素对齐。选取不同的几何元素，零部件产生的对齐结果见表 9-4。

表 9-4 选取不同的几何元素零部件产生的对齐结果

第一个几何元素	第二个几何元素	对齐结果
点	点	共点
点	线	点移动到线上
点	平面	点移动到平面上
线	点	线通过点
线	线	共线
线	平面	线移动到平面上
平面	点	平面通过点
平面	线	平面通过线
平面	平面	共面

【例9-13】 捕捉基本应用。

① 打开随书光盘中的本例文件。

② 在“捕捉”工具栏中单击“捕捉”按钮，选择两个零部件的几何元素，出现对齐箭头，第一个元素与第二个元素对齐，如图 9-66 所示。

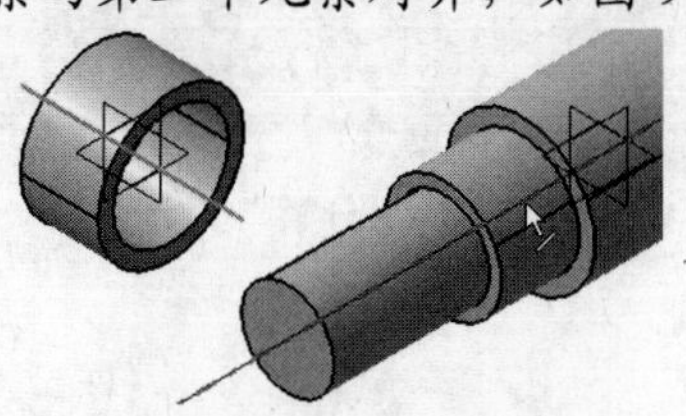

图 9-66 捕捉几何元素

③ 单击图中的“绿色箭头”，整个零部件翻转，形成不同的对齐方式。单击屏幕空白处，零部件调整结束，如图 9-67 所示。

（2）智能移动

运行“智能移动”命令后，可以直接通过鼠标选中零部件的某一几何元素并拖动，从而捕捉到另一个零部件上的某一几何元素，并且可以选择是否生成约束。

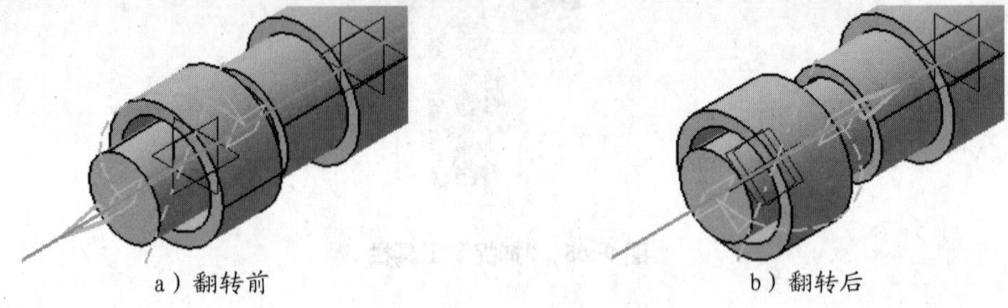

a）翻转前　　　　b）翻转后

图 9-67 捕捉效果对比图

【例9-14】 智能移动基本应用。

① 在“捕捉”工具栏中单击“智能移动”按钮，弹出“智能移动”对话框，单击“更多”按钮，展开“快速约束”选择框，如图 9-66 所示。

② 选中“自动约束创建”复选框，在“快速约束”选项区中，通过“上、下箭头”将需要的约束移到最上层。

③ 选择两个零部件上的几何元素后，单击“绿色箭头”，单击“确定”按钮，零部件自动对齐并设置约束条件，如图 9-67b 所示。

9.3.5 零部件分解显示

零部件“分解”显示是指将已经装配的产品各个零部件分解，以显示它们之间的相对关系。

在“移动”工具栏中单击“分解”按钮，弹出“分解”对话框，如图 9-68 所示。

图 9-68 “分解”对话框

（1）定义

1）深度：

a）所有级别：将所选产品分解至零件状态，如图 9-69a 所示。

b）第一级别：将所选产品的结构树第一层分解，如图 9-69b 所示。

2）类型：

a）3D：用于使产品在三维空间中均匀分解，如图 9-70a 所示。

b）2D：用于在产品分解后投影到垂直于坐标平面的二维投影面上，如图 9-70b 所示。

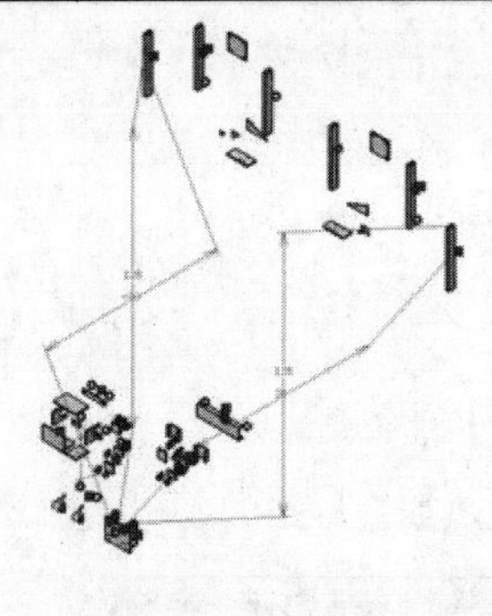

a）所有级别

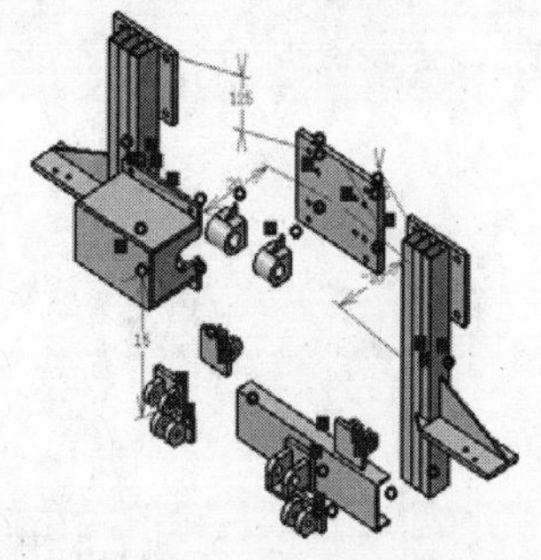

b）第一级别

图 9-69 深度效果图

c）受约束：按照约束关系进行分解，此设置只有在产品中有零部件且约束为轴线相合或面相合时使用，如图 9-70c 所示。

3）选择集：用于选择需要分解的产品。

4）固定产品：用于产品分解时固定某一零部件的位置，激活“固定产品”文本框，选择需要固定的零部件。

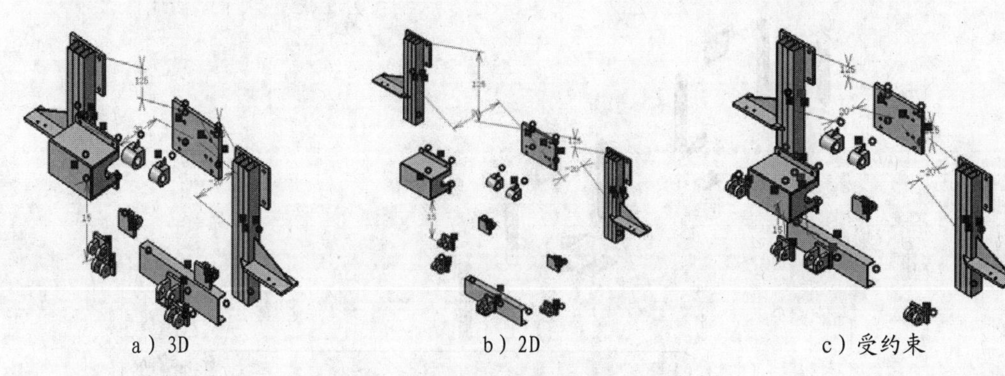

a）3D　　b）2D　　c）受约束

图 9-70 类型效果图

（2）滚动分解

用于显示产品分解的过程和控制产品分解的程度。

单击“应用”按钮后，即可使用该选项。拖动滚动条，可显示产品分解的动态过程；单击滚动条右侧的“前进”和“后退”，可控制产品的分解程度，如图 9-71 所示。

【例9-15】 零部件分解基本应用。

① 打开随书光盘中的本例文件。

② 在“移动”工具栏中单击“分解”按钮，选中要分解的产品，如图 9-72 所示。弹出“分解”对话框，如图 9-68 所示。

③ 单击“确定”按钮，弹出“警告”提示框，如图 9-73 所示，单击“是”按钮，产品分解完毕，效果如图 9-74 所示。

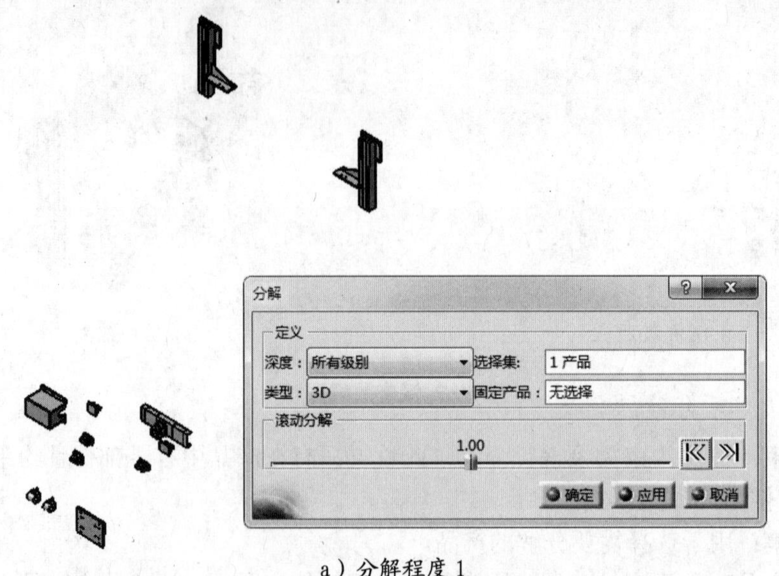

a）分解程度 1

b）分解程度 2

图 9-71 产品分解程度

④ 如果产品约束完全，单击“全部更新”按钮，产品可恢复到分解前状态；如果约束不完全，则需要通过“撤销”命令恢复到分解前状态。

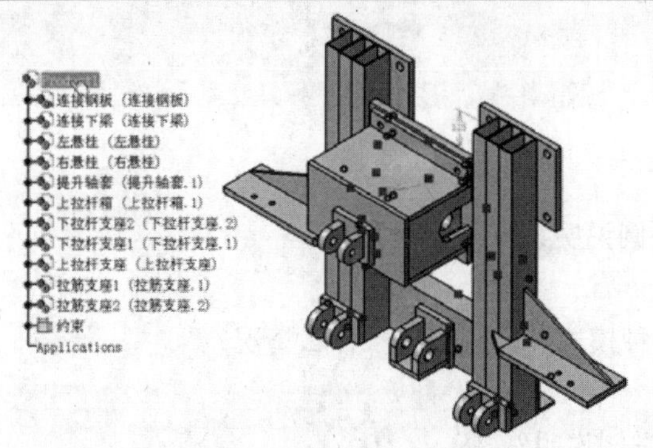

图 9-72 选中分解产品

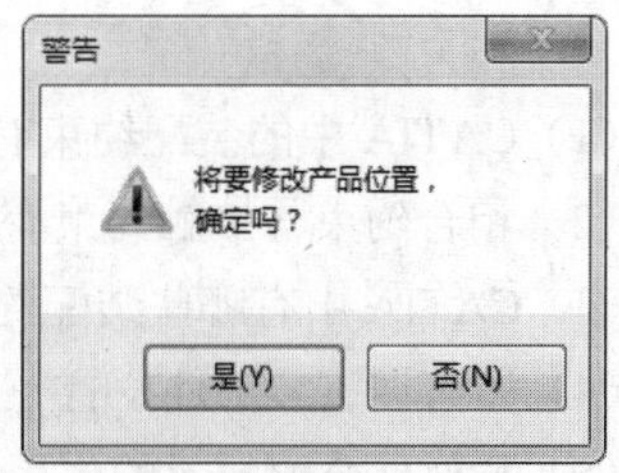

图 9-73 警告提示框

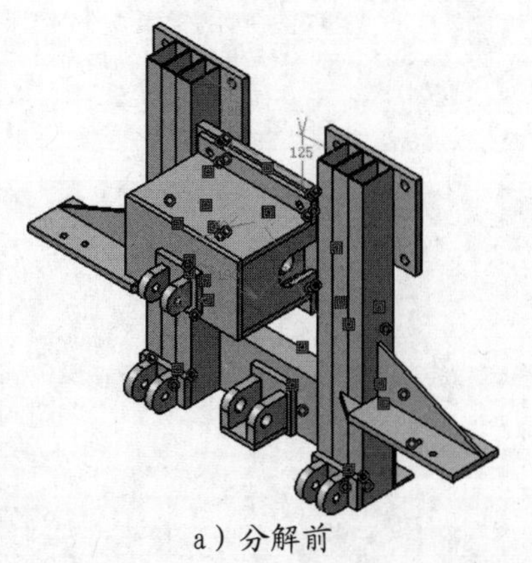

a）分解前

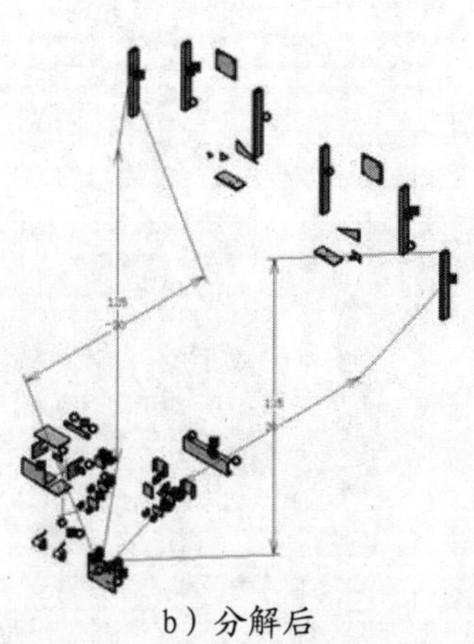

b）分解后

图 9-74 分解效果图

9.4 小结

本章的内容为 CATIA 的装配约束与调整。产品的所有零件只有在装配成功，并且运动校核合理之后才可以试制生产。CATIA 的装配约束与调整就是要将设计好的各个零件组装起来，在设计过程中协调各零件之间的关系，发现并修正零件设计的缺陷，装配设计也是数字样机的基础。CATIA 中的装配约束有相合、接触、偏移、角度、固定、固联、快速约束等，装配约束结果是否正确，将直接影响数字样机、虚拟仿真等环节。在学习时应注意进行区分，掌握各种装配约束的适用范围，熟悉各种约束的操作步骤，学会使用装配约束设置模式对约束进行连续设置。此外，还要学会对装配体中的零部件位置进行调整。

9.5 思考题

（1）CATIA 中的装配约束有哪些，举例说明其应用范围。

（2）相合约束与接触约束有何区别？

（3）CATIA 中有哪些装配约束有哪三种模式？分别应用于什么情况？

（4）如何调整零部件位置？

（5）零部件分解显示的作用是什么，举例说明？

第10章 装配特征与管理

10.1 装配特征

通过 CATIA 的装配特征管理工具，可以对装配体进行“分割”“对称”“关联”和“添加到已关联的零件”等操作，装配特征工具栏如图 10-1 所示。单击“分割”按钮下的三角箭头，弹出“参考装配特征”工具栏，该工具栏包括“分割”“孔”“凹槽”“添加”和“移除”等工具。

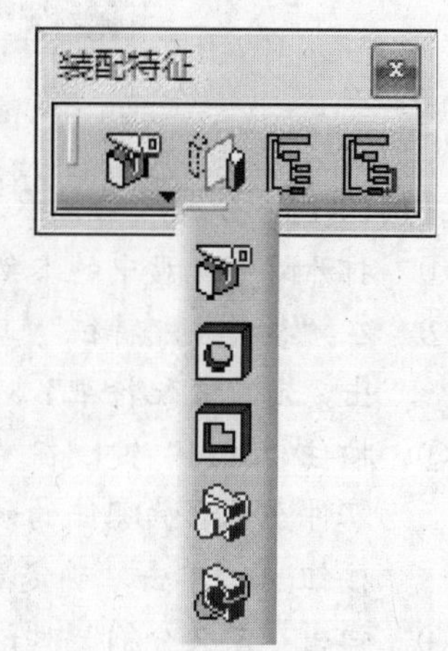

图 10-1 “装配特征”工具栏

10.1.1 部件分割

“部件分割”命令用于以选定的面对多个零部件进行部分切除。

在“参考装配特征”工具栏中单击“分割”按钮，选定某个产品零件的参考面，弹出“定义装配特征”对话框，如图 10-2 所示。

（1）名称

系统的默认名称是“分割装配.1”，可根据需要重命名。

（2）可能受影响的零件

列表框中展列出所有可能被分割的零件及其文件的路径。

（3）受影响零件

列表框中列出了用户可能需要进行分割的零件，可通过对话框中部的四个功能按钮添加或移除受影响的零件。

（4）功能按钮

1）按钮：添加所有零件至受影响零件的列表。

2）按钮：添加选定零件至受影响零件的列表。

3）按钮：从受影响零件的列表中移除所有零件。

4）按钮：从受影响零件的列表中移除选定零件。

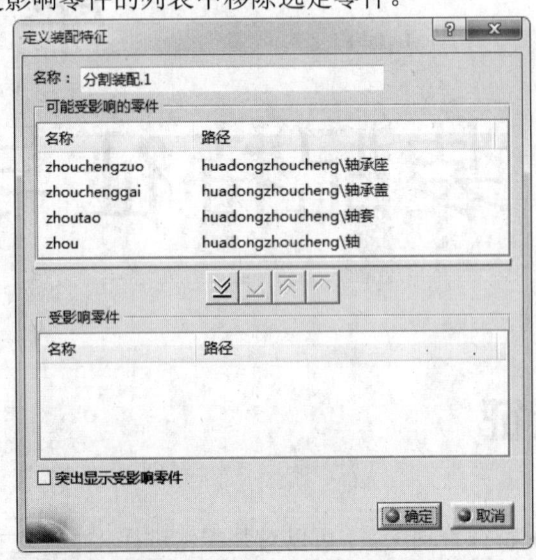

图 10-2 “定义装配特征”对话框

【例10-1】 分割滑动轴承。

① 打开随书光盘中的本例文件，本例为滑动轴承，如图 10-3 所示。

② 在“参考装配特征”工具栏中单击“分割”按钮，选定轴承座的 zx 平面，弹出“定义装配特征”对话框，参见图 10-2。

③ 按住“Ctrl”键，在“可能受影响的零件”栏中选中所有零件，单击“添加选定零件至受影响零件的列表”按钮；或单击“添加所有零件至受影响零件的列表”按钮，单击“确定”按钮。

④ 弹出“定义分割”对话框，并指定出分割平面，如图 10-4 所示；图中箭头指示方向为部件的保留部分，单击箭头更改保留部分，如图 10-5 所示。

⑤ 单击“确定”按钮，如图 10-6 所示。

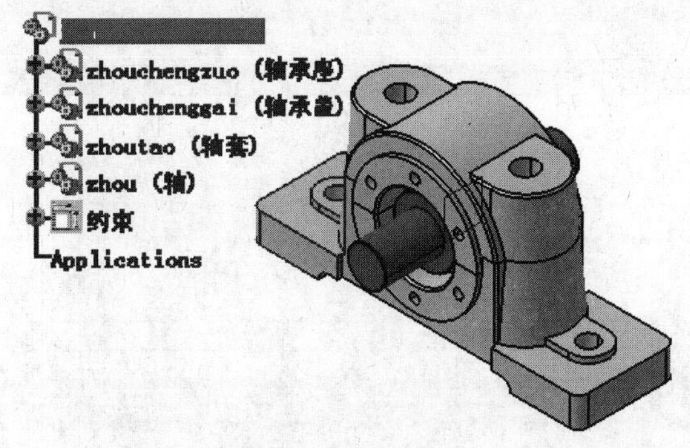

图 10-3 滑动轴承

图 10-4 “定义分割”对话框

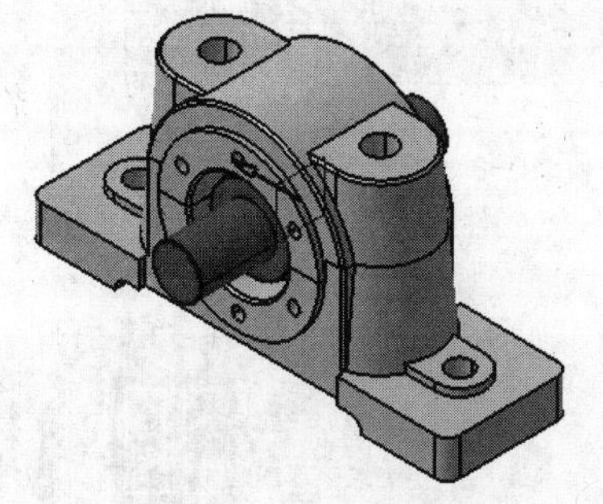

图 10-5 箭头指示方向

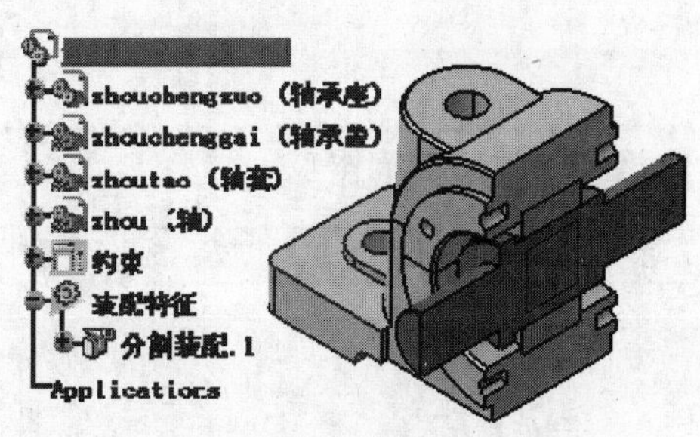

图 10-6 分割效果

10.1.2 装配孔

通过“装配孔”命令可以在装配体中创建一个穿过多个零件的孔。

在“参考装配特征”工具栏中单击“孔”按钮，选定产品零件的实体特征平面，弹出“定义装配特征”和“定义孔”对话框，“定义装配特征”对话框参见图 10-2，“定义孔”对话框详见“6.3 孔特征”小节内容。

【例10-2】 壳体耳座开孔。

① 打开随书光盘中的本例文件，本例为排种器壳体，如图 10-7 所示。

② 双击“排种器左壳体”节点下的零件图标切换至零件工作台，选中左耳座表面，单击“草图”按钮进入草图工作台，创建一个点，如图 10-8 所示，退出草图工作台。

③ 切换至装配设计工作台。在“参考装配特征”工具栏中单击“孔”按钮，选中创建点，并单击点所在的平面，弹出“定义装配特征”和“定义孔”对话框。

④ 在“定义装配特征”对话框选中“可能受影响的零件”列表中的“排种器右壳体”，单击“添加选定零件至受影响零件的列表”按钮，“定义孔”对话框中参数设置如图 10-9 所示。

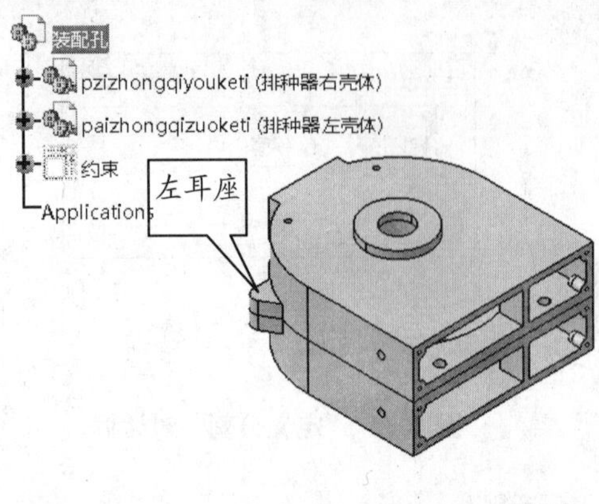

图 10-7 排种器壳体

图 10-8 创建点

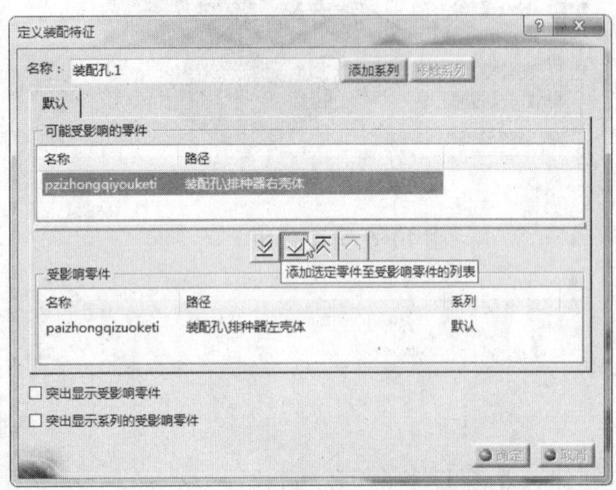

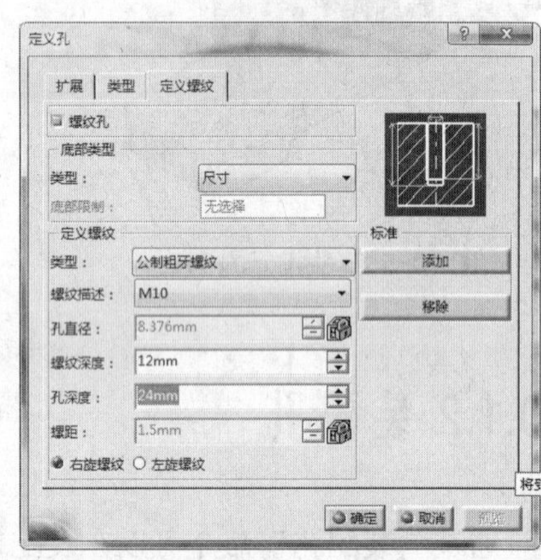

图 10-9 “定义装配特征”对话框和“定义孔”对话框

⑤ 单击“预览”按钮，如图 10-10 所示，确认无误后单击“确定”按钮，在“更新”工具栏中单击“全部更新”按钮，结果如图 10-11 所示。

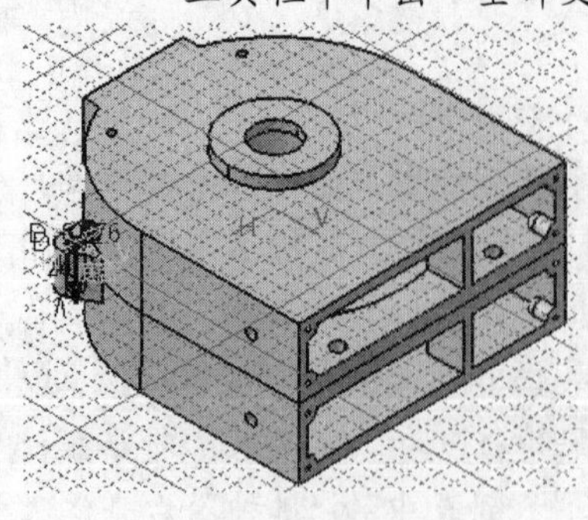

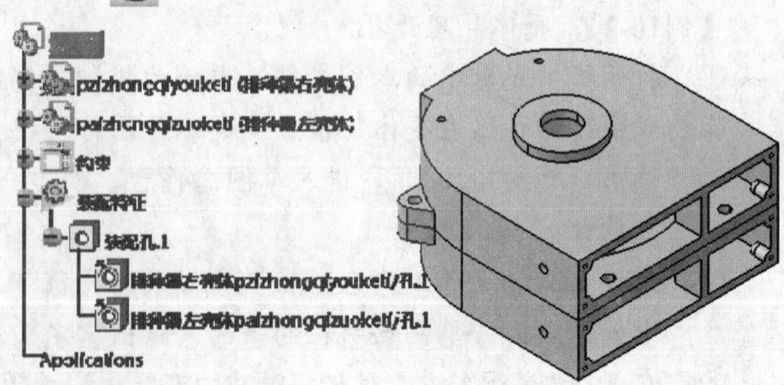

图 10-10 预览效果

图 10-11 装配孔效果

10.1.3 装配凹槽

通过“装配凹槽”命令可以在一次移除操作中同时在多个零部件创建凹槽。凹槽的创建与孔有所不同，创建凹槽装配特征时必须创建轮廓线，可以在草图工作台中绘制凹槽的轮廓、子元素。

在“参考装配特征”工具栏中单击“凹槽”按钮，选定凹槽的轮廓线，弹出“定义装配特征”对话框，参见图 10-2，单击对话框中的“添加所有零件至受影响零件的列表”按钮，弹出“定义凹槽”对话框，如图 10-13 所示。

【例10-3】 为排种器壳体定义一个装配凹槽。

① 打开随书光盘中的本例文件，本例引用完成装配孔特征的排种器壳体，如图 10-7 所示。

② 双击“排种器左壳体”节点下的零件图标切换至零件工作台，选中壳体表面，单击“草图”按钮，进入草图工作台，绘制的图形如图 10-12 所示，退出草图工作台，切换至装配设计工作台。

③ 在“参考装配特征”工具栏中单击“凹槽”按钮，选中已创建的轮廓线，弹出“定义装配特征”对话框，单击对话框中的“添加所有零件至受影响零件的列表”按钮，弹出“定义凹槽”对话框，参数设置如图 10-13 所示。

④ 单击“预览”按钮，如图 10-14 所示，确认无误后单击“确定”按钮，在“更新”工具栏中单击“全部更新”按钮，结果如图 10-15 所示。

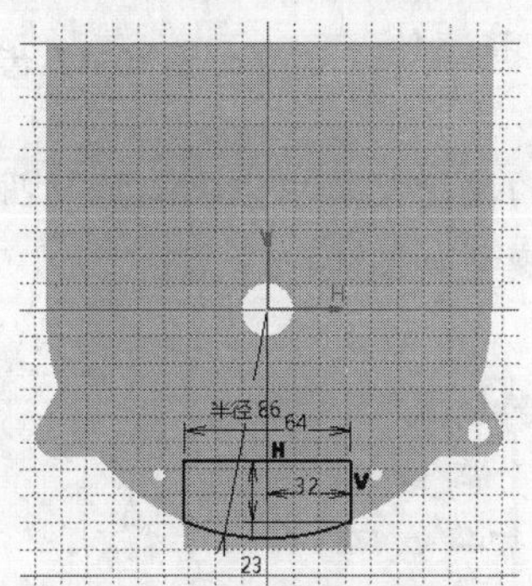

图 10-12 绘制的轮廓线

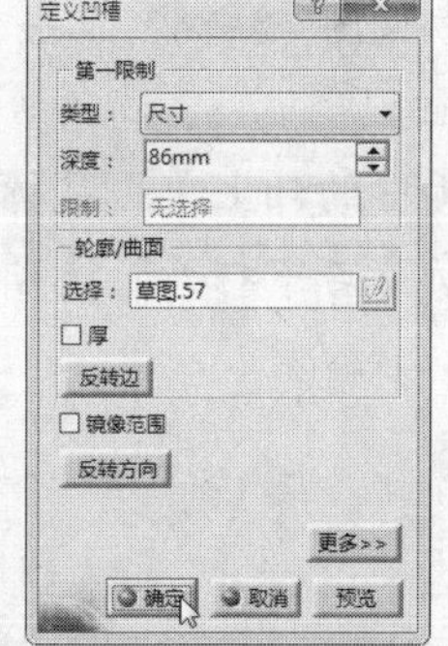

图 10-13 “定义凹槽”对话框

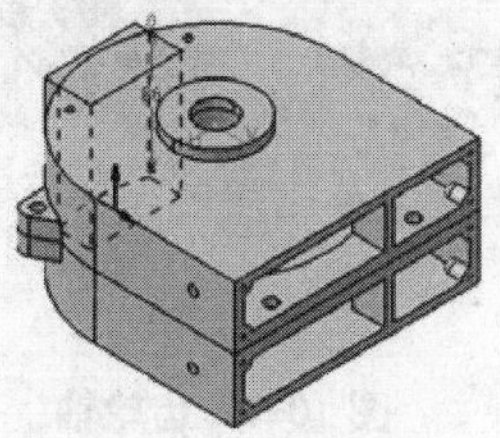

图 10-14 预览效果

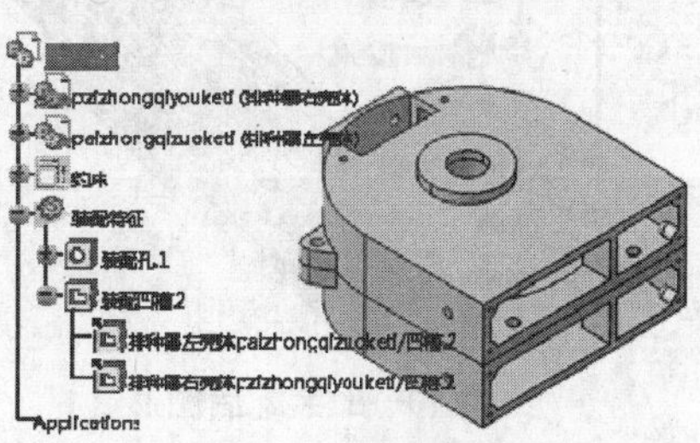

图 10-15 凹槽效果

10.1.4 部件添加

“部件添加”命令用于将某个零部件添加到另外一个零部件中，从而组合为一个整体。

在“参考装配特征”工具栏中单击“添加”按钮，选择要添加的零部件，弹出“定义装配特征”对话框，参见图 10-2。在弹出的对话框中选择要添加的几何体对象，单击“添加选定零件至受影响零件的列表”按钮，将其移到“受影响的零件列表框”中，弹出“添加”对话框，如图 10-16 所示。

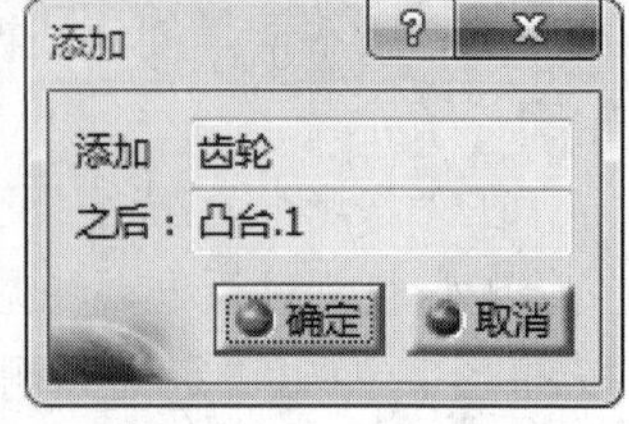

图 10-16 “添加”对话框

1）添加：选择要添加的几何体。

2）之后：选择添加的几何体后，系统自动将添加几何体置于目标零件下。

【例10-4】 创建齿轮轴。

① 打开随书光盘中的本例文件，本例为添加齿轮轴，如图 10-17 所示。

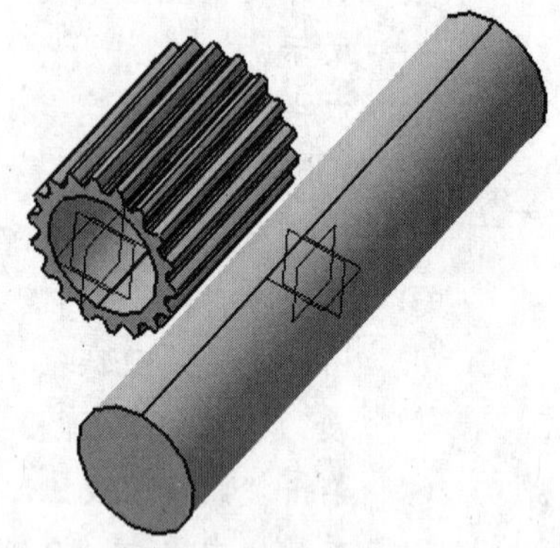

图 10-17 齿轮与轴

② 首先将齿轮与轴进行装配，如图 10-18 所示。

③ 在“参考装配特征”工具栏中单击“添加”按钮，选择齿轮作为添加参考对象，在弹出的对话框中选择轴作为添加的几何体对象，单击“添加选定零件至受影响零件的列表”按钮，弹出“添加”对话框，参见图 10-16，单击“确定”按钮，将齿轮添加到轴上。

④ 在结构树中的轴上单击鼠标右键，在弹出的快捷菜单中依次选择“凸台.1 对象”→“在新窗口中打开”选项，齿轮轴三维模型如图 10-19 所示。

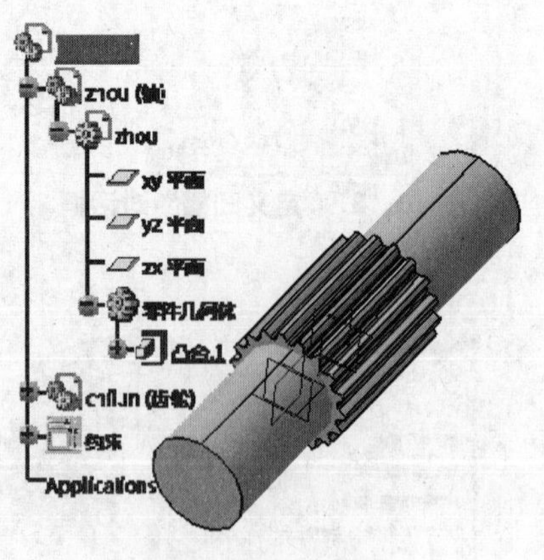

图 10-18 装配后图形

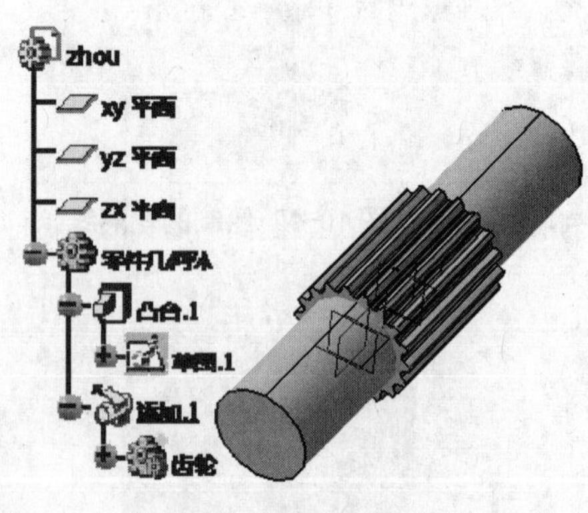

图 10-19 齿轮轴

10.1.5 部件移除

与“部件添加”功能相反，“部件移除”用于将某个零部件的外形从另外一个零部件中去除。在“参考装配特征”工具栏中单击“移除”按钮，选择要移除的零部件，弹出“定义装配特征”对话框，参见图 10-2。在弹出的对话框中选择要移除的几何体对象，单击“添加选定零件至受影响零件的列表”按钮，将其移动至受影响的零件列表中，弹出“移除”对话框，如图 10-20 所示。

1）移除：选择要移除的几何体。

2）之后：选择移除的几何体后，系统自动将几何体从目标零件中移除。

【例10-5】 创建齿轮花键。

① 打开随书光盘中的本例文件，本例为移除齿轮花键，如图 10-21 所示。

② 将花键轴与齿轮装配，如图 10-22 所示。

③ 在“参考装配特征”工具栏中单击“移除”按钮，选择花键轴作为移除参考对象，在弹出的“定义装配特征”对话框中选择齿轮 1 作为移除对象，单击“添加选定零件至受影响零件的列表”按钮，弹出“移除”对话框，单击“确定”按钮，完成移除。

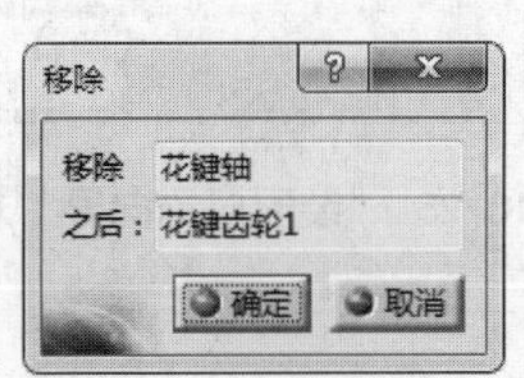

图 10-20 “移除”对话框

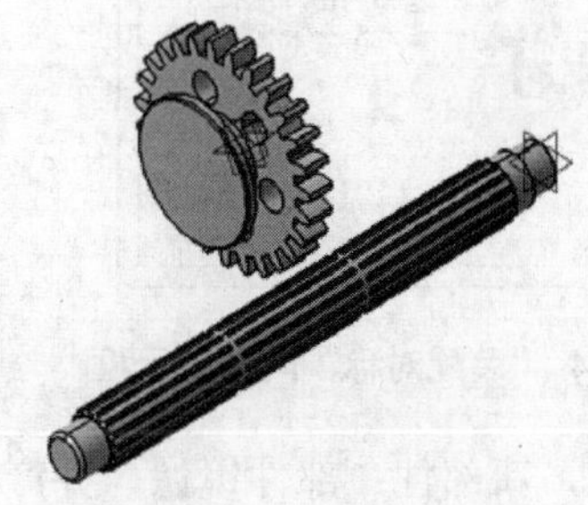

图 10-21 花键轴与齿轮

④ 在结构树中选中齿轮，单击鼠标右键，在弹出的快捷菜单中依次选择“花键齿轮 1 对象”→“在新窗口中打开”选项，内花键齿轮三维模型如图 10-23 所示。

图 10-22 装配后图形

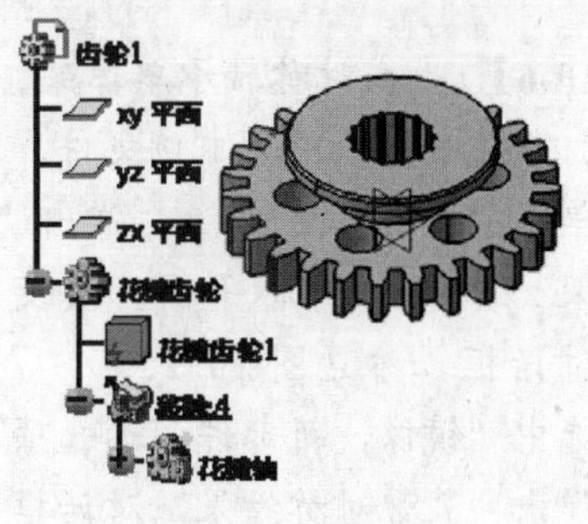

图 10-23 齿轮花键

10.1.6 部件对称

“部件对称”用于完成零部件镜像、旋转、移动、平移等操作。

在“装配特征”工具栏中单击“对称”按钮，弹出“装配对称向导”提示框，如图 10-24 所示。

1）选择对称平面：选取对称参考平面。

2）选择要变换的产品：选择要进行变换的零部件。

在选择要变换的产品后，弹出“装配对称向导”对话框，如图 10-25 所示。

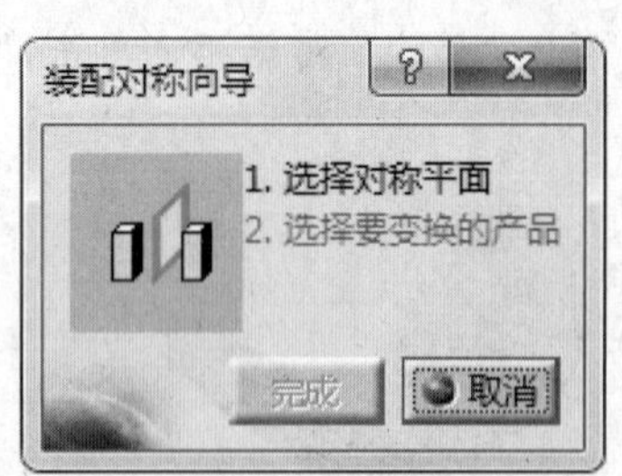

图 10-24 “装配对称”向导提示框

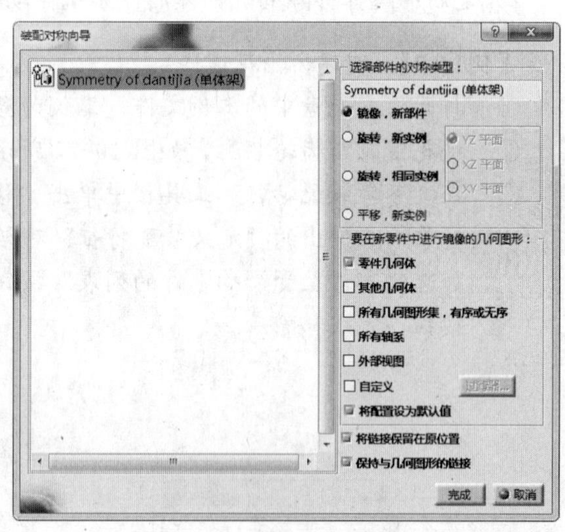

图 10-25 “装配对称向导”对话框

1）镜像，新部件：部件镜像，并产生新部件。

2）旋转，新实例：部件旋转，并产生新部件。

3）旋转，相同实例：部件旋转，不产生新部件。

4）平移，新实例：部件移动，并产生新部件。

【例10-6】 生成对称轴承单体架。

① 打开随书光盘中的本例文件，本例为单体架，如图 10-26 所示。

② 单击“对称”按钮，弹出“对称装配向导”提示框，参见图 10-24。选择单体架 zx 平面为对称平面，要变换的产品选择单体架后，弹出“装配对称向导”对话框，参见图 10-25。

③ 选中“镜像，新部件”单选项，预览效果如图 10-27a 所示。单击“完成”按钮，弹出“装配对称结果”对话框，单击“关闭”按钮，完成操作，生成的对称单体架如图 10-27b 所示。

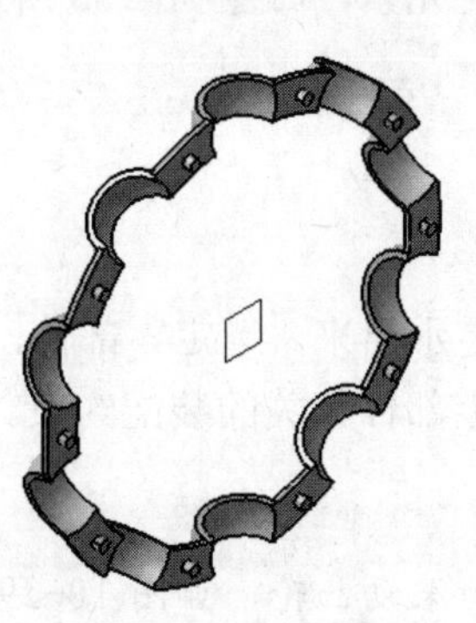

图 10-26 单体架

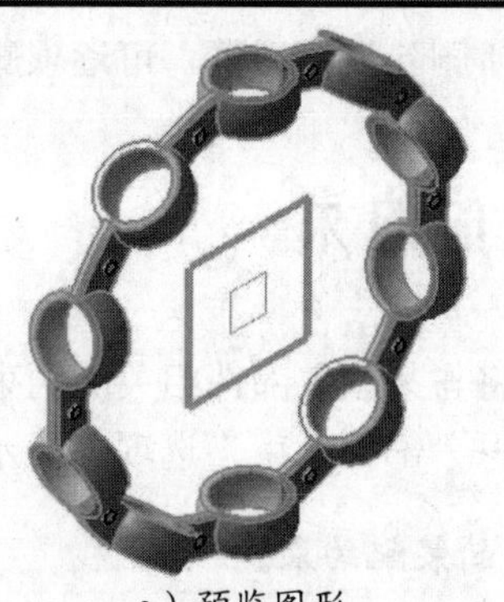

a）预览图形

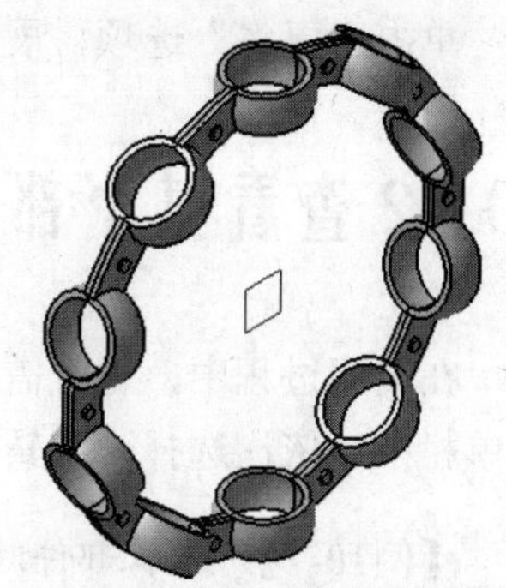

b）对称后图形

图 10-27 生成对称单体架

10.2 装配编辑操作

10.2.1 删除装配元素

如果在装配过程中不再需要某些装配元素，可以将这些装配元素删除。

具体操作步骤是，选择要删除的装配元素，在菜单栏中，依次选择“编辑”→“删除”选项；或在要删除的装配元素上单击鼠标右键，在弹出的快捷菜单中选择“删除”；或选择要删除的装配元素，单击键盘上的“Delete”键。

如果所删除的装配元素中含有父级、子级元素，则弹出“删除”对话框，如图 10- 28 a 所示。

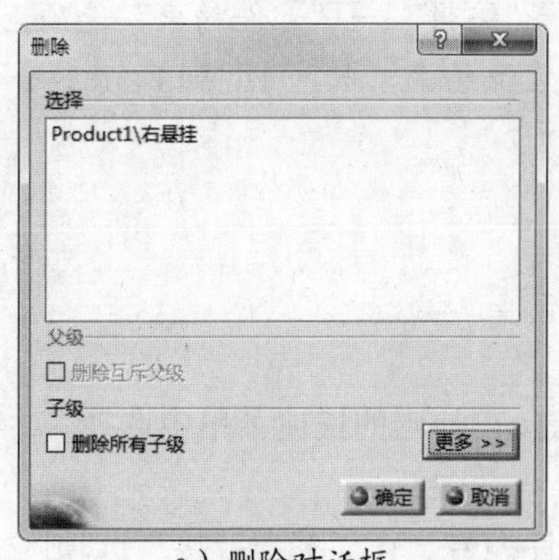

a）删除对话框

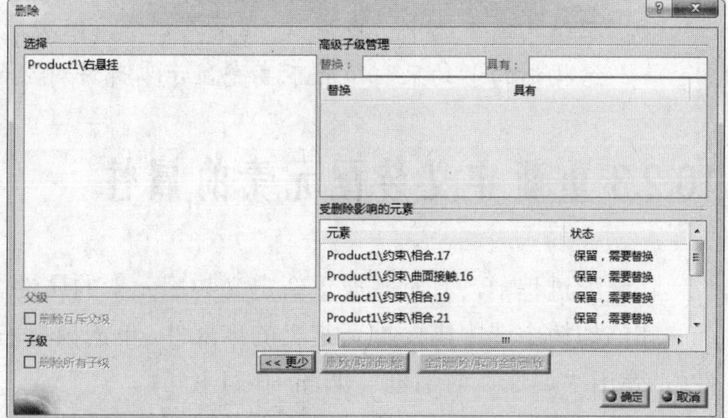

b）展开的删除对话框

图 10-28 “删除”对话框

1）选中“删除互斥父级”复选框，将删除装配元素中所有父级元素。

2）选中“删除所有子级”复选框，将删除装配元素中所有子级元素。

单击“更多”选项，展开“删除”对话框，可逐项删除装配元素，如图 10-28b 所示。

10.2.2 查看某个部件的约束

在装配过程中，有时需要将与某些零部件相关的约束全部显示出来。选定零部件，在菜单栏中，依次选择“编辑”→“部件约束”选项，显示出与零部件相关的装配约束。

【例10-7】 选取部件对应的装配约束。

① 打开或任意创建一个装配约束的 Product 文件，本例为滚动凸轮，如图 10-29 所示。

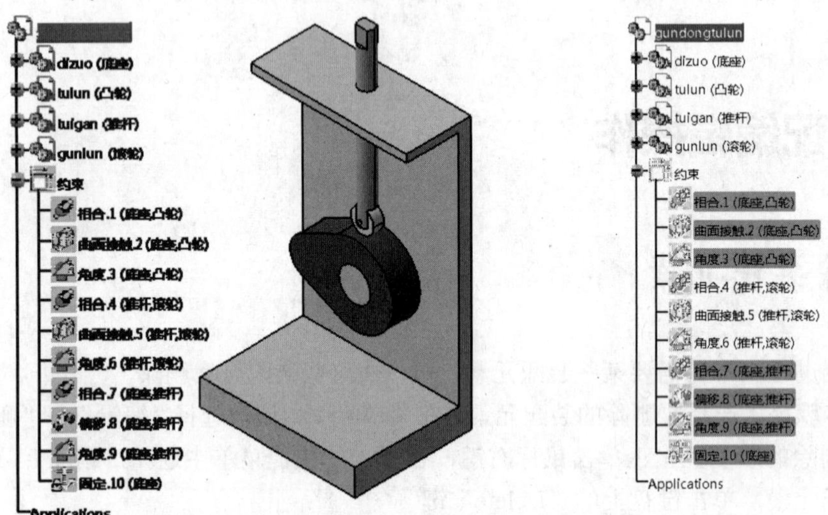

图 10-29 滚动凸轮　　　图 10-30 零部件对应的装配约束

② 在结构树中选中“底座”，在菜单栏中，依次选择“编辑”→“部件约束”选项，结构树的“约束”节点下高亮显示零部件对应的装配约束，如图 10-30 所示。

10.2.3 重新定义装配元素的属性

在装配过程中，有时需要重新定义装配元素的属性。

在结构树中选中需要重新定义的零部件，单击鼠标右键，在弹出的快捷菜单中选择“属性”，弹出“属性”对话框，如图 10-31 所示。

1）“产品”选项卡：可以重新定义零部件的名称和零件编号，在“参考链接”选项区显示出零部件原始文件的路径，参见图 10-31。

2）“图形”选项卡：可以重新定义零部件的外观属性，包括零部件的颜色、线型、线宽和透明度等，如图 10-32 所示。

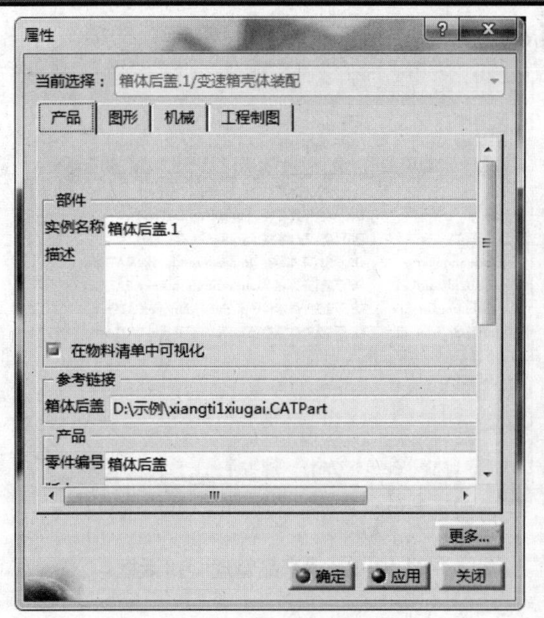

图 10-31 “产品”选项卡

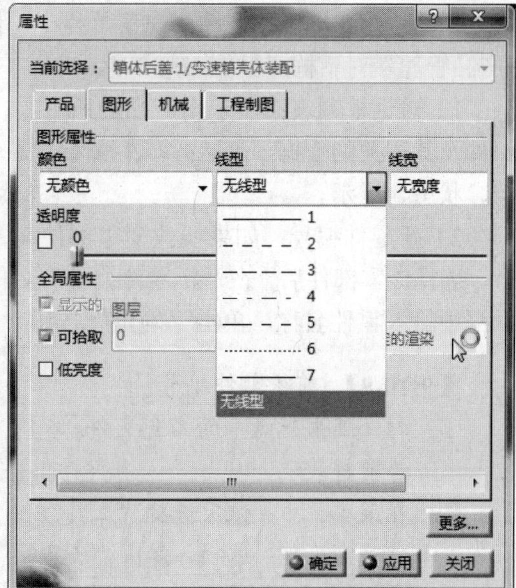

图 10-32 “图形”选项卡

3）“机械”选项卡：在选项中列出了零部件的一些机械特性，包括体积、质量、曲面和惯性矩阵等，如图 10-33 所示。

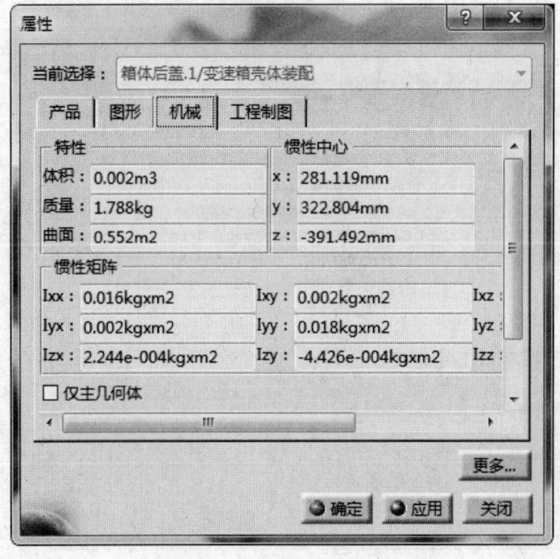

图 10-33 “机械”选项卡

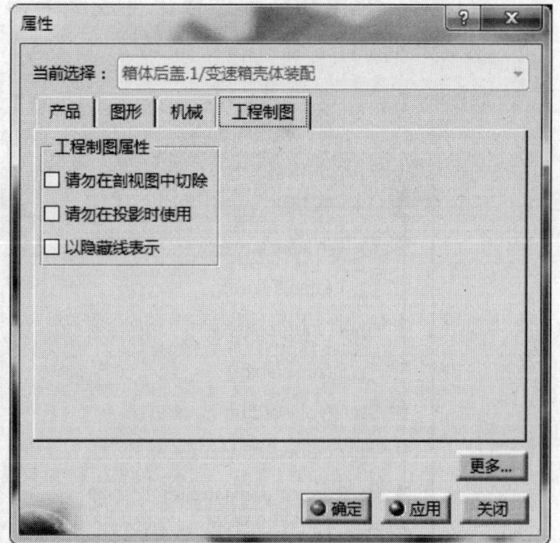

图 10-34 “工程制图”选项卡

4）“工程制图”选项卡：在绘制工程制图前可设置零部件绘制特性，如图 10-34 所示。

10.2.4 产品管理

“产品管理”包括添加零部件编号功能以及更改零部件在工作台上的展示功能。

打开任意 Product 文件，在菜单栏中，依次选择“工具”→“产品管理”选项，弹出“产品管理”对话框，如图 10-35 所示。

1）对话框列表：展示出产品的所有零部件及其相关的数据，包括：零件编号、文档、状态、展示。

2）新零件编号：如果要改变零部件编号，选择该零部件后，在“新零件编号”文本框中输入零件名称，单击“确定”按钮。

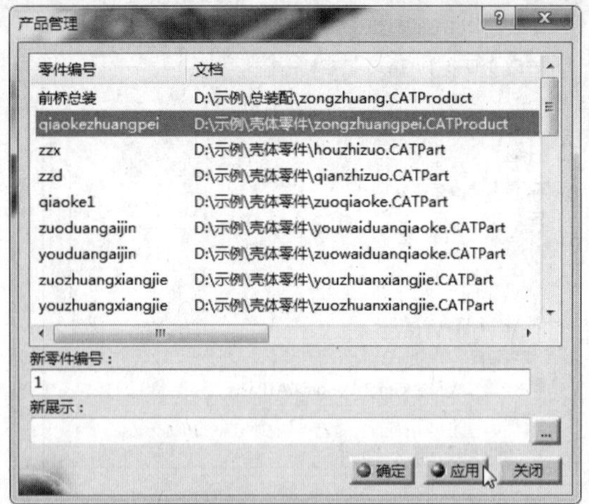

图 10-35 “产品管理”对话框

【例10-8】 前桥零件编号。

① 打开随书光盘中的本例文件，本例为前桥装配。

② 在菜单栏中，依次选择“工具”→“产品管理”选项，弹出“产品管理”对话框，参见图 10-35。

③ 选中列表框中的“qiaokezhuangpei”，在“新零件编号”文本框中输入零件名称“1”，单击“应用”。

④ 重复上述操作，将列表框中的其他零件依次编号，前桥装配结构树与“产品管理”对话框中的零部件依次生成编号，如图 10-36 所示。单击“确定”按钮，完成产品管理。

图 10-36 结构树与产品管理对话框生成编号

10.2.5 装配设计选项设置

在装配设计的过程中，可以运行“选项”命令设置与装配设计有关的选项。

在菜单栏中，依次选择“工具”→“选项”选项，弹出“选项”对话框，在左侧目录中选择“机械设计”→“装配设计”，对话框右侧显示出装配设计的各个子选项卡，选择“常规”选项卡，如图 10-37 所示。

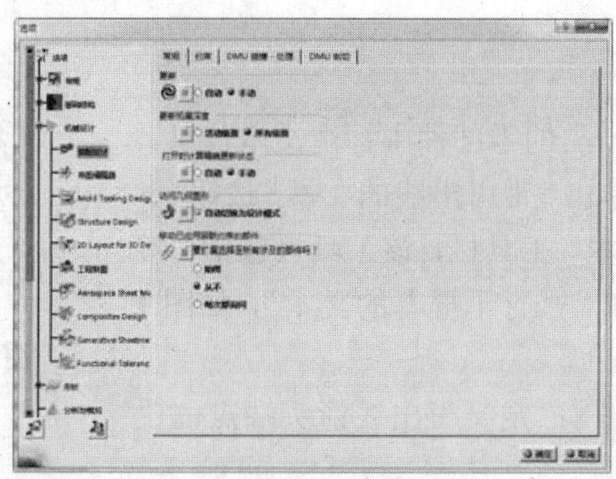

图 10-37 “常规”选项卡

1）更新：选中“自动”复选框，当零部件发生变化时，会自动更新；选中“手动”复选框，手动控制更新。

2）更新拓展深度：选中“活动级别”复选框，只更新选定零部件下的第一层级变动；选中“所有级别”复选框，更新选定零部件下所有层级的变动。

3）打开时计算精确更新状态：当打开或者插入一个装配零部件时，系统会精确的计算出零部件的更新状态。选中“自动”复选框，无论更新与否，系统都会加载零部件所需的最小数据来决定更新状态；选中“手动”复选框，则会显示更新状态未知。

4）访问几何图形：选中“自动切换为设计模式”复选框，装配过程中，如果在设置装配约束、零部件重复插入、重复使用同一装配模式时，会自动引入设计模式的几何数据。

5）移动已应用固联约束的部件：可以设置是否将所选择的部件进行扩展，操作步骤参见“9.1.6 固联约束”小节内容。

10.3 装配标注

10.3.1 焊接特征

“焊接特征”用于在产品零部件的焊接处标注焊接符号。

在“标注”工具栏中单击“焊接特征”按钮，在图形区选择需要标注的元素，弹出“焊接符号”对话框，如图 10-38 所示。对话框中各选项功能详见“13.6 焊接的标

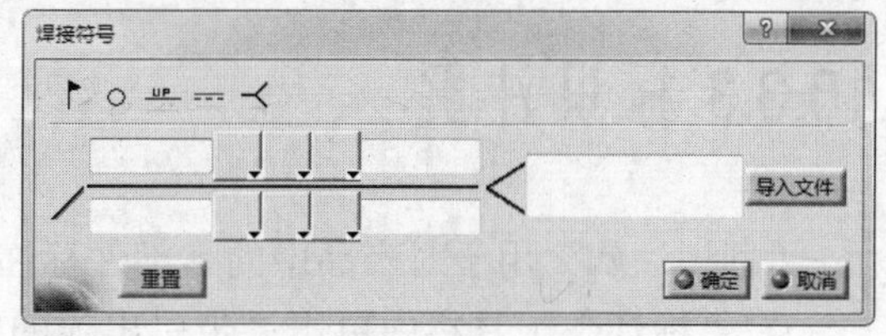

图 10-38 “焊接符号”对话框

注”节相关内容。

10.3.2 文本

“文本标注”用于在产品的零部件中标注文本信息。

在“标注”工具栏中单击“带引出线的文本”按钮下的三角箭头，弹出“文本”工具栏，该工具栏包括“带引出线的文本”“文本”和“平行于屏幕的文本”，如图10-39所示。

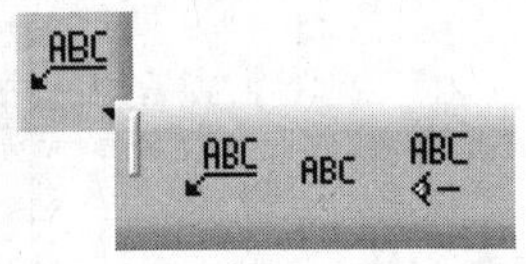

图 10-39 “文本”工具栏

1）带引出线的文本：定义引出线箭头端点位置的引出标注。

2）文本：垂直于标注平面的无引出线形式的标注。

3）平行于屏幕的文本：平行于屏幕的无引出线形式的标注。

【例10-9】 套销部装标注文本。

① 打开随书光盘中的本例文件，本例为套销部装，参见图 8-20。

② 在“文本”工具栏中单击“带引出线的文本”按钮，选择双联链轮作为引出对象，弹出“文本编辑器”对话框，如图 10-40 所示。

③ 在“文本编辑器”对话框中输入文本“双联链轮”，单击“确定”按钮，完成文本的标注，结果如图 10-41 所示。

图 10-40 “文本编辑器”对话框

图 10-41 标注文本

10.3.3 标识注解

“标识注解”用于对产品中的零部件标注带有 URL 链接的旗标。

在“标注”工具栏中单击“带引出线的标识注解”按钮下的三角箭头，弹出“标识注解”工具栏，该工具栏包括“带引出线的文本标识注解”工具和“标识注解”工具，如图 10-42 所示。

（1）带引出线的标识注解

创建带引出线的链接标注。

（2）标识注解

创建不带引出线的链接标注。

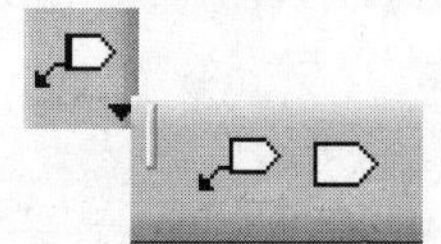

图 10-42 “标识注解”工具栏

在“标识注解”工具栏中单击“带引出线的标识注解”按钮，选取需要标注的零部件，弹出“定义标识注解”对话框，如图 10-43 所示。

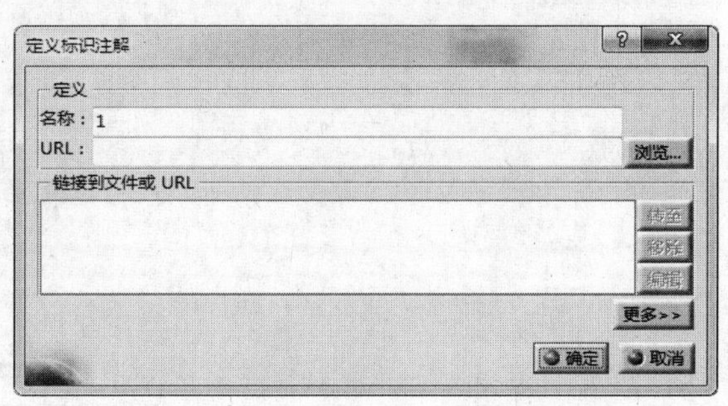

图 10-43 “定义标识注解”对话框

（1）名称

在“名称”文本框中输入标识注解的名称。

（2）URL

在“URL”文本框中输入链接的文件路径或网页，也可以通过单击“浏览”按钮选择文件。

（3）链接到文件或 URL

1）转至：打开链接文件的编辑环境。

2）移除：删除该链接。

3）编辑：通过浏览选择另外的链接。

10.4 装配分析

10.4.1 物料清单

“物料清单”可以展列出选定产品所用的零件清单，在“物料清单”对话框中进行格式设置便于在工程制图工作台中生成符合国家标准规定的明细栏。

打开或任意创建一个要进行物料清单分析的 Product 文件。在菜单栏中，依次选择“分析”→“物料清单”选项，弹出“物料清单”对话框，如图 10-44 所示。

（1）“物料清单”选项卡

1）物料清单：列出选定产品的所有部件。

2）摘要说明：列出选定产品的不同零件数以及零件总数。

3）定义格式：单击“定义格式”按钮，弹出“物料清单：定义格式”对话框，对话框切换显示如图 10-45 所示。

a）添加：增加新的清单格式。

b）移除：删除已有的清单格式。

c）显示搜索顺序：如果在装配过程中设置过搜寻路径，可以激活“显示搜索顺序”选项，搜寻路径会出现在清单中。

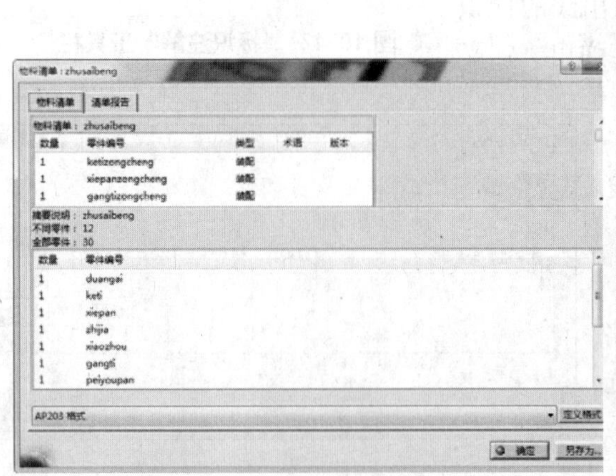

图 10-44 “物料清单”对话框

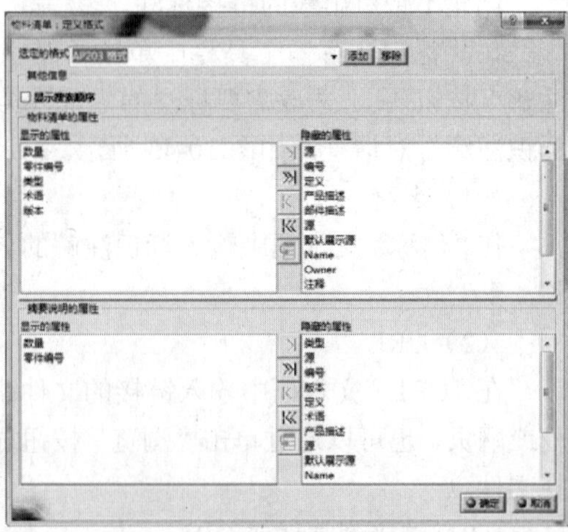

图 10-45 “物料清单：定义格式”对话框

d）物料清单的属性：可以通过“物料清单的属性”列表中间的 5 个控制按钮选择物料清单的显示项目。

e）摘要说明的属性：通过中间的 5 个控制按钮，选择摘要说明的显示项目。

（2）“清单报告”选项卡

如图 10-46 所示，清单报告选项以目录的方式显示产品的结构树，如果要在报告中显示其他信息，可在“隐藏的属性”列表中双击所需的属性，或通过中间的 5 个控制按钮选择，在“清单报告的属性”选项区单击“刷新”按钮，以更新显示列表。

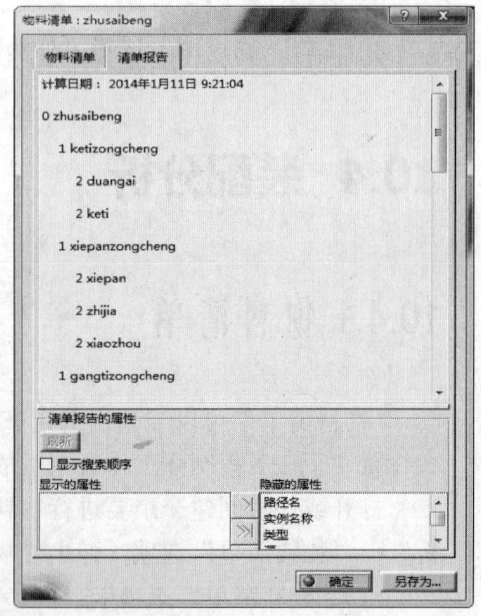

图 10-46 “清单报告”选项卡

10.4.2 分析更新

移动部件或编辑约束等操作后，可能需要对产品进行“更新”，以显示最新的装配特性。

在“更新”工具栏中单击“全部更新”按钮，可对整个产品进行更新。

如果需要对某部件进行更新，则选定任意要更新的部件，在菜单栏中，依次选择“分析”→“更新”选项。如果部件无需更新，则弹出“更新分析”提示框，提示所选部件不需要更新，如图 10-47 所示；如果部件需要更新，则弹出“更新分析”对话框，如图 10-4

8 所示。

（1）“分析”选项卡

显示部件所有需要更新的元素及其装配的约束关系。在“要分析的部件”选项区显示正在分析的产品名称，可以通过下拉列表切换分析对象。

（2）“更新”选项卡

选中要更新的装配元素，单击对话框右侧的“更新”按钮进行更新。

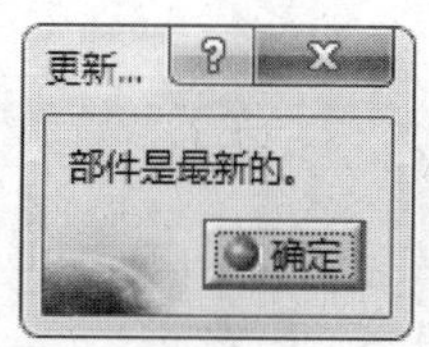

图 10-47 “更新分析”提示框

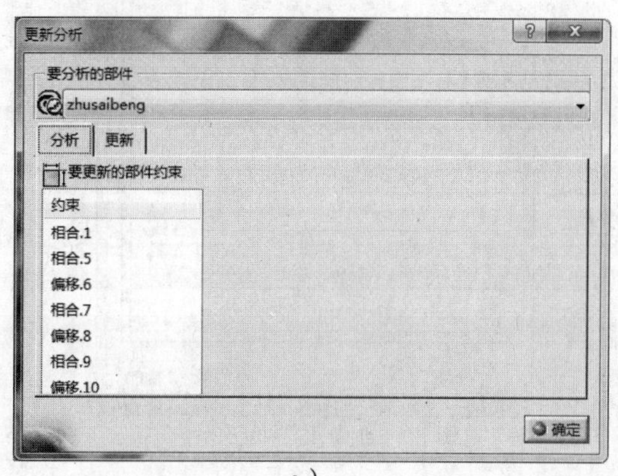

a）

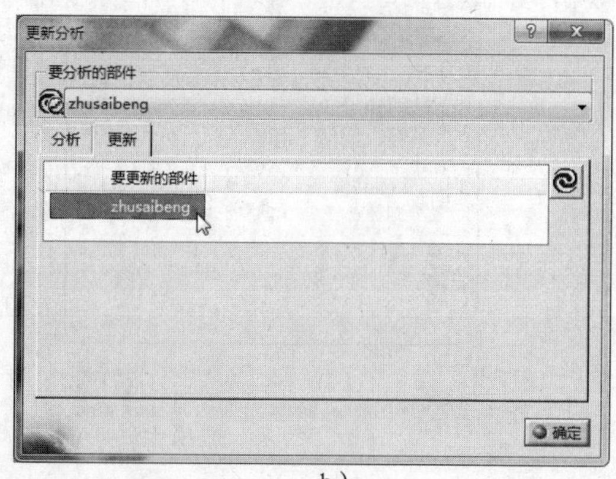

b）

图 10-48 “更新分析”对话框

【例10-10】 更新柱塞泵装配约束。

① 打开随书光盘中的本例文件，本例为已与壳体进行装配约束，但未更新约束的缸体总成，如图 10-49a 所示。

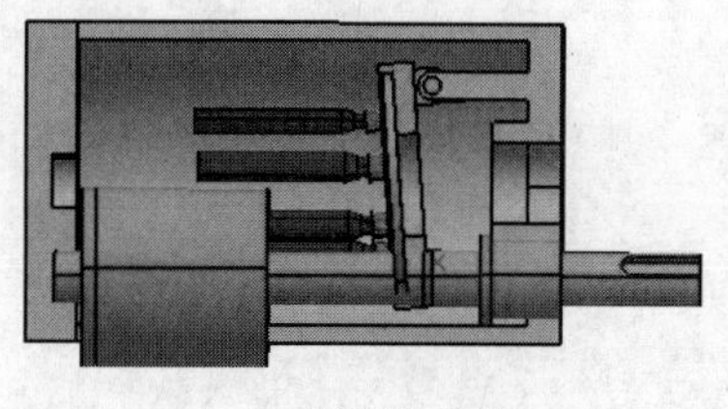

a）更新前图形

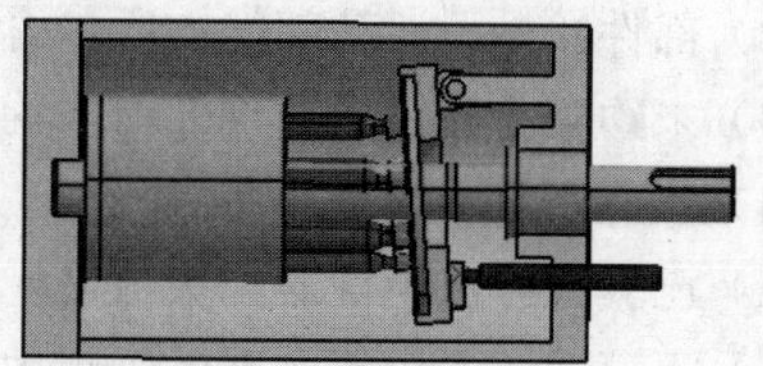

b）更新后图形

图 10-49 更新缸体总成装配约束

② 在“更新”工具栏中单击“全部更新”按钮，进行装配更新；或者在菜单栏中，依次选择“分析”→“更新”选项，弹出“更新分析”对话框，参见图 10-48，选中要更新的部件，单击对话框右侧的“更新”按钮，更新结束后弹出“更新完成”提示框，提示“部件是最新的”，单击“确定”按钮，如图 10-49b 所示。

10.4.3 约束/自由度分析

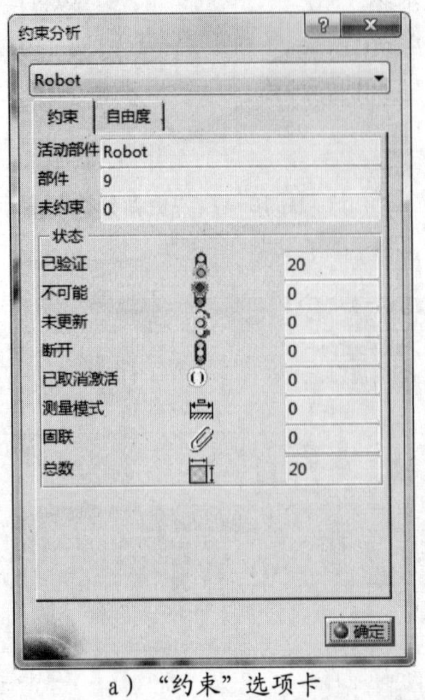

a）“约束”选项卡

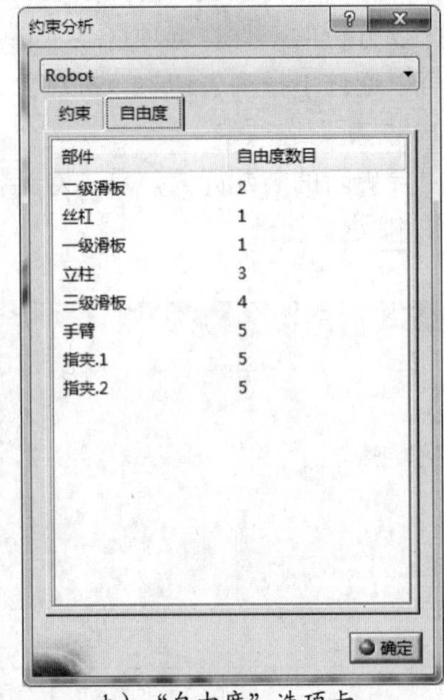

b）“自由度”选项卡

图 10-50 “约束分析”对话框

“约束分析”用于分析部件或产品的约束情况。

选中已建立约束的产品，在菜单栏中，依次选择“分析”→“约束”选项，弹出“约束分析”对话框，如图 10-50a 所示。

（1）约束选项卡

1）活动部件：显示活动部件的名称。

2）部件：显示活动部件中所包含的子部件数。

3）未约束：显示活动部件中未约束的子部件数。

4）状态：显示约束状态。

a）已验证：已验证的约束数量。

b）不可能：不可能实现的约束数量。

c）未更新：还未更新，需要更新的约束数目。

d）断开：约束的某个参考元素因某些原因丢失，造成约束的断开。

e）已取消激活：被停用的约束数量。

f）测量模式：测量模式下的约束数量。

g）固联：固联约束的数目。

h）总数：约束总数。

（2）自由度选项卡

选择“自由度”选项卡，显示各部件的名称及其自由度数目，如图 10-50b 所示。“自由度分析”功能可以为添加其他约束或后续的机构运动分析做准备。

【例10-11】 机械手约束分析。

① 打开随书光盘中的本例文件，本例为机械手，如图 10-51 所示。

② 在菜单栏中，依次选择“分析”→“约束分析”选项，弹出“约束分析”对话框，参见图 10-50，统计结果为，活动部件中包含 9 个子部件，已验证的约束数为 20，约束总数为 20。

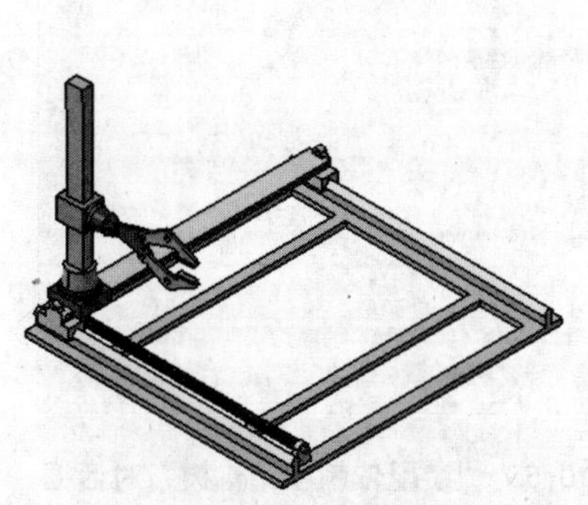

dizuo (底座)
shoulun (手轮)
chahou (叉轴)
chahou (叉轴.1)
chahou (叉轴.2)
chahou (叉轴.3)
shizizhou (十字轴)
shizizhou (十字轴.1)
chilun (齿轮)
chitiao (齿条)
cheshikuai (测试块)
关系
约束
Applications

图 10-51 机械手　　图 10-52 万向节传动机构

③ 选择“自由度”选项卡，对话框切换显示，列表框中展列出零件的自由度。

【例10-12】 万向节手轮的自由度分析。

① 打开随书光盘中的本例文件，本例为万向节传动机构，如图 10-52 所示。

② 选中结构树中的“手轮”，在菜单栏中，依次选择“分析”→“自由度”选项，弹出“自由度分析”对话框，如图 10-53 所示。

③ “详细信息”选项区显示该零件 4 个未被约束的自由度，旋转自由度在列表框以旋转轴向量和旋转中心坐标的形式展示；平移自由度在列表框以移动方向向量的形式展示；同时图形区中手轮的 4 个自由度以黄色箭头的方式展示。

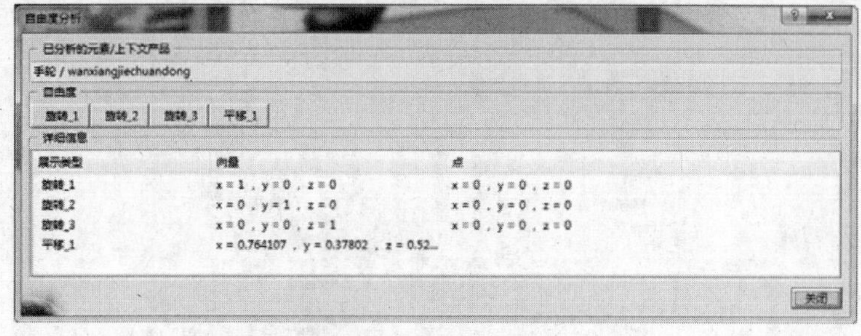

图 10-53 “自由度分析”对话框

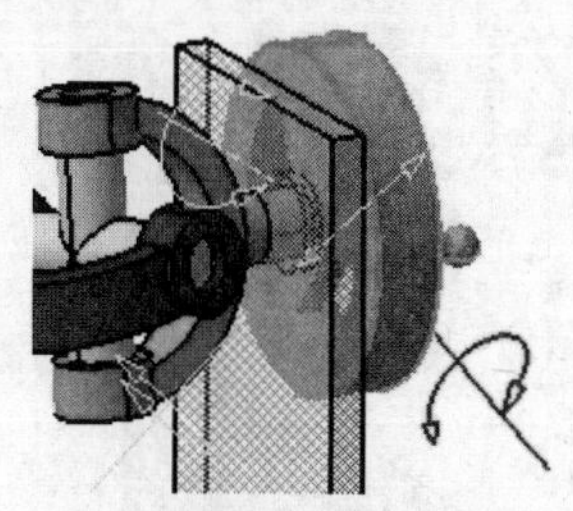

图 10-54 未被约束的自由度

④ 在“自由度”选项区中选定未被约束的自由度时，图形区中相对应的自由度指示箭头由黄色变为红色，如图 10-54 所示。

10.4.4 依赖项分析

“依赖项分析”是指在对话框中通过展开结构树来查看部件之间的约束或关联关系。

选中已建立约束的产品，在菜单栏中，依次选择“分析”→“依赖项”选项，弹出“装配依赖项结构树”对话框，如图 10-55 所示。

(1)“元素”选项区

1）约束：默认选项，展开部件所有约束。

2）关联：修改装配部件时导致的相互关联性。

3）关系：显示部件所含有的方程。

(2)“部件”选项区

1）叶：激活“叶”选项，隐藏部件子级。

2）子级：显示所有子级。

图 10-55 “装配依赖项结构树”对话框

【例10-13】 点曲线凸轮机构依赖项分析。

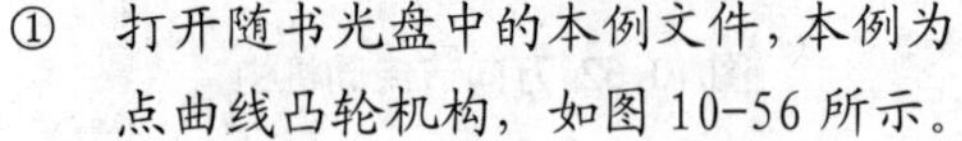

① 打开随书光盘中的本例文件，本例为点曲线凸轮机构，如图 10-56 所示。

② 选中产品“dianquxiantulun”，在菜单栏中，依次选择“分析”→“依赖项”选项，弹出“装配依赖项结构树”对话框，参见图 10-55。在对话框中右键单击分析对象，在弹出的快捷菜单中选择“展开节点”，出现部件的相关约束如图 10-57 所示。

③ 在快捷菜单中选择“全部展开”，对话框中不仅会出现相关约束，相关部件也会显示，如图 10-58 所示。

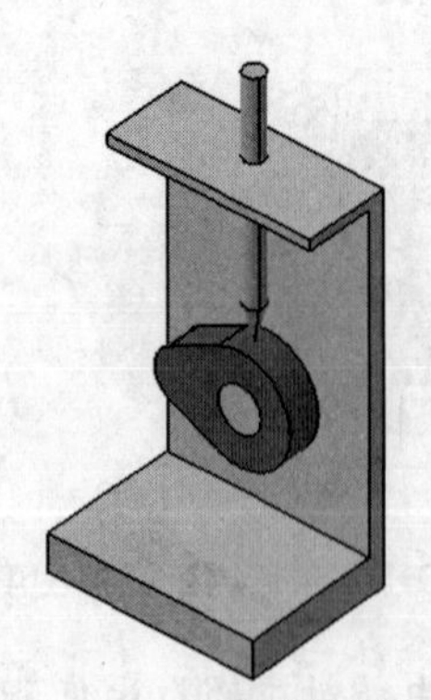

图 10-56 点曲线凸轮机构

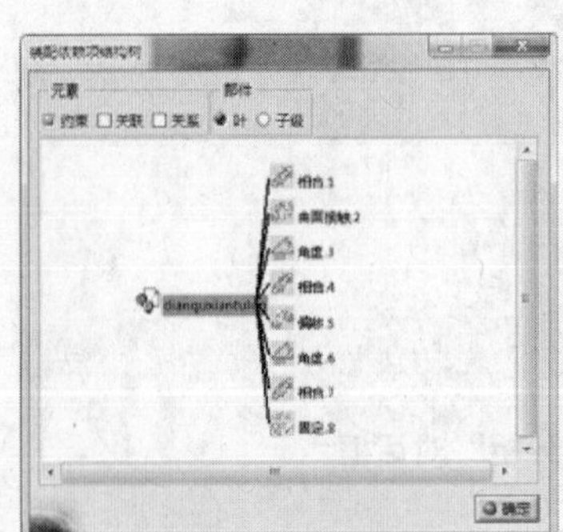

图 10-57 展开节点

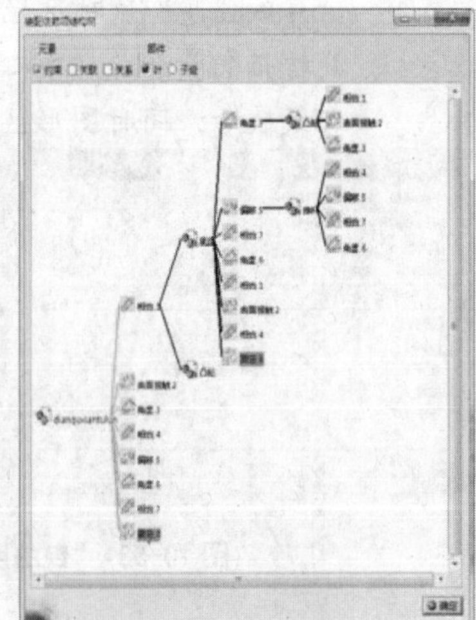

图 10-58 全部展开

10.4.5 机械结构分析

“机械结构分析”可以检测出选定产品所包含的部件和约束的详细结构关系。

【例10-14】 配气机构的机械结构分析。

① 打开随书光盘中的本例文件，本例为配气机构，如图 10-59 所示。

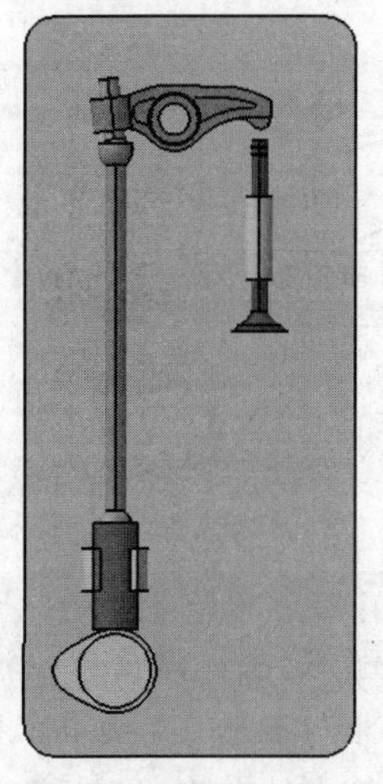

图 10-59 配气机构

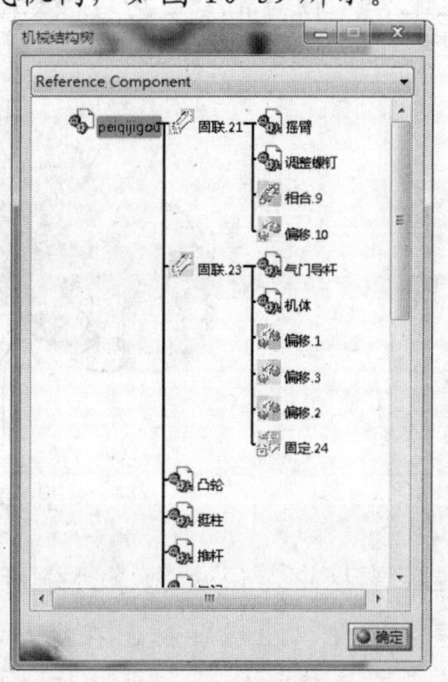

图 10-60 “机械结构树”对话框

② 选中产品“peiqijigou”，在菜单栏中，依次选择“分析”→“机械结构分析”选项，弹出“机械结构树”对话框，如图 10-60 所示，对话框详细列出选定产品的结构关系。

10.4.6 计算碰撞分析

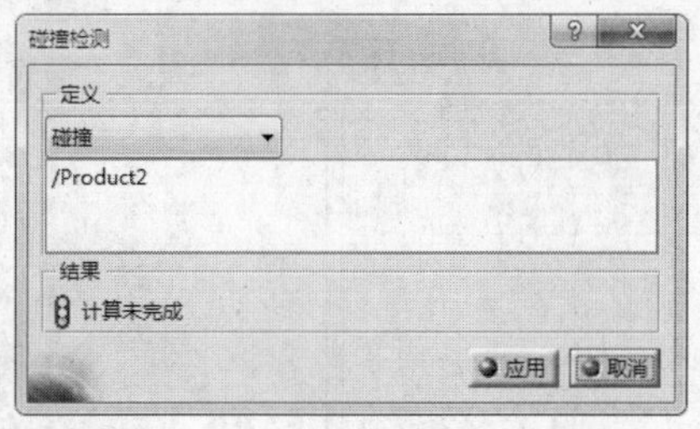

图 10-61 “碰撞检测”对话框

“计算碰撞分析”用于检测两个部件之间是否发生碰撞，也可以检测部件之间的间隙是否符合装配设计的要求。

选中已建立约束的产品，在菜单栏中，依次选择“分析”→“计算碰撞”选项，弹出

“碰撞检测”对话框，如图 10-61 所示。

1）“定义”选项区：“定义”选项区包含两种模式：碰撞模式和间隙模式。

2）“结果”选项区：输出检测结果。

【例10-15】 计算碰撞——碰撞模式。

① 打开随书光盘中的本例文件，本例为轴与 3 个轴套的配合。其中轴与轴套 1 为过盈配合，轴与轴套 2 为过渡配合，轴与轴套 3 为间隙配合，如图 10-62 所示。

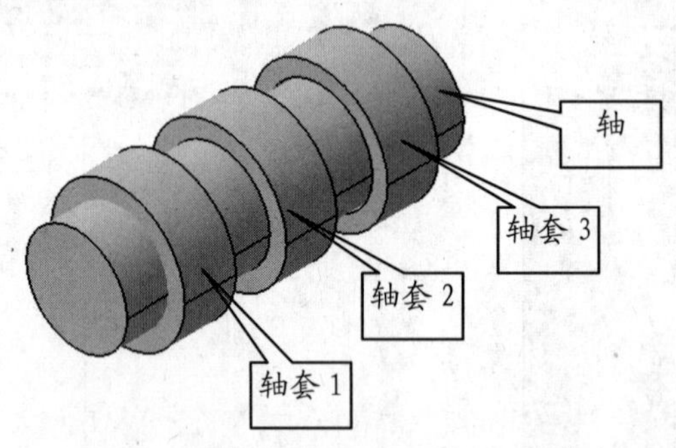

图 10-62 创建的产品

② 在菜单栏中，依次选择“分析”→“计算碰撞”选项，弹出“碰撞检测”对话框，按住“Ctrl”键，在结构树中选取“轴”和“轴套 1”两个零件。

③ 单击“应用”按钮，对话框“结果”选项区的输出结果为“碰撞”，信号灯变为红色，如图 10-63 所示；同时图形区中标出产品发生碰撞的部分，如图 10-64 所示。

④ 选择“轴”和“轴套 2”两个零件，重复上述操作，“结果”选项区的输出结果为“接触”，信号灯变为黄色，如图 10-65 所示；同时图形区中标出产品接触部分，如图 10-66 所示。

⑤ 选择“轴”和“轴套 3”两个零件，重复上述操作，“结果”选项区的输出结果为“无干涉”，信号灯变为绿色，如图 10-67 所示。

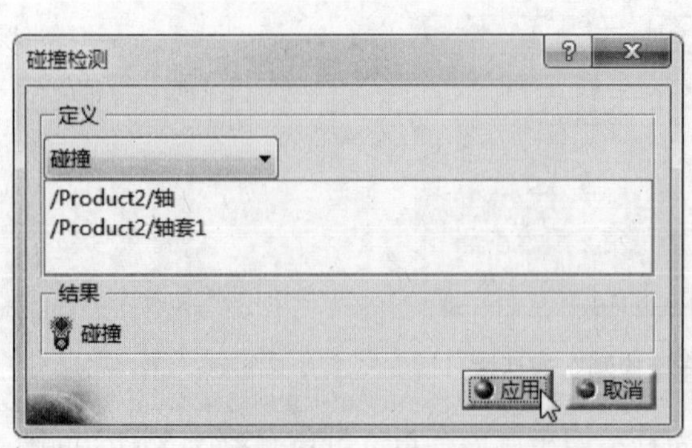

图 10-63 碰撞“碰撞检测”对话框

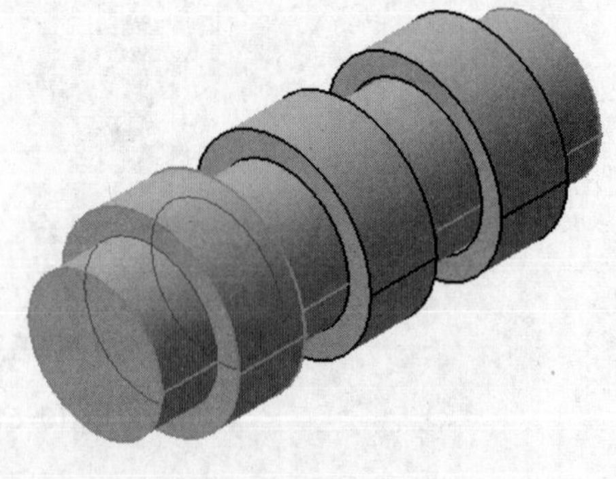

图 10-64 碰撞输出结果

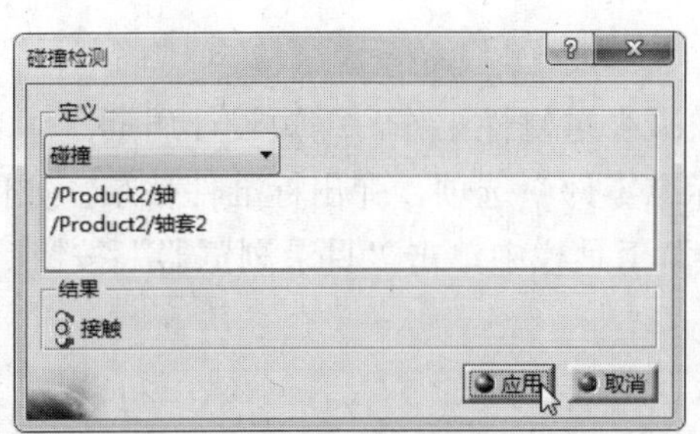

图 10-65 接触“碰撞检测”对话框

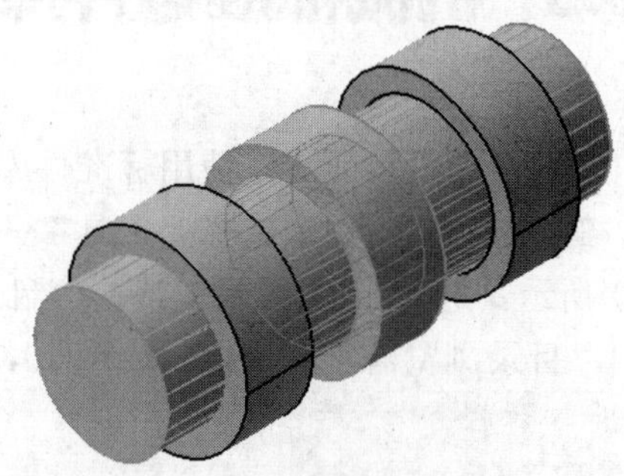

图 10-66 接触输出结果

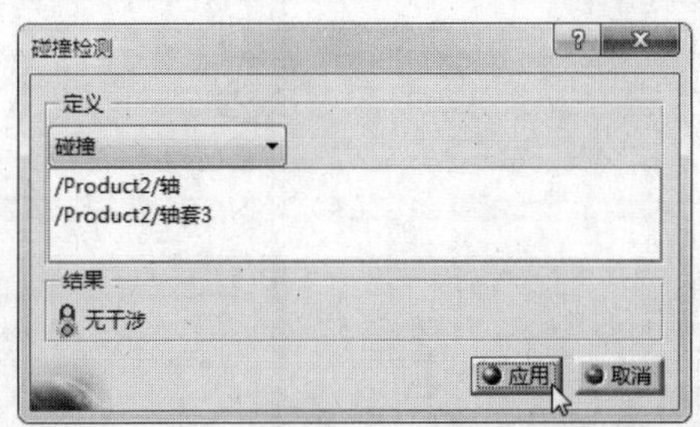

图 10-67 无干涉“碰撞检测”对话框

【例10-16】 计算碰撞——间隙模式（续【例 10-15】）。

① 在“定义”选项区的下拉列表中选择“间隙”，并输入间隙值，本例间隙值取“2”。

② 选取“轴”和“轴套 1”两个零件，单击“应用”按钮，对话框“结果”选项区的输出结果为“碰撞”，信号灯变为红色，同时图形区中标出产品发生碰撞的部分，参见图 10-64。

③ 选择“轴”和“轴套 3”两个零件，重复上述操作，“结果”选项区的输出结果为“间隙违例”，信号灯变为黄色，如图 10-68 所示；同时图形区中标出产品间隙违例部分，如图 10-69 所示。

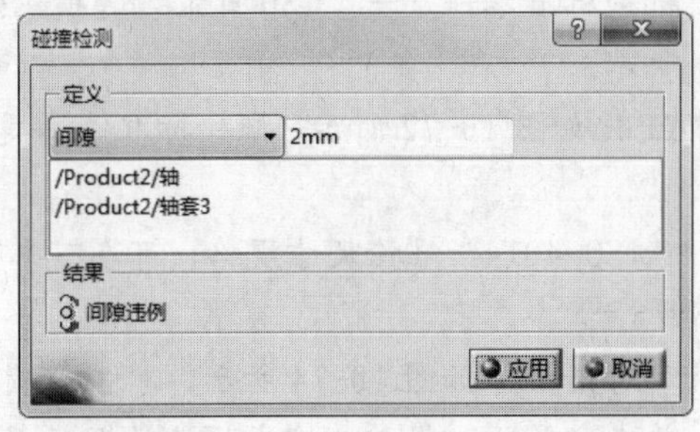

图 10-68 间隙违例“碰撞检测”对话框

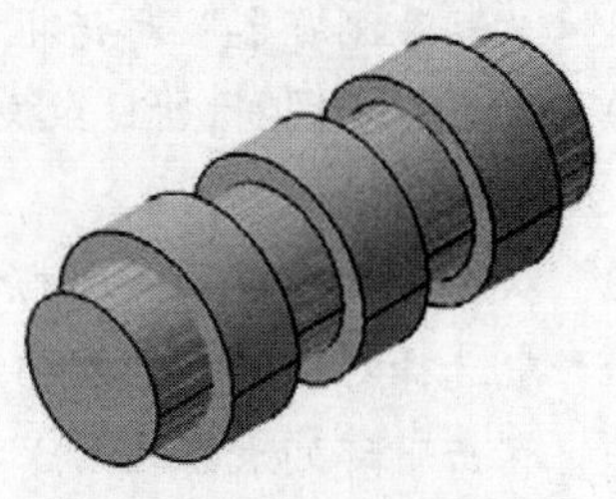

图 10-69 间隙违例输出结果

10.5 机械标准零件库

对于设计人员而言，使用标准件库可以大大减少重复性工作，缩短设计周期。

在菜单栏中，依次选择“工具”→“机械标准零件”选项，弹出标准件目录，如图 10-70 所示。选择 ISO 目录，或在“目录浏览器”工具栏中单击“目录浏览器”按钮，弹出“目录浏览器”对话框，如图 10-71 所示。

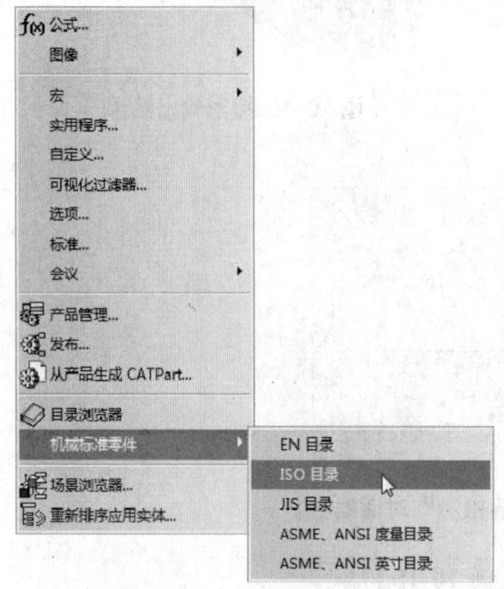

图 10-70 快捷菜单

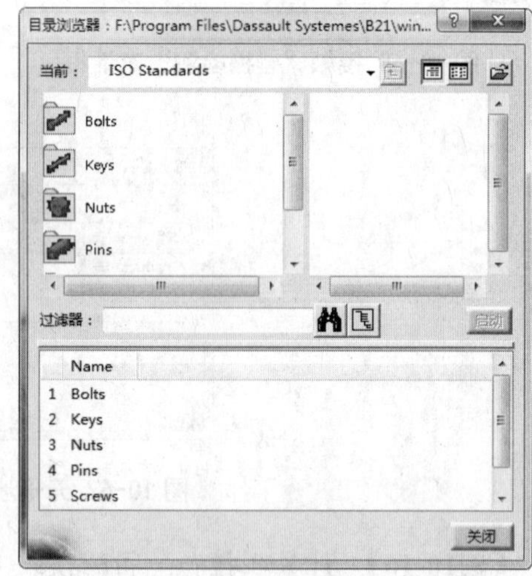

图 10-71 “目录浏览器”对话框

1）标准件类型：机械标准零件库包括螺栓、弹性挡圈、键、滚动轴承锁定板、螺母、销、螺钉、垫圈等。

2）小图标按钮：用小图标预览目录对象。

3）大图标按钮：用大图标预览目录对象。

【例10-17】 调入螺栓。

① 在菜单栏中，依次选择“工具”→“机械标准零件”→“ISO 目录”选项，弹出“目录浏览器”对话框，如图 10-71 所示。

② 双击螺栓图标，“目录浏览器”对话框变化如图 10-72 所示，螺栓标准件库提供 4 个系列的螺栓。

③ 双击上部列表第一个螺栓图标，弹出“ISO-4014”螺栓尺寸规格，可在下部列表中选择螺栓的尺寸规格，如图 10-73 所示。

④ 双击下部列表螺栓“3”，弹出“目录”对话框，如图 10-74 所示，单击“确定”按钮返回至“目录浏览器”对话框，单击“关闭”按钮，完成螺栓的调入。

⑤ 在“目录浏览器”左侧目录中，可以对螺栓参数进行更改，从而获得所需的螺栓尺寸规格。

图 10-72 螺栓标准件库“目录浏览器”对话框一

图 10-73 螺栓标准件库“目录浏览器”对话框二

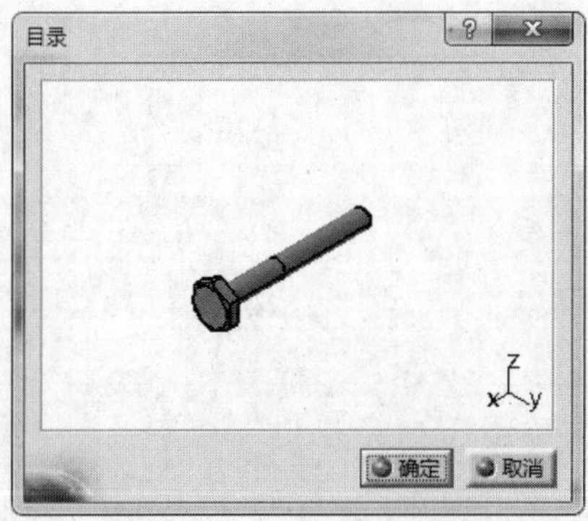

图 10-74 “目录”对话框

10.6 小结

本章的主要内容包括装配特征、装配编辑、装配标注以及装配分析等内容。在学习时要注意装配特征与零件特征的区别和联系。学习 CATIA 装配分析时，要从应用的角度去理解和思考，熟悉各类分析的主要功能，必要时应查阅机械原理课程相关部分的内容。

10.7 思考题

（1）装配特征有哪些？与零件特征的区别是什么？

（2）CATIA 可以进行哪些装配编辑操作？

（3）装配标注有哪些？各类标注的目的是什么？

（4）“物料清单”功能可以为制作工程图带来哪些便利？

（5）“约束分析”“自由度分析”“依赖项分析”和“机械结构分析”的功能是什么？它们有什么联系？

（6）机械标准零件库的作用是什么？

第五篇 制图

本篇的主要内容为 CATIA 工程制图。学习本篇内容的目的是掌握在 CATIA 工程制图工作台中建立零件图和装配图的方法。本篇主要任务如下：

- 认识和熟悉工程制图工作台
- 了解标准文件自定义的步骤
- 掌握 CATIA 进行视图表达的方法
- 学会对已生成视图进行尺寸标注
- 学会对工程图标注技术要求

第11章 CATIA 工程制图基础

11.1 概述

11.1.1 工程制图概述

（1）CATIA 工程制图方式

CATIA 工程制图模块提供了两种生成工程图的方式：交互式工程制图和创成式工程制图。交互式工程制图可以直接进行产品的二维设计，制图方法类似于 AutoCAD、CAXA 电子图板等 2D 制图软件，它集成了 2D 绘图以及修饰、标注等功能，但交互式工程制图 2D 工程图不与 3D 零部件模型关联。而创成式工程制图可以快速、准确地从 3D 零部件模型生成与之相关联的 2D 工程图，在工程图中可以自动创建基本视图、剖视图、放大视图等视图，添加尺寸、剖面线、图框、标题栏、明细栏等内容，具有高效、简单、快捷的特点，是现代三维设计软件制作工程图纸的重要特征。因此实践中是以创成式方法为主，交互式方法为辅的操作形式。

（2）CATIA 工程制图特点

使用 CATIA 可直接创建三维模型的工程图，且所创建的工程图与三维模型具有关联性，使工程图视图与零部件模型保持同步。这种全相关的设计方法给设计者带来极大的便利，可节省大量的修改时间。CATIA 工程图的特点如下：

1）实现了工程图与 3D 模型的关联性。

2）CATIA 工程图操作界面直观、简洁、易学、易用，可以通过已完成的零部件模型简单、快速地创建工程图。

3）CATIA 中提供了许多视图生成工具，利用视图工具栏可以方便、快速地创建投影视图、剖面图、放大视图、轴测视图等视图。

4）可以通过尺寸标注工具栏自动创建尺寸或手动添加尺寸。

5）可以通过零件序号命令自动生成零件序号。

6）可以通过表命令创建普通表格、材料清单等。

7）可以从外部插入工程图文件，也可以导出不同类型的工程图文件，实现对其他软件的兼容。

8）可以自定义 CATIA 的配置文件来满足不同标准的要求。

（3）CATIA 工程制图的一般流程

CATIA 工程制图的一般流程如图 11-1 所示。

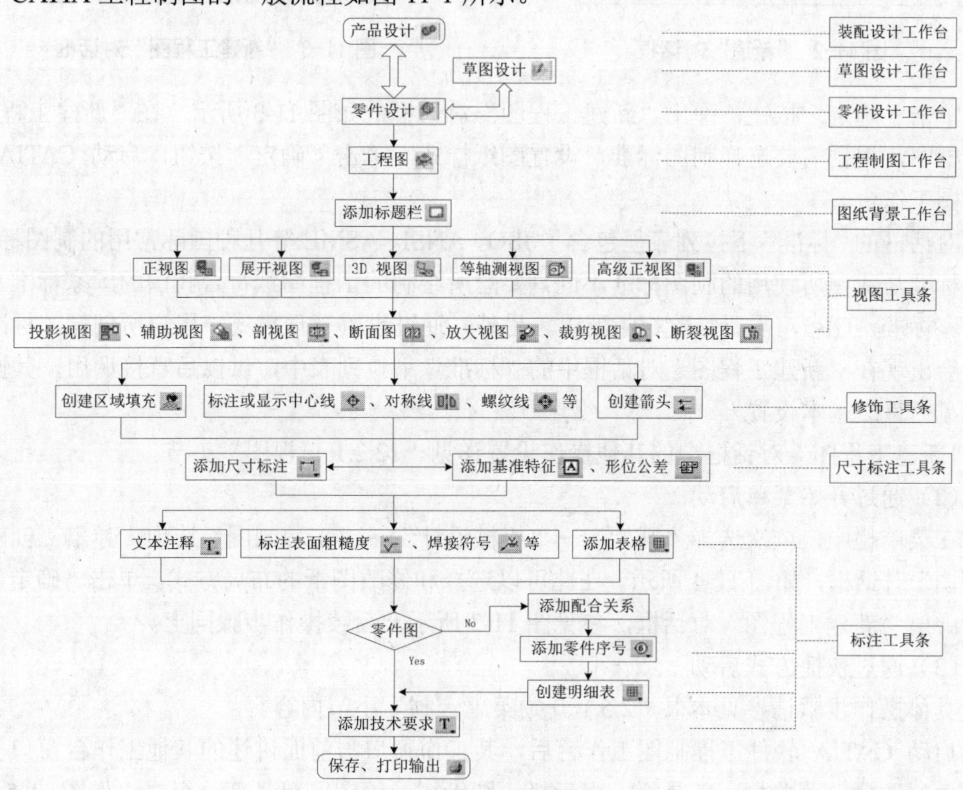

图 11-1 CATIA 工程制图的一般流程

11.1.2 工程制图工作台的启动

用户可以通过以下方法启动 CATIA 工程制图工作台：

（1）通过新建命令启动

在菜单栏中，依次选择“文件”→“新建”选项；或在“标准”工具栏中直接单击“新建”按钮，弹出“新建”对话框，然后在“类型列表”列表框中选择“Drawing”选项，有经验的用户也可直接在“选择”文本框中直接输入“Drawing”进行快速选择，如图 11-2 所示。

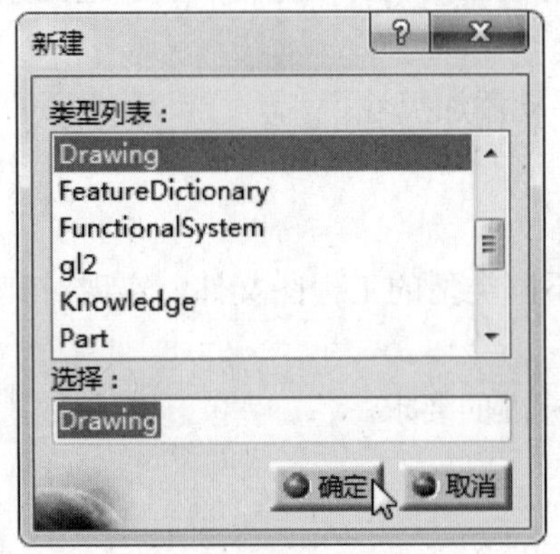

图 11-2 “新建”对话框

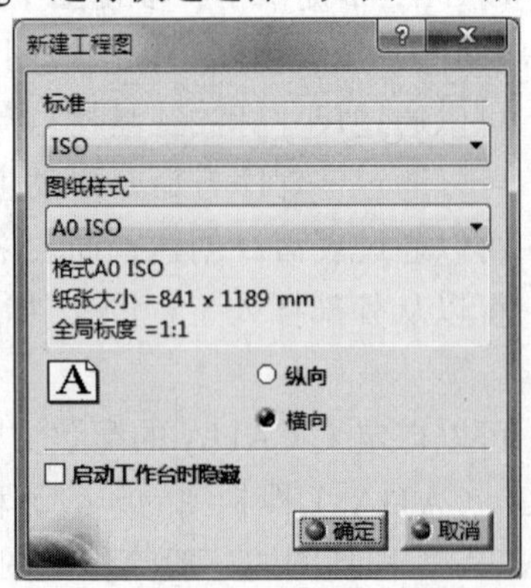

图 11-3 “新建工程图”对话框

单击“确定”按钮，弹出“新建工程图”对话框，如图 11-3 所示。在“新建工程图”对话框中，根据需要选择制图标准，设置图纸样式。单击“确定”按钮，启动 CATIA 工程制图工作台。

对话框的“标准”下拉列表里包含了 ISO、ANSI、ASME 等几种国际常用的制图标准。这些标准与我国所使用的制图标准不同，要想所绘制的工程图纸符合我国的国家标准（简称国家标准，GB），需要修改相应配置。另外，通过设置管理模式，用户所创建的标准文件将会出现在“新建工程图”对话框中的“标准”下拉列表中，供以后直接调用，其操作方法见“11.2 基本设置”。

“新建工程图”对话框中的其他操作设置详见“12.2.1 正视图”小节。

（2）通过开始菜单启动

在菜单栏中，依次选择“开始”→“机械设计”→“工程制图”选项，弹出“创建新工程图”对话框，如图 11-4 所示。在此可以选择和修改图纸的布局方式。单击“确定”按钮，弹出“新建工程图”对话框，参见图 11-3 所示。后续操作步骤同上。

（3）通过快捷方式启动

具体操作步骤请参见本书“2.5.1 开始菜单定制”小节内容。

启动 CATIA 软件工程制图工作台后，其工作窗口与前面讲述的其他工作台窗口类似，主要由标题栏、菜单栏、工具栏、提示栏、图纸树及绘图区等几部分组成，如图 11-5 所示。窗口左侧为图纸树，其中包含全部图纸页和各视图间的逻辑关系。按 F3 键可以显示或隐藏图纸树。绘图区位于窗口中央，是绘制图纸的区域，也是显示图纸的窗口。

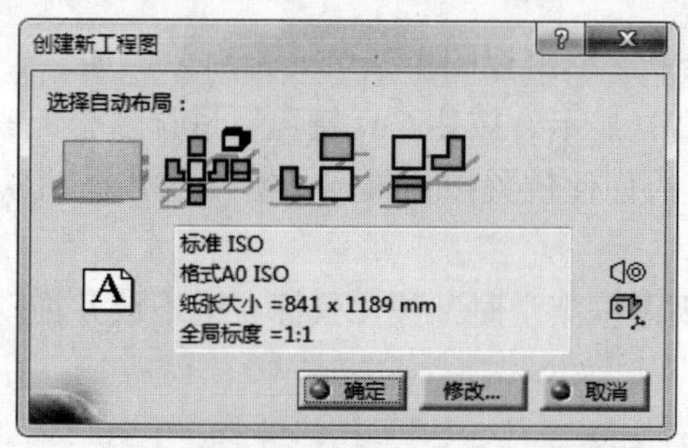

图 11-4 “创建新工程图”对话框

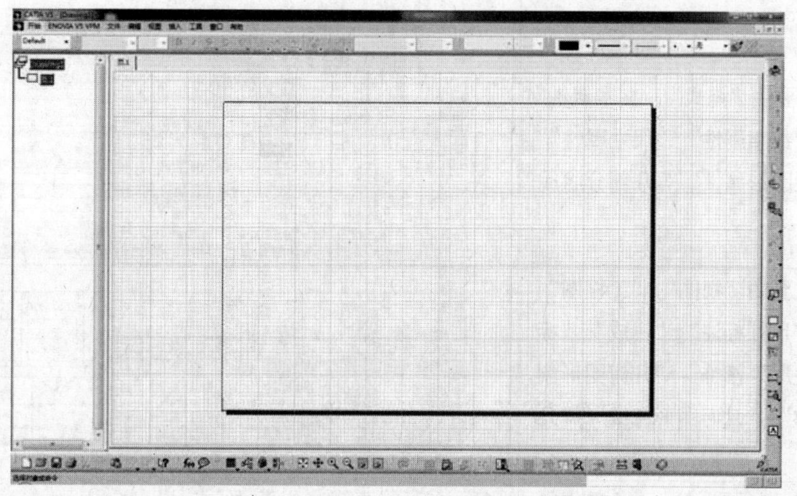

图 11-5 CATIA 工程制图工作窗口

11.1.3 工具栏

CATIA 工程制图工作台提供了绘图所需要的多种工具栏，这些工具栏按其功能特性可分为属性、操作、通用三大类，各工具栏简介见表 11-1。

11.1.4 基本操作

（1）几何图形创建

CATIA 工程制图工作台下的“几何图形创建”工具栏中提供了多种输入点、直线、圆、多段线、样条线的命令，各命令的功能及操作方法详见本书第 4 章内容。

（2）图形的屏幕显示

可以通过选择、平移和缩放等操作，改变图形在屏幕上的显示，操作方式与其余工作台类似。

1）选择：在绘图区中，单击视图中某个元素对象，如点、线等，选中该元素，此时被选中的元素对象会以高亮显示。按住 Ctrl 键可以进行多个元素的选择。

2）平移：在绘图区的任何位置按住鼠标中键不放并拖动鼠标，图纸会随着鼠标的移动而移动。

将光标停放在某个视图框架上时，按住鼠标左键不放并拖动鼠标，可仅对该选中的视图进行移动。

表 11-1 多种工具栏简介

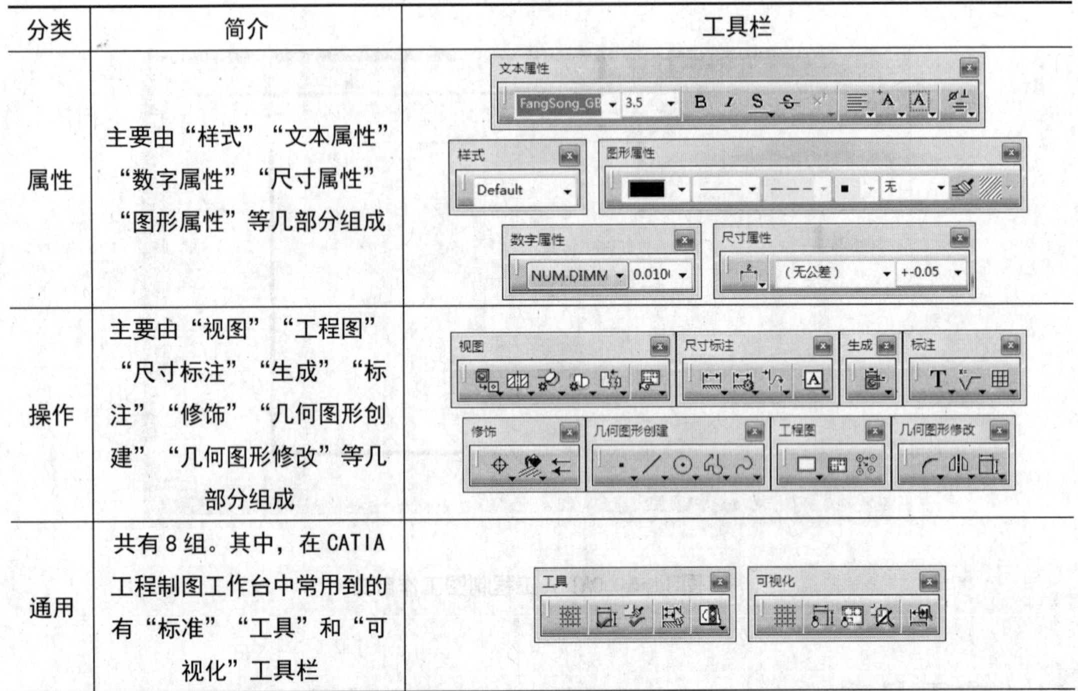

分类	简介	工具栏
属性	主要由“样式”“文本属性”“数字属性”“尺寸属性”“图形属性”等几部分组成	
操作	主要由“视图”“工程图”“尺寸标注”“生成”“标注”“修饰”“几何图形创建”“几何图形修改”等几部分组成	
通用	共有 8 组。其中，在 CATIA 工程制图工作台中常用到的有“标准”“工具”和“可视化”工具栏	

3）缩放：在绘图区中任何位置处按住鼠标中键不放，然后单击或按住鼠标的左键或右键，上下拖动光标；或先按住 Ctrl 键，然后按住鼠标中键，上下拖动光标，可实现工程图纸在绘图区中的缩放。

（3）辅助绘图功能

CATIA 辅助绘图功能主要有点对齐、对象捕捉、对象追踪等。通过它们可以很方便地绘制具有一定特征的图形。在绘图过程中，经常需要在对象上指定一些特殊点，如端点、中点、垂足等。CATIA 利用对象捕捉功能，可将点准确地限制在确切位置上，而不必知道点的坐标或绘制辅助线。熟练掌握这些功能可提高绘图精度和效率。

1）点对齐与网格：工程制图工作台中的点对齐与草图工作台中的点对齐相同。通过单击“工具”工具栏上的“点对齐”按钮，可以“激活/取消”点对齐功能。

单击“可视化”工具栏上的“草图编辑器网格”按钮，可以显示草图编辑器网格。

2）对象捕捉：CATIA 的图形绘制过程都在对象捕捉模式下进行，对象捕捉可以捕捉的特征对象有，各种特殊点，相切、垂直、平行等几何关系，以及直线、圆、坐标等元素。

当捕捉到特征时，目标对象将以高亮显示或出现辅助提示（例如，捕捉到点时会出现捕捉提示图标◉）。

11.2 基本设置

CATIA 软件中自带的制图标准包括 ISO、ASME、ANSI、JIS 等。这些标准与我国国家标准有一些差别，欲创建一个符合国家标准的工程图标准文件，需要使用者通过修改配置文件来自定义，这将极大地方便以后的使用。

11.2.1 标准文件自定义

以普通模式进入 CATIA 工作台后，软件中的一些设置和选项是禁止被修改的，如果要修改工程图的配置文件，需首先以管理员的身份进入软件的管理模式。

【例11-1】 制定符合 GB 的工程图配置文件——选择要修改的文件。

① 在进行后续操作之前，首先参见本书“2.4 基本设置”小节内容创建管理模式，然后以“管理模式”进入 CATIA。

② 在菜单栏中，依次选择“工具”→“标准”选项，弹出“标准定义”对话框。

③ 在“标准定义”对话框的“类别”下拉列表中选取“drafting”选项，然后在其右侧“文件”下拉列表中选取“ISO.xml”选项作为被修改的文件对象，结果如图 11-6 所示。

【例11-2】 制定符合 GB 的工程图配置文件——修改字体名称。

① 修改长度/距离尺寸标注字体名称。在“标准定义”对话框左侧的“标准”结构树中，依次展开并选择“ISO”→“样式”→“长度/距离尺寸”→“Default”→“字体”→“名称”选项，然后在“标准定义”对话框右侧“名称”文本框中输入字体名称“FangSong_GB2312␣(TrueType)”，表示所使用默认字体更改为仿宋字体，如图 11-7 所示，其中“␣”为一空格，所输入的“FangSong_GB2312␣(TrueType)”需在英文状态下输入并区分大小写。如果系统中不存在该字体，可打开随书光盘，选择仿宋字体文件复制并粘贴到：C:\WINDOWS\Fonts 路径下。

② 修改其他标注字体名称。参照前述步骤，在“样式”节点下，将角度尺寸、半径尺寸、T 文本等其他全部标注选项的字体名称，全部设置为“FangSong_GB2312␣(TrueType)”。

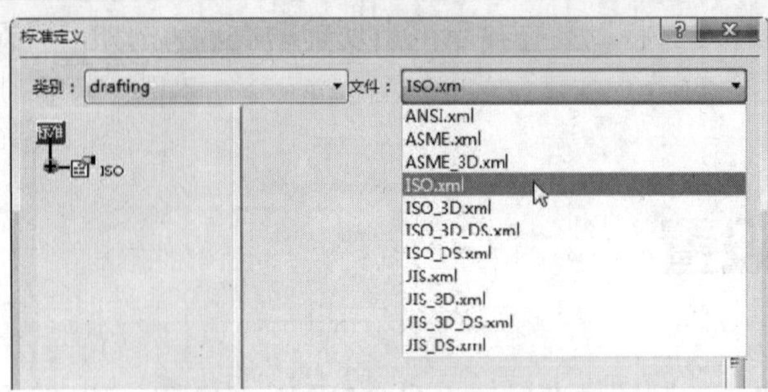

图 11-6 选取被修改的标准文件

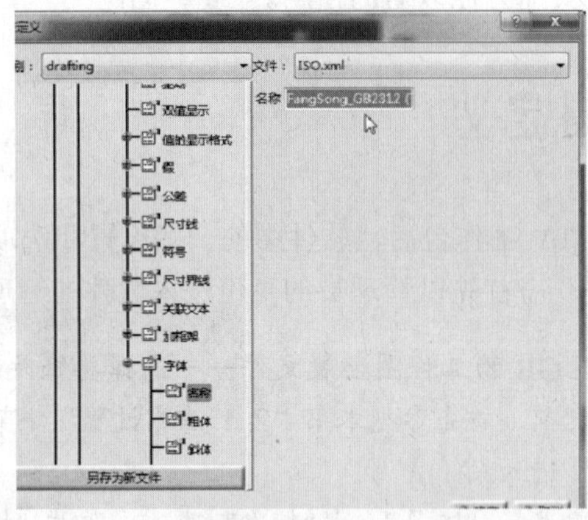

图 11-7 修改长度/距离尺寸标注字体名称

③ 修改其他可用字体名称。在对话框左侧的选项区中，依次选择“ISO”→“常规”→“允许的文本字体”选项，输入字体名称“FangSong_GB2312␣(TrueType)”“Times New Roman”“SICH”等常用字体，结果如图 11-8 所示。

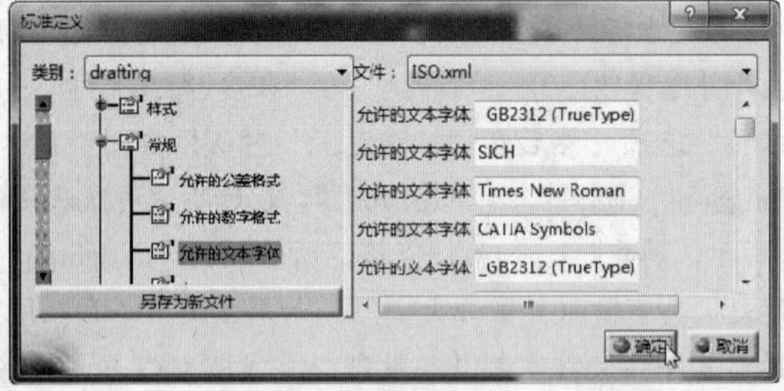

图 11-8 添加其他可用字体名称

【例11-3】 制定符合 GB 的工程图配置文件——修改字体高度。

① 修改长度/距离尺寸标注字体高度。在“标准定义”对话框左侧“标准”结构树中，依次展开并选择“ISO”→“样式”→“长度/距离尺寸”→“Default”→“字体”

→“尺寸”选项，然后在右侧“尺寸”文本框内输入字高值“3.5”，表示将尺寸文本字号大小设置为默认为 3.5 号字，如图 11-9 所示。

② 修改其他尺寸标注字体高度。参照前述步骤，在“样式”节点下，依次选择各子选项，将其他全部尺寸标注字体高度设置均设定为“3.5”，也可根据图纸幅面自行设置其他字高值。

③ 修改其他可用字体高度。在“标准定义”对话框中依次展开并选择“ISO”→“常规”→“允许的文本字体大小”选项，输入字体大小“2.5”“3.5”“5”“7”等常用字体高度，如图 11-10 所示。

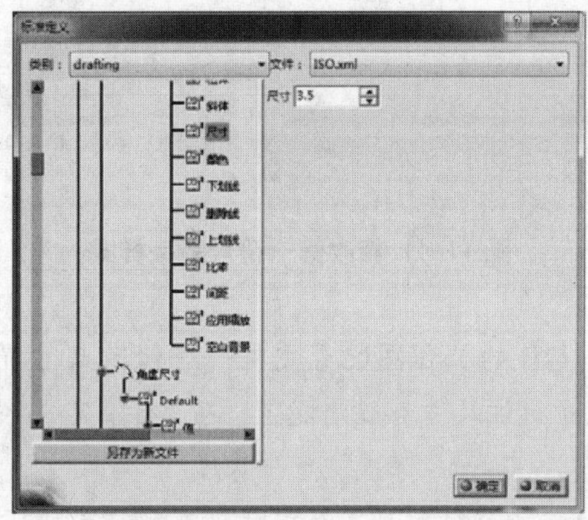

图 11-9 修改尺寸标注字高

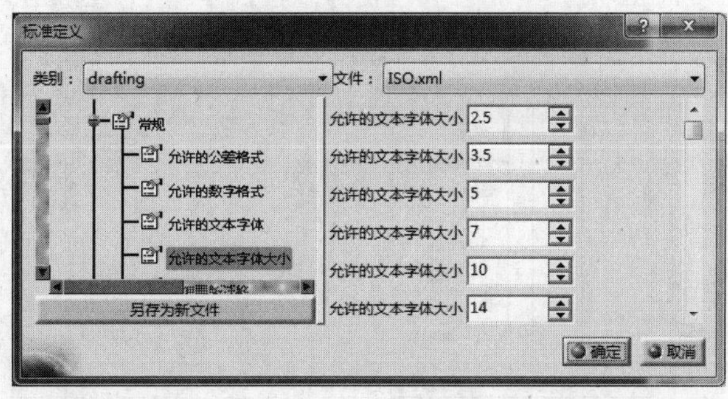

图 11-10 修改其他可用字体高度

【例11-4】 制定符合 GB 的工程图配置文件——修改尺寸标注箭头样式。

① 修改长度/距离尺寸标注箭头样式。在“标准定义”对话框“标准”结构树中，依次展开并选择“ISO”→“样式”→“长度/距离尺寸”→“Default”→“符号”→“第一个符号”→“类型”选项，在对话框右侧“类型”下拉列表中选择“实心箭头”选项，表示尺寸箭头使用实心箭头，同样地，将“第二个符号”的类型也更改成“实心箭头”样式，如图 11-11 所示。

② 修改其他尺寸标注箭头样式。参照前述步骤，在“样式”节点下，将其他选项全部标注，如角度、半径、直径等尺寸标注第一和第二“符号”均设置为“实心箭头”。

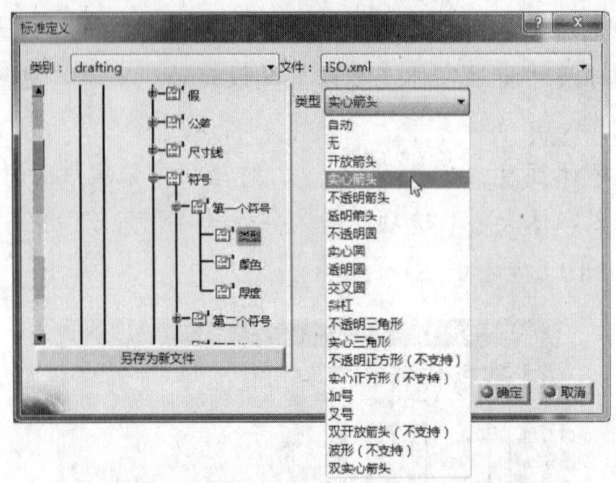

图 11-11 修改第一符号箭头样式

【例11-5】 制定符合 GB 的工程图配置文件——修改尺寸界线。

① 修改长度/距离尺寸标注尺寸界线消隐值。在“标准定义”对话框“标准”结构树中，依次展开并选择“ISO”→“样式”→“长度/距离尺寸”→“Default”→“尺寸界线”→“左侧”→“消隐”选项，在对话框右侧“消隐”文本框中输入数值“0”，表示尺寸界线与所标注元素相连接处不留空隙。将“右侧”的“消隐”值也更改为“0”，如图 11-12 所示。

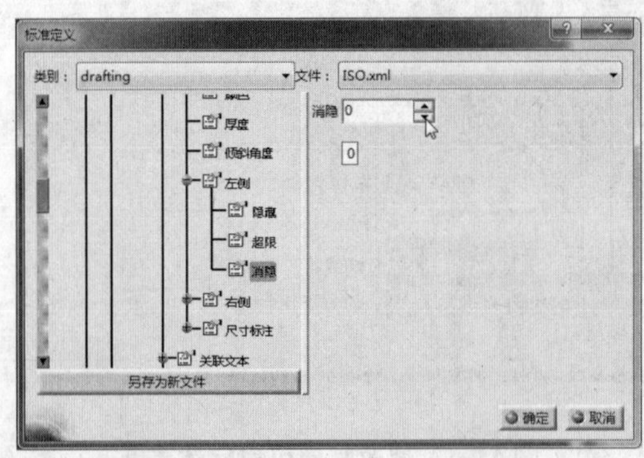

图 11-12 修改尺寸界线左侧消隐值

② 修改其他尺寸界线消隐值。参照前述步骤，在“样式”节点下，将其他选项全部标注，如角度尺寸、半径尺寸、直径尺寸等尺寸标注左侧和右侧的“消隐值”均设置为“0”。

【例11-6】 制定符合 GB 的工程图配置文件——修改倒角分隔符字体高度。

① 在“标准定义”对话框“标准”结构树中，依次展开并选择“ISO”→“尺寸”→“倒角尺寸：分隔符字体高度”选项。

② 在对话框右侧“倒角尺寸：分隔符字体高度”中输入高度值为“3.5”，如图 11-13 所示。

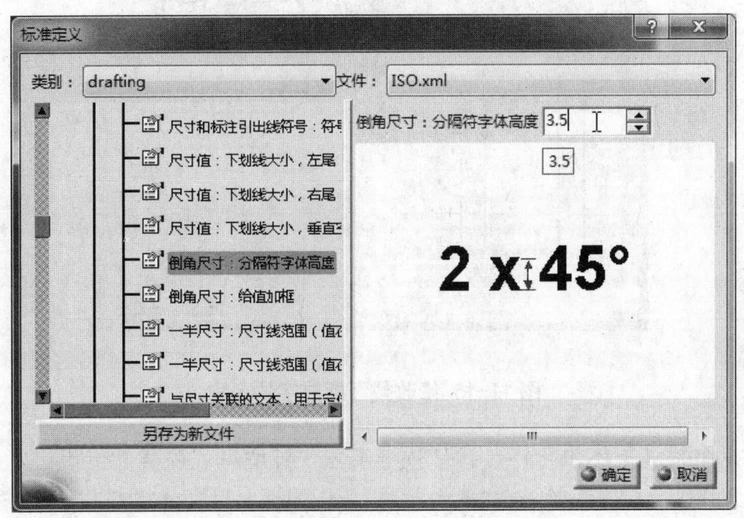

图 11-13 修改倒角分隔符字体高度

【例11-7】 制定符合 GB 的工程图配置文件——设置粗糙度符号。

① 在“定义标准”对话框“标准”结构树中，依次展开并选择“ISO”→“标注”→“粗糙度”→“布局”选项。

② 在对话框右侧各下拉列表中均选取“已授权”选项，修改结果如图 11-14 所示。

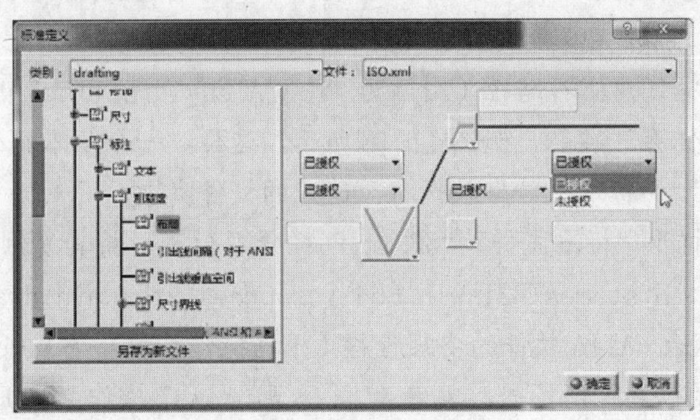

图 11-14 设置粗糙度符号

【例11-8】 制定符合 GB 的工程图配置文件——修改截面标注。

① 修改截面标注字体名称。在“标准定义”对话框“标准”结构树中，依次展开并选择“ISO”→“样式”→“截面标注”→“Default”→“文本”→“字体”→“名

称”选项，然后在对话框右侧“名称”文本框中输入需要系统默认的字体名称“Times New Roman”，如图 11-15 所示。

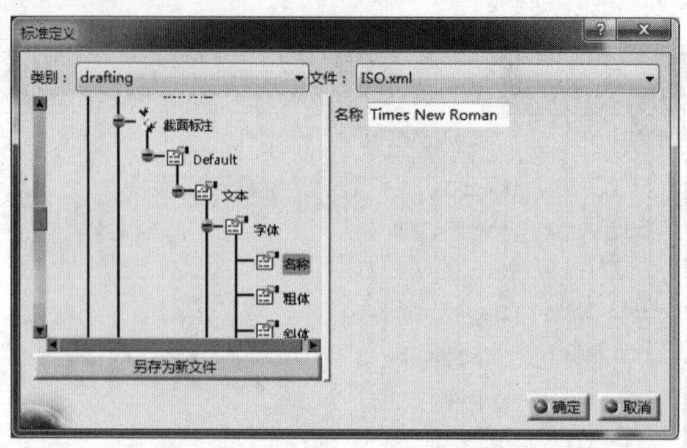

图 11-15 修改截面标注字体名称

② 修改截面标注字体为斜体。在“标准定义”对话框“标准”结构树中，依次展开并选择“ISO”→“样式”→“截面标注”→“Default”→“文本”→ “字体”→“斜体”选项，然后在对话框右侧“斜体”下拉列表中选择“是”选项，如图 11-16 所示。

③ 设置截面标注字体倾斜度。在“标准定义”对话框“标准”结构树中，依次展开并选择“ISO” →“样式”→“截面标注”→“字体”→“倾斜度”选项，然后在对话框右侧“倾斜度”文本框中输入倾斜度值“15”(系统默认单位为“度”)，如图 11-17 所示。

【例11-9】 制定符合 GB 的工程图配置文件——保存修改的标准文件。

① 方法 1：在“标准定义”对话框中单击“另存为新文件”命令按钮，弹出“另存为”对话框，选择任意保存路径(图示为“D:\CATEnv\drafting”)，将文件名设置为“GB”，单击“保存”按钮，如图 11-18 所示。这样，一个基本符合国家制图标准的名为“GB.xml”的标准文件即被保存至选定的文件夹中。

② 续方法 1，打开“标准文件”“GB.xml”的保存位置，将其复制到“X:\Program Files\Dassault Systemes\B21\win_b64\resources\standard\drafting”文件夹中，其中“X”代表 CATIA 软件的安装盘符(根据操作系统及安装版本的不同，“drafting”文件夹的位置可能不同，笔者为 64 位 Windows7 操作系统)。

③ 方法 2：在“标准定义”对话框中单击“确定”按钮，弹出如图 11-19 所示的“信息”对话框。在该对话框中单击“确定”按钮，按照国家标准相关规定修改后的“ISO”标准文件即保存在“D:\CATEnv\drafting”文件夹中。

④ 续方法 2，首先进入“D:\CATEnv\drafting”文件夹(“D:\CATEnv”为用户进入管理模式前创建的环境储存目录)，将“ISO.xml”文件重命名为“GB.xml”，再进行复制操作。

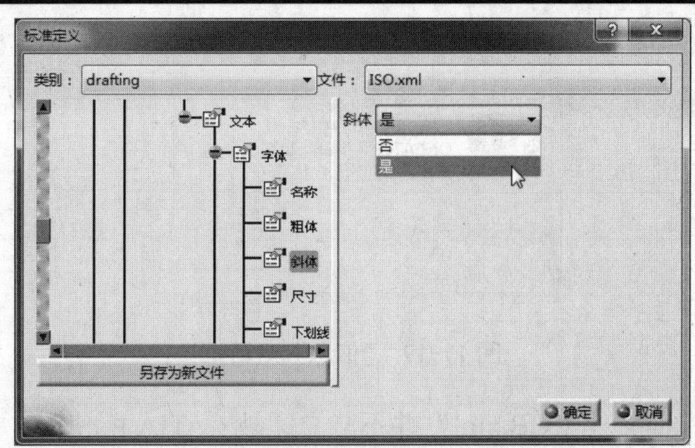

图 11-16 修改截面标注字体为斜体标注

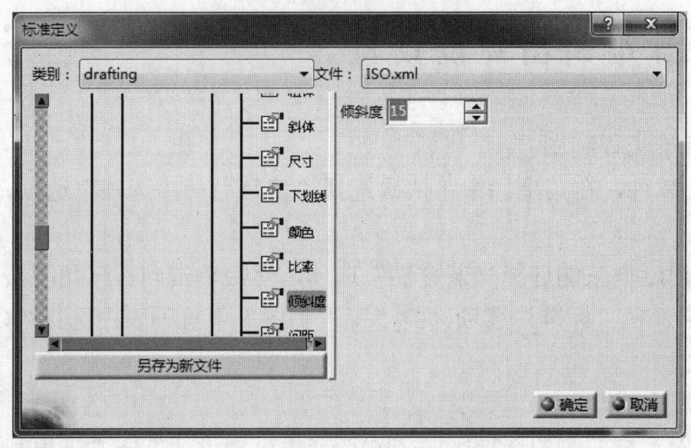

图 11-17 设置截面标注字体倾斜度

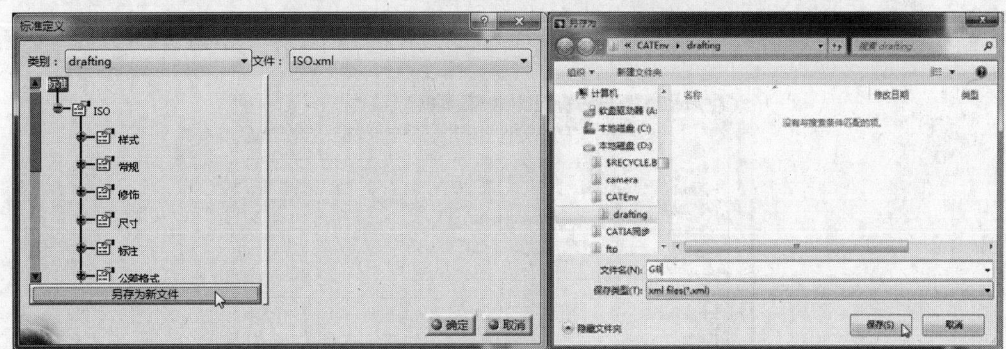

图 11-18 另存新文件

完成工程图中的各选项设置后，用户可以采用【例 11-9】中的两种方法保存修改文件，并将所保存的标准文件复制至 CATIA 安装目录的“drafting”文件夹中。

本节随书光盘文件夹中提供了一个已经完成设置的 CATIA 工程图标准文件“GB.xml”，该文件配置基本符合我国国家标准制图规定。读者可以直接将该文件复制到上述路径中的“drafting”文件夹中使用。

图 11-19 “信息”对话框

以上所创建的标准文件“GB.xml”并不能立即被 CATIA 所使用，需要设置工程图环境后才可使用，具体操作方法详见“11.2.2 国家标准制图环境设置”小节内容。

11.2.2 国家标准制图环境设置

（1）设置标准工程制图

启动 CATIA 软件，在菜单栏中，依次选择“工具”→“选项”选项，弹出“选项”对话框。

在“选项”对话框左侧选择“兼容性”选项，然后单击向右三角型按钮▶，选择“IGES 2D”选项卡，在“标准”选项区的“工程制图”下拉列表中选择“GB”，如**图 11-20** 所示。

（2）设置视图布局

在“选项”对话框左侧的选项区中依次选择“机械设计”→“工程制图”选项，然后选择“布局”选项卡，取消选中“视图名称”和“缩放系数”复选框，这是因为 GB 工程图中无需为每个视图单独显示视图名称和比例，如图 11-21 所示。

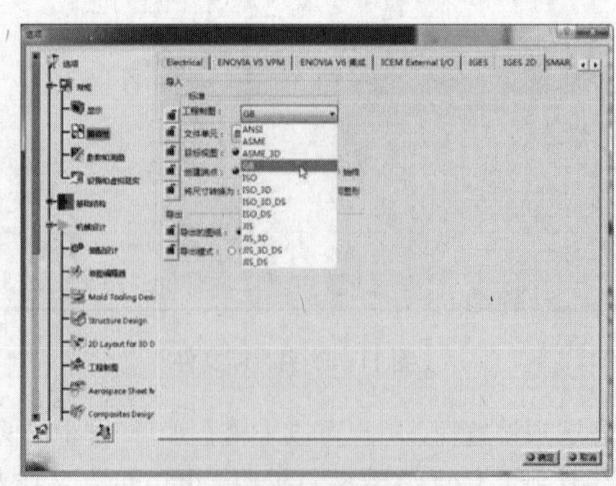

图 11-20 设置工程制图默认标准

（3）设置视图显示模式

在“选项”对话框左侧的选项区中依次选择“机械设计”→“工程制图”选项，然后选择“视图”选项卡，选中“生成轴”“生成螺纹”“生成中心线”“生成圆角”“应用 3D 规格”五个复选框，如图 11-22 所示。

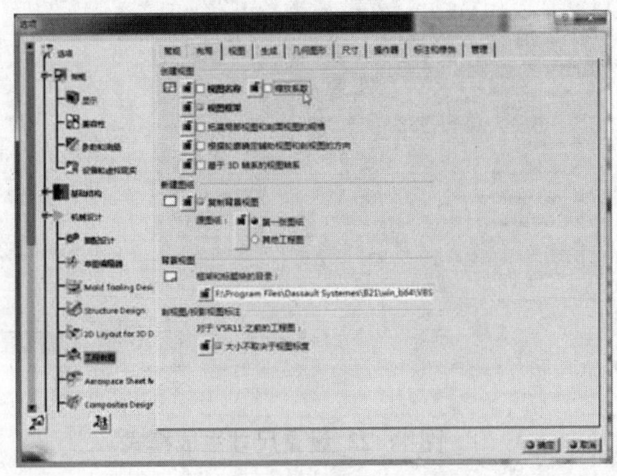

图 11-21 设置视图布局

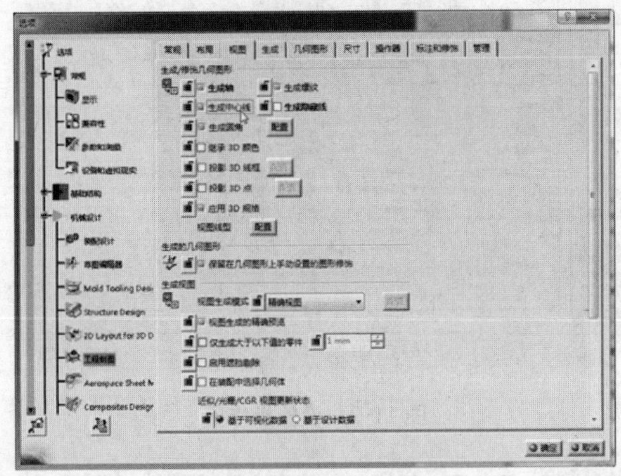

图 11-22 设置视图显示模式

（4）设置尺寸生成模式

在“选项”对话框左侧的选项区中依次选择“机械设计”→“工程制图”选项，然后选择“生成”选项卡，选中“生成前过滤”“生成后分析”复选框，如图 11-23 所示。

（5）设置操作器

在“选项”对话框左侧的选项区中依次选择“机械设计”→“工程制图”选项，然后选择“操作器”选项卡，选中“可缩放”复选框，以及“修改消隐”“移动值”“移动尺寸线”“移动尺寸线次要零件”“移动尺寸引出线”5 个选项后的“修改”复选框，如图 11-24 所示。

（6）保存修改

设置完成后，单击“确定”按钮，保存 CATIA 工程图操作环境设置，完成制图环境的设置。

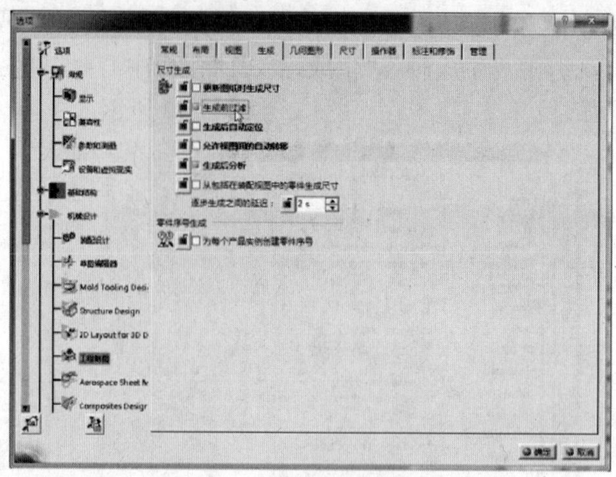

图 11-23 设置尺寸生成模式

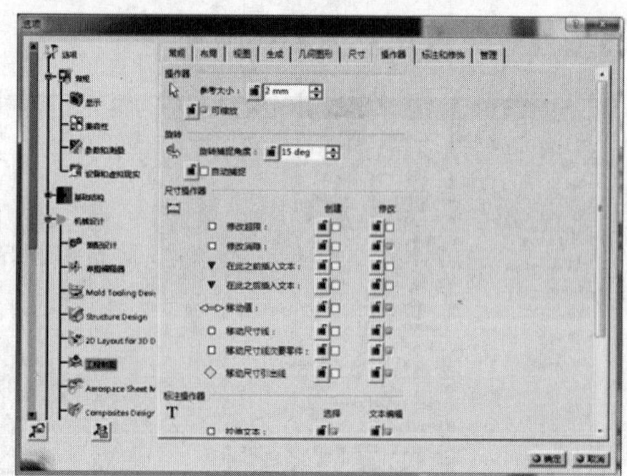

图 11-24 设置操作器

11.2.3 图层的设置

同其他CAD/CAM软件一样，CATIA V5提供了一种有效组织管理零部件要素的手段，就是“图层（Layer）”。它可以快速、有效地组织、管理和应用工程图设计过程中的各种操作。层的操作命令位于“图形属性”工具栏中，如图 11-25 所示。“图形属性”工具栏通常位于绘图窗口上部菜单栏下方。

（1）图层的概念

用户可以将图层想象成一叠没有厚度的透明纸张，将具有不同特性的图形元素分别置于不同的图层，然后将这些图层按同一基准点对齐，就可得到一幅完整的图形。每个图层均具有线型、颜色和状态等属性。

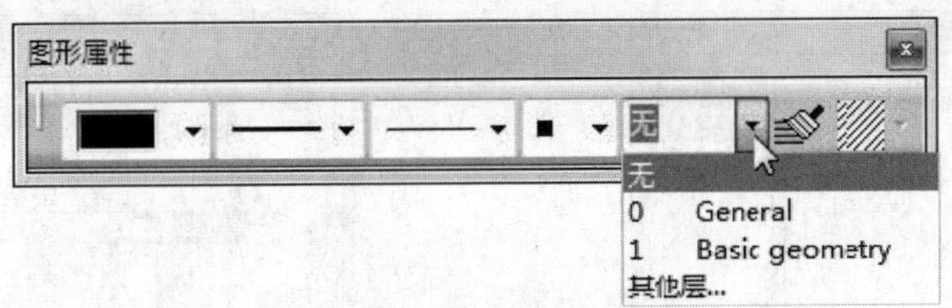

图 11-25 设置图层

图层的出现，使复杂的图形绘制起来变得简单、清晰、容易管理。例如，在绘制工程图形时，可以创建一个中心线图层，将中心线特有的颜色、线型等属性赋予这个图层。每当需要绘制中心线时，用户只需切换到中心线图层上，而不必在每次画中心线时都必须为中心线对象一一设置中心线的线型、颜色。这样，不同类型的中心线、粗实线、细实线分别放在不同的图层上，在使用绘图机输出图形时，只需将不同图层的实体定义给不同的绘图笔，不同类型的实体输出变得十分方便。如果不想显示或输出某一图层，用户可以关闭这一图层。通过可视化过滤器，对所有共同特征的要素进行显示、隐藏等操作，同时组织图层中的模型要素并用图层来简化显示，这样不仅可以提高可视化程度，又便于管理和修改，极大地提高了工作效率。

（2）图层的性质

1）在 CATIA 工程图中，最多可创建 999 个图层，但每个图层上定义的标注数量没有限制。

2）每个图层可定义一个名称。当开始创建一张新图时，CATIA 自动创建名为“0 General”和“1 Basic Geometry”两个系统自带图层，不能改名或删除。其他图层名称需由用户自定义，可以包括中文、英文、数字或专用符号“#”“_”等。

3）一般情况下，一个图层上的对象只定义一种特征标注。

4）虽然 CATIA 可以创建多个图层，但只能在当前图层上绘图，所以在绘制前要首先确认所要使用的图层。

5）用户可以通过可视化过滤器的操作进行图层的显示和隐藏。合理关闭一些图层，可以使绘图或看图时显示更加清晰。

（3）图层的创建

图层的基本操作包括新建图层、图层的改名、指定当前图层等。

【例11-10】 进入层操作界面及创建新图层的一般操作步骤。

① 在“图形属性”工具栏中打开“无”下拉列表，选择“其他层…”选项，参见图 11-25 所示，弹出“已命名的层”对话框，如图 11-26 所示。

② 单击“已命名的层”对话框中的“新建”按钮，系统将在对话框编号列表中创建一个编号为“2”的新图层，然后在新建图层的名称处单击，将其重新命名为“形位公差”。

③ 类似地，创建“尺寸标注”图层，如图 11-27 所示。最后单击“已命名的层”对话框的“确定”按钮，完成新图层的创建。

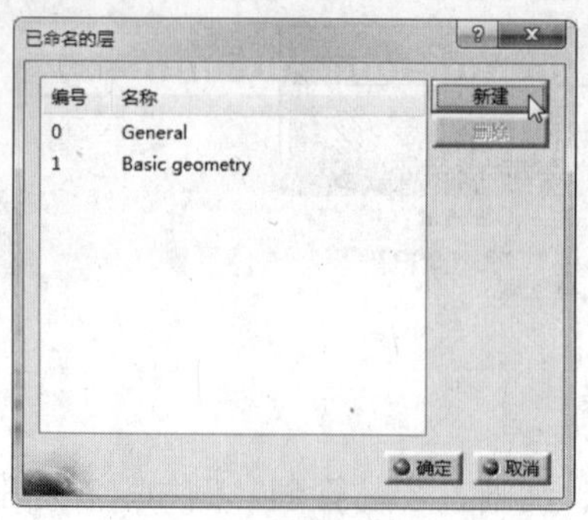

图 11-26 “已命名的层”对话框

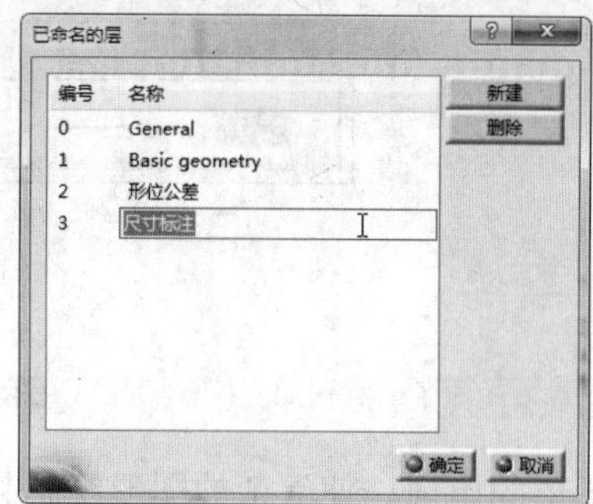

图 11-27 添加新图层

（4）在图层中添加项目

工程图中的内容，如视图、尺寸标注、基准符号、形状与位置公差、表面粗糙度等，称之为图层的“项目”。将项目添加到图层中存在两种情况：一种是绘制前先选定图层，之后在相应图层中绘制，这样可以直接将所绘制的项目添加到图层中；另外一种是先绘制工程图项目，之后再将项目添加到图层中。绘图前先选定图层再将项目添加到层中的方法比较简单，在此不再赘述。

【例11-11】 先绘制项目，后将项目添加到图层中的一般操作步骤。

① 打开随书光盘中的本例文件，出现检视窗工程图，以检视窗正视图为例，如图 11-28 所示。

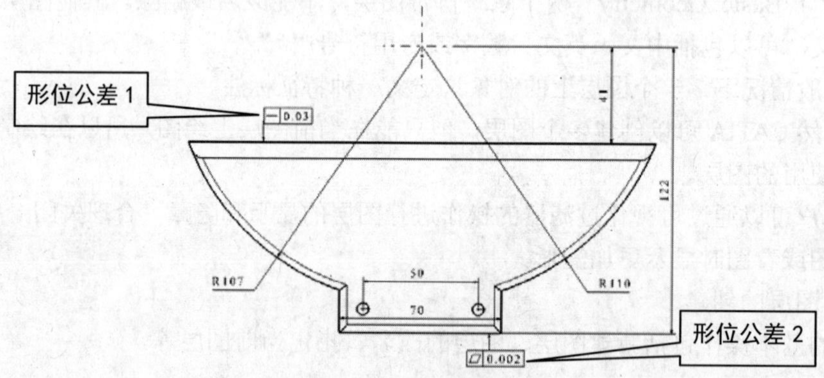

图 11-28 检视窗零件图

② 创建“形位公差”图层和“尺寸标注”图层。

③ 按住“Ctrl 键”，选中图 11-28 所示的两个形位公差，然后在“图形属性”工具栏的“无”下拉列表中选择“2 形位公差”图层，将形位公差全部放置到“2 形位公差”图层中。

④ 先在图纸空白处单击，以取消选择上一步操作所选中的形位公差，采用同样方法，再按住“Ctrl 键”，选取图 11-28 中 6 个尺寸标注，然后在“图形属性”工具栏的“无”下拉列表中选择“3 尺寸标注”图层，将尺寸标注全部放置到“3 尺寸标注”图层中。

（5）图层的可视化操作

如果将某个图层设置为“过滤”状态，则其他图层中的项目在工程图中将被隐藏。

【例11-12】 图层过滤器设置的一般操作步骤。

① 打开随书光盘中的本例文件，其正视图参见图 11-28。

② 在菜单栏中，依次选择“工具”→“可视化过滤器…”选项，弹出“可视化过滤器”对话框。如图 11-29 所示。

③ 在“可视化过滤器”对话框中单击对话框右侧“新建”按钮，弹出“可视化过滤器编辑器”对话框，如图 11-30 所示。

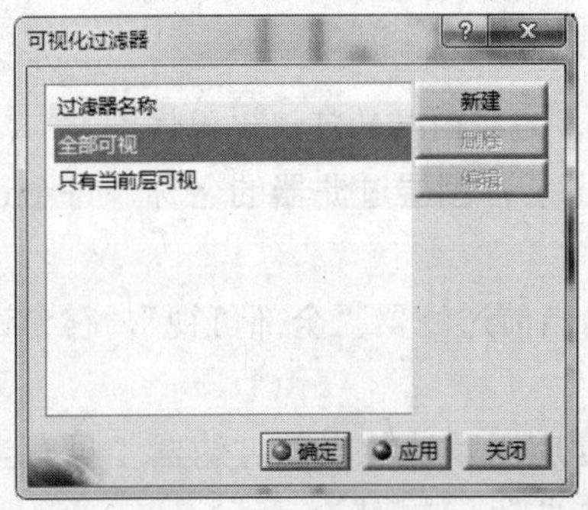

图 11-29 “可视化过滤器”对话框

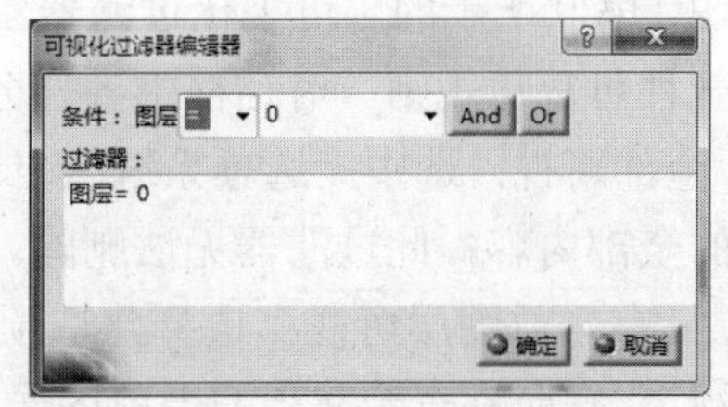

图 11-30 “可视化过滤器编辑器”对话框

④ 在“可视化过滤器编辑器”对话框的“过滤器运算符”列表框中选择“=”运算符，在“图层选择框”列表框中选择“2 形位公差”选项，如图 11-31 所示，然后单击对话框的“确定”按钮，过滤器名称列表中增加名为“过滤器 001”的过滤器。将“过滤器 001”重命名为“显示形位公差”，如图 11-32 所示。

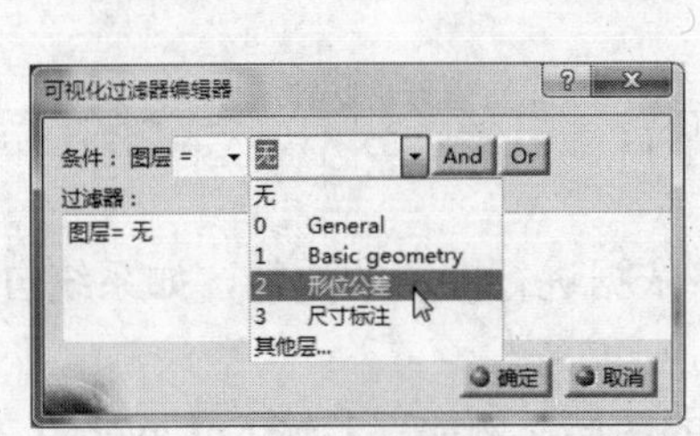

图 11-31 “可视化过滤器编辑器”对话框

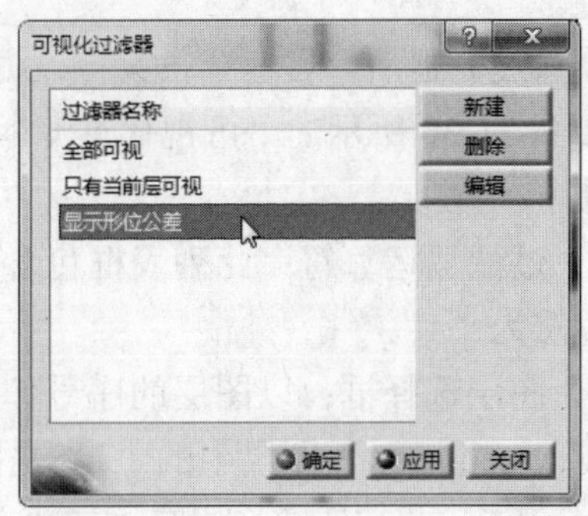

图 11-32 “可视化过滤器”对话框

⑤ 在“可视化过滤器”过滤器名称列表中选中“显示形位公差”选项，并单击“应用”命令按钮，则图形区中只显示“2 形位公差”图层的项目，其他层中的对象则被隐藏，

如图 11-33a、b 所示可视化过滤前后的不同。由于图形元素没有设置图层，所以图层的可视化操作对其无效。

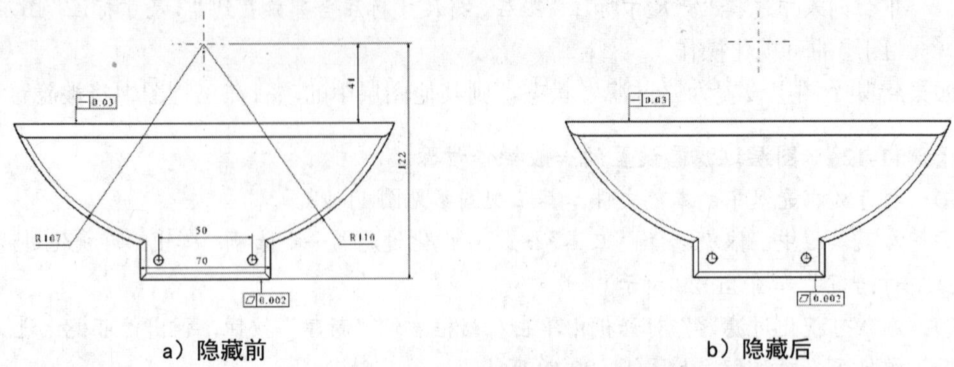

a）隐藏前　　b）隐藏后

图 11-33 设置层的隐藏

⑥ 单击“可视化过滤器”对话框的“确定”按钮，完成图层的可视化操作。

如图 11-29 所示的“可视化过滤器”对话框中列出了各图层过滤器的名称，每个过滤器对应一种可视化规则。对话框中各部分功能如下：

1）全部可视：选中此选项系统将自动应用默认的当前过滤器“全部可视”，它允许查看文档的全部内容，此过滤器无法删除。

2）只有当前图层可视：选择此选项卡系统将自动应用默认的当前过滤器“只有当前图层可视”，它允许查看文档的当前图层的内容，此过滤器无法删除。

3）新建：单击此按钮，弹出“可视化过滤器编辑器”对话框，创建新的过滤规则。

4）删除：单击此按钮，可以将当前选中的过滤器删除，且只能对过滤器列表中新建的过滤器起作用，而无法删除“全部可视”和“只有当前图层可视”这两项。

5）编辑：单击此按钮，可以对当前选中的过滤器进行编辑，修改过滤规则，且只能对过滤器列表中新建的过滤器起作用，而无法编辑“全部可视”和“只有当前图层可视”这两项。

新建过滤器后，慢速单击某一过滤器，可以修改过滤器名称。

如图 11-30 所示的“可视化过滤器编辑器”允许新建并修改过滤器，对话框中各部分功能如下：

1）过滤器运算符：此列表框包含可使用的运算符：=、! =、>、<、<=、>=，系统默认运算符为“=”。

2）图层选择框：以图层的序号作为唯一的运算依据进行图层的选择，如系统自带的“1 Basic geometry”图层中的“1”是图层序号。

3）And：此按钮允许用户添加“并”关系条件的图层。例如：若输入 Layer>0 & Layer<4 则表示将显示序号大于 0 并且序号小于 4 的图层，显示图层 1~3 中的内容。

4）Or：此按钮允许用户添加“或”关系条件的图层。例如：若输入 Layer<2 + Layer =3 则表示将显示序号小于 2 或序号等于 3 的图层，显示图层 0~1 和图层 3 中的内容。

11.2.4 图纸格式及图框设置

在 CATIA 中，系统提供了几种常用的“制图标准”“幅面大小”，以及“横向”“纵向”两种图纸放置方向。在绘图过程中，用户可以根据需要选择所需的图纸格式。

（1）图纸格式设置

图纸格式设置过程是在“页面设置”对话框中完成的。

【例11-13】 图纸格式设置的一般操作步骤。

① 在菜单栏中，依次选择“文件”→“页面设置”选项，弹出“页面设置”对话框，如图 11-34 所示。

② 在“标准”下拉列表中可以选择制图标准，如选择“GB”标准。

③ 在“图纸样式”下拉列表中可以选择图纸幅面，如选择“A4 ISO”。

④ 在“图纸样式”选项区，可以选择图纸方向为 “纵向”或“横向”。

⑤ 单击“确定”按钮，完成图纸格式设置。

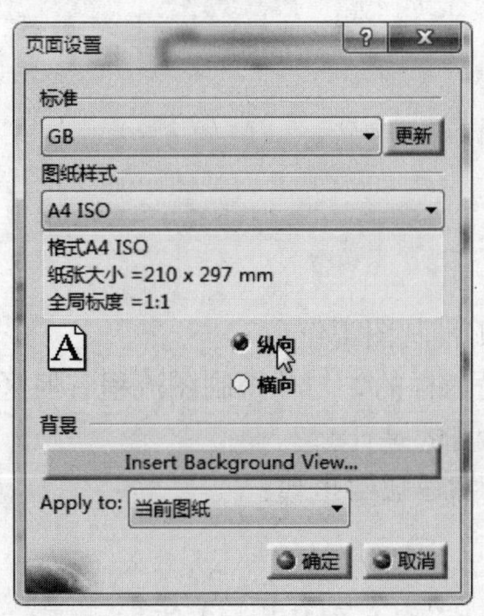

图 11-34 “页面设置”对话框

（2）图框设置

完成格式设置后，该图纸的图框也应确定，但 CATIA 工程制图并不具有图框，因此需另行添加。

CATIA 工程制图中，添加图框的方法有三种，分别为手动绘制图框、插入已有图框及自动生成使用宏命令绘制的图框。不论是哪种方法绘制图框，都需要首先在菜单栏中，依次选择“编辑”→“图纸背景”选项，进入“图纸背景”界面。

1）手动绘制图框：手动绘制图框是指按照国家标准规定的尺寸，绘制图框线，完成图框的添加。这种方法直观明了，易于操作，但是每绘制一张工程图就需要绘制一次图框，效率低。

2）插入图框：插入图框是指将已保存好的工程图中的图框插入到新建的工程图中。这种方法的前提是已保存好的工程图中存在图框，相对手动绘制图框更方便。

3）自动生成图框：自动生成图框是指使用宏命令自动完成图框的绘制。宏命令自动化程度高，运行稳定，并且 CATIA 调用宏命令的操作也比较简便，所以较为常用。

由于图框与标题栏都在“图纸背景”界面进行绘制，所以通常将图框与标题栏的插入过程合并到一起，具体操作方法参见“13.8.3 标题栏的创建”小节内容。

11.3 小结

本章的主要内容为 CATIA 工程制图基础知识。利用 CATIA 工程制图模块可以方便地以交互式和创成式两种方式进行工程图的绘制。学习时注意区分 CATIA 制图的主要特点和流程与传统制图有何区别，要学会制图工作台的启动方法，熟悉其工作界面和主要工具的操作。除此之外，还要学习标准文件的自定义过程，以便制定符合实际需求的工程图标准文件。

11.4 思考题

（1）如何启动 CATIA 工程制图工作台？

（2）CATIA 制图流程是怎样的？与传统制图流程有何区别？

（3）标准文件自定义的目的是什么？

（4）设置国家标准文件需要哪些步骤？

第12章 机件的表达

12.1 概述

在实际生产中，机件的结构形状是多种多样的，为了完整、清晰、简便地表达出它们的内外形状，国家标准《技术制图与机械制图》中规定了视图、剖视图、断面图和其他各种规定画法等多种表达方法。

在工程制图中，将机件向多面投影体系的各投影面做正投影所得的图形称为视图。视图主要用于表达机件外部结构形状，对机件不可见的结构形状可采用剖视图或断面图等进行表达，必要时也可用虚线画出。

采用正六面体的六个面作为基本投影面，将机件放入其中，按第一角投影法分别向六个基本投影面投射，可得到六个基本视图。其名称分别定义为主视图（由前向后投影所得到的视图，也有正视图、前视图的叫法）、俯视图（由上向下投影所得到的视图，也有顶视图的叫法）、左视图（由左向右投影所得到的视图，也有侧视图的叫法）、右视图（由右向左投影所得到的视图）、仰视图（由下向上投影所得到的视图，也有底视图的叫法）、后视图（由后向前投影所得到的视图），六个基本视图的配置关系如图 12-1 所示。

有时由于考虑到各视图在图纸中的合理布局，可以不按投影关系配置各视图，或各视图不在同一图纸上，这样就形成了向视图。向视图是可以自由配置的视图，如图 12-2 所示，

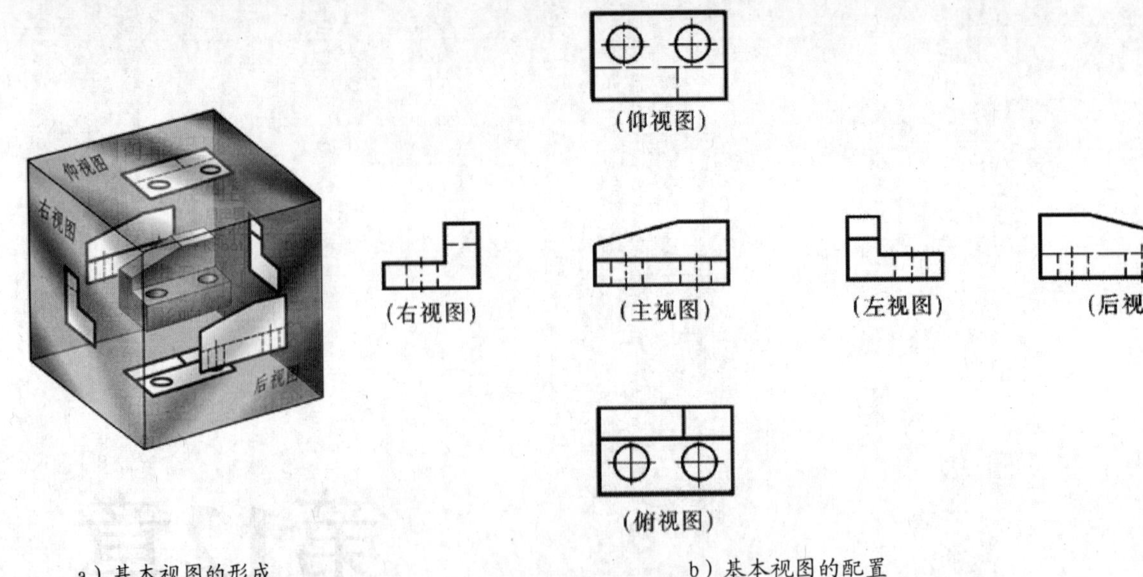

a）基本视图的形成　　　　b）基本视图的配置

图 12-1 固定配置的基本视图

绘图时应在向视图上方标注“X”(“X”为大写拉丁字母)。在相应视图的附近用箭头指明投射方向，并标注相同的字母。图 12-2 是将图 12-1 中的右视图、仰视图和后视图三个视图画成 A、B、C 三个向视图，并自由配置在图纸的适当位置。

在工程制图里，除了上述六个基本视图外，还包括轴测图、剖视图、断裂视图、局部放大图和辅助视图等。

CATIA V5 工程制图工作台并没有为了创建各种视图而单独提供一一对应的命令工具，而是只需插入基本视图，通过基本视图创建局部放大图、剖视图、断裂视图等其他视图。另外，CATIA 工程制图不仅可以通过视图属性对话框修改视图的角度、比例、名称、显示模式等，还可以对视图进行隐藏、显示、删除、复制、粘贴及锁定等操作。可以说，在视图“属性”对话框中几乎包括了创建工程图视图的所有内容，使得创建不同视图的步骤与方法统一起来。

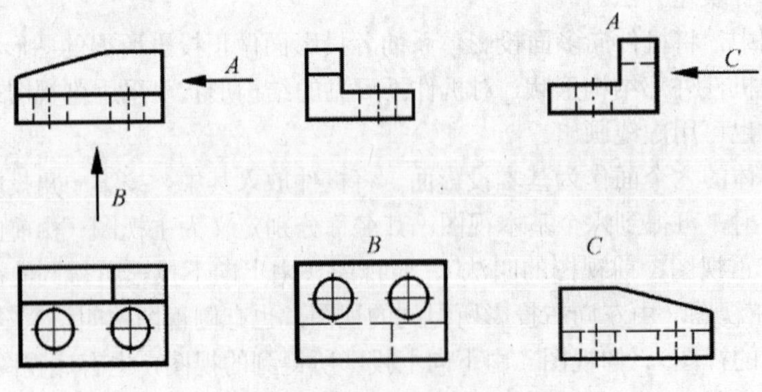

图 12-2 自由配置的向视图

12.2 常用视图的创建

12.2.1 正视图

正视图是工程图中最重要的视图，因为在通常情况下，它能较多地反映组合体的形体特征及其相对位置。在 CATIA 绘制工程制图过程中，应当首先确定和创建正视图，然后以正视图为基准创建其他视图。

【例12-1】 新建一张图纸，为左壳体零件创建正视图。

① 打开随书光盘中的本例文件，出现左壳体零件三维模型文件，如图 12-3 所示。

② 在菜单栏中，依次选择“文件”→“新建”命令，或在“标准”工具栏中直接单击“新建”按钮，弹出“新建”对话框，在“新建”对话框“类型列表”列表框中选择“Drawing”选项，如图 11-2 所示。单击“确定”按钮，弹出“新建工程图”对话框，如图 12-4 所示。

③ 在“标准”下拉列表中选择“GB”选项，在“图纸样式”下拉列表中选择“A2 ISO”选项，“图纸方向”选择“横向”，如图 12-4 所示。单击“确定”按钮，进入 CATIA 工程制图工作台，新建一张工程图图纸，工作窗口参见图 11-5 所示。

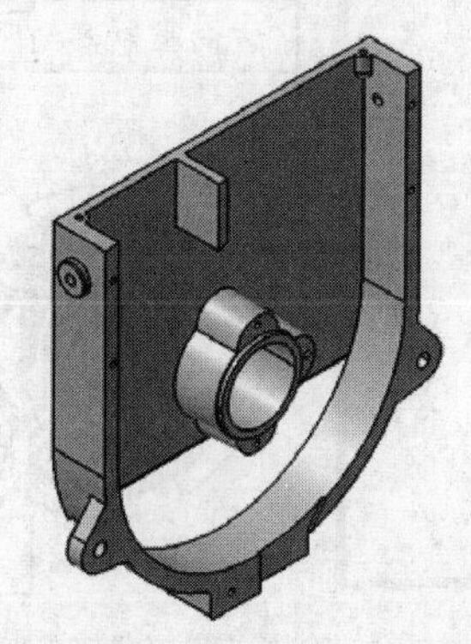

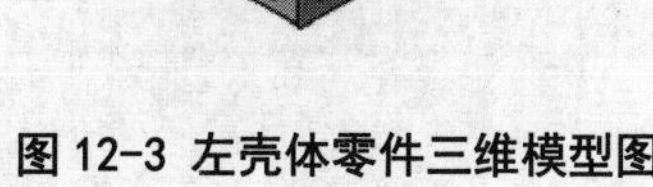

图 12-3 左壳体零件三维模型图

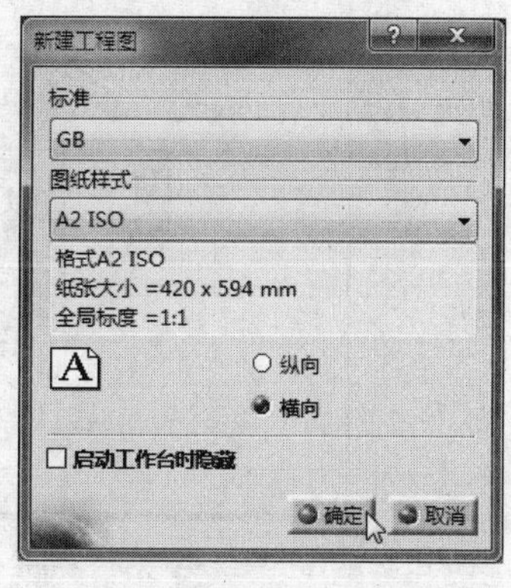

图 12-4 新建工程图对话框

④ 在菜单栏中，依次选择“插入”→“视图”→“投影”→“高级正视图”选项，或在“视图”→“投影”工具栏中直接单击“高级正视图”按钮，弹出“视图参数”对话框，如图 12-5 所示。在“视图名称”和“标度”列表框中可以修改视图的名称和比例，此例中采用默认设置，单击“确定”按钮。

⑤ 提示栏提示“在 3D 几何图形上选择参考平面”，在菜单栏中，依次选择“窗口”→“1.zuoketi.CATPart”选项，如图 12-6 所示，将工作窗口切换至左壳体零件设计工作台。

⑥ 在零件设计工作台左壳体“结构树”中，选择“ZX”平面作为投影平面，系统自动将窗口切换到工程制图工作台，产生正视图预览图，如图 12-7 所示（也可以根据需要选取一点和一条直线、两条不平行的直线、三个不共线的点或其他平面来确定投影平面）。

⑦ 提示栏提示“单击图纸生成视图，或使用箭头重新定义视图方向”，可改变视图的摆放角度，连续单击三次逆时针旋转箭头，使正视图预览图逆时针旋转 90° 竖直放置，如图 12-8 所示。

⑧ 在绘图区中任意位置单击以放置正视图，完成正视图的创建，结果如图 12-9 所示。

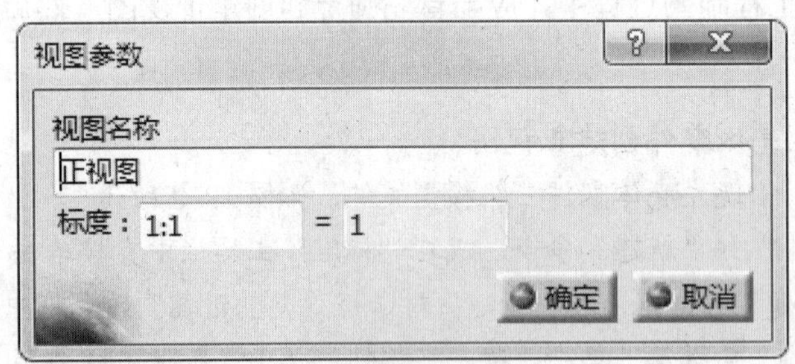

图 12-5 “视图参数”对话框

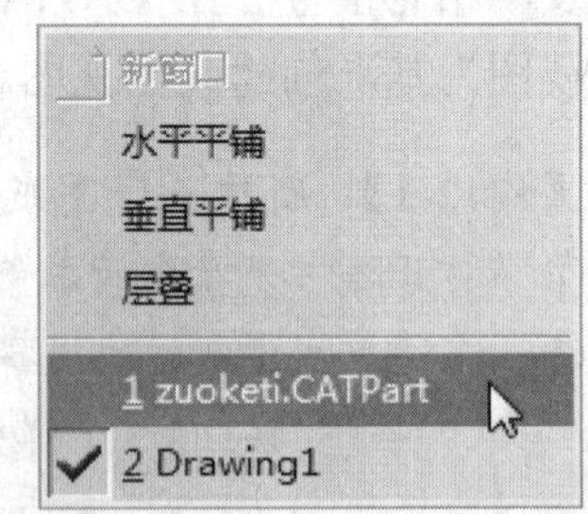

图 12-6 切换窗口至零件设计工作台

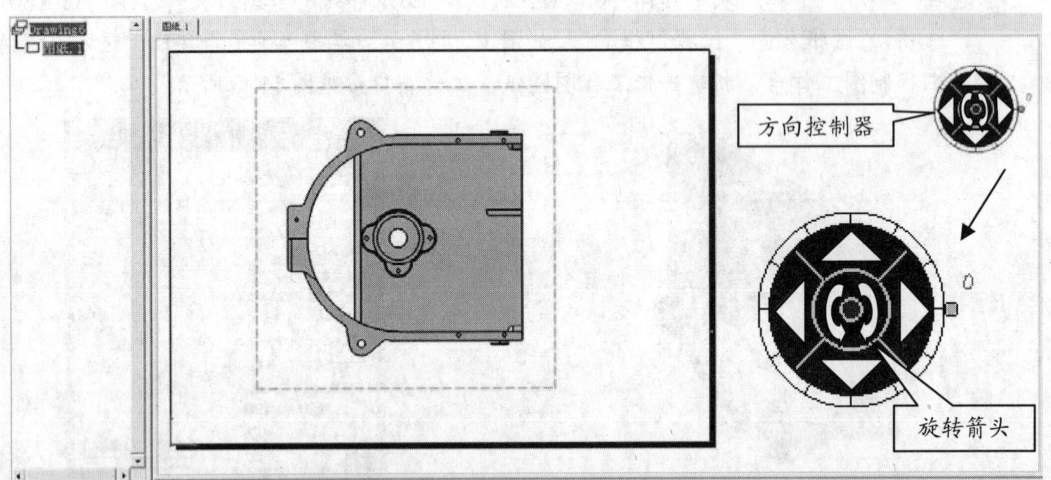

图 12-7 工程图显示窗口

图 12-4 所示“新建工程图”对话框中的“标准”和“图纸样式”下拉列表分别如图 12-10 和图 12-11 所示。

在“标准”下拉列表中，列举出了 ANSI（美国国家标准化组织标准）、ASME（美国机械工程师协会标准）、ISO（国际标准化组织标准）、JIS（日本工业标准）等国际上常用的工程图标准。如有需要，可参见“11.2 基本设置”小节相关内容手动创建和设置 GB（中国国家标准）配置文件。

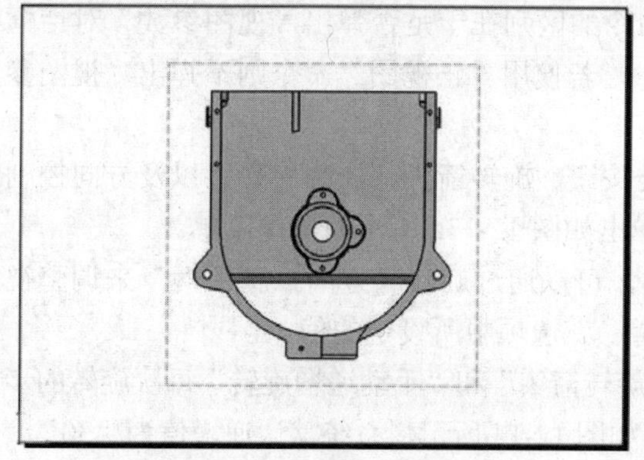

图 12-8 调整视图摆放角度

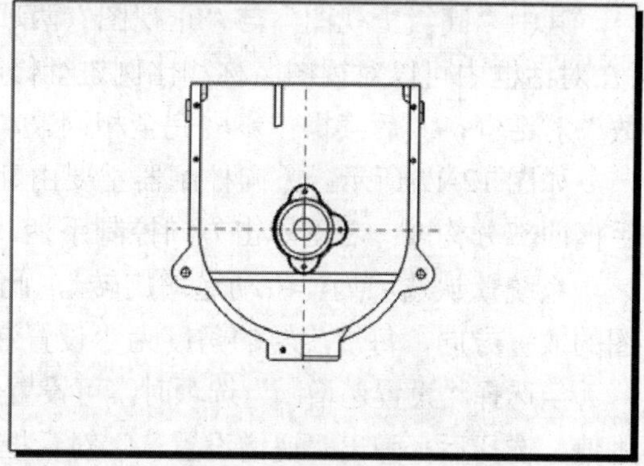

图 12-9 生成正视图

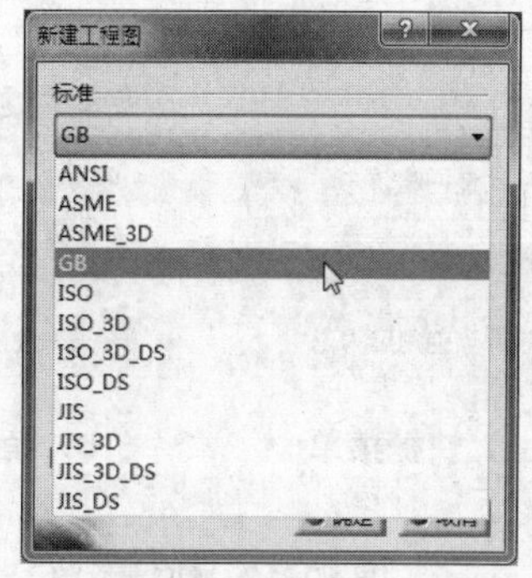

图 12-10 “标准”下拉列表

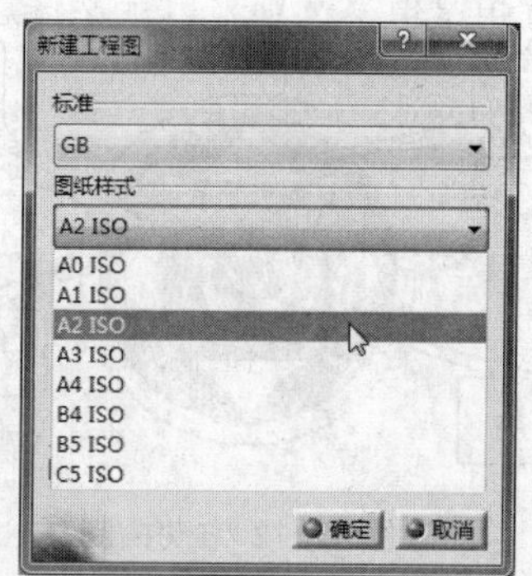

图 12-11 “图纸样式”下拉列表

在“图纸样式”下拉列表中，给出了几种常用的图纸样式。推荐采用基本幅面 A0、A1、A2、A3、A4，各国际标准（ISO）图纸幅面尺寸见表 12-1，其中，加长图幅的尺寸是由基本图幅的宽边乘整数倍增加后得出的。

表 12-1 国际标准（ISO）图纸幅面尺寸

图幅	宽边尺寸/mm	长边尺寸/mm	长边加长后尺寸
A0	841	1189	1189×（1682、2523）
A1	594	841	841×（1783、2378）
A2	420	594	594×（1261、1682、2102）
A3	297	420	420×（681、1189、1486、1783、2080）
A4	210	297	297×（630、841、1051、1261、1471…）

图纸方向包括纵向和横向两种。

除了例题中所给出的创建正视图的方法之外，还可以通过以下两种方式进行创建：

1）在菜单栏中，依次选择“插入”→“视图”→“投影”→“正视图”选项。

2）在“视图”→“投影”工具栏中直接单击“正视图”按钮。

其中“高级正视图”与“正视图”两项命令的区别在于是否弹出“视图参数”对话框（在对话框中可以对视图名称和比例进行修改），若使用“正视图”命令则不弹出“视图参数”对话框，其后续操作步骤完全相同。

如图12-12所示，方向控制器主要由翻转按钮、旋转箭头、控制中心点以及方向控制手柄四部分构成。右键单击方向控制手柄，弹出如图12-13a所示的快捷菜单。

系统默认选项为“手动递增旋转”，此时，可以通过旋转“方向控制手柄”来调整视图的放置方向，每次旋转的角度为“设置递增…”选项中所设定的值。

当选择“设置递增…”选项时，可设置“旋转箭头”和“手动递增旋转”每次旋转的步进值。选择后，弹出“递增设置…”对话框，如图12-14所示，系统默认递增值为“30”。

当选择“设置当前角度为”选项时，展开其子菜单，给出几个视图的放置角度，如图12-13b所示。当选择不同角度时，视图会以不同方向放置，分别如图12-15所示。也可通过“设置角度值”选项来自定义任意角度放置视图。

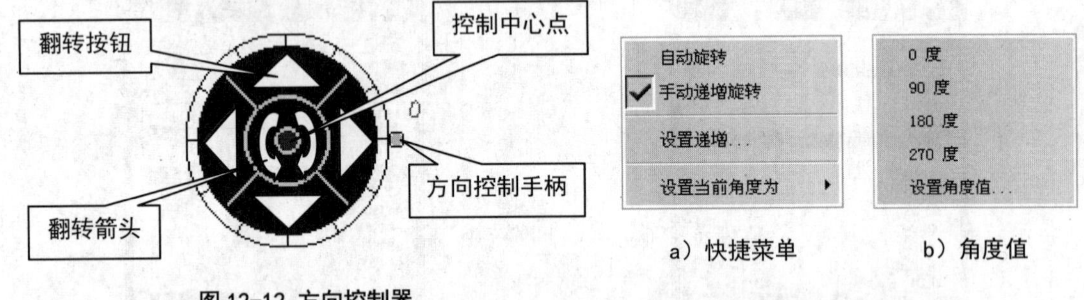

图12-12 方向控制器

a）快捷菜单　　b）角度值

图12-13 快捷菜单

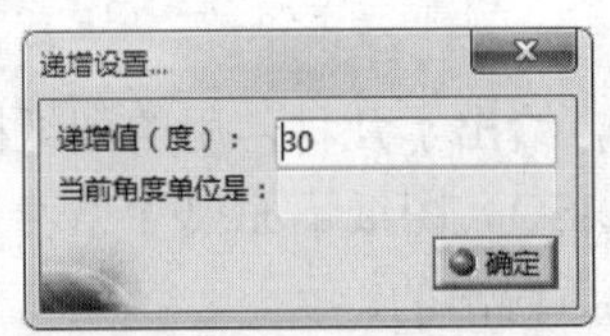

图12-14 递增设置对话框

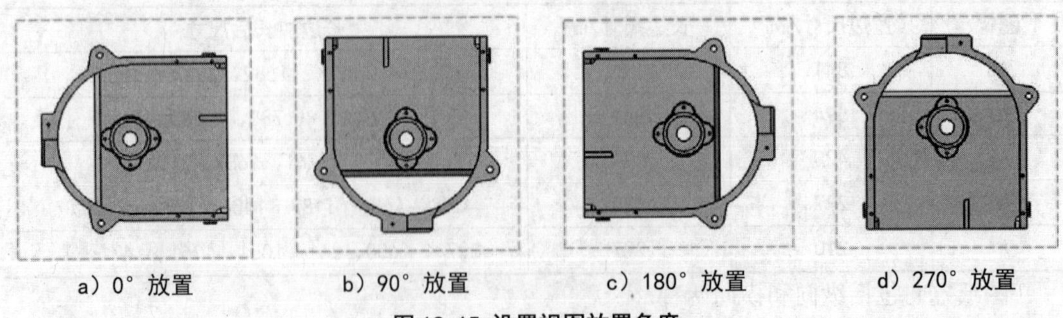

a）0°放置　　b）90°放置　　c）180°放置　　d）270°放置

图12-15 设置视图放置角度

当选择“自动旋转”选项时，方向控制器圆周上的角度分隔环将去除，可通过手动旋转“方向控制手柄”来自定义视图放置角度，其旋转步进值为“1°”。

12.2.2 投影视图

投影视图是以一个视图为基准向某个方向进行投射而形成的视图，其中包括仰视图、俯视图、左视图、右视图和后视图。

【例12-2】 创建仰视图、俯视图。

① 打开随书光盘中的本例文件，分别出现左壳体零件三维模型文件和工程图，如图 12-3 和图 12-16 所示。

② 在左壳体正视图文件图纸树中，双击“正视图”选项，或在绘图区中右键单击“正视图”视图框架，在弹出的快捷菜单中选择“激活视图”命令。

③ 在菜单栏中，依次选择“插入”→“视图”→“投影”→“投影”选项，或在“视图”→“投影”工具栏中直接单击“投影”按钮。

④ 提示栏提示“单击视图”，移动鼠标至正视图的上方或下方，生成仰视图或俯视图的预览图，分别如图 12-17a、b 所示。

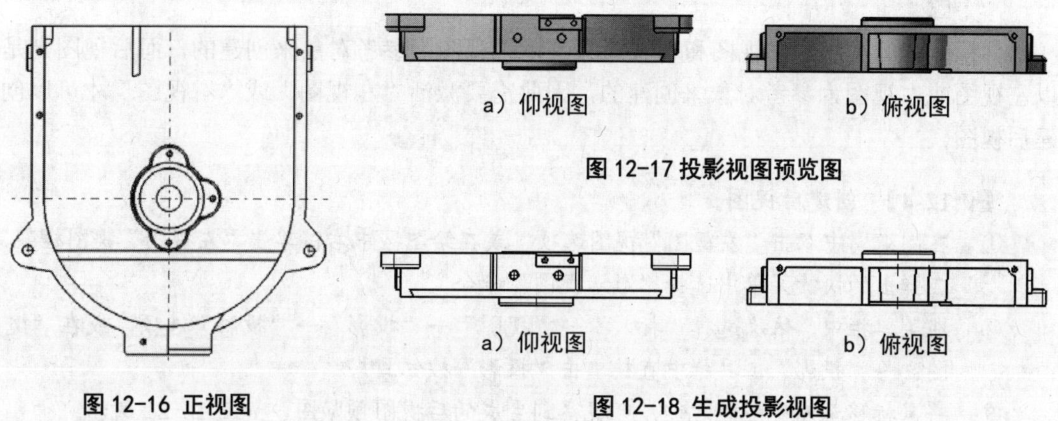

a）仰视图 b）俯视图

图 12-17 投影视图预览图

a）仰视图 b）俯视图

图 12-16 正视图

图 12-18 生成投影视图

⑤ 在绘图区中选择合适的位置单击以生成仰视图或俯视图，结果如图 12-18a、b 所示。

若所打开的视图中无图纸树，可按“F3”键将图纸树显示出来。若视图中无视图框架，可在“可视化”工具栏中直接单击“显示为每个视图指定的视图框架”按钮，将其显示出来。

【例12-3】 创建左视图、右视图。

① 在图纸树中双击“正视图”视图选项，或在绘图区中右键单击“正视图”视图框架，在弹出的快捷菜单中选择“激活视图”命令。

② 在菜单栏中，依次选择“插入”→“视图”→“投影”→“投影”选项，或在“视图”→“投影”工具栏中直接单击“投影”按钮。

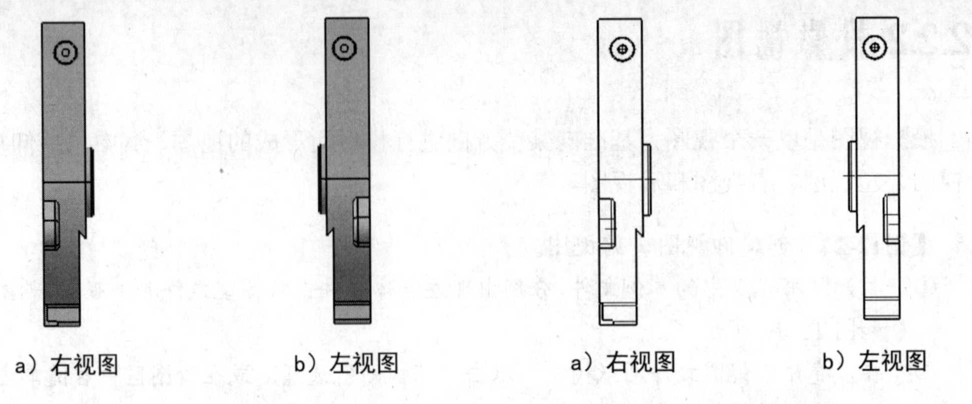

图 12-19 投影视图预览图　　　　图 12-20 生成投影视图

③ 提示栏提示“单击视图”，移动鼠标至正视图的右侧或左侧，生成左视图或右视图的预览图，分别如图 12-19a、b 所示。

④ 在绘图区中选择合适的位置单击以生成左视图或右视图，结果如图 12-20a、b 所示。□

仰视图、俯视图、左视图和右视图都是以正视图为参考对象来创建的，而后视图则是以左视图或右视图为参考对象来创建的，因此需要激活“左视图”或“右视图”才可以创建后视图。

【例12-4】 创建后视图。

① 在图纸树中双击“左视图”视图选项，或在绘图区中右键单击“左视图”视图框架，在弹出的快捷菜单中选择“激活视图”命令。

② 在菜单栏中，依次选择“插入”→“视图”→“投影”→“投影”选项，或在“视图”→“投影”工具栏中直接单击“投影”按钮。

③ 将鼠标移至左视图的右侧，可观察到生成的后视图预览图，如图 12-21 所示。

④ 在绘图区中左视图右侧合适位置处，单击用以生成后视图，结果如图 12-22 所示。

12.2.3 快速创建基本视图

在 CATIA 工程制图中，提供了快速创建基本视图命令，具有简单、高效的特点。通过使用该命令，可以一次性生成多个视图，大大减少了制图时间，提高了工作效率。

【例12-5】 快速创建零件的“正、俯、左”基本视图及“轴测图”。

① 打开随书光盘中的本例文件，出现零件的三维模型如图 12-23 所示。

② 新建图纸。

a在菜单栏中，依次选择“文件”→“新建”选项，或在“标准”工具栏中直接单击“新建”按钮，弹出“新建”对话框，参见图 11-2。

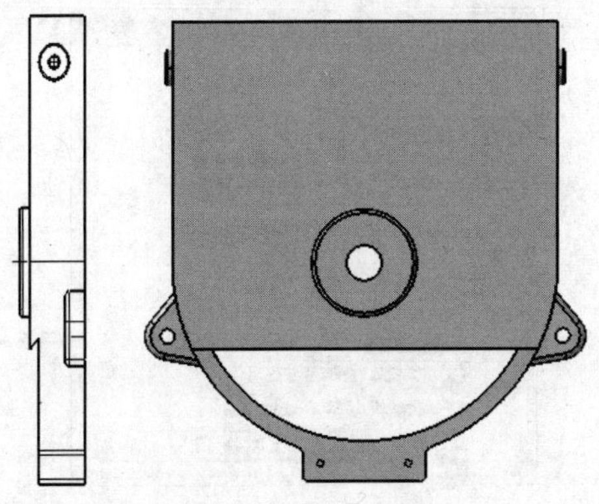

图 12-21 生成后视图预览图

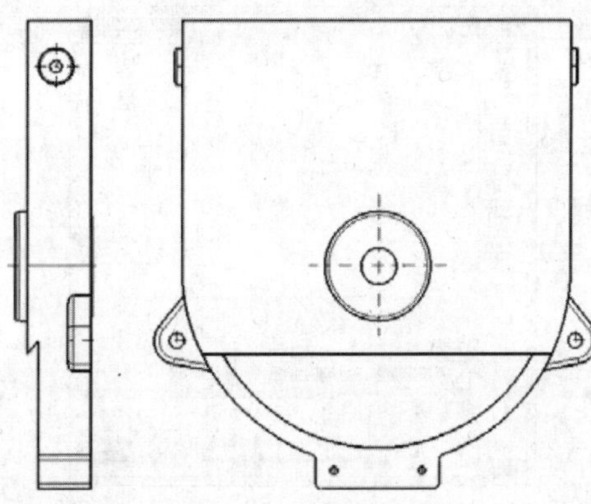

图 12-22 生成后视图

b在“新建”对话框“类型列表”列表框中选择“Drawing”选项。

c单击“确定”按钮，弹出“新建工程图”对话框，参见图 12-4。

d在“标准”下拉列表中选择“GB”选项，在“图纸样式”下拉列表中选择“A4 ISO”选项，“图纸方向”选择“横向”。

e单击“确定”按钮，新建一张工程图图纸。

③ 创建基本视图和轴测图配置形式。

a在菜单栏中，依次选择“插入”→“视图”→“向导”→“向导”选项，或在“视图”→“向导”工具栏中直接单击“视图创建向导”按钮，弹出“视图向导（步骤 1/2）：预定义配置”对话框，如图 12-24a 所示。

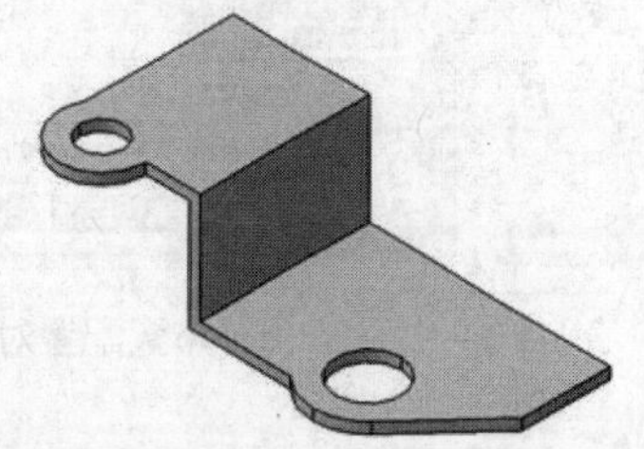

图 12-23 零件三维模型图

b在“视图向导（步骤 1/2）：预定义配置”对话框中单击“使用第一角投影方法的配置 3”按钮，此时会在预览区中显示三个视图，分别为正视图、俯视图和左视图，如图 12-25 所示。

c在“视图向导（步骤 1/2）：布置配置”对话框中，每个视图间的最小距离采用默认值“40mm”，然后单击“下一步”按钮，弹出“视图向导（步骤 2/2）：布置配置”对话框，如图 12-24b 所示。

d单击如图 12-24c 所示的“等轴测视图”按钮，将光标移至三视图右下方位置，单击以放置轴测图，结果如图 12-24d 所示。然后单击“完成”按钮，完成所要创建视图的布局形式。

④ 提示栏提示“在 3D 几何图形上选择参考平面”，在菜单栏中，依次选择“窗口”→“1.banjinjian.CATPart”选项，将窗口切换至零件设计工作台。

⑤ 选取“YZ”平面或图 12-23 所示零件模型图中所指平面作为投影平面，选定后，返回至工程制图工作台。

a）预定义配置　　b）选择视图配置形式

c）布置配置对话框　　d）添加轴测视图

图 12-24 “视图向导”对话框

⑥ 提示栏提示“单击图纸生成视图，或使用箭头重新定义视图方向”，在绘图区中任意位置处单击用以完成三个基本视图和一个等轴测视图的创建。

⑦ 移动“正视图”视图框架，调整视图位置，使其全部位于工程图纸内部，完成基本视图的快速创建，结果如图 12-25 所示。

12.3 剖视图的创建

为了清楚地表达机件的内部形状，假想用剖切面剖开物体，将处在观察者和剖切面之间的部分移去，而将其余部分向投影面投射所得的图形，称为剖视图。剖视图主要用于表达机件中不可见的结构形状。当视图中存在虚线与虚线、虚线与实线重叠而难以用视图表达机件的不可见部分的形状时，以及当视图中虚线过多，影响到清晰读图和标注尺寸时，常常用剖视图表达。剖视图主要分为全剖视图、半剖视图、局部剖视图、斜剖视图、阶梯剖视图、旋转剖视图等几类。

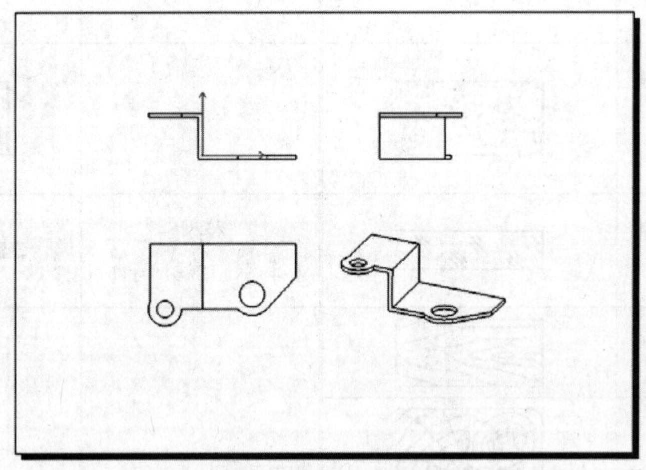

图 12-25 快速创建基本视图

假想用剖切面剖开零件，剖切面与零件的接触部分称为剖面区域。在剖面选项区中填充剖面符号用以表示该零件的材料类别，表 12-2 列出了部分规定的填充剖面符号。在机械制图中，常用的金属材质剖面线应以适当角度的同方向、等间距的细实线绘制，最好与主要轮廓线或剖面区域的对称线成 45°。在零件图中，各个剖面选项区中的剖面线的方向和间距必须一致；在装配图中，同一零件的各个剖面区域应使用相同的剖面线，相邻零件的剖面线应该使用方向不同或间距不同的剖面线。

表 12-2 材料的剖面符号

材料	剖面符号	材料	剖面符号
金属材料 （已有规定者除外）		木质胶合板 （不分层数）	
线圈绕组元件		基础周围的泥土	
转子、电枢、变压器和电抗器等的叠钢片		混凝土	
非金属材料 （已有规定者除外）		钢筋混凝土	

材料		剖面符号	材料	剖面符号
型砂、填砂、粉末冶金、砂轮、陶瓷刀片、硬质合金刀片等		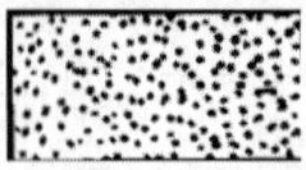	砖	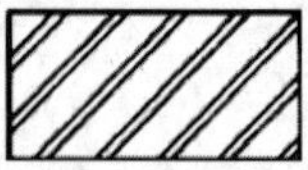
玻璃及供观察用的其他透明材料		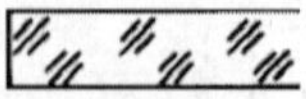	格网（筛网、过滤网等）	
木材	纵剖面		液体	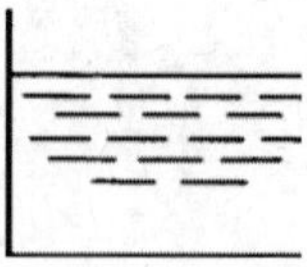
	横剖面			

12.3.1 全剖视图

全剖视图是指用剖切平面完全地剖开物体所得的剖视图。全剖视图一般用于表达在投射方向上不对称机件的内部结构形状。

【例12-6】 创建左壳体零件的全剖视图。

① 打开随书光盘中的本例文件，出现左壳体工程图和零件三维模型，分别如图 12-26a、b 所示。

② 在图纸树中双击“正视图”视图选项，或在绘图区中右键单击“正视图”视图框架，在弹出的快捷菜单中选择“激活视图”命令。

③ 在菜单栏中，依次选择“插入”→“视图”→“截面”→“偏移剖视图”选项，或直接在“视图”→“截面”工具栏中直接单击“偏移剖视图”按钮。

④ 提示栏提示“选择起点、圆弧边或轴线”，绘制如图 12-27a 所示的剖切线。

⑤ 移动鼠标至主视图右侧合适位置处，单击用以生成全剖视图，结果如图 12-27b 所示。

在绘制剖切线时，需注意以下两点：

1）剖切线可以通过任意两点确定，也可以通过选择圆弧、轴线等确定。当选择圆弧时，出现一条通过圆弧圆心的剖切线即剖切线的一端由系统自动给出，另一个端点由用户给定；选择轴线时，剖切线的一端由系统自动给出，为轴线的方向，另一个端点由用户给定。绘制结束后双击鼠标可以结束剖切线的绘制。

2）选中命令后，提示栏提示“选择起点、圆弧边或轴线”，单击确定第一点后，弹出“工具控制板”工具栏，由平行、垂直、角度、偏移四个命令按钮组成，如图 12-28a 所示。其操作使用方法如下：

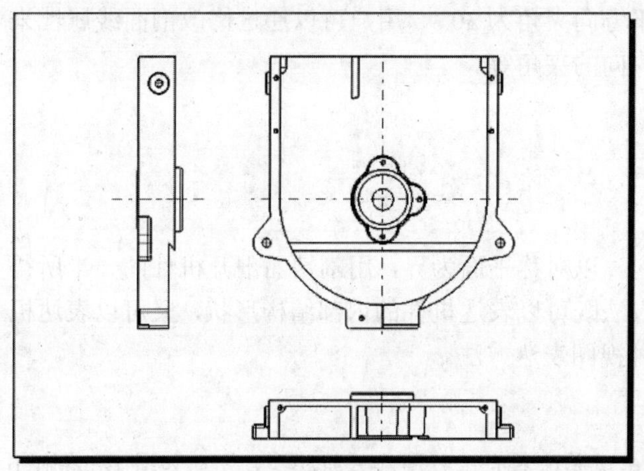

a）工程图文件

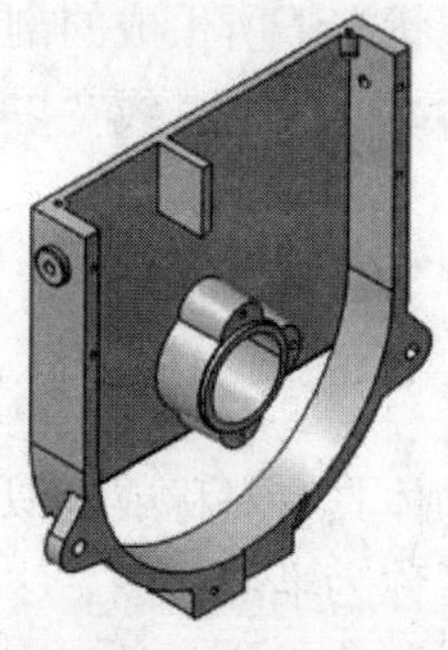

b）零件三维模型文件

图 12-26 左壳体工程图和零件三维模型

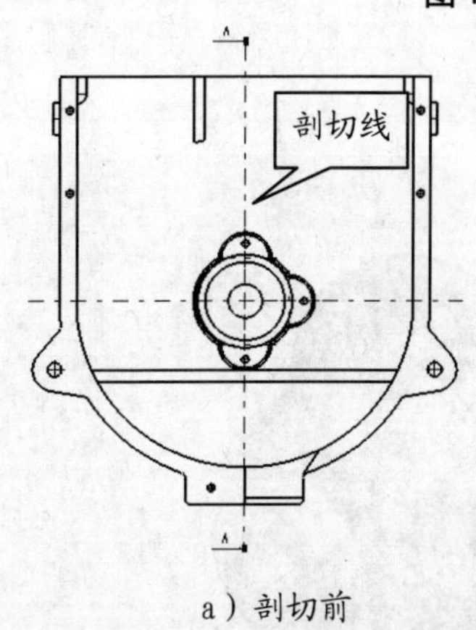

a）剖切前

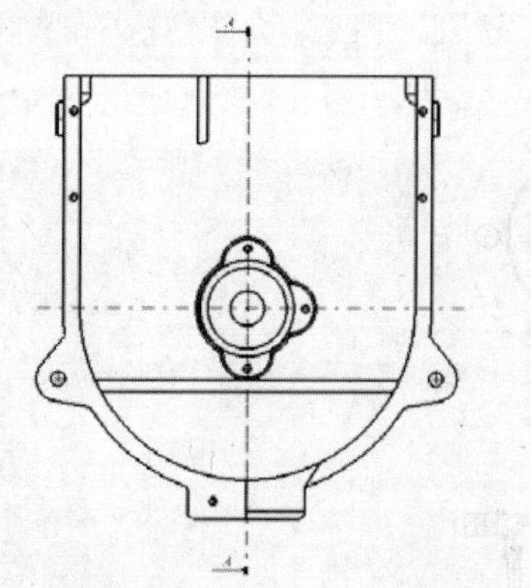

b）剖切后

图 12-27 创建全剖视图

a）若选中“平行”按钮，单击图中任意一参考线，那么会使所绘制的剖切线与此参考线平行。

b）若选中“垂直”按钮，然后单击图中任意一参考线，会使所绘制的剖切线与参考线垂直。

c）若选中“角度”按钮，“工具控制板”自动展开“角度”输入框，如图 12-28b 所示，在该文本框内可输入角度值，然后单击图中任意一条参考线，会使所绘制的剖切线与参考线成一定角度绘制。

d）若选中“偏移”按钮，“工具控制板”自动展开“偏移”输入框，如图 12-28c 所示，在该文本框内可输入偏移值，然后单击图中某一参考线，会使所绘制的剖切线与该参考线偏移一定的距离。

a）工具控制板工具栏

b）角度控制

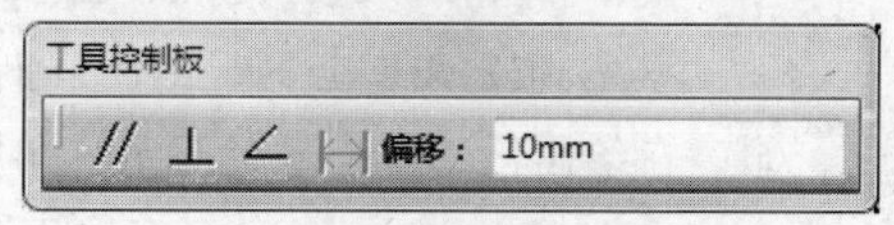

c）偏移控制

图 12-28 工具控制板工具栏

默认状态下所生成的剖面线与水平方向夹角为30°，用户可以通过修改剖面线属性来修改剖面线的线型、线宽以及与水平方向的夹角等。

12.3.2 半剖视图

当物体具有对称或近似对称平面时，以对称平面为界，用剖切面剖开机件的一半所得的剖视图称为半剖视图。这样的表达方法既可以表达机件的内部结构形状，又可以表达机件的外部结构形状，是较为常用的一种视图表达方法。

【例12-7】 创建半剖视图。

① 打开随书光盘中的本例文件，出现差速器壳工程图和三维模型，分别如图 12-29a、b 所示。

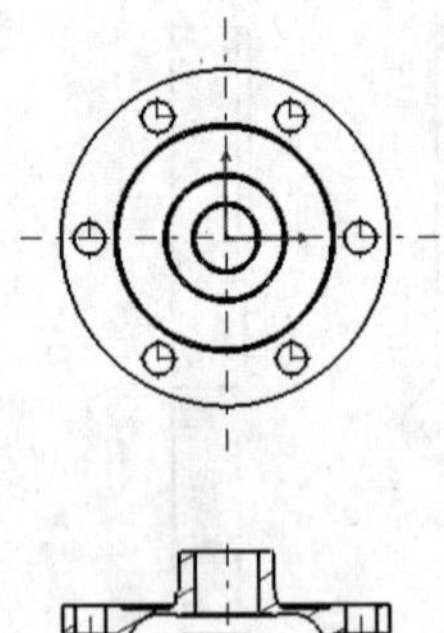

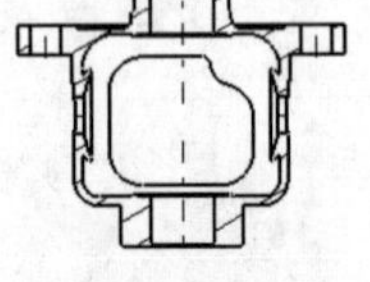

a）工程图文件

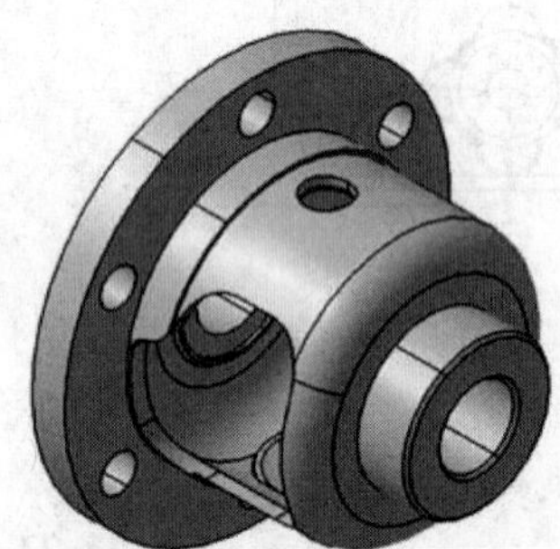

b）部装三维模型文件

图 12-29 上盖工程图文件和部装三维模型文件

② 在图纸树中双击“正视图”视图选项，或在绘图区中右键单击“正视图”视图框架，在弹出的快捷菜单中选择“激活视图”命令。

③ 在菜单栏中，依次选择“插入”→“视图”→“截面”→“偏移剖视图”选项，或在“视图”→“截面”工具栏中直接单击“偏移剖视图”按钮。

④ 提示栏提示“选择起点、圆弧边或轴线”，绘制如图 12-30 所示的剖切线，绘制方法参见“12.3.1 全剖视图”节剖切线的绘制。

⑤ 在绘图区选择合适的位置，单击生成半剖视图，省略标注，结果如图 12-31 所示。

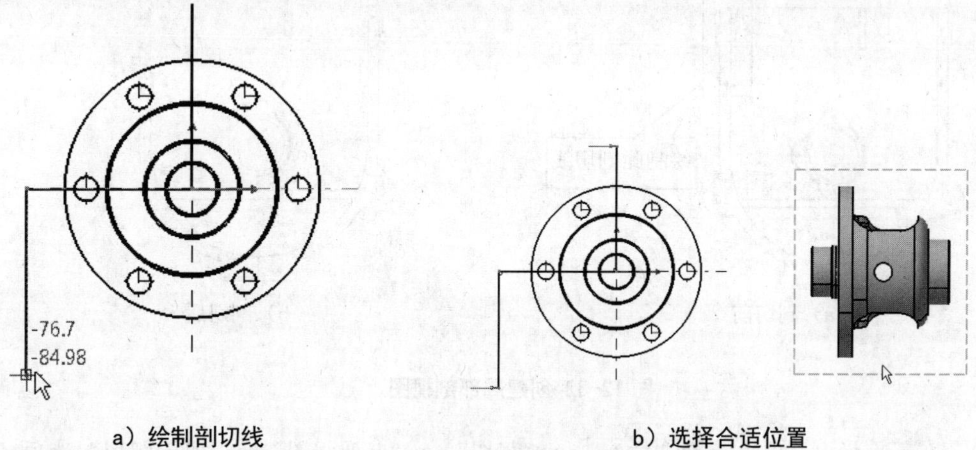

a）绘制剖切线　　b）选择合适位置

图 12-30 创建半剖视图

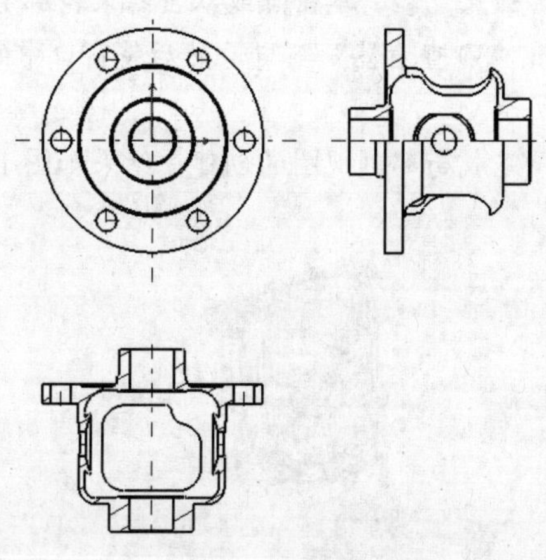

图 12-31 半剖视图结果

12.3.3 局部剖视图

局部剖视图是用剖切平面局部剖开物体所得的剖视图。这种表示法一般用于表达机件局部的内部结构形状，或用于不宜采用全、半剖视图表达的地方，如轴、连杆、螺钉等实心零件上的某些孔、槽等部位。

【例12-8】 创建局部剖视图。

① 打开随书光盘中的本例文件，出现左壳体工程图和零件三维模型，参见图 12-26a、b。

② 在图纸树中双击“正视图”视图选项，或在绘图区中右键单击“正视图”视图框架，在弹出的快捷菜单中选择“激活视图”命令。

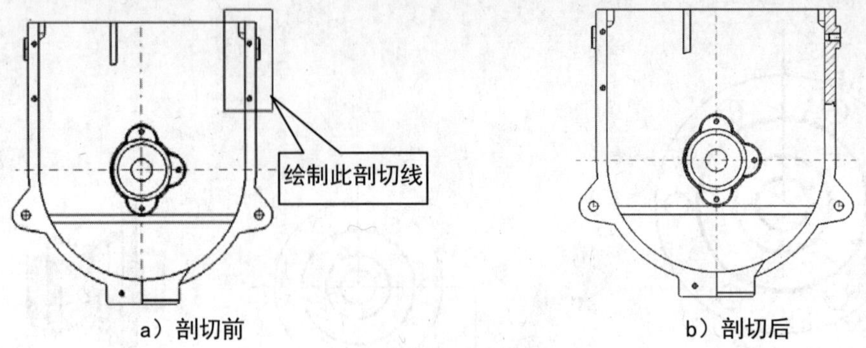

图 12-32 创建局部剖视图

③ 在菜单栏中，依次选择“插入”→“视图”→“断开视图”→“剖面视图”选项，或在“视图”→“断开视图”工具栏中直接单击“剖面视图”按钮。

④ 提示栏提示“单击第一点”和“单击点或双击结束轮廓定义”，绘制如图 12-32a 所示矩形剖切线。弹出“3D 查看器”窗口，然后将窗口中的剖切面拖动至合适的剖切位置，如图 12-33 所示。

⑤ 单击“确定”按钮，完成局部剖视图的创建，结果如图 12-32b 所示。

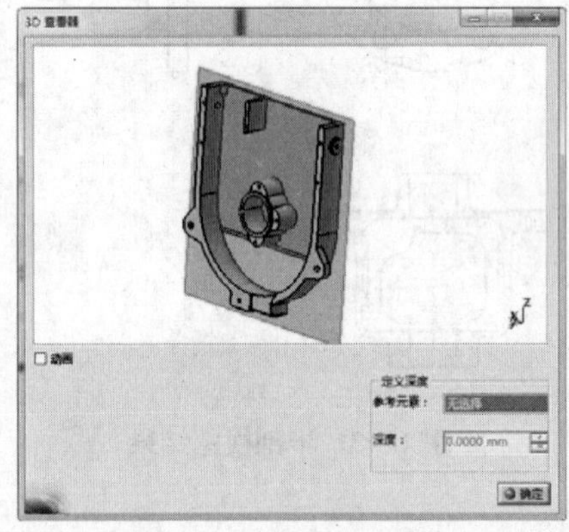

图 12-33 3D“查看器”窗口

12.3.4 斜剖视图

斜剖视图是用不平行于任何基本投影面的剖切平面剖开物体所得的剖视图。斜剖视图与全剖视图剖切方法基本相同，区别在于前者的剖切线不与坐标轴平行或垂直。

【例12-9】 创建斜剖视图。

① 打开随书光盘中的本例文件，出现右护种板工程图和零件三维模型，分别如图 12-34a、b 所示。

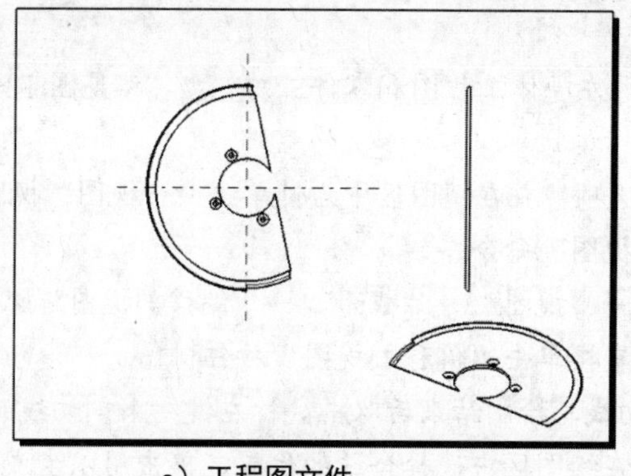

a）工程图文件

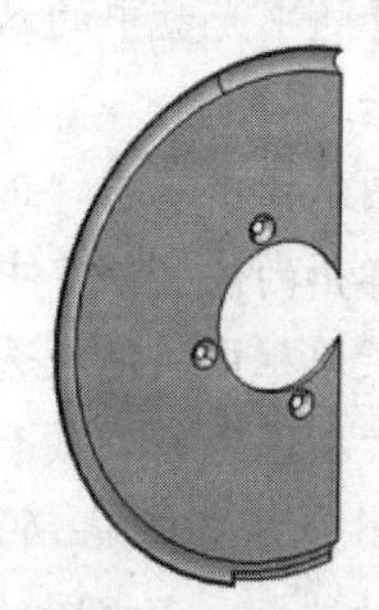

b）零件三维模型文件

图 12-34 右护种板工程图和零件三维模型

② 在图纸树中双击“正视图”视图选项，或在绘图区中右键单击“正视图”视图框架，在弹出的快捷菜单中选择“激活视图”命令。

③ 在菜单栏中，依次选择“插入”→“视图”→“截面”→“偏移剖视图”选项，或在“视图”→“截面”工具栏中直接单击“偏移剖视图”按钮。

④ 提示栏提示“选择起点、圆弧边或轴线”，绘制如图 12-35a 所示的剖切线。

⑤ 移动鼠标至正视图的左下方，在绘图区中选择合适的位置，单击以生成斜剖视图，结果如图 12-35b 所示。

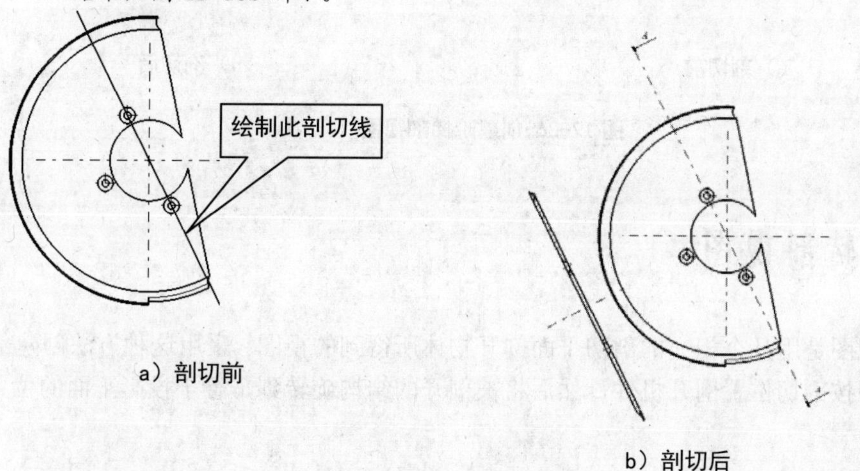

a）剖切前

b）剖切后

图 12-35 创建斜剖视图

12.3.5 阶梯剖视图

阶梯剖视图是用几个平行的剖切平面剖开物体所得的视图。阶梯剖视图与半剖视图剖切方法基本相同，只是剖切面选取的位置不同。

【例12-10】 创建阶梯剖视图。

① 打开随书光盘中的本例文件，出现左壳体工程图和零件三维模型，参见图 12-26a、b 所示。

② 在图纸树中双击“正视图”视图选项，或在视图区中右键单击“正视图”视图框架，在弹出的快捷菜单中选择“激活视图”命令。

③ 在菜单栏中，依次选择“插入”→“视图”→“截面”→“偏移剖视图”选项，或在“视图”→“截面”工具栏中直接单击“偏移剖视图”按钮。

④ 绘制如图 12-36a 所示的三段剖切线，绘制结束后双击鼠标左键结束剖切线的绘制。

⑤ 移动鼠标至正视图的右侧，然后在绘图区中选择合适的位置，单击用以生成阶梯剖视图，结果如图 12-36b 所示。

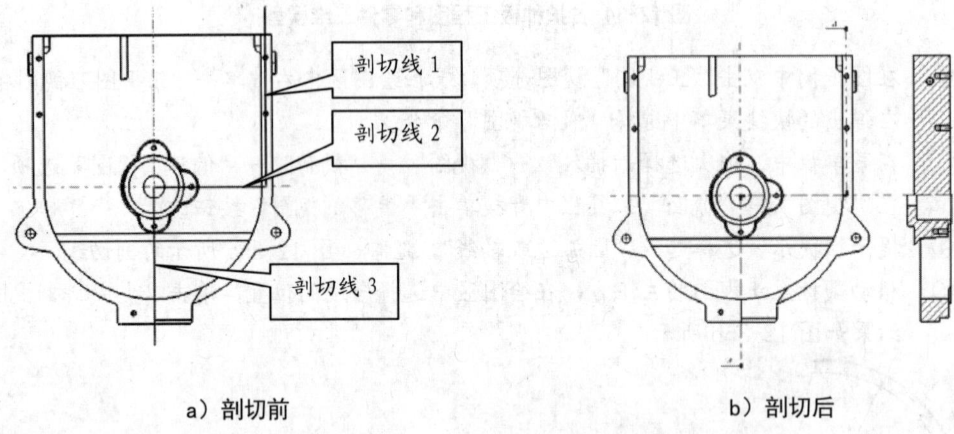

图 12-36 创建阶梯剖视图

12.3.6 旋转剖视图

旋转剖视图是用几个相交的剖切平面剖开物体所得到的视图。采用这种方法创建剖视图时，先假想按剖切位置剖开机件，然后将被剖开的结构旋转到平行于投影平面的位置，再进行投射。

【例12-11】 创建调整垫片的旋转剖视图。

① 打开随书光盘中的本例文件，出现调整垫片工程图和零件三维模型，分别如图 12-37a、b 所示。

② 在图纸树中双击“正视图”视图选项，或在绘图区中右键单击“正视图”视图框架，在弹出的快捷菜单中选择“激活视图”命令。

③ 在菜单栏中，依次选择“插入”→“视图”→“截面”→“对齐剖视图”选项，或在“视图”→“截面”工具栏中直接单击“对齐剖视图”按钮。

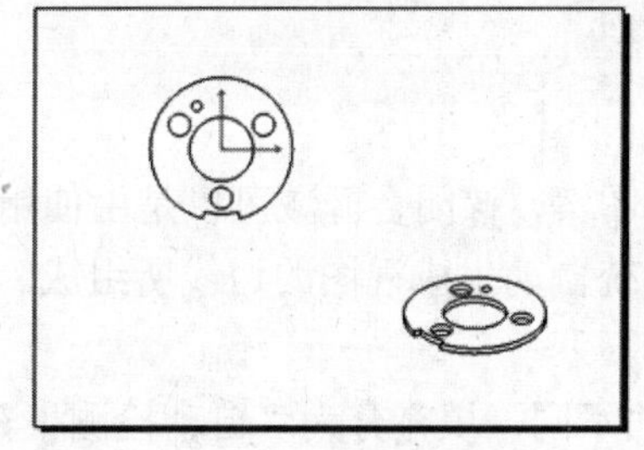

a）工程图文件

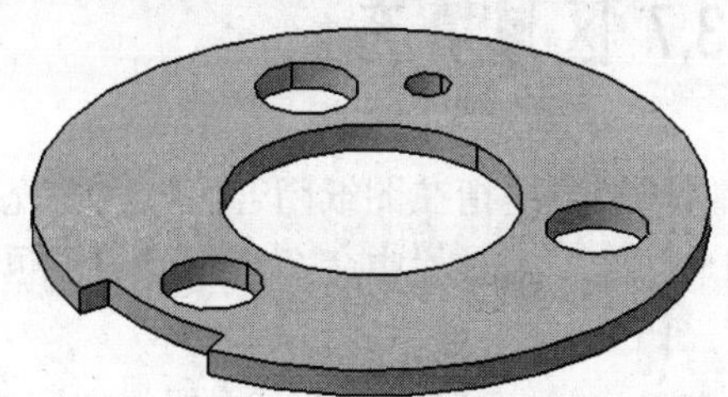

b）零件三维模型文件

图 12-37 调整垫片工程图和零件三维模型

④ 按照自下向上的顺序绘制两段剖切线，使其分别经过大孔和小孔，如图 12-38 所示，绘制结束后双击鼠标左键结束剖切线的绘制。绘制剖切线时，要熟练运用弹出的“工具控制板”工具栏，其使用方法详见“12.3.1 全剖视图”小节相关内容。

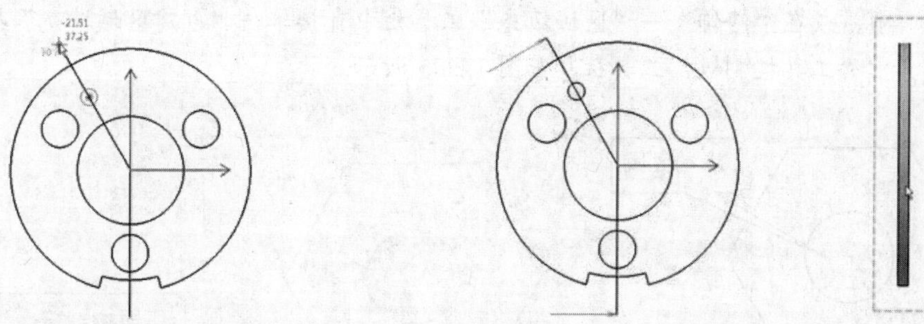

a）自下向上绘制剖切线　　b）选择合适位置

图 12-38 创建旋转剖视图

⑤ 移动鼠标至正视图右侧，在绘图区中选择合适的位置，单击用以生成旋转剖视图，结果如图 12-39 所示。

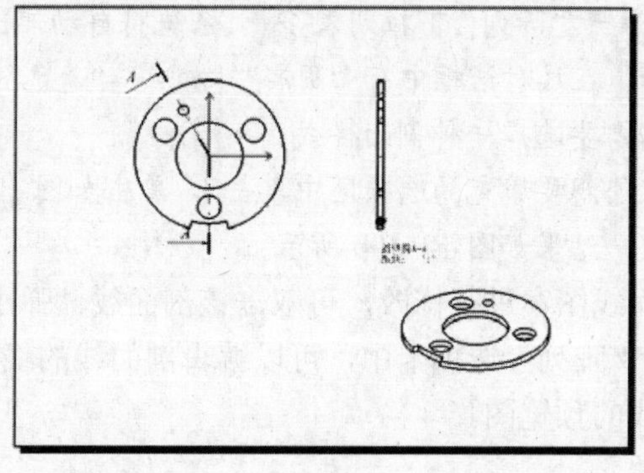

图 12-39 旋转剖视图绘制结果

12.3.7 区域填充

区域填充是指在图纸闭合区域内填充某种颜色或图案，该闭合区域可以是由使用“几何图形创建”工具栏中命令绘制而成，也可以是由系统自动生成视图的边线所组成。

（1）创建区域填充

在 CATIA 工程制图中，根据闭合区域选取的方法不同，填充分为“自动检测填充法”和“轮廓选择填充法”。

1）自动检测填充法

自动检测填充法是指根据鼠标所单击的位置自动检测要填充的区域进行填充的方法。

【例12-12】 区域的自动检测填充法。

① 打开随书光盘中的本例文件，如图 12-40a 所示。

② 在菜单栏中，依次选择“插入”→“修饰”→“区域填充”→“创建区域填充”选项，或在“修饰”→“区域填充”工具栏中直接单击“创建区域填充”按钮，弹出“工具控制板”工具栏，如图 12-41 所示。

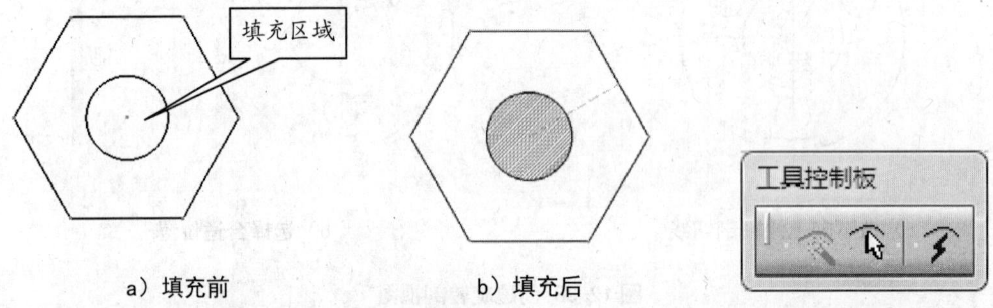

图 12-40 区域填充　　图 12-41 “工具控制板”工具栏

③ “工具控制板”工具栏中的“自动检测”按钮默认为激活状态。然后在“图形属性”工具栏中，展开“阵列”下拉列表，系统将自动弹出“阵列选择器”对话框，如图 12-42 所示。在该对话框中有“阴影”“加点”“着色”“图片”等多种剖面样式可供选择，根据需要选择一种剖面样式。

④ 提示栏提示“在您想要填充的选项区中单击”，单击如图 12-40a 所示的圆形填充区域，生成剖面线，结果如图 12-40b 所示。

如需对之前所选剖面线图案进行修改，可双击该剖面线，弹出“属性”对话框，如图 12-43 所示，在此对话框“阵列”选项卡中，可以编辑剖面线的线型、角度、间距等属性，在预览区可以看到剖面线的预览图。

2）选择轮廓填充法

选择轮廓填充法是指先选择构成要填充区域闭合轮廓的所有 2D 元素，然后在该区域内单击再进行填充的方法。

【例12-13】 区域的选择轮廓填充法。

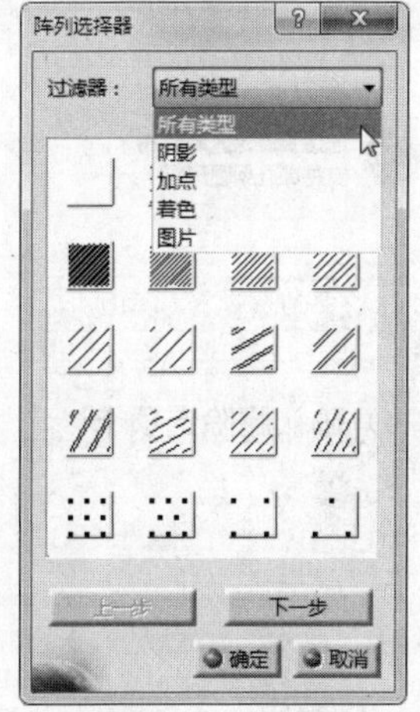

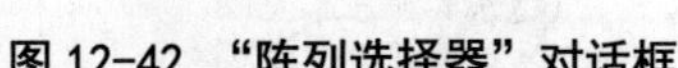

图 12-42 “阵列选择器”对话框

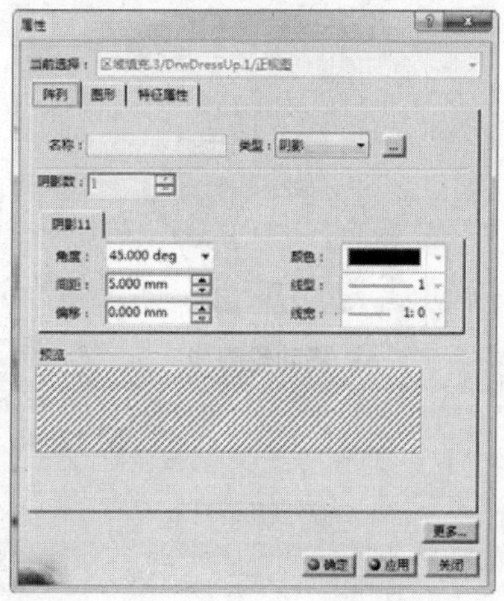

图 12-43 “属性”对话框

① 打开随书光盘中的本例文件，如图 12-44 所示。

② 在菜单栏中，依次选择“插入”→“修饰”→“区域填充”→“创建区域填充”选项，或在“修饰”→“区域填充”工具栏中直接单击“创建区域填充”按钮，弹出“工具控制板”工具栏，参见图 12-41 所示。

③ 在“工具控制板”工具栏中激活“选择轮廓”按钮，在“图形属性”工具栏中，展开“阵列”下拉列表，系统将自动弹出“阵列选择器”对话框，参见图 12-42 所示，在该对话框中选择所需的剖面线样式。

④ 提示栏提示“选择元素，它们将组成您想要填充区域的边界，然后在该选项区中单击”，依次选取如图 12-44 所示的边线 1 ~ 6 条以及圆 1，然后单击该图所示的填充区域，生成剖面线，结果如图 12-45 所示。

需要注意的是区域填充不能应用于非闭合轮廓，所以要确保所有元素都相交且闭合。

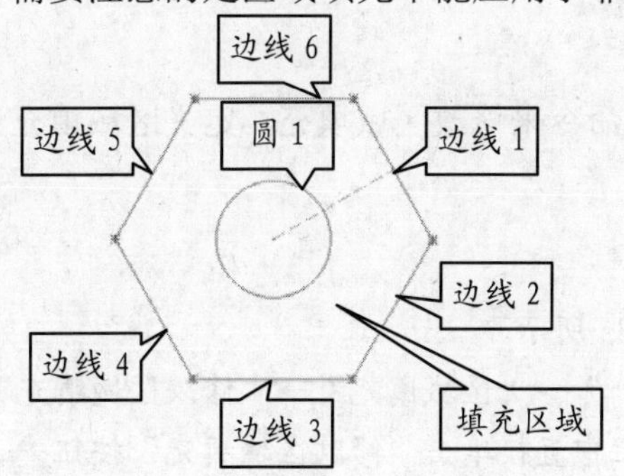

图 12-44 选择封闭区域

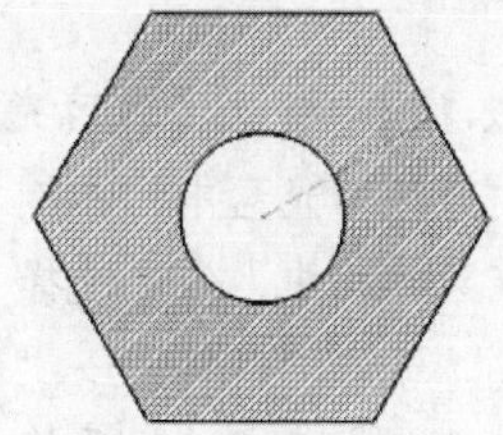

图 12-45 生成剖面线

使用以上两种方法创建区域填充时，系统默认情况下均未激活“创建基准”按钮，区域填充将与 2D 几何图形相关联，剖面线和轮廓线不可单独移动，如图 12-46a 所示。删除剖面线时，弹出“确认删除”选项卡，如图 12-46b 所示，单击“是（Y）”

按钮，轮廓与剖面线将同时被删除，单击“否（N）”按钮，只删除剖面线。

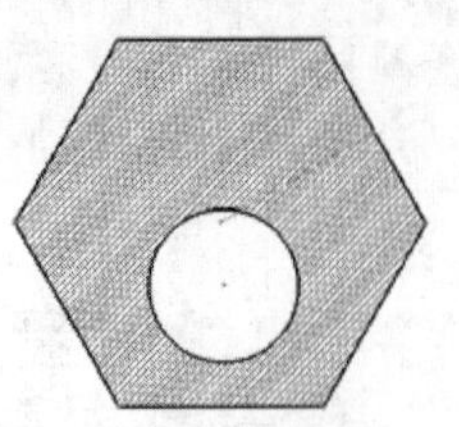

a）移动轮廓线

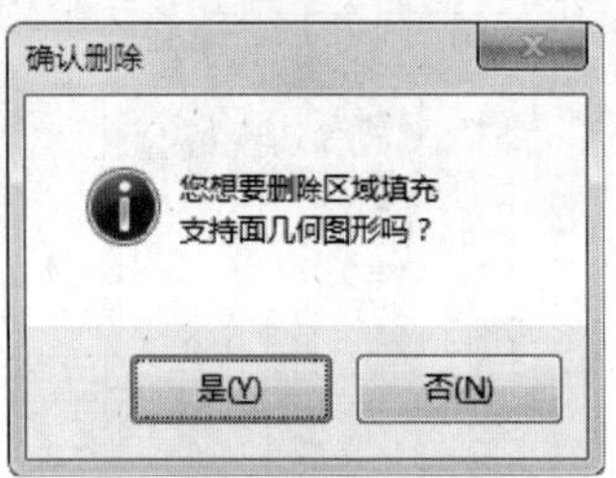

b）确认删除选项卡

图 12-46 未激活创建基准按钮

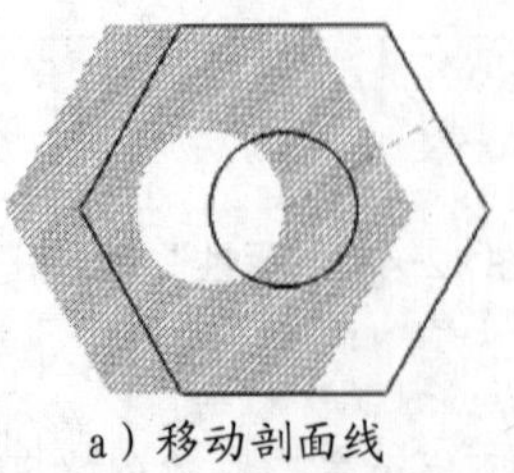

a）移动剖面线

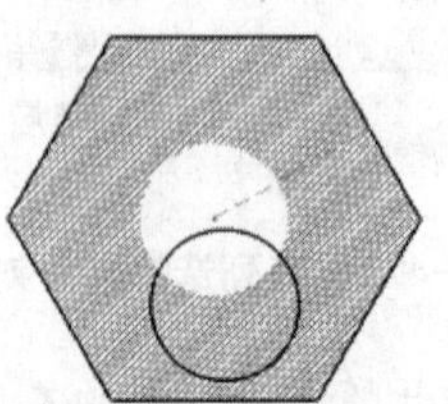

b）移动轮廓线

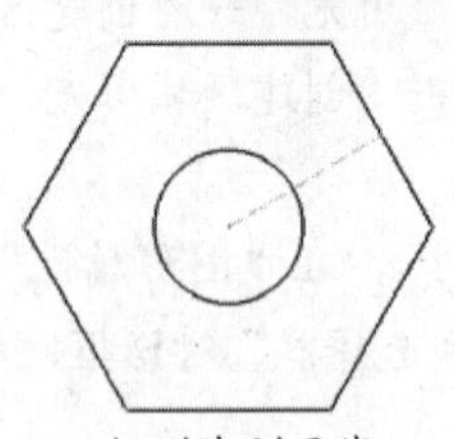

c）删除剖面线

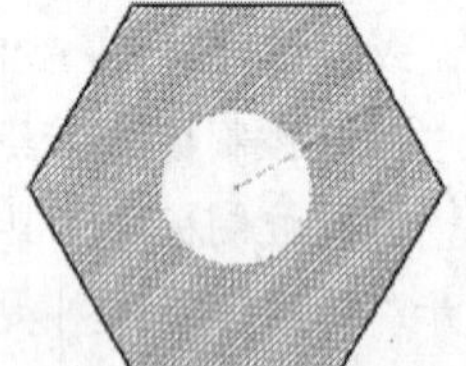

d）删除轮廓线

图 12-47 激活创建基准按钮

若激活“创建基准”按钮，将自动创建独立的区域填充，剖面线或轮廓线可分别移动或删除，如图 12-47 所示。

（2）修改区域填充

创建区域填充后，可通过“修改区域填充”命令来修改区域填充，定义区域填充是独立还是关联等。

【例12-14】 修改区域填充。

① 打开随书光盘中的本例文件，如图 12-48a 所示。

② 在菜单栏中，依次选择“插入”→“修饰”→“区域填充”→“修改区域填充”选项，或在“修饰”→“区域填充”工具栏中直接单击“修改区域填充”按钮。

③ 提示栏提示“选择要修改的区域填充”，单击要修改的剖面线，弹出“工具控制板”工具栏，参见图 12-41。

④ 提示栏提示“在您想要填充的选项区中单击”，选择剖面样式，然后单击要重新选择填充的区域，此例中选择除圆形轮廓以外的其他区域，生成剖面线，结果如图 12-48b 所示。

需要注意的是，此命令相当于重新创建填充区域，用户可根据需要自行选择自动检测法或轮廓选择法来重新选择需要填充的区域。还可以重新定义创建基准是否激活，来定义区域填充是独立还是关联参数。

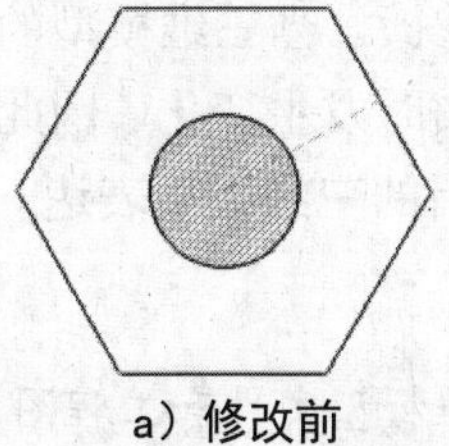
a）修改前

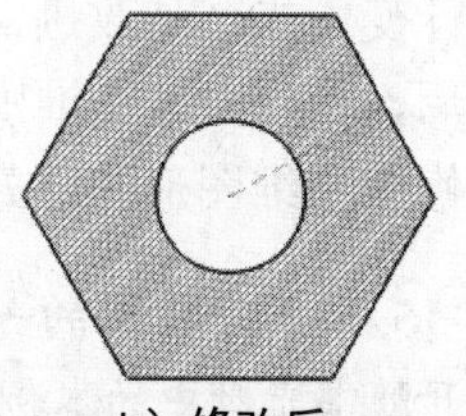
b）修改后

图 12-48 修改区域填充

12.4 视图的操作

12.4.1 增加新页

在工程实践中，有时仅用一张图纸不能完全清楚地表达零部件结构。CATIA 工程制图工作平台提供了新建图纸命令，可以在一个工程图文件中增加一页或多页图纸，可以十分方便、快速地增加图纸，新增加的图纸样式与原有样式相同。增加新页有两种方法，分别为“新建图纸”和“新建详图”，二者的区别在于“新建详图”里的视图建立用于自定义标准件入库，或重用图形入库。

（1）新建图纸

在菜单栏中，依次选择“插入”→“工程图”→“图纸”→“新图纸”选项，或在“工程图”→“图纸”工具栏中选择“新图纸”按钮，图纸树中显示新增加的页号，新建的一张图纸自动命名为“图纸 2”，如图 12-49 所示。

（2）新建详图

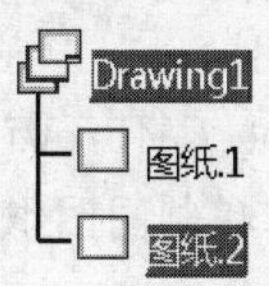

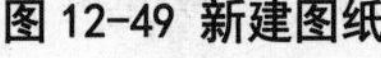
图 12-49 新建图纸

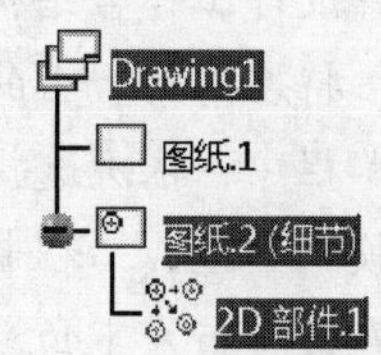

图 12-50 新建详图

在菜单栏中，依次选择“插入”→“工程图”→“图纸”→“新建详图”选项，或在“工程图”→“图纸”工具栏中选择“新建详图”按钮，在图纸树中显示新增详图的页号，新建的一张详图自动命名为“图纸 2（细节）”，如图 12-50 所示。

12.4.2 视图的更新

由于设计变更或产品改进，可能需要对三维模型进行修改。当三维模型的外形或者尺寸发生变化后，之前通过三维模型所生成的工程图并不会实时发生变化，因此就需要通过更新视图来修改二维图形的样式及尺寸大小，使之与修改后的三维模型表达一致。

【例12-15】 更新视图的一般操作步骤。

① 打开随书光盘中的本例文件，出现左清种舌零件三维模型文件和工程图，分别如图 12-51 和图 12-52 所示。

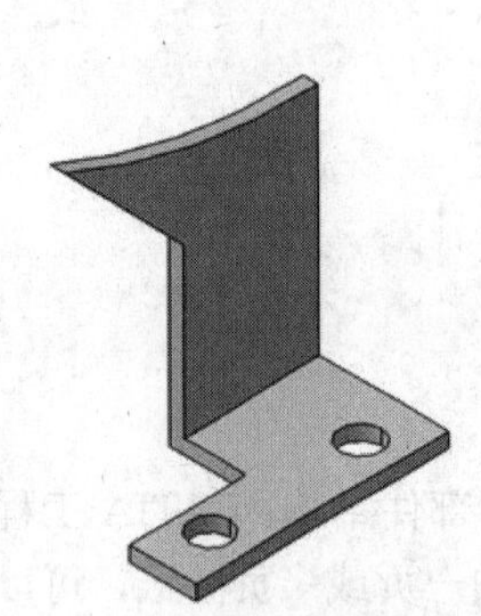

图 12-51 左清种舌零件三维模型图

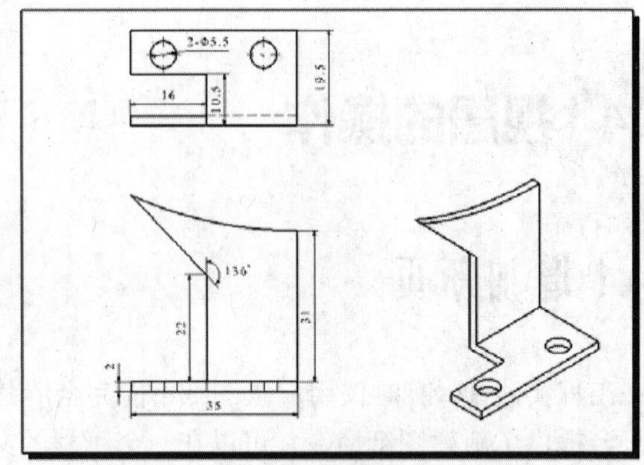

图 12-52 左清种舌工程图

② 在菜单栏中，依次选择“窗口”→“1.zuoqingzhongshe.CATPart”选项，将窗口换到左清种舌三维零件设计工作窗口。

③ 在零件设计工作台结构树中，展开“零部件几何体”的节点。

④ 双击“凸台.1”特征选项，弹出“定义凸台”对话框，将“长度”文本框内数值“35”改为“40mm”，如图 12-53a、b 所示。然后单击“确定”按钮。

⑤ 在零件设计工作台结构树上，右键单击“凹槽 5”，在弹出的快捷菜单中选择“删除”命令，将左清种舌上的凹槽删除。

⑥ 在菜单栏中，依次选择“窗口”→“2.zuoqingzhongshe.CATDrawing”选项，将窗口切换到 CATIA 工程制图工作台。这时可以观察到，工程制图图纸树的图标发生变化，在每一行左下角都有一个刷新命令符号，如图 12-54 所示。

⑦ 在菜单栏中，依次选择“编辑”→“更新当前图纸”选项，或直接单击“更新当前图纸”按钮，将视图进行更新，更新后的零件三维模型图和二维工程图分别如图 12-55a、b 所示。

⑧ 调整和删除多余尺寸。如发现更新后的尺寸位置不合适，可通过拖动该尺寸进行位置调整。

需注意的是，在完成修改更新后需要保存工程图时，应先保存零件三维模型文件再保存工程图文件，否则系统将会报错。

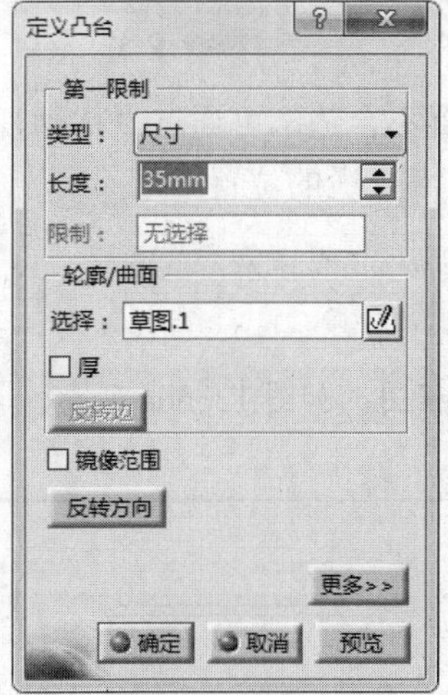

a）更改前

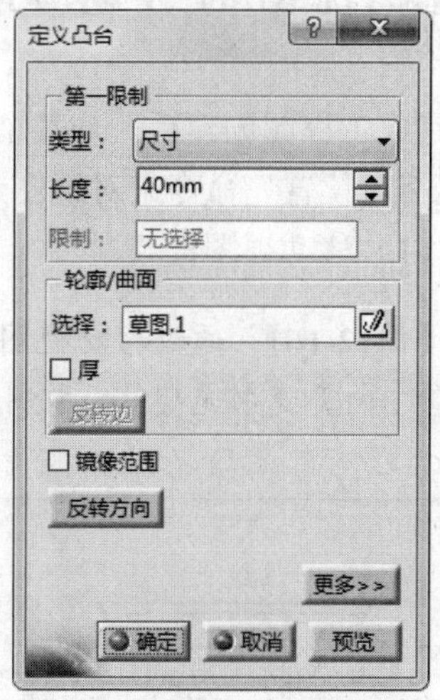

b）更改后

图 12-53 更改凸台拉伸长度

a）修改前

zuoqingzhongshe
图纸.1
正视图
仰视图
等轴测视图

b）修改后

图 12-54 左清种舌工程图图纸树变化

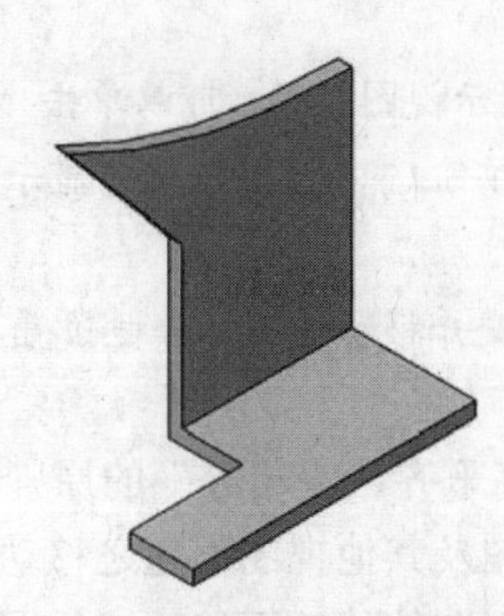

a）左清种舌零件三维模型图

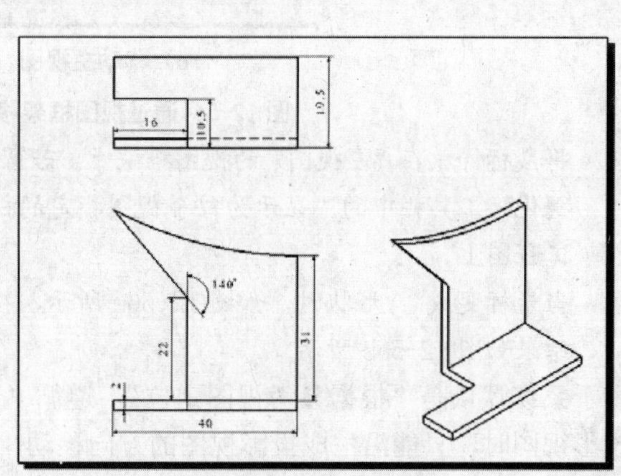

b）左清种舌工程图

图 12-55 更新后的左清种舌零件三维模型图和工程图

12.4.3 视图的移动/对齐

完成工程图创建后，若某个视图在图纸上的位置不合适，可通过“移动视图框架”或“设置相对位置”命令来对视图进行移动，使之放置到合适的位置。

（1）移动视图框架

【例12-16】 通过移动视图框架进行视图移动。

① 打开随书光盘中的本例文件，出现检视窗工程图，如图 12-56a 所示。

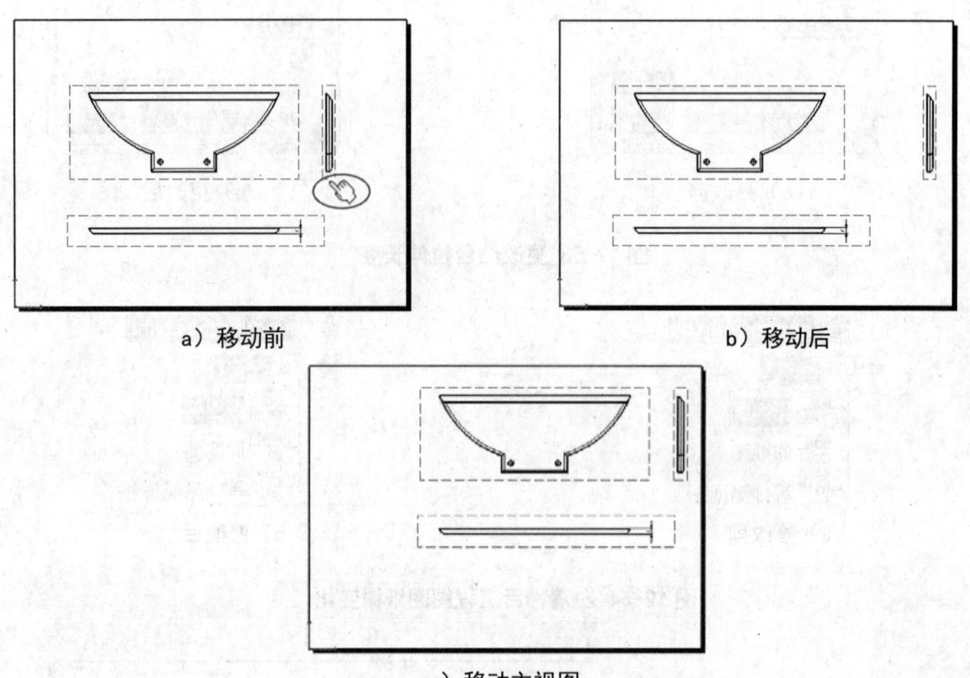

a）移动前　　b）移动后

c）移动主视图

图 12-56 通过视图框架移动视图

② 将鼠标停放在“左视图”的视图框架上。若窗口中没有显示视图框架，可以单击“可视化”工具栏中的“显示为每个视图指定的视图框架”按钮，视图框架可显示在工程图上。

③ 当光标变成形状时，如图 12-56a 所示，按住鼠标左键并移动视图至合适位置，结果如图 12-56b 所示。

由于系统默认是“根据参考视图定位”，遵循“长对正、高平齐、宽相等”的原则，移动投影视图时，只能沿生成投影视图的方向移动，此时主视图及其他视图不随之移动。但当移动主视图时，由主视图生成的其他投影视图均会随着主视图的移动而移动，如图 12-56c 所示。

有时为了布局合理的需要等原因，需要使某个投影视图向任意指定位置移动，而不根据参考视图定位布置，那么就需要解除参考视图定位后，再进行视图的移动。

【例12-17】 解除和锁定参考视图定位的一般操作步骤。

① 解除参考视图定位。在图纸树中右键单击“左视图”视图选项，在弹出的快捷菜单中，依次选择“视图定位”→“不根据参考视图定位”选项，如图 12-57 所示。然后通过移动某视图框架，将视图移动至绘图区中任意位置。

② 锁定参考视图定位。在图纸树中右键单击“左视图”视图选项，在弹出的快捷菜单中，依次选择“视图定位”→“根据参考视图定位”选项，如图 12-58 所示。所移动的视图又会自动与主视图对齐放置。

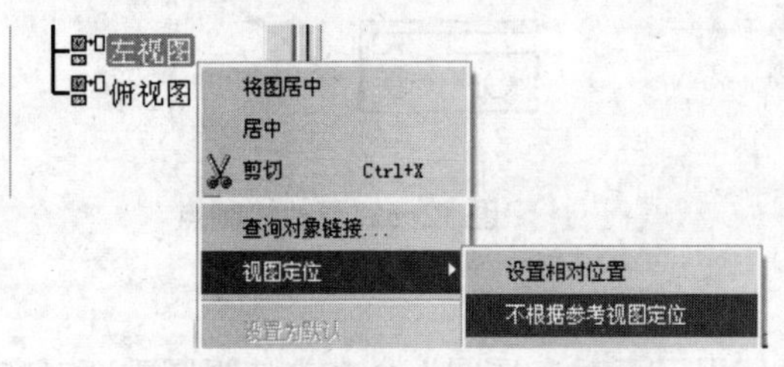

图 12-57 不根据参考视图定位的选取过程

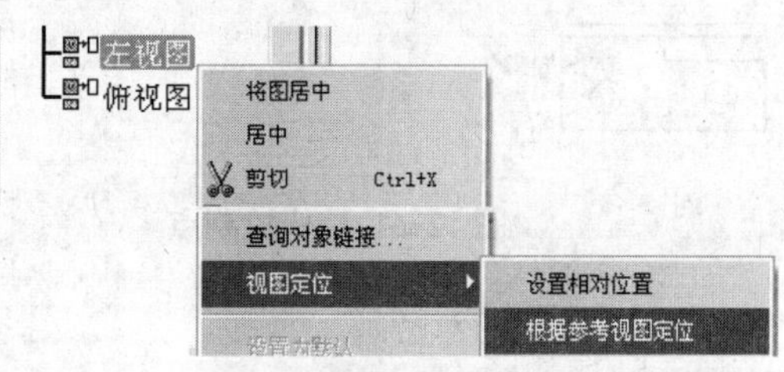

图 12-58 根据参考视图定位的选取过程

（2）设置相对位置

【例12-18】 通过设置相对位置进行视图移动。

① 打开随书光盘中的本例文件，出现左清种舌工程图，如图 12-59 所示。

② 在图纸树中右键单击“左视图”视图选项，在弹出的快捷菜单中，依次选择“视图定位”→“设置相对位置”选项，参见图 12-58。视图中随即出现相对位置控制器，如图 12-59 所示。

③ 提示栏提示“在图纸上单击结束命令，或使用操作器更改视图位置”，将鼠标移至操纵器的“移动控制点”处并按住鼠标左键，移动鼠标将左视图绕中心点旋转进行移动，当将视图移动至合适位置时，松开鼠标左键，结果如图 12-60 所示。

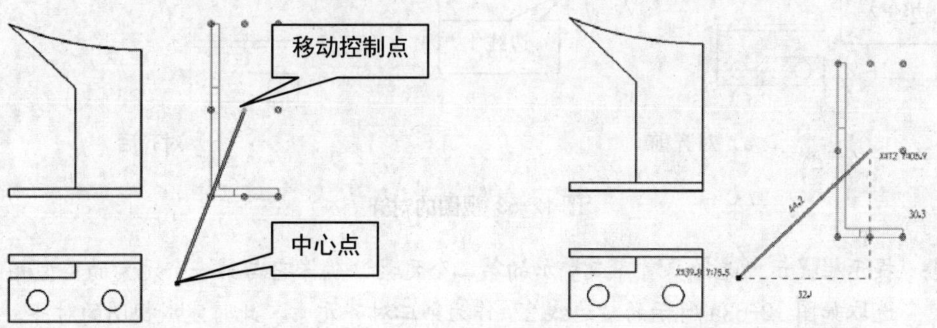

图 12-59 设置相对位置　　　　图 12-60 移动视图

若只通过系统当前给定的移动控制点对视图进行移动，有时不能满足需求，还可以更改移动控制点。如图 12-61 所示，单击左视图右下角控制手柄，将该控制手柄设置为移动控制点，结果如图 12-62 所示。同样可通过移动控制点将视图移至合适位置，在绘图区任意空白区域单击，关闭操作器，完成移动视图的操作。

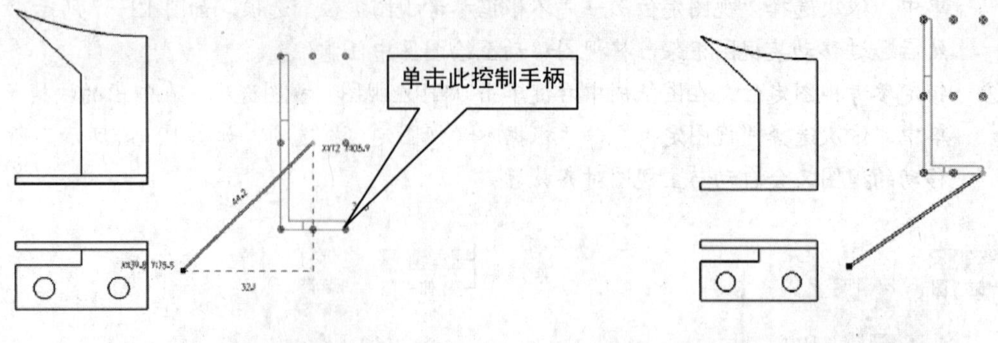

图 12-61 选择控制点　　图 12-62 更改控制点

（3）视图的对齐

若基本视图创建后发生了移动，可通过“使用元素对齐视图”命令来使视图重新对齐放置。

【例12-19】 视图对齐的一般操作步骤。

① 打开随书光盘中的本例文件，出现左清种舌工程图，如图 12-63a 所示。

② 在图纸树中右键单击“左视图”视图选项，在弹出的快捷菜单中依次选择“视图定位”→“使用元素对齐视图”选项。

③ 提示栏提示“选择要对齐或叠加的第一个元素（直线、圆或点）”，选取如图 12-63a 所示的“边线 1”作为第一对齐元素。

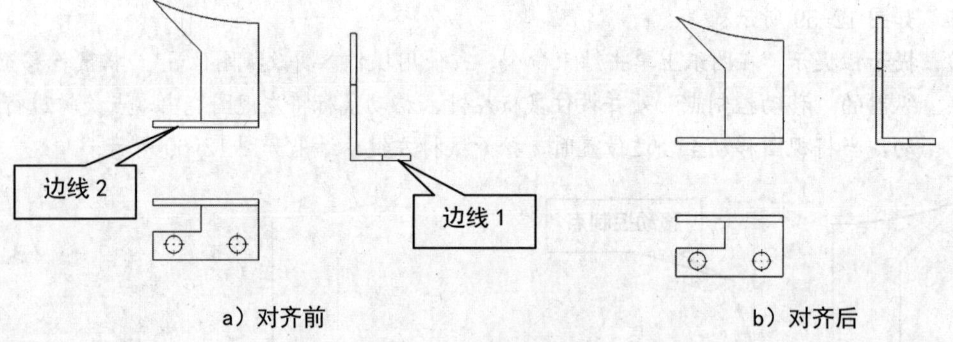

a）对齐前　　b）对齐后

图 12-63 视图的对齐

④ 提示栏提示“选择要对齐或叠加的第二个元素，确保它与第一个元素的类型相同”，选取如图 12-63a 所示的“边线 2”作为第二对齐元素，此时完成视图的对齐，结果如图 12-63b 所示。

12.4.4 视图的隐藏/显示/删除

（1）隐藏视图

如果想将某个视图隐藏，在图纸树中右键单击该视图，或在绘图区中右键单击该视图，在弹出的快捷菜单中单击“隐藏/显示”命令。

（2）显示视图

视图被隐藏后，在图纸树中右键单击该视图，在弹出的快捷菜单中再次单击“隐藏/显示”命令，隐藏的视图就可以显示出来。

（3）删除视图

若想将某个视图进行删除，在图纸树中右键单击该视图，在弹出的快捷菜单中选择“删除”命令，或双击该视图框架，选中该视图，然后直接按“Delete”键删除。

【例12-20】 隐藏/显示视图的操作步骤。

① 打开随书光盘中的本例文件，出现左清种舌工程图，如图 12-64a 所示。

② 在图纸树中右键单击“左视图”视图选项，或在绘图区中右键单击左视图，在弹出的快捷菜单中单击“隐藏/显示”命令，结果如图 12-64b 所示。

③ 在图纸树中右键单击“左视图”视图选项，在弹出的快捷菜单中再次单击“隐藏/显示”命令，隐藏的左视图即被显示。

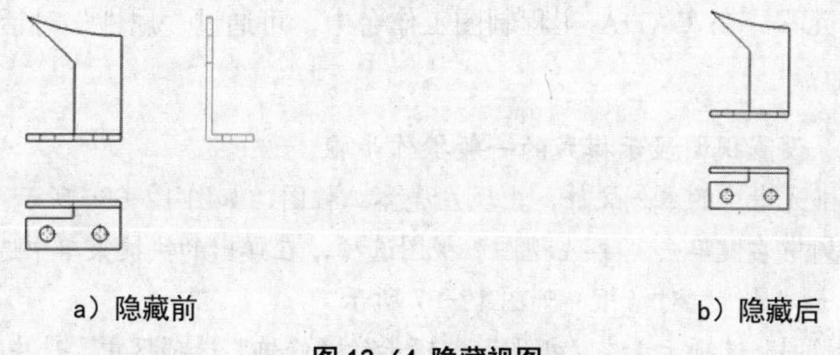

a）隐藏前　　b）隐藏后

图 12-64 隐藏视图

12.4.5 视图的复制/粘贴

【例12-21】 复制和粘贴正视图。

① 打开随书光盘中的本例文件，出现左清种舌工程图，参见图 12-64a 所示。

② 在图纸树中右键单击“正视图”视图选项，在弹出的快捷菜单中选择“复制”命令。

③ 在图纸树中右键单击“图纸. 1”视图选项，在弹出的快捷菜单中选择“粘贴”命令，此时在图纸树的节点下会生成一个新的节点“正视图[2]”，如图 12-65a 所示。

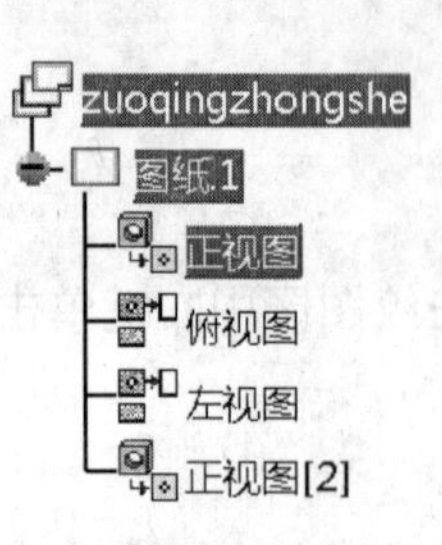

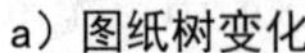
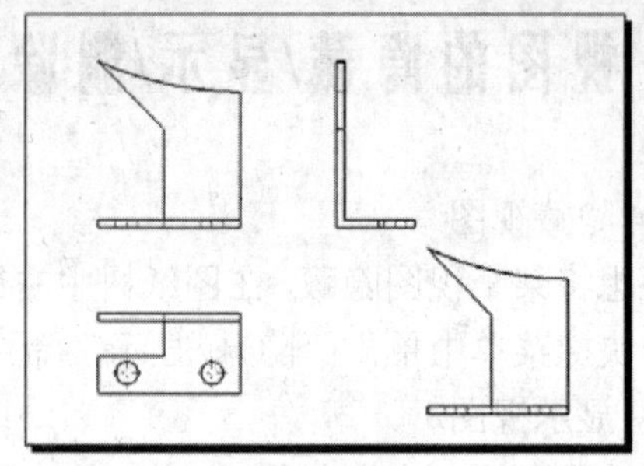

a）图纸树变化　　b）复制粘贴后

图 12-65 复制与粘贴视图

④ 由于复制的视图会与原视图重合在一起，需要对其进行移动，将鼠标停放在视图框架上，当出现选择提示图标时，按住鼠标左键并移动视图至合适位置，复制粘贴后结果如图 12-65b 所示。

12.4.6 视图的属性修改

（1）修改视图显示模式

视图的显示模式是指根据需要设置生成视图的形式，使其可以自动添加轴线、中心线、螺纹线、圆角等元素。在 CATIA 工程制图工作台中，可通过“属性”对话框来设置和修改视图的显示模式。

【例12-22】 设置视图显示模式的一般操作步骤。

① 打开随书光盘中的本例文件，出现左壳体工程图，如图 12-66a 所示。

② 在图纸树中右键单击“左视图”视图选项，在弹出的快捷菜单中选择“属性”命令，弹出“属性”对话框，如图 12-67 所示。

③ 单击“视图”选项卡，在“视图”选项卡的“修饰”选项区中，选中“轴”复选框。

④ 单击“确定”按钮，完成自动显示“轴线”操作，结果如图 12-66b 所示。

如图 12-67 所示对话框中常用显示模式的主要功能如下：

（1）隐藏线用于显示不可见边线并以虚线显示，如图 12-68a 所示。

（2）中心线用于显示视图中的中心线，如图 12-68b 所示。

（3）3D 规范只显示视图中的可见边线；如图 12-68c 所示。

（4）3D 颜色视图中线条颜色显示为 3D 模型的颜色，如图 12-68d 所示。

（5）螺纹用于显示视图中具有螺纹特征的螺纹线，如图 12-68e 所示。

（2）修改视图角度

当基本视图创建后，若想将某个视图旋转一定的角度，可通过更改视图属性来实现。

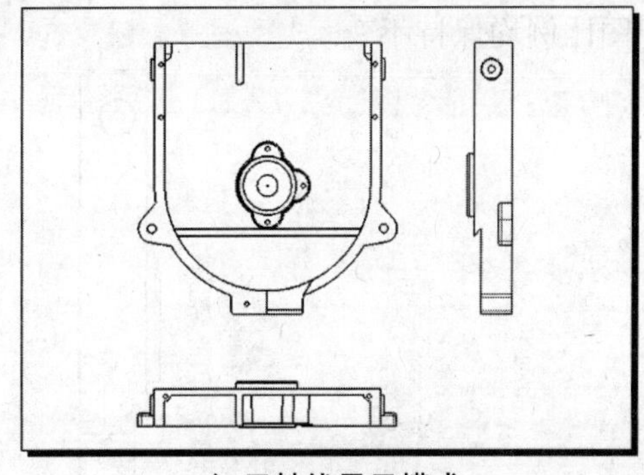

a）无轴线显示模式

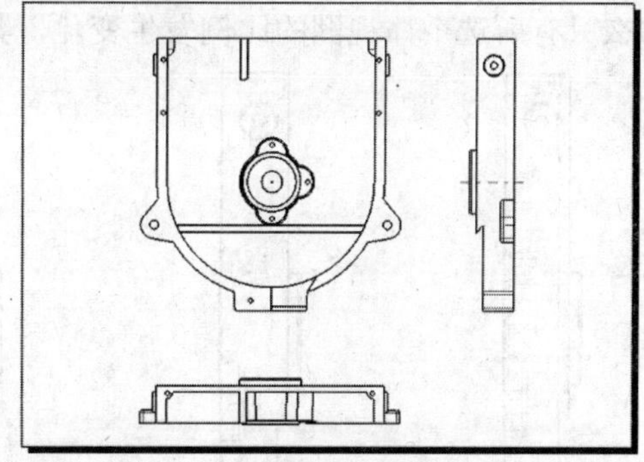

b）轴线显示模式

图 12-66 修改视图的显示模式

图 12-67 “属性”对话框

【例12-23】 视图旋转的一般操作步骤。

① 打开随书光盘中的本例文件，出现左清种舌工程图，如图 12-69a 所示。

② 在图纸树中右键单击“左视图”视图选项，或在绘图区中右键单击“左视图”视图框架，弹出快捷菜单，在弹出的快捷菜单中选择“属性”命令，弹出“属性”对话框。

③ 在“视图”选项卡“比例和方向”标签下的“角度”文本框中输入“45”，系统默认单位为 deg（度），如图 12-70 所示，表示将视图逆时针旋转 45 度。

④ 单击“确定”按钮，旋转结果如图 12-69b 所示。

（3）修改视图比例

视图比例分为全局比例和个体比例两种。其中，全局比例又称工程图比例，当全局比例被修改时，工程图中所有视图的比例均会随之发生改变；若视图中的个体比例被修改时，那么只有所选个体视图的比例发生变化，其他视图比例均保持不变。

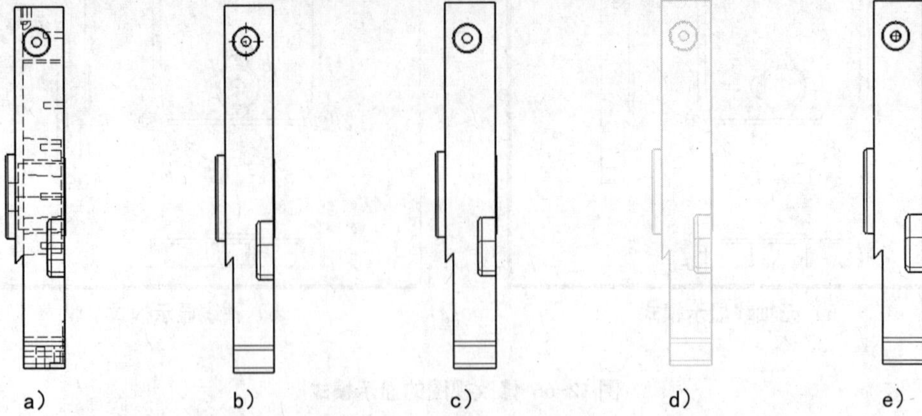

图 12-68 常用的显示模式

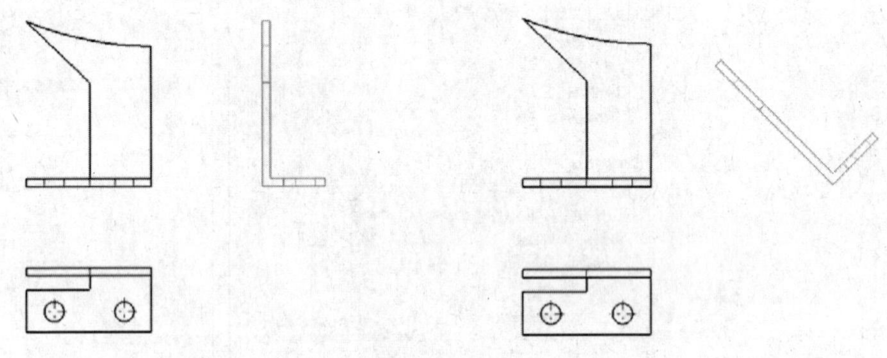

图 12-69 视图的旋转

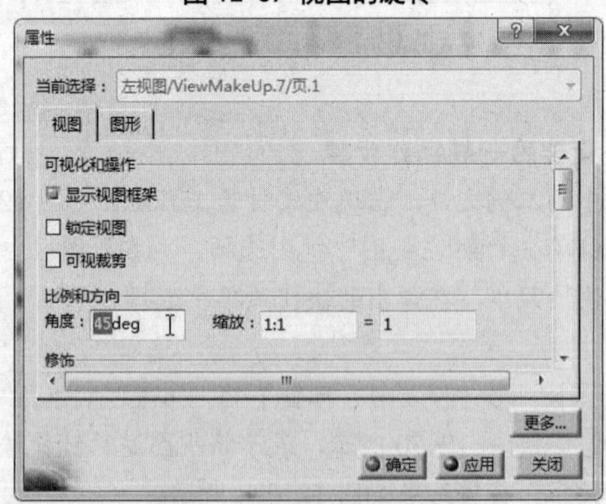

图 12-70 “属性”对话框

在创建视图时，系统不会根据图纸幅面的大小来自动调整视图的比例，而是根据图纸“属性”对话框中默认的比例来生成视图大小。若要获得指定比例的视图，则需通过手动方式修改视图比例。

【例12-24】 修改全局比例的一般操作步骤。

① 打开随书光盘中的本例文件，出现右排种盘工程图，如图 12-71a 所示。

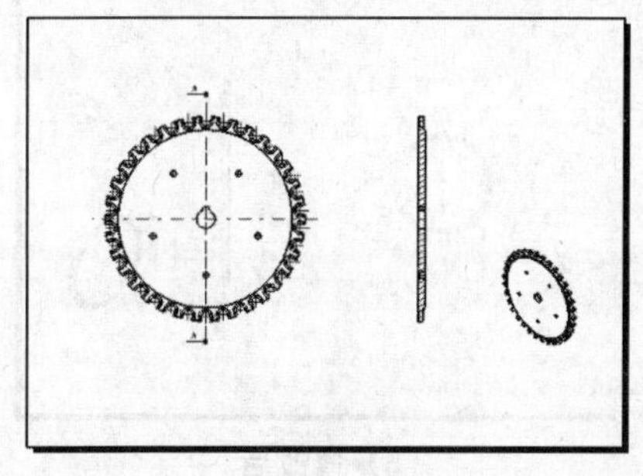

a）修改前

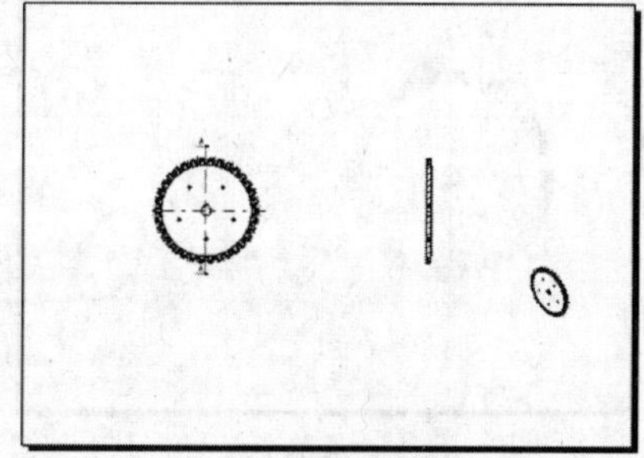

b）修改后

图 12-71 全局比例修改

② 在图纸树中右键单击“图纸.1”选项，在弹出的快捷菜单中选择“属性”命令，弹出“属性”对话框，参见图 12-67。

③ 在“属性”对话框的“标度”文本框中，将默认视图比例“1:1”更改为“1:2”，如图 12-72 所示。

④ 单击“确定”按钮，完成全局比例的修改，结果如图 12-71b 所示。

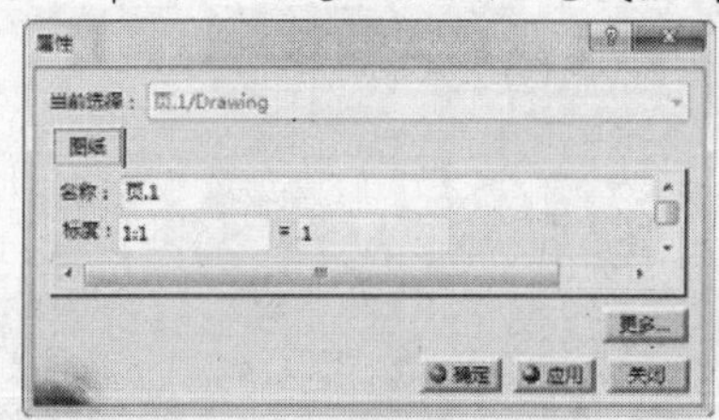

a）修改前

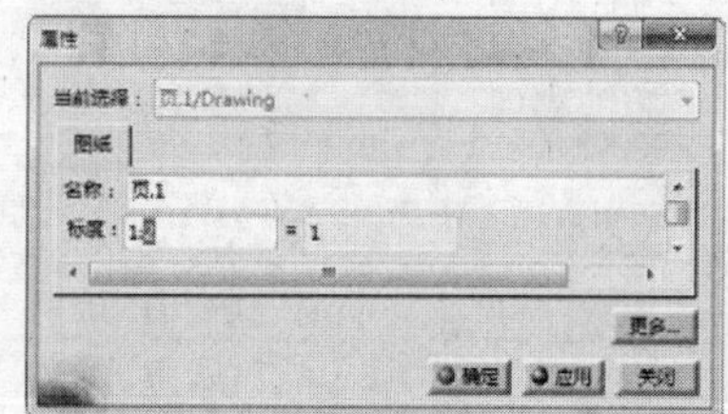

b）修改后

图 12-72 “修改属性”对话框

从修改后的图纸中可看出，工程图中的所有视图比例均发生了改变，而不是单一视图比例发生了改变。

【例12-25】 修改个体视图比例的一般操作步骤。

① 打开随书光盘中的本例文件，出现右排种盘工程图，如图 12-73a 所示。

② 在图纸树中右键单击“正视图”视图选项，或在绘图区中右键单击“正视图”视图框架，在弹出的快捷菜单中选择“属性”命令，弹出“属性”对话框，参见图 12-67。

③ 在“属性”对话框的“标度”文本框中，将正视图默认视图比例“1:1”更改为“1:2”，如图 12-74 所示。

④ 单击“确定”按钮，完成个体比例的修改，结果如图 12-73b 所示。□

修改后的工程图中可看到只有正视图的比例发生了改变，其他视图比例均保持不变。

（4）修改视图名称

在 CATIA 工程制图中，若在完成视图创建后，认为某个视图名称不恰当，同样可以通过“属性”对话框对其进行修改。

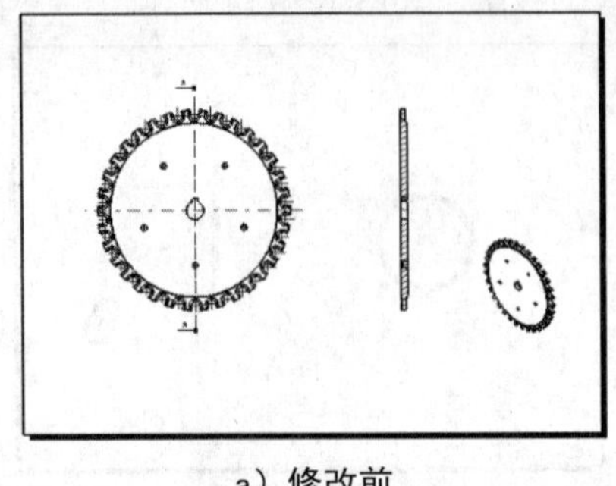

a）修改前

b）修改后

图 12-73 个体比例修改

【例12-26】 修改视图名称的一般操作步骤。

① 打开随书光盘中的本例文件，出现右排种盘工程图，参见图 12-73a，图纸树如图 12-76a 所示。

② 在图纸树中右键单击“剖视图 A-A”视图选项，在弹出的快捷菜单中选择“属性”命令，弹出“属性”对话框，参见图 12-67。

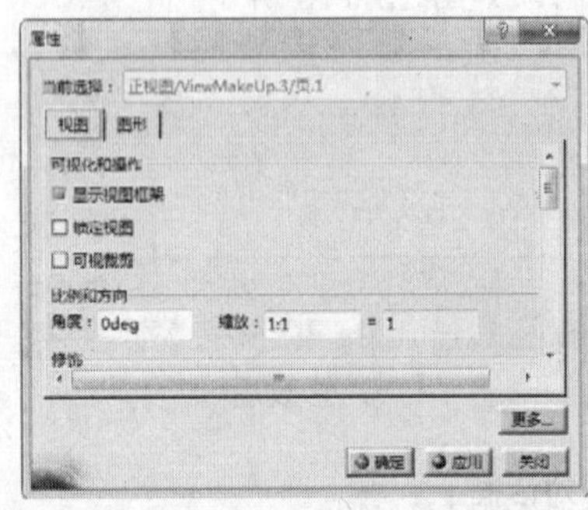

a）修改前

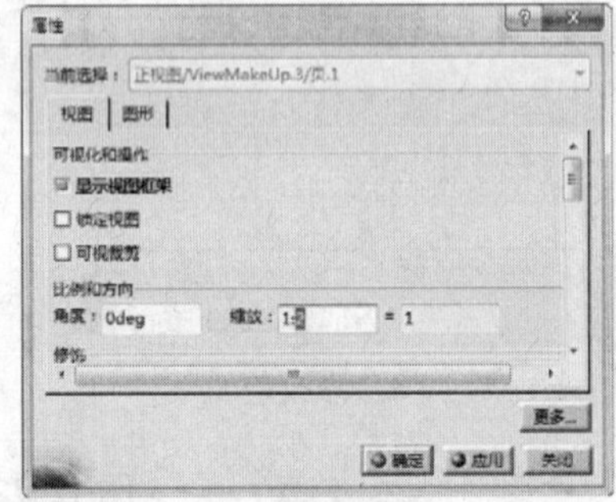

b）修改后

图 12-74“修改属性”对话框

③ 在该对话框“视图”选项卡“视图名称”选项区下的“前缀”文本框中，将原有名称“剖视图”修改为“全剖视图”，如图 12-75 所示。

④ 单击“确定”按钮，完成视图名称的修改。可以看到，图纸树中剖视图的名称被修改为“全剖视图”，如图 12-76b 所示。

（5）锁定视图

前面讲到，通过 CATIA 软件自动生成的工程图与 3D 模型图具有关联性，3D 模型图进行修改后，工程图中所有视图也将随之重新创建。然而有时在修改三维模型图时，不希望所生成的全部视图均进行更改，那么就可以通过使用视图的锁定命令来锁定视图，锁定之后的视图将不再随零件模型的修改而更改，也无法对该视图进行比例和方向、修饰、视图名称等相关属性的修改。

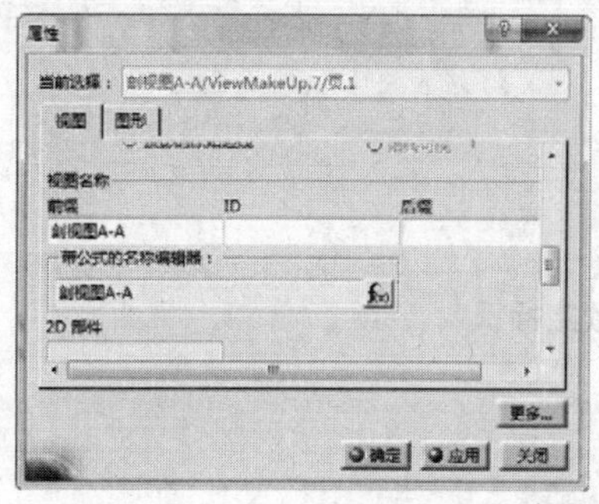

a）修改前

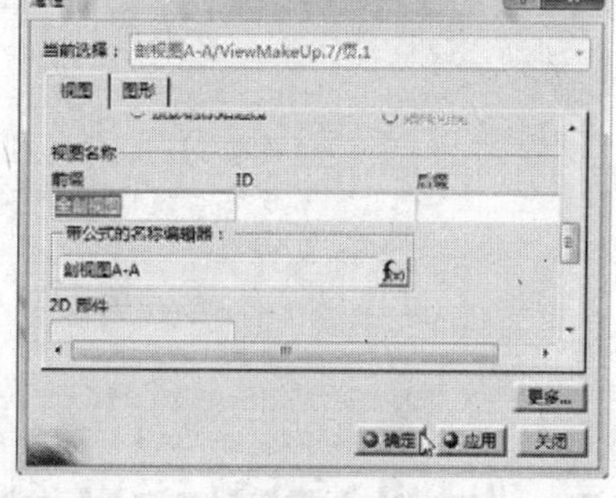

b）修改后

图 12-75 修改视图名称

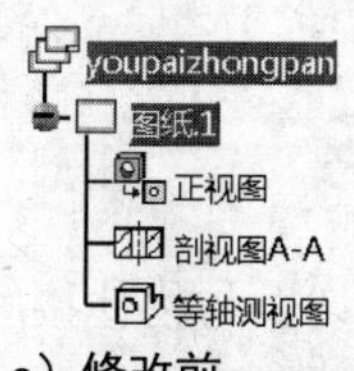

a）修改前

b）修改后

图 12-76 修改视图名称图纸树变化

【例12-27】 视图锁定的一般操作步骤。

① 打开随书光盘中的本例文件，出现左壳体工程图，如图 12-77 所示。

② 在图纸树中右键单击“左视图”视图选项，或在绘图区中右键单击“左视图”视图框架，在弹出的快捷菜单中选择“属性”命令，弹出“属性”对话框，参见图 12-67。

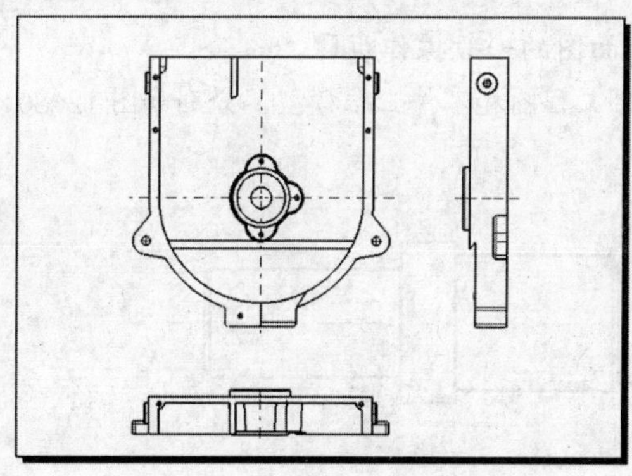

图 12-77 左壳体工程图文件

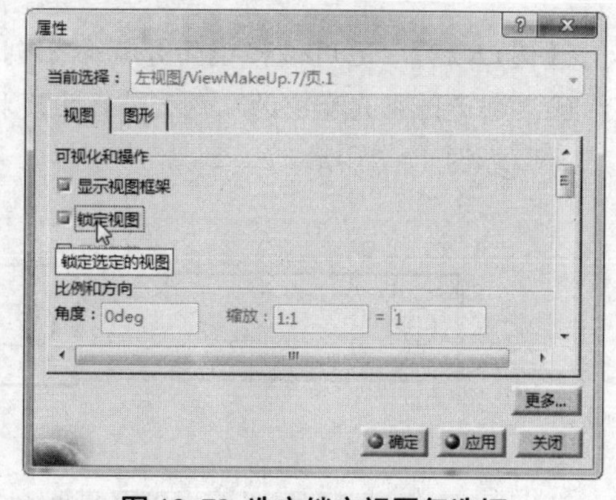

图 12-78 选定锁定视图复选框

③ 在“属性”对话框“视图”选项卡的“可视化和操作”选项区中，选中“锁定视图”复选框，如图 12-78 所示。

④ 单击“确定”按钮，完成视图的锁定。可以看到，在图纸树上左视图的图标下面会显示锁定标识，如图 12-79 所示。

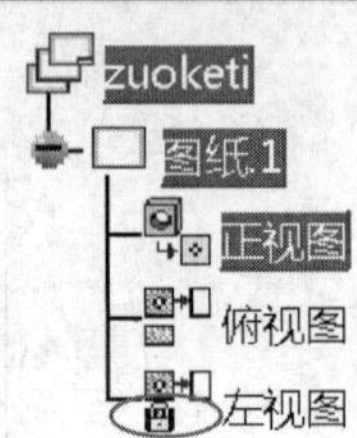

图 12-79　图纸树上的锁定标识

12.5 其他视图表达方法

12.5.1 断面图

假想用剖切面把物体的某处切断，仅画出截断面该剖切面与物体接触部分的图形，这样的图形称为断面图。断面图常用在只需表达零件断面的情况下，使得工程图的表达更加简单、又能使视图所表达的零件结构清晰。在断面图中，机件和剖切面接触的部分称为剖面区域。依照国家规定，在剖面区域内也要画上剖面符号，不同材料类型的剖面符号见表 12-2。

在 CATIA 工程图中，可通过“偏移截面分割”或“对齐截面分割”两个命令来完成断面图的创建。“偏移截面分割”与“对齐截面分割”的不同之处在于，当绘制多条剖切线时，前者相邻两段剖切线互相垂直，而后者相邻两段剖切线可为任意角度线（注意与阶梯剖和旋转剖的区别）。

【例12-28】 运用偏移截面分割命令创建断面图的一般操作步骤。

① 打开随书光盘中的本例文件，出现排种轴工程图和零件三维模型，分别如图 12-80 和图 12-81 所示。

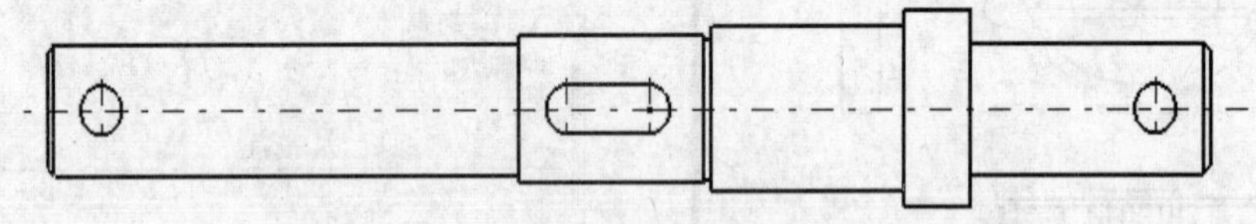

图 12-80 排种轴工程图文件

② 在图纸树中双击“正视图”视图选项，或在绘图区中右键单击“正视图”视图框架，在弹出的快捷菜单中选择“激活视图”命令。

③ 在菜单栏中，依次选择“插入”→“视图”→“截面”→“偏移截面分割”选项，或在“视图”→“截面”工具栏中直接单击“偏移截面分割”按钮。

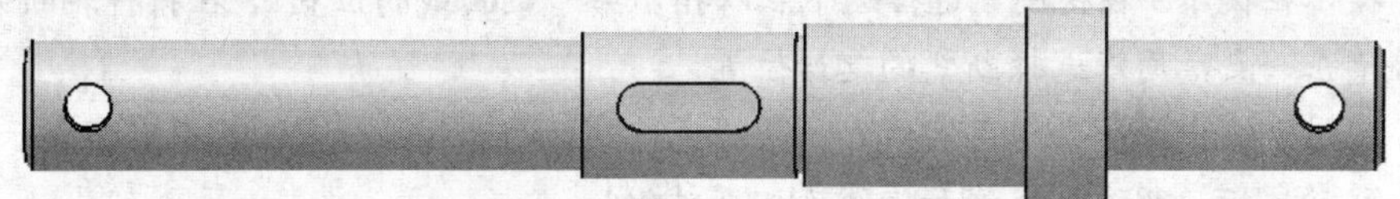

图 12-81 排种轴零件三维模型文件

④ 提示栏提示"选择起点，圆弧边或轴线"，绘制如图 12-82 所示断面线的"第 1 点"，然后提示栏提示"选择或单击边线"，绘制该图所示断面线的"第 2 点"，双击完成断面线的绘制。

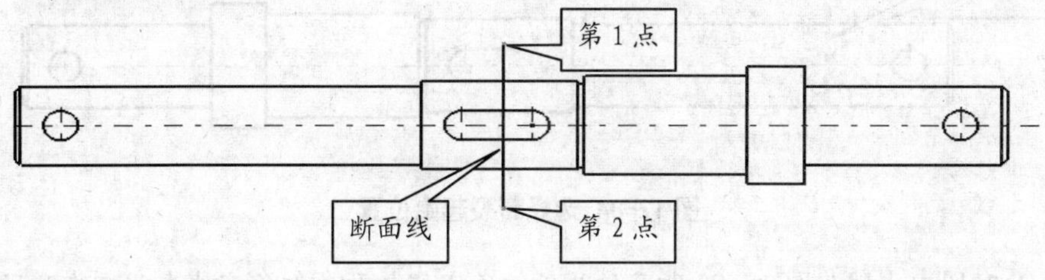

图 12-82 绘制断面线

⑤ 图 12-82 绘制断面线移动鼠标，将断面图视图预览图移动至正视图左侧，选择合适的位置单击用以放置断面图，结果如图 12-83 所示。

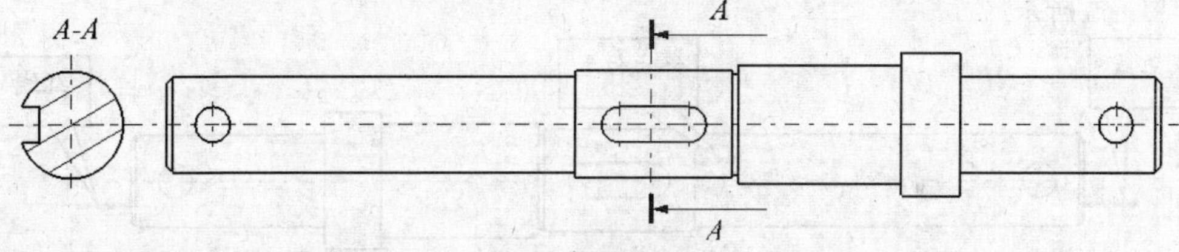

图 12-83 创建断面图

12.5.2 断裂视图

断裂视图是指从工程图中删除选定两线之间的视图部分，将余下的两部分合并成一个带断裂线的视图。在工程制图中，经常会遇到一些较长机件，如轴、杆、型材、连杆等机件，他们沿长度方向的形状一致或按一定规律变化时，可以用断裂视图来表达。

【例12-29】 创建断裂视图的一般操作步骤。

① 打开随书光盘中的本例文件，分别出现排种轴工程图和零件三维模型，参见图 12-80 和图 12-81。

② 在图纸树中双击"正视图"视图选项，或在绘图区中右键单击"正视图"视图框架，在弹出的快捷菜单中选择"激活视图"命令。

③ 在菜单栏中，依次选择"插入"→"视图"→"断开视图"→"局部视图"命令，或在"视图"→"断开视图"工具栏中直接单击"局部视图"按钮。

④ 提示栏提示“在视图中选择一个点以指示第一剖面线的位置”，在排种轴断裂处内部单击一点，用以选择断裂的起始位置。

⑤ 此时系统出现一条绿色实线和一条绿色虚线，两者相互垂直。其中实线表示断开线，移动鼠标，留意到实线和虚线可相互转化。

⑥ 提示栏提示“单击所需的区域以获取垂直剖面或水平剖面”，移动鼠标使第一条断开线即绿色实线所表示的那条线垂直放置，然后单击确定第一条断开线即断裂的起始位置，如图 12-84 所示。

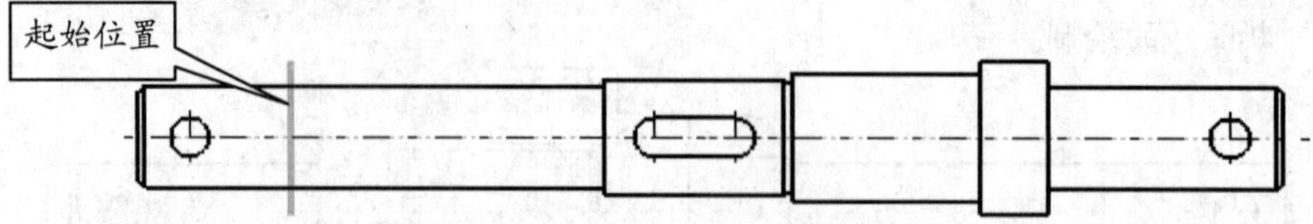

图 12-84 选择断裂起始位置

⑦ 此时图中出现如图 12-85 所示的两条红色实线，两条红色实线表明需在此区域内选择第二条剖面线。

⑧ 提示栏提示“在视图中选择一个点以指示第二条剖面线的位置”，移动鼠标使第二条断开线移至所需位置，单击确定第二条断开线的位置即断裂的终止位置，如图 12-85 所示。

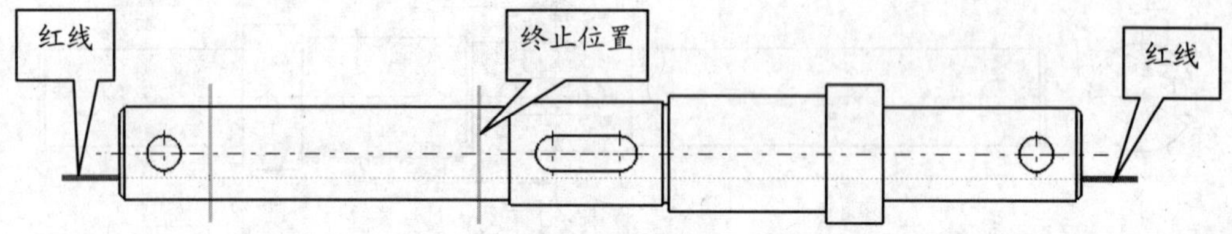

图 12-85 选择断裂终止位置

⑨ 在绘图区中任意位置单击，完成断裂视图的创建，结果如图 12-86 所示。□

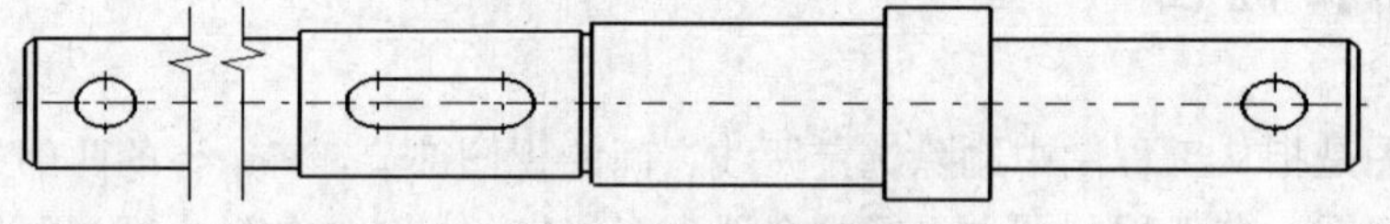

图 12-86 创建断裂视图

12.5.3 局部放大图

局部放大图是指将机件的部分结构用大于原图形的比例所画出的图形。局部放大图可画成视图，也可画成剖视图、断面图，它与被放大部分的表达方式无关。在绘制局部放大图时，应注意以下几点：

1）局部放大图应尽量配置在被放大部位的附近。

2）绘制局部放大图时，除螺纹牙型、齿轮和链轮的齿形外，应用细实线圈出被放大的部位。

3）同一机件上不同部位的局部放大图，当图形相同或对称时，只需画出一个。

4）当机件上被放大的部分仅一处时，在局部放大图上方只需注明所采用的比例。如果机件上被放大的部分有多处，还需对其用罗马数字按顺序进行编号，并在相应的局部放大图的上方中间位置处标注出相应的罗马数字和所采用的比例，在罗马数字和比例数字之间用细实线画一条短水平线。

在 CATIA 工程制图中，局部放大图的绘制方法主要有详细视图、详细视图轮廓、快速详细视图、快速详细视图轮廓四种。

（1）详细视图

该功能用于生成圆形区域的局部放大图。

【例12-30】 用详细视图命令创建局部放大图。

① 打开随书光盘中的本例文件，出现排种轴工程图，如图 12-87 所示。

② 在图纸树中双击“正视图”视图选项，或在绘图区中右键单击“正视图”视图框架，在弹出的快捷菜单中选择“激活视图”命令。

③ 在菜单栏中，依次选择“插入”→“视图”→“详细信息”→“详图”选项，或在“视图”→“详细信息”工具栏中直接单击“详细视图”按钮。

④ 提示栏提示“选择一个点或单击以定义圆心”，在如图 12-88 所示位置单击，以定义圆心。

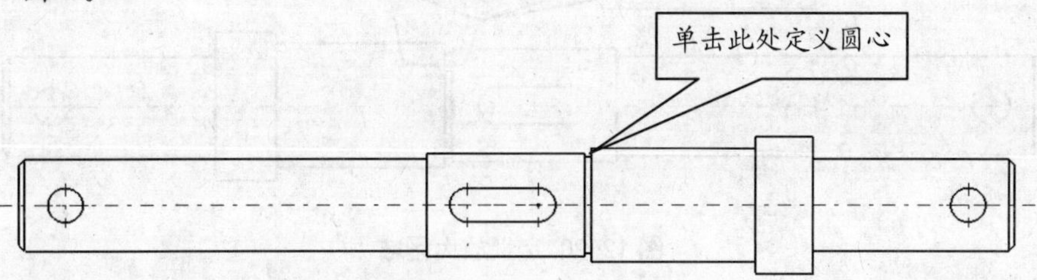

图 12-87 定义放大区域圆心

⑤ 提示栏提示“选择一点或单击以定义圆半径”，拖动鼠标，绘制圆形放大区域至适当大小，然后单击，确定圆的大小，如图 12-88 所示。

⑥ 移动鼠标，在绘图区中选择合适位置处单击，用以放置使用详细视图命令生成的圆形局部放大图，结果如图 12-89 所示。

（2）详细视图轮廓

该功能用于生成任意草绘轮廓区域内的局部放大图。

【例12-31】 应用详细视图轮廓命令创建局部放大图。

① 打开随书光盘中的本例文件，出现排种轴工程图，参见图 12-87 所示。

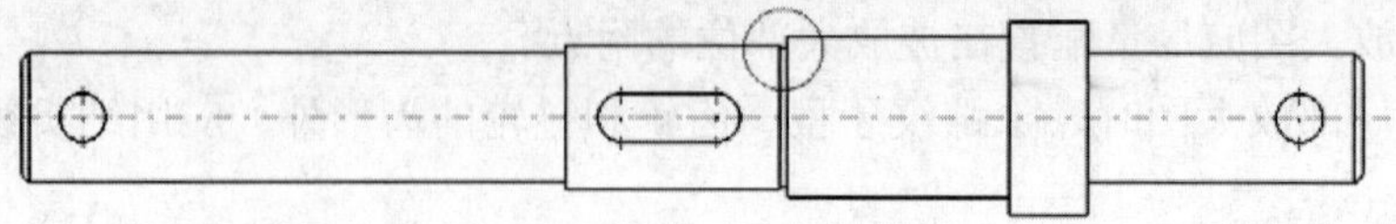

图 12-88 绘制放大区域

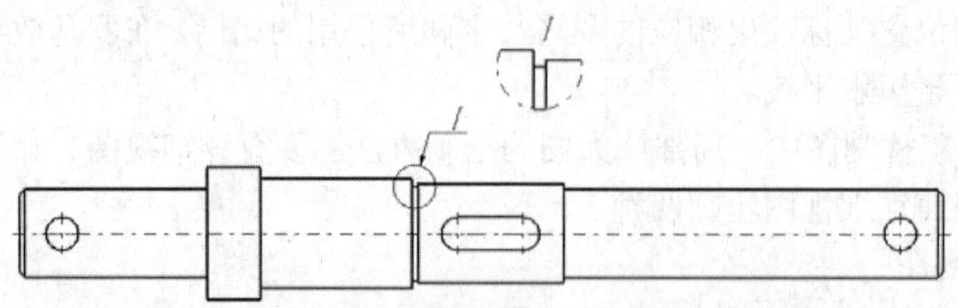

图 12-89 通过详细视图命令生成的局部放大图

② 在图纸树中双击“正视图”视图选项，或在绘图区中右键单击“正视图”视图框架，在弹出的快捷菜单中选择“激活视图”命令。

③ 在菜单栏中，依次选择“插入”→“视图”→“详细信息”→“草绘的详细轮廓”选项，或在“视图”→“详细信息”工具栏中直接单击“详细的视图轮廓”按钮。

④ 提示栏提示“单击点”，绘制如图 12-90 所示多边形轮廓。当确定最后一点时，双击鼠标左键以结束多边形轮廓定义。

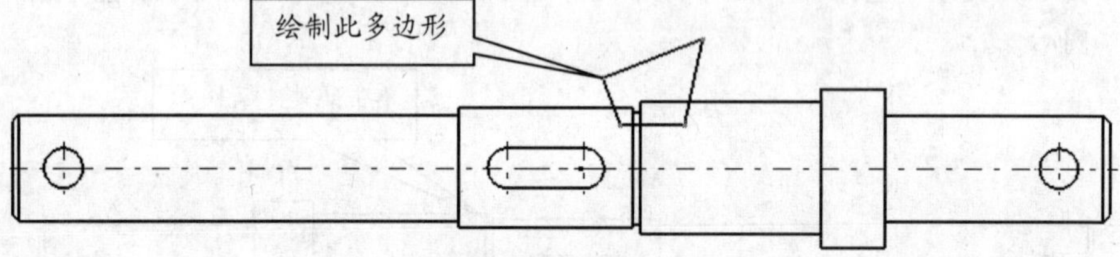

图 12-90 定义放大区域

⑤ 移动鼠标，在绘图区中选择合适位置单击，用以放置使用详细视图轮廓命令生成的多边形局部放大图，结果如图 12-91 所示。

由图 12-89 和图 12-91 可知，使用详细视图轮廓命令与详细视图命令生成的局部放大图不同点在于，前者的放大区域是由线段所组成的任意多边形，而后者的放大区域则是一个圆形。

（3）快速详细视图

该功能用于快速生成圆形放大区域的局部放大图。通过使用“快速详细视图”命令创建的局部放大图是由二维视图直接计算生成的，而普通“详细视图”命令创建的局部放大图则是由三维零件计算生成的。快速详细视图比详细视图生成局部放大图速度快，同时能够显示整个放大区域边界，使得图形更加完整。

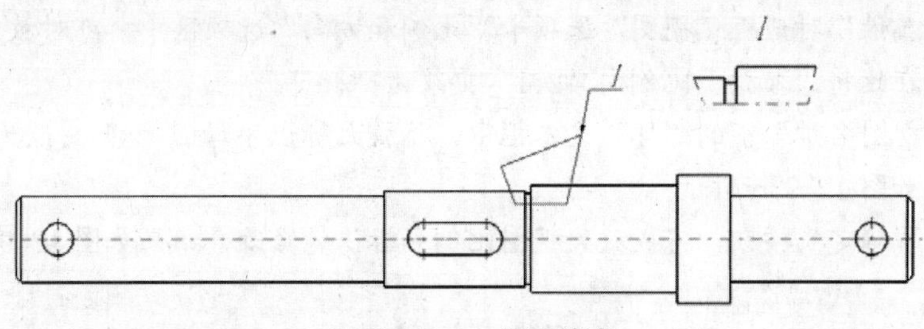

图 12-91 视图轮廓

图 12-91 通过详细视图轮廓命令生成的局部放大图该命令的使用方法是，在菜单栏中，依次选择“插入”→“视图”→“详细信息”→“快速详图”选项，或在“视图”→“详细信息”工具栏中直接单击“快速详细视图”按钮。其余操作步骤与详细视图命令相同。

（4）快速详细视图轮廓

该功能用于快速生成任意多边形局部放大图。

该命令与快速详细视图命令类似，通过使用快速详细视图轮廓命令生成的局部放大图也是由二维视图计算生成的，而普通详细视图轮廓生成的局部放大图则是由三维零件计算生成的。快速详细视图轮廓命令比普通详细视图轮廓命令生成局部放大图速度快，也能够显示出整个放大区域边界，使图形显得更加完整。

该命令的使用方法是，在菜单栏中，依次选择“插入”→“视图”→“详细信息”→“草绘的快速详图轮廓”选项，或在“视图”→“详细信息”工具栏中直接单击“快速详细视图轮廓”按钮。其余操作步骤与详细视图轮廓命令相同。

（5）修改局部放大图

CATIA 软件自动生成的局部放大图中，系统采用的默认标识是用大写字母 A、B、C…等表示的，由于这种标识不符合我国制图规定，可以对其进行修改，使其按罗马数字进行标识。另外，在生成放大视图时，系统默认放大比例为 2:1，如果不满足设计要求，也可以对其进行修改。

【例12-32】 修改局部放大图的一般操作步骤。

① 打开随书光盘中的本例文件，出现排种轴工程图，如图 12-92 所示。

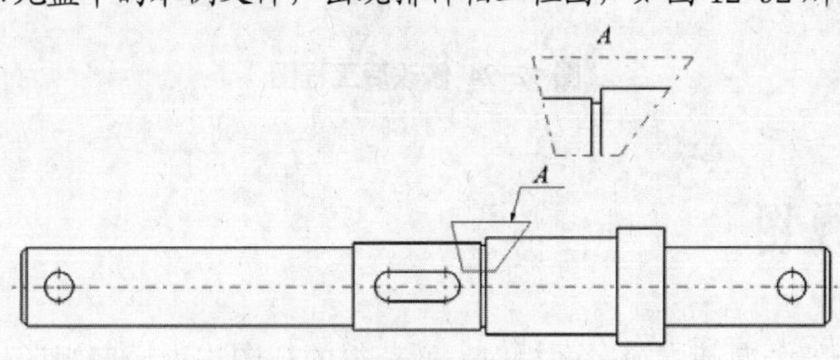

图 12-92 修改前工程图

② 在图纸树中右键单击“详图 A”视图选项，或在绘图区中右键单击“详图 A”视图框架，在弹出的快捷菜单中选择“属性”命令，弹出“属性”对话框，如图 12-93a 所示。

③ 在“属性”对话框“视图”选项卡“比例和方向”选项区中，可对放大比例进行修改，在此将“缩放”比例由“2:1”更改为“3:1”。

④ 在“视图名称”下的“ID”文本框中，将放大标识字母由“A”更改为“I”，修改结果如图 12-93b 所示。

⑤ 单击“确定”按钮，完成放大视图比例和标识的修改，结果如图 12-94 所示。

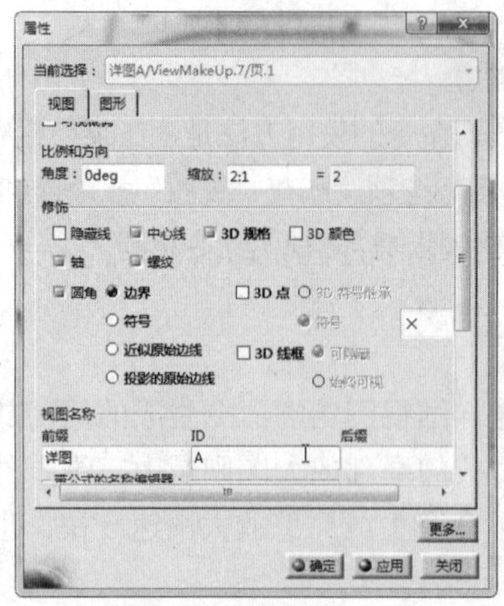

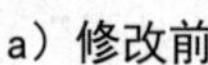
a）修改前

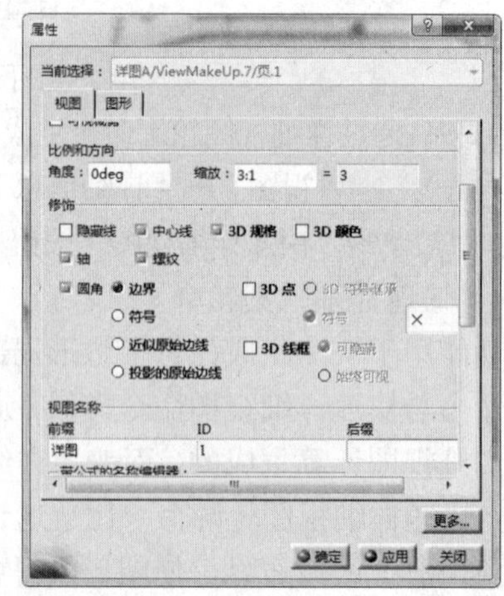

b）修改后

图 12-93 “属性”对话框

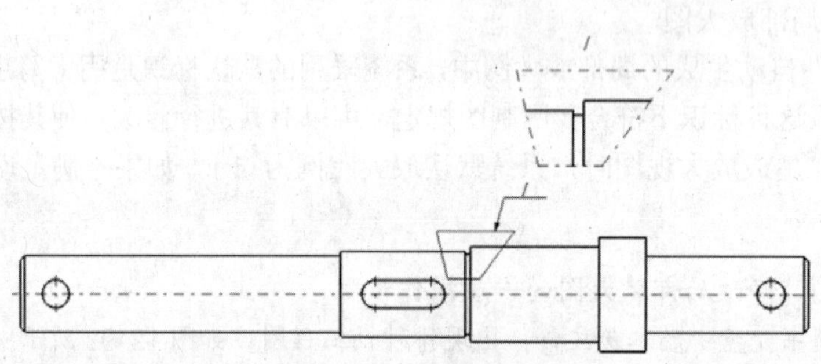

图 12-94 修改后工程图

12.5.4 局部视图

将机件的某一部分向基本投影面投射，所获得的视图称为局部视图。当采用一定数量的基本视图后，该机件仍有部分结构形状未表达清楚，且又没有必要再画出其他外形时，可单独将这一部分需要表达的结构形状向基本投影面投射。可用波浪线、双折线、双点画线表示机件投射部分和非投射部分的分界线。若局部视图投射部分的结构形状完整，且外轮廓线封闭，分界线可省略不画。

局部视图在绘制时，一般在局部视图的上方中间位置处标注视图名称“×”(“×”为大写拉丁字母），并在相应的视图附近用箭头指明投射方向，并注上同样的大写拉丁字母。

【例12-33】 创建左壳体仰视图局部视图的一般操作步骤。

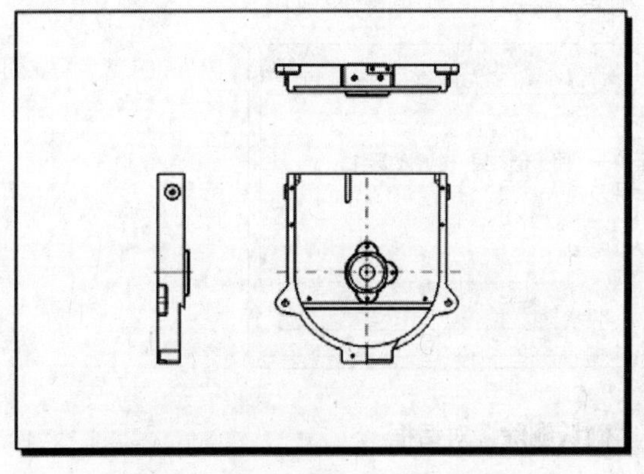

图 12-95 左壳体工程图文件

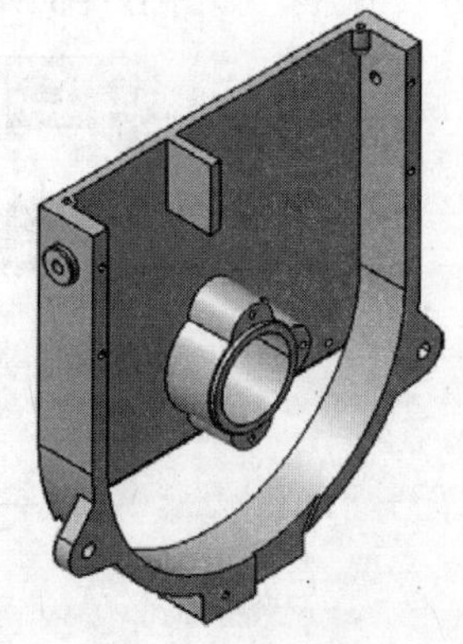

图 12-96 左壳体三维模型文件

① 打开随书光盘中的本例文件，分别出现左壳体工程图和零件三维模型，如图 12-95 和图 12-96 所示。

② 在图纸树中双击“仰视图”视图选项，或在绘图区中右键单击“仰视图”视图框架，在弹出的快捷菜单中选择“激活视图”命令。

③ 在菜单栏中，依次选择“插入”→“视图”→“详细信息”→“草绘的快速详图轮廓”选项，或在“视图”→“详细信息”工具栏中直接单击“快速详细视图轮廓”按钮。

④ 提示栏提示“单击点”，绘制如图 12-97 所示封闭多边形。当确定最后一点时，双击以结束多边形轮廓定义。

⑤ 移动鼠标，在绘图区中选择合适的位置单击，用以放置使用“快速详细视图轮廓”生成的多边形局部视图，结果如图 12-98 所示。

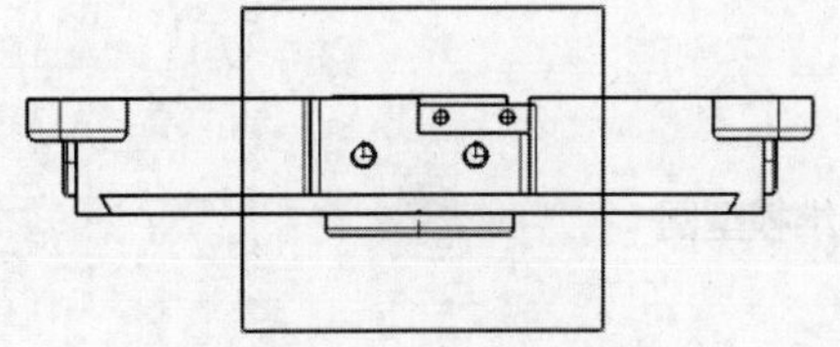

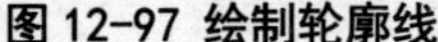

图 12-97 绘制轮廓线

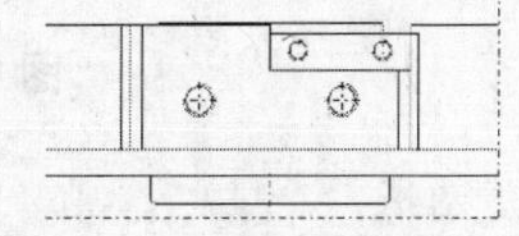

图 12-98 创建局部视图

⑥ 在图纸树中右键单击“详图 A”视图选项，或在绘图区中右键单击“详图 A”视图框架，在弹出的快捷菜单中选择“属性”命令，弹出“属性”对话框，参见图 12-93a 所示。

⑦ 在“属性”对话框“视图”选项卡“比例和方向”选项区中，将“缩放”比例值由“2:1”更改为“1:1”。

⑧ 由于仰视图中的信息在其他视图中均可表达清楚，因此可以删除仰视图。在图纸树中右键单击仰视图，在弹出的快捷菜单中选择“删除”命令，弹出“确认删除”对话框，如图 12-99 所示，单击“确定”按钮，可删除仰视图。

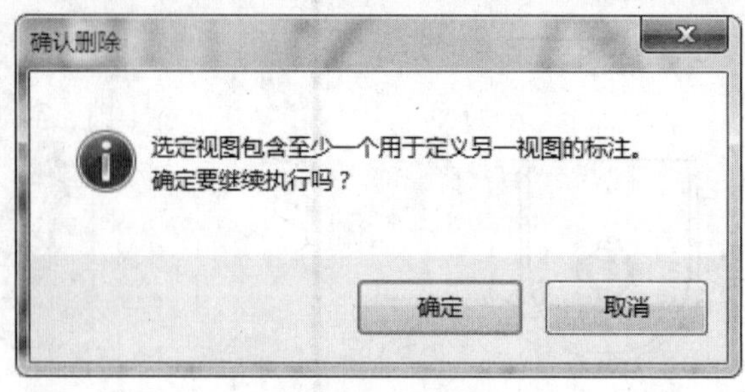

图 12-99 “确认删除”对话框

12.5.5 展开视图

在 CATIA 工程制图中，“展开视图”命令用于生成钣金件的展开视图，钣金件是在“机械设计”→“Generative Sheetmetal Design”工作台中所创建的。

【例12-34】 生成钣金零件的展开视图。

① 打开随书光盘中的本例文件，出现上盖底座三维模型文件，如图 12-100 所示。

图 12-100 上盖底座三维模型图

② 新建图纸

a在菜单栏中，依次选择“文件”→“新建”选项，或在“标准”工具栏中直接单击“新建”按钮，弹出“新建”对话框，参见图 11-2。

b在“新建”对话框“类型列表”中选择“Drawing”选项，单击“确定”按钮，弹出“新建工程图”对话框，参见图 12-4。在“标准”下拉列表中选择“GB”，“图纸样式”和“图纸方向”可根据需要自行选择，在此示例中选择 A4 图纸，横向放置视图。

c单击“确定”按钮，新建一张工程图图纸。

③ 创建展开视图

a在菜单栏中，依次选择“插入”→“视图”→“投影”→“展开视图”选项，或在“视图”→“投影”工具栏中直接单击“展开视图”按钮。

b提示栏提示“在 3D 几何图形上选择参考平面”，在菜单栏中，依次选择“窗口”→“1.shanggaidizuo.CATPart”选项，将工作窗口切换到钣金零件三维模型窗口。

c在结构树中选择“XY”平面作为投影平面，返回到“工程制图”工作台。

d可通过使用方向控制器调整视图放置方向，并在绘图区中选择合适位置单击用以放置视图，结果如图-101 所示。

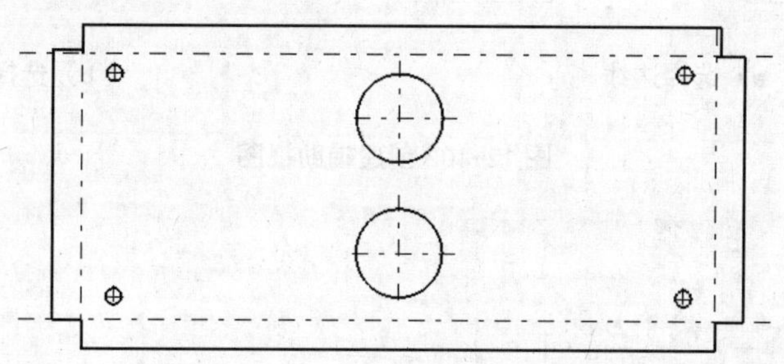

图-101 创建展开视图

12.5.6 辅助视图

“辅助视图”功能用于生成特定方向的向视图（斜视图）。有些形体的平面与基本投影平面倾斜时需要利用辅助视图来更加清晰地表达实体的构型。辅助视图类似于投影视图，但它是垂直于现有视图中参考元素的展开视图，该参考元素可以是模型的一条边、侧影轮廓线、轴线或草图直线等。辅助视图与源视图的比例相同且保持对齐。

【例12-35】 创建辅助视图的一般操作步骤。

① 打开随书光盘中的本例文件，出现支架工程图，如图 12-102a 所示。

② 在图纸树中双击“正视图”视图选项，或在绘图区中右键单击“正视图”视图框架，在弹出的快捷菜单中选择“激活视图”命令。

③ 在菜单栏中，依次选择“插入”→“视图”→“投影”→“辅助视图”选项，或在“视图”→“投影”工具栏中直接单击“辅助视图”按钮。

④ 提示栏提示“选择起点或线性边线以定义方向”，选取如图 12-102a 所示的边线作为投影的参考线。

⑤ 提示栏提示“单击结束”，沿着垂直参考线的方向移动鼠标，选择放置标注的位置后单击，然后移动鼠标选择放置辅助视图的位置处单击，如图 12-102b 所示。

⑥ 如有必要，可通过标注属性对标注样式进行修改，如图 12-103 所示。

⑦ 由于零件的下部结构已经表达清楚，因此可以通过局部视图命令对辅助视图进行裁剪，只保留上部轮廓，结果如图 12-104 所示。

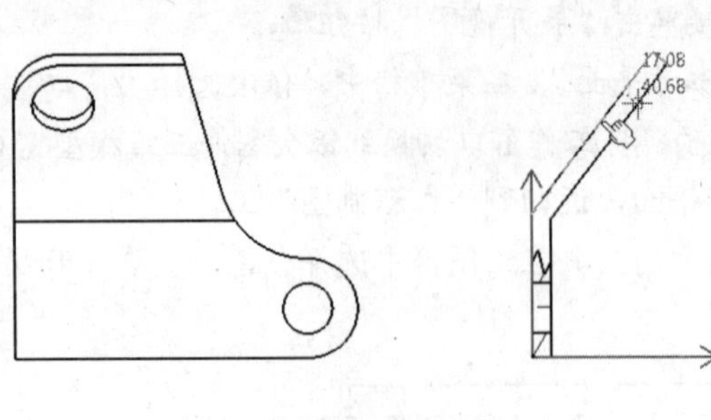

a）选择边线　　　　　　　　b）选择放置位置

图 12-102 创建辅助视图

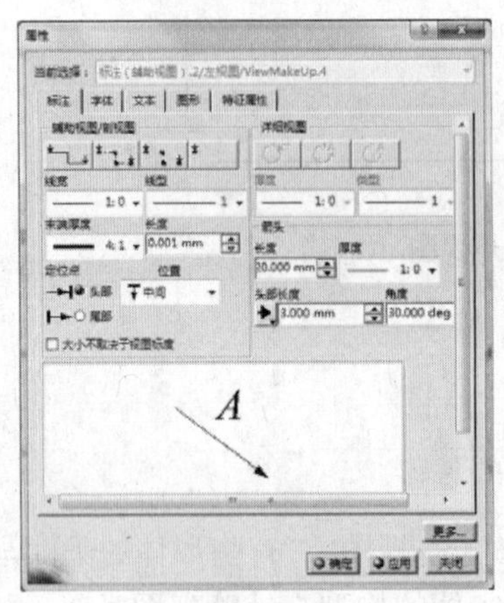

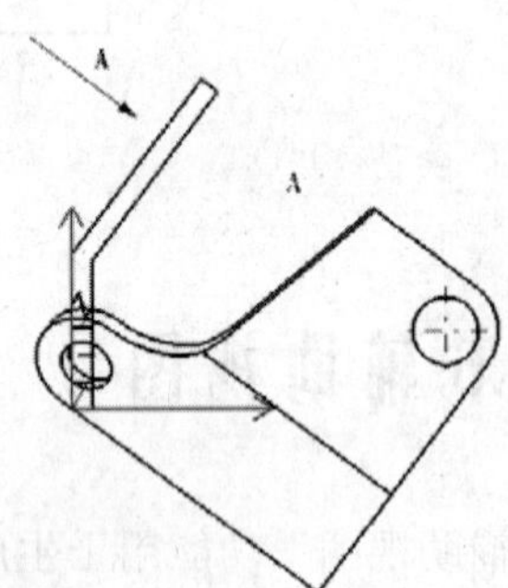

a）标注属性　　　　　　　　b）修改结果

图 12-103 修改标注样式

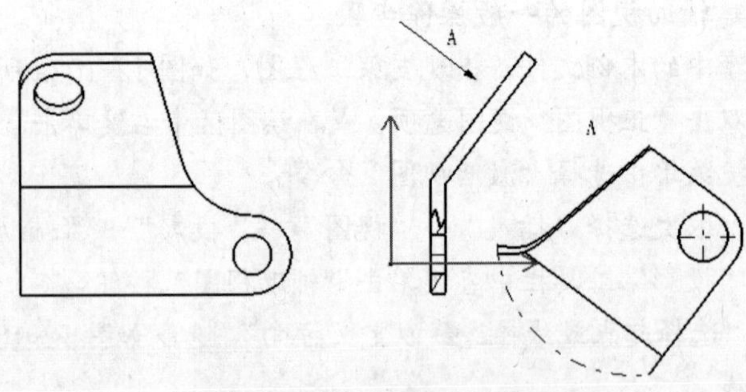

图 12-104 创建辅助视图结果

若需要将辅助视图移至其他位置，需要右键单击所创建的辅助视图视图框架，在弹出的快捷菜单中，设置其“视图定位”方式为“不根据参考视图定位”，然后移动鼠标可将辅助视图移至绘图区中任意位置，其操作方法见“12.4.3 视图的移动/对齐”小节内容。

12.5.7 轴测视图

轴测视图是用平行投影法将物体连同确定该物体的直角坐标系一起，沿不平行于任一坐标平面的方向投射到一个投影面上所得到的图形。轴测视图属于单面平行投影视图，它能反映立体的正面、侧面和水平面的形状。因为其立体感较强，便于读图，所以在工程设计和工业生产中通常作为辅助图样添加到图纸上。

轴测视图具有两条基本特性：

1）相互平行的两直线，其投影仍保持平行（平行性）。

2）空间平行于某坐标轴的线段，其投影长度等于该坐标轴的轴向伸缩系数与线段长度的乘积（定比性）。

【例12-36】 创建轴测视图的一般操作步骤。

① 打开随书光盘中的本例文件，分别出现左清种舌零件三维模型文件和工程图，如图 12-105a、b 所示。

② 在菜单栏中，依次选择“插入”→“视图”→“投影”→“等轴测视图”选项，或在“视图”→“投影”工具栏中直接单击“等轴测视图”按钮。

③ 提示栏提示“在 3D 几何图形上选择参考平面”，依次选择下拉列表“窗口”→“1.zuoqingzhongshe.CATPart”选项，将工作窗口切换到左清种舌零件设计工作台。

④ 在清种舌三维零件模型上的任意位置处单击，返回至工程制图工作台，显示出轴测图预览图，如图 12-106 所示。

⑤ 在绘图区中，拖动视图框架，将轴测图移至合适位置后单击用以创建轴测视图，创建后如图 12-107 所示。

a）三维模型图

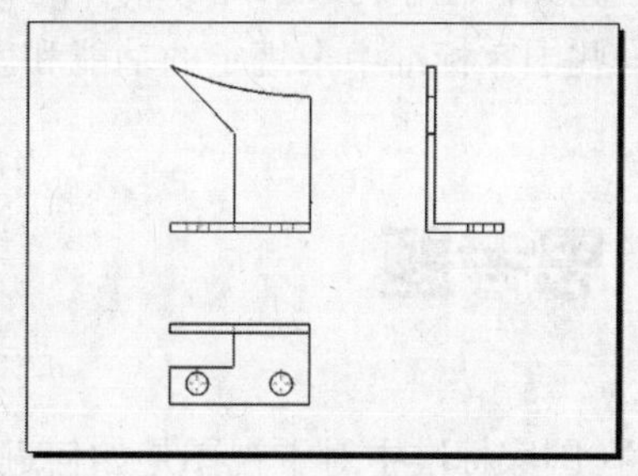

b）工程图

图 12-105 左清种舌三维模型图及工程图

由于表达的需要，所创建轴测图的视角方位并不唯一，用户可先在零件设计工作台将零件图摆放至需要的视角方位，再在工程制图工作台中创建等轴测视图。这种方法方便、灵活，可将零件图以任意视角方位形成轴测视图摆放到工程图中，以适应不同的表达要求。

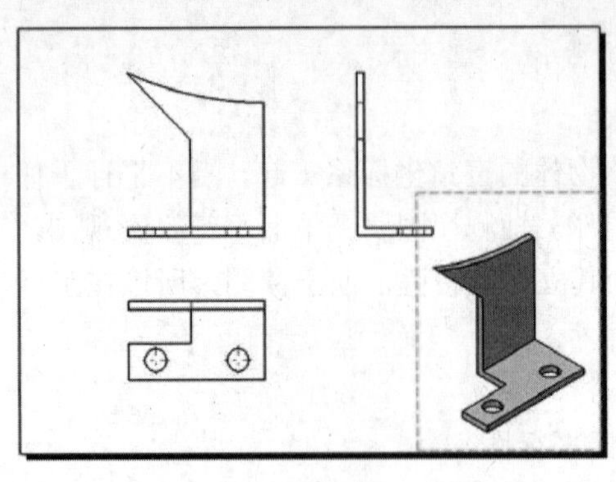

图 12-106 轴测图创建中

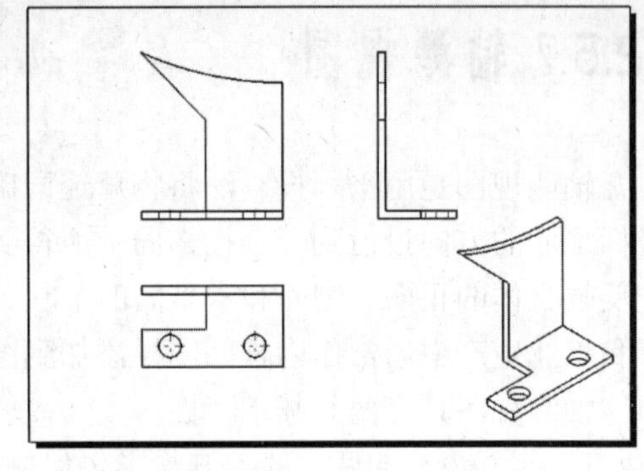

图 12-107 轴测图创建后

在生成过程中，可通过“方向控制器”进行角度方位的调整，还可通过“属性”对话框修改视图比例进行调整。

12.6 小结

本章的主要内容为 CATIA 的机件表达。本章在内容安排上，采用了与国家标准有关规定类似的体系。但在学习时需要注意，国家标准的制定有其时代背景，随着时代的进步，原有的标准文件不一定能符合现时的要求。任何软件都不可能完全遵循使用者的想法，使用者意愿和软件功能的相互整合、双方现有规则的对应，是使用者在使用过程中必然要面临的问题。因此，在学习 CATIA 软件的制图表达方法时，不能拘泥于原有手工制图的规定，其中一些国家标准中未规定的功能和表达方法，也应一并掌握。

12.7 思考题

（1）在国家标准中对于视图是如何进行分类的？

（2）使用 CATIA 软件如何绘制国家标准规定的各类视图？

（3）写出各类剖视图的应用范围。

（4）为【例 12-7】中使用的模型文件创建半剖视图，实现如图 12-108 所示的效果。

（5）在【例 12-11】中，绘制剖切线时为什么采用自下向上的顺序？如果采用自上向下的顺序，剖切线的展开方向会发生什么变化？

（6）国家标准当中规定了一系列的图形简化画法，为何要这样规定？在使用 CATIA 软件进行绘图时，是否也要采用简化画法，谈谈你的见解。

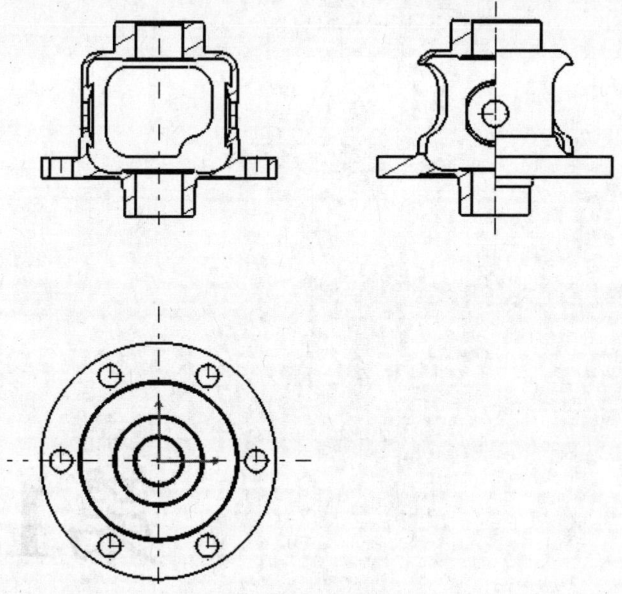

图 12-108 半剖视图效果

第13章 标注

13.1 概述

在工程图当中，除了要有一组用以表达零部件的结构或配置关系的视图以外，还要具备尺寸、技术要求、标题栏等内容（对于装配图，还要有零部件序号和明细栏）。广义上来说，这些内容都属于标注的范畴。标注是工程制图中不可或缺的重要组成部分，在产品设计、研发和制造等过程中具有指导意义。工程图标注主要包括参考线与特征线标注、尺寸标注、形位公差标注、表面粗糙度标注、焊接标注、文本注释标注等几部分。CATIA 工程制图工作台提供了“尺寸标注”“尺寸生成”“批注”“修饰”等工具栏，用户可以根据需要自行选择命令进行标注，操作过程简单、方便。

13.2 参考线与特征线

这里所说的参考线是指轴线和中心线，特征线是指螺纹修饰特征。传统机械制图中，轴线一般指回转体零件的回转轴；中心线一般表示平面图形的对称中心，或用来对特定元素的位置进行定位。在实际应用中，一般不对其进行区分，统称为中心线，使用国家标准规定的点画线绘出。在 CATIA 软件中，规定使用轴线表示零部件的对称位置或旋转轴，使用两条垂直相交的中心线表示特定元素的定位中心（如圆），与传统的观念有所区别，这里需要注意。

13.2.1 自动生成参考线

通过对系统“选项”对话框中视图选项卡的设置，可以在三维模型转化生成工程图时，自动生成工程图的轴线和中心线，具体操作步骤详见“11.2.2 国家标准制图环境设置”小节。

如图 13-1a 所示为右壳体侧板零件三维模型文件，图 13-1b 所示为在视图选项中选中“生成轴”和“生成中心线”复选框后自动生成的工程图。

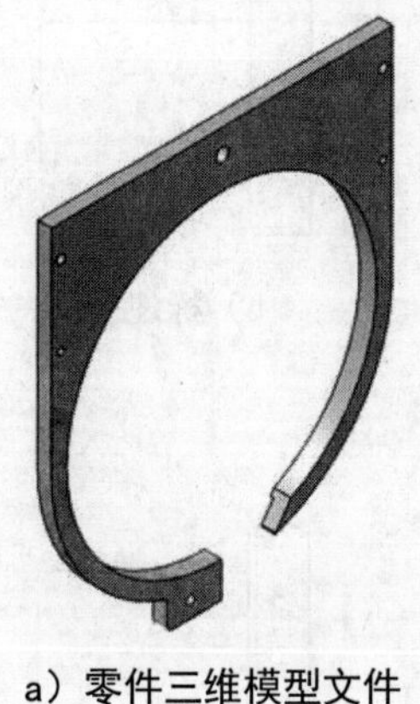

a）零件三维模型文件

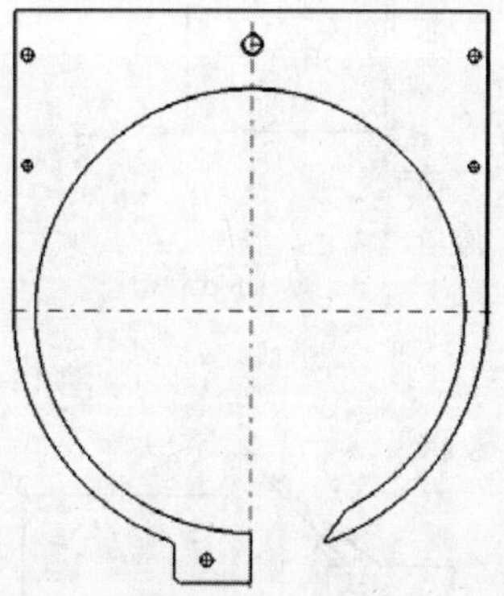

b）自动显示轴线和中心线

图 13-1 自动生成轴线和中心线

13.2.2 手动添加轴线

通过轴线命令可以方便地创建对称部位的中心线，而不需要手动绘制轴线。另外，在 CATIA 工程图视图中，通过“轴线”命令生成轴线时存在两种情况，一种是所选取的轮廓自身具有轴线，另外一种是所选取的轮廓不具有自身轴线，其区别在于，前者只需选择一条边线，后者则需选择两条边线来确定轴线。

【例13-1】 生成轴线的一般操作步骤。

① 打开随书光盘中的本例文件，出现排种器上盖工程图，其左视图如图 13-a 所示。

② 轮廓自身具有轴线。

a在菜单栏中，依次选择“插入”→“修饰”→“轴和螺纹”→“轴线和中心线”选项，或在“修饰”→“轴和螺纹”工具栏中直接单击“轴线”按钮。

b提示栏提示“选择用于创建轴线的对象或第一参考线”，选取如图 13-a 所示的“边线 1”，生成轴线，说明此轮廓自身具有轴线，结果如图 13-b 所示。

③ 轮廓自身不具有轴线。

a在菜单栏中，依次选择“插入”→“修饰”→“轴和螺纹”→“轴线”选项，或在“修饰”→“轴和螺纹”工具栏中直接单击“轴线”按钮。

b提示栏提示“选择用于创建轴线的对象或第一参考线”，选取如图 13-a 所示的“边线 2”，然后提示栏提示“选择定义中间轴线的第二参考线”，选取如图 13-a 所示的“边线 3”，生成两线对称轴线，如图 13-b 所示。

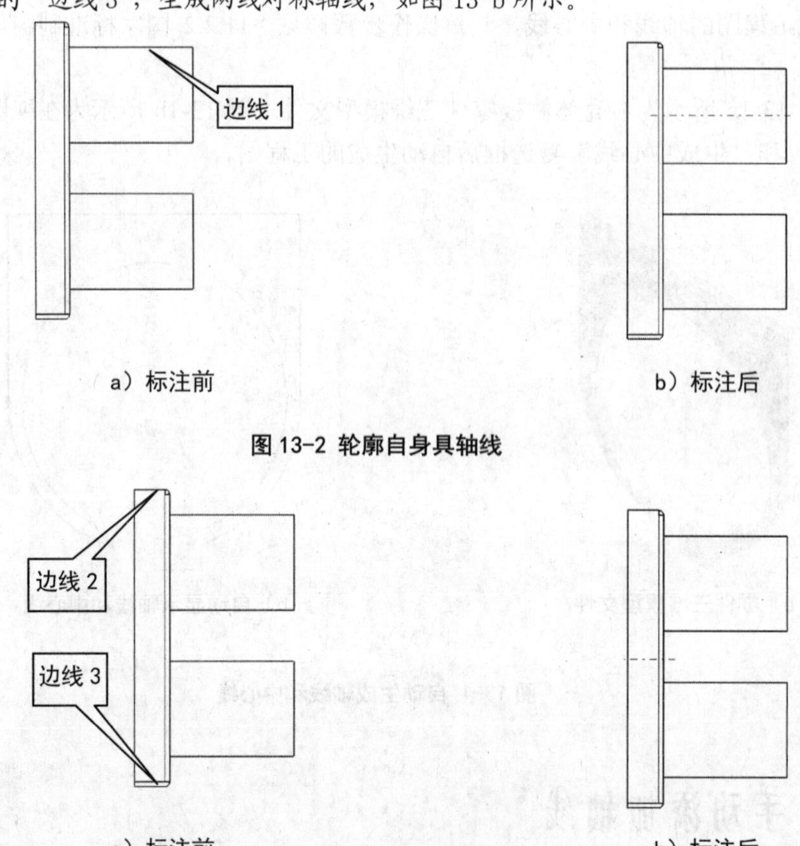

a）标注前　　b）标注后

图 13-2 轮廓自身具轴线

a）标注前　　b）标注后

图 13-3 轮廓自身不具有轴线

13.2.3 手动添加中心线

（1）一般中心线

生成工程图时，某些绘图元素由于本身不完整等原因，不会自动生成中心线。在这种情况下，用户可以通过“中心线”命令来手动添加中心线。

【例13-2】 **手动添加中心线的一般操作步骤。**

① 打开随书光盘中的本例文件，出现右壳体侧板工程图，如图 13-a 所示。

② 在菜单栏中，依次选择“插入”→“修饰”→“轴和螺纹”→“中心线”选项，或在“修饰”→“轴和螺纹”工具栏中直接单击“中心线”按钮⊕。

③ 提示栏提示“选择用于创建中心线的对象”，选取如图 13-4a 所示需要标注中心线的圆弧，标注出中心线，结果如图 13-b 所示。

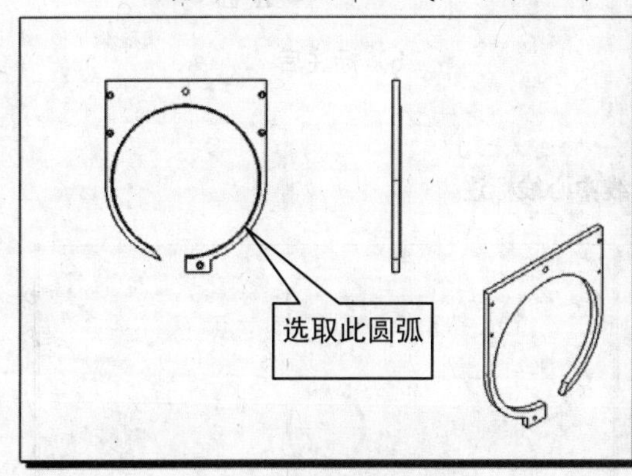

a）标注前

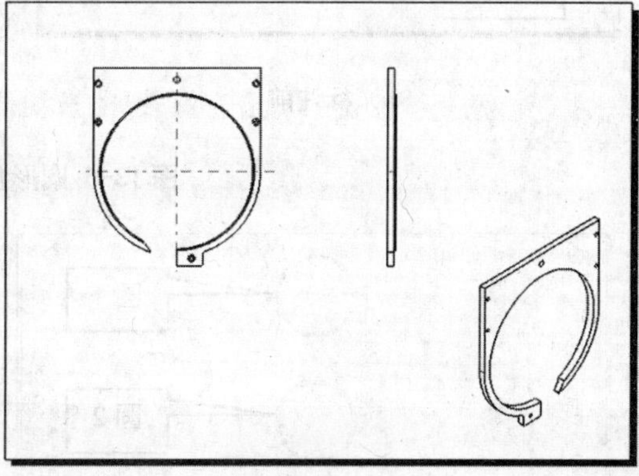
b）标注后

图 13-4 一般中心线标注

（2）具有参考的中心线

具有参考的中心线命令主要用于创建呈圆周分布的圆的中心线。

【例13-3】 **添加具有参考的中心线的一般操作步骤。**

① 打开随书光盘中的本例文件，出现右排种盘工程图，其正视图如图 13-a 所示。

② 在菜单栏中，依次选择“插入”→“修饰”→“轴和螺纹”→“具有参考的中心线”选项，或在“修饰”→“轴和螺纹”工具栏中直接单击“具有参考的中心线”按钮⊗。

③ 提示栏提示“选择用于创建中心线的对象”，选取如图 13-a 所示的需要标注中心线的圆。

④ 提示栏提示“选择点、线或圆”，选择如图 13-a 所示的参考线，标注出中心线，结果如图 13-b 所示。

（3）带轴线的中心线

当两个圆的圆心在零件的对称轴线上时，那么这两个圆中心线的连心线方向可以绘制成该视图的对称轴线，中心线的另一个方向与轴线垂直。使用“轴线和中心线”命令就可以绘制带轴线的中心线，即在绘制两个圆的中心线时就可完成零件对称轴线的绘制。

【例13-4】 **创建带轴线的中心线的一般操作步骤。**

① 打开随书光盘中的本例文件，出现上盖工程图，其正视图如图 13-a 所示。

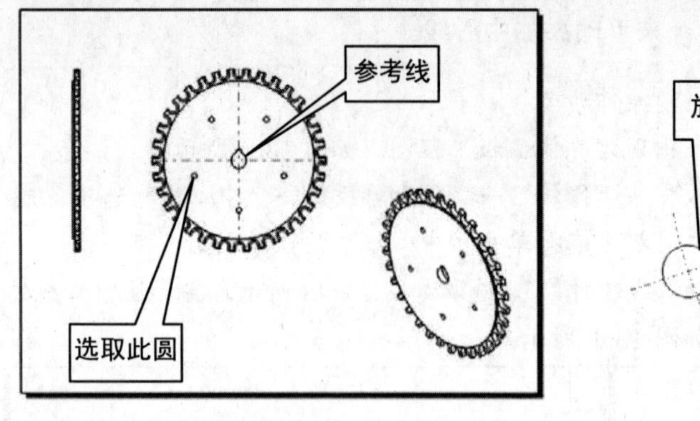

b）标注后

a）标注前

图 13-5 圆形参考线中心线标注

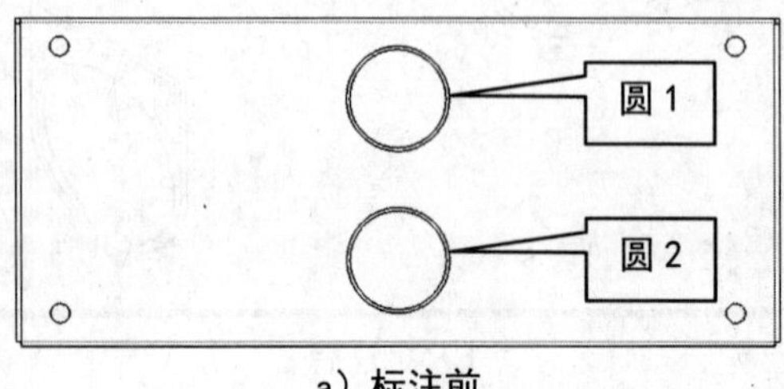

a）标注前

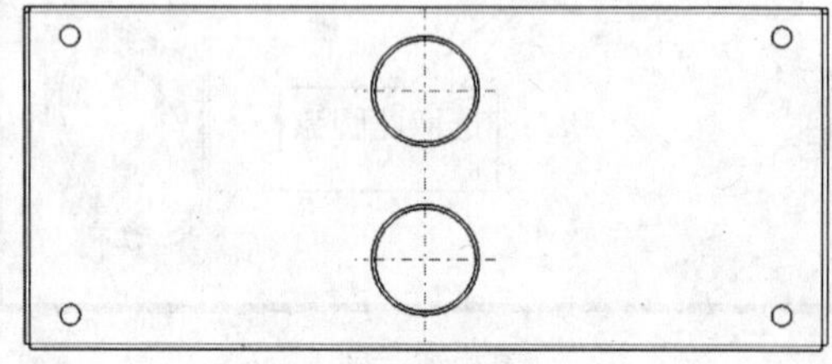

b）标注后

图 13-6 标注带轴线的中心线

② 在菜单栏中，依次选择“插入”→“修饰”→“轴和螺纹”→“轴线和中心线”选项，或在“修饰”→“轴和螺纹”工具栏中直接单击“轴线和中心线”按钮。

③ 提示栏提示“选取第一圆形轮廓”，选择如图 13-a 所示的“圆 1”。

④ 提示栏提示“选取第二圆形轮廓”，再选择图中所标注的“圆 2”，自动生成中心线，结果如图 13-b 所示。

13.2.4 添加螺纹线

（1）一般螺纹线

在 CATIA 工程视图中，如果视图中的孔自身含有螺纹特征，那么可以在生成工程图时将孔的螺纹修饰线自动显示出来；如果零件上的孔自身不含有螺纹特征，也可以通过螺纹修饰线命令来创建孔的螺纹修饰线。

【例13-5】 显示和创建螺纹修饰线的一般操作步骤。

① 打开随书光盘中的本例文件，出现左壳体工程图，如图 13-a 所示。

② 自动显示螺纹修饰线。

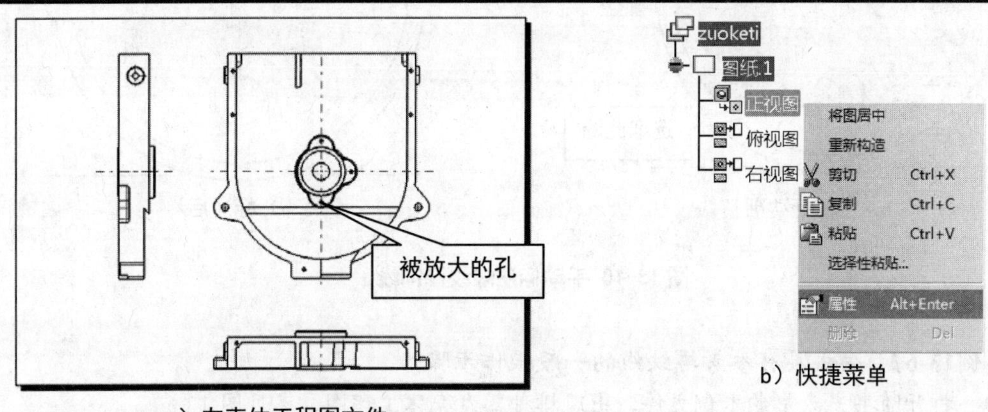

a）左壳体工程图文件

b）快捷菜单

图 13-7 左壳体工程图

a在图纸树中右键单击“正视图”视图选项，在弹出的快捷键菜单中选择“属性”命令，如图 13-b 所示，弹出“属性”对话框，如图 13-所示。

b在“属性”对话框中，选择“视图”选项卡，然后在“修饰”选项区中选中“螺纹”复选框，如图 13-所示。

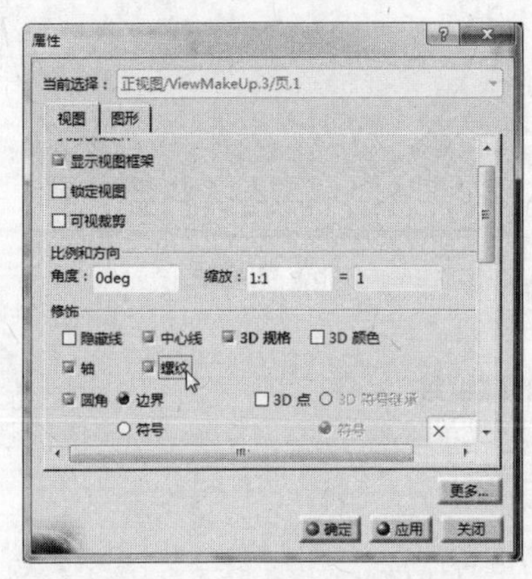

图 13-8 “属性”对话框

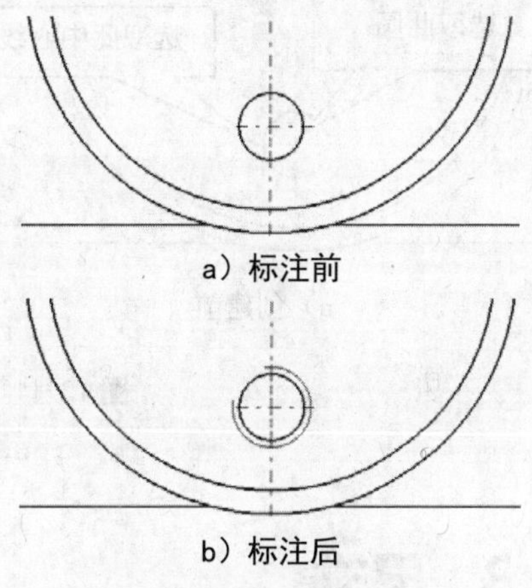

a）标注前

b）标注后

图 13-9 自动显示螺纹线

c单击“确定”按钮，进行更新显示，完成生成螺纹线的设置。标注前后如图 13-所示。

③ 手动标注螺纹修饰线。

a在菜单栏中，依次选择“插入”→“修饰”→“轴和螺纹”→“螺纹”选项，或在“修饰”→“轴和螺纹”工具栏中直接单击“螺纹”按钮。

b提示栏提示“选择一个圆以创建螺纹”，选取如图 13-a 所示的圆，生成螺纹线，如图 13-b 所示。

（2）具有参考的螺纹线

与“具有参考的中心线”命令类似，通过具有参考的螺纹线命令，可创建开口位置不同的螺纹修饰线。

a）标注前　　b）标注后

图 13-10 手动标注螺纹修饰线

【例13-6】 生成具有参考螺纹线的一般操作步骤。

① 打开随书光盘中的本例文件，出现排种器左壳体工程图，参见图 13-a。

② 在菜单栏中，依次选择“插入”→“修饰”→“轴和螺纹”→“具有参考的螺纹”选项，或在“修饰”→“轴和螺纹”工具栏中直接单击“具有参考的螺纹”按钮。

③ 提示栏提示“选择一个圆以创建螺纹”，选择如图 13-a 所示的圆。

④ 提示栏提示“选择一个点、一条直线或一个圆作为参考”，选择图 13-a 中的中心线为参考，系统会自动生成螺纹线，结果如图 13-b 所示。

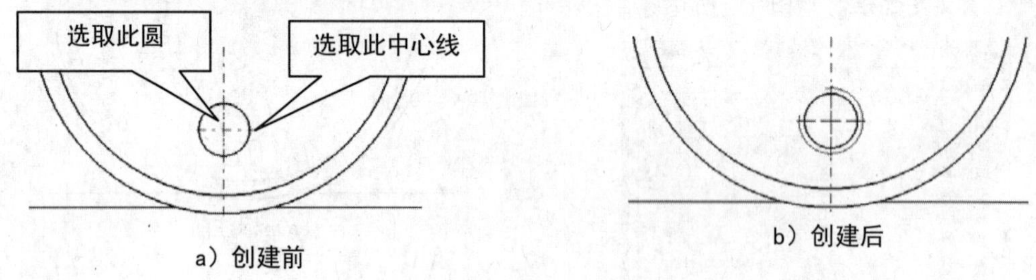

a）创建前　　b）创建后

图 13-11 创建具有参考的螺纹线

13.3 尺寸

13.3.1 尺寸标注基础

尺寸标注在工程图中不可或缺，用以指导零件或产品的加工、测量和检验。在 CATIA 工程制图工作台中，提供了多种尺寸标注命令，可以方便地标注工程图中所需的尺寸。

在标注尺寸时，应当满足国家标准中对尺寸标注的基本规定。下面列举几种常用尺寸标注规定，其他详细规定参见 GB/T 4458.4—2003 及 GB/T 16675.2—2012。

（1）尺寸线、尺寸界线

1）尺寸线和尺寸界线均以细实线画出。

2）线性尺寸的尺寸线应平行于所表示长度或距离的线段。

3）图形的轮廓线、中心线或它们的延长线，可以用作尺寸界线，但不能用作尺寸线。

4）尺寸界线一般应与尺寸线垂直，当尺寸界线过于贴近轮廓线时，允许将其倾斜画出。在光滑过渡处，需用细实线将轮廓线延长，从其交点引出尺寸界线。

5）尺寸线的终端首先应当选择箭头，线性尺寸线的终端允许采用斜线，当采用斜线时，尺寸线与尺寸界线必须垂直。

6）对于未完整表示的要素，可仅在尺寸线的一端画出箭头，但尺寸线应超过该要素的中心线或断裂处。

（2）尺寸数字

1）线性尺寸数字的方向应按如图 13-2 所示的方式注写，并尽量避免在图上所示的 30°范围内标注尺寸，无法避免时，可按如图 13-3 所示的方式标注。

2）尺寸数字不可被任何图线通过。不可避免时，需把图线断开。

（3）直径及半径尺寸的注法

1）直径尺寸数字之前应加注符号“*Φ*”。

2）半径尺寸数字之前应加注符号“*R*”，其尺寸线应通过圆弧的中心。

3）半径尺寸应注在投影为圆弧的视图上。

4）当圆弧半径过大，或在图纸范围内无法注出圆心位置时，可采用折线形式标出。

（4）球面尺寸的注法

1）标注球面的直径和半径时，应在符号“*Φ*”和“*R*”前再加注符号“*S*”。

2）对于螺钉、铆钉的头部、轴及手柄的端部等，在不致引起误解时，可省略符号“*S*”。

（5）小部位尺寸的注法

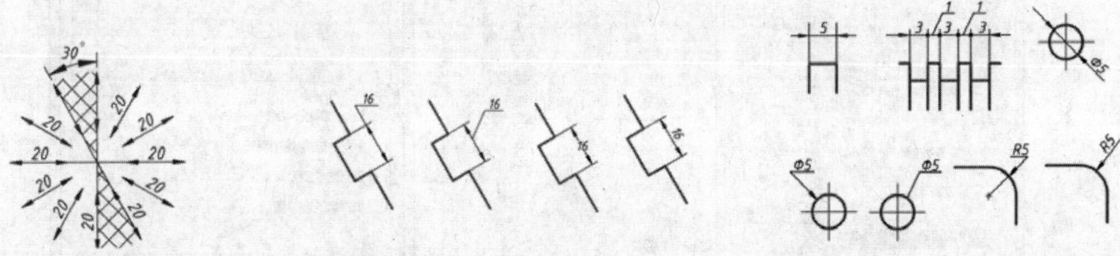

图 13-2 线性尺寸标注　　图 13-3 特殊线性尺寸标注　　图 13-4 小部位尺寸标注

在没有足够的位置画箭头或注写尺寸数字时，可按如图 13-4 的形式标注尺寸。

13.3.2 自动生成尺寸标注

CATIA 提供了自动生成尺寸标注的功能，该功能可以一次性将三维零件模型草图设计中的尺寸约束和三维部件模型中的特征约束转换为工程图中的尺寸标注。使用该命令进行尺寸标注方便、快捷，但自动生成的尺寸标注位置不规整，标注通常也不完全，需要用户手动调整并另外添加尺寸标注，因而这种标注方式适用于尺寸较少的零件。

【例13-7】 自动生成尺寸的一般操作步骤。

① 打开随书光盘中的本例文件，出现检视窗工程图，如图 13-5a 所示。

② 在菜单栏中，依次选择“工具”→“选项”选项，弹出“选项”对话框。

③ 在“选项”对话框中，依次展开并选择“机械设计”→“工程制图”选项，然后在“选项”对话框右侧选择“生成”选项卡。

④ 在“生成”选项卡“尺寸生成”选项区中选中“生成前过滤”和“生成后分析”复选框，如图 11-23 所示。

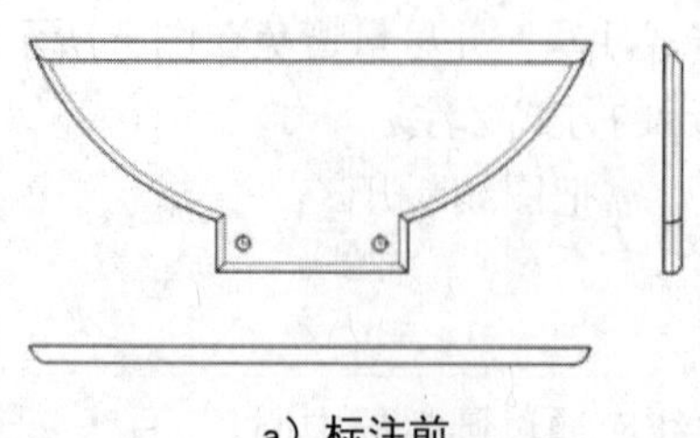

a）标注前　　　　b）标注后

图 13-5 自动生成尺寸

⑤ 在菜单栏中，依次选择“插入”→“生成”→“生成尺寸”选项，或在“生成”→“尺寸生成”工具栏中直接单击“生成尺寸”按钮，弹出“尺寸生成过滤器”对话框，如图 13-6 所示。

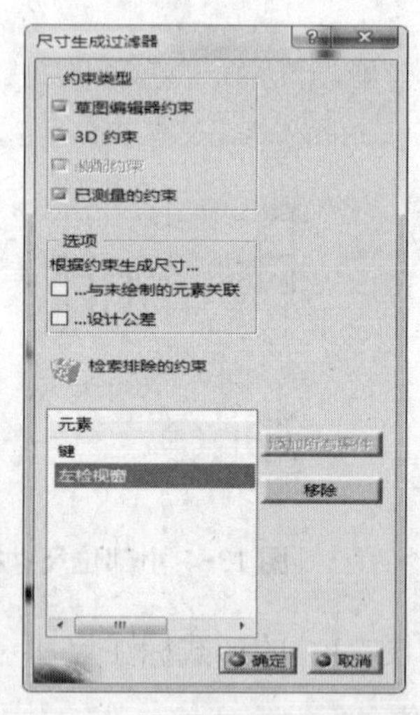

图 13-6 “尺寸生成过滤器”对话框

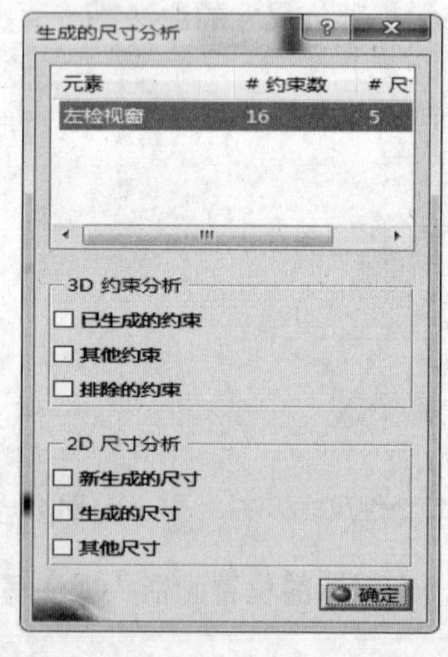

图 13-7 “生成的尺寸分析”对话框

⑥ 在“尺寸生成过滤器”对话框中选择约束类型，选中约束类型中所有复选框，系统默认为全选。

⑦ 单击“确定”按钮，工程图中生成尺寸预览，弹出“生成的尺寸分析”对话框，如图 13-7 所示。

⑧ 单击“确定”按钮，生成尺寸标注，结果如图 13-5b 所示。

从图 13-5b 中可以看到，自动生成的尺寸标注过于杂乱，位置不够规整，标注也不够完全，所以还需要对尺寸标注进行调整和修改，主要包括尺寸位置调整、手动添加标注，删除多余标注等操作。调整修改后的结果如**图 13-8** 所示。

图 13-7 所示的“生成的尺寸分析”对话框中“3D 约束分析”和“2D 尺寸分析”选项区中各选项功能如下：

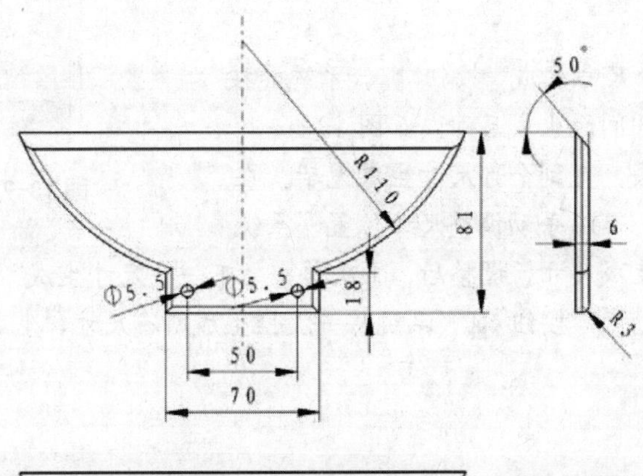

图 13-8 调整和修改后的尺寸标注（1）“3D 约束分析”

1）已生成的约束：在三维模型中显示在工程图中标出的尺寸。

2）其他约束：在三维模型中显示未在工程图中标注出的尺寸。

3）排除的约束：在三维模型中显示自动标注时未考虑的尺寸。

（2）“2D 尺寸分析”

1）新生成的尺寸：在工程图中显示最新生成的尺寸。

2）生成的尺寸：在工程图中显示所有已生成的尺寸。

3）其他尺寸：在工程图中显示所有手动标注的尺寸。

13.3.3 逐步生成尺寸标注

逐步生成尺寸（又称为半自动生成尺寸）与自动生成尺寸命令相似，不同之处在于，通过逐步生成尺寸命令在生成尺寸过程中可以随时调整或删除某些尺寸。

【例13-8】 逐步生成尺寸标注的一般操作步骤。

① 打开随书光盘中的本例文件，出现检视窗工程图，参见图 13-5a。

② 在菜单栏中，依次选择“插入”→“生成”→“逐步生成尺寸”选项，或在“生成”→“尺寸生成”工具栏中直接单击“逐步生成尺寸”按钮，弹出“尺寸生成过滤器”对话框，参见图 13-6 所示。

③ 在“尺寸生成过滤器”对话框中选择约束类型，系统默认为全选，即选中约束类型中所有复选框。单击“确定”按钮，弹出“逐步生成”对话框，如图 13-9 所示。

④ 在“逐步生成”对话框中，设置“超时”时间为“5s”，表示两个尺寸生成的时间间隔为“5s”。

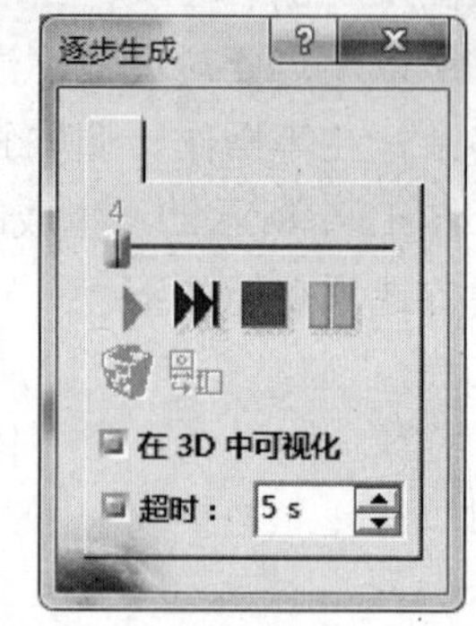

图 13-9 逐步生成对话框

⑤ 单击“下一个尺寸生成”按钮，系统会按照设定的时间间隔生成尺寸，如图 13-a、b 所示生成下去，直到全部尺寸生成完毕。在生成过程中，可以手动调整尺寸位置，系统会自动暂停生成尺寸，调整后，再次单击“下一个尺寸生成”按钮。若单击“尺寸生成直到结束”按钮，系统将一次性生成所有尺寸，生成方式和结果与自动生成尺寸相同。

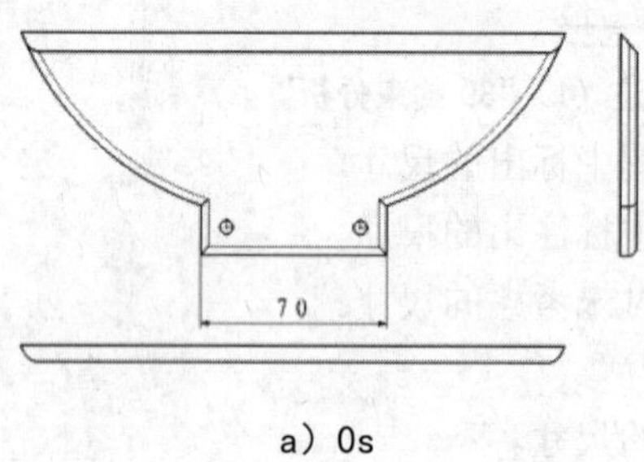

a）0s

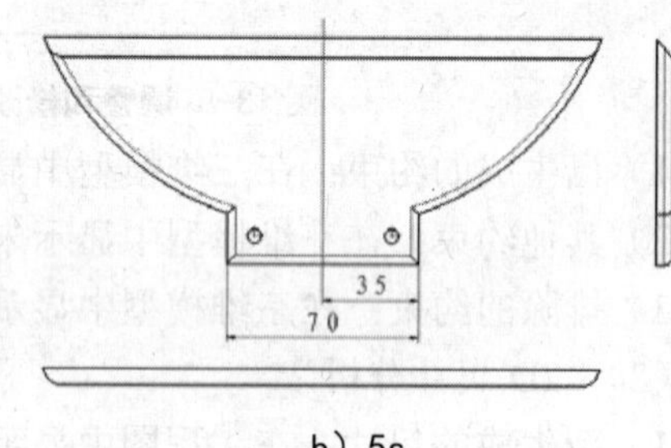

b）5s

图 13-20 工程图尺寸标注显示

⑥ 尺寸生成结束后，弹出“生成的尺寸分析”对话框，参见 图 13-7 所示。单击“确定”按钮，完成逐步生成尺寸标注。

⑦ 与自动生成尺寸标注相同，创建尺寸标注结束后，需调整和修改尺寸标注，调整结果参见图 13-8。

图 13-9 所示“逐步生成”对话框中的各项的功能如下：

1）下一个尺寸生成：启动尺寸生成，每过一个时间间隔，生成一个新的尺寸。

2）尺寸生成直到结束：一次性生成所有尺寸标注。

3）尺寸生成异常中止：停止生成尺寸标注。

4）尺寸生成暂停：暂停生成尺寸标注。

5）尚未生成：删除选定的尺寸标注。

6）已转换的：将生成的尺寸标注转移到另一个视图上。

7）超时 超时： 5 s：选中该复选框，可设定生成两个尺寸的时间间隔。若不选中，每单击一次“下一个尺寸生成”按钮，才能生成下一个尺寸标注。

13.3.4 手动生成尺寸标注

前面介绍了自动生成尺寸标注和逐步生成尺寸标注两种方法，其优点是简单、方便、快捷，但缺点是标注不够完整或不符合意图。这样就需要通过手动生成的方式生成尺寸标注。

这类尺寸标注与三维零件模型具有单向的关联性，当零件模型尺寸改变时，工程图中对应的尺寸会随之改变，但是这些尺寸不能改变三维零件模型的尺寸。

（1）智能尺寸标注

智能尺寸标注可以根据所选图形的类型不同而自动识别合适的标注方式，它能进行长度、距离、角度、直径等的标注。

【例13-9】 智能尺寸标注的一般操作步骤。

① 打开随书光盘中的本例文件，出现右壳体工程图，如图 13-所示。

② 在菜单栏中，依次选择“插入”→“尺寸标注”→“尺寸”→“尺寸”选项，或在“尺寸标注”→“尺寸”工具栏中直接单击“尺寸”按钮，弹出如图 13-10 所示的“工具控制板”工具栏。

③ 创建标注。

a长度标注：提示栏提示“选择用于创建尺寸的第一个元素”，激活图 13-10 所示“工具控制板”工具栏中的“投影的尺寸”“强制标注元素尺寸”或“强制在视图中标注垂直尺寸”命令中任意一项，然后选取如图 13-11a 所示的边线，标注出该线段的长度 135。移动鼠标，在绘图区中选择合适位置单击以放置尺寸，结果如图 13-11b 所示。

b距离标注：提示栏提示“选择用于创建尺寸的第一个元素”，激活“工具控制板”工具栏中的“投影的尺寸”“强制标注元素尺寸”或“强制尺寸线在视图中水平”中任意一项，然后选取如图 13-12a 所示的中心线，提示栏提示“选择用于创建尺寸的第二个元素或单击创建”，选择如图 13-12a 所示的边线，标注出两条直线间的距离 24。移动鼠标，在绘图区中选择合适位置单击以放置尺寸，结果如图 13-12b 所示。

c角度标注：提示栏提示“选择用于创建尺寸的第一个元素”，激活“工具控制板”工具栏中的“强制标注元素尺寸”命令，然后选取如图 13-13a 所示的边线 1。提示栏提示“选择用于创建尺寸的第二个元素或单击创建”，选择如图 13-13a 中所示的边线 2，标注出两条直线的夹角 60° 。若系统标注出的是两条直线端面点的距离，则单击鼠标右键，在弹出的快捷菜单中选择“角度”命令，如图 13-13b 所示。移动鼠标，在绘图区中选择合适的位置单击以放置尺寸，结果如图 13-13c 所示。

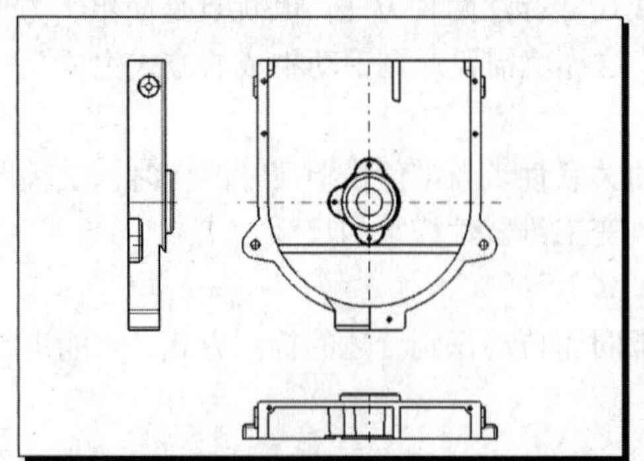

图 13-21 右壳体工程图

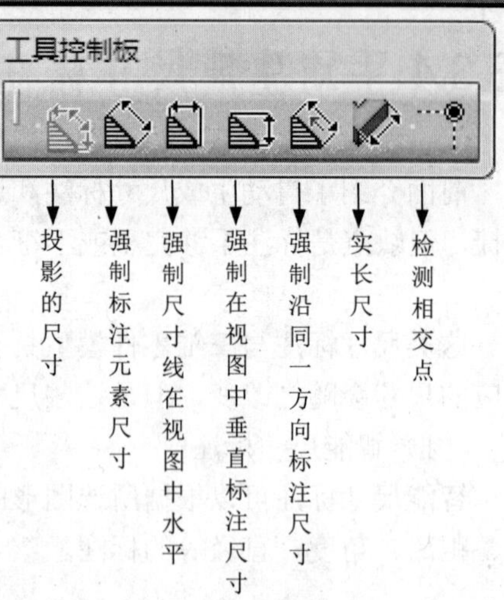

图 13-10 “工具控制板”工具栏

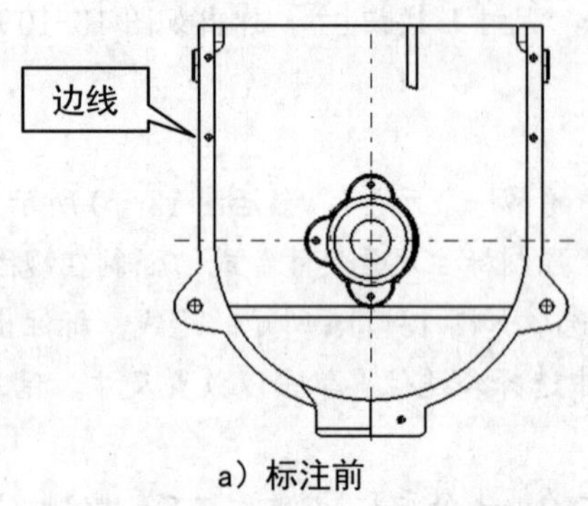

a）标注前

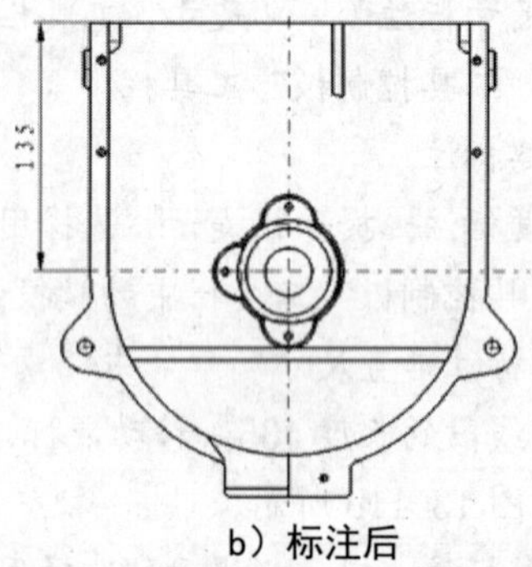

b）标注后

图 13-11 长度标注

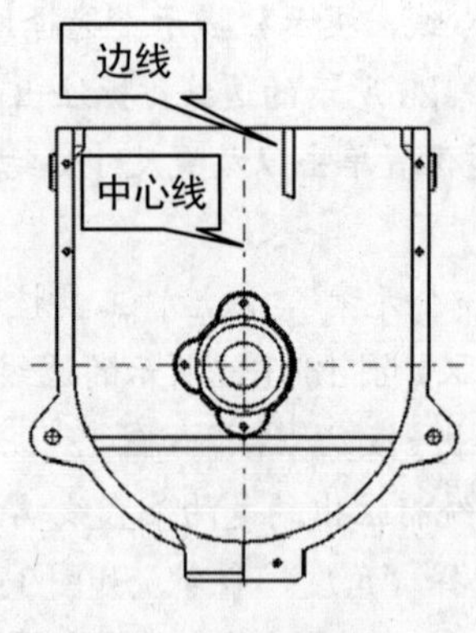

a）标注前

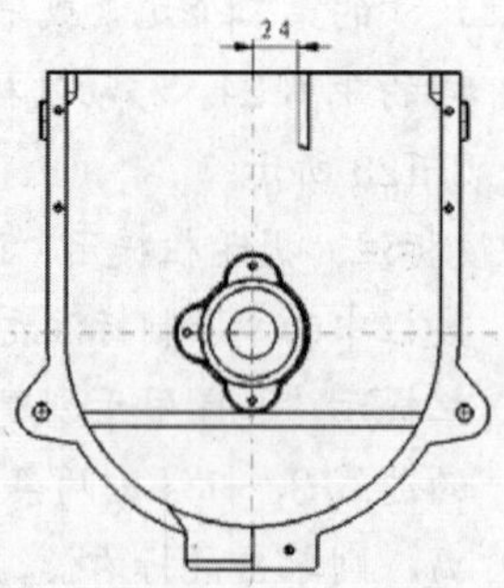

b）标注后

图 13-12 距离标注

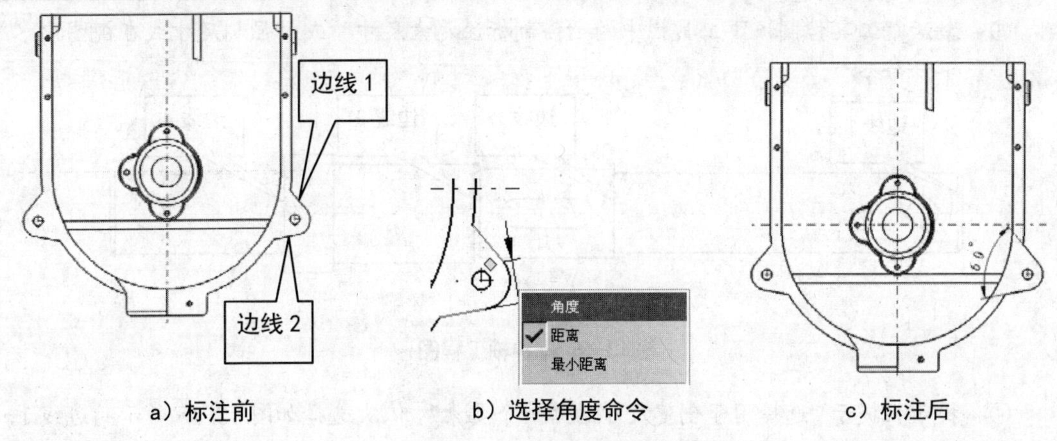

a）标注前　　b）选择角度命令　　c）标注后

图 13-13 角度标注

d直径标注：提示栏提示“选择用于创建尺寸的第一个元素”，选择如图 13-14a 所示的圆弧，标注出圆的直径或半径。若标注方式不合适，可以单击右键，在弹出的快捷菜单中选择标注半径或直径，此例中选择直径标注方式，如图 13-14b 所示。选中后，标注出此圆直径 Φ220。移动鼠标，在绘图区中选择合适的位置单击以放置尺寸，结果如图 13-14c 所示。

（2）链式尺寸标注

在轴类零件中，由于具有很多轴段，为使表达清晰明了，常应用链式尺寸标注方法。链式尺寸是连续标注长度或距离尺寸，即前一尺寸的终止线作为后一尺寸的起始线，并且尺寸线均排列在一条直线。

【例13-10】 链式尺寸标注的一般操作步骤。

① 打开随书光盘中的本例文件，出现排种轴工程图，如图 13-15 所示。

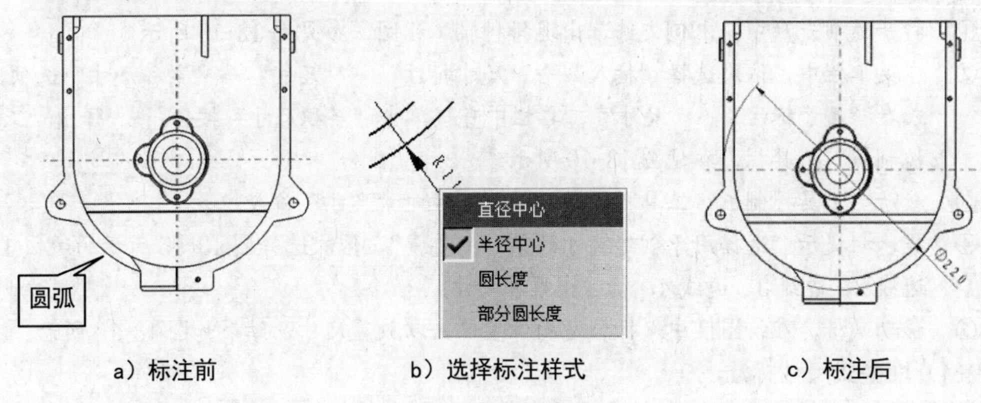

a）标注前　　b）选择标注样式　　c）标注后

图 13-14 直径标注

② 在菜单栏中，依次选择“插入”→“尺寸标注”→“尺寸”→“链式尺寸”选项，或在“尺寸标注”→“尺寸”工具栏中直接单击“链式尺寸”按钮，弹出“工具控制板”工具栏，参见图 13-10。

③ 激活“工具控制板”工具栏中的“强制标注元素尺寸”或“强制尺寸线在视图中水平”命令。

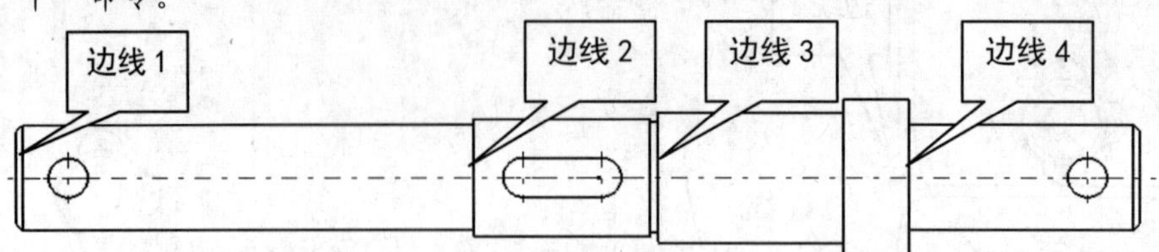

图 13-15 排种轴工程图

④ 提示栏提示“选择用于创建尺寸的第一个要素”，依次选择如图 13-15 所示的边线 1、边线 2、边线 3、边线 4，标注出链式尺寸。

⑤ 移动鼠标，在绘图区中选择合适的位置单击以放置尺寸，结果如图 13-16 所示。

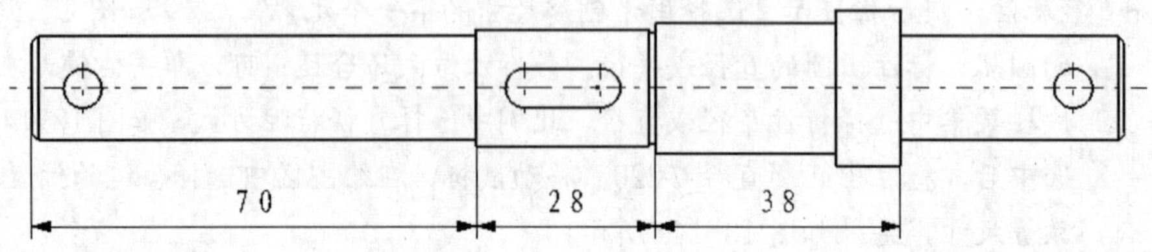

图 13-16 链式尺寸标注

（3）累积尺寸标注

累积尺寸标注是指先确定一个起始边线，然后进行连续标注，之后所有标注的尺寸数值都是从最初确定的起始边线累积起来的。

【例13-11】 累积尺寸标注的一般操作步骤。

① 打开随书光盘中的本例文件，出现排种轴工程图，参见图 13-15 所示。

② 在菜单栏中，依次选择“插入”→“尺寸标注”→“尺寸”→“累积尺寸”选项，或在“尺寸标注”→“尺寸”工具栏中直接单击“累积尺寸”按钮，弹出“工具控制板”工具栏，参见图 13-10 所示。

③ 激活“工具控制板”工具栏中的“强制标注元素尺寸”命令。

④ 提示栏提示“选择用于创建尺寸的第一个要素”，依次选择图 13-15 所示的边线 1、边线 2、边线 3、边线 4，标注出累积尺寸。

⑤ 移动鼠标，在绘图区中选择合适的位置单击以放置尺寸，结果如图 13-17 所示。

（4）堆叠式尺寸标注

堆叠式标注就是参考同一个基准线而进行的连续尺寸标注，并且尺寸线以堆叠的方式排列。

【例13-12】 堆叠式尺寸标注的一般操作步骤。

① 打开随书光盘中的本例文件，出现排种轴工程图，参见图 13-15。

② 在菜单栏中，依次选择“插入”→“尺寸标注”→“尺寸”→“堆叠式尺寸”选项，或在“尺寸标注”→“尺寸”工具栏中直接单击“堆叠尺寸”按钮，弹出“工具控制板”工具栏，参见图 13-10。

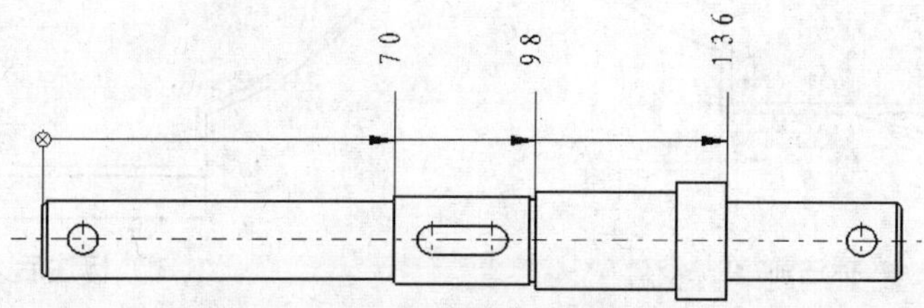

图 13-17 累积尺寸标注

③ 激活“工具控制板”工具栏中的“强制标注元素尺寸”命令。

④ 提示栏提示“选择用于创建尺寸的第一个要素”，依次选择参见如图 13-15 所示的边线 1、边线 2、边线 3、边线 4，标注出堆叠式尺寸。

⑤ 移动鼠标，在绘图区中选择合适的位置单击以放置尺寸，结果如图 13-所示。

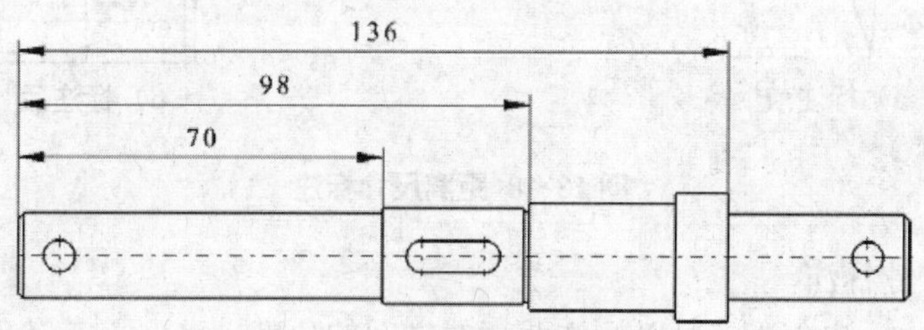

图 13-30 堆叠式尺寸标注

（5）长度/距离标注

通过长度/距离尺寸标注命令，可以标注出某个边线的长度或两个图形之间的距离。

【例13-13】 长度/距离标注的一般操作步骤。

① 打开随书光盘中的本例文件，出现检视窗工程图，如图 13-a 所示。

② 在菜单栏中，依次选择“插入”→“尺寸标注”→“尺寸”→“长度/距离尺寸”选项，或在“尺寸标注”→“尺寸”工具栏中直接单击“长度/距离尺寸”按钮，弹出“工具控制板”工具栏，参见图 13-10。

③ 激活“工具控制板”工具栏中的“强制标注元素尺寸”命令。

④ 长度标注：提示栏提示“选择用于创建尺寸的第一个要素”，选择如图 13-a 所示的直线，系统标注出长度尺寸 70。移动鼠标，在绘图区中选择合适的位置单击以放置尺寸，结果如图 13-b 所示。

⑤ 距离标注：提示栏提示“选择用于创建尺寸的第一个要素”，选择如图 13-18a 所示的直线 1 和直线 2，系统标注出距离尺寸 81。移动鼠标，在绘图区中选择合适的位置单击以放置尺寸，结果如图 13-18b 所示。

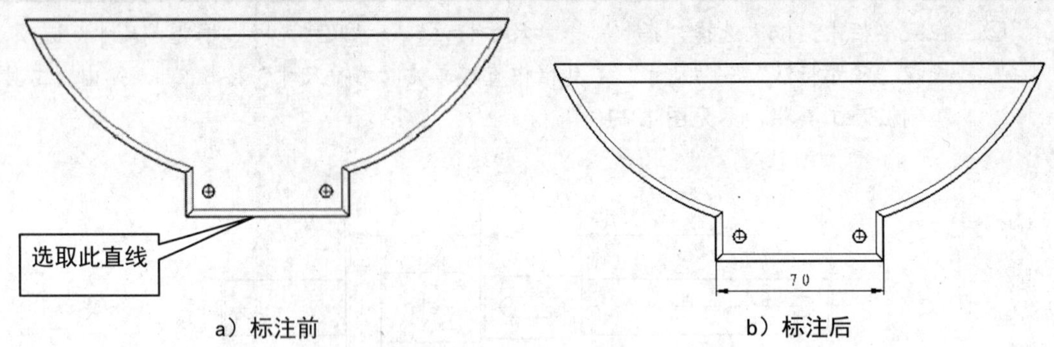

a）标注前　　b）标注后

图 13-31 长度尺寸标注

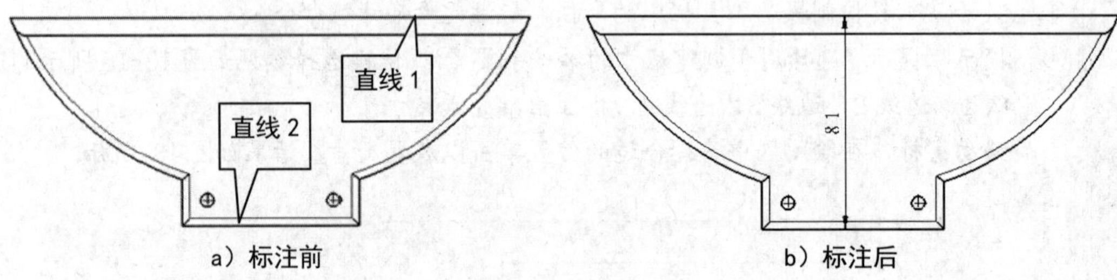

a）标注前　　b）标注后

图 13-18 距离尺寸标注

（6）角度尺寸标注

通过角度尺寸标注命令，可以标注两直线之间的角度。

【例13-14】 角度标注的一般操作步骤。

① 打开随书光盘中的本例文件，出现左清种舌工程图，如图 13-19a 所示。

② 在菜单栏中，依次选择“插入”→“尺寸标注”→“尺寸”→“角度尺寸”选项，或在“尺寸标注”→“尺寸”工具栏中直接单击“角度尺寸”按钮，弹出“工具控制板”工具栏，参见图 13-10。

③ 激活“工具控制板”工具栏中的“强制标注元素尺寸”命令。

④ 提示栏提示“选择用于创建尺寸的第一个要素”，分别选择如图 13-19a 所示的直线 1 和直线 2，标注出角度尺寸值 136°。

⑤ 移动鼠标，在绘图区中选择合适的位置单击以放置尺寸，结果如图 13-19b 所示。

（7）半径尺寸标注

通过半径尺寸标注命令，可以标注圆或圆弧的半径。

【例13-15】 半径标注的一般操作步骤。

① 打开随书光盘中的本例文件，出现检视窗工程图，其正视图如图 13-20a 所示。

② 在菜单栏中，依次选择“插入”→“尺寸标注”→“尺寸”→“半径尺寸”选项，或在“尺寸标注”→“尺寸”工具栏中直接单击“半径尺寸”按钮，弹出“工具控制板”工具栏，参见图 13-10。

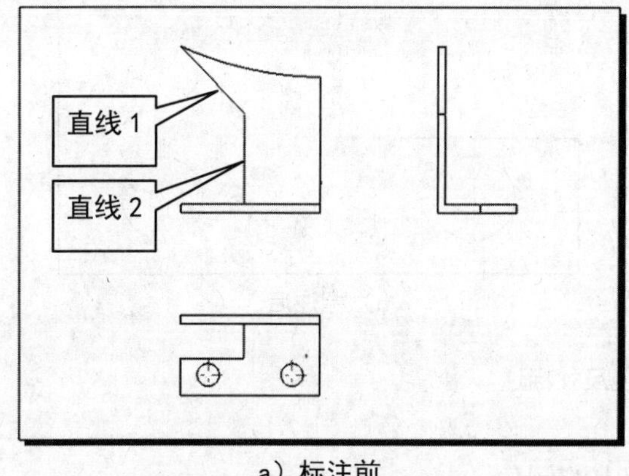

a）标注前

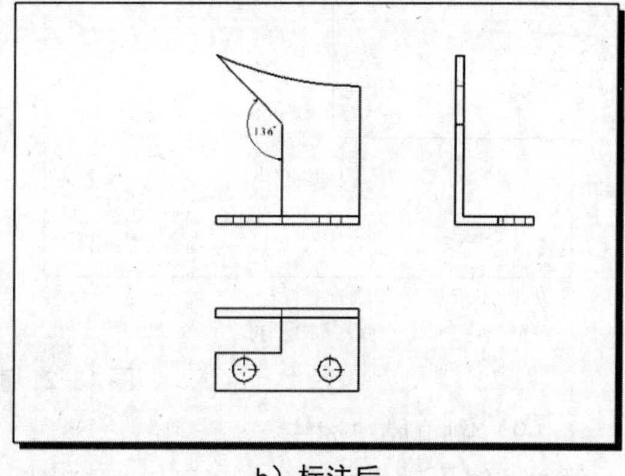

b）标注后

图 13-19 角度尺寸标注

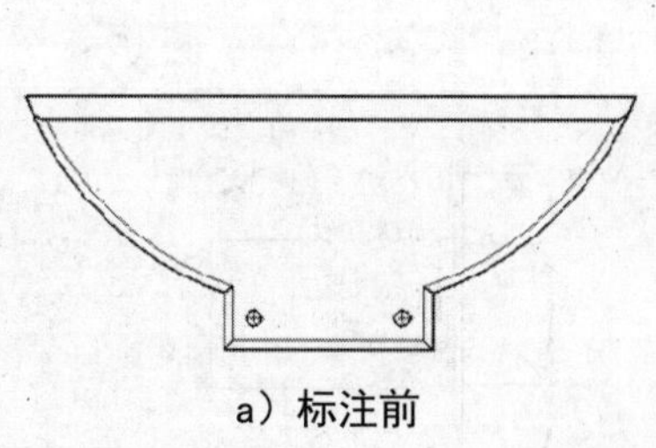

a）标注前

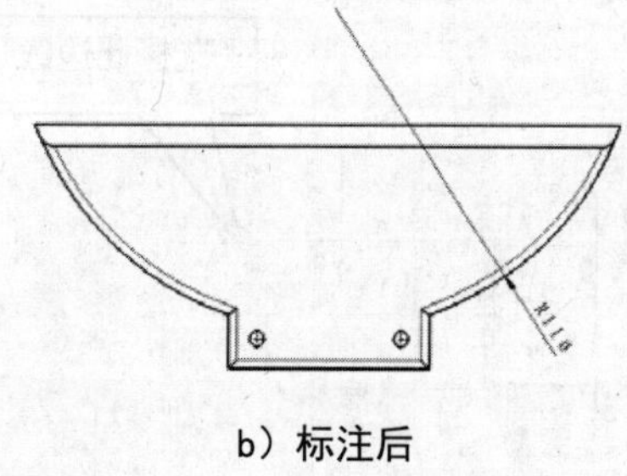

b）标注后

图 13-20 半径尺寸标注

③ 激活“工具控制板”工具栏中的“强制标注元素尺寸”命令。

④ 提示栏提示“选择用于创建尺寸的第一个要素”，选择如图 13-20a 所示的圆弧，标注出半径尺寸 *R*110。

⑤ 移动鼠标，在绘图区中选择合适的位置单击以放置尺寸，结果如图 13-20b 所示。

（8）直径尺寸标注

通过直径尺寸标注命令，可以标注出圆或圆弧的直径。

【例13-16】 直径尺寸标注的一般操作步骤。

① 打开随书光盘中的本例文件，出现左清种舌工程图，其俯视图如图 13-21a 所示。

② 在菜单栏中，依次选择“插入”→“尺寸标注”→“尺寸”→“直径尺寸”选项，或在“尺寸标注”→“尺寸”工具栏中直接单击“直径尺寸”按钮，弹出“工具控制板”工具栏，参见图 13-10。

③ 激活“工具控制板”工具栏中的“强制标注元素尺寸”命令。

④ 提示栏提示“选择用于创建尺寸的第一个要素”，选择图 13-21a 所示的圆，标注出圆的直径 $\phi5.5$。

⑤ 移动鼠标，在绘图区中选择合适的位置单击以放置尺寸，结果如图 13-21b 所示。

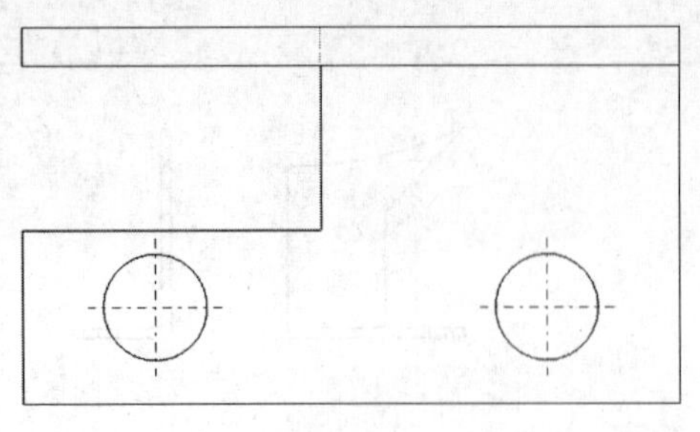

a）标注前

b）标注后

图 13-21 直径尺寸标注

（9）倒角尺寸标注

通过倒角尺寸标注命令，可以标注出图形中的倒角。

【例13-17】 倒角标注的一般操作步骤。

① 打开随书光盘中的本例文件，出现螺栓工程图，其正视图如图 13-22a 所示。

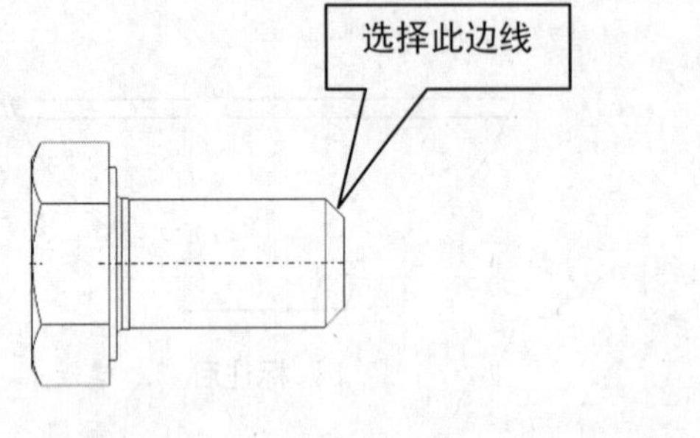

a）标注前

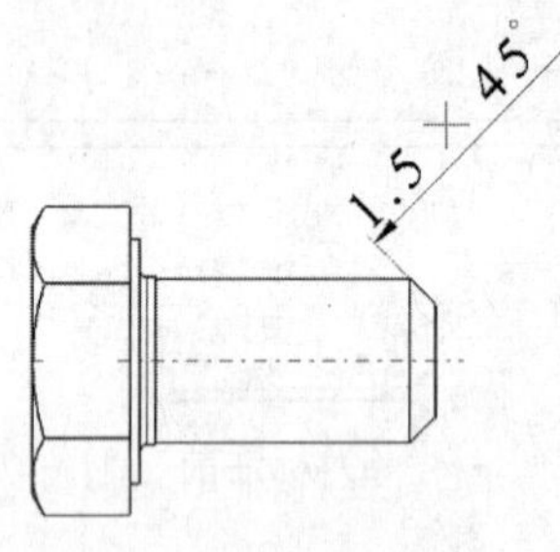

b）标注后

图 13-22 倒角标注

② 在菜单栏中，依次选择“插入”→“尺寸标注”→“尺寸”→“倒角尺寸”选项，或在“尺寸标注”→“尺寸”工具栏中直接单击“倒角尺寸”按钮，系统弹出倒角标注“工具控制板”工具栏。

③ 在“工具控制板”工具栏中选择“长度×角度”和“单符号”标注方式，如图 13-23 所示。也可根据需要在工具控制板中自行选择合适标注样式。

④ 提示栏提示“选择用于创建尺寸的第一个要素”，选择如图 13-22a 所示的边线，标注出倒角尺寸 1.5×45°。

⑤ 移动鼠标，在绘图区中选择合适的位置单击以放置尺寸，结果如图 13-22b 所示。

图 13-23 倒角标注工具控制板

（10）螺纹尺寸标注

通过螺纹尺寸标注命令，可以标注图形中的螺纹尺寸。螺纹有两种表现形式，一种是轴向投影为圆的形式，如图 13-24 所示，一种是径向投影为圆柱的形式，如图 13-25 所示。

【例13-18】 螺纹尺寸标注的一般操作步骤。

① 打开随书光盘中的本例文件，出现右壳体工程图及螺栓工程图，分别如图 13-24a 和图 13-25a 所示。

② 在菜单栏中，依次选择“插入”→“尺寸标注”→“尺寸”→“螺纹尺寸”选项，或在“尺寸标注”→“尺寸”工具栏中直接单击“螺纹尺寸”按钮，弹出“工具控制板”工具栏，参见图 13-10。

③ 激活“工具控制板”工具栏中的“强制标注元素尺寸”命令。

④ 标注螺纹尺寸

a提示栏提示“选择用于创建尺寸的第一个要素”，选择如图 13-24a 所示的螺纹线，标注出螺纹尺寸 M5，移动鼠标，在绘图区中选择合适的位置单击以放置尺寸，结果如图 13-24b 所示。

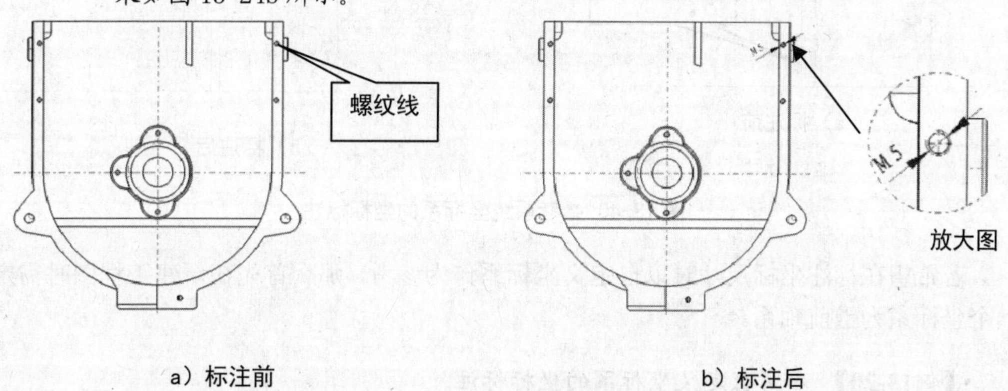

图 13-24 孔式螺纹标注

b提示栏提示“选择要标注尺寸的螺纹的展示”，选取如图 13-25a 所示的螺纹线，标注出螺纹规格尺寸 M10 以及螺纹公称长度尺寸 17，移动两尺寸至合适的位置单击以放置尺寸，结果如图 13-25b 所示。

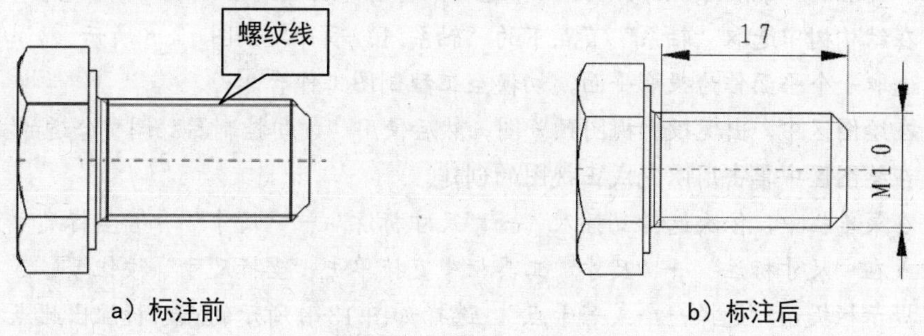

图 13-25 圆柱式螺纹标注

（11）坐标标注

通过坐标标注命令，可以标注出点的 X、Y 坐标值。

【例13-19】 坐标标注的一般操作步骤。

① 打开随书光盘中的本例文件，出现左清种舌工程图，其正视图如图 13-a 所示。

② 在菜单栏中，依次选择“插入”→“尺寸标注”→“尺寸”→“坐标尺寸”选项，或在“尺寸标注”→“尺寸”工具栏中直接单击“坐标尺寸”按钮。

③ 提示栏提示“选择一个或若干点”，选择如图 13-a 所示的点，标注出此点相对于系统坐标系的坐标值。

④ 移动鼠标，在绘图区中选择合适的位置单击以放置尺寸，结果如图 13-b 所示。□

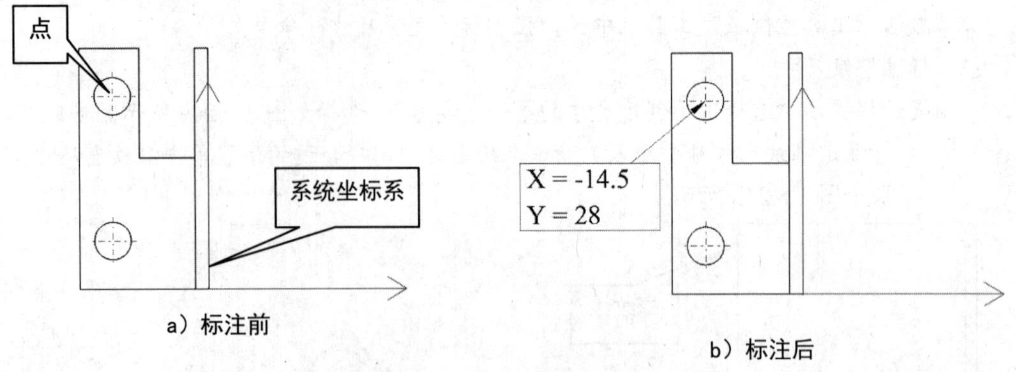

图 13-40 参考系统坐标系的坐标标注

若希望在标注坐标尺寸时以自定义坐标系作为参考，那么首先在新建工程图时需定义一个坐标系为当前轴系。

【例13-20】 参考自定义坐标系的坐标标注。

① 打开随书光盘中的本例文件，出现左清种舌零件三维模型文件，如图 13-a 所示。

② 新建一个工程图文件。在菜单栏中，依次选择“插入”→“视图”→“投影”→“正视图”选项，或在“视图”→“投影”工具栏中直接单击“正视图”按钮。

③ 提示栏提示“在 3D 几何图形上选择参考平面”，在菜单栏中，依次选择“窗口”→“1. zuoqingzhongshe. CATPart”选项，将窗口切换到零件设计工作台。

④ 在结构树中选取“轴系”节点下的“轴系.1”项目，如图 13-a 所示。

⑤ 选取一个平面作为投影平面，切换至工程制图工作台。

⑥ 在绘图区中，出现投影视图预览图，然后使用“方向控制器”调整合适的视图方向，在绘图区中单击用以完成正视图的创建。

⑦ 在菜单栏中，依次选择“插入”→“尺寸标注”→“尺寸”→“坐标尺寸”选项，或在“尺寸标注”→“尺寸”工具栏中直接单击“坐标尺寸”按钮。

⑧ 提示栏提示“选择一个或若干点”，选择如图 13-b 所示的点，标注出此点相对于自定义坐标系的坐标值。

⑨ 移动鼠标，在绘图区中选择合适的位置单击以放置尺寸，结果如图 13-c 所示。

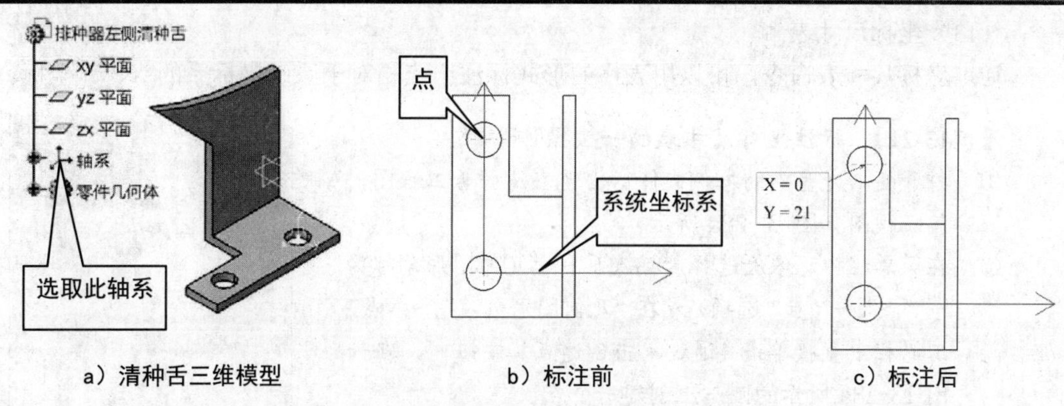

a）清种舌三维模型　　b）标注前　　c）标注后

图 13-41 参考自定义坐标系的坐标标注

（12）孔尺寸表

通过孔尺寸表命令，可以用表格的形式标注出圆的圆心相对于系统坐标系的 X、Y 坐标及圆的直径。

【例13-21】 孔尺寸表的一般操作步骤。

① 打开随书光盘中的本例文件，出现左清种舌工程图，其正视图如图 13-26a 所示。

② 在菜单栏中，依次选择“插入”→“尺寸标注”→“尺寸”→“孔尺寸表”选项，或在“尺寸标注”→“尺寸”工具栏中直接单击“孔尺寸表”按钮。

③ 提示栏提示“选择想要计算尺寸的元素”，选择如图 13-26a 所示的圆，弹出“轴系和表参数”对话框，如图 13-27 所示，应用系统默认设置。

④ 单击“确定”按钮，退出参数设置对话框，标注出孔尺寸表。

⑤ 移动鼠标，在绘图区中选择合适的位置单击以放置孔尺寸表，结果如图 13-26b 所示。

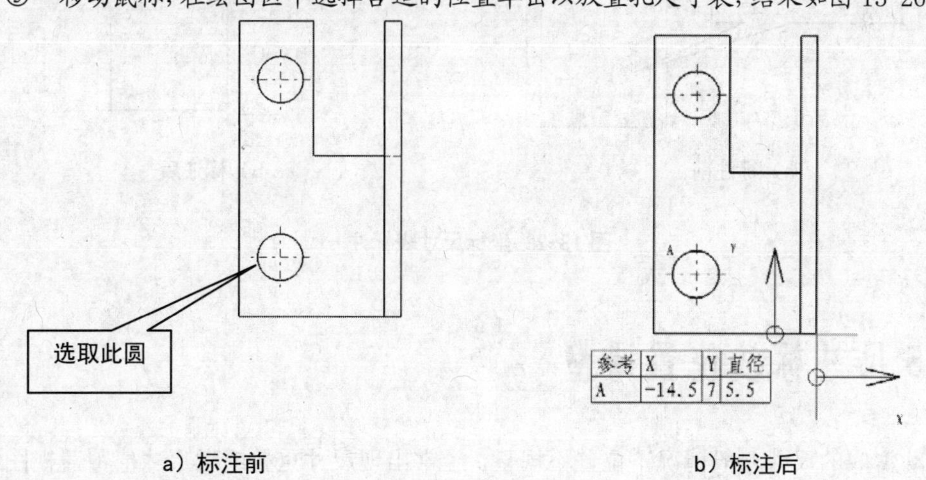

参考	X	Y	直径
A	-14.5	7	5.5

a）标注前　　b）标注后

图 13-26 孔尺寸坐标标注

（13）坐标尺寸表

通过坐标尺寸表命令，可以用表格的形式标注出点相对于系统坐标系的 X、Y 坐标。

【例13-22】 标注坐标尺寸表的一般操作步骤。

① 打开随书光盘中的本例文件，出现左清种舌工程图，其正视图如图 13-28a 所示。

② 在菜单栏中，依次选择“插入”→“几何图形创建”→“点”→“点”选项，或在“几何图形创建”→“点”工具栏中直接单击“通过单击创建点”按钮。在如图 13-28a 所示的圆心上创建一个点。

③ 在菜单栏中，依次选择“插入”→“尺寸标注”→“尺寸”→“坐标尺寸表”选项，或在“尺寸标注”→“尺寸”工具栏中直接单击“坐标尺寸表”按钮。

④ 提示栏提示“选择想要计算尺寸的元素”，选择如图 13-28a 所示的已创建好的中心点，弹出“轴系和表参数”对话框，参见图 13-27，应用默认设置。

⑤ 单击“确定”按钮，退出参数设置，标注出该点坐标尺寸表。

⑥ 移动鼠标，在绘图区中选择合适的位置单击以放置孔尺寸表，结果如图 13-28b 所示。

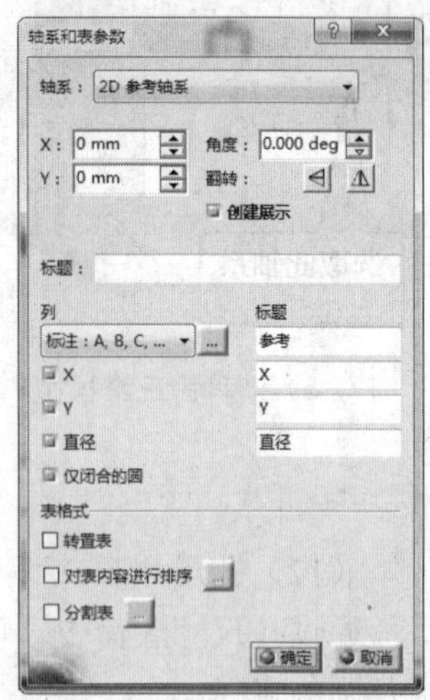

图 13-27 轴系和表参数对话框

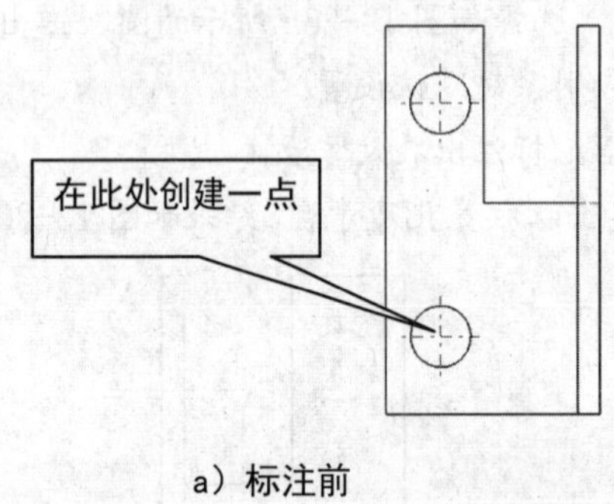

a）标注前

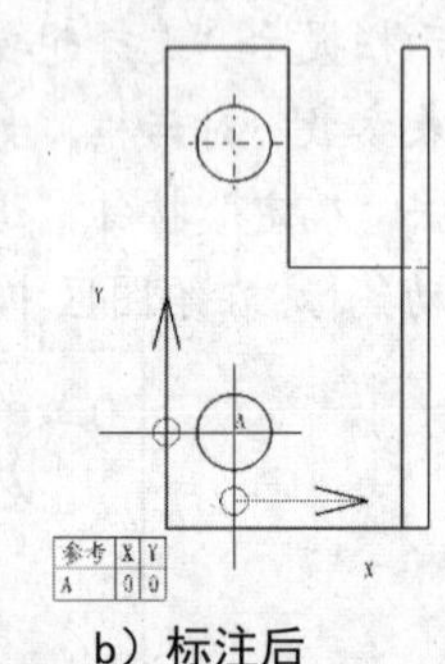

b）标注后

图 13-28 坐标尺寸表标注

13.3.5 尺寸标注位置调整

自动生成的尺寸一般情况下位置不规整，经常出现尺寸重叠或者尺寸值覆盖视图线条的现象，手动生成全部尺寸后也可能发现尺寸位置不合适的现象，从而影响读图。在这些情况下，需要对尺寸位置进行调整，下面介绍几种常见的调整方法。

（1）“排列”命令

使用“排列”命令可在被选中的尺寸与参考元素之间设置一定的间隔，可以对齐堆叠式尺寸或累积尺寸。

【例13-23】 使用“排列”命令调整尺寸标注。

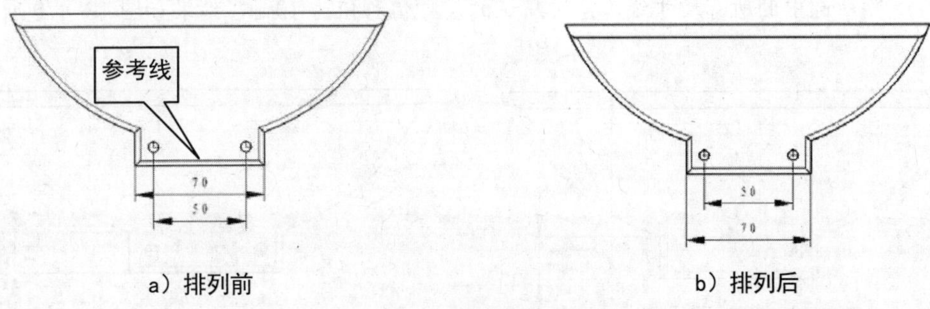

图 13-29 排列尺寸

① 打开随书光盘中的本例文件，出现已自动生成尺寸标注的检视窗工程图，其正视图如图 13-29a 所示。

② 按住“Ctrl”键依次选取如图 13-29a 中所示的 50、70 两个尺寸。

③ 在菜单栏中，依次选择“工具”→“定位”→“排列”选项，或在“定位”工具栏中直接单击“排列”按钮。

④ 提示栏提示“选择用于对齐参考的尺寸或几何图形”，选择如图 13-29a 所示的直线为参考线，弹出如图 13-30 所示的“排列”对话框。

⑤ 将“参考的偏移值”设置为“8.000”，将“尺寸间的偏移”设置为“10.00”。

⑥ 单击“确定”按钮，完成尺寸的自动排列，排列后的尺寸如图 13-29b 所示。

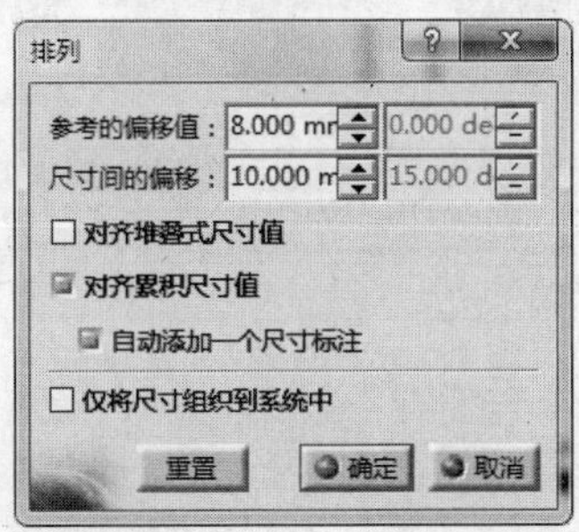

图 13-30 “排列”对话框

图 13-30 所示“排列”对话框中的各主要功能如下：

1）参考的偏移值：所有选取的尺寸线与参考元素之间的最小距离。

2）尺寸间的偏移：所有选取的尺寸线之间的距离。

3）重置：将“排列”对话框内的设置重置为默认值。

（2）“在系统中对齐”命令

【例13-24】 使用“在系统中对齐”命令调整尺寸标注。

① 打开随书光盘中的本例文件，出现检视窗工程图，其正视图如图 13-47a 所示。

② 按住 Ctrl 键依次选取如图 13-47a 所示的 81 和 18 两个尺寸。

③ 在菜单栏中，依次选择“工具”→“定位”→“在系统中对齐”选项，或在“定位”工具栏中直接单击“在系统中对齐”按钮。系统按尺寸之间的默认偏移值自动对齐所选中的所有尺寸线，系统默认的尺寸偏移值为 10mm，结果如图 13-47b 所示。

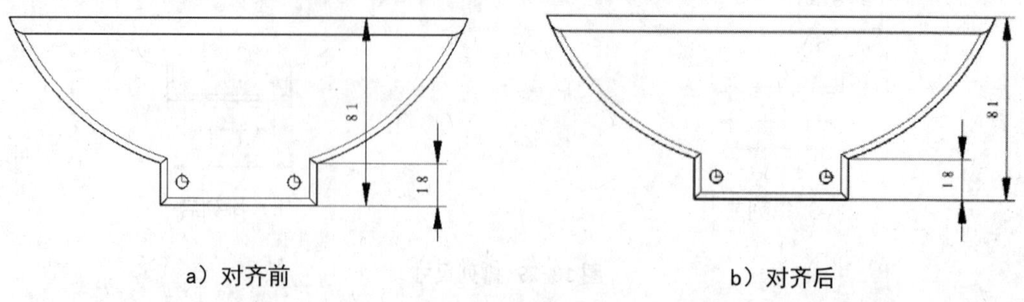

a）对齐前　　b）对齐后

图 13-47 在系统中对齐

若认为系统默认尺寸偏移值 10mm 不合适，可通过“选项”对话框来修改“尺寸之间默认偏移值”，此参数与“排列”对话框中的“参考的偏移值”指的是同一参数，即两尺寸线之间的距离。在菜单栏中，依次选择“工具”→“选项”选项，在弹出的“选项”对话框左侧选取“机械设计”→“工程制图”→“尺寸”选项，在“排列”选项区的“参考的默认偏移值”文本框中“参考的默认偏移值”为“8mm”，“尺寸之间的默认偏移值”为“10mm”，如图 13-31 所示，可根据需要进行修改。

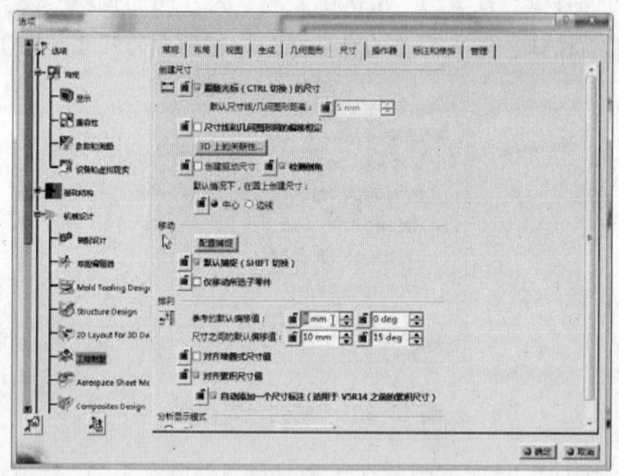

图 13-31 修改排列默认偏移值

（3）“尺寸定位”命令

通过“尺寸定位”命令，可以使各堆叠式尺寸以 20mm 的间隔自动排列开，同时使链式尺寸对齐排列。

【例13-25】 使用“尺寸定位”命令排列标注。

① 打开随书光盘中的本例文件，出现排种轴正视图，如图 13-32a 所示。

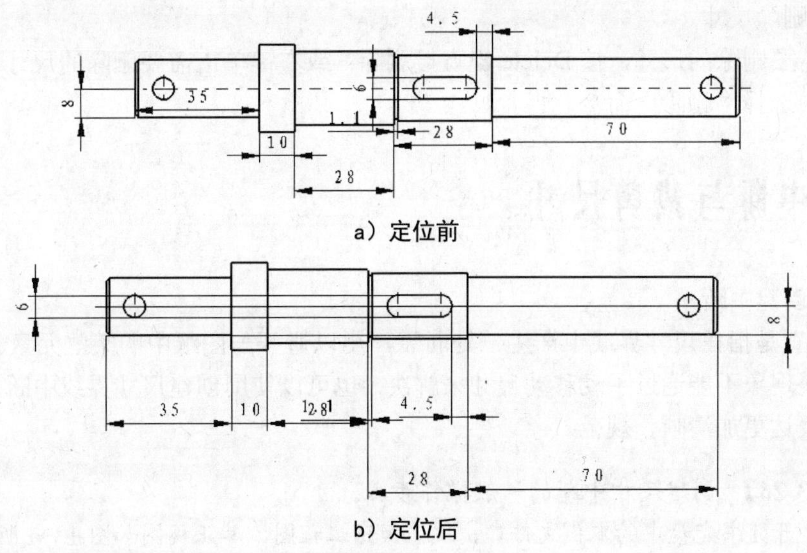

a）定位前

b）定位后

图 13-32 尺寸定位

② 在菜单栏中，依次选择“工具”→“定位”→“尺寸定位”选项，或在“定位”工具栏中直接单击“尺寸定位”按钮，即可完成尺寸标注的定位，结果如图 13-32 b 所示。

（4）手动调整

通过 CATIA 工程制图提供的自动排列命令排列尺寸，在尺寸较少的情况下，排列尺寸方便、快捷，建议使用；但在尺寸较多且复杂的标注下，通过命令自动排列方法所排列的尺寸，则不够规范，过于杂乱，需要手动调整尺寸位置。

手动调整是最为主要也最为常用的尺寸位置调整方式，其操作方法是选取需要调整的尺寸，按住鼠标左键，拖动尺寸到适当的位置，松开鼠标左键放置尺寸，操作简单、灵活、方便。

13.3.6 隐藏与删除尺寸

（1）隐藏尺寸

与其他工作台的操作类似，在需要隐藏的尺寸上右键单击，在弹出的快捷菜单里选择“隐藏/显示”命令，隐藏尺寸线、尺寸界线及尺寸数字。

如果有尺寸误隐藏，在菜单栏中，依次选择“视图”→“隐藏/显示”→“交换可视空间”选项，或在“视图”工具栏中直接单击“交换可视空间”按钮，系统进入隐藏元素所在的空间。

在需要被误隐藏的尺寸上单击右键，在弹出的快捷菜单里选择“隐藏/显示”命令，系统显示隐藏掉的尺寸线、尺寸界限及尺寸文本。再次选择“交换可视空间”命令，回到正常工作空间。

（2）删除尺寸

选取需要删除的尺寸，按 Delete 键直接删除；或右键单击需要删除的尺寸，在弹出的快捷菜单中选择“删除”命令。

13.3.7 中断与裁剪尺寸

（1）创建中断

“中断”是指在尺寸界线上产生一处断裂，用以避开与图纸中的某些元素相交。如果尺寸线重叠现象不能通过手动移动尺寸来解决，也可以使用创建尺寸界线中断命令，以使尺寸标注表达更加清晰、规范。

【例13-26】 创建尺寸中断的一般操作步骤。

① 打开随书光盘中的本例文件，出现检视窗工程图，其正视图如图 13-a 所示。

② 在菜单栏中，依次选择“插入”→“尺寸标注”→“尺寸编辑”→“创建中断”选项，或在“尺寸标注”→“尺寸编辑”工具栏中直接单击“创建中断”按钮，或者右键单击要断开的尺寸，在弹出的快捷菜单里选择“尺寸.1 对象”下的“创建中断”命令，如图 13-所示，弹出“工具控制板”工具栏，如图 13-33 所示。

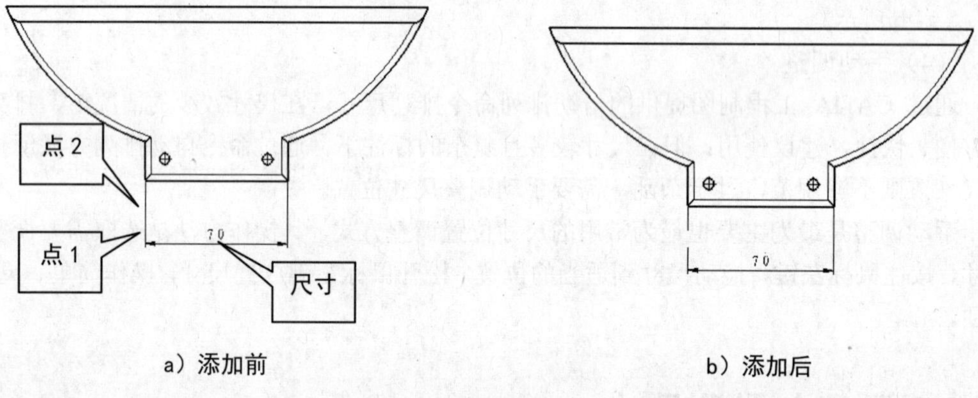

a）添加前　　b）添加后

图 13-50 添加中断

③ 在弹出的“工具控制板”工具栏中，单击“在一面添加中断”按钮（“在一面添加中断”是指在指定的一条尺寸界线上添加中断，“在两面都添加中断”是指同时在两条尺寸界线上添加中断）。

④ 提示栏提示“通过选择框选择一个或多个尺寸”，选择图 13-a 所示的尺寸。

⑤ 提示栏提示“指定第一点来定义要创建的中断”，依次在如图 13-a 所示的“点 1”和“点 2”两个位置上单击，完成中断的创建，结果如图 13-b 所示。

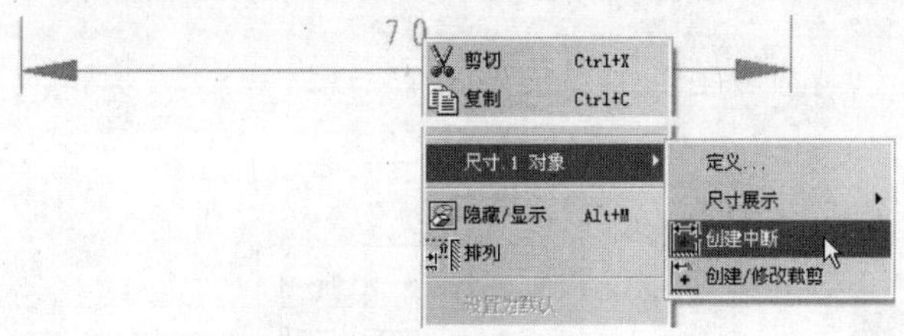

图 13-51 创建中断快捷菜单的选取

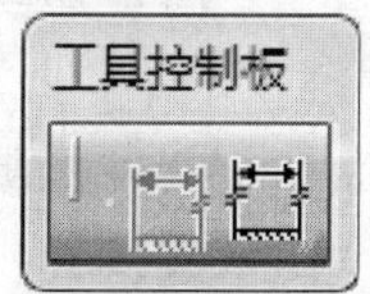

图 13-33 创建中断工具控制板工具栏

（2）移除中断

若误创建中断或存在多余中断，那么可以通过移除中断命令，将多余的中断进行移除。

【例13-27】 移除尺寸中断的一般操作步骤。

① 打开随书光盘中的本例文件，出现检视窗工程图，其正视图如图 13-34a 所示。

② 在菜单栏中，依次选择“插入”→“尺寸标注”→“尺寸编辑”→“移除中断”选项，或在“尺寸标注”→“尺寸编辑”工具栏中直接单击“移除中断”按钮，或者右键单击要移除中断的尺寸，在弹出的快捷菜单里选择“尺寸.1 对象”下的“移除中断”命令，如图 13-35 所示，弹出移除中断“工具控制板”工具栏，如图 13-36 所示。

③ 在“工具控制板”工具栏中激活“移除一个中断”命令（“移除一个中断”是指移除一个指定的中断，“在一面移除中断”是指在指定的一条尺寸界线上移除中断，“移除所有中断”是指同时移除两条尺寸界线上的所有中断）。

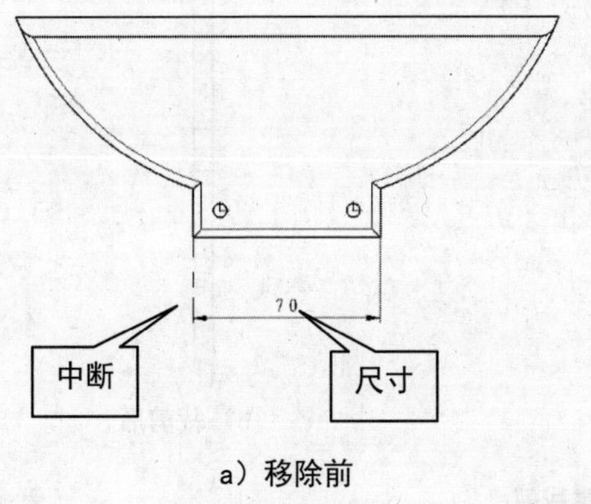

a）移除前

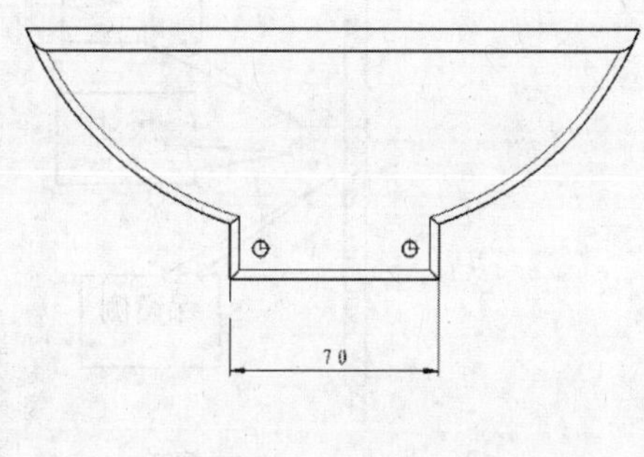

b）移除后

图 13-34 移除中断

④ 提示栏提示“通过选择框选择一个或多个尺寸”，选取需如图 13-34a 所示的尺寸。

⑤ 提示栏提示“指定一个点来定义要移除的中断”，选择如图 13-34a 所示的中断，所选中断被移除，结果如图 13-34b 所示。

（3）创建裁剪

在工程图中进行标注时，有时需要只标注一条尺寸界线。可通过“裁剪”尺寸命令创建单尺寸标注，从而将全尺寸标注其中一侧的尺寸界线和部分尺寸线裁剪掉。

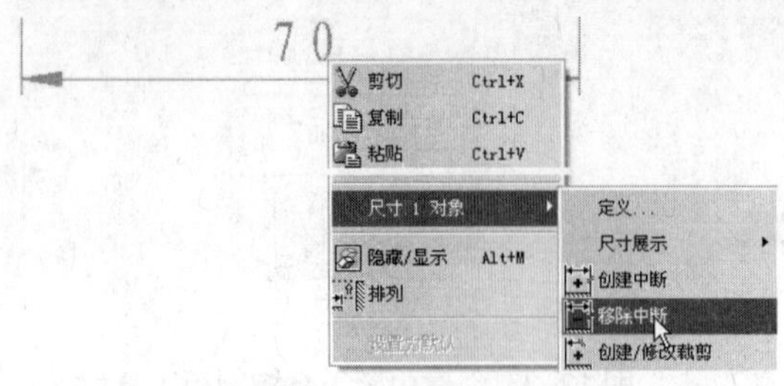

图 13-35 移除中断快捷菜单的选取

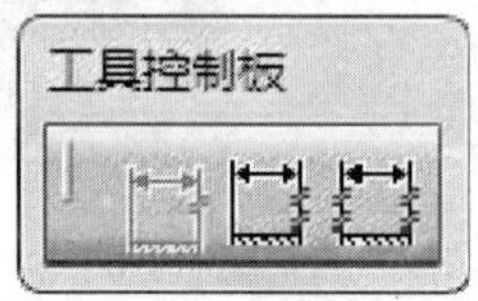

图 13-36 移除中断工具控制板工具栏

【例13-28】 创建尺寸裁剪的一般操作步骤。

① 打开随书光盘中的本例文件，出现右排种盘工程图，其剖视图如图 13-37a 所示。

② 在菜单栏中，依次选择“插入”→“尺寸标注”→“尺寸编辑”→“创建/修改裁剪”选项，或在“尺寸标注”→“尺寸编辑”工具栏中直接单击“创建/修改裁剪”按钮 。

③ 提示栏提示“通过选择框选择一个或多个尺寸/系统”，选择如图 13-37a 所示的尺寸。

④ 提示栏提示“指示要保留的侧”，选择如图 13-37a 所示保留侧尺寸界线。

⑤ 提示栏提示“指示裁剪点”，选择如图 13-37a 所示的裁剪点，完成尺寸界线的裁剪，结果如图 13-37b 所示。

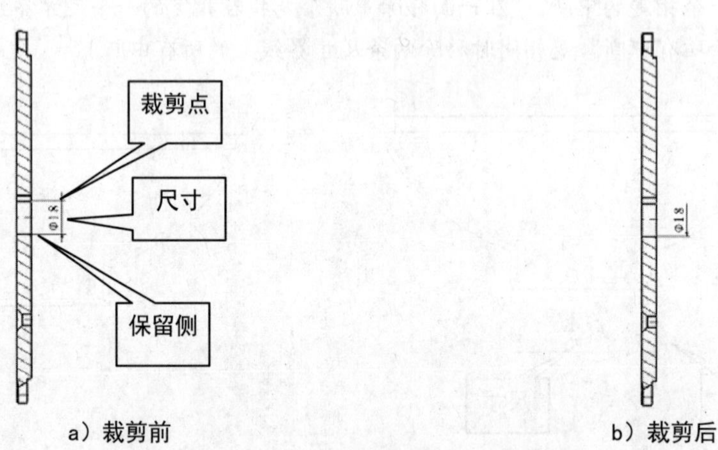

a）裁剪前　　b）裁剪后

图 13-37 创建裁剪

“创建/修改裁剪”命令可以在已创建过裁剪的尺寸上进行裁剪的修改，操作方法与上述方法相同，在此不再赘述。

（4）移除裁剪

若误创建裁剪或存在多余裁剪，那么可以通过移除裁剪命令，将多余的裁剪进行移除。

【例13-29】 移除裁剪的一般操作步骤。

① 打开随书光盘中的本例文件，出现右排种盘工程图，其剖视图如图 13-38a 所示。

② 在菜单栏中，依次选择“插入”→“尺寸标注”→“尺寸编辑”→“移除裁剪”选项，或在尺寸标注”→“尺寸编辑”工具栏中直接单击“移除裁剪”按钮。

③ 提示栏提示“通过选择框选择一个或多个尺寸/系统”，选择如图 13-38a 所示的尺寸，完成移除裁剪操作，结果如图 13-38b 所示。

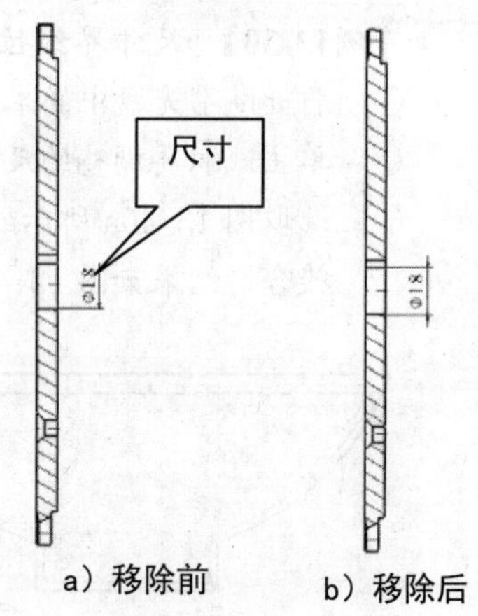

图 13-38 移除裁剪

13.3.8 编辑尺寸

通常情况下，在 CATIA 工程制图中，所标注的尺寸不能完全符合 GB 制图标准，需要进一步进行编辑。本节所讲的尺寸编辑主要包括修改尺寸界线位置、尺寸界线外形、尺寸文本格式、尺寸的文本位置等几部分。

对尺寸进行编辑之前，需要在工程制图工作台里“选项”对话框中进行一些相应设置，操作步骤如下：

1）在菜单栏中，依次选择“工具”→“选项”选项，弹出“选项”对话框。

2）在“选项”对话框中，依次展开并选择“机械设计”→“工程制图”→“操作器”选项卡。为了使尺寸可以被操纵，全部选中“尺寸操作器”选项区中的“修改”复选框，如图 13-39 所示，完成尺寸编辑的前期设置工作。

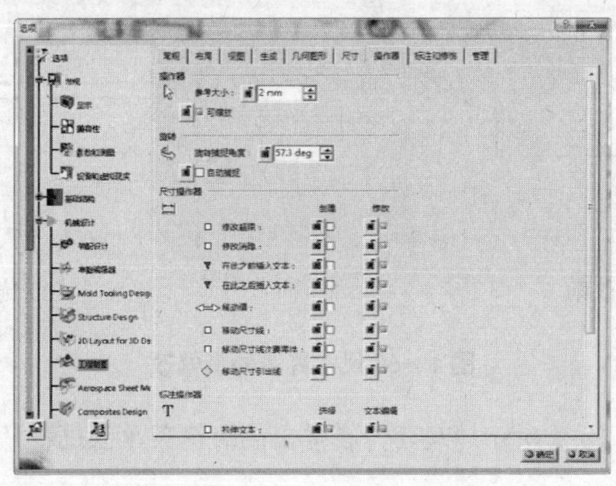

图 13-39 尺寸操作器设置

（1）手动修改尺寸界线位置

如果在修改工程图标准时未对尺寸界线进行设置（即未将消隐值设置为 0，消隐值设置方法见 11.2.1 小节内容），那么 CATIA 默认的尺寸界线将不与图形连接，这时需要对尺寸界线位置进行调整。

【例13-30】 尺寸界线位置修改的一般操作步骤。

① 打开随书光盘中的本例文件，出现检视窗工程图，其正视图如图 13-40a 所示。

② 单击选取要调整的尺寸，尺寸呈高亮显示，同时出现尺寸操作器，如图 13-40a 所示。

③ 选取图 13-40a 所示的尺寸操作器控制手柄，拖动鼠标，将尺寸界线末端移至与图形接合，结果如图 13-40b 所示。

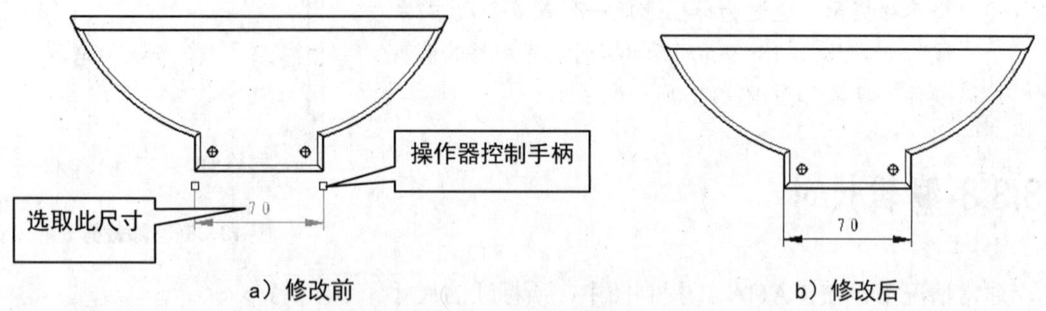

图 13-40 修改尺寸界线位置

（2）修改尺寸界线外形

当两条尺寸界线之间的距离太小，不足以放下尺寸文本时，可以对尺寸界线的外形进行修改，使尺寸文本显示在两尺寸界线之间。

【例13-31】 尺寸界线外形修改的一般操作步骤。

① 打开随书光盘中的本例文件，出现检视窗工程图，其正视图如图 13-a 所示。

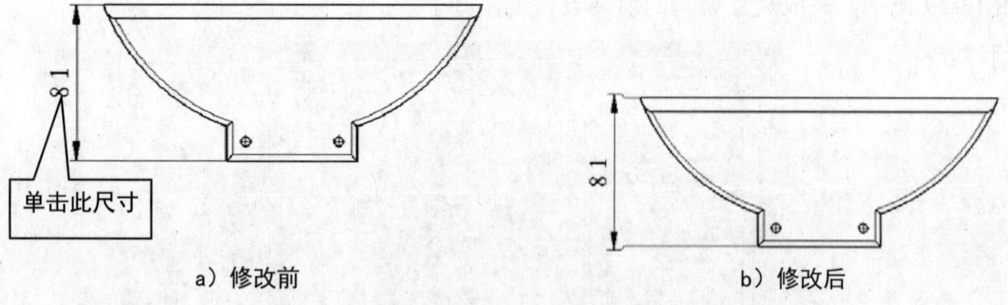

图 13-60 尺寸界线外形修改

② 右键单击如图 13-a 所示的尺寸，在弹出的快捷菜单里选择“属性”命令，弹出“属性”对话框。

③ 在“属性”对话框中选择“尺寸界线”选项卡，然后选中“尺寸标注”复选框。

④ 在“高度”文本框中输入数值“1”，在“角度”文本框中输入数值“45”，在宽度文本框中输入数值“1”，如图 13-所示。

⑤ 单击“确定”按钮，完成尺寸界线外形的修改，结果如图 13-b 所示。

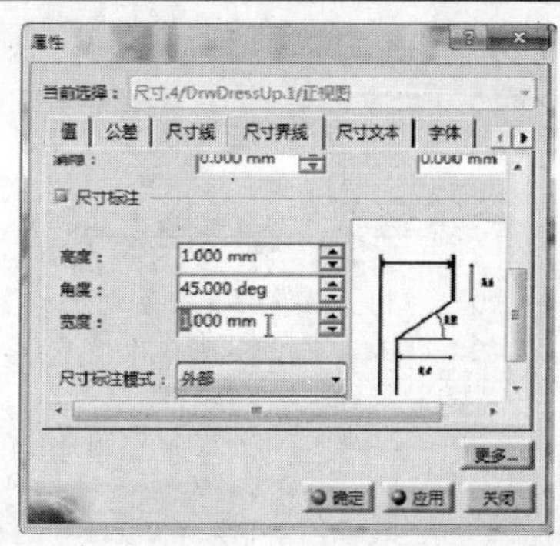

图 13-61 修改尺寸界线外形对话框

（3）修改尺寸文本字体格式

【例13-32】 修改尺寸文本字体格式的一般操作步骤。

① 打开随书光盘中的本例文件，出现检视窗工程图，其正视图如图 13-41a 所示。

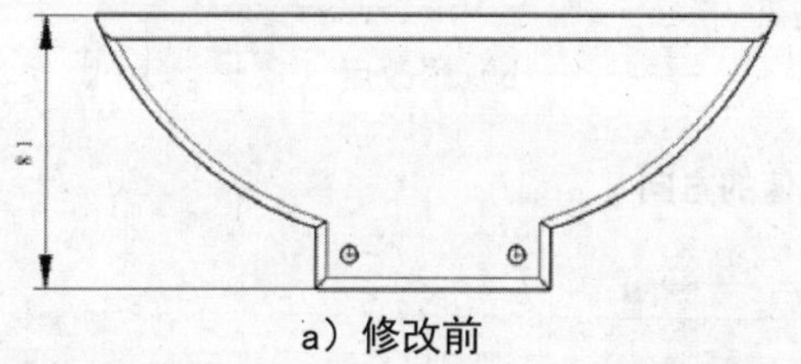

a）修改前

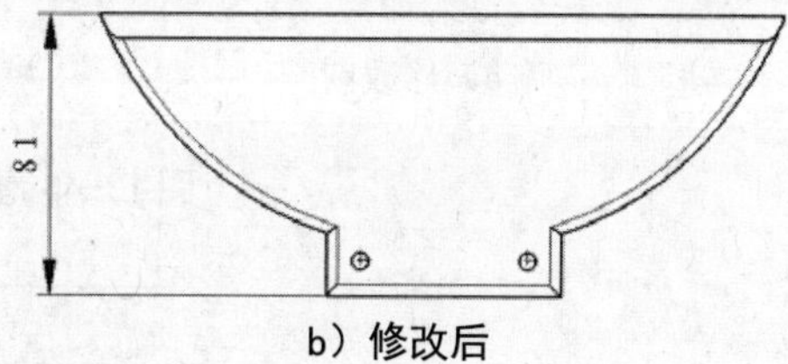

b）修改后

图 13-41 修改文本属性

② 右键单击图 13-41a 中的 81 尺寸，在弹出的快捷菜单中选择“属性”命令，弹出“属性”对话框。

③ 在“属性”对话框的“字体”选项卡里，可根据需要设置尺寸文本的字体、样式以及大小，如图 13-42 所示。

④ 单击“确定”按钮，完成尺寸文本字体格式的修改，结果如图 13-41b 所示。

（4）修改尺寸的文本方向

【例13-33】 修改尺寸文本方向的一般操作步骤。

① 打开随书光盘中的本例文件，出现检视窗工程图，其正视图如图 13-44a 所示。

② 右键单击如图 13-44a 中的 81 尺寸，在弹出的快捷菜单中选择“属性”命令，弹出“属性”对话框。

③ 在“属性”对话框“值”选项卡里的“值方向”选项区里设置尺寸值的方向为“垂直”，如图 13-43 所示。

④ 单击“确定”按钮，完成尺寸文本方向的修改，结果如图 13-44b 所示。

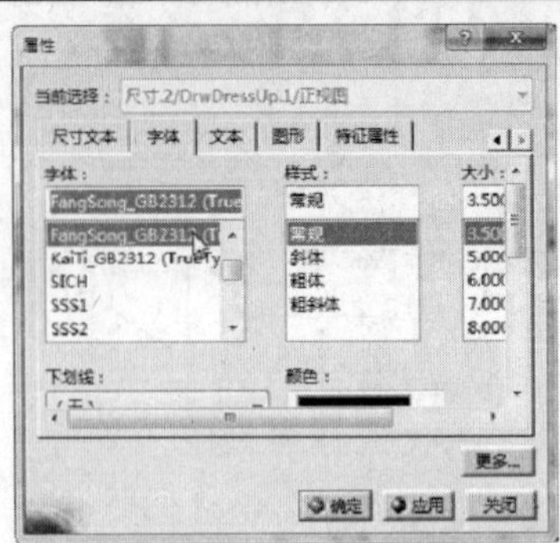

图 13-42 “字体”选项卡

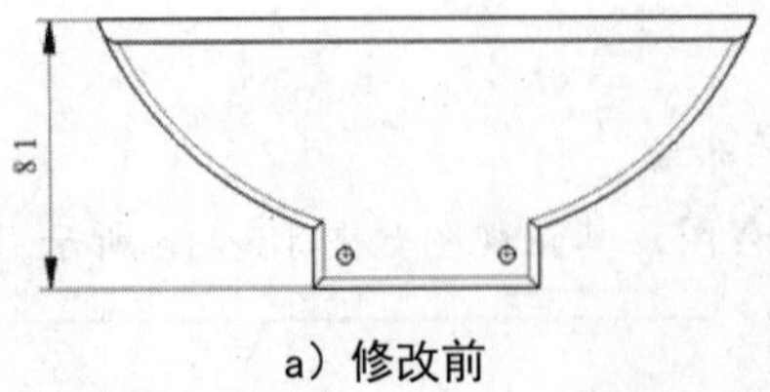

a）修改前

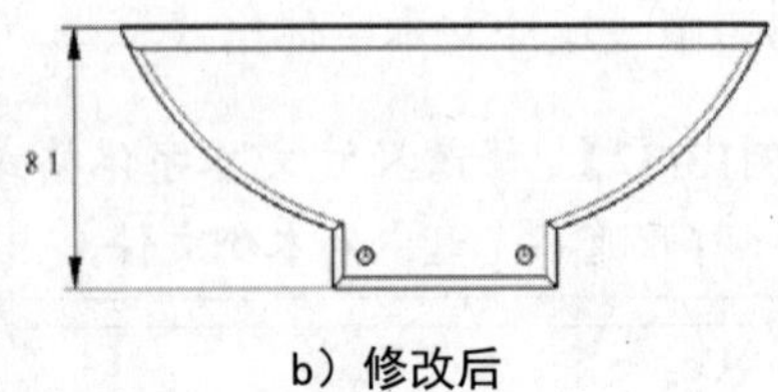

b）修改后

图 13-43 修改尺寸值的方向

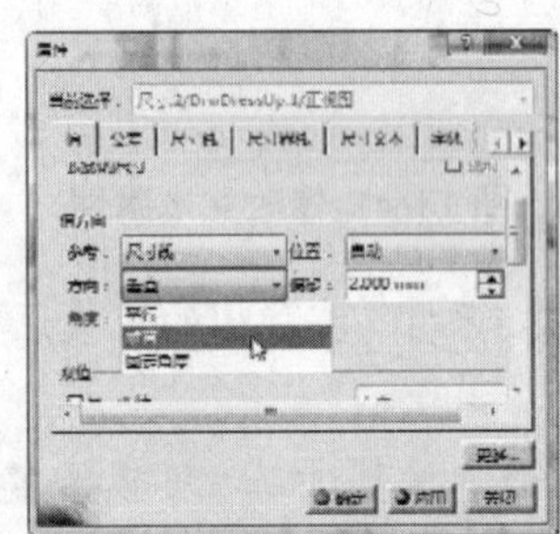

图 13-44 修改“值方向”选项卡

13.3.9 显示双值尺寸

有时为了方便读图，在尺寸标注时需标注双值尺寸，即标注出具有两种单位的尺寸值。

【例13-34】 显示双值尺寸的一般操作步骤。

① 打开随书光盘中的本例文件，出现检视窗工程图，其正视图如图 13-45a 所示。

② 右键单击如图 13-45a 所示的 70 尺寸，在弹出的快捷菜单中选择“属性”命令，弹出“属性”对话框。

③ 在“属性”对话框中选择“值”选项卡，选中“显示双值”复选框，然后在“双值”的属性中的“描述”下拉列表中选择“in”单位选项，使该尺寸的第二值

④ 显示为英寸尺寸，如图 13-46 所示。

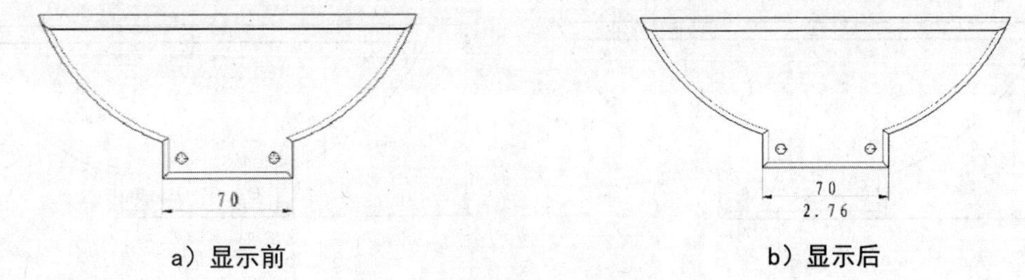

a）显示前　　b）显示后

图 13-45 显示双值

图 13-46 设置双值

⑤ 单击“确定”按钮，完成双值尺寸的修改，结果如图 13-45b 所示。

13.3.10 标注尺寸公差

零件在制造过程中，由于加工或测量等因素的影响，完工后的实际尺寸总存在一定的误差。为保证零件的互换性，必须将零件的实际尺寸控制在允许变动的范围内，这个允许的尺寸变动量称为尺寸公差。用户可以以下两种方法标注尺寸公差：

1）通过“属性”对话框标注。

2）通过“尺寸属性”工具栏标注。

【例13-35】 通过“属性”对话框标注尺寸公差的操作步骤。

① 打开随书光盘中的本例文件，出现检视窗工程图，其正视图如图 13-47a 所示。

② 右键单击如图 13-68a 所示的 81 尺寸，在弹出的快捷菜单中选择“属性”命令。

③ 在弹出的“属性”对话框中，选中“公差”选项卡，然后在“主值”下拉列表中选择“TOL_NUM2”为需要标注的公差样式。

④ 在“上、下限值”文本框中输入所要标注的公差值，此例“上限值”文本框中输入“+0.03”，在“下限值”文本框中输入“-0.05”，如图 13-48 所示。

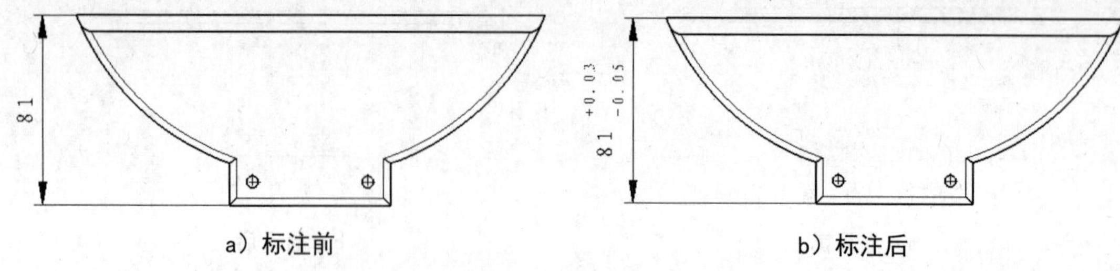

图 13-47 标注尺寸公差

⑤ 单击“确定”按钮，完成尺寸公差的标注，结果如图 13-47b 所示。

展开公差样式下拉列表，其中列举出了国际上各工程制图标准中所能用到的部分公差标注样式。下面列举几种我国制图标准中常用的具有代表性的公差样式：

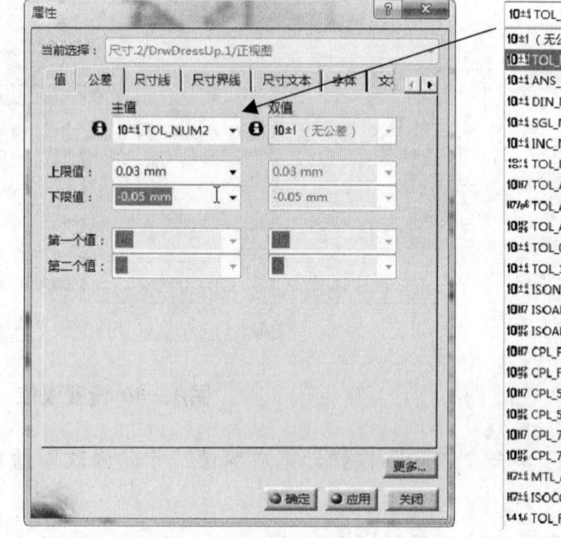

图 13-48 在属性对话框中添加尺寸公差

a）TOL_ALP2：以比值形式显示的配合公差带代号的配合公差，如图 13-a 所示。

b）TOL_ALP3：以分数形式显示的配合公差带代号的配合公差，如图 13-b 所示。

c）TOL_0.7：以上下极限偏差的形式显示出来，如图 13-c 所示。与 TOL_1.0 公差标注样式相同，只是公差值文本高度不同。

d）ISOALPH1：以公差带代号的形式标注尺寸公差，如图 13-d 所示。

e）ISOCOMB：以公差带代号以及该代号的上下偏差值同时显示出来的形式标注尺寸公差，如图 13-e 所示。

f）TOL_RES1：以上极限尺寸和下极限尺寸的形式标注尺寸公差，如图 13-f 所示。

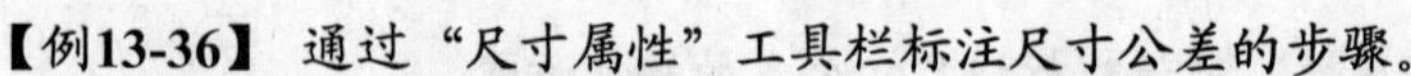

【例13-36】 通过“尺寸属性”工具栏标注尺寸公差的步骤。

① 在工程制图工作台中找到“尺寸属性”工具栏，如图 13-所示。

② 首先选中所要标注公差的尺寸，然后在工具栏中选择合适的公差形式，最后在“公差值”文本框里输入公差值，如“+0.03-0.05”，按回车键确定，结果如图 13-47b 所示。

“尺寸属性”工具栏各选项功能如下：

1）样式：设置尺寸线的样式。

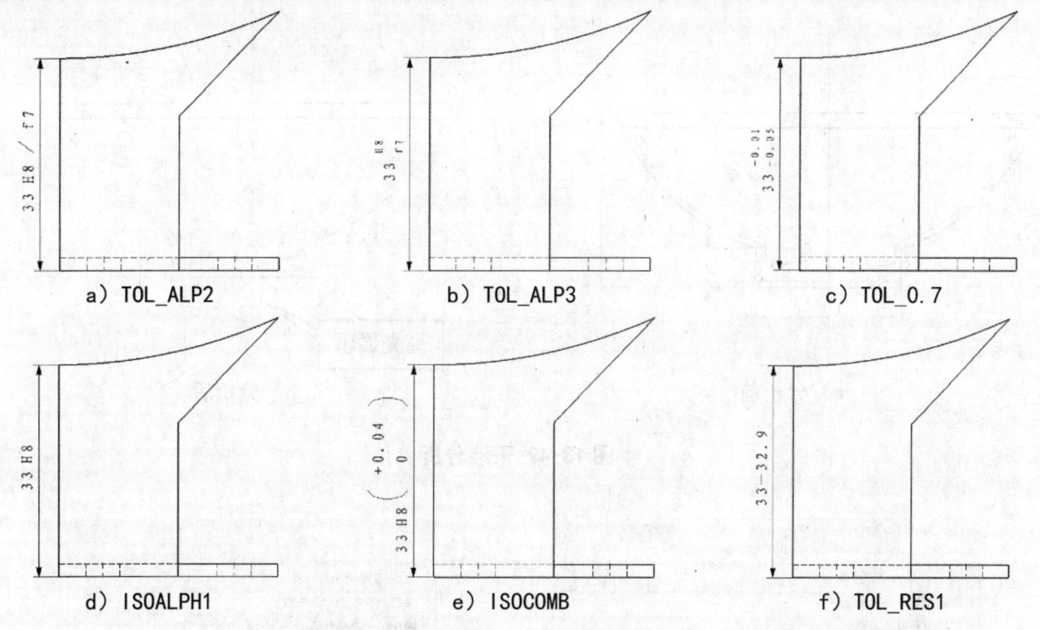

图 13-70 不同样式的尺寸公差标注

2）公差说明列表框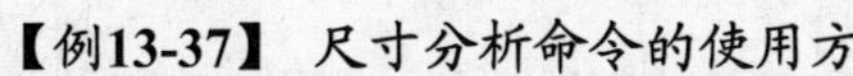：设置公差形式。

3）公差文本框：设置公差值。

13.3.11 标注干涉的分析

CATIA 工程图工作台具有尺寸分析功能，能够检测出位置重叠的尺寸线，并在视图中高亮显示。

图 13-71 “尺寸属性”工具栏

【例13-37】 尺寸分析命令的使用方法。

① 打开随书光盘中的本例文件，出现检视窗工程图，其正视图如图 13-49a 所示。

② 在菜单栏中，依次选择“工具”→“分析”→“尺寸分析”选项，或在“分析”工具栏中直接单击“尺寸分析”按钮，系统弹出“分析”对话框，如图 13-50a 所示，“当前列表中的元素总数”文本框表明图中有干涉的尺寸数目。

③ 单击下一步按钮，系统将居中高亮显示重叠尺寸位置，如图 13-49b 所示。

④ 拖动位置重叠的尺寸至适当位置后，单击“更新”按钮重新检测位置重叠的尺寸，“当前列表中的元素总数”文本框中数值变小。

⑤ 重复上述操作，直到所有错误都消除，如图 13-50b 所示，单击“确定”按钮，完成标注干涉分析。

⑥

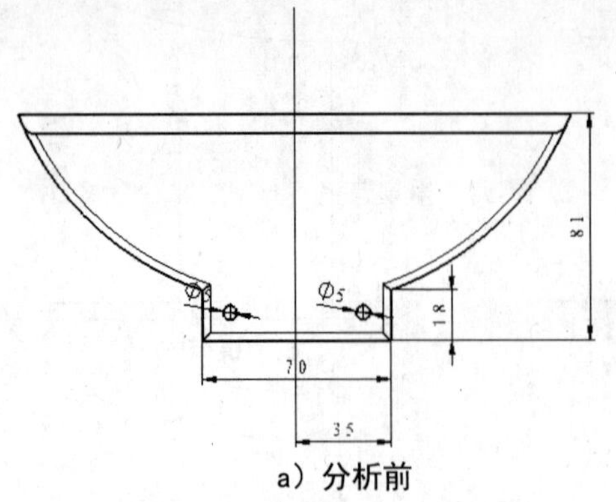

a）分析前

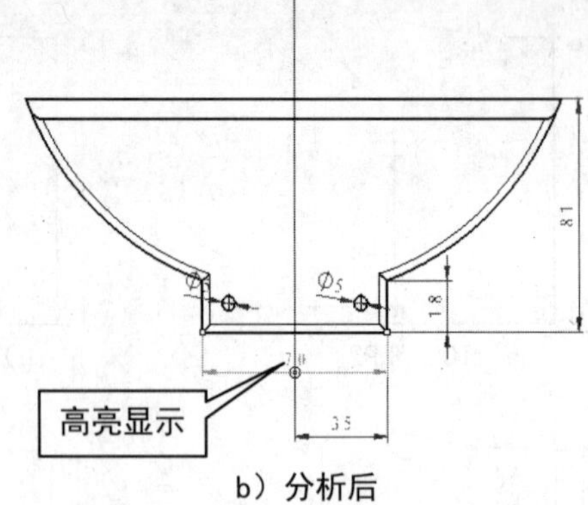

b）分析后

图 13-49 干涉分析

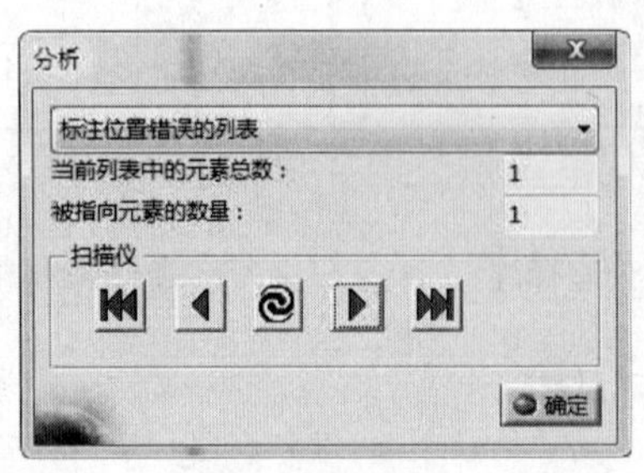

a）调整前

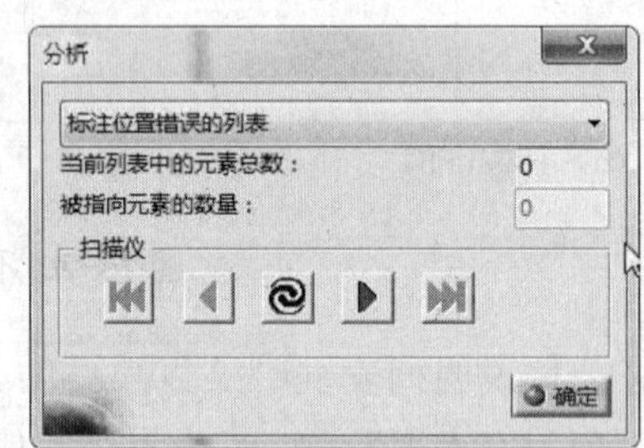

b）调整后

图 13-50 分析对话框

13.4 形位公差

机械零件在加工过程中，由于受机床、夹具和刀具的制造误差、磨损、残余收缩、受力变形、振动等因素的影响，会产生形状和位置误差。机械零件的形状和位置公差是评定其质量的一项主要指标，为了保证机械产品的质量和零部件的互换性，必须根据零件的功能要求和制造要求，给定形状公差和位置公差（简称形位公差，新国家标准中称作几何公差），以限制零件加工时产生的形位误差的允许变动量。

13.4.1 基准符号

基准是用来确定实际关联要素几何位置关系的参考对象。

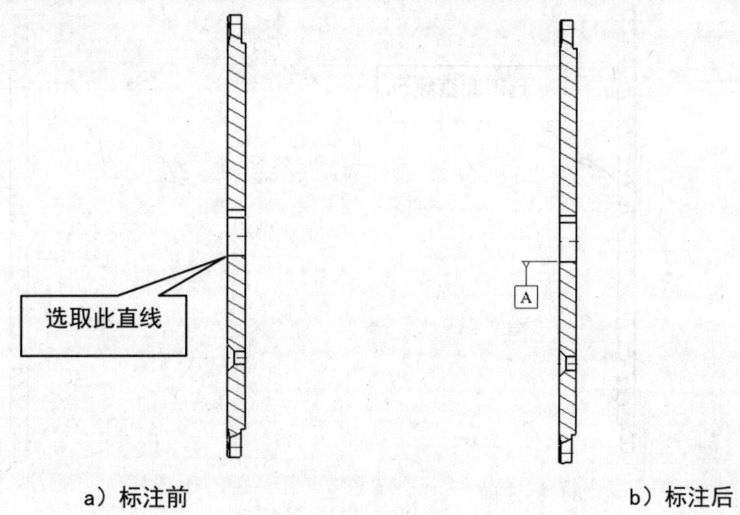

a）标注前　　b）标注后

图 13-51 基准创建

【例13-38】 添加基准符号的一般操作步骤。

① 打开随书光盘中的本例文件，出现右排种盘工程图，其剖视图如图 13-51a 所示。

② 在菜单栏中，依次选择“插入”→“尺寸标注”→“公差”→“基准特征”选项，或在“尺寸标注”→“公差”工具栏中直接单击“基准特征”按钮A。

③ 提示栏提示“选择元素或单击引出线定位点”，选择如图 13-51a 所示的直线，光标附近出现基准符号预览。

④ 移动鼠标，在绘图区中选择合适的位置单击以放置基准符号，弹出如图 13-52 所示的“创建基准特征”对话框，要求输入基准特征的符号。

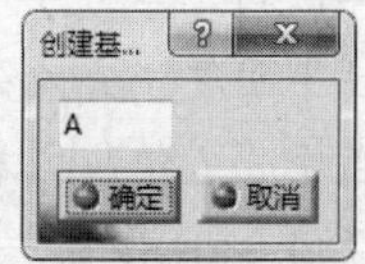

图 13-52 “创建基准特征”对话框

⑤ 在对话框的文本框中输入字母 A，单击“确定”按钮，完成基准的创建，结果如图 13-51b 所示。

13.4.2 形状公差

【例13-39】 标注形状公差的一般操作步骤。

① 打开随书光盘中的本例文件，出现右排种盘工程图，其剖视图如图 13-53a 所示。

② 在菜单栏中，依次选择“插入”→“尺寸标注”→“公差”→“形位公差”选项，或在“尺寸标注”→“公差”工具栏中直接单击“形位公差”按钮。

③ 提示栏提示“选择尺寸或特征元素，或定义引出线箭头位置”，选择如图 13-53a 所示的直线，光标附近出现公差符号预览。

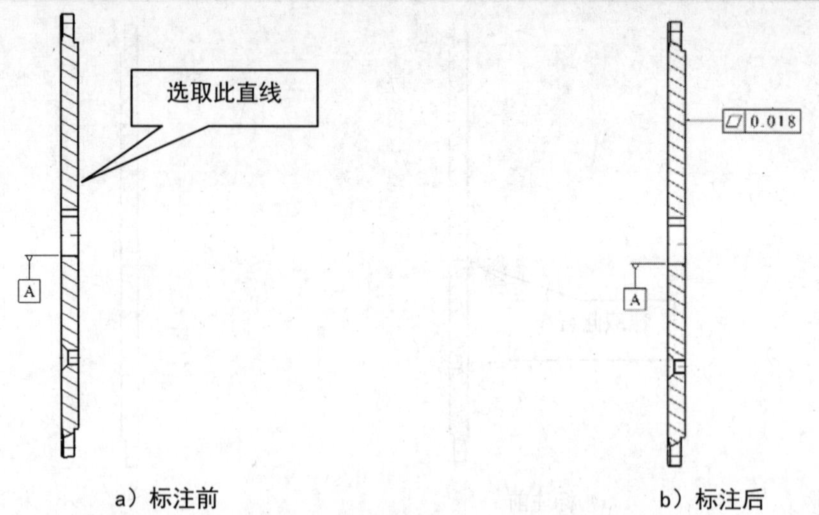

a）标注前　　b）标注后

图 13-53 平面度公差标注

④ 移动鼠标，在绘图区中选择合适的位置单击以放置公差符号，弹出如图 13-54 所示的“形位公差”对话框。

⑤ 在“公差”选项区单击“公差特征修饰符”按钮，在弹出的公差符号列表中选择“平面度”公差符号。

⑥ 在“公差值”文本框中输入数值 0.018。

⑦ 单击“确定”按钮，完成平面度公差标注，结果如图 13-53b 所示。

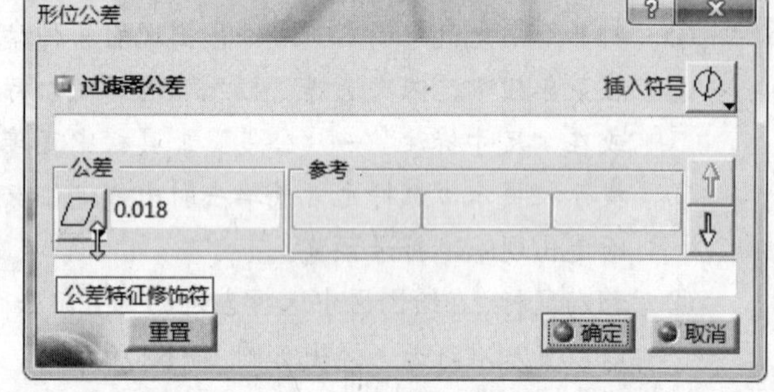

图 13-54 平面度公差设置

其他形状公差标注方法与平面度标注方法相类似，这里不再赘述。

13.4.3 位置公差

【例13-40】 标注位置公差的一般操作步骤。

① 打开随书光盘中的本例文件，出现右排种盘工程图，其剖视图如图 13-55a 所示。

② 在菜单栏中，依次选择“插入”→“尺寸标注”→“公差”→“形位公差”选项，或在“尺寸标注”→“公差”工具栏中直接单击“形位公差”按钮。

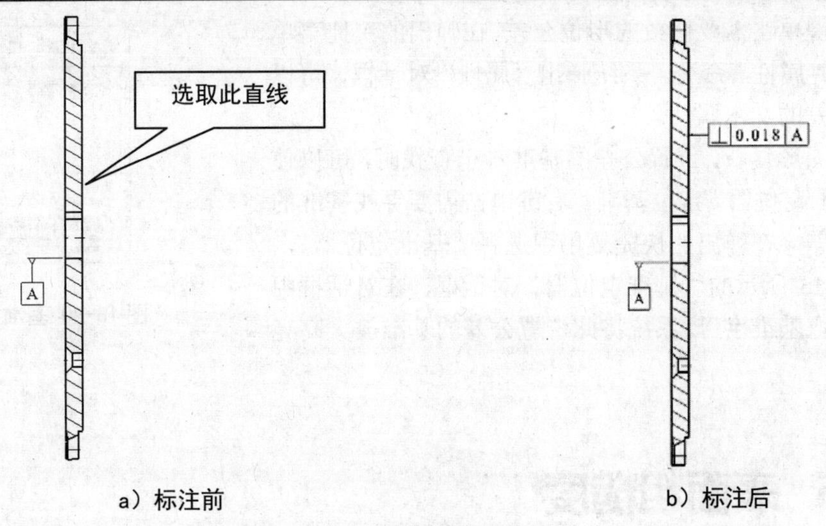

a）标注前　　b）标注后

图 13-55 垂直度公差标注

③ 提示栏提示"选择尺寸或特征元素，或定义引出线箭头位置"，选择如图 13-55a 所示的直线，光标附近出现公差符号预览。

④ 移动鼠标，在绘图区中选择合适的位置单击以放置公差符号，弹出如图 13-56 所示的"形位公差"对话框。

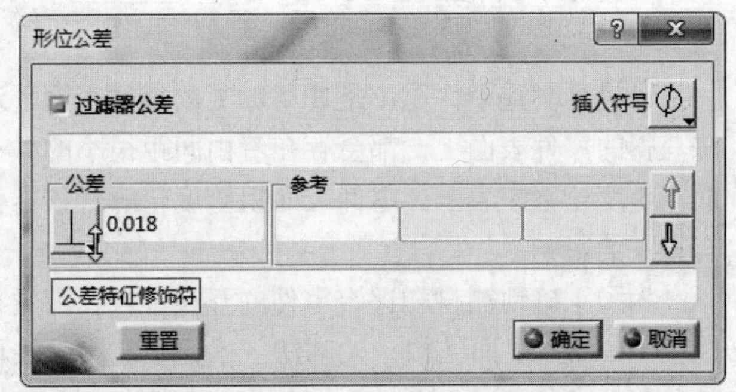

图 13-56 垂直度公差设置

⑤ 在"公差"选项区单击"公差特征修饰符"按钮，在弹出的公差符号列表中选择"垂直度"公差符号⊥。

⑥ 在"公差值"文本框中输入数值 0.018。

⑦ 在参考文本框中输入基准字母 A，输入基准字母后，次要参考文本框变为可输入状态，如有次要参考，可继续输入。

⑧ 单击"确定"按钮，完成垂直度标注，结果如图 13-55b 所示。

其他位置公差标注方法与平面度标注方法类似，这里不再赘述。

13.4.4 编辑形位公差

双击需要修改的形位公差，弹出"形位公差"对话框，即可按前述方法修改形位公差的公差类型、公差值和基准。

右键单击需要修改的形位公差，在弹出的快捷菜单中选择“属性”命令，系统弹出“属性”对话框，可以修改公差的文本属性。

当图形复杂，位置公差的基准难于查找时，可以使用“基准定位器”定位基准。右键单击需要寻找基准的位置公差，在弹出的快捷菜单中选择“基准定位器”，弹出图13-所示的“基准定位器”对话框，在对话框中单击选取基准字母，系统将此位置公差的基准放大高亮显示。

图 13-80 基准定位器

13.5 表面粗糙度

13.5.1 表面粗糙度基础

在机械制造中，无论是切屑加工的零件表面，还是用铸、锻、冲压、热轧、冷轧等方法获得的零件表面上，都会存在着由间距很小的微小峰、谷所形成的微观几何误差，用表面粗糙度轮廓来表示。零件表面粗糙度轮廓对该零件的功能要求、使用寿命、美观程度都有重大的影响。

为了正确地测量和评定零件的互换性，我国发布了GB/T 3505—2009《产品几何技术规范（GPS）表面结构　轮廓法　术语、定义及表面结构参数》、GB/T 10610—2009《产品几何技术规范（GPS）表面结构　轮廓法　评定表面结构的规则和方法》、GB/T 1031—2009《产品几何技术规范（GPS）表面结构　轮廓法　表面粗糙度参数及其数值》和GB/T 131—2006《产品几何技术规范　技术产品文件中表面结构的表示方法》等国家标准。

表面粗糙度轮廓对零件的工作性能的影响主要体现在几个方面：

（1）对摩擦和磨损的影响

表面越粗糙，摩擦系数越大，消耗能量就越大，磨损加大，影响传动效率和使用寿命。

（2）对工作精度的影响

表面粗糙，不仅会降低机器的灵敏性，而且使得机器实际有效接触面积减小，表层接触刚度变差，影响机器工作精度的持久性。

（3）对配合性质的影响

影响配合性质的稳定性，迅速增大间隙，对于过盈配合来说，粗糙表面峰顶在装配时易被挤平，降低接触强度。

（4）对零件强度的影响

零件表面越粗糙，对应力集中越敏感，尤其是在交变载荷作用下影响更严重，会使零件表面产生裂痕导致损坏，所以在零件的沟槽或圆角处的表面粗糙度应更小。

（5）对抗腐蚀性影响

表面越粗糙，凹谷越深，越容易积存含腐蚀性的物质，并向表层内渗透，使腐蚀加剧。

此外，表面粗糙还可能影响零件其他使用性能，如影响密封性、润滑性能能、导电、导热性能和外观质量等。

在零件图中，每个表面一般只标注一次表面粗糙度符号，其符号的尖端必须从材料外部指向零件表面，并标注在其可见轮廓线、尺寸线、尺寸界线或它们的延长线上，符号方向应符合国家标准规定。

13.5.2 符号及代号

（1）表面粗糙度符号

表面粗糙度的符号及意义见表 13-1。

表 13-1 表面粗糙度符号及意义

序号	符号	意义
1	√	基本符号，表示表面可用任何方法获得。当不加注粗糙度参数值或有关说明时，仅适用于简化代号标注
2		表示表面是用去除材料的方法获得，如车、铣、钻、磨等
3		表示表面是用不去除材料的方法获得，如铸、锻、冲压、冷轧等
4		在上述三个符号的长边上可加一横线，用于标注有关参数或说明
5		在上述三个符号的长边上可加一小圆，表示所有表面具有相同的表面粗糙度要求
6	3.5 60° 8	当参数值的数字或大写字母的高度为 2.5㎜ 时，粗糙度符号的高度取 8㎜，三角形高度取 3.5㎜，三角形是等边三角形。当参数值不是 2.5 时，粗糙度符号和三角形符号的高度也将发生变化

（2）表面粗糙度代号

表面粗糙度代号由表面粗糙度符号、表面粗糙度参数代号和有关规定等内容构成。表面粗糙度数值及其有关规定在符号中的书写位置如图 13-所示。

其中各字母所代表含义如下：

a1、a2——表面粗糙度高度参数代号及其数值（μm）；

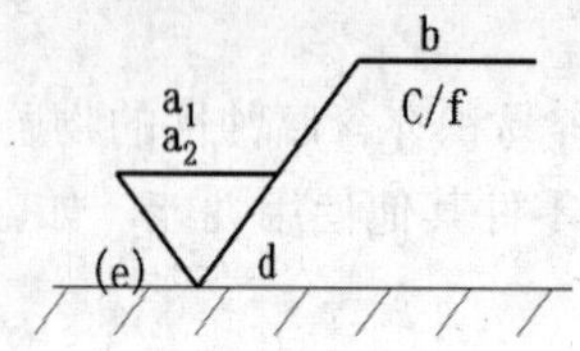

图 13-81 表面粗糙度代号

b——加工方法，镀覆、涂覆、表面处理或其他说明等；

C——取样长度（mm）或波纹度（μm）；

d——加工纹理方向符号；

e——加工余量（mm）；

f——粗糙度间距参数值（mm）或轮廓支承长度率。

13.5.3 标注表面粗糙度

【例13-41】 创建表面粗糙度代号的一般操作步骤。

① 打开随书光盘中的本例文件，出现左壳体侧板工程图，其正视图如图 13-57a 所示。

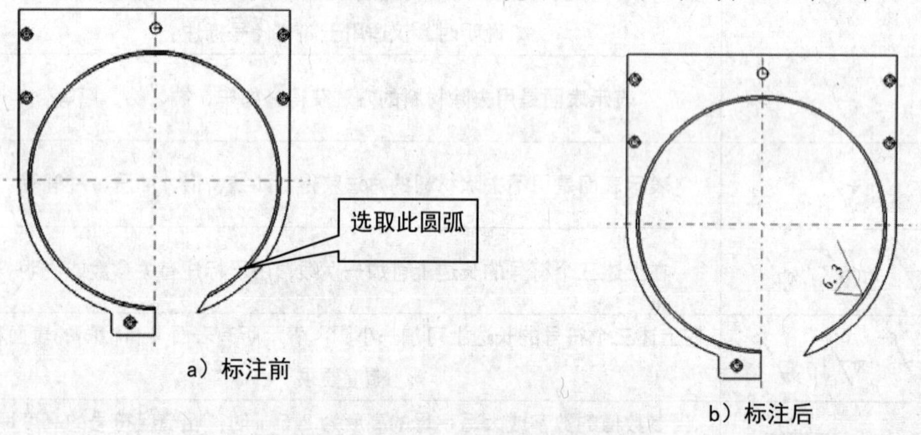

图 13-57 创建表面粗糙度符号

② 在菜单栏中，依次选择“插入”→“标注”→“符号”→“粗糙度符号”选项，或在“标注”→“符号”工具栏中直接单击“粗糙度符号”按钮。

③ 提示栏提示“单击表面粗糙度定位点”，选择如图 13-57a 所示的圆弧，弹出如图 13-58 所示的“粗糙度符号”对话框。

④ 在对话框“前缀”下拉列表中选择“Ra”选项，在表面粗糙度文本框中输入表面粗糙度值“6.3”，其余采用系统默认设置。

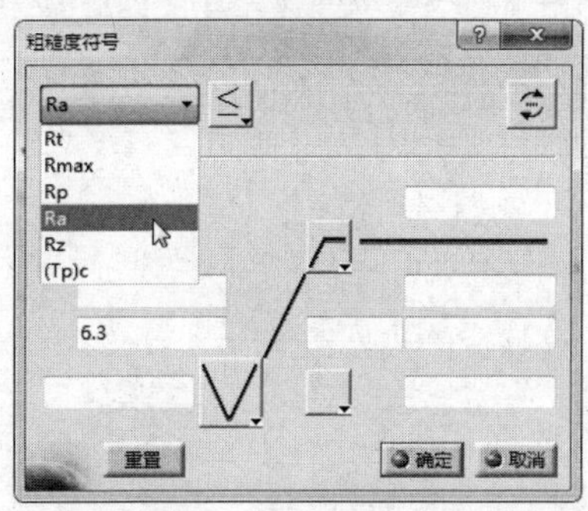

a）前缀

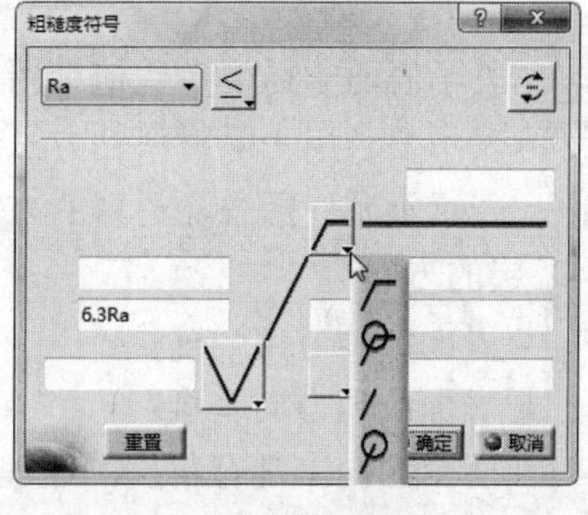

b）曲面纹理

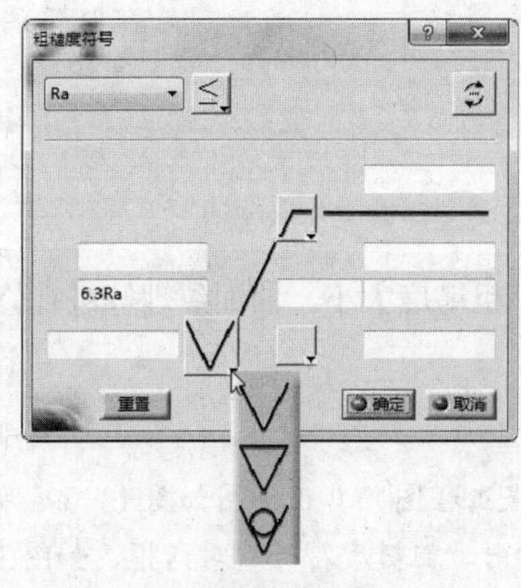

c）粗糙度类型

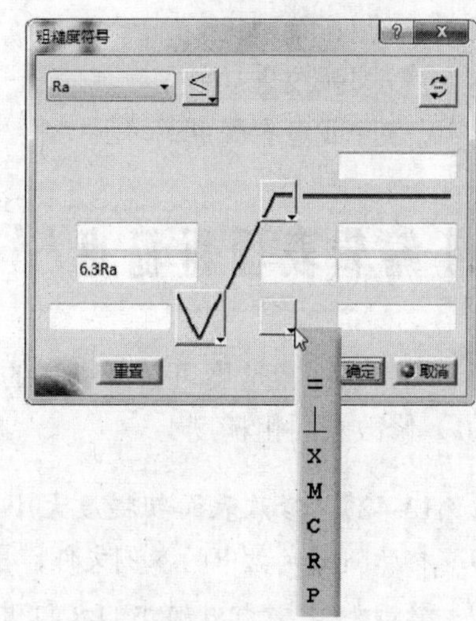

d）层的方向

图 13-58 “粗糙度符号”对话框

⑤ 单击“确定”按钮，完成表面粗糙度的标注，结果如图 13-83b 所示。□

图 13-58 所示的“粗糙度符号”对话框中各下拉列表中各选项功能如下：

（1）前缀

Rt：轮廓总高度。

Rmax：最大规则，上限值。

Rp：最大轮廓峰高。

Ra）：评定轮廓的算术平均偏差。

Rz：轮廓的最大高度。

（Tp）c：相对支承比率。

（2）曲面纹理

：对表面纹理有特殊要求。

：所有表面纹理相同。

：对表面纹理的补充要求。

：所有表面纹理相同。

（3）粗糙度类型

√：表示表面粗糙度参数值可用任何方法获得；

▽：表示要求用去除材料的方法获得；

⌽：表示不允许用去除材料的方法获得。

（4）层的方向

= 与表面纹理方向平行；

⊥ 与表面纹理方向垂直；

X 在两个方向上都有角度的纹理；

M 代表多个方向；

C 代表圆形纹理；

R 近似圆弧纹理；

P 无方向或者有隆起。

13.5.4 编辑表面粗糙度

通过编辑表面粗造度可对所标注的粗糙度类型、粗糙度大小、曲面纹理等进行修改。

（1）修改表面粗糙度

【例13-42】 修改表面粗糙度大小。

① 打开随书光盘中的本例文件，出现左壳体侧板工程图，其正视图如图 13-59a 所示。

② 双击如图 13-59a 所示的表面粗糙度符号，弹出“粗糙度符号”对话框，如图 13-58 所示。

③ 在弹出的“粗糙度符号”对话框中，将粗糙度大小由“6.3”改为“3.2”。

④ 单击“确定”按钮，完成表面粗糙度大小的修改，结果如图 13-59b 所示。

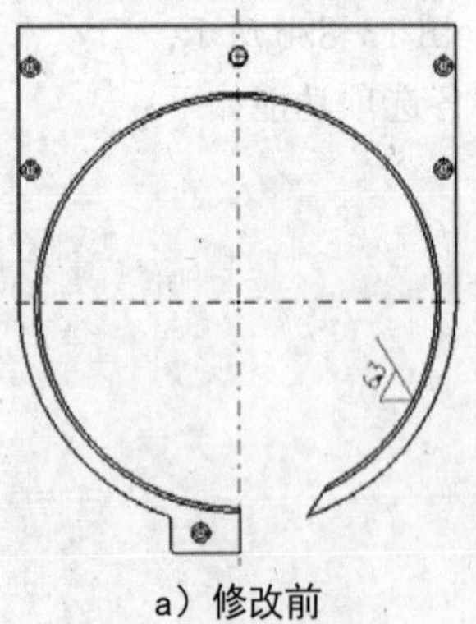

a）修改前

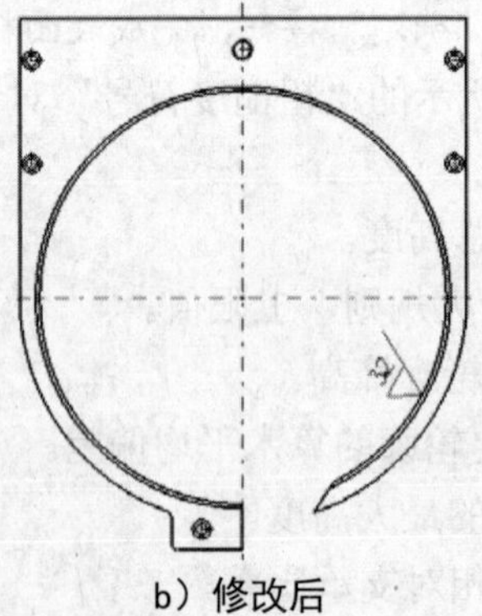

b）修改后

图 13-59 修改表面粗糙度大小

（2）反转表面粗糙度符号

国家标准规定，表面粗糙度符号的尖端必须从材料外指向表面，如果发现标注有误，需要将表面粗糙度符号进行反转。

【例13-43】 反转表面粗糙度符号。

① 打开随书光盘中的本例文件，出现左壳体侧板工程图，如图 13-60a 所示。

② 双击如图 13-60a 所示的表面粗糙度符号，弹出“粗糙度符号”对话框，参见图 13-58 所示。

③ 在弹出的“粗糙度符号”对话框中，单击“反转”按钮 。

④ 单击“确定”按钮，完成表面粗糙度符号的反转，结果如图 13-60b 所示。

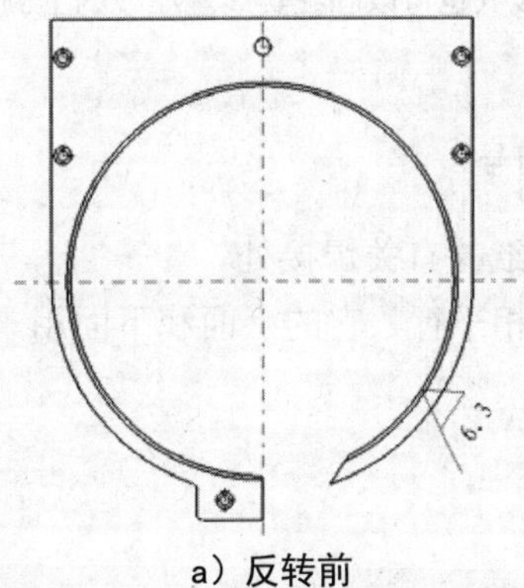

a）反转前

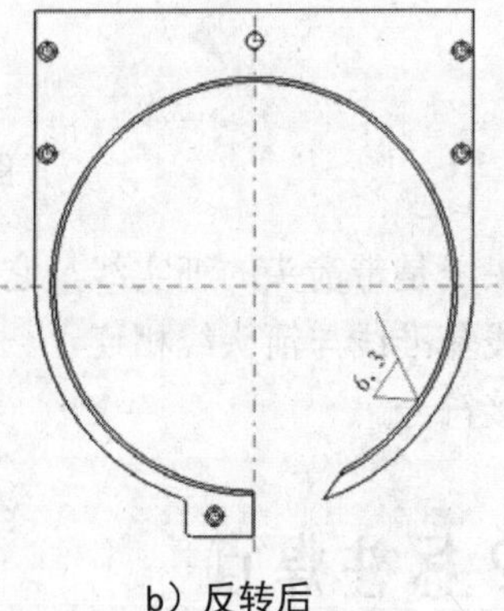

b）反转后

图 13-60 反转表面粗糙度符号

13.6 焊接的标注

焊接在现代工业生产中具有十分重要的作用，如舰船的船体、高炉炉壳、建筑构架、锅炉与压力容器、车厢及家用电器、汽车车身等工业产品的制造，都离不开焊接。焊接方法在现代工业中的应用具有其独特的优越性。要掌握在 CATIA 里标注焊接符号的知识，读者需熟悉焊接符号标注的有关技术内容。限于篇幅，在此只是简单介绍一些焊接常识，本节的重点在于标注焊点及焊接符号。

13.6.1 符号及标注方法

焊接符号以标准图示的形式和缩写代码标示出一个焊接接头或钎焊接头完整的信息，如接头的位置、如何制备和如何检测等。零件间的熔接处称为焊缝。焊缝在图纸上一般采用焊缝符号（表示焊接方法、焊缝形式和焊缝尺寸等技术内容的符号）表示。焊缝符号一般由基本符号与指引线组成。必要时还可以加上辅助符号、补充符号和焊缝尺寸符号。

（1）焊缝的基本符号

基本符号是表示焊缝横截面形状的符号，焊缝的基本符号共有 13 种，详见 GB/T 324—2008。

（2）焊缝的指引线

焊缝的指引线由箭头线和基准线（实线基准线和虚线基准线）两部分组成，如图 13-61 所示。

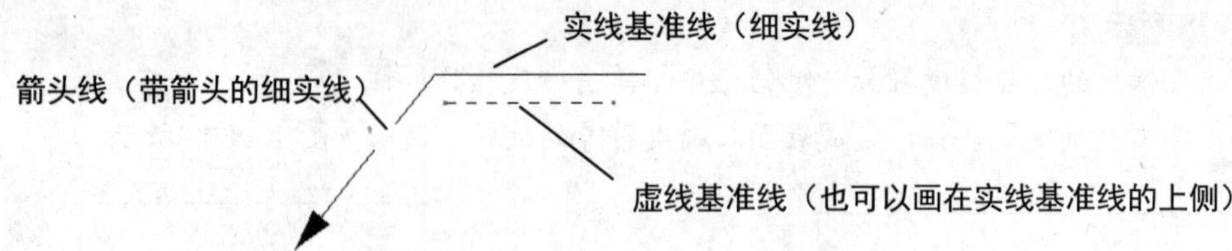

图 13-61 焊缝指引线符号

箭头线是带箭头的细实线，它将整个符号指到图纸的有关焊接处。

实线基准线与箭头线相连，一般应与图纸的底边相平行，它的上面和下面用来标注有关的焊接符号。

13.6.2 标注焊点

【例13-44】 为上盖左视图标注焊点。

① 打开随书光盘中的本例文件，出现壳体上盖工程图，其左视图如图 13-62a 所示。

② 在菜单栏中，依次选择“插入”→“标注”→“符号”→“焊点”选项，或在“标注”→“符号”工具栏中直接单击“焊点”按钮。

③ 提示栏提示“选择第一连线”，依次选择如图 13-62a 所示的“边线 1”和“边线 2”，弹出“焊接编辑器”对话框，如图 13-63 所示。

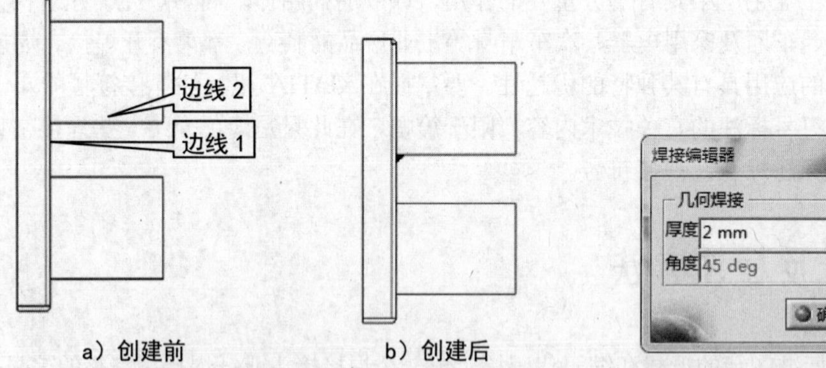

a）创建前　b）创建后

图 13-62 焊点的标注　图 13-63 “焊接编辑器”对话框

④ 在“焊接编辑器”对话框的“厚度”文本框中输入厚度值“2”，其他参数采用系统默认设置。

⑤ 单击“确认”按钮，完成焊点的标注。结果如图 13-62b 所示。□

13.6.3 标注焊接符号

【例13-45】 为上盖左视图标注焊接符号。

① 打开随书光盘中的本例文件，出现壳体上盖工程图，其左视图如图 13-64a 所示。

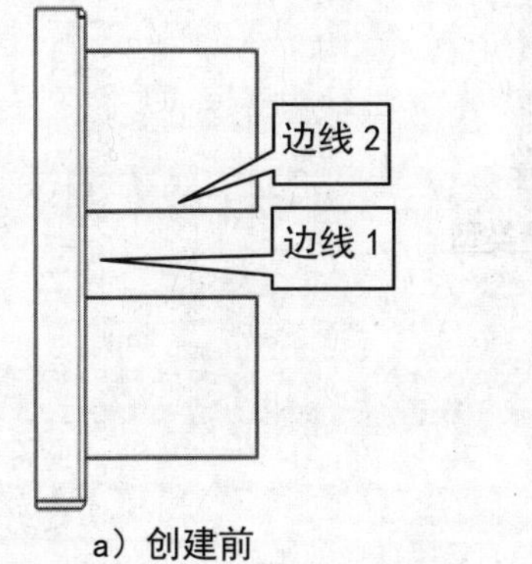

a）创建前

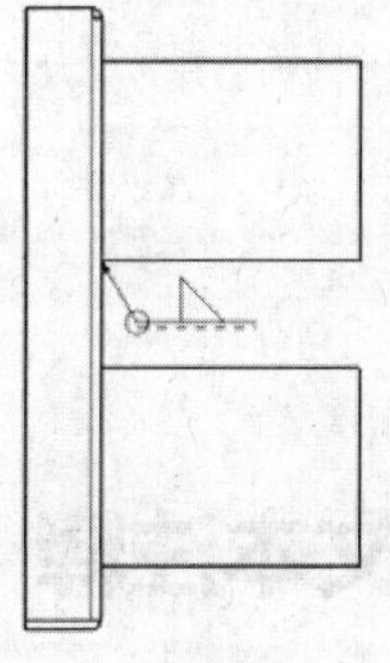

b）创建后

图 13-64 焊接符号的标注

② 在菜单栏中，依次选择“插入”→“标注”→“符号”→“焊接符号”选项，或在“标注”→“符号”工具栏中直接单击“焊接符号”按钮。

③ 提示栏提示“选择第一元素或指示引出线定位点”，依次选择如图 13-64a 所示的“边线 1”和“边线 2”，此时显示焊接符号的预览。

④ 移动鼠标，在绘图区合适位置单击以放置焊接符号，系统弹出图 13-所示的“焊接符号”对话框。

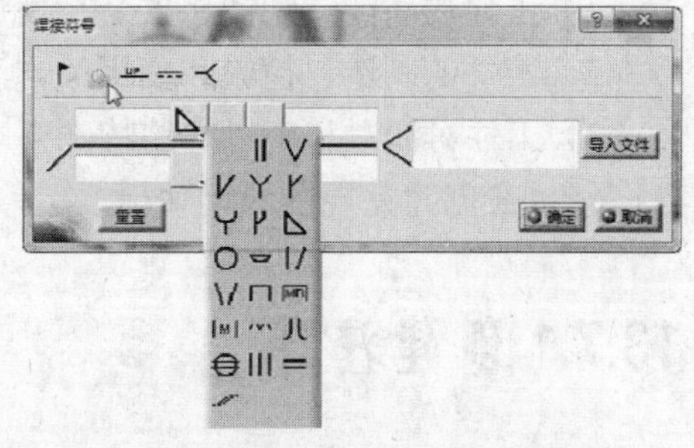

图 13-90 “焊接符号”对话框

⑤ 在“焊接符号”对话框中参照图 13-所示的参数进行设置。

⑥ 单击“确定”按钮，完成焊接符号的标注，结果如图 13-64b 所示。

创建焊接对话框中各选项的含义如下：

1）现场焊接符号：表示该焊缝需要在现场实施。

2）焊点包围符号○：表示焊缝要布满整个周边。

3）焊接文本侧边：表示调节符号和值显示在焊接符号的上方或下方。

4）缩进行侧边：表示焊缝的虚实基准线符号会互换，每单击一次，虚实基准线就会转换一次。

5）焊尾：可以在该符号后面填入焊接工艺方法。

6）焊缝类型焊缝类型提供了从左至右三个（上下两排相同）的下拉列表，如图 13-所示。

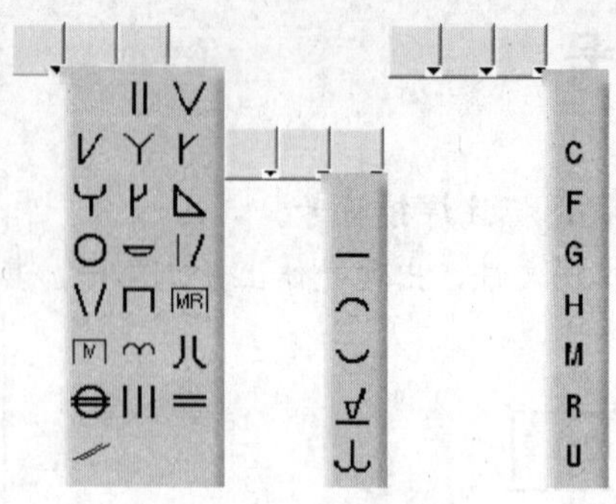

图 13-91 焊缝类型

13.7 文本注释

在工程图中，有些信息无法用图形表达清楚，需要用文字在技术要求中说明。例如以下信息：

1）工件的功能、性能、安装、使用和维护的要求。

2）工件的制造、检验和使用的方法及要求。

3）工件对润滑和密封等的特殊要求。

所以在创建完视图的尺寸标注后，还需要创建相应的注释标注。

13.7.1 创建注释

（1）创建文本注释

【例13-46】 创建文本注释的一般操作步骤。

① 打开随书光盘中的本例文件，出现排种轴工程图，如图 13-65a 所示。

② 在菜单栏中，依次选择“插入”→“标注”→“文本”→“文本”选项，或在“标注”→“文本”工具栏中直接单击“文本”按钮 T。

③ 提示栏提示“指示文本定位点”，移动鼠标，在绘图区合适位置单击以确定注释的位置，弹出“文本编辑器”对话框，如图 13-66 所示，在该对话框中输入文字。值得注意的是，在“文本编辑器”对话框中，按下键盘上的“Shift+Enter”组合键可实现换行。

④ 单击“确定”按钮，完成文本注释的创建，结果如图 13-65b 所示。

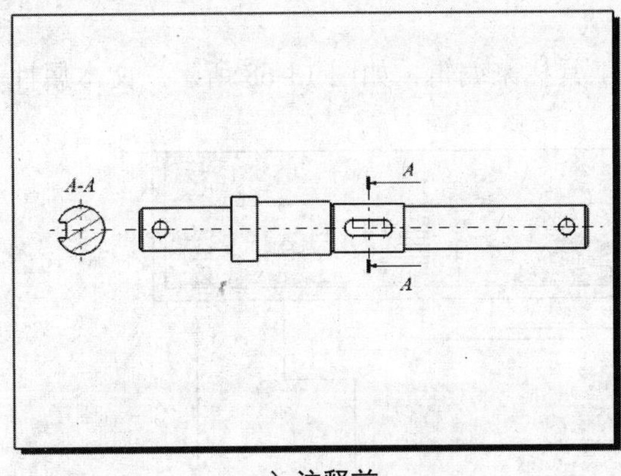

a）注释前

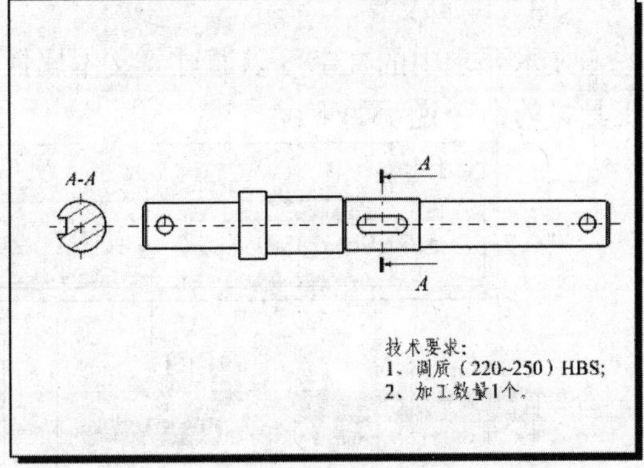

b）注释后

图 13-65 技术要求

图 13-66 “文本编辑器”对话框

（2）创建带引出线的文本注释

【例13-47】 创建带引出线的文本注释的一般操作步骤。

① 打开随书光盘中的本例文件，出现左壳体工程图，其仰视图如图 13-67a 所示。

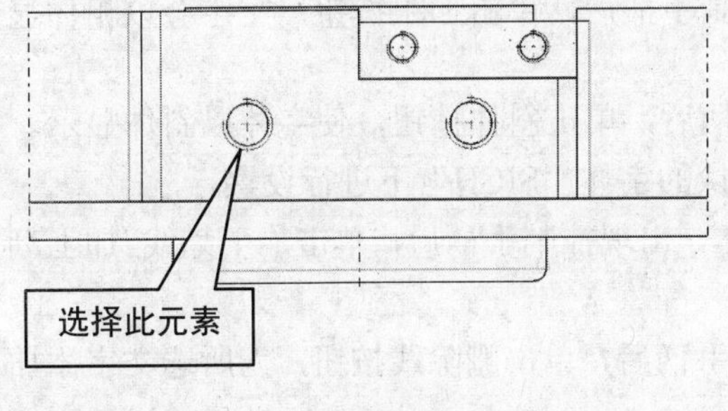

a）创建前

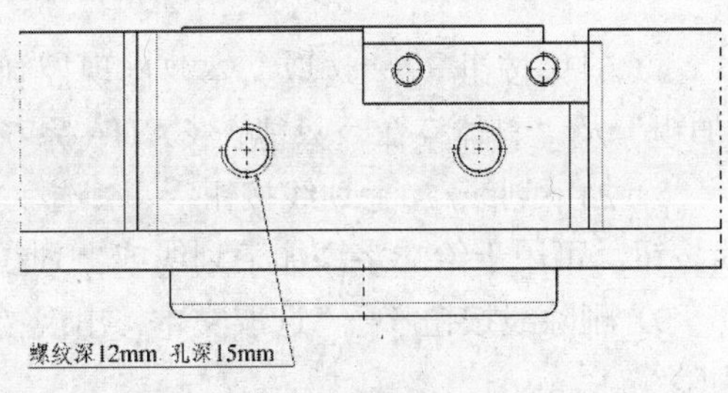

b）创建后

图 13-67 创建带引出线的文本

② 在菜单栏中，依次选择“插入”→“标注”→“文本”→“带引出线的文本”选项，或在“标注”→“文本”工具栏中直接单击“带引出线的文本”命令按钮。

③ 提示栏提示“选择元素或指示引出线定位点”，选择如图 13-67a 所示的要注释的元素。

④ 在绘图区中适当位置单击以放置文本，弹出“文本编辑器”对话框。

⑤ 在“文本编辑器”对话框中输入文字“螺纹深 12mm，孔深 15mm”。

⑥ 单击“确定”按钮，完成带引出线的文本注释的创建，结果如图 13-67b 所示。

（3）编辑文字

技术要求中的文字可以通过“文本属性”工具栏来编辑，如图 13-68 所示。文本属性工具栏的命令说明如下：

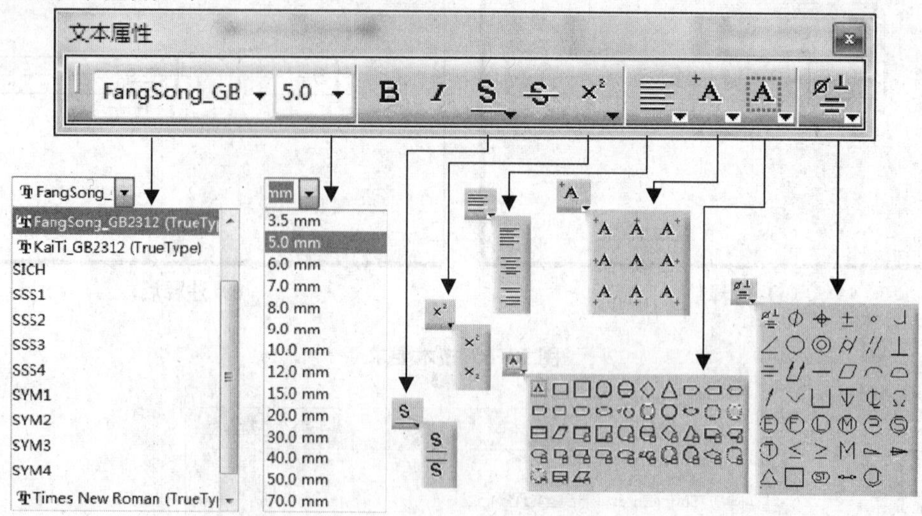

图 13-68 “文本属性”工具栏

1）字体名称下拉列表 FangSong_GB “该下拉列表用于设置文本中的字体。

2）字体大小下拉列表 8.0 “该下拉列表用于设置注释文本中字体的字号。

3）字体加粗按钮 B “选取文本，出现控制手柄后，单击加粗按钮，文字会以粗体显示。

4）斜体按钮 “选取文本，出现控制手柄后，单击斜体按钮，使字体以斜体显示。“加粗”及“斜体”命令只能在 CATIA 系统默认的字体“SICH”下进行设置。

5）加下划线/加上划线按钮 “选取文本，出现控制手柄后，单击加下划线/加上划线按钮，可用于给文字添加下划线或上划线。

6）删除线按钮 “选取文本，出现控制手柄后，单击删除线按钮，为所选文字添加删除线。

7）上标/下标按钮 “选取文本，出现控制手柄后，单击该按钮，用于设置上标或下标。

8）对齐按钮 “该按钮的下拉列表中包括了“左对齐”按钮 ，“居中对齐”按钮 和“右对齐”按钮 ，选取创建好的文本，出现控制手柄后，分别单击这三种按钮实现不同效果。

9）定位点按钮 “单击该按钮可改变文本相对于文本放置点的位置。

10）框架按钮 “单击该按钮可为文本添加不同形状的边框。

11）插入符号按钮 “在编辑文本时，可通过单击该按钮添加所需的符号。

需要注意的是，“加粗”及“斜体”命令只能在 CATIA 系统默认的字体“SICH”下进行设置。

在 CATIA 工程制图工作台修改字体名称时，由于 CATIA 文本库中所包含的字体十分有限，特别是中文字体尤为匮乏，这就使得我们往往找不到合适的字体。然而，在 Windows 系统字体库中包含了大量的字体类型，我们可以通过对 CATIA 字体选项进行设置来使用 Windows 自带的字体。

具体操作步骤是，在菜单栏中，依次选择“工具”→“选项”选项，弹出“选项”对话框。在“选项”对话框中，依次展开并选择“常规”→“显示”→“线宽和字体”选项卡，如图 13-69 所示。

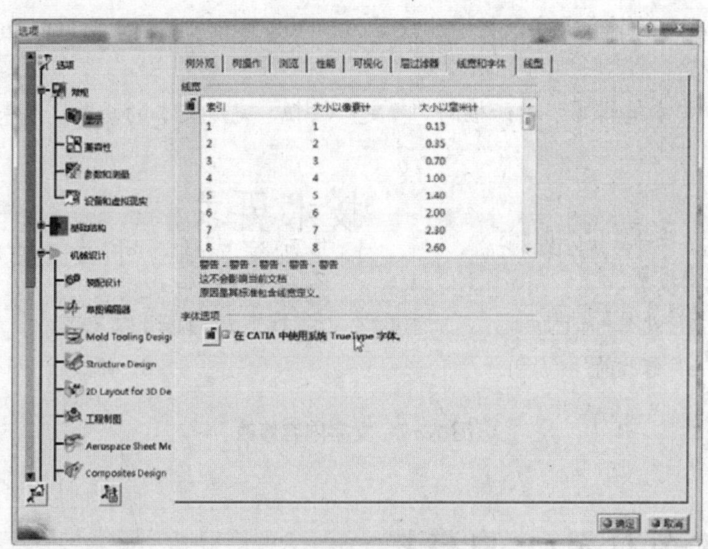

图 13-69 设置字体选项

在“线宽和字体”对话框“字体选项”选项区中，选中“在 CATIA 中使用系统 TrueType 字体”复选框（若默认为选中状态，则无需进行更改）。

此时弹出“警告”对话框，提示“请重新启动 CATIA 使修改生效”，对话框如图 13-70 所示。依次单击“警告”和“选项”对话框中的“确定”按钮，完成字体选项的设置。此时，再次重新启动 CATIA，就可以使用 Windows 系统中自带的字体了。

图 13-70 “警告”对话框

13.7.2 文本编辑

【例13-48】 文本编辑。

① 打开随书光盘中的本例文件，如图 13-71a 所示。

② 右键单击如图 13-71a 所示的文本，在弹出的快捷菜单中选择“文本.1 对象”→“定义”选项或直接双击需要编辑的文本，系统弹出“文本编辑器”对话框，如图 13-66 所示。

③ 将对话框中的文本“黑色”改为“墨绿色”。

④ 选中对话框中的文字“技术要求:”，在如图 13-68 所示的文本属性工具栏中，将字体设置为“FangSong_GB2312 (TrueType)”，字号设置为“12”；然后选中“技术要求:”后面的所有文字，将字体设置为“FangSong_GB2312 (TrueType)”，字号设置为“14”。

⑤ 单击“文本编辑器”对话框的“确定”按钮，完成文本的修改，结果如图 13-71b 所示。

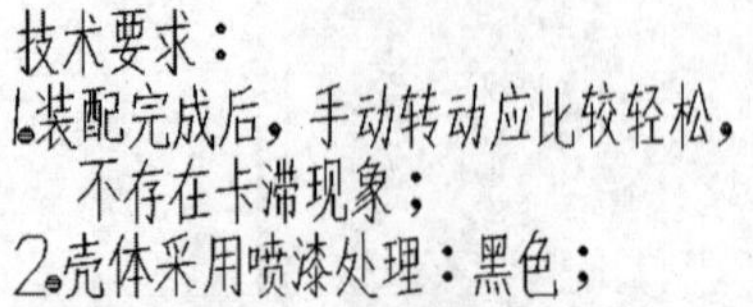

技术要求：
1.装配完成后，手动转动应比较轻松，
不存在卡滞现象；
2.壳体采用喷漆处理：黑色；

a）修改前

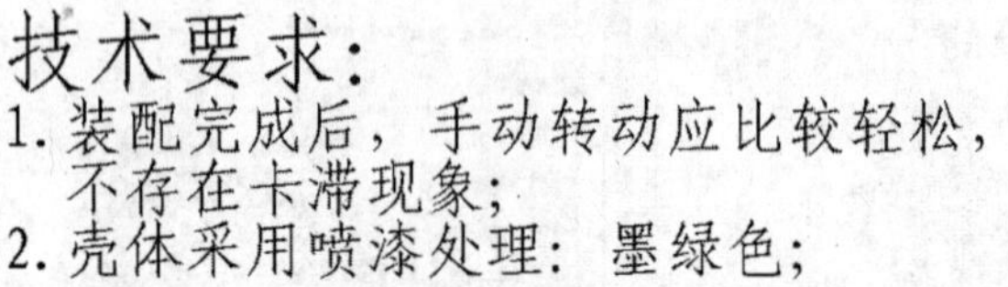

技术要求:
1. 装配完成后，手动转动应比较轻松，
不存在卡滞现象;
2. 壳体采用喷漆处理：墨绿色;

b）修改后

图 13-71 文字内容修改

13.7.3 文本的位置/方向链接

（1）创建文本的位置链接

创建文本的位置链接可以方便用户将工程图与工程图中的文本相互链接起来统一移动。

【例13-49】 创建文本位置链接的一般操作步骤。

① 打开随书光盘中的本例文件，出现上盖工程图，其正视图如图 13-72a 所示。

② 在上盖正视图上分别创建两个文本注释，如图 13-72b 所示。

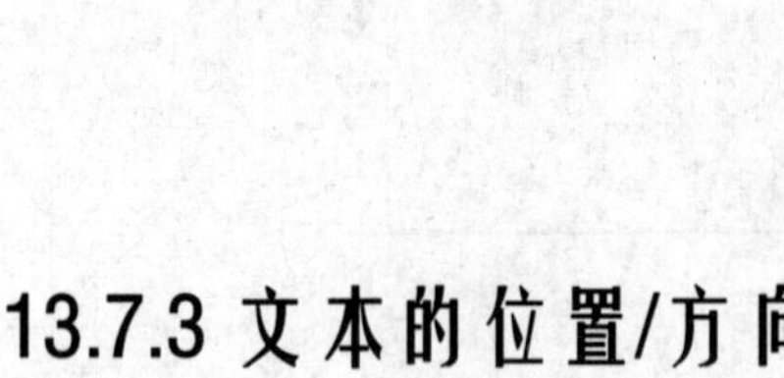

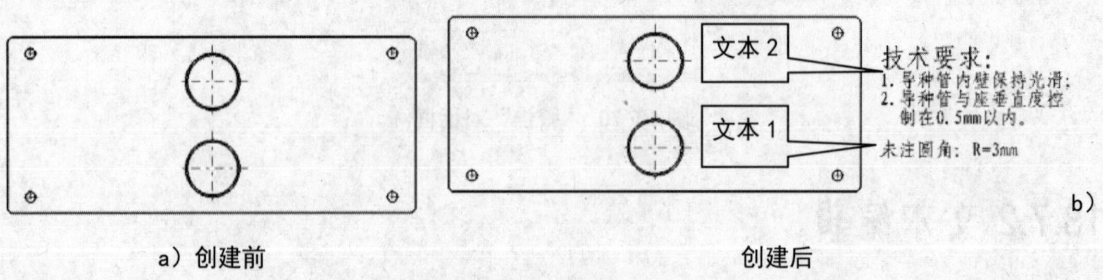

a）创建前

文本 2
技术要求:
1. 导种管内壁保持光滑;
2. 导种管与座垂直度控制在0.5mm以内。
文本 1
未注圆角：R=3mm

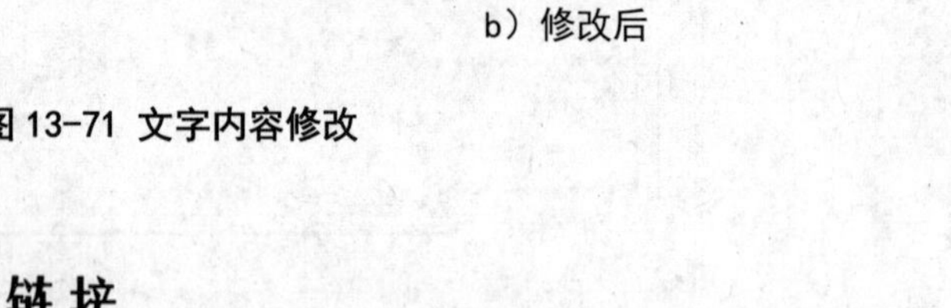

b）创建后

图 13-72 创建文本

③ 右键单击如图 13-72b 所示的“文本 1”，在系统弹出的快捷菜单中选择“位置链接”→“创建”命令。

④ 提示栏提示“选择对象，在其上创建位置链接”，单击如图 13-72b 所示的“文本 2”，将其作为文本位置链接的参照，完成文本的位置链接，完成文本位置链接创建后，移动文本 2，文本 1 也会随之移动。

“位置链接”命令对形位公差、带引出线的文本、焊接符号、公差基准符号等同样可用，而位置链接的参考可以是任何元素，操作方法同上。

（2）创建文本的方向链接

CATIA 软件默认的文本方向为水平方向，如果想更改文本的放置方向，可以运用方向链接功能来实现。

【例13-50】 创建文本方向链接的一般操作步骤。

① 打开随书光盘中的本例文件，出现上盖工程图，其正视图如图 13-所示。

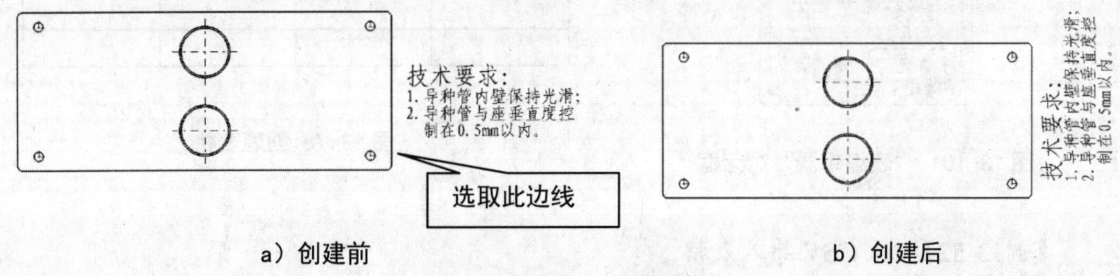

图 13-100 创建文本位置链接

② 右键单击图 13-a 中的文本，在系统弹出的快捷菜单中选择“方向链接”→“创建”命令。

③ 提示栏提示“选择对象，在其上创建方向链接”，选择如图 13-a 所示的边线作为文本方向链接的参考，完成文本方向链接创建，结果如图 13-b 所示。

13.8 表格

一套完整的工程图除了需要具备视图、尺寸标注及技术要求外，通常还需要创建一些表格用来制作标题栏、明细栏、分类统计表等，这些表格起着归纳和展示信息的重要作用。本节主要介绍如何在工程图中创建和编辑表格。

13.8.1 创建表格

在 CATIA 工程制图中，共有两种创建表格的方法，一种是通过表格命令直接创建，另外一种是导入 CSV 表创建表格。

（1）直接创建法

【例13-51】 直接创建表格。

① 在菜单栏中，依次选择“插入”→“标注”→“表”→“表”选项，或在“标注”→“表”工具栏中直接单击“表”按钮，弹出“表编辑器”对话框，如图 13-所示。

② 在对话框中输入所要创建表的“列数”和“行数”，在此创建一个 3 行 4 列的表格，输入参见图 13-。

③ 单击“确定”按钮，移动鼠标，在绘图区中选择合适位置单击以放置表格。创建后的表格如图 13-73 所示。

（2）从 CSV 导入创建

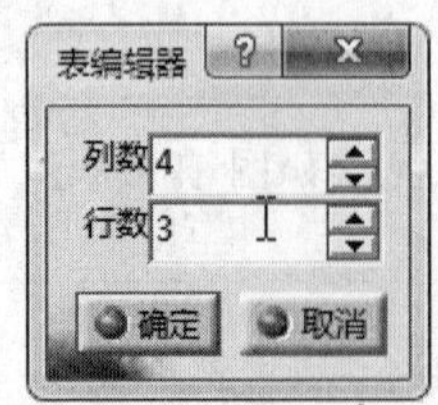

图 13-101 “表编辑器”对话框

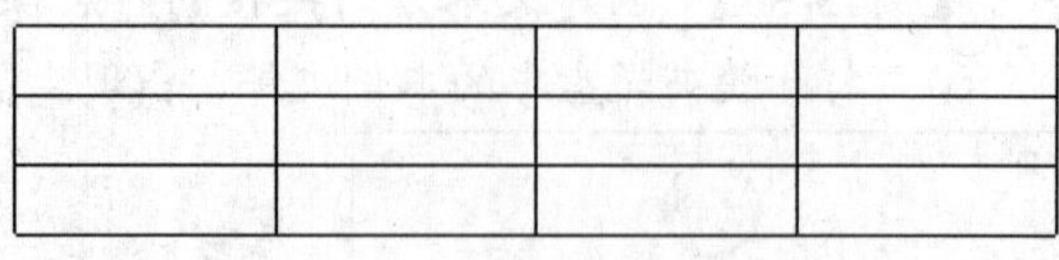

图 13-73 创建表格

【例13-52】 从 CSV 导入表格。

① 新建一个 Excel 文档，在文档工作区框选一个如图 13-73 所示的 3×4 的区域，并为该区域添加边框。

② 在 Excel 工作簿菜单栏中，依次选择“文件”→“另存为”选项，弹出“另存为”对话框。设置“文件名（N）”文本框为“Create Table”，如图 13-74 所示；在“保存类型（T）”文本框中选择“CSV（逗号分隔）(*.csv)”选项。

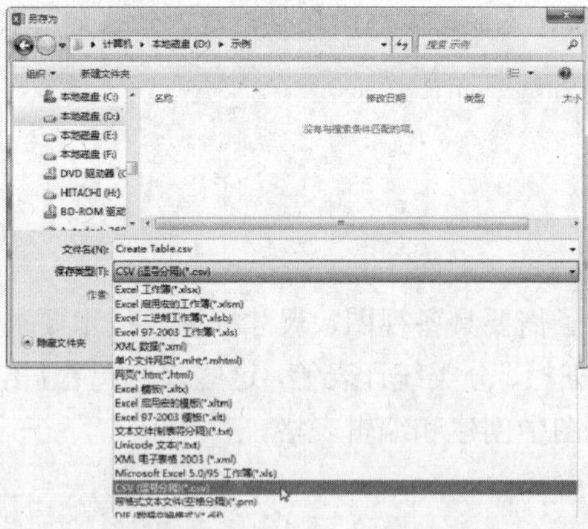

图 13-74 修改文件名和保存类型

③ 单击“保存（S）”按钮，即在 Excel 工作簿中创建 CSV 表。

④ 回到 CATIA 工程图窗口，在菜单栏中，依次选择“插入”→“标注”→“表”→“从 CSV 创建表”选项，或在“标注”→“表”工具栏中直接单击“从 CSV 创建表”按钮，弹出“选择文件”对话框，如图 13-75 所示。

⑤ 选择之前所创建的 CSV 文件“Create Table.csv”，然后单击“打开（O）”按钮，移动鼠标，在绘图区中选择合适位置单击以放置表格，绘图区出现如图 13-76 所示的表格。

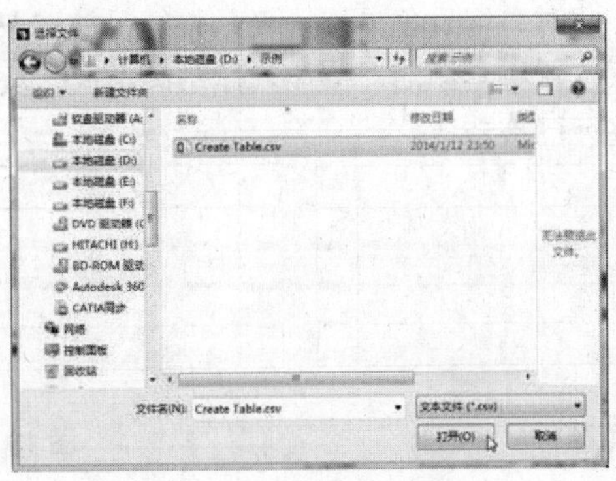

图 13-75 选择文件对话框

13.8.2 编辑表格

CATIA 当中对表格进行编辑的操作，有很多与 EXCEL、WPS 表格等软件类似，学习时比较容易掌握。本节将在“13.8.1 创建表格”节中所创建的 3 行×4 列表格的基础上，简要讲解如何对表格进行编辑。

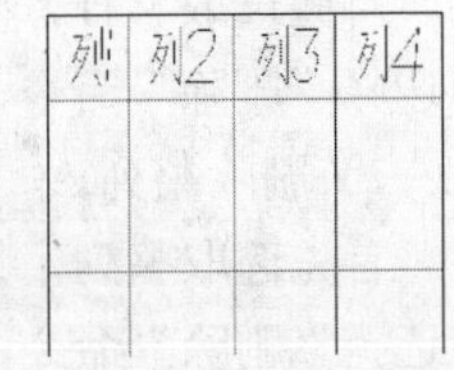

图 13-76 从 CSV 插入表格

（1）选取单元格

1）选取整个表格。

双击表格任意位置将其激活，表格周围出现表格标线，如图 13-77 所示。当表格处于激活状态时，不能够对其进行移动操作。将鼠标移动到表格左上角的位置单击（此时鼠标指针变成图示样式），整个表格即反色显示，表示整个表格的所有单元格已被选取。

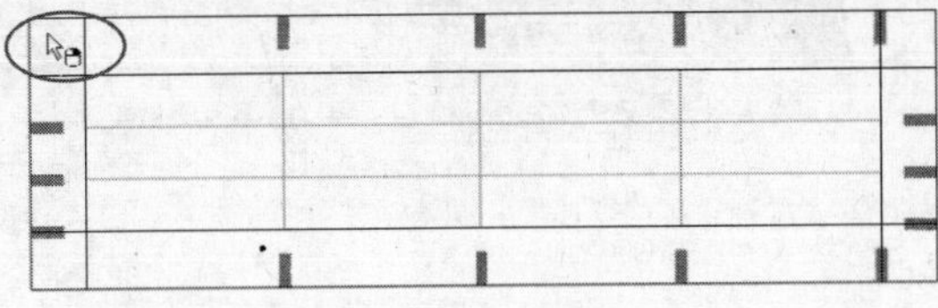

图 13-77 选取整个表格

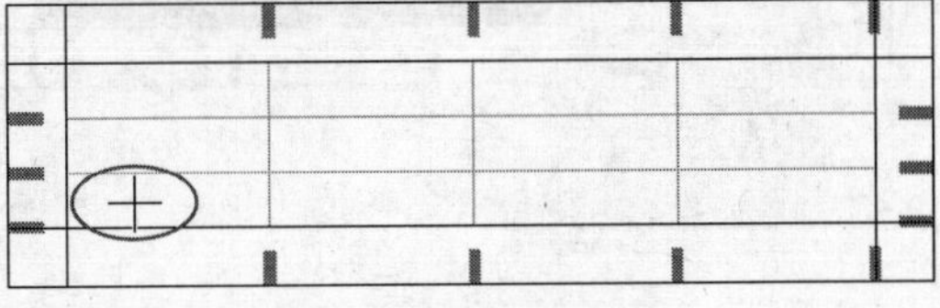

图 13-78 选取单个单元格

2）选取单个单元格。

双击表格任意位置将其激活，表格周围出现表格标线，将鼠标移动到如图 13-78 所示的位置，当鼠标指针变为如图所示的“＋”字形状时单击，此时单元格反色显示，表示单元格已被选取。

3）选取整行。

双击表格任意位置将其激活，将鼠标移动到如图 13-79 所示位置，当鼠标指针变为实心向右箭头形状时单击，此时整行反色显示，表示整行已被选取。

也可以双击表格任意位置将其激活，按住鼠标左键不放，从行头拖动鼠标至行尾，此时整行反色显示，表示整行已被选取。

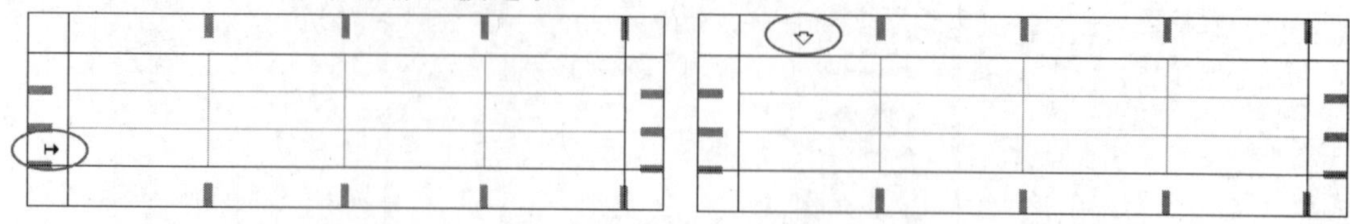

图 13-79 选取整行　　图 13-80 选取整列

4）选取整列

双击表格任意位置将其激活，将鼠标移动到如图 13-80 所示的位置，当鼠标指针变为空心箭头时单击，此时整列反色显示，表示整列已被选取。

也可以双击表格任意位置将其激活，按住鼠标左键不放，从列头拖动鼠标至列尾，此时整列反色显示，表示整列已被选取。

（2）删除单元格

1）删除整行。

首先选取整行，然后把鼠标移动到如图 13-810 所示位置右键单击，在弹出的快捷菜单中选择“删除”命令，即可删除所选的行。

2）删除整列。

首先选取整列，然后把鼠标移动到如图 13-82 所示位置右键单击，在弹出的快捷菜单中选择“删除”命令，即可删除所选的列。

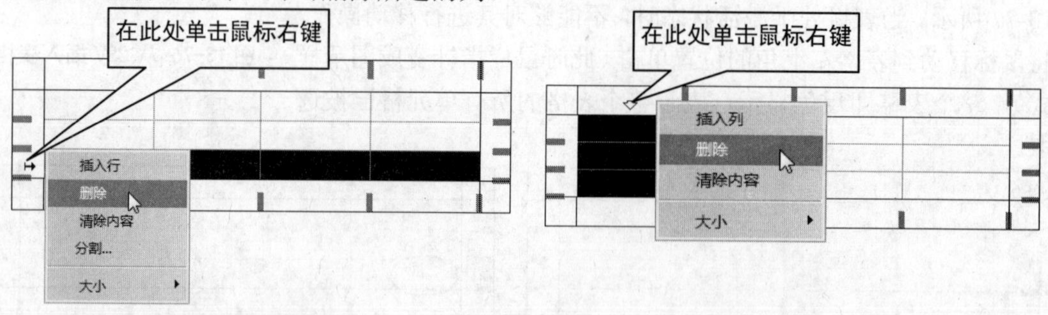

图 13-81 删除整行　　图 13-82 删除整列

（3）合并、取消合并单元格

1）合并单元格。

首先双击表格中任意位置，将表格进行激活。将鼠标移动至所要合并单元格的起始位置，当鼠标指针变为“＋”字形状时，按住鼠标左键不放，拖动鼠标至所要合并单元格的终止位置，如图 13-83 所示。右键单击所选取单元格中任意位置，在弹出的快捷菜单中选择“合并”命令，完成单元格的合并。

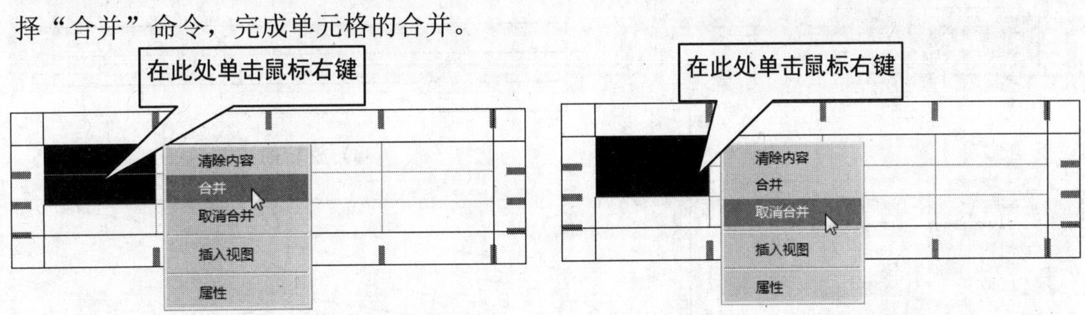

图 13-83 合并单元格　　图 13-84 取消合并单元格

2）取消合并单元格。

双击表格任意位置将其激活，右键单击所要取消合并的单元格，在弹出的快捷菜单中选择“取消合并”命令，如图 13-84 所示，即可取消已经合并的单元格。

（4）移动、旋转表格

1）移动表格

单击表格任意位置使表格高亮显示，然后按住鼠标左键不放，将表格拖动到合适位置后松开鼠标，改变表格位置。此操作可实现表格在图纸中的移动，移动前后对比如图 13-85 所示。

需要注意的是，由于 CATIA 中表格的定位点都只停留于图纸网格节点之上，因此表格只会沿正交方向移动。如有必要，可在移动表格时按住 Shift 键，可摆脱网格节点的限制而平滑移动。

a）移动前　　b）移动后

图 13-85 移动表格

2）旋转表格

单击表格任意位置使表格高亮显示，移动鼠标到表格中任意位置，单击鼠标右键，在快捷菜单中选择“属性”命令，弹出“属性”对话框，选择“文本”选项卡中“方向”下拉列表中的“固定角度”选项，然后在“角度”文本框中输入角度值，系统默认单位为“deg”（度），如图 13-86 所示。单击“确定”按钮，即可使表格旋转，旋转前后对比如图 13-87 所示（图例为 10 度）。

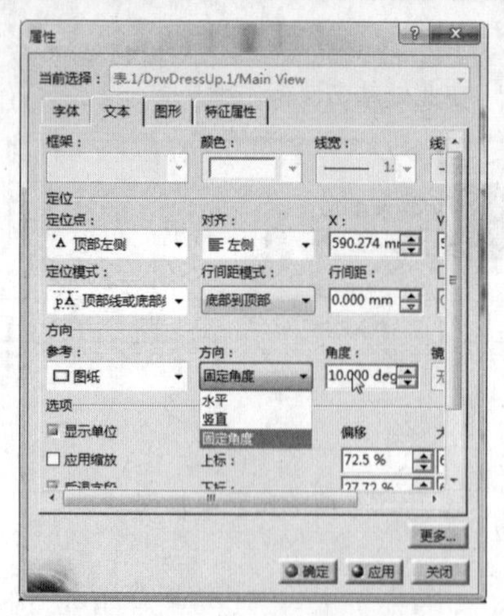

图 13-86 “属性”对话框

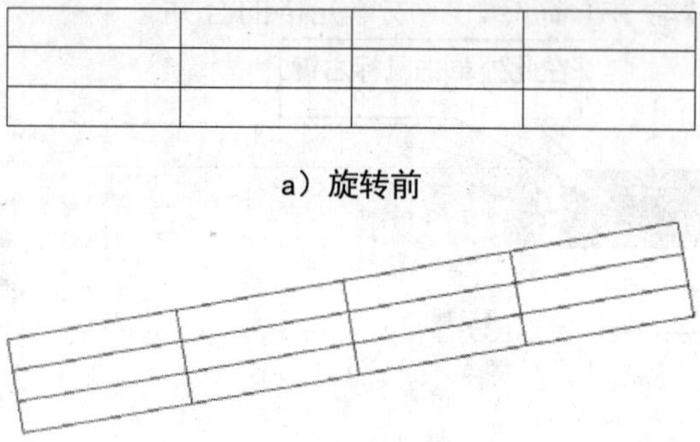

a）旋转前

b）旋转后

图 13-87 旋转表格

（5）调整行高、列宽

双击表格中任意位置将其激活，将鼠标移动到如图 13-88 所示最后一行最左端位置，当鼠标指针变为如图 13-88 所示的实心向右箭头形状时，单击鼠标右键，在弹出的快捷菜单中，依次选择“大小”→“设置大小”选项，弹出“大小”对话框，如图 13-89 所示。将“行高”值设置为所需要的尺寸，单击“确定”按钮，完成行高的调整。

调整列宽的方法与调整行高类似，在此不再赘述。

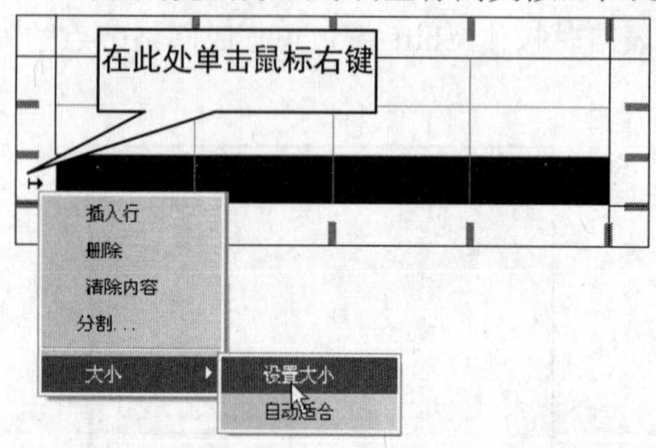

图 13-88 调整行高

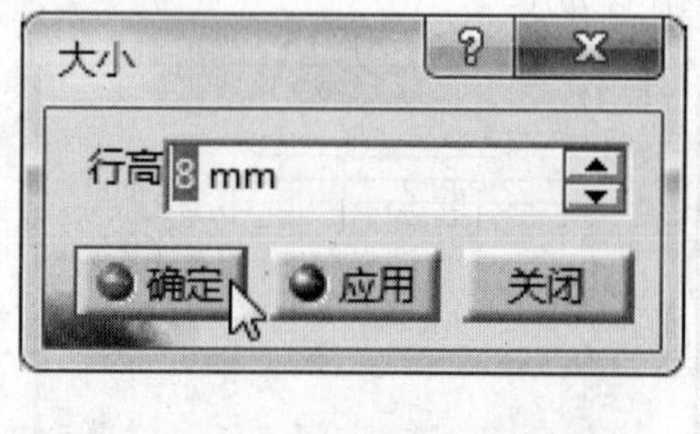

图 13-89 调整行高“大小”对话框

（6）插入行、列

1）插入单行/单列

双击表格任意位置将其激活，将鼠标移动到如图 13-90a 所示位置，当鼠标指针变为图 13-90a 所示的实心箭头形状时，单击鼠标右键，在弹出的快捷菜单中选择“插入行”命令，系统将会在所指定的行的上方插入一行，结果如图 13-90b 所示。

插入列的方法与插入行类似，在此不再赘述。

2）扩展行列数

双击表格任意位置将其激活，将鼠标移动到如图 13-91a 所示位置，当鼠标指针变为如图 13-91a 所示的样式时，单击鼠标右键，在弹出的快捷菜单中选择“扩展表”命令，如图

13-91a 所示。

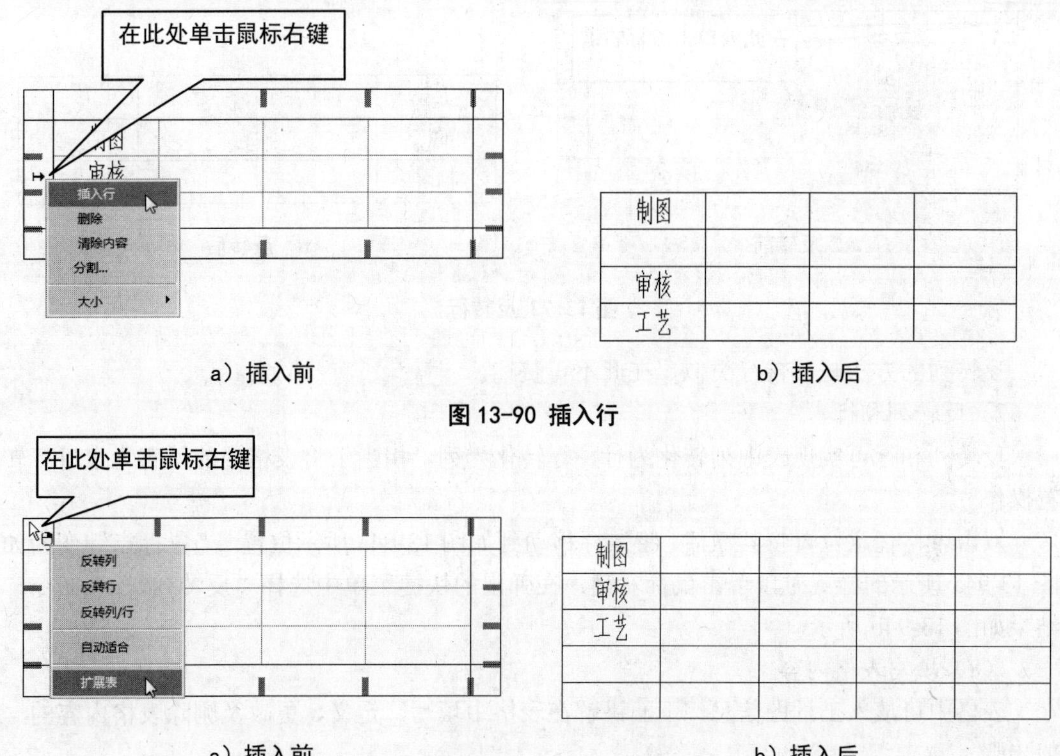

图 13-90 插入行

图 13-91 扩展表

系统会弹出“扩展表编辑器”对话框，如图 13-92 所示，在“列数”文本框和“行数”文本框中输入需要扩展的数值，单击“确定”按钮，完成表格行或列的插入，结果如图 13-91b 所示。这种插入行或列的方法较为简单，但不能实现在指定位置插入，系统默认在最后一行的下方和最后一列的右侧插入行或列。

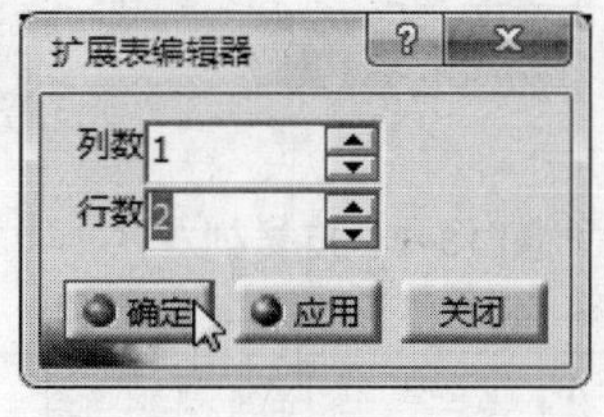

图 13-92 “扩展表编辑器”对话框

（7）反转行、列

1）反转行或列

反转行或列可使表中的行或列项目逆序排列。

双击表格任意位置将其激活，将鼠标移动到如图 13-93a 所示位置，当鼠标指针变为如图 13-93a 所示的样式时，单击鼠标右键，在弹出的快捷菜单中选择“反转行”命令，系统将会使表中行的项目按相反的顺序进行排列，结果如图 13-93b 所示。

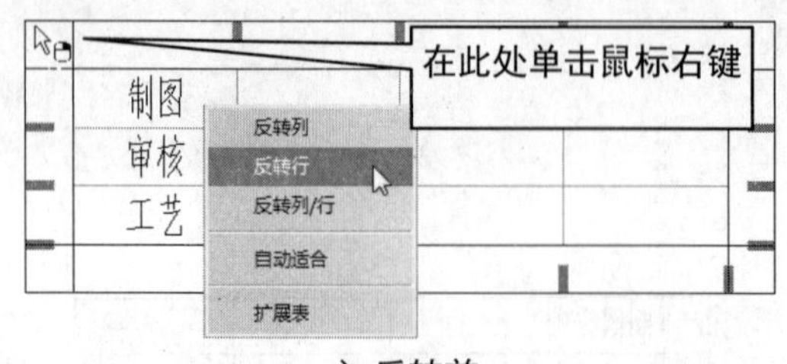

a）反转前

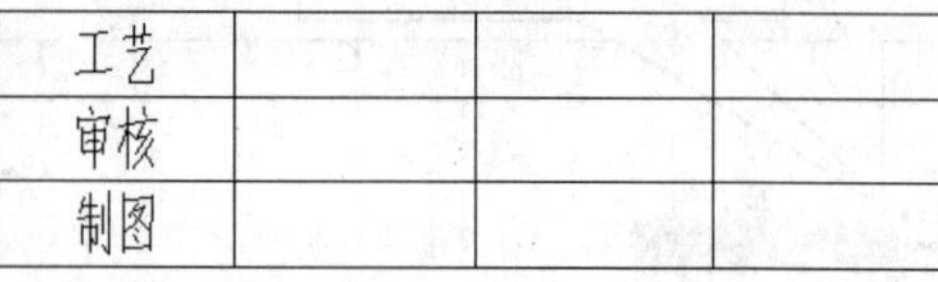

b）反转后

图 13-93 反转行

反转列的方法与反转行类似，在此不再赘述。

2）反转列和行

反转列和行可实现表中列转化为行，行转化为列，相当于将表格中的所有元素进行转置操作。

双击表格任意位置将其激活，将鼠标移动到如图 13-94a 所示位置，当鼠标指针变为如图 13-94a 所示的样式时，单击鼠标右键，在弹出的快捷菜单中选择“反转列/行”命令，结果如图 13-94b 所示。

（8）填写表格内容

表格中可填入工程图信息，下面讲解在表格中填写、定义、更改及删除表格内容的一般步骤。

1）填写表格内容。

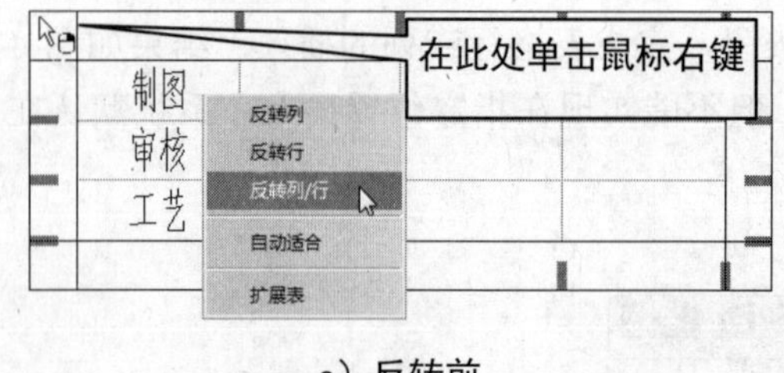

a）反转前

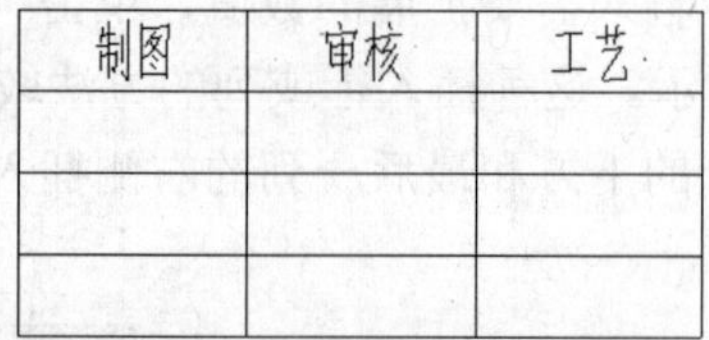

b）反转后

图 13-94 反转列/行

制图			

图 13-95 填写表格内容

双击表格任意位置将其激活，将鼠标移动到需要添加内容的单元格上，当鼠标指针变为“十”字形状时，双击该单元格，弹出“文本编辑器”对话框，如图 13-66 所示，在“文本编辑器”的文本框中输入要填写的内容，如“制图”，单击“确定”按钮，完成表格内容的填写，结果如图 13-95 所示。

2）编辑表格内容格式。

双击表格任意位置将其激活，将鼠标移动到已输入文本的单元格上，单击鼠标右键，在弹出的快捷菜单中选择“属性”命令，弹出“属性”对话框，如图 13-96 所示。

a) 在“字体”选项卡“字体”下拉列表中可选择所需要的字体， 如“FangSong_GB 2312(TrueType)”。

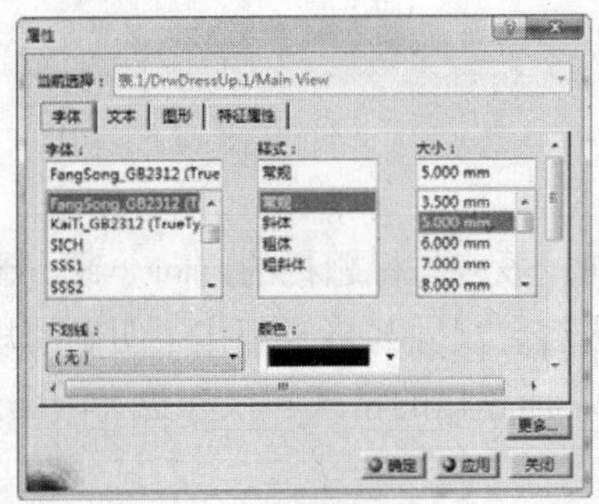

a）字体选项卡

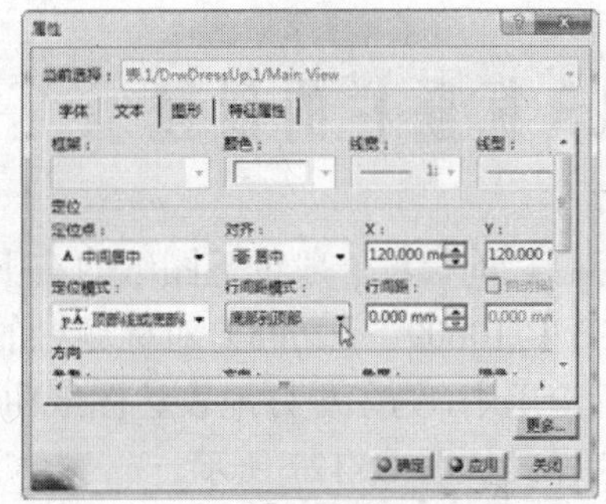

b）文本选项卡

图 13-96 “属性”对话框

b）在“样式：”下拉列表中可选择文字的样式，如“常规”。

c）在“大小：”下拉列表中可选择文字的显示大小，如“5.000mm”。

d）在“文本”选项卡“定位”选项区的“定位点”下拉列表中选择“中间居中”选项。

e)“对齐”下拉列表中选择“居中”选项。

f)“定位模式”下拉列表中选择“顶部线或底部线”选项。

g)“行间距模式”下拉列表中选择“底部到顶部”选项。

设置完毕后，单击“确认”按钮，在图纸空白区域单击，即完成表格内容的定义。如多个单元格所需的改动相同，可先将要修改的多个单元格同时选取，然后再按以上步骤进行修改。

3）更改表格内容。

双击表格任意位置将其激活，将鼠标移动到需要更改内容的单元格上，当鼠标指针变为“＋”字形状时，双击该单元格，弹出“文本编辑器”对话框，如图 13-66 所示，即可更改文本框中的文字内容，单击“确定”按钮，完成表格内容的更改。

4）删除表格内容。

双击表格任意位置将其激活，将鼠标移动到需要更改内容的单元格上，当鼠标指针变为“＋”字形状时，单击鼠标右键，如图 13-97 所示，在弹出的快捷菜单中选择“清除内容”，完成表格内容的删除。

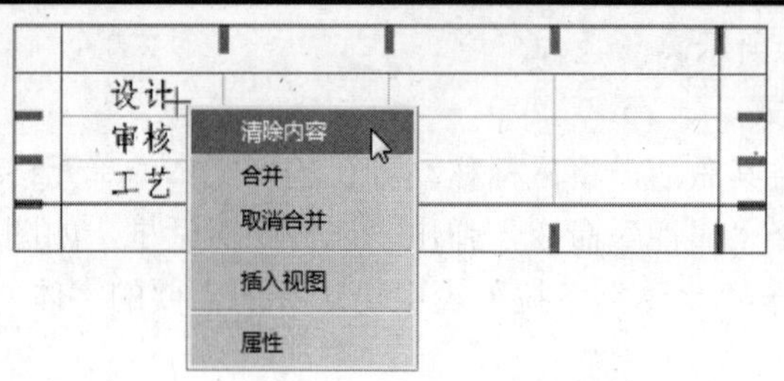

图 13-97　删除表格内容

13.8.3 标题栏的创建

标题栏的位置一般位于图纸的右下角，看图方向一般应与标题栏的方向一致。国家标准（GB/T 10609.1—2008）对标题栏的基本要求、内容、尺寸与格式都作了明确的规定，在实际应用中，为了更好地表达图纸中所展示的信息，标题栏的格式和尺寸也会因图而异，标题栏样式如图 13-127 所示。

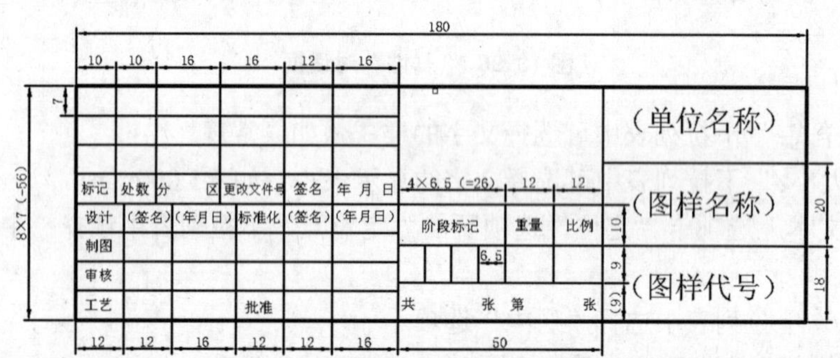

图 13-98　标题栏样式

CATIA 工程制图模块提供了三种创建标题栏的方法，分别是手动绘制标题栏、插入标题栏、自动生成标题栏。

（1）手动绘制标题栏

手动绘制标题栏的过程较为繁琐，这里仅简要说明其一般操作步骤：

1）切换工作环境至图纸背景。在菜单中，依次选择“编辑”→“图纸背景”选项，系统进入“图纸背景”界面。

2）创建一个表格。

3）对表格进行编辑。包括调整行高、列宽、单元格合并等。

4）文字编辑。包括输入文字、调整字号、字体、定义属性等。

（2）插入标题栏

由于工程图的标题栏大多采用国家标准，不同图纸间的标题栏基本相同，因而可以将创建好的标题栏直接插入到当前工程图中，减少不必要的重复操作。

【例13-53】 插入标题栏的具体操作步骤。

① 在菜单栏中，依次选择“文件”→“页面设置”选项，弹出“页面设置”对话框，如图 13-99 所示。

② 在“图纸样式”下拉列表中选择“A4 ISO”选项，并且选择“横向”单选按钮，然后单击“Insert Background View(插入背景视图)”命令按钮，弹出“将元素插入图纸”对话框，如图 13-100 所示。

③ 在“将元素插入图纸”对话框中单击“浏览”按钮，弹出“文件选择”对话框，如图 13-101 所示，找到随书光盘中的文件“Exercise\4\4.8\4.8.4\A4_hengxiang.CATDrawing”，在“文件选择”对话框中单击“打开 (O)”按钮，自动回到“将元素插入图纸”对话框，预览框中显示将要插入的标题栏样式，如图 13-100 所示。

图 13-99 “页面设置”对话框

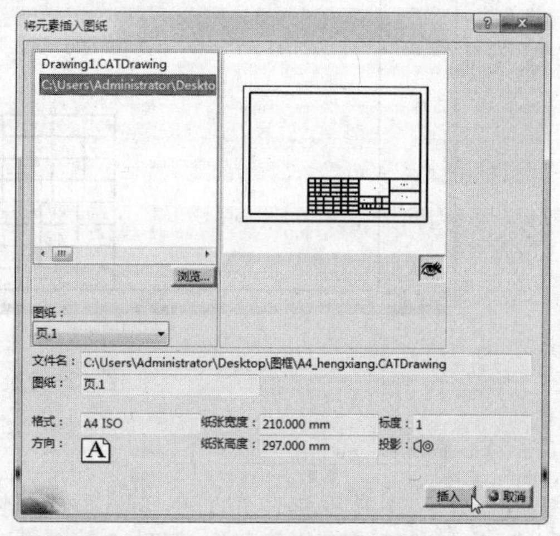

图 13-100 “将元素插入图纸”对话框

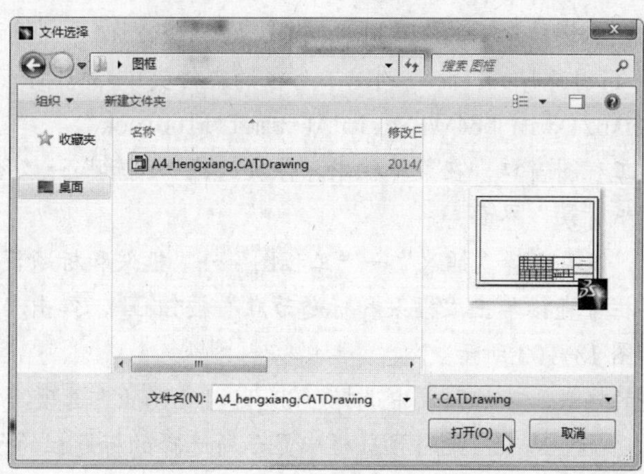

图 13-101 “文件选择”对话框

④ 在“将元素插入图纸”对话框单击“插入”按钮，系统返回至“页面设置”对话

框。

⑤ 在“页面设置”对话框中单击“确定”按钮，完成标题栏的插入，结果如图 13-102 所示。

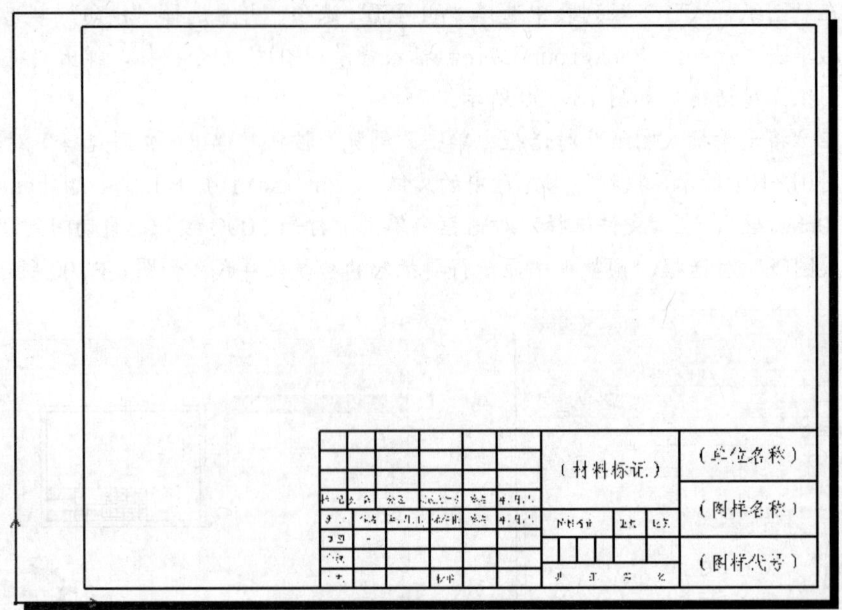

图 13-102 插入标题栏

（3）自动生成标题栏

除了手动绘制标题栏和插入已创建好的标题栏这两种方法外，还可以利用“框架和标题块”命令调用标题栏插件，在图纸中自动生成标题栏。

【例13-54】 通过.CATScript 自动生成标题栏具体操作步骤。

① 复制随书光盘本例目录下的“GB_Titleblock.CATScript”文件和与之同名的图片预览文件“GB_Titleblock.bmp”到以下路径的文件夹中:“X:\Program Files\Dassault Systemes\B21\win_b64\VBScript\FrameTitleBlock”。

② 回到 CATIA 工程图窗口，在菜单栏中，依次选择“编辑”→“图纸背景”选项，系统进入“图纸背景”界面。

③ 在菜单栏中，依次选择“插入”→“工程图”→“框架和标题节点”选项，或在“工程图”工具栏中直接单击“框架和标题节点”按钮，弹出“管理框架和标题块”对话框，如图 13-103 所示。

④ 在“标题块的样式”下拉列表中选择“GB_Titleblock”选项，在“指令”列表框中选择“Creation”选项，此时预览框中显示所选择的标题栏的预览。

⑤ 单击“确定”按钮，生成标题栏，结果参见图 13-102。

需要指出的是，如果未将“GB_Titleblock.bmp”文件一同复制至“FrameTitleBlock”文件夹下，不会影响标题栏的生成，但在“标题块的样式”对话框的右侧不会出现预览效果。

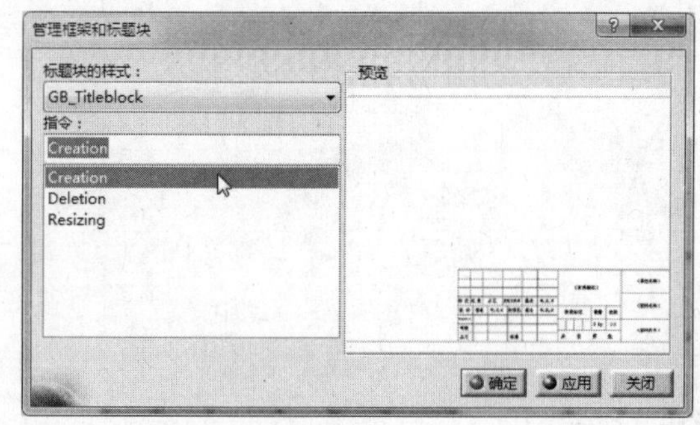

图 13-103 “管理框架和标题块”对话框

13.9 小结

工程视图创建完成之后，就需要给视图加上尺寸、公差等，才能构成一张比较完整的工程图。本章的主要内容为 CATIA 的标注功能，具体包括参考线与特征线、尺寸、形位公差、表面粗糙度、焊接、文本以及表格等。通过 CATIA 强大的标注功能的应用，可以方便地自动生成尺寸标注，也可手动添加标注，对剖面线进行填充，生成企业标准的图纸，生成装配件材料表等。一般而言，一张图纸当中会用到多种标注功能，学习时要注意融会贯通。如果感觉对一些工程制图的专业知识记忆不清，一定要去查阅相关资料。

13.10 思考题

（1）如何为工程图添加参考线和特征线？
（2）CATIA 的尺寸标注功能有哪些？各种尺寸标注功能在什么情况下使用？
（3）举例说明 CATIA 形位公差的标注方法。
（4）举例说明 CATIA 表面粗糙度的标注方法。
（5）写出焊接符号的含义及 CATIA 的实现方法。
（6）通过文本注释命令可以实现哪些功能？
（7）CATIA 当中创建表格的方法有哪些？有何应用？
（8）手动绘制一个符合国家标准的标题栏。

第六篇 实例

本篇的主要内容为使用 CATIA 软件进行零件及产品设计的综合实例。学习本篇内容的目的是掌握使用 CATIA 软件进行零件或产品设计的完整流程。本篇主要任务如下：

- 熟悉 CATIA 零件设计的基本流程
- 熟悉 CATIA 装配设计的基本流程
- 学会对已有零部件建立工程图的步骤

第14章 零件设计实例

14.1 天圆地方

14.1.1 实例分析

天圆地方（方接圆变形接头）是一种特殊结构的构件，一般为钣金件，常用于圆形通风管与风机出口、空调机组与风机进口等方面的连接。

本节以 6 条引导线的天圆地方实体零件为例介绍其创建方法，如图 14-1 所示。本例中，由截面圆轮廓与截面矩形轮廓沿 6 条引导线通过“基于草图的特征”工具栏中的“多截面实体”功能创建。引导线的功能是控制天圆地方的截面变化，由截面圆轮廓上创建的辅助点分别与截面矩形端点、边线连接而成。

图 14-1 天圆地方

14.1.2 绘制截面轮廓

1）新建一个零件，命名为“天圆地方”，进入零件设计工作台。

2）通过“偏移平面”命令创建一个与 xy 平面偏移距离为 60mm 的平面。

3）在新建平面上绘制一个直径为 40mm 的圆；在 xy 平面上绘制一个 200mm×100mm 的矩形。绘制完成后退出草图工作台，如图 14-2 所示。

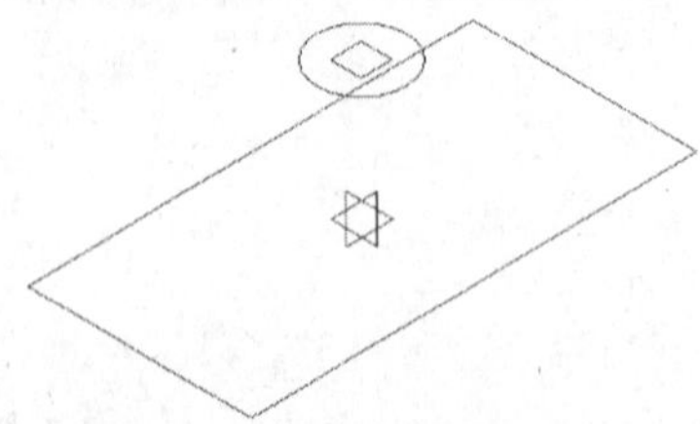

图 14-2 天圆地方截面轮廓

14.1.3 绘制引导线

1）选择 xy 平面，进入草图工作台，绘制矩形两条对角线，如图 14-3a 所示，绘制后退出草图工作台。

2）选中新建的偏移平面，进入草图工作台，选中矩形两条对角线，单击“投影 3D 几何元素”按钮，元素投影完毕，如图 14-3b 所示。

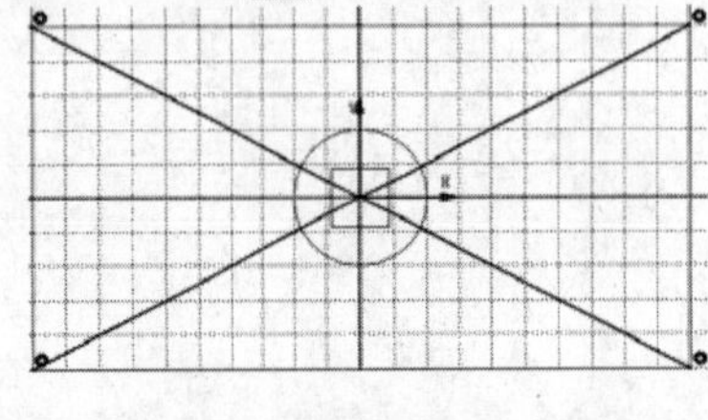

a）辅助对角线

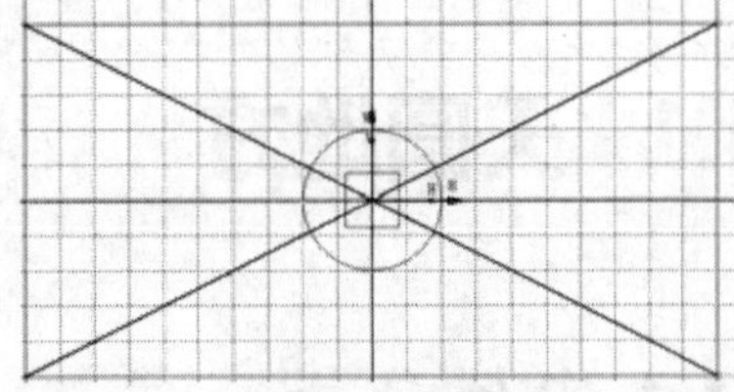

b）投影对角线

图 14-3 创建辅助线

3）前面步骤中绘制的对角线是创建引导线所在平面的辅助线。创建的辅助线不能与矩形截面在同一草图中，必须在新建草图中创建，因为多截面实体中的截面轮廓要求是封闭的，并且不能自相交。绘制到这一步，结构树中的草图的数量为 4 个，这里需要读者特别注意，草图轴测图如图 14-4 所示。也可以在绘制矩形时直接绘制其对角线，并且将对角线设置为构造线。

4）选中新建平面，进入草图工作台。本例引导线为 6 条，故创建 6 个点，4 个点分别与圆和两条对角线投影线同时相合，另外两个点分别与圆和 V 轴同时相合，如图 14-5 所示。这里要注意的是 6 点必须在对角线投影线所在的草图中创建。

5）单击“平面”按钮，打开“平面定义”对话框，通过“通过两条直线”创建平面功能创建平面，选择如图 14-6 所示的直线 1、直线 2 创建平面，选择另外两条直线创建另一个平面，如图 14-7 所示。

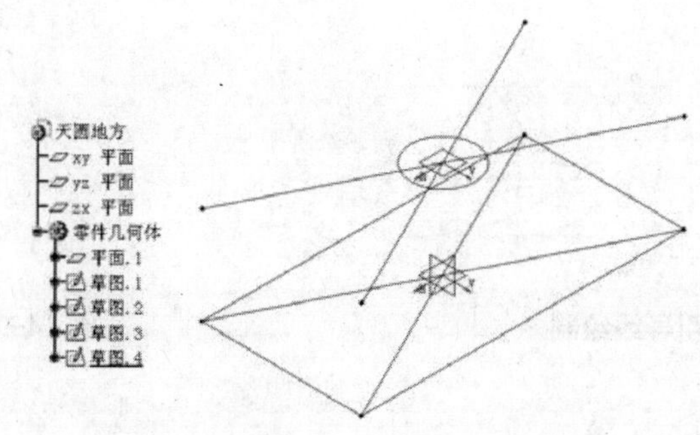

图 14-4 辅助线

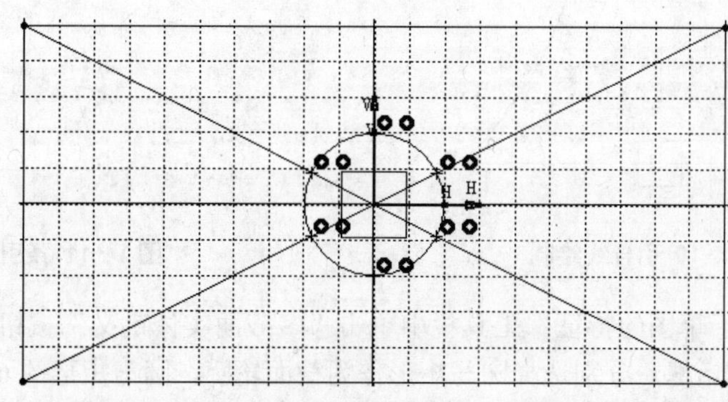

图 14-5 辅助点

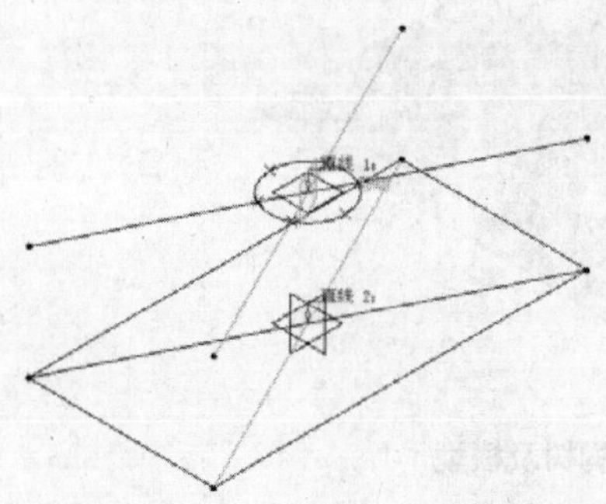

图 14-6 创建引导性绘制平面 1

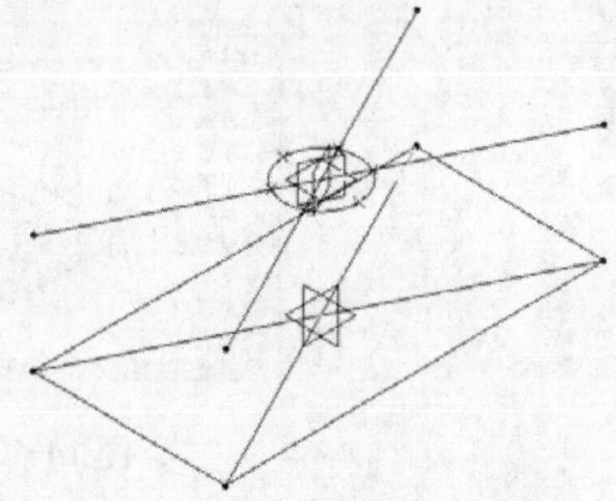

图 14-7 创建引导线绘制平面 2

6）选中步骤 4 中的一个新建平面，进入草图工作台，绘制一圆弧分别与该平面上矩形截面端点和圆截面上的点相合，圆弧半径本例取 100mm，如图 14-8 所示。其余 3 条引导线画法与该步相同，创建后的引导线如图 14-9 所示。

7）另外两条引导线在 yz 平面上绘制。选中 yz 平面，进入草图工作台，绘制一圆弧分别与圆截面上点和矩形长边线相合，圆弧半径本例取 90mm，引导线如图 14-10 所示，另外 1 条引导线画法相同，如图 14-11 所示。需要注意的是每条引导线需在不同草图中绘制。

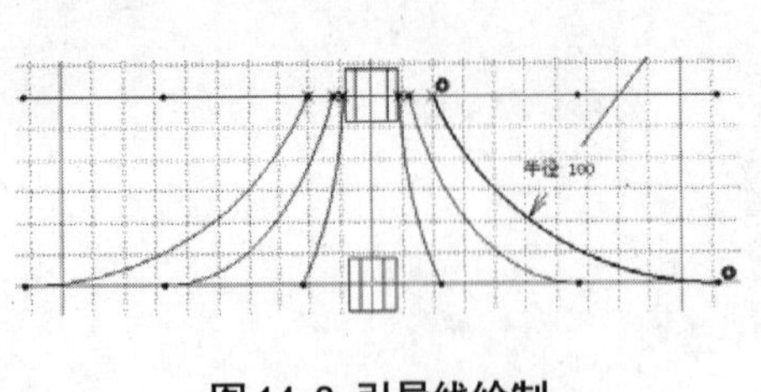

图 14-8 引导线绘制

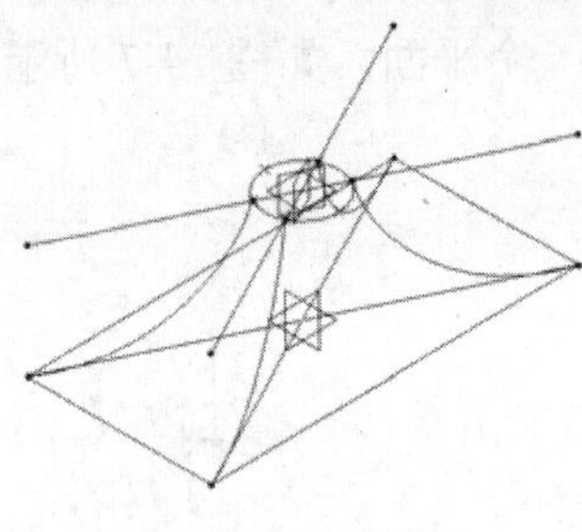

图 14-9 条引导线

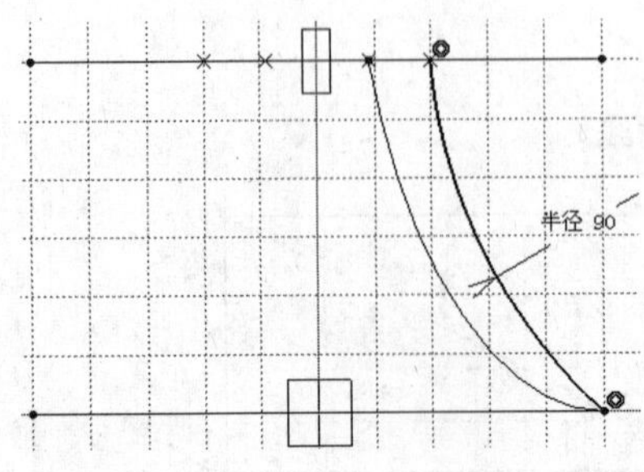

图 14-10 引导线绘制

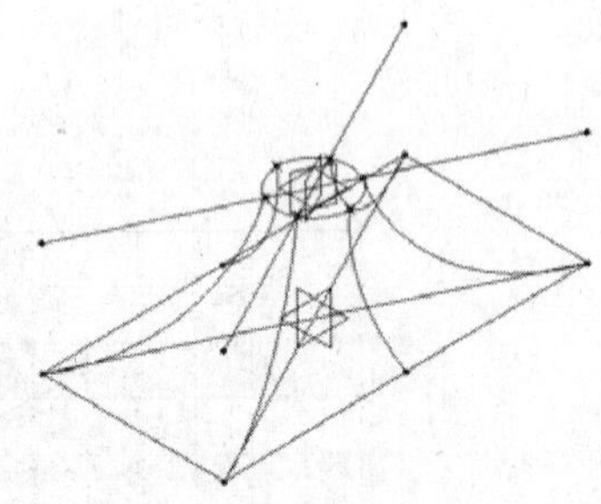

图 14-11 条引导线

8）在“基于草图的特征”工具栏中单击“多截面实体定义”按钮，弹出“多截面实体定义”对话框。分别选择圆与矩形作为截面轮廓，圆与矩形的 6 条连接线作为引导线，其余选项系统默认，单击“确定”按钮，结果如图 14-12 所示。

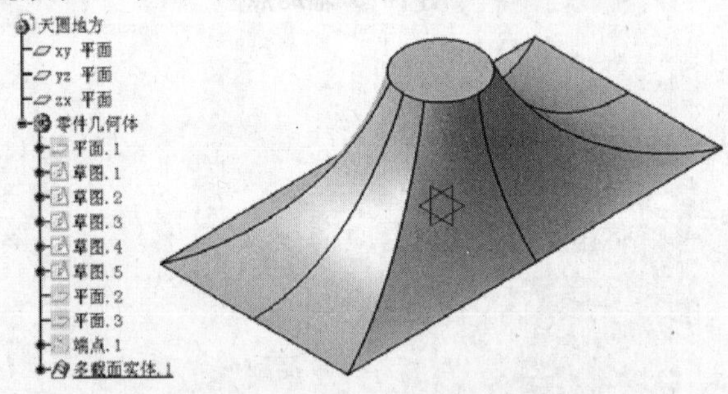

图 14-12 天圆地方结构树及模型

14.2 曲轴造型

14.2.1 实例分析

曲轴是往复式活塞发动机中最典型、最重要的零件，主要由一根旋转的长轴构成，它可以将活塞的直线往复运动转化为曲轴的旋转运动。为了实现这种运动的转换，曲轴上会有曲轴销部分，其轴心和曲轴的轴心有径向位移。

曲轴的功能主要有两个：

1）将作用在活塞顶部的燃气压力转变为曲轴转矩输出给动力系统。

2）驱动配气机构及其他附属装置。

本节介绍如图 14-13 所示曲轴的画法。该曲轴由曲轴前端（或自由端）、主轴颈、曲柄销、平衡重、飞轮接盘和油道组成。由于其结构存在对称部分，因此在创建三维实体时，先由第 3 主轴颈中心处向一侧建模，依次创建主轴颈、平衡重、曲柄、曲柄销，再进行镜像处理。对称部分创建后，再创建飞轮接盘、主轴颈和曲轴前端，最后添加油道、键槽、倒角、倒圆角、中心孔和回油螺纹。

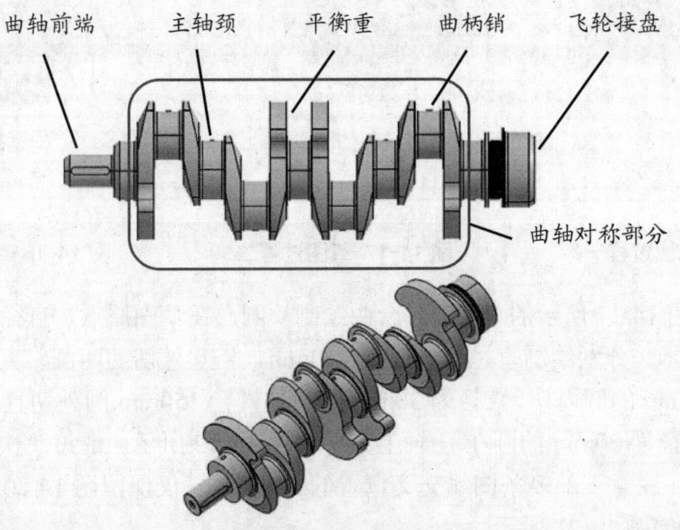

图 14-13 曲轴的结构

14.2.2 创建曲轴基础实体

1）新建一个零件，命名为“曲轴”。在 yz 平面绘制一直径为 80mm 的圆后，退出草图工作台。通过“基于草图的特征”工具栏中的“凸台”功能将已绘制的圆进行单向拉伸，凸台拉伸长度为 20mm。

2）选择上一步圆柱体拉伸方向一侧的端面，如图 14-14 所示。进入草图工作台，绘制一直径为 94mm 的圆，绘制后退出草图工作台。通过“凸台”功能对已绘制的圆进行单向拉伸，凸台拉伸长度为 1mm，其余选项默认，拉伸效果如图 14-15 所示。

3）选中上一步圆柱体拉伸方向一侧的端面，进入草图工作台，绘制一直径为 100mm 的圆，圆心与 V 轴相合，与 H 轴距离为 42.5mm，如图 14-16 所示。再绘制一直径为 150mm 的圆，圆心在 V 轴右侧，分别与 V 轴、H 轴距离为 15mm、22.5mm，如图 14-17 所示。

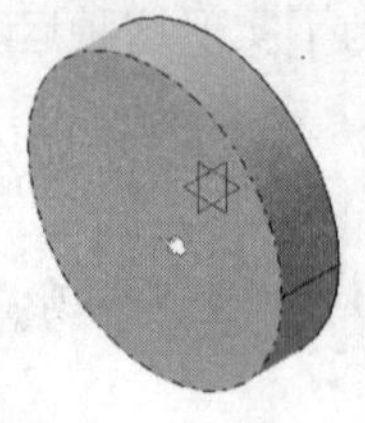

图 14-14 选择第三主轴颈端面

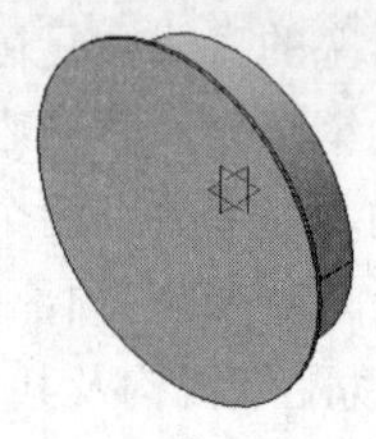

图 14-15 连接段 1

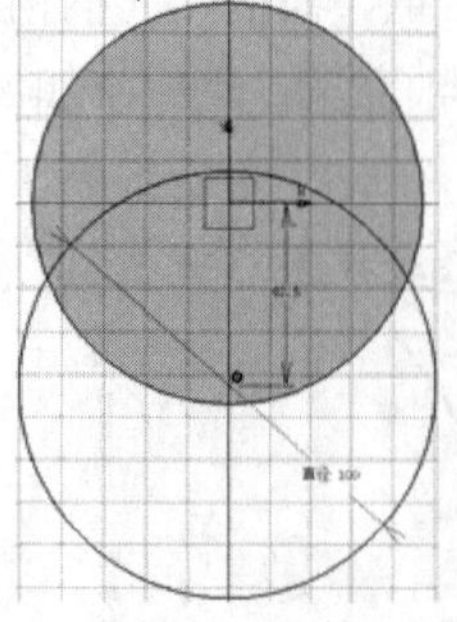

图 14-16 草图过程一

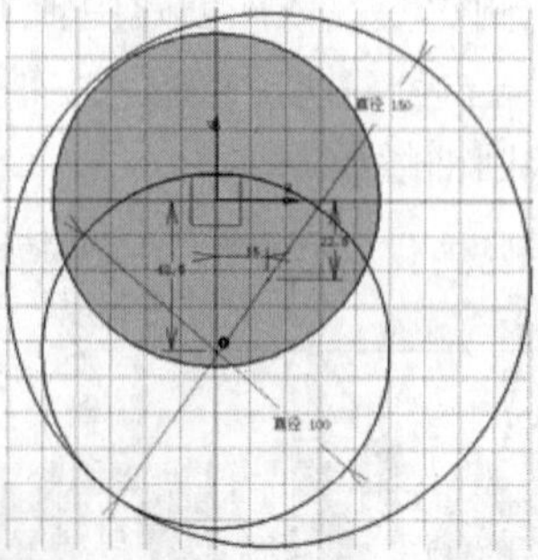

图 14-17 草图过程二

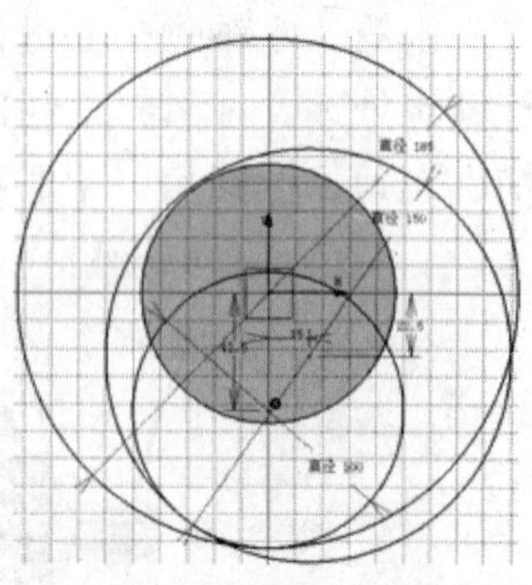

图 14-18 草图过程三

4）在如图 14-17 所示的草图工作台中绘制一圆心在草图原点，直径为 185mm 的圆，如图 14-18 所示。分别绘制直径为 30mm、20mm，相互外切的两圆，直径为 20mm 的圆与直径为 185mm 的圆内切，直径为 30mm 的圆与直径 150mm 圆外切且圆心与 H 轴距离为 25mm，直径为 20mm 的圆在 H 轴上方，如图 14-19 所示。通过“快速修剪”功能对草图进行修剪（注意下部多条图线交叉位置的裁剪方法，仅保留图 14-20 中的三条图线），修剪后的草图如图 14-21 所示。

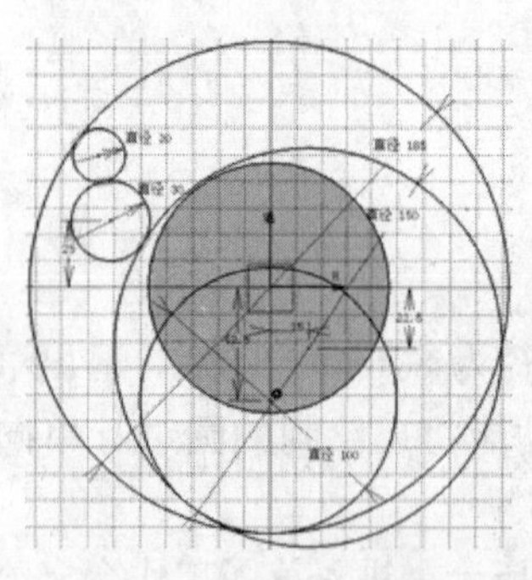

图 14-19 草图过程四

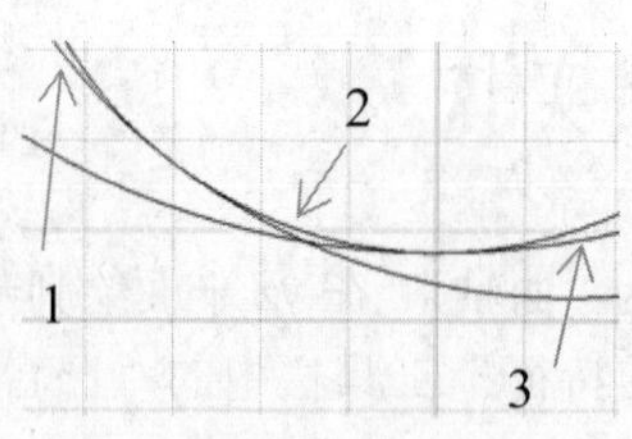

图 14-20 底部保留的图线

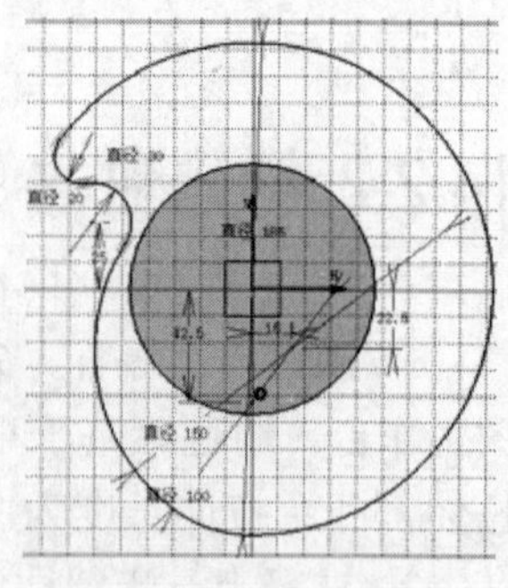

图 14-21 修剪后草图

5）选中草图中的左侧轮廓，如图 14-22 所示。通过“操作”工具栏中的“镜像”功能将选中的草图沿 V 轴镜像，镜像后效果如图 14-23 所示。将多余轮廓修剪，修剪后草图如图 14-24 所示。退出草图工作台，通过“凸台”功能将图 14-24 中的轮廓单向拉伸，拉伸长度为 22.5mm，其余选项默认。

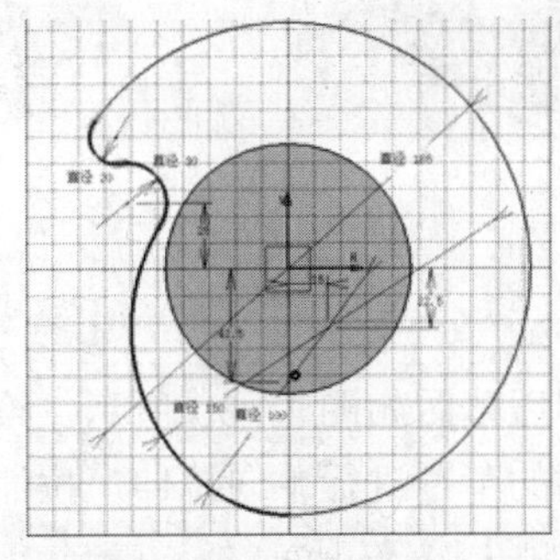

图 14-22 选中轮廓

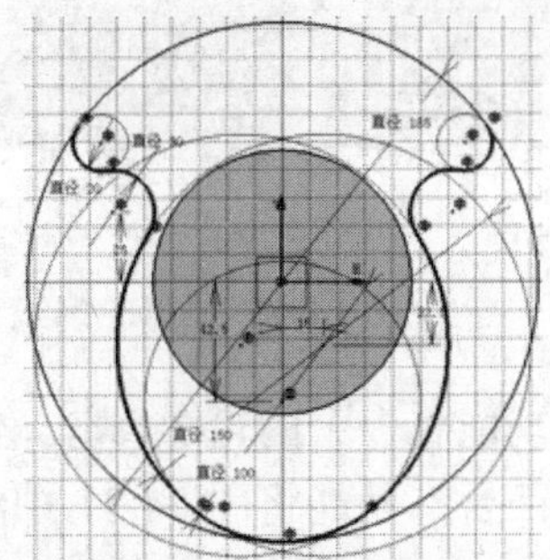

图 14-23 镜像轮廓

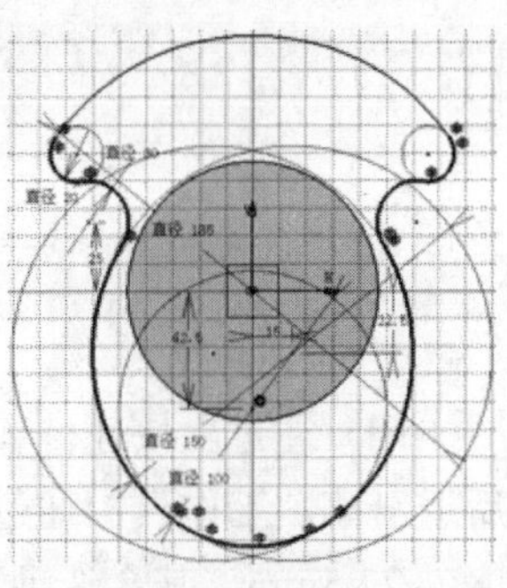

图 14-24 第 3 平衡重轮廓

6）选中上一步平衡重拉伸方向一侧的端面，进入草图工作台，绘制一直径为 90mm 的圆，圆心与 V 轴相合，该圆与实体轮廓下端相切。绘制后退出草图工作台，通过“凸台”功能对已绘制的圆进行单向拉伸，拉伸长度为 1mm，其余选项默认，如图 14-25 所示。

7）选中上一步圆柱体拉伸方向一侧的端面，进入草图工作台，绘制一直径为 66mm 的圆，与凸台圆同心。绘制后退出草图工作台，通过“凸台”功能将已绘制的圆进行单向拉伸，拉伸长度为 40mm，如图 14-26 所示。

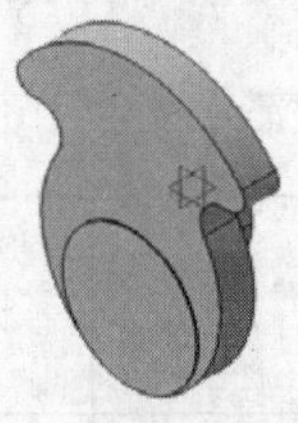

图 14-25 连接段 2

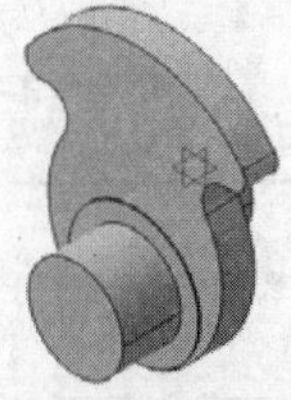

图 14-26 第 2 曲柄销

8）选中上一步圆柱体拉伸方向一侧的端面，进入草图工作台，绘制两圆分别第 3 平衡重左右轮廓相合，如图 14-27 所示。绘制一直径为 100mm 的圆，圆心与 V 轴相合，该圆与绘制的直径为 100mm 中的一圆内切，如图 14-28 所示。

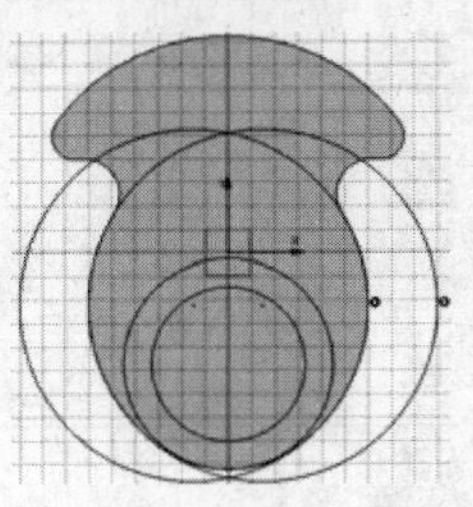

图 14-27 草图过程五

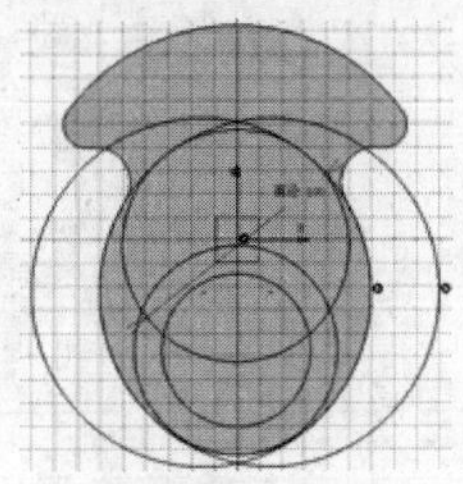

图 14-28 草图过程六

9）将图形放大，选中轮廓下方的弧线，通过“3D 几何图形”工具栏中的“投影 3D 元素”功能将弧线投影到草绘平面上，如图 14-29 所示。

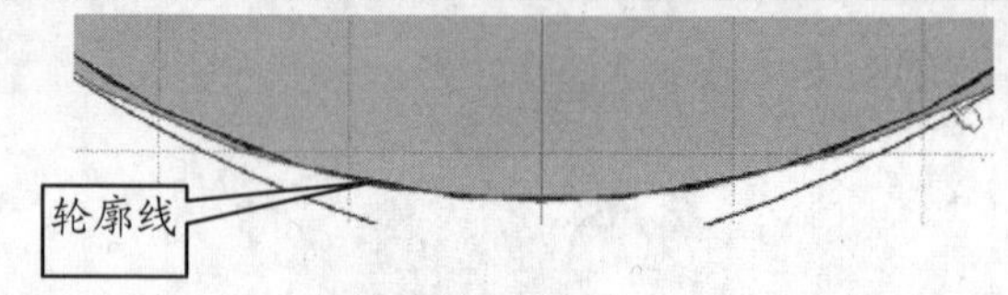

图 14-29 投影轮廓线

10）通过“快速修剪”功能将多余的轮廓修剪，修剪后草图如图 14-30 所示。绘制后退出草图工作台，通过“凸台”功能将图 14-31 中绘制的草图进行单向拉伸，拉伸长度为 22.5mm，其余选项默认，单击“确定”按钮，效果如图 14-32 所示。

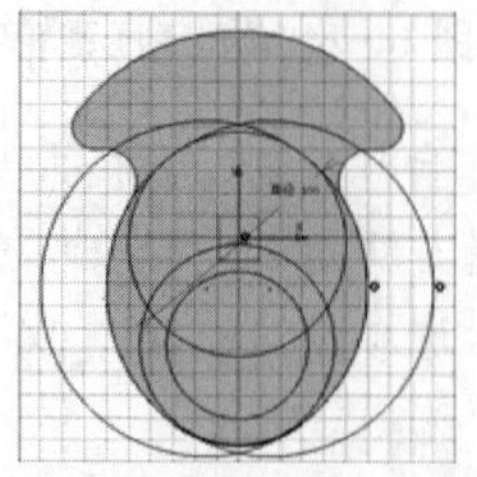

图 14-30 草图过程七

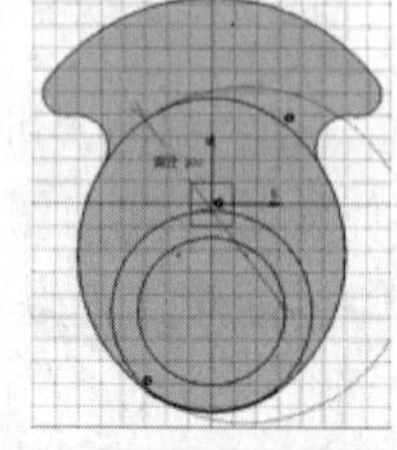

图 14-31 第 1 曲柄轮廓

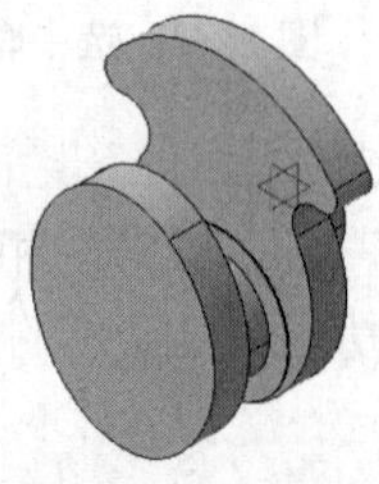

图 14-32 第 1 曲柄

11）曲轴基础三维实体其余结构与上述结构相同，这里不再赘述，见表 14-1。

表 14-1 曲轴基础三维实体其余部分

名称	草图基准	草图	效果
连接段 3			
第 4 主轴颈			
连接段 4			

名称	草图基准	草图	效果
第 4 曲柄	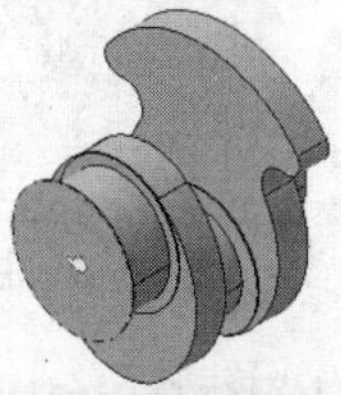	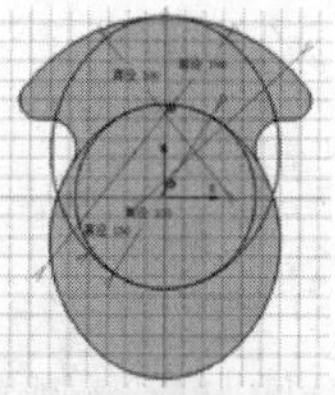	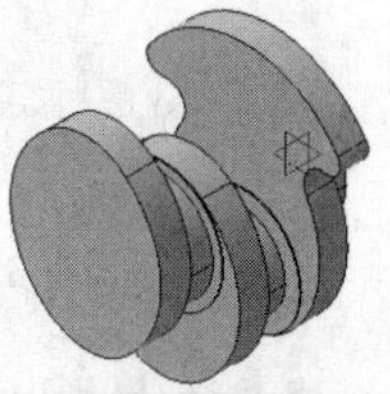
连接段 5	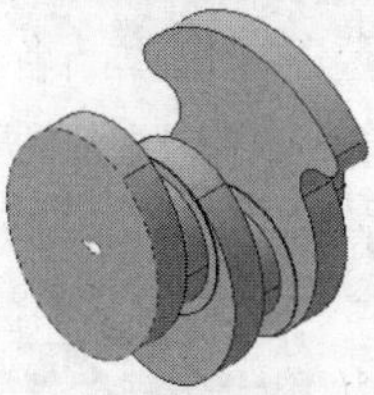	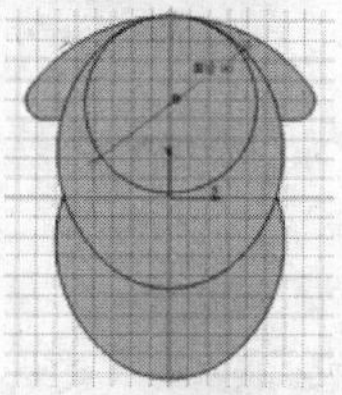	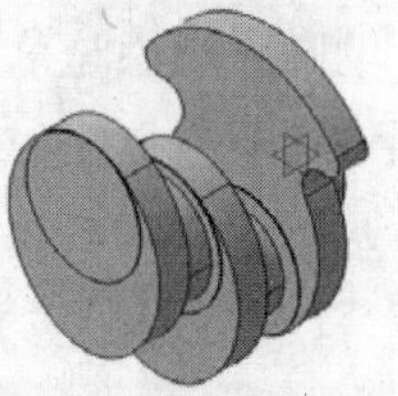
第 4 曲柄销	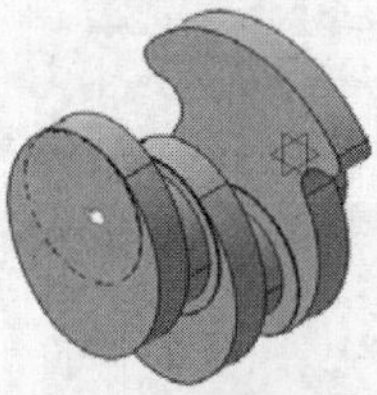	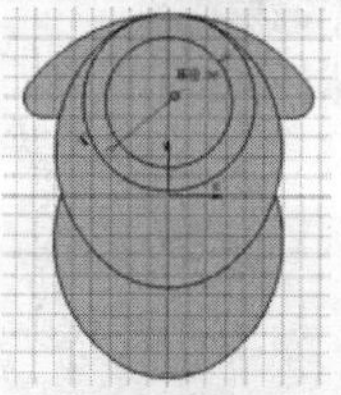	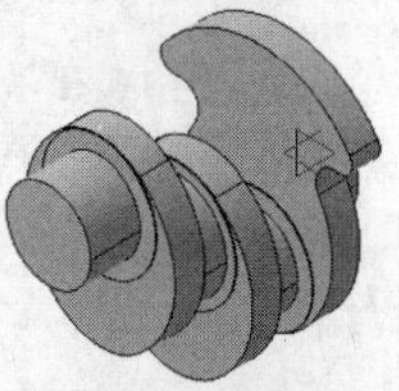
连接段 6	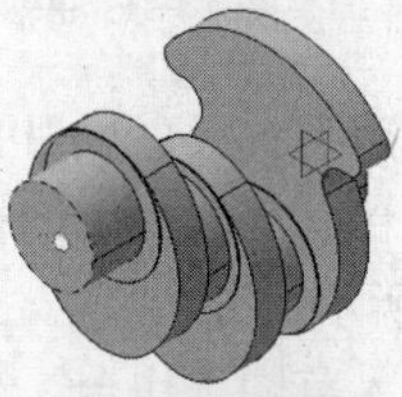	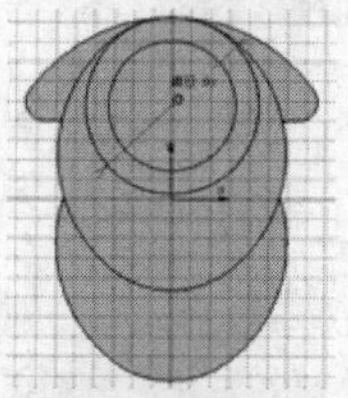	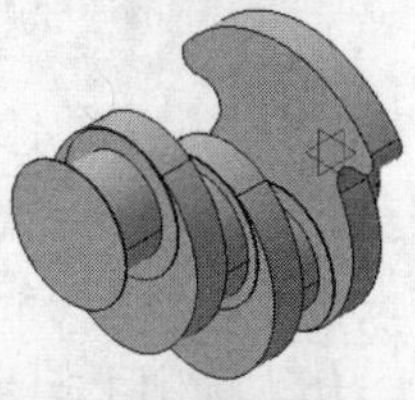
第 4 平衡重		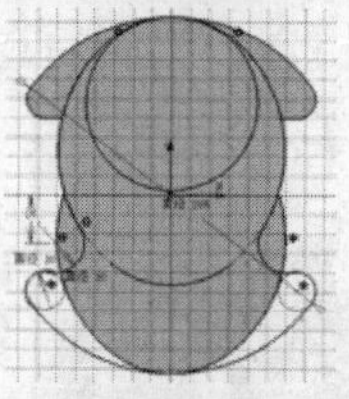	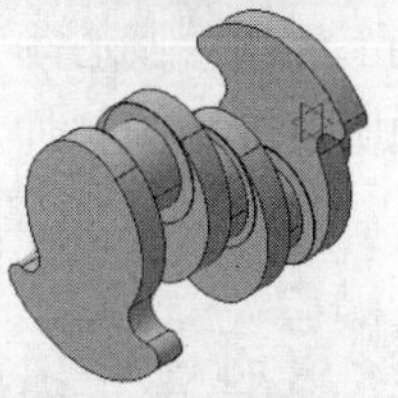
连接段 7	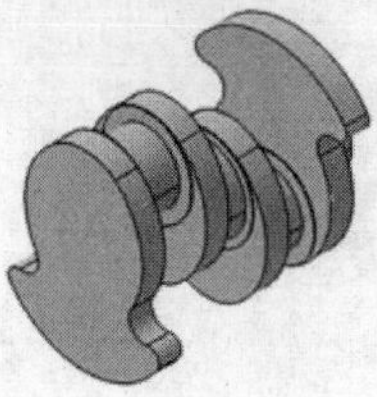	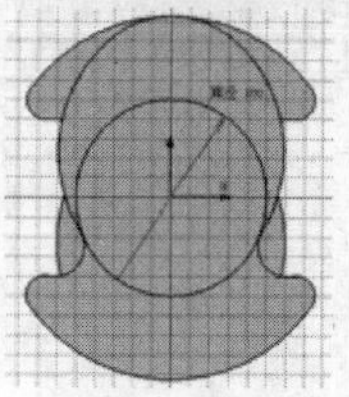	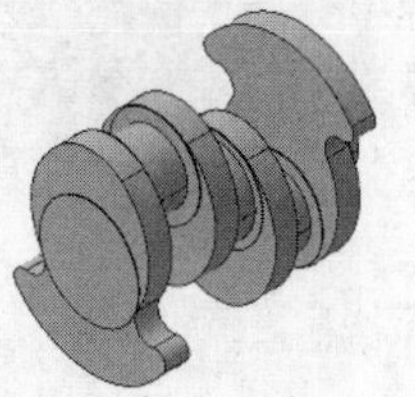

12）选中图 14-33 中的所有实体，单击“镜像”按钮，选择 yz 平面作为镜像元素，单击“确定”按钮，完成对称部分“曲拐体”的建模，如图 14-34 所示。

13）选中曲拐体一侧端面，进入草图工作台，绘制一直径为 80mm 的圆，圆心与草图原点相合。绘制后退出草图工作台，通过“凸台”功能将已绘制的圆进行单向拉伸，拉伸长度为 33mm，其余选项默认，如图 14-35 所示。

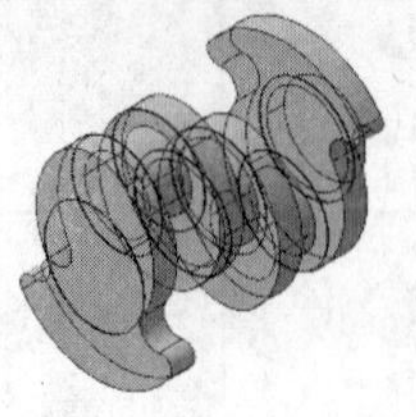

图 14-33 要镜像的实体

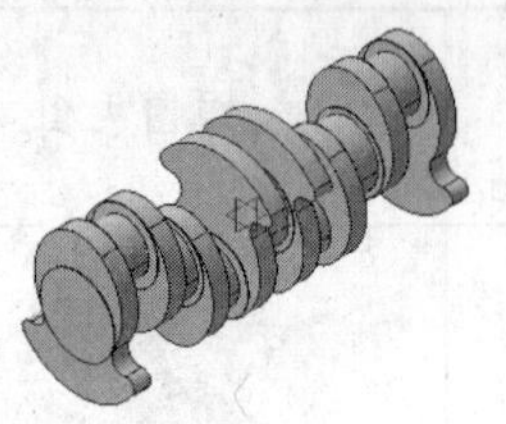

图 14-34 曲拐体

14）选中上一步圆柱体拉伸方向一侧的端面，进入草图工作台，绘制一直径为 43mm 的圆，圆心与草图原点相合。绘制后退出草图工作台，通过“凸台”功能将已绘制的圆进行单向拉伸，拉伸长度为 71.5mm，其余选项默认，如图 14-36 所示。

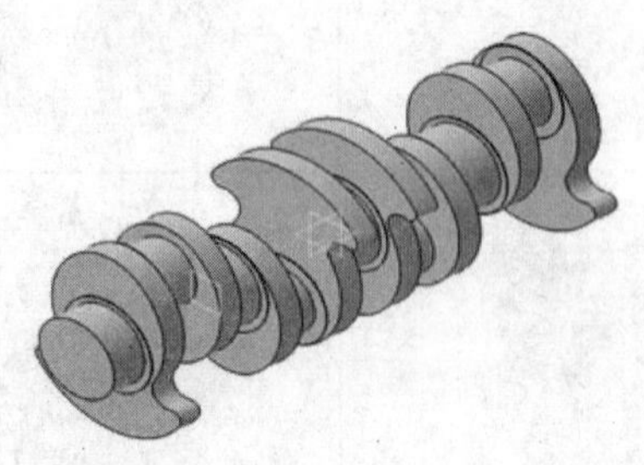

图 14-35 第 1 主轴颈

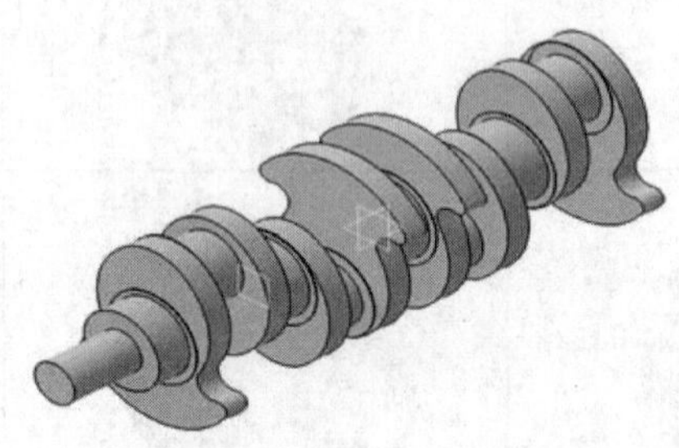

图 14-36 曲轴前端

15）选中曲拐体的另一侧端面，进入草图工作台，绘制一直径为 80mm 的圆，圆心与草图原点相合。绘制后退出草图工作台，通过“凸台”功能将已绘制的圆进行单向拉伸，拉伸长度为 35mm，其余选项默认，如图 14-37 所示。

16）选中上一步圆柱体拉伸方向一侧的端面，进入草图工作台，绘制一直径为 100 mm 的圆，圆心与草图原点相合。绘制后退出草图工作台，通过“凸台”功能将已绘制的圆进行单向拉伸，拉伸长度为 5mm，其余选项默认，如图 14-38 所示。

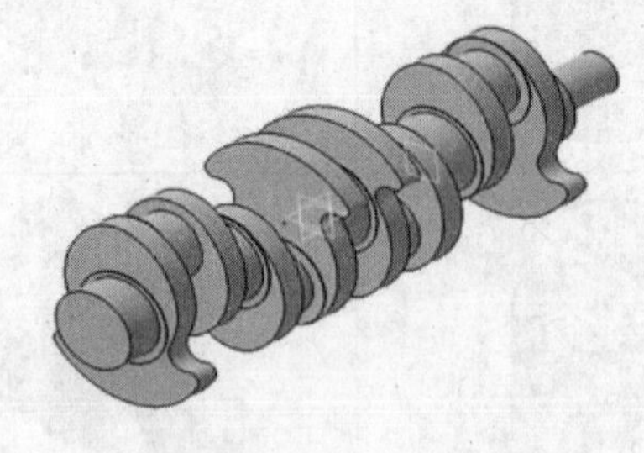

图 14-37 第 5 主轴颈

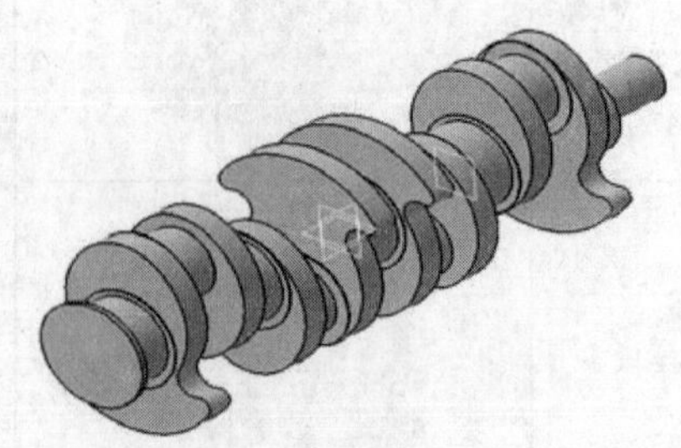

图 14-38 止推面

17）选中上一步圆柱体拉伸方向一侧的端面，进入草图工作台，绘制一直径为 80mm 的圆，圆心与草图原点相合。绘制后退出草图工作台，通过“凸台”功能将已绘制的圆进行单向拉伸，拉伸长度为 20mm，其余选项默认，如图 14-39 所示。

18）选中上一步圆柱体拉伸方向一侧的端面，进入草图工作台，绘制一直径为 112

mm 的圆，圆心与草图原点相合。绘制后退出草图工作台，通过“凸台”功能将已绘制的圆进行单向拉伸，拉伸长度为 46mm，其余选项默认，结果如图 14-40 所示。

图 14-39 密封段

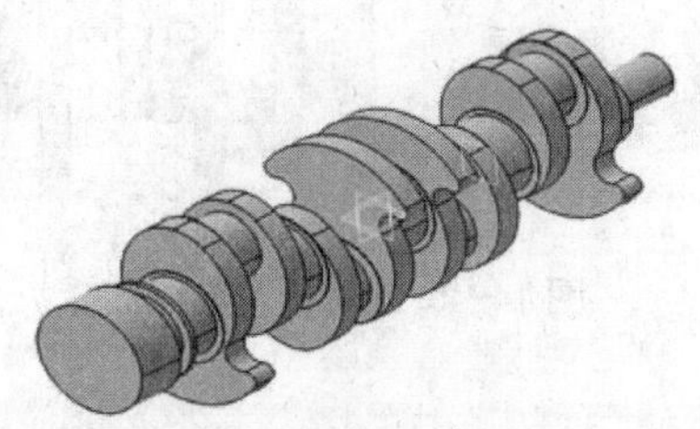

图 14-40 飞轮接盘

14.2.3 添加几何特征

1）选择 yz 平面，进入草图工作台，选中如图 14-41 所示的轮廓，单击“投影 3D 轮廓边线”按钮，投影后如图 14-42 所示。选中投影线，单击“构造/标准元素”按钮，效果如图 14-43 所示。

图 14-41 选中轮廓

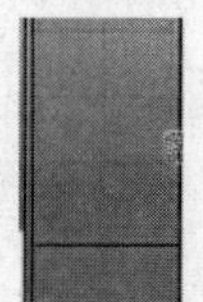

图 14-42 投影后

图 14-43 构造线

2）选择 zx 平面，进入草图工作台，在曲轴轴体位置绘制如图 14-44 所示的草图。绘制后退出草图工作台，通过“旋转槽”功能创建如图 14-45 所示的轴线为旋转轴、第一角度和第二角度都为 90 度的旋转槽，如图 14-46 所示。

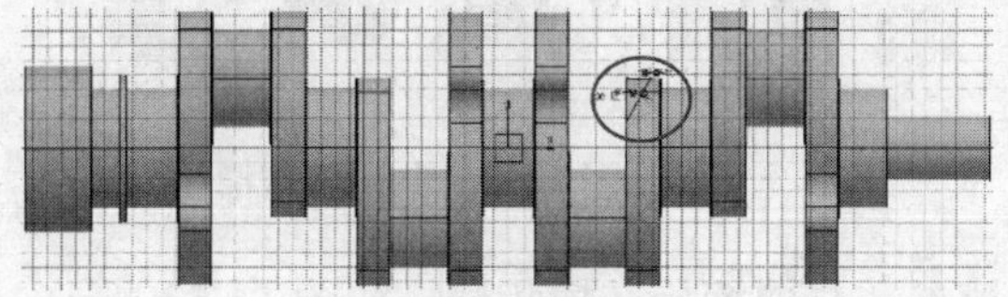

a）草图位置

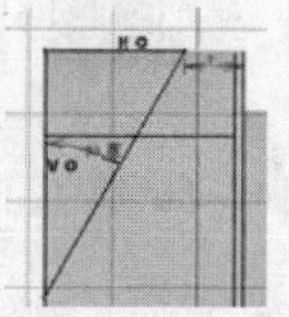

b）草图参数

图 14-44 旋转槽 1 轮廓

3）选择 zx 平面，进入草图工作台，在曲轴轴体位置绘制如图 14-47 所示的草图。绘制后退出草图工作台，通过“旋转槽”功能创建如图 14-48 所选择的轴线为旋转轴、第一角度和第二角度都为 90 度的旋转槽，如图 14-49 所示。

4）重复之前步骤，对第 1 曲柄添加如图 14-49 所示的旋转槽，添加后的旋转槽如图

14-50 所示，将图 14-50 中所有旋转槽进行镜像，镜像后的效果如图 14-51 所示。

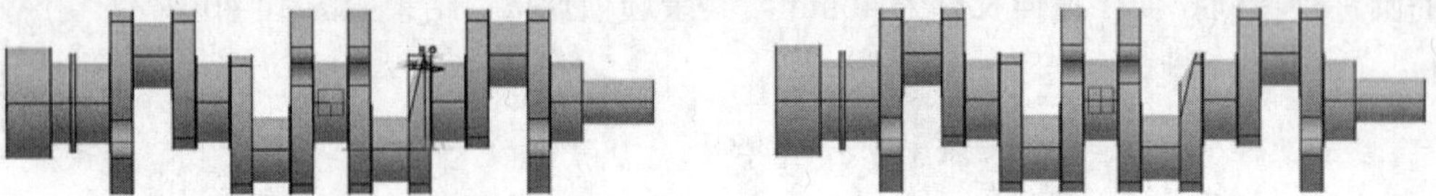

图 14-45 旋转槽 1 轴线选择

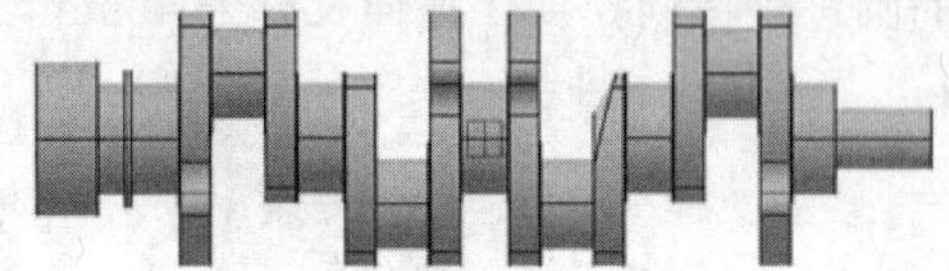

图 14-46 旋转槽 1

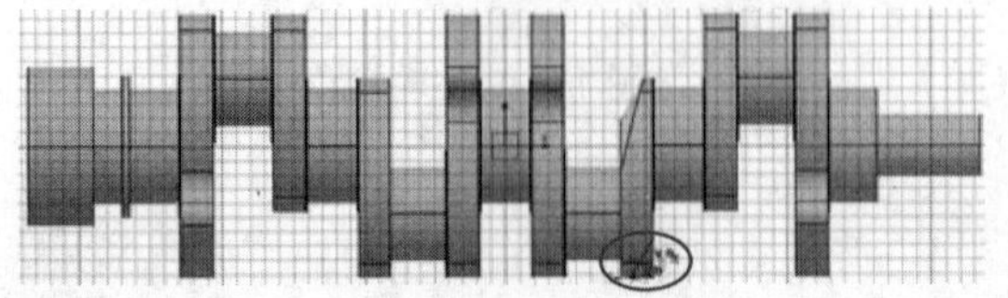

a）草图位置

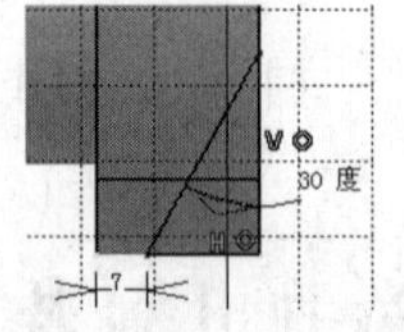

b）草图参数

图 14-47 旋转槽 2 轮廓

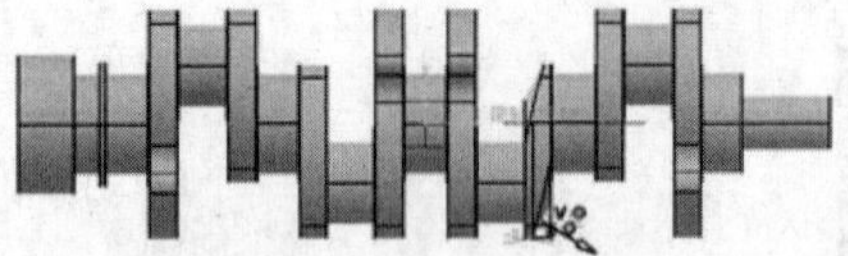

图 14-48 旋转槽 2 轴线选择

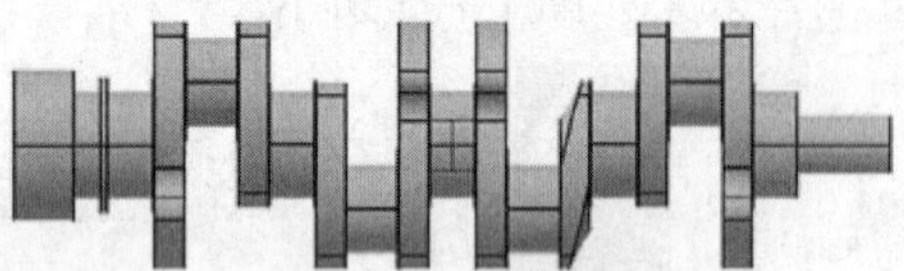

图 14-49 旋转槽 2

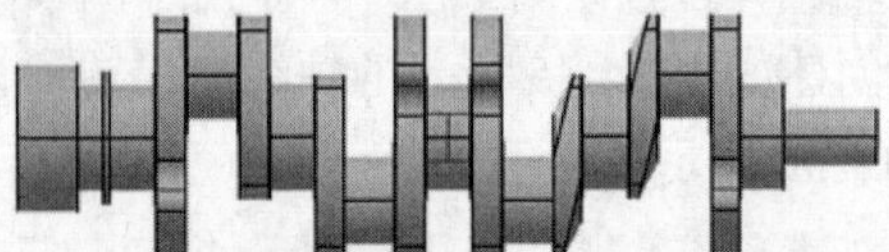

图 14-50 第 1、2 曲柄旋转槽

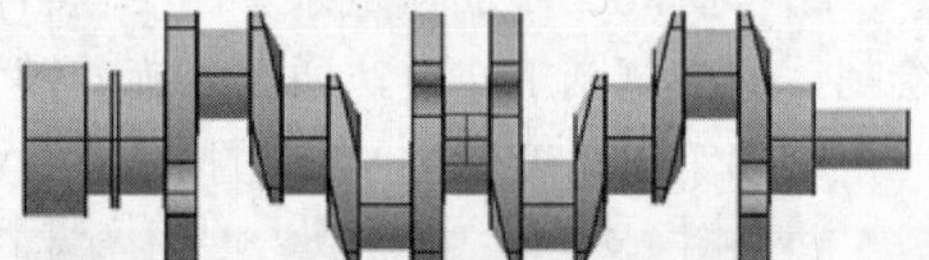

图 14-51 曲柄旋转槽

5）对第 2 平衡重创建旋转槽，旋转槽参数与曲柄旋转槽相同，如图 14-52 所示。将图 14-52 中所有平衡重旋转槽进行镜像，镜像后的效果如图 14-53 所示。

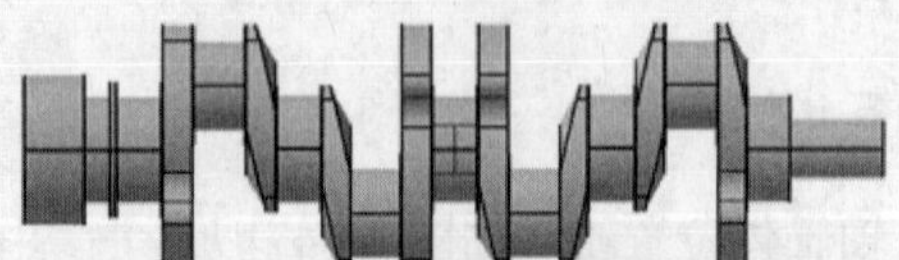

图 14-52 第 1、2 平衡重旋转槽

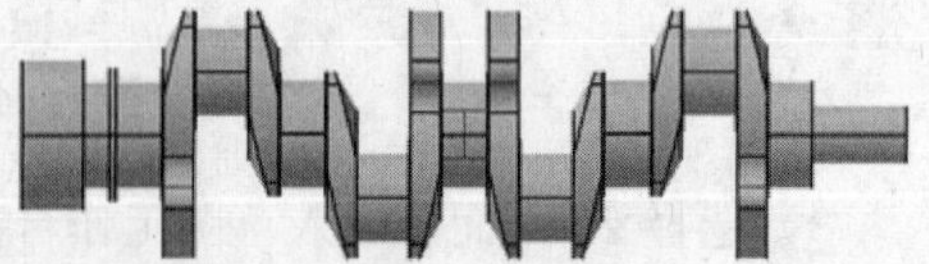

图 14-53 平衡重旋转槽

6）选择 zx 平面，进入草图工作台。选中图 14-54 中所示的轮廓，单击“投影 3D

轮廓边线”按钮，投影后如图 14-55 所示（图中黑线为标注投影轮廓线）。选中两条投影线，单击“构造/标注元素”按钮，效果如图 14-56 所示。

7）在上一步的草图工作台中绘制如图 14-57 所示的草图后退出草图工作台，通过“旋转槽”功能创建以圆柱轴线作为旋转轴、第一角度为 360 度的旋转槽。

8）选中 zx 平面，进入草图工作台。绘制如图 14-58 所示的草图后退出草图工作台。单击“旋转槽”按钮，选择如图 14-58 所示的草图作为轮廓，选择 X 轴作为旋转轴线，单击“确定”按钮，退刀槽如图 14-59 所示。

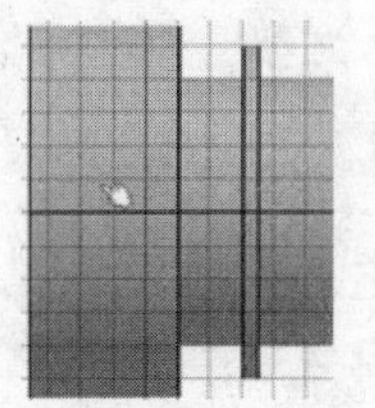

图 14-54 选中轮廓

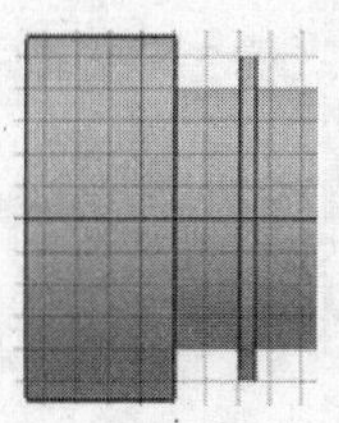

图 14-55 投影轮廓

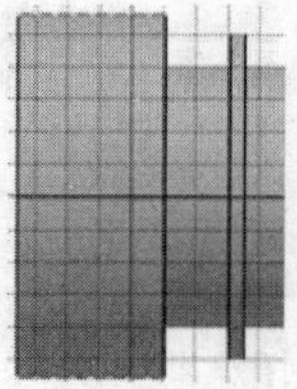

图 14-56 构造线

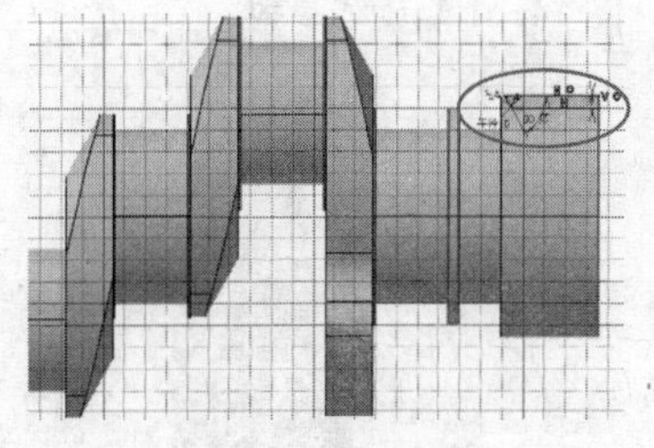

a）草图位置

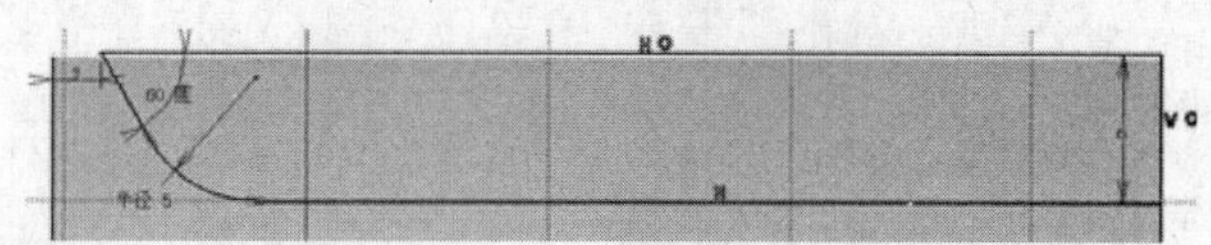

b）草图参数

图 14-57 飞轮接盘几何特征轮廓

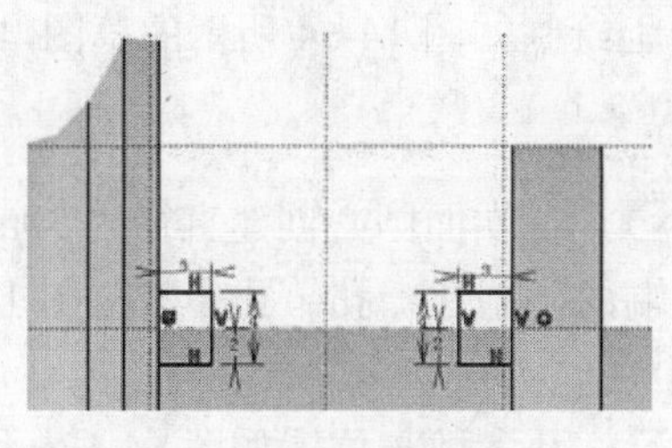

图 14-58 退刀槽轮廓

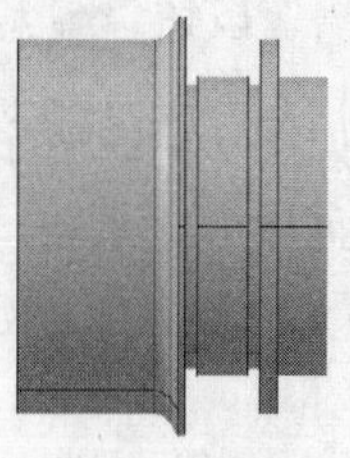

图 14-59 退刀槽

9）切换至线框和曲面设计工作台，通过“平面上的点”创建点功能创建 zx 平面上的点，参数如图 14-60 所示。单击“螺旋线”按钮，弹出“螺旋曲线定义”对话框，选择已创建的平面点为螺旋线起始点，其余参数如图 14-61 所示。单击“确定”按钮，螺旋线创建完毕。

10）选中 zx 平面，进入草图工作台，绘制如图 14-62 所示的草图，绘制后退出草图工作台。单击“开槽”按钮，选择如图 14-62 所示的草图作为轮廓，选择所创建的螺旋线作为中心曲线，创建后通过“旋转槽”功能创建以 X 轴为旋转轴、第一角度为 360 度的旋转槽，效果如图 14-63 所示。

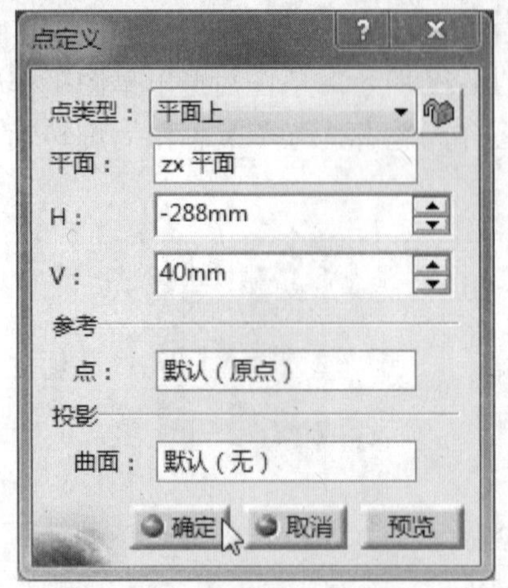

图 14-60 螺旋线起始点

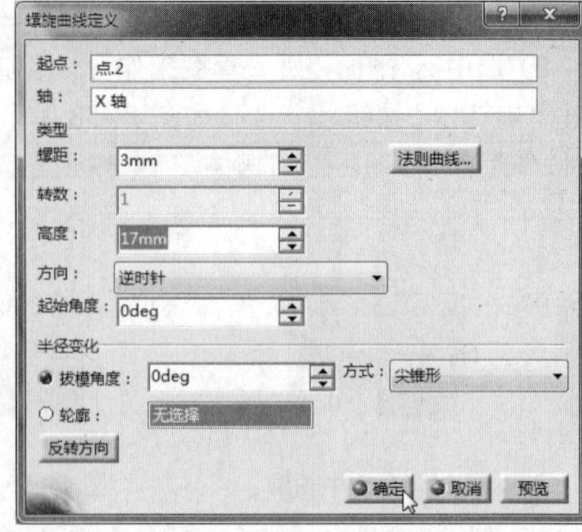

图 14-61 螺旋线参数

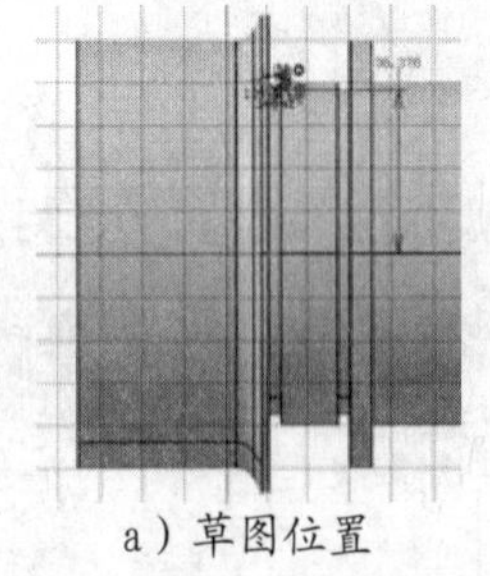

a）草图位置

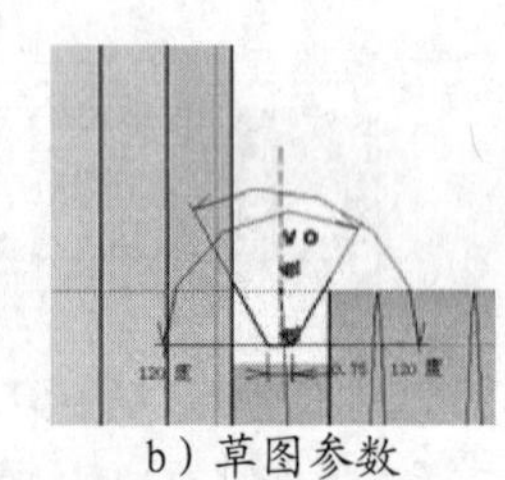

b）草图参数

图 14-62 回油螺纹轮廓

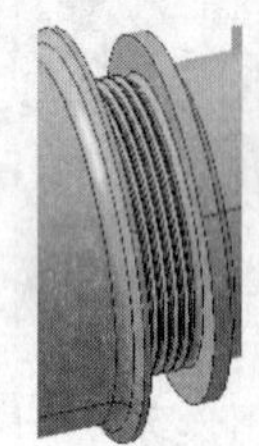

图 14-63 回油螺纹

11）单击“旋转槽”按钮，在 xy 平面上绘制如图 14-64 所示的草图，在端面圆心创建定位孔，结果如图 14-65 所示。

12）选中飞轮接盘端面，单击“孔”按钮，在端面圆心创建直径为 30mm，深度为 15mm 的孔。选中飞轮接盘所创建孔底部的端面，创建一孔。孔参数与图 14-66 中的参数相同。

13）选中飞轮接盘端面，单击“孔”按钮，孔参数与位置如图 14-67a 和图 14-67b 所示。创建后通过“圆周阵列”功能对孔进行阵列，阵列实例数为 6 个，角度为 60deg（度），参考方向为 X 轴，阵列后的效果如图 14-67c 所示。

14）选中飞轮接盘端面，单击“孔”按钮，孔参数如图 14-68a 和图 14-68b 所示。效果如图 14-68c 所示。

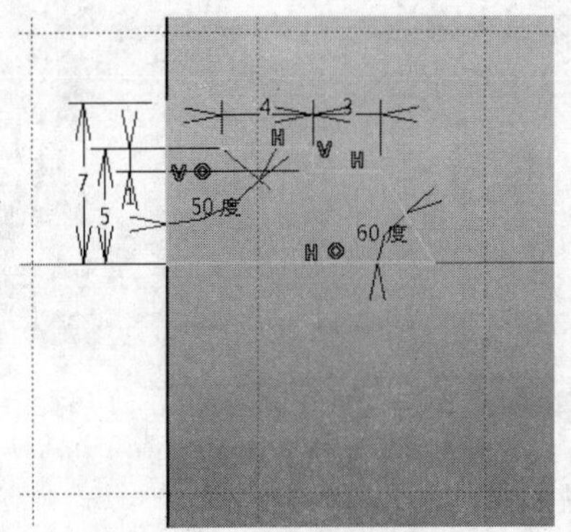

图 14-64 旋转槽草图

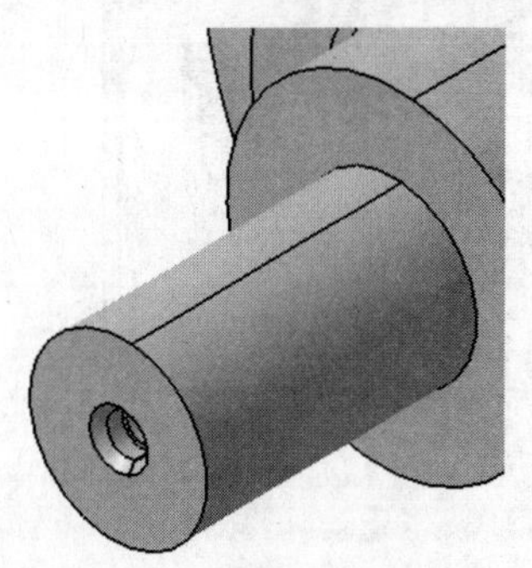

图 14-65 创建定位孔

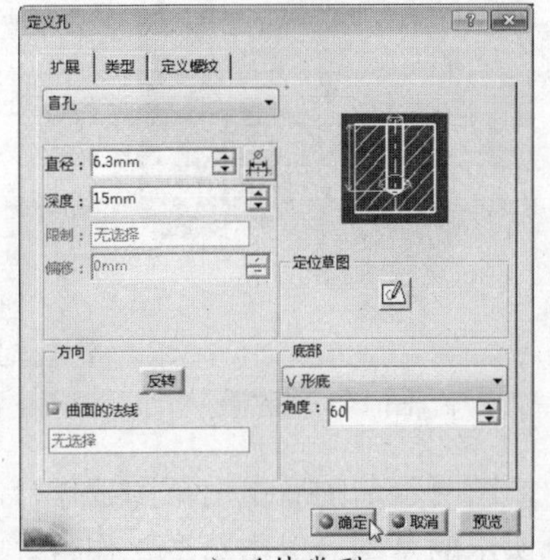

a）延伸类型

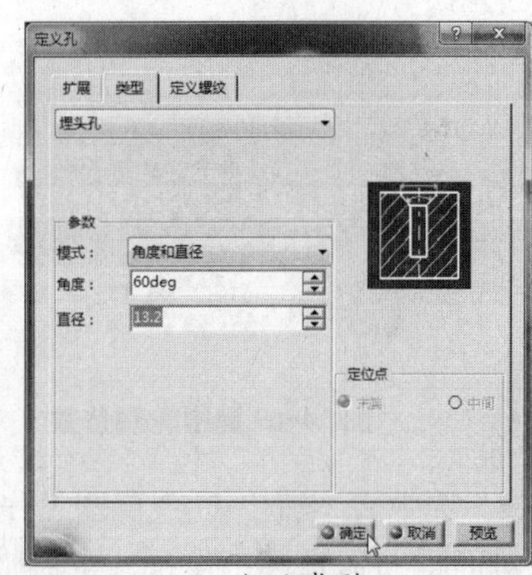

b）孔类型

图 14-66 定位孔参数

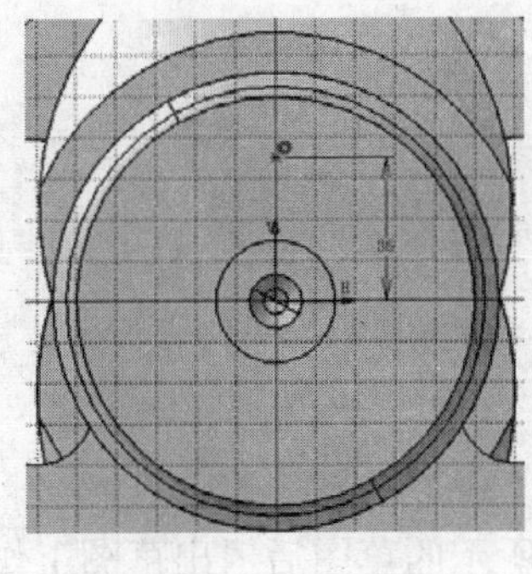

a）孔位置

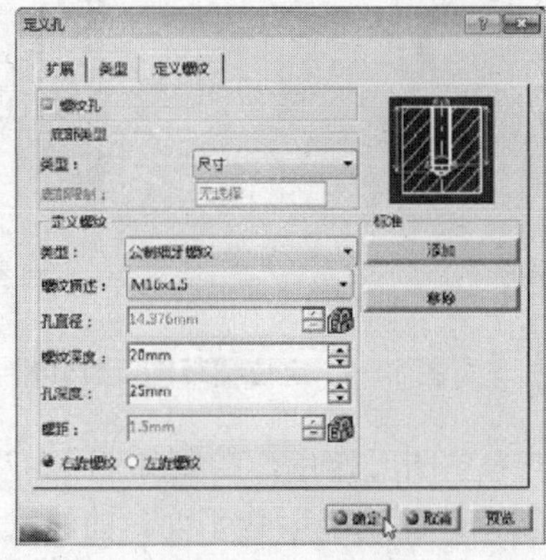

b）孔参数

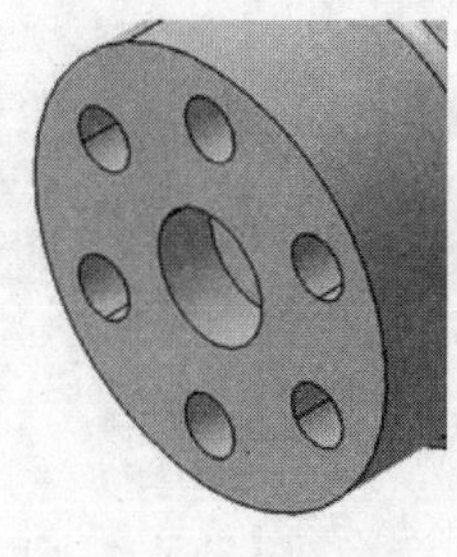

c）阵列孔

图 14-67 飞轮连接孔

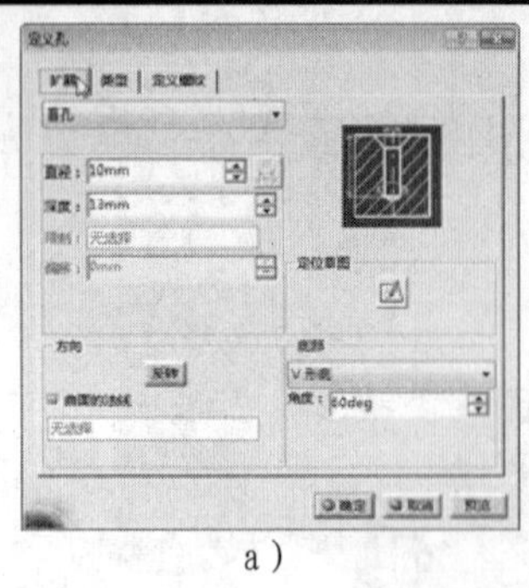
a)

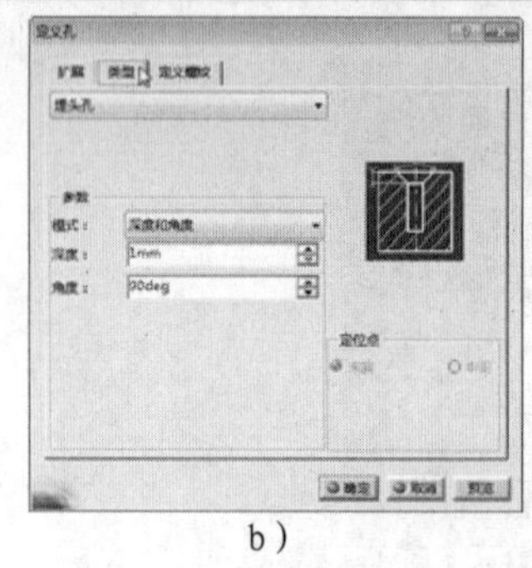
b)

c)

图 14-68 创建孔

15）创建一个与 zx 平面偏移距离为 17.5mm 的平面，在该平面上绘制如图 14-69 所示的草图，绘制后通过“基于草图的特征”工具栏中的“凹槽”功能创建键槽，如图 14-70 所示。

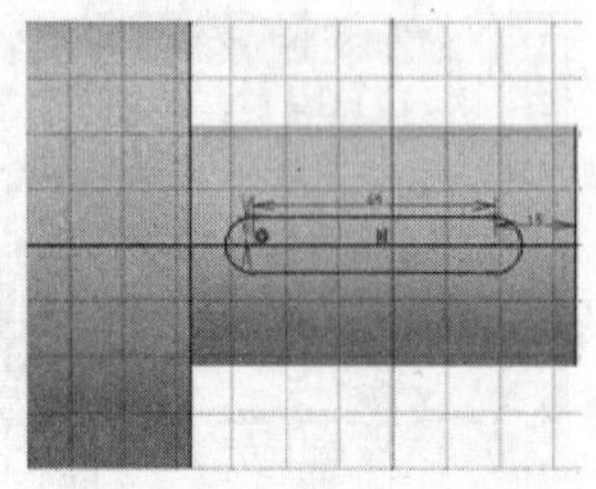

图 14-69 键槽轮廓参数

图 14-70 键槽

16）选中 zx 平面，进入草图工作台，绘制如图所示草图后退出草图工作台。继续选中 zx 平面，进入草图工作台，绘制如图 14-71 所示的草图后退出草图工作台。单击“旋转槽”按钮，选择如图 14-71a 所示的直线作为旋转轴，选择如图 14-71b 所示的草图为旋转轮廓，其余选项默认，单击“确定”按钮。

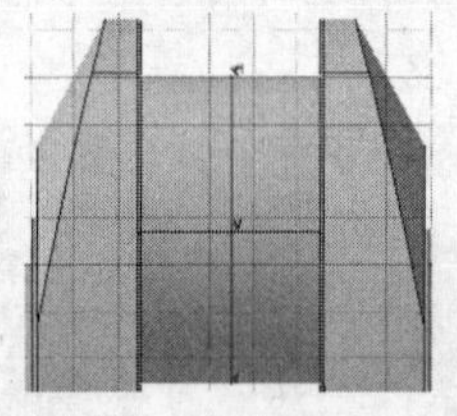
a）旋转轴

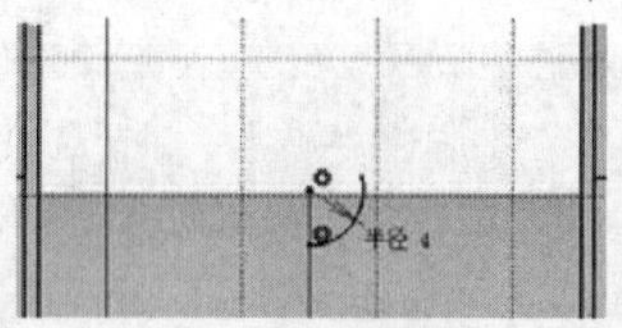
b）旋转槽草图参数

图 14-71 定位槽草图及旋转轴

17）选中 zx 平面，进入草图工作台，绘制如图 14-72a 所示的草图后退出草图工作台。通过“曲线的法线”创建平面功能创建平面，曲线选择如图 14-72a 所示的草图，点选择曲柄销直线处顶点，创建后的平面如图 14-72b 所示。选中已创建的平面，进入草图工作台，绘制一直径为 4mm 的圆，圆心与图 14-72a 的顶点相合，绘制的草图如图 14-72c 所示。

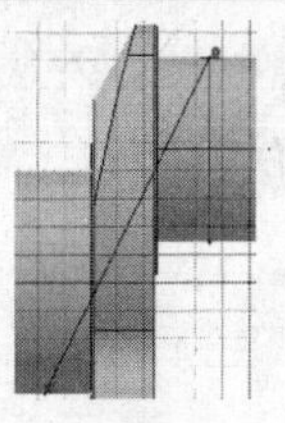

a）油道方向

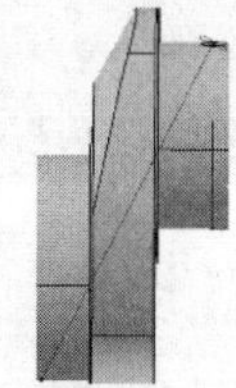

b）油道轮廓所在平面

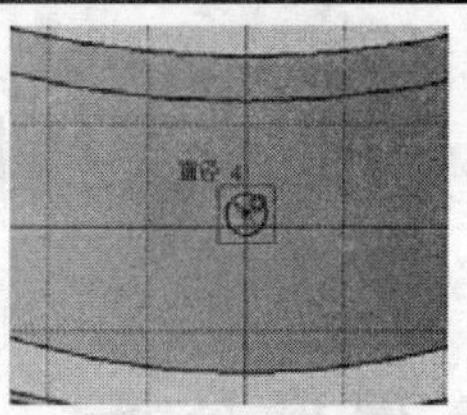

c）油道轮廓

图 14-72 油道草图轮廓

18）通过“基于草图的特征”工具栏中的“凹槽”中的自定义凹槽方向功能，创建如图 14-73 所示的凹槽。重复上述操作，从曲柄销向主轴颈方向创建如图 14-73 所示的凹槽，创建后的效果如图 14-74 所示。

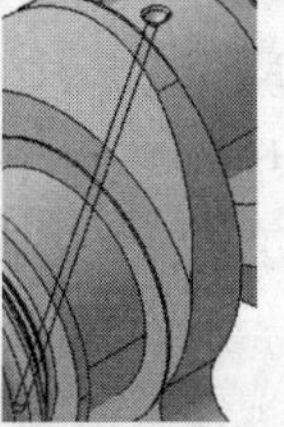

图 14-73 油道

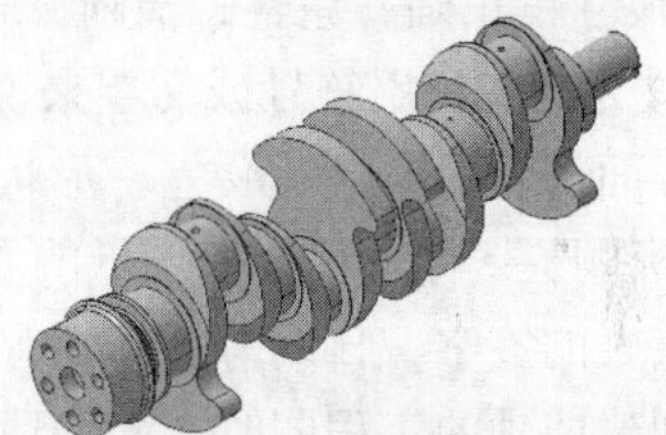

图 14-74 曲轴油道整体

14.2.4 添加修饰特征

1）通过“修饰特征”工具栏中的“倒圆角”功能将曲轴主轴颈与曲柄销两侧（共 16 处）进行倒圆角，圆角半径为 4mm。

2）通过“修饰特征”工具栏中的“倒角”功能将油道孔、曲轴前端、飞轮接盘和第 1 主轴颈边线进行倒角，倒角直角边 1mm，角度为 45 度。

绘制完成的曲轴三维模型如图 14-75 所示。

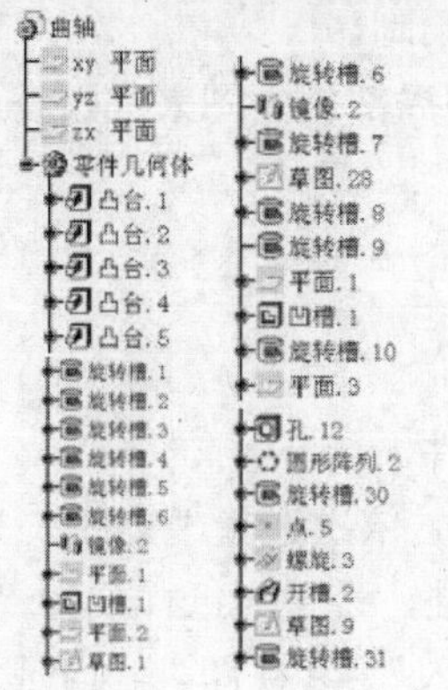

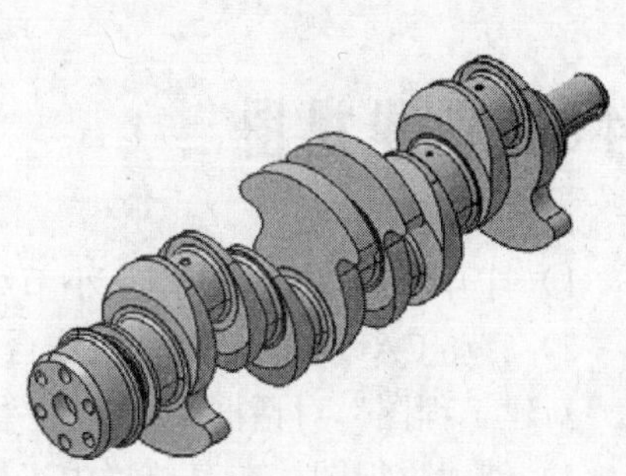

图 14-75 曲轴结构树及模型

14.3 曲轴工程图

14.3.1 图形分析

在机械制图课程当中我们知道，一张完整的零件图通常应该包括以下四部分基本内容：

1）一组图形：用视图、剖视、断面及其他规定画法来正确、完整、清晰地表达零件的各部分形状和结构。

2）尺寸：正确、完整、清晰、合理地标注零件的全部尺寸。

3）技术要求：用符号或文字来说明零件在制造、检验等过程中应达到的一些技术要求，如表面粗糙度、尺寸公差、形状和位置公差、热处理要求等。

4）标题栏：标题栏位于图纸的右下角，应填写零件的名称、材料、数量、比例以及设计审核人的签字、日期等各项内容。

在创建曲轴的工程图时，必须适当地选用视图、剖视、断面等各种表达方法，把零件的全部结构形状表达清楚，并且要考虑到看图和读图的方便。

分析曲轴的基本结构可知，这是一个轴套类零件，主要由直径不同的圆柱体组合而成。因而用垂直于轴线的方向作为主视图的投影方向，这样既可以把各段圆柱的相对位置和形状大小表示清楚，又可以反映出轴肩、退刀槽、倒角、圆角等结构。

为了符合曲轴在加工或磨削时的加工位置，将其轴线水平放置。

曲轴的各段圆柱，可直接在主视图上标注直径尺寸。为了表示键槽的深度，需要画出其移出断面图。

为了表示飞轮接盘位置各孔的结构，可以在主视图上采用剖视，增加一个投影视图，用于表示各孔的分布位置。

涉及孔槽等结构需要用剖视或断面图进行表达。若其外形尺寸长度方向尺寸较大，综合考虑，选用 A0 幅面图纸，以 1:1 的比例进行绘制。

由于零件局部细节较多，部分位置还需要用到局部放大图来进行表达。

14.3.2 创建视图

1）打开“14.2 曲轴造型”小节绘制的曲轴文件。

2）启动 CATIA 工程制图工作台。在菜单栏中，依次选择“文件”→“新建”选项，在“新建工程图”对话框中，选择“GB”制图标准，设置图纸样式为“A0 ISO”。

3）创建主视图。在菜单栏中，依次选择“插入”→“视图”→“投影”→“正视图”选项。

4）切换窗口。在菜单栏中，依次选择“窗口”→“quzhouhuizhi.CATPart”选项，切换到零件模型窗口。

5）在结构树中单击 zx 平面作为投影平面，系统自动返回到工程图窗口，如图 14-76a 所示。利用方向控制器调整投影方向，使曲轴的轴线水平放置，如图 14-76b 所示。

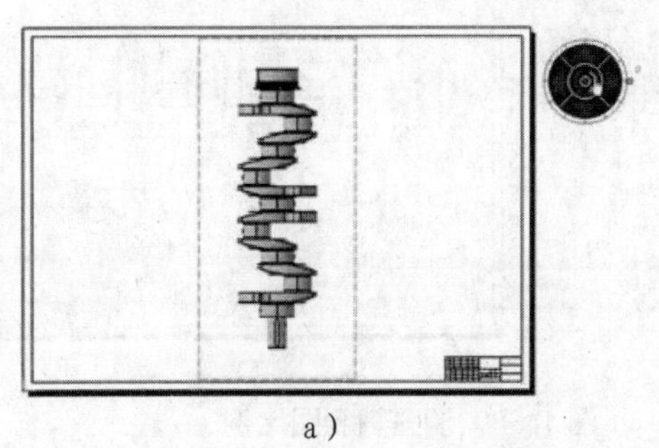

a）

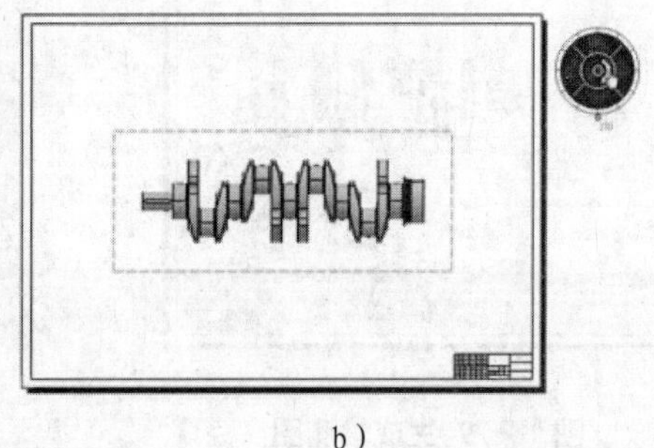

b）

图 14-76 主视图的调整

6）再在窗口内单击放置视图，将视图移动到合适位置，完成主视图的创建，结果如图 14-77 所示。

7）创建投影视图。在菜单栏中，依次选择“插入”→“视图”→“投影”→“投影”选项，或在“视图”→“投影”工具栏中直接单击“投影”按钮。

8）将鼠标移至主视图的左侧并单击，生成右视图（也可将右视图看做主视图，而原来的主视图则变为左视图），结果如图 14-78 所示。

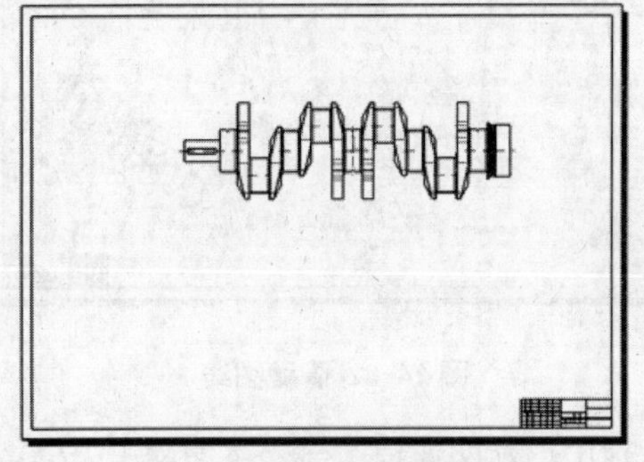

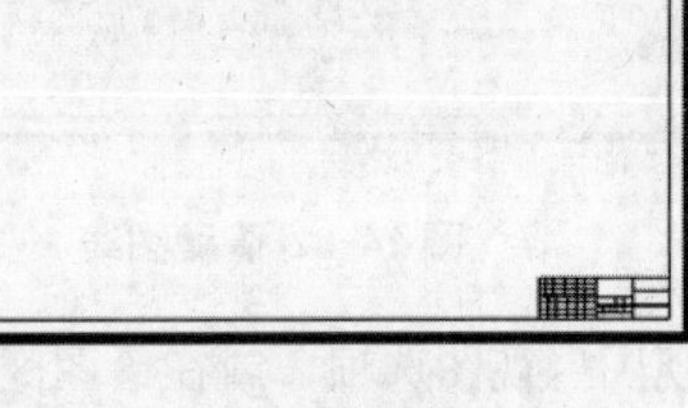

图 14-77 建立主视图

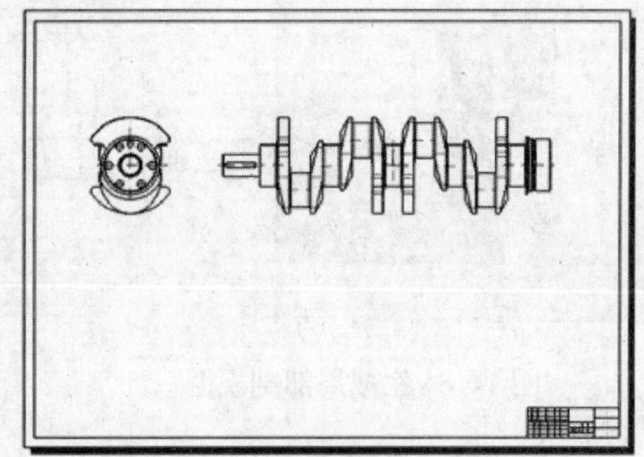

图 14-78 投影视图

9）创建轴测图。在菜单栏中，依次选择“插入”→“视图”→“投影”→“等轴测视图”选项。

10）切换窗口。在菜单栏中，依次选择“窗口”→“quzhouhuizhi.CATPart”选项，切换至零件模型窗口。

11）自由操作零件视图，将其调整至合适的观测角度，然后单击零件任意位置或结构树上的零件名称。此时系统自动返回到工程图工作台，利用方向控制器调整视图方向，单击以完成轴测图的创建，并将视图移动到合适的位置，如图 14-79 所示。

12）在轴测图上单击鼠标右键，选择属性。在弹出的属性对话框中，将缩放由 1:1 改为 1:2。

13）确认视图框架命令为激活状态，通过鼠标按住视图框架，将各视图移动至合适位置，结果如图 14-80 所示。

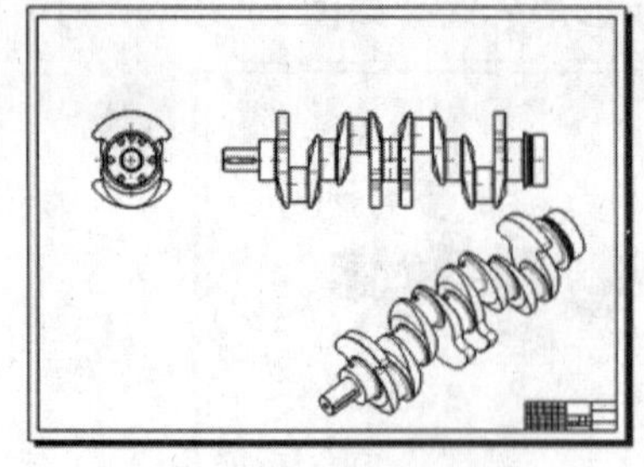

图 14-79 生成轴测图

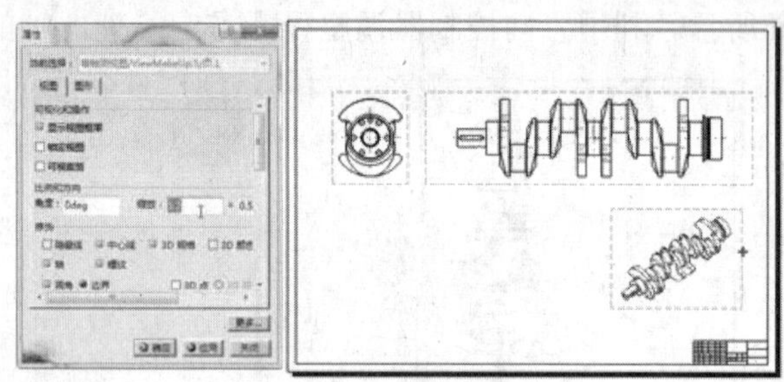

图 14-80 调整轴测图比例

14）创建局部剖视图。激活主视图，依次选择“插入”→“视图”→“截面”→“偏移剖视图”选项，或在“视图”→“截面”工具栏中直接单击“偏移剖视图”按钮。为前端及法兰端创建局部剖视图，结果如图 14-81 所示。将剖视位置后方的不可见图线隐藏，结果如图 14-82 所示。

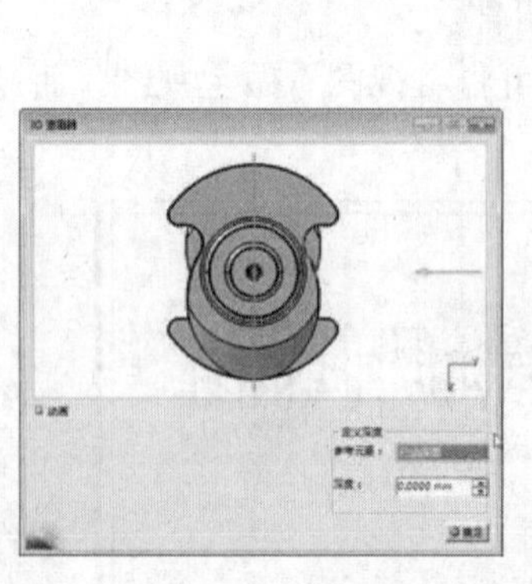

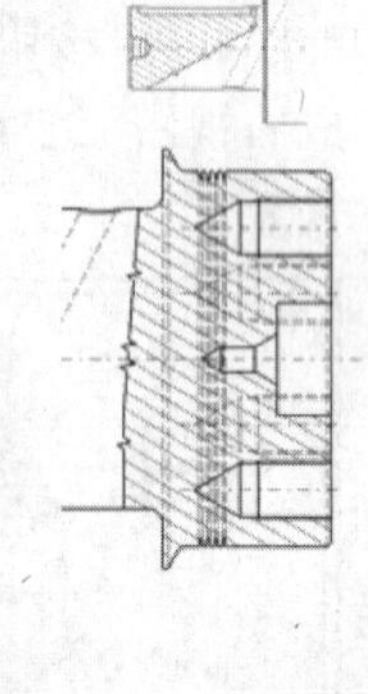

图 14-81 生成局部剖视图

图 14-82 隐藏图线

15）创建移出断面图。在图纸树中双击“正视图”视图选项，或在绘图区中右键单击“正视图”视图框架，在弹出的快捷菜单中选择“激活视图”命令。

16）在菜单栏中，依次选择“插入”→“视图”→“截面”→“偏移截面分割”选项，或在“视图”→“截面”工具栏中直接单击“偏移截面分割”命令按钮，绘制断面线。

17）移动鼠标，将断面图视图预览图移动至合适的位置，单击用以放置断面图，结果如图 14-83 所示。

18）为平衡重及曲柄创建剖视图。在图纸树中双击“正视图”视图选项，或在绘图区中右键单击“正视图”视图框架，在弹出的快捷菜单中选择“激活视图”命令。

19）在菜单栏中，依次选择“插入”→“视图”→“截面”→“偏移剖视图”选项，或直接在“视图”→“截面”工具栏中直接单击“偏移剖视图”按钮，绘制剖切线。

20）移动鼠标至图纸合适位置处，单击用以生成全剖视图，结果如图 14-84 所示。

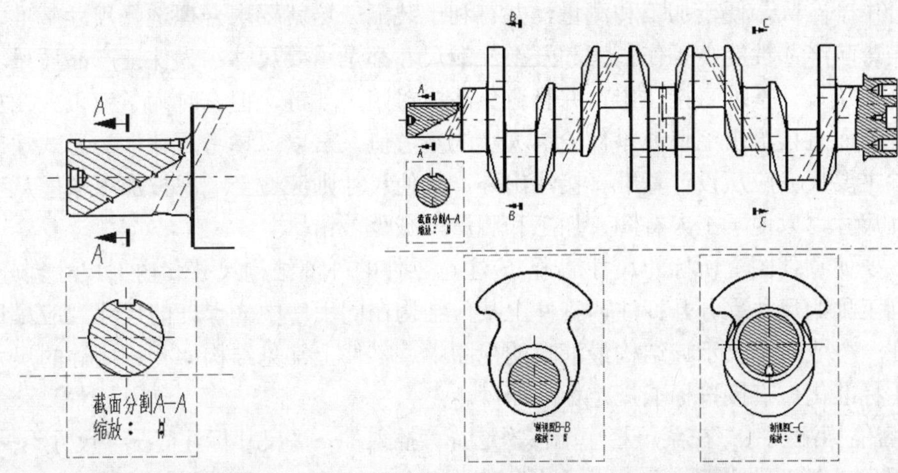

图 14-83 绘制移除断面图　　图 14-84 绘制剖视图

21）绘制细节处的局部放大图。在图纸树中双击“正视图”视图选项，或在绘图区中右键单击“正视图”视图框架，在弹出的快捷菜单中选择“激活视图”命令。

22）在菜单栏中，依次选择“插入”→“视图”→“详细信息”→“详图”选项，或在“视图”→“详细信息”工具栏中直接单击“详细视图”按钮。

23）单击用以定义圆心。拖动鼠标，绘制圆形放大区域至适当大小，然后单击，确定圆的大小。移动鼠标，在绘图区中选择合适位置处单击，用以放置使用详细视图命令生成的圆形局部放大图，结果如图 14-85 所示。

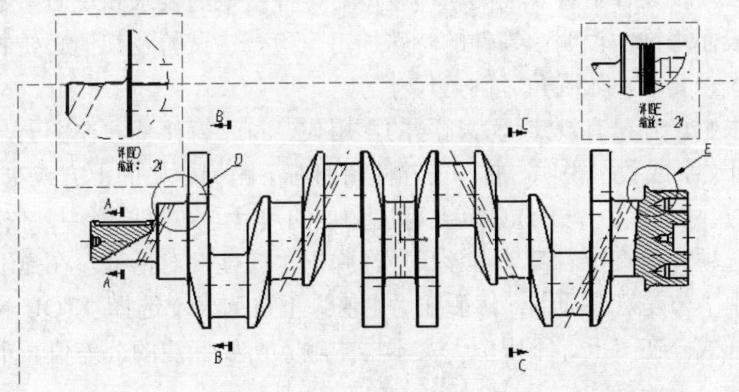

图 14-85 局部放大图

14.3.3 标注尺寸

零件图上的尺寸是加工和检验零件的重要依据，是零件图的重要内容之一，是图纸中指令性最强的部分。曲轴的视图创建完成之后，就需要给视图标注不同的尺寸，包括长度、直径、螺纹、倒角等。在标注尺寸时，必须做到正确、完整、清晰、合理。

标注尺寸的合理性，就是要求图纸上所标注的尺寸既要符合零件的设计要求，又要符合生产实际，便于加工和测量，并有利于装配。这就要求合理选择尺寸基准，零件上凡是影响产品性能、工作精度和互换性的尺寸都是重要尺寸。为保证产品质量，重要尺寸必须从设计基准直接注出，并且避免注成封闭尺寸链，但有时为了使工人在加工时不必计算而直接给出毛坯或零件轮廓大小的参考值，常以“参考尺寸”的形式注出。零件上除主要尺寸应从设计基准直接注出外，其他尺寸则应适当考虑按加工顺序从工艺基准标注尺寸，以便于工人看图、加工和测量，减少差错。

要使零件图上所标的尺寸清晰，应注意零件的外部结构尺寸和内部尺寸宜分开标注，不同工种的尺寸宜分开标注，零件上某一结构在同工序中应保证的尺寸，应尽量集中标注在一个或两个表示该结构最清晰的视图中。零件上常见结构如孔、槽等的尺寸注法已基本标准化，直接按标准规定标注即可。

1）智能标注尺寸。在菜单栏中，依次选择“插入”→“尺寸标注”→“尺寸”→“尺寸”选项，或在“尺寸标注”→“尺寸”工具栏中直接单击“尺寸”按钮。

2）为零件特征标注定形、定位及总体尺寸。

14.3.4 标注技术要求和标题栏

在零件图上，除了用视图表达出零件的结构形状和用尺寸标明零件的各组成部分的大小及位置关系外，还需要标注相关的技术要求。

零件图上的技术要求一般有以下几个方面的内容：零件的极限与配合要求；零件的形状和位置公差；零件上各表面的粗糙度；对零件材料的要求和说明；零件的热处理、表面处理和表面修饰的说明；零件的特殊加工、检查、试验及其他必要的说明；零件上某些结构的统一要求，如圆角、倒角尺寸等。

技术要求中，凡已有规定代、符号的，用代、符号直接标注在图上，无规定代、符号的，则可用文字或数字说明，书写在零件图的右下角标题栏的上方或左方适当空白处。

1）标注尺寸公差。单击选中需要标注公差的尺寸。在菜单栏中，依次选择“编辑”→“属性”选项，或直接右键单击该尺寸，弹出“属性”对话框。在弹出的“属性”对话框中，选中“公差”选项卡，然后在“主值”下拉列表中选择“TOL_NUM2”为需要标注的公差样式。在“上、下限值”文本框中输入所要标注的公差值。单击“确定”按钮，完成尺寸公差的标注。

2）在菜单栏中，依次选择“插入”→“尺寸标注”→“公差”→“基准特征”选项，或在“尺寸标注”→“公差”工具栏中直接单击“基准特征”按钮。选择标注的基准特征，光标附近出现基准符号预览。移动鼠标，在绘图区中选择合适的位置单击以放置基准符号，输入基准特征的符号。单击“确定”按钮，完成基准的创建。

3）标注形位公差。在菜单栏中，依次选择“插入”→“尺寸标注”→“公差”→“形位公差”选项，或在“尺寸标注”→“公差”工具栏中直接单击“形位公差”按钮。

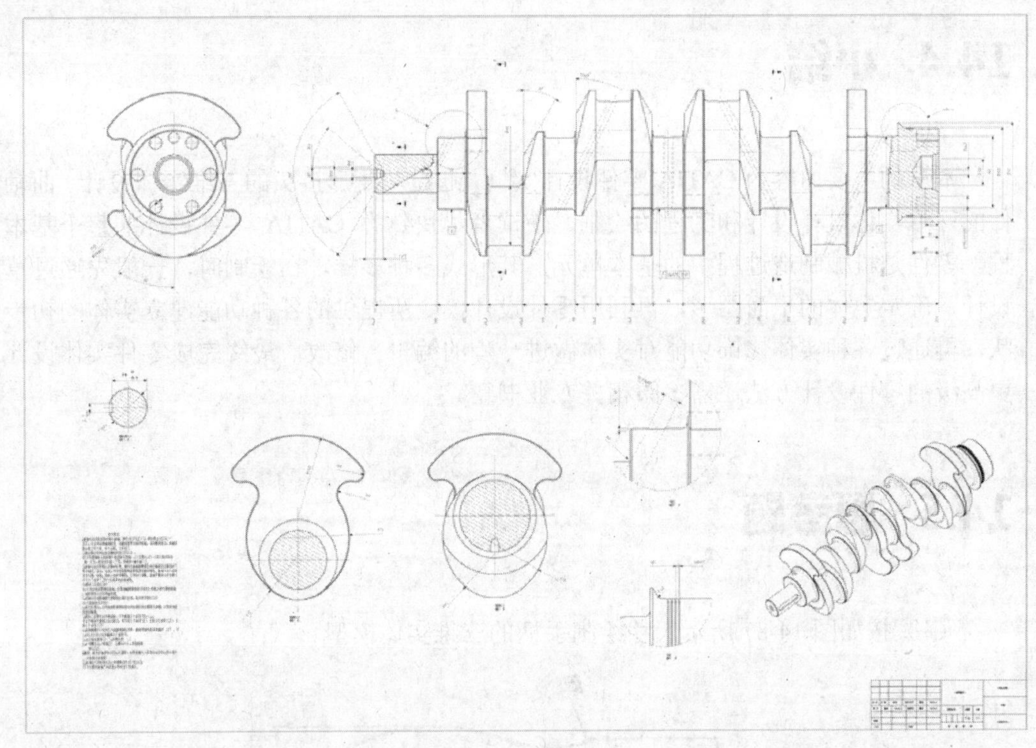

图 14-86 曲轴工程图

4）选择需要标注的位置，光标附近出现公差符号预览。移动鼠标，在绘图区中选择合适的位置单击以放置公差符号，弹出“形位公差”对话框。

5）在“公差”选项区单击“公差特征修饰符”按钮，在弹出的公差符号列表中选择公差符号。在“公差值”文本框中输入数值。单击“确定”按钮，完成平面度公差标注。

6）标注表面粗糙度。在菜单栏中，依次选择“插入”→“标注”→“符号”→“粗糙度符号”选项，或在“标注”→“符号”工具栏中直接单击“粗糙度符号”按钮。

7）选择标注位置，弹出“粗糙度符号”对话框。在对话框“前缀”下拉列表中选择“Ra”选项，在表面粗糙度文本框中输入粗糙度值，其余采用系统默认设置。单击“确定”按钮，完成表面粗糙度的标注。

8）标注技术要求文本。在菜单栏中，依次选择“插入”→“标注”→“文本”→“文本”选项，或在“标注”→“文本”工具栏中直接单击“文本”按钮 T。

9）移动鼠标，在绘图区合适位置单击以确定注释的位置，弹出“文本编辑器”对话框，在该对话框中输入技术要求。单击“确定”按钮，完成文本注释的创建。

10）填写标题栏。绘制结果如图 14-86 所示。

14.4 小结

本章的主要内容为CATIA零件设计实例，通过对变形接头的三维实体设计、曲轴零件的三维实体设计设计和工程图绘制，使读者尽快熟悉 CATIA 零件设计的整个基本流程。零件是机械制造过程中的基本单元，其形式多种多样。在绘制时，一般先通过草图设计，确定实体的平面图形，再利用零件设计模块所提供的各种功能建立实体的初步形状，再通过各种实体修饰功能对实体做进一步的编辑、修改，最终完成零件实体设计。更高级的零件设计方法还需参阅相关专业书籍。

14.5 思考题

（1）按如图14-87所示尺寸绘制手柄的三维实体模型。

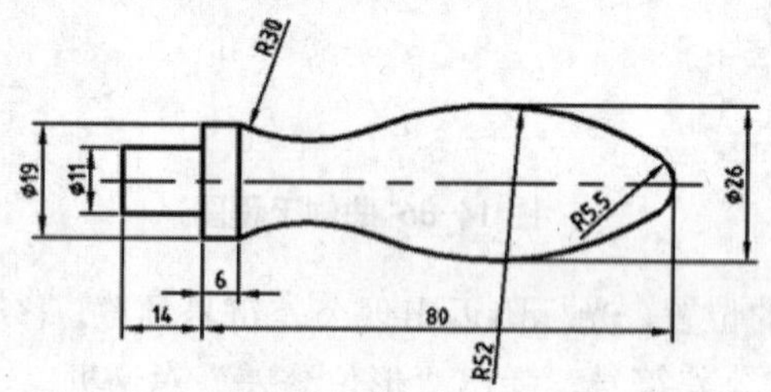

图 14-87 手柄

（2）按如图14-88所示尺寸绘制拨叉的三维实体模型，并创建工程图。

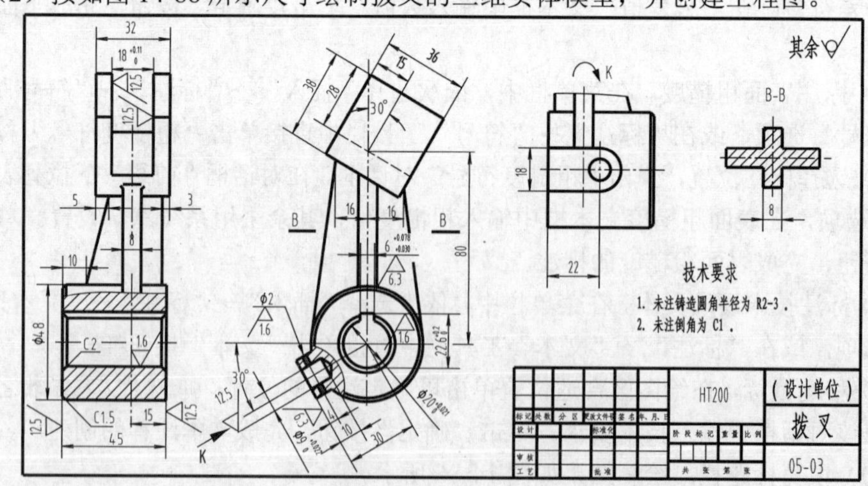

图 14-88 拨叉

第15章 产品设计实例

15.1 深沟球轴承

15.1.1 实例分析

深沟球轴承是滚动轴承中最为普通的一种常用标准件，其结构及装配关系较为典型。本节以如图15-1所示的6220型深沟球轴承为例，示范产品的设计和装配过程。

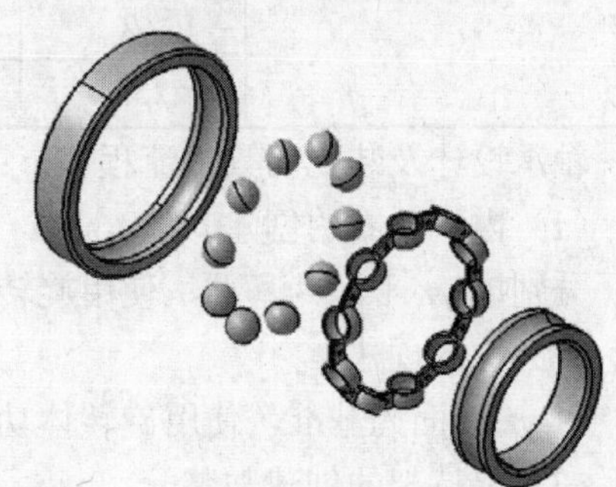

图15-1 深沟球轴承（6220型）

6220型深沟球轴承由一个外圈、一个内圈、一组球和一组保持架组成，其基本参数见表15-1。

表 15-1 轴承基本参数

基本参数					
内圈内径 d	外圈外径 D	宽度 B	内圈外径 d_2	外圈内径 D_2	圆角 r
100	180	34	124.8	155.3	3

保持架				
外径 D_c	内径 D_{c1}	厚度	销孔直径	
151.45	128.65	2	3	

铆钉参数					
大帽直径	大帽厚度	小帽直径	小帽厚度	铆钉杆长	铆钉杆直径
5.74	0.88	5	0.88	4	3

球		
球径 D_w	球数 Z	
25.4	10	

轴承设计及装配的具体流程如下：

（1）内、外圈的创建

分别以 yz 平面为基准，使用旋转体功能创建轴承内、外圈，并创建内、外圈圆角。

（2）球的创建

以 yz 平面为基准，使用旋转体功能创建球。

（3）保持架的创建与装配

保持架由两个单体架和一组单体架连接铆钉组成。

1）单体架 1 的创建：以 zx 平面为基准，创建球兜旋转体特征、球兜连接凸台特征和铆钉凹槽特征等，将 3 个特征分别进行圆形阵列。

2）单体架 1.1 的创建：以单体架 1 为镜像元素，使用装配工作台中的对称功能创建单体架 1.1。

3）铆钉的创建与装配：以 yz 平面为基准，使用旋转体功能创建铆钉，并使用约束和重复使用阵列功能将创建出的一组铆钉装配到单体架铆钉凹槽中。

（4）轴承装配

1）球装配：首先使用相合约束将单个球装配到保持架球兜，然后使用重复使用阵列功能将球装配到所有球兜中。

2）内、外圈装配：使用约束功能将轴承内、外圈装配。

3）内圈与保持架装配：使用约束功能将保持架装配到内圈。

15.1.2 创建轴承内、外圈

（1）创建轴承内圈

创建“Product”文件，将产品命名为“深沟球轴承”。选中产品，在菜单栏中，依次选择“插入”→“新建零件”选项，结构树中出现可操作的零件“Part1.1”，命名为“内圈”，双击“内圈”节点下的零件图标切换至零件工作台。

1）创建内圈旋转体草图。单击“草图”按钮，选取 yz 平面作为草绘平面，进入草图工作台，绘制如图 15-2 所示的图形，退出草图工作台。

2）创建内圈旋转体。单击“旋转体”按钮，弹出“定义旋转体”对话框，如图 15-3 所示，选择内圈旋转体草图作为旋转截面，单击“确定”按钮，完成内圈旋转体的创建，如图 15-4 所示。

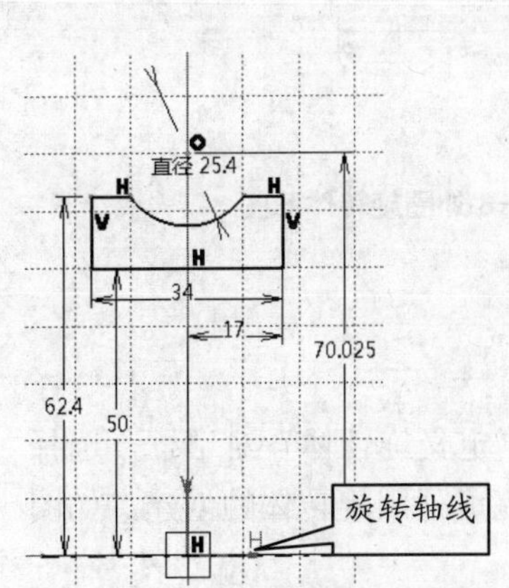

图 15-2 内圈旋转体草图

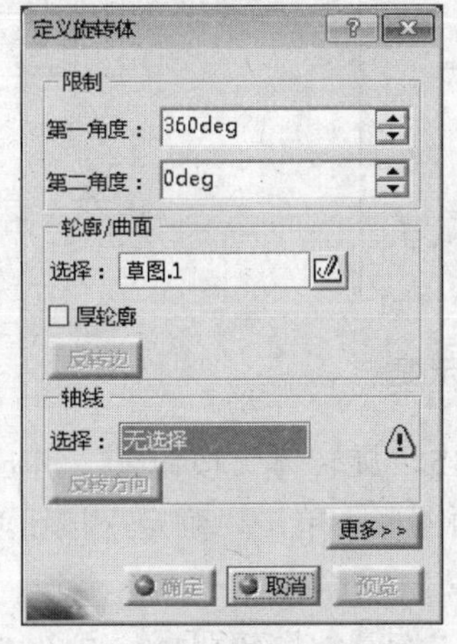

图 15-3“定义旋转体”对话框

图 15-4 内圈旋转体

3）创建内圈圆角。单击“倒圆角”按钮，弹出“倒圆角定义”对话框，选取内圈内部的两条边线，对话框参数设置如图 15-5 所示，单击“确定”按钮，创建的圆角如

图 15-6 所示。

图 15-5 “倒圆角定义”对话框

图 15-6 内圈圆角

（2）创建轴承外圈

在结构树中双击产品“深沟球轴承”切换至装配设计工作台。在菜单栏中，依次选择“插入”→“新建零件”选项，结构树中出现可操作的零件“Part1.2”，并弹出“新零件：原点”提示框，单击“否”按钮，将装配原点定义为新零件的原点，如图 15-7 所示；将“Part1.2”命名为“外圈”，双击“外圈”节点下的零件图标切换至零件工作台。

1）创建外圈旋转体草图。单击“草图”按钮，选取 yz 平面作为草绘平面，进入草图工作台，绘制图形如图 15-8 所示，退出草图工作台。

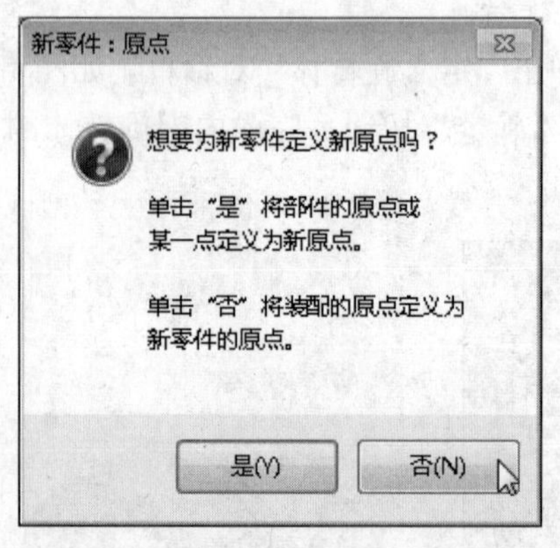

图 15-7“新零件：原点”提示框

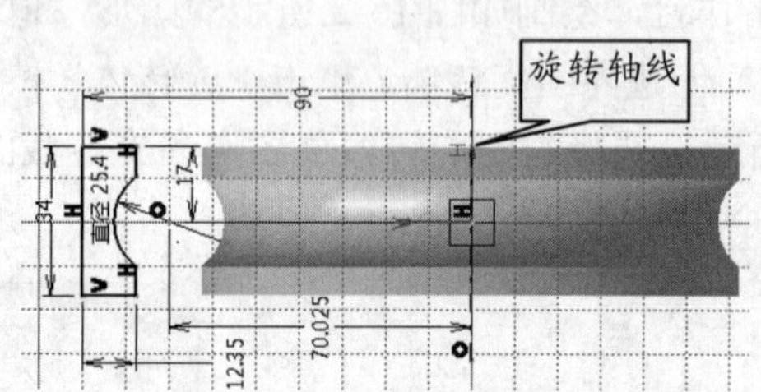

图 15-8 外圈旋转体草图

2）创建外圈旋转体。单击“旋转体”按钮，弹出“定义旋转体”对话框，选择外圈旋转体草图作为旋转截面图形，单击“确定”按钮，完成外圈旋转体的创建，如图 15-9 所示。

3）创建外圈圆角。单击“倒圆角”按钮，弹出“倒圆角定义”对话框，选取外圈外部的两条边线，在“半径”文本框中输入数值“3”，单击“确定”按钮，创建的圆角如图 15-10 所示。

图 15-9 外圈旋转体

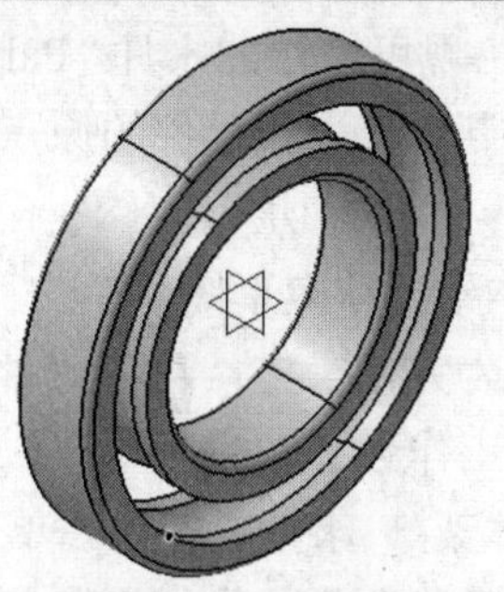

图 15-10 外圈圆角

15.1.3 创建球

1）在结构树中双击产品“深沟球轴承”切换至装配设计工作台。在菜单栏中，依次选择“插入”→“新建零件”选项，结构树中出现可操作的零件“Part1.3”，并弹出“新零件：原点”对话框，单击“否”按钮，将装配原点定义为新零件的原点；将“Part1.3”命名为“钢球”，双击“钢球”节点下的零件图标切换至零件工作台。

2）创建球旋转体草图。单击“草图”按钮，选取 yz 平面作为草绘平面，进入草图工作台。为方便草图的绘制，在“可视化”工具栏中单击“按草图平面剪切零件”按钮，将图形分割，绘制图形如图 15-11 所示，退出草图工作台。

3）创建球旋转体。单击“旋转体”按钮，弹出“定义旋转体”对话框，选择球旋转体草图作为旋转截面图形，单击“确定”按钮，完成球旋转体的创建，如图 15-12 所示。

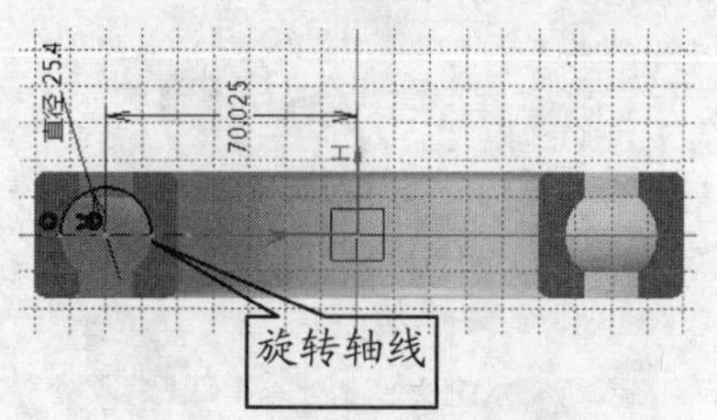

图 15-11 球旋转体草图

图 15-12 球旋转体

15.1.4 创建轴承保持架

1）在结构树中双击产品“深沟球轴承”切换至装配设计工作台。在菜单栏中，依次选择“插入”→“新建产品”选项，结构树中出现可操作的产品“Product2”，将“Product2”命名为“保持架”。

2）创建单体架 1。选中“保持架”，在菜单栏中，依次选择“插入”→“新建零件”

选项，结构树中出现可操作的零件“Part2.1”，并弹出“新零件：原点”对话框，单击“否”按钮，将装配原点定义为新零件的原点；将“Part2.1”命名为“单体架 1”，双击“单体架 1”节点下的零件图标切换至零件工作台。

a）创建单体架 1 球兜草图。单击“草图”按钮，选取 zx 平面作为草绘平面，进入草图工作台，为方便操作，可将“外圈”和“内圈”零件隐藏，绘制图形如图 15-13 所示，退出草图工作台。

b）创建单体架 1 球兜旋转体。单击“旋转体”按钮，弹出“定义旋转体”对话框，选择单体架 1 球兜草图作为旋转截面图形，参数设置如图 15-14 所示，单击“确定”按钮，如图 15-15 所示。

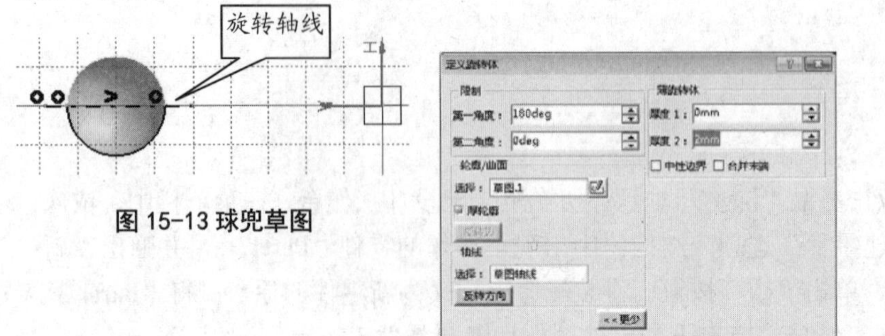

图 15-13 球兜草图

图 15-14 “定义旋转体”对话框

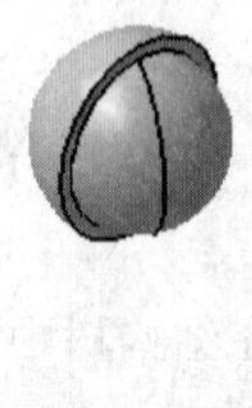
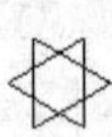

图 15-15 球兜旋转体

c）创建球兜圆形阵列。单击“圆形阵列”按钮，弹出“定义圆形阵列”对话框，参数设置如图 15-16 所示，单击“确定”按钮，如图 15-17 所示。

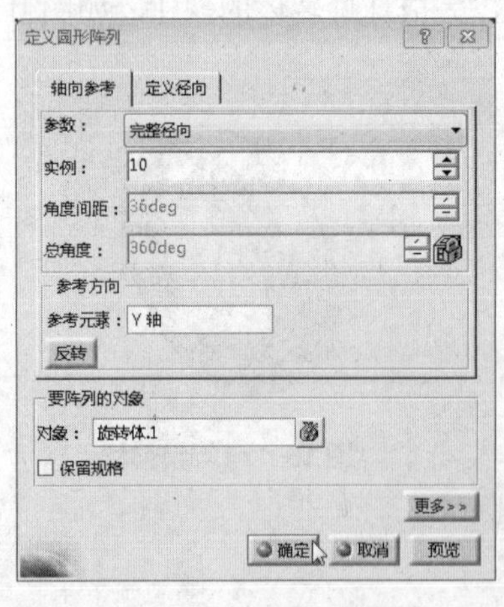

图 15-16 “定义圆形阵列”对话框

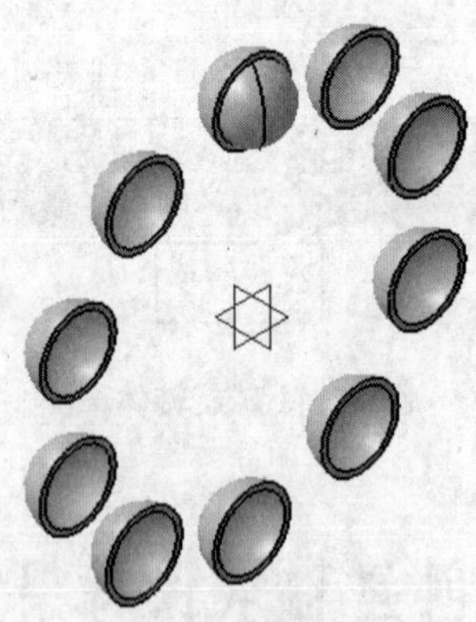

图 15-17 球兜圆形阵列

d）创建球兜凹槽草图。单击“草图”按钮，选取 zx 平面作为草绘平面，进入草图工作台，绘制半径为 64.325 和 75.725 的同心圆，如图 15-18 所示，退出草图工作台。

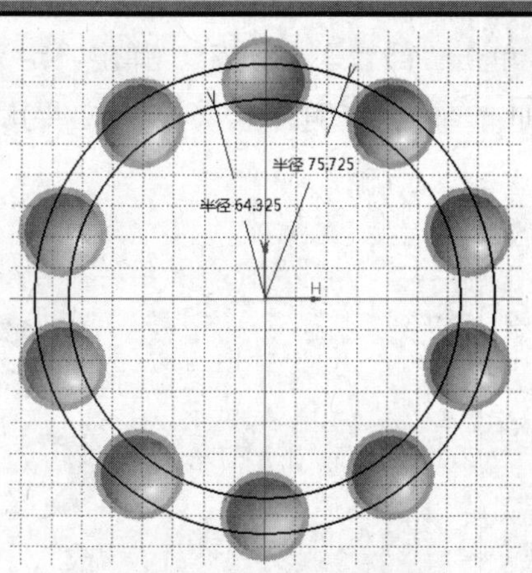

图 15-18 球兜凹槽草图

e）创建球兜凹槽。单击“凹槽”按钮，弹出“定义凹槽”对话框，选择球兜凹槽草图作为挖切截面，参数设置如图 15-19 所示，如有必要，单击“反转边”按钮，设置完成后单击“确定”按钮，结果如图 15-20 所示。

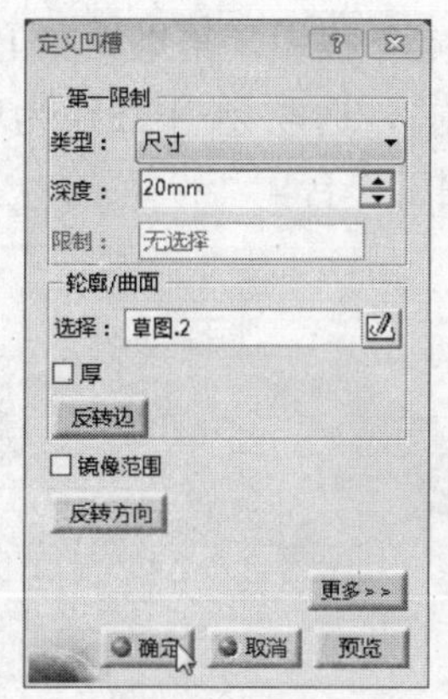

图 15-19“定义凹槽”对话框一

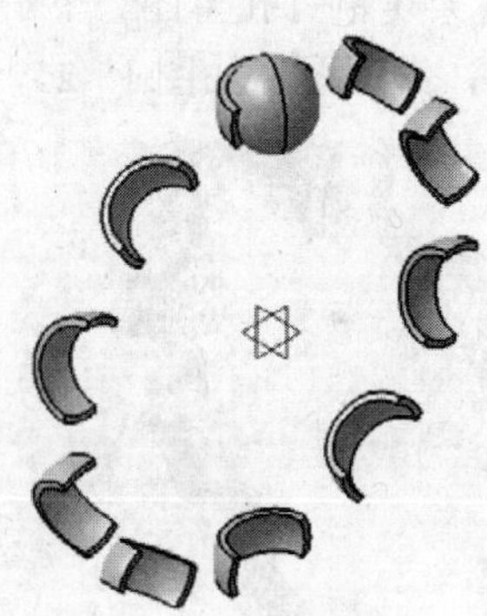

图 15-20 球兜凹槽

f）创建球兜连接凸台草图。单击“草图”按钮，选取 zx 平面作为草绘平面，进入草图工作台，绘制图形如图 15-21 所示，退出草图工作台。

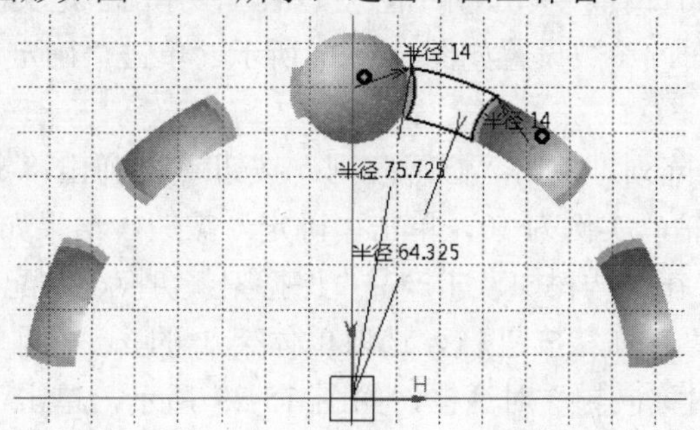

图 15-21 球兜连接凸台草图

g）创建球兜连接凸台。单击“凸台”按钮，弹出“定义凸台”对话框，选择球兜连接凸台草图作为拉伸截面，参数设置如图 15-22 所示，单击“确定”按钮，如图 15-23 所示。

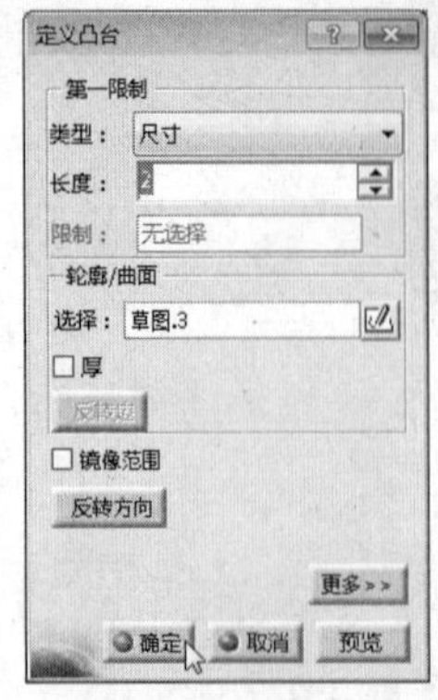

图 15-22 “定义凸台”对话框

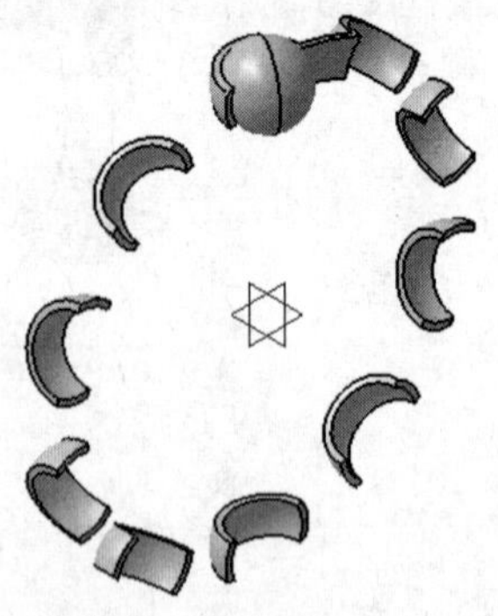

图 15-23 球兜连接凸台

h）创建球兜连接凸台圆形阵列。单击“圆形阵列”按钮，弹出“定义圆形阵列”对话框，设置参考元素为 Y 轴，实例为 10，单击“确定”按钮，结果如图 15-24 所示。

i）创建单体架 1 铆钉孔草图。单击“草图”按钮，选取 zx 平面作为草绘平面，进入草图工作台，绘制图形如图 15-25 所示，退出草图工作台。

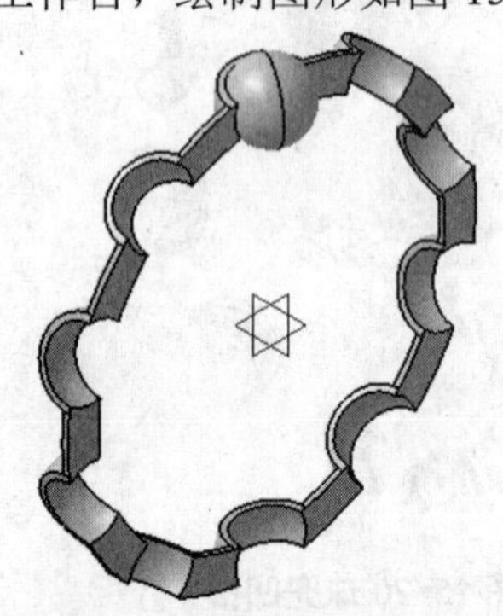

图 15-24 球兜连接凸台圆形阵列

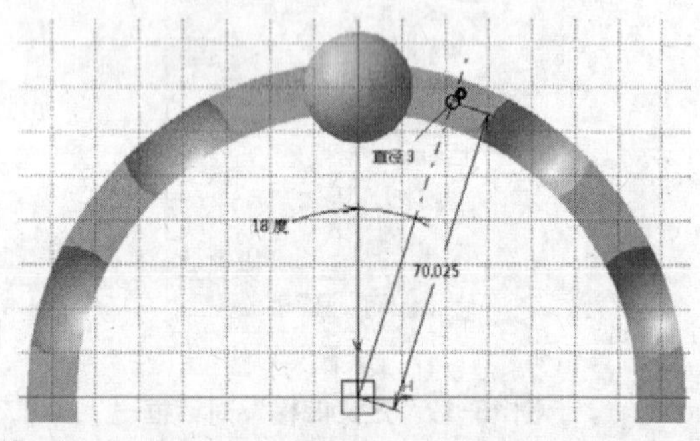

图 15-25 铆钉孔草图

j）创建单体架 1 铆钉凹槽。单击“凹槽”按钮，弹出“定义凹槽”对话框，选择铆钉孔草图作为挖切截面，参数设置如图 15-26 所示，单击“确定”按钮，如图 15-27 所示。

k）创建铆钉孔圆形阵列。单击“圆形阵列”按钮，弹出“定义圆形阵列”对话框，设置参考元素为 Y 轴，实例为 10，单击“确定”按钮，结果如图 15-28 所示。

3）创建单体架 1.1。在结构树中双击产品“保持架”切换至装配设计工作台。在“装配特征”工具栏中单击“对称”按钮，选取单体架 1 的 zx 平面，要变换的产品选择单体架 1，弹出“装配对称向导”对话框，如图 15-29 所示，单击“完成”按钮，弹出“装配对称结果”对话框，单击“关闭”按钮。单击“全部更新”按钮，如图 15-30 所示。

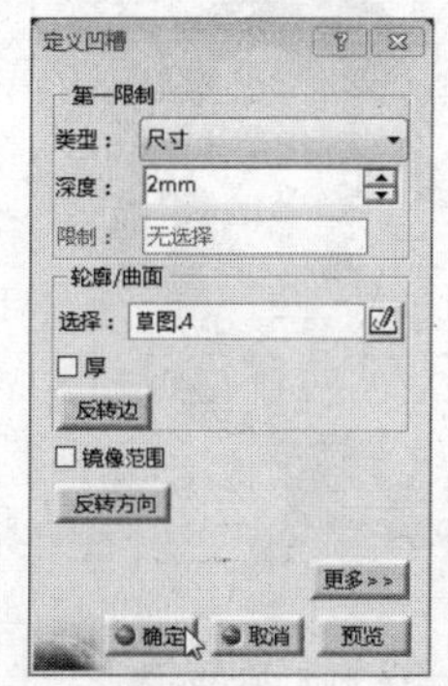

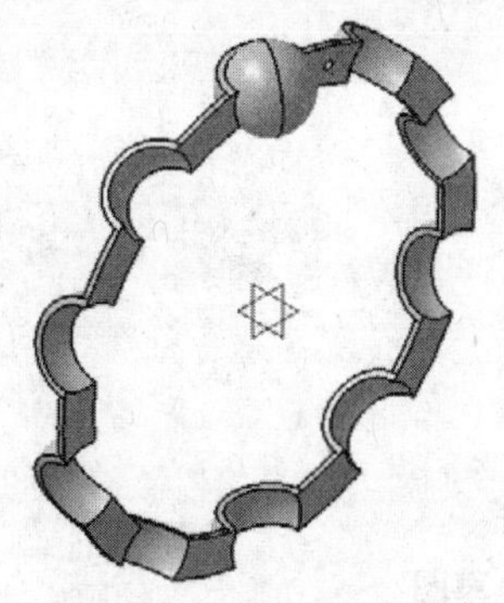

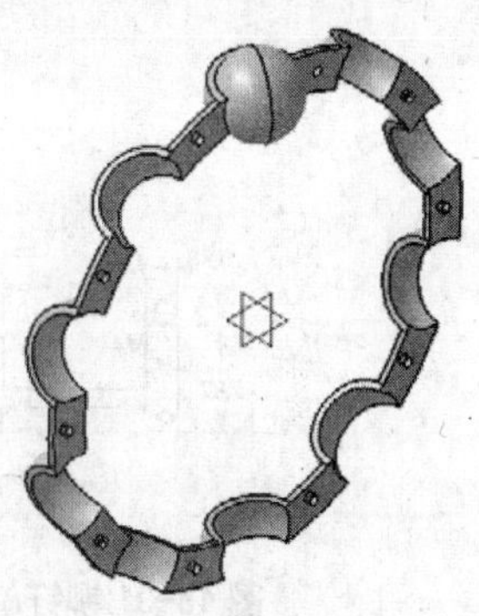

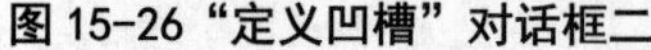

图 15-26 “定义凹槽”对话框二　　图 15-27 铆钉凹槽　　图 15-28 圆形阵列

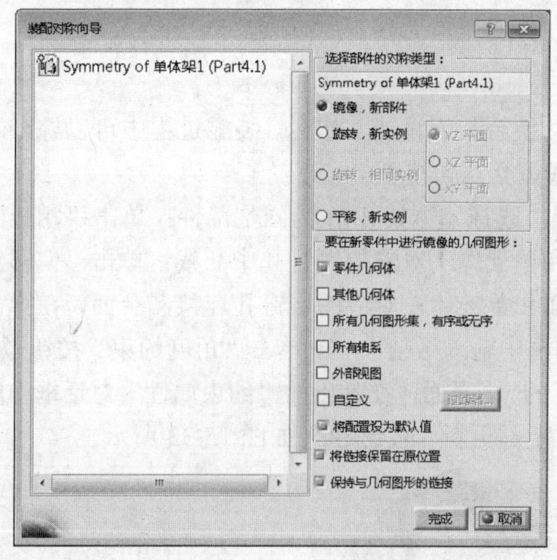

图 15-29 “装配对称向导”对话框

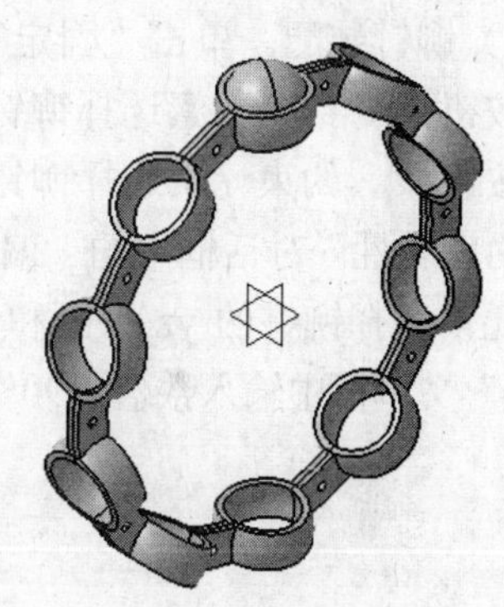

图 15-30 单体架 1.1 创建完成

4）创建铆钉。选中“保持架”，在菜单栏中，依次选择“插入”→“新建零件”选项，结构树中出现可操作的零件“Part2.3”，并弹出“新零件：原点”对话框，单击“否”按钮，将装配原点定义为新零件的原点；将“Part2.3”命名为“铆钉”，双击“铆钉”节点下的零件图标切换至零件工作台。

a）创建铆钉旋转体草图。单击“草图”按钮，选取 yz 平面作为草绘平面，进入草图工作台，绘制图形如图 15-31 所示，退出草图工作台。

b）创建铆钉旋转体。单击“旋转体”按钮，弹出“定义旋转体”对话框，选择铆钉旋转体草图作为旋转截面图形，单击“确定”按钮，完成铆钉旋转体的创建，如图 15-32 所示。

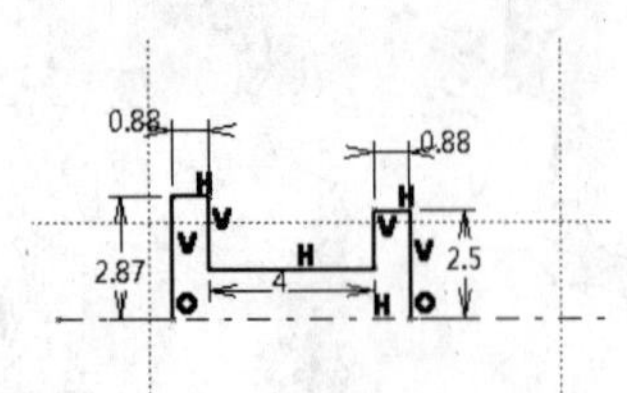

图 15-31 铆钉旋转体草图

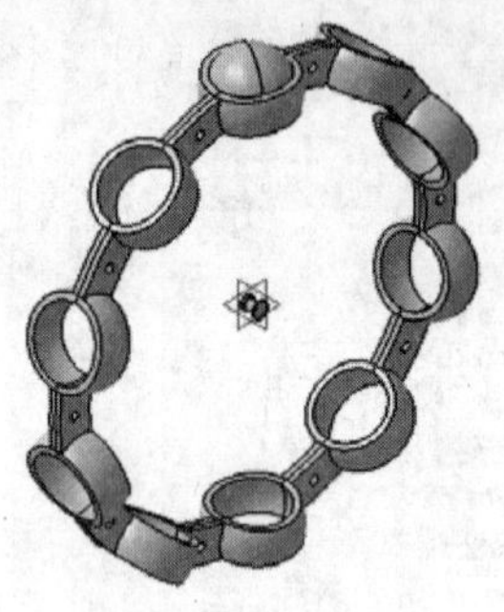

图 15-32 铆钉旋转体

15.1.5 保持架装配

1）在结构树中双击产品“保持架”切换至装配设计工作台。装配过程中可以综合运用放大、缩小、移动、旋转、隐藏等方式调整几何模型。

2）铆钉装配。单击“固定”按钮，选择单体架 1 作为固定部件；单击“相合约束”按钮，约束元素选择铆钉中心线和单架体 1 对应的铆钉孔中心线；单击“偏移约束”按钮，约束元素选择铆钉帽前侧面和单架体 1 对应的铆钉孔连接凸台面，在弹出的“约束属性”对话框中的“偏移”文本框中输入数值“0”；单击“角度约束”按钮，约束元素选择铆钉的 yz 平面和单体架 1 的 yz 平面，在弹出的“约束属性”对话框中的“角度”文本框中输入数值“90”。单击“全部更新”按钮，如图 15-33 所示。

图 15-33 铆钉装配

3）重复使用阵列装配铆钉。单击“重复使用阵列”按钮，弹出“在阵列上实例化”对话框，在结构树中选取铆钉作为要实例化的部件，在单体架 1 的结构树下选择“圆形阵列.3”作为阵列形式，参数设置如图 15-34 所示，单击“确定”按钮，完成所有铆钉的创建与装配如图 15-35 所示。

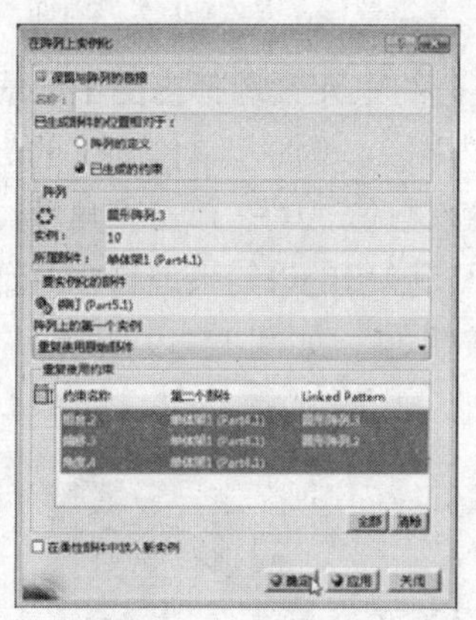

图 15-34“在阵列上实例化”对话框

图 15-35 重复使用阵列装配铆钉

15.1.6 轴承装配

1）钢球装配。在结构树中双击产品“深沟球轴承”切换装配设计工作台。

a）单击“相合约束”按钮，约束元素选择球中心点和单架体 1 球兜的对应中心点。

b）重复使用阵列装配球。单击“重复使用阵列”按钮，弹出“在阵列上实例化”对话框，类似地，在结构树中选取球作为要实例化的部件，在单体架 1 的结构树下选择“圆形阵列.1”作为阵列形式，单击“确定”按钮，完成所有的球的创建与装配，如图 15-36 所示。

2）内、外圈装配。将隐藏的内、外圈显示。

a）为了便于装配，使用“指南针”将模型调整至合适装配位置，如图 15-37 所示。

图 15-36 重复使用阵列装配钢球

图 15-37 内、外圈预装配

b）单击“固定”按钮，选择内圈作为固定部件；单击“相合约束”按钮，约束元素选择内圈中心线和外圈中心线；单击“偏移约束”按钮，约束元素选择内圈 zx 平面和外圈 zx 平面，在弹出的“约束属性”对话框中的“偏移”文本框中输入数值“0”；单击“角度约束”按钮，约束元素选内圈 yz 平面和外圈 yz 平面，在弹出的“约束属性”对话框中的“角度”文本框中输入数值“90”。单击“全部更新”按钮，如图 15-3

8 所示。

3）内圈与保持架装配。单击“相合约束”按钮，约束元素选择内圈中心线和单体架 1 中心线；单击“偏移约束”按钮，约束元素选择内圈 zx 平面和单体架 1 的 zx 平面，在弹出的“约束属性”对话框中的“偏移”文本框中输入数值“0”；单击“角度约束”按钮，约束元素选内圈 yz 平面和单体架 1 的 yz 平面，在弹出的“约束属性”对话框中的“角度”文本框中输入数值“90”。单击“全部更新”按钮，如图 15-39 所示。

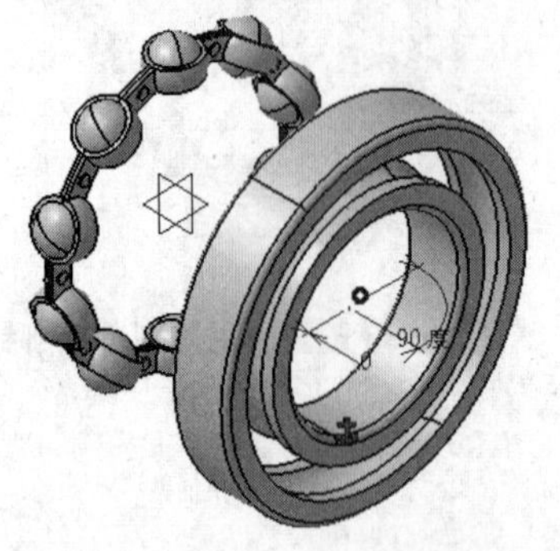

图 15-38 内外圈装配

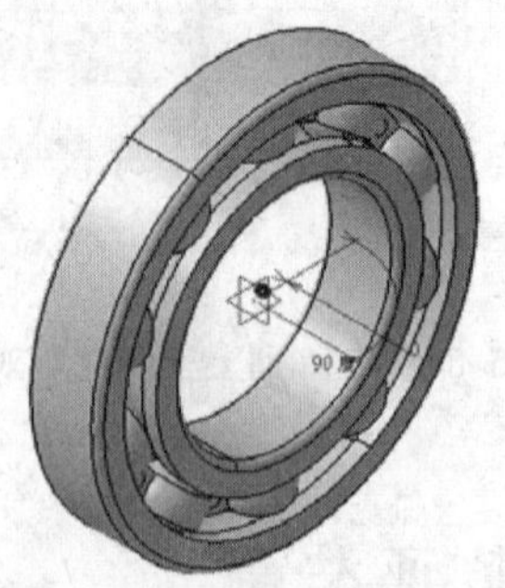

图 15-39 内圈与保持架装配

4）深沟球轴承装配设计完成，如图 15-40 所示，将文件保存在指定路径。

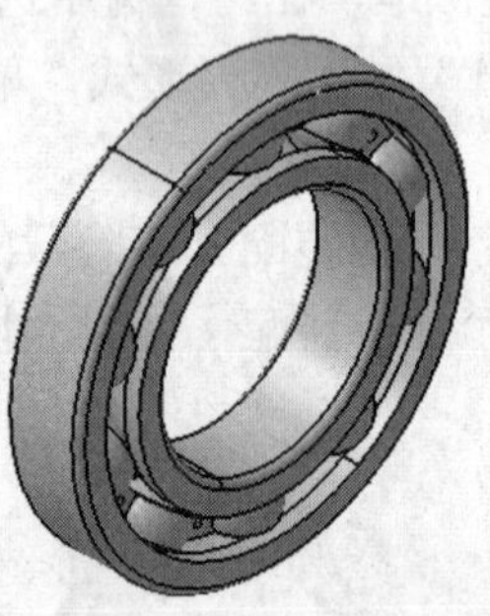

图 15-40 深沟球轴承结构树及模型

15.2 精密排种器

15.2.1 实 例 分 析

如图 15-41 所示为 2B-JP-FL01 双体立式复合圆盘精密排种器模型。

排种器由 28 个零部件组成，共包括转子装配、右壳体装配、左壳体装配等。转子装配由左、右排种盘、种盘隔板和种盘铆钉组成；右壳体装配由右壳体、轴、轴承、卡簧、键、右护种板和护种板螺钉组成；左壳体装配由左壳体、左护种板和护种板螺钉组成；壳体通过左右耳座螺栓及两个壳体螺栓连接。排种器的各零件如图 15-42 所示。

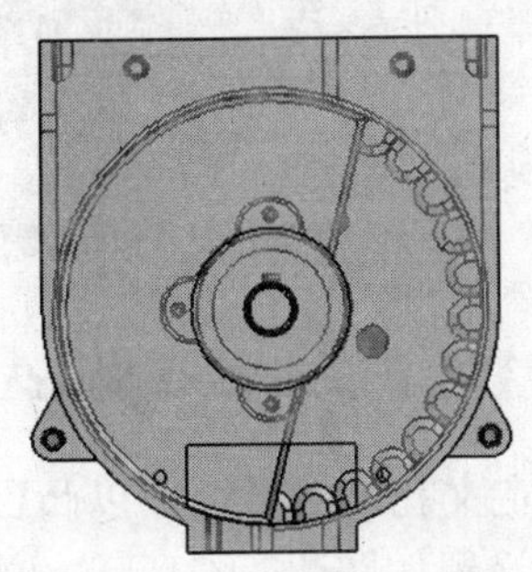
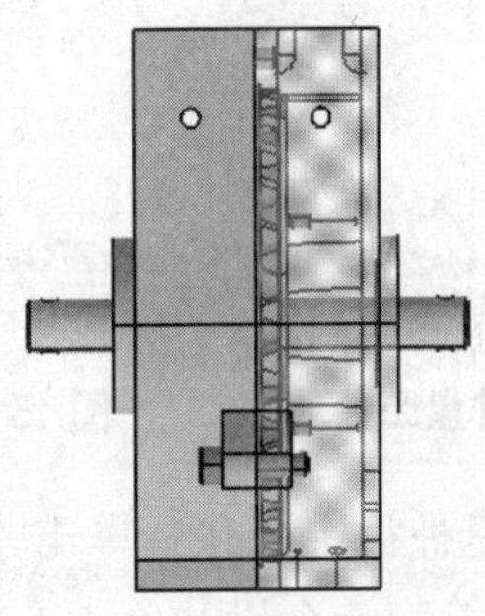

图 15-41 2B-JP-FL01 双体立式复合圆盘精密排种器

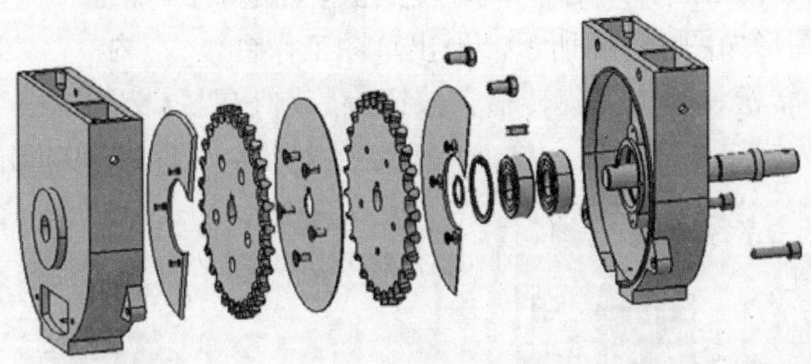

图 15-42 排种器组成

15.2.2 转子装配

创建“Product”文件，将产品命名为“排种器装配”。选中“排种器装配”，在菜单栏中，依次选择“插入”→“新建产品”选项，结构树中出现可操作的产品“Product2”，命名为“转子装配”。为方便读者了解排种盘结构，下面详细介绍转子装配的设计及装配过程。

（1）创建右排种盘

选中“转子装配”，在菜单栏中，依次选择“插入”→“新建零件”选项，“转子装配”节点下出现可操作的零件“Part1.1”，命名为“右排种盘”，双击“右排种盘”节点下的零件图标切换至零件工作台。

1）创建种盘凸台草图。单击“草图”按钮，选取 yz 平面作为草绘平面，进入草图工作台，绘制图形如图 15-43 所示，退出草图工作台。

2）创建种盘凸台。单击“凸台”按钮，弹出“定义凸台”对话框，选择种盘凸台草图作为拉伸截面，参数设置如所图 15-44 示，单击“确定”按钮，如图 15-45 所示。

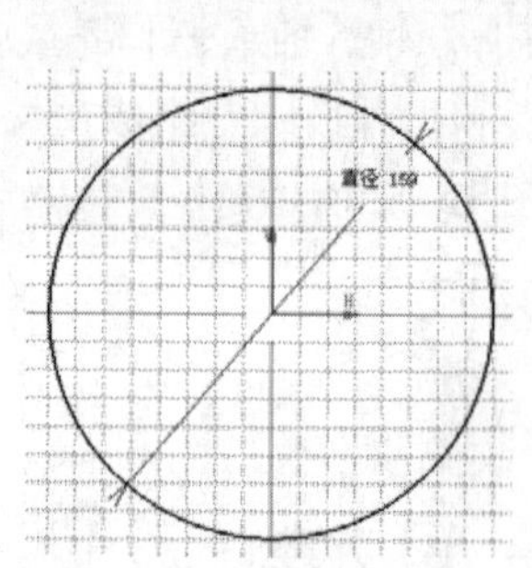

图 15-43 种盘凸台草图

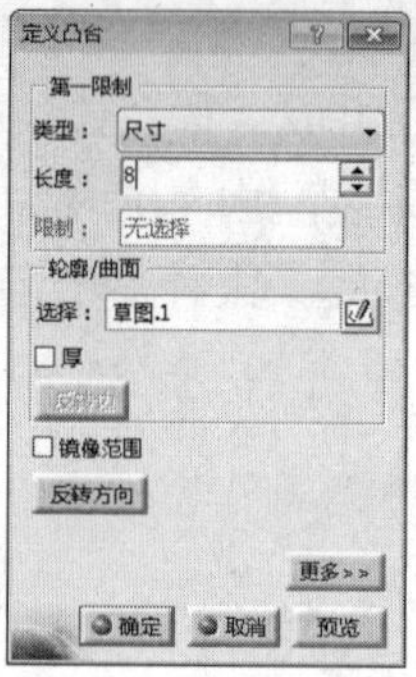

图 15-44 “定义凸台”对话框

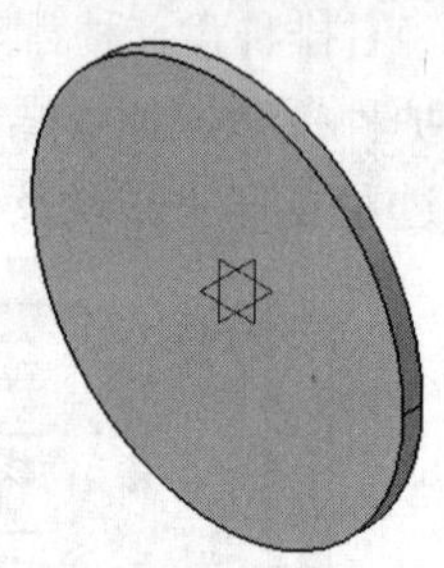

图 15-45 种盘凸台

3）创建种盘中心孔。单击“孔”按钮，弹出“定义孔”对话框，以凸台表面为草绘平面，绘制一个以凸台中心为圆心的简单孔，参数设置如图 15-46 所示，单击“确定”按钮，如图 15-47 所示。

4）创建型孔旋转槽草图。单击“草图”按钮，选取 zx 平面作为草绘平面，进入草图工作台，绘制图形如图 15-48 所示，退出草图工作台。

5）创建型孔旋转槽。单击“旋转槽”按钮，弹出“定义旋转槽”对话框，选择型孔旋转槽草图作为旋转截面图形，单击“确定”按钮，如图 15-49 所示。

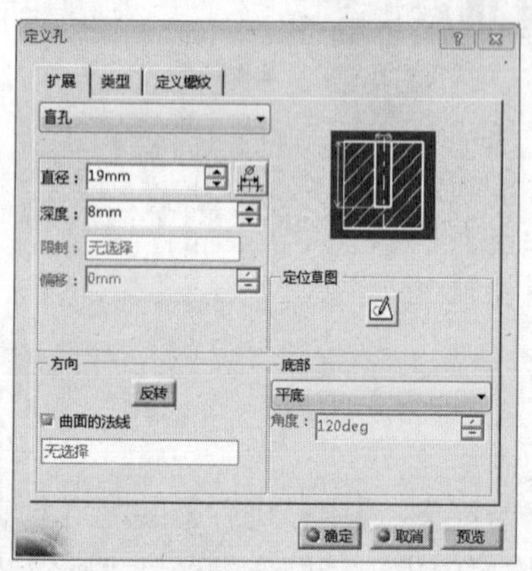

图 15-46 “定义孔”对话框

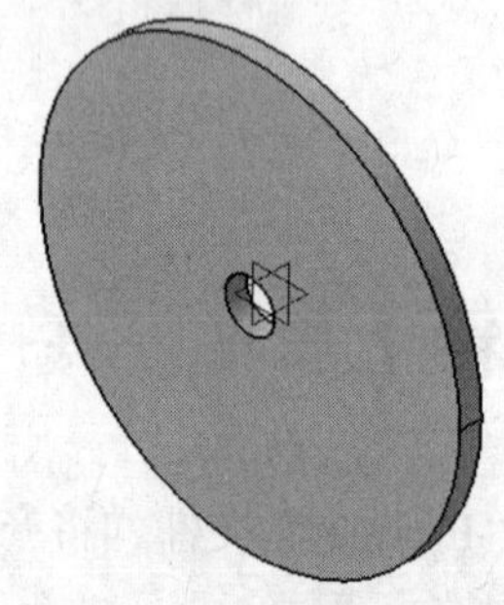

图 15-47 种盘中心孔

6）创建参考平面。单击“平面”按钮，弹出“平面定义”对话框，参数设置如图 15-50 所示，单击“确定”按钮，如图 15-51 所示。

7）创建型孔凹槽草图。单击“草图”按钮，选取平面 1 作为草绘平面，进入草图工作台，绘制图形如图 15-52 所示，退出草图工作台。

8）创建型孔凹槽。单击“凹槽”按钮，弹出“定义凹槽”对话框，选择型孔凹槽草图作为挖切截面，参数设置如图 15-53 所示，单击“确定”按钮，如图 15-54 所示。

9）创建型孔圆形阵列。在结构树中选中“旋转槽.1”特征和“凹槽.1”特征，单击“圆形阵列”按钮，弹出“定义圆形阵列”对话框，参数设置如图 15-55 所示，单击“确定”按钮，如图 15-56 所示。

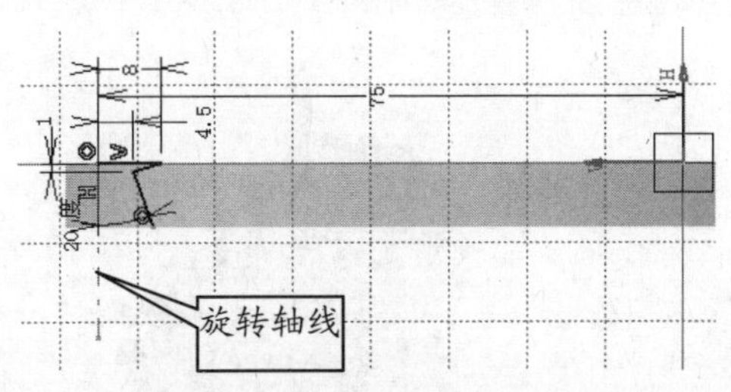

图 15-48 型孔旋转槽草图

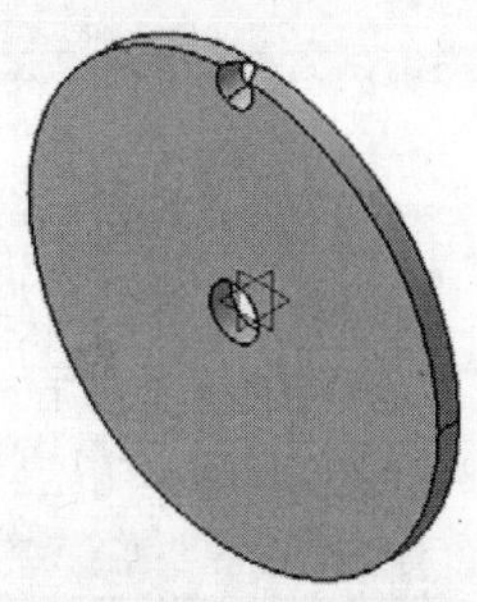

图 15-49 型孔旋转槽

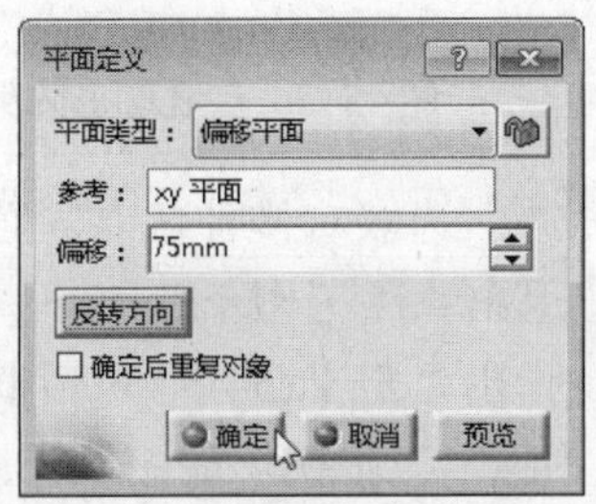

图 15-50 “平面定义”对话框一

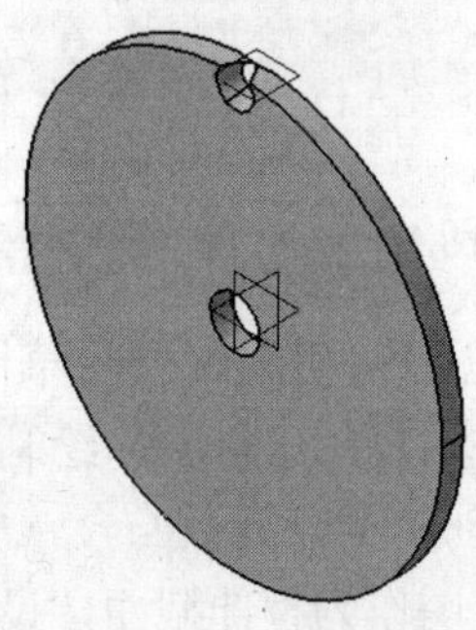

图 15-51 参考平面

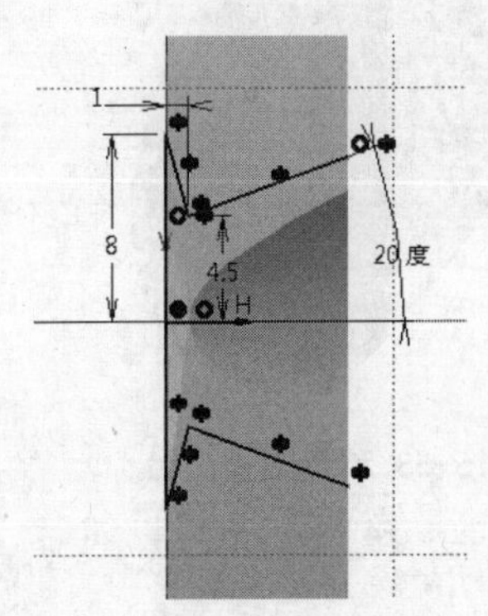

图 15-52 型孔凹槽草图

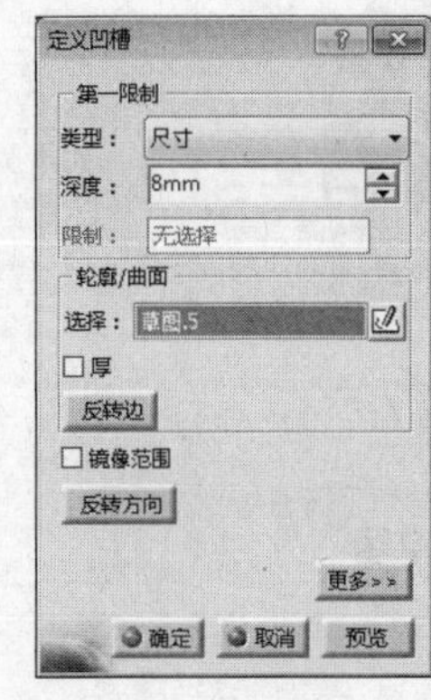

图 15-53 “定义凹槽”对话框一

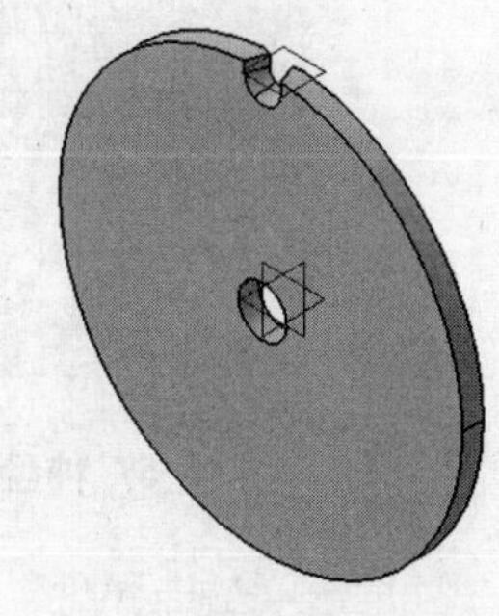

图 15-54 型孔凹槽

10）文件存盘。将文件保存在指定文件夹。

（2）创建左排种盘文件

打开保存文件夹，复制右排种盘文件，并将复制文件重命名为左排种盘。

（3）创建种盘隔板

打开“排种器装配”文件，选中“转子装配”，在菜单栏中，依次选择“插入”→“新建零件”选项，结构树中出现可操作的零件“Part1.2”，并弹出“新零件：原点”对话框，单击“否”按钮，将装配原点定义为新零件的原点；将“Part1.2”命名为“种盘隔板”，双击“种盘隔板”节点下的零件图标切换至零件工作台。

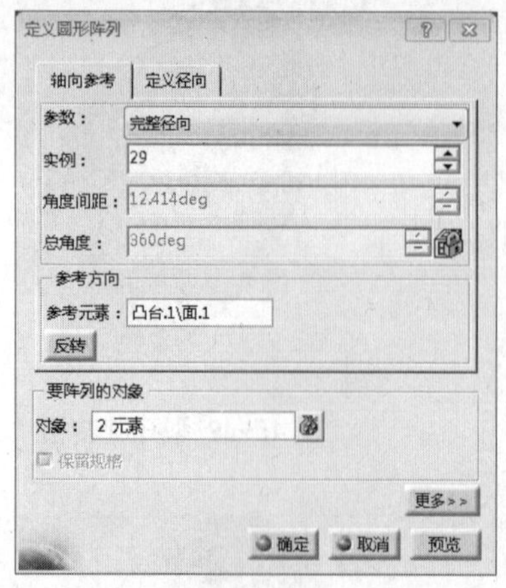

图 15-55 “定义圆形阵列”对话框

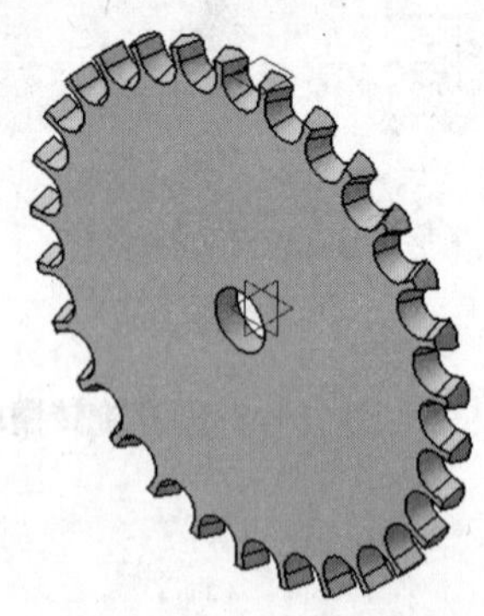

图 15-56 型孔圆形阵列

1）创建种盘隔板凸台草图。单击“草图”按钮，选取右排种盘前侧面作为草绘平面，进入草图工作台，绘制图形如图 15-57 所示，退出草图工作台。

2）创建种盘隔板凸台。单击“凸台”按钮，弹出“定义凸台”对话框，选择种盘隔板草图作为拉伸截面，设置长度为 1mm，单击“确定”按钮，如图 15-58 所示。

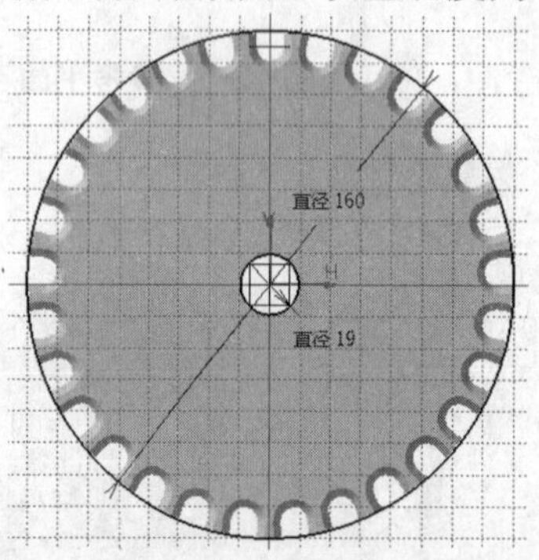

图 15-57 种盘隔板凸台草图

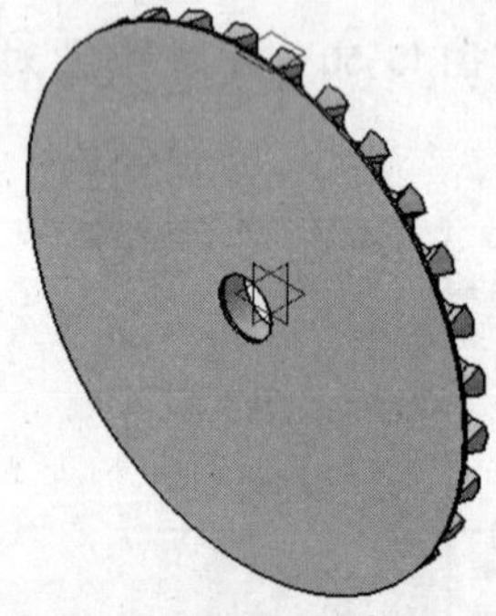

图 15-58 种盘隔板凸台

（4）导入左排种盘

在结构树中双击“转子装配”，切换至装配设计工作台，在菜单栏中，依次选择“插入”→“现有部件”选项，弹出“选择文件”对话框，导入左排种盘，使用指南针将排种盘调整至合适装配位置，如图 15-59 所示。

1）种盘装配约束。单击“固定”按钮，选择右排种盘作为固定部件；单击“相合约束”按钮，约束元素选择左、右排种盘的轴孔中心线；单击“偏移约束”按钮，约束元素选择右排种盘前侧面和左排种盘后侧面，在弹出的“约束属性”对话框的“偏移”文本框中输入数值“1”；单击“角度约束”按钮，约束元素选择左、右排种盘的 zx 平面，在弹出的“约束属性”对话框的“角度”文本框中输入数值“12.414”。单击“全部更新”按钮，如图 15-60 所示。

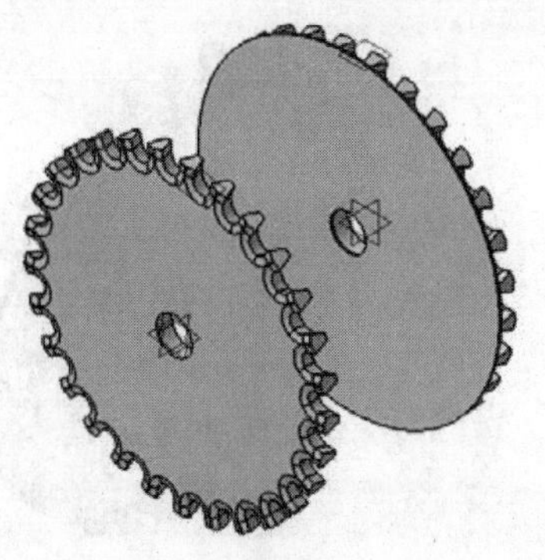

图 15-59 导入左排种盘

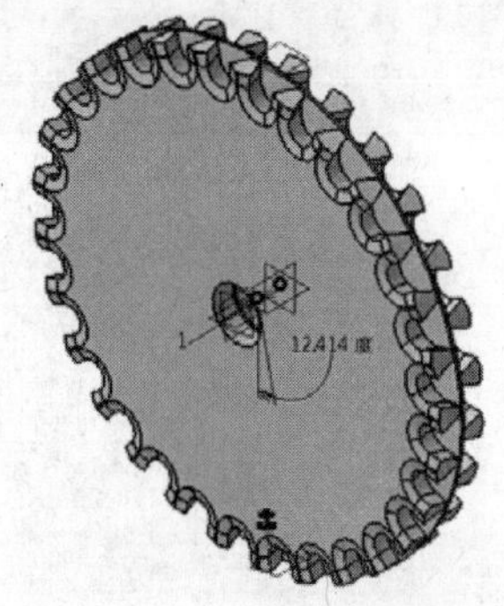

图 15-60 左右种盘装配

2）固联约束。将左、右排种盘和种盘隔板进行固联约束。

（5）创建排种盘装配轴孔

1）创建装配凹槽草图。双击“左排种盘”节点下的零件图标切换至零件工作台，单击“草图”按钮，选取左排种盘前侧面作为草绘平面，进入草图工作台，绘制图形如图 15-61 所示，退出草图工作台。

2）创建装配凹槽。在结构树中双击“转子装配”，切换至装配设计工作台，在“参考装配特征”工具栏中单击“凹槽”按钮，选择装配凹槽草图作为挖切截面，弹出“定义装配特征”对话框，参见图 10-2，单击“添加所有零件至受影响零件的列表”按钮，弹出“定义凹槽”对话框，参数设置如图 15-62 所示，单击“确定”按钮。单击“全部更新”按钮，如图 15-63 所示。

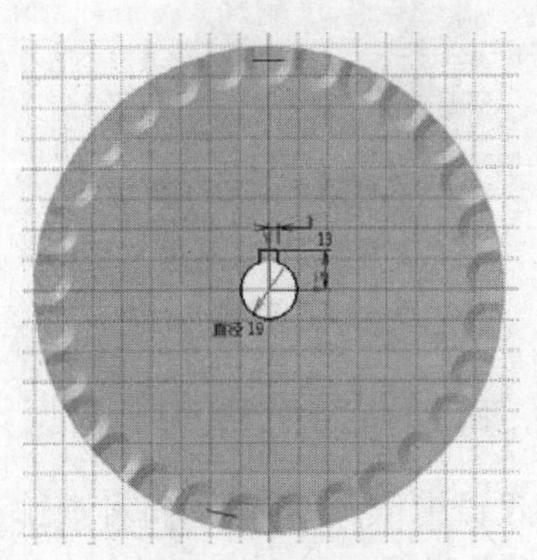

图 15-61 装配凹槽草图

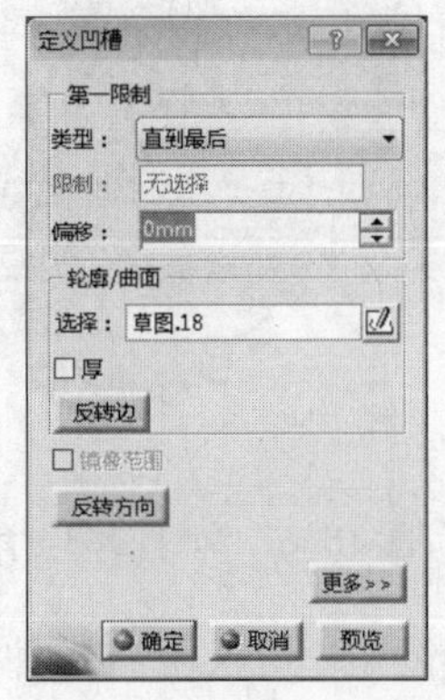

图 15-62 “定义凹槽”对话框二

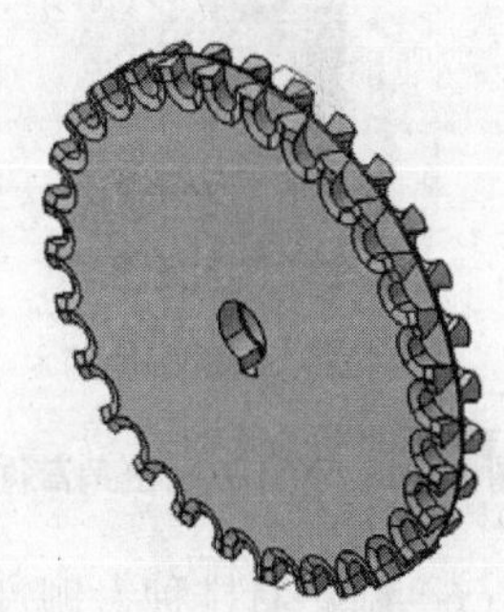

图 15-63 装配凹槽

（6）创建排种盘铆钉孔

1）创建铆钉凹槽草图。双击“左排种盘”节点下的零件图标切换至零件工作台，单击“草图”按钮，选取左排种盘前侧面作为草绘平面，进入草图工作台，绘制图形如图 15-64 所示，退出草图工作台。

2）创建铆钉凹槽。铆钉凹槽的创建过程与前面相同，这里不再赘述，创建完成的铆钉凹槽如图 15-65 所示。

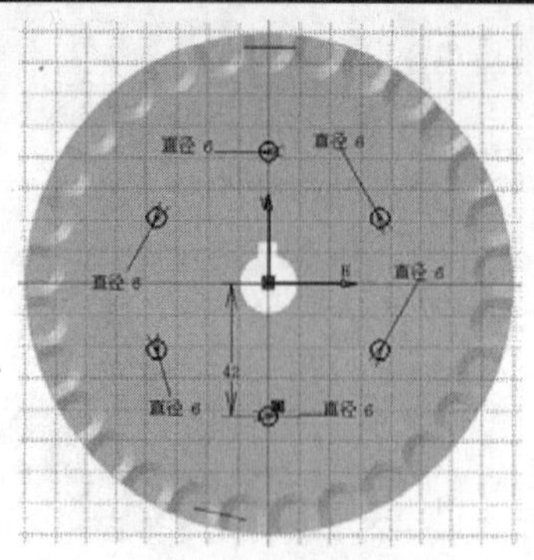

图 15-64 铆钉凹槽草图

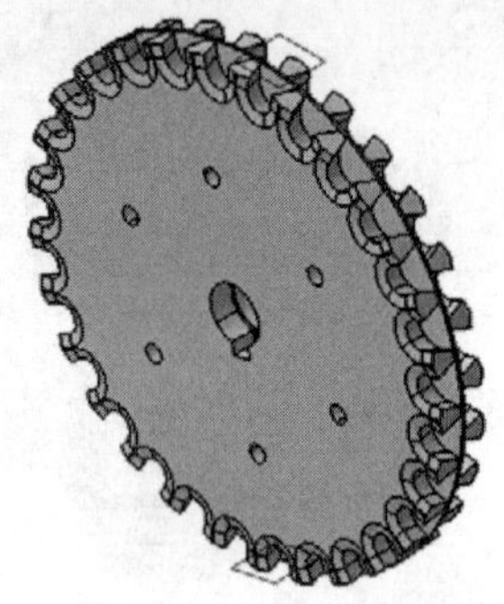

图 15-65 铆钉凹槽

3）创建左排种盘铆钉凹槽倒角草图。双击“左排种盘”节点下的零件图标切换至零件工作台，单击“草图”按钮，选取 zx 平面作为草绘平面，进入草图工作台，绘制图形如图 15-66 所示，退出草图工作台。

4）创建铆钉凹槽倒角。单击“旋转槽”按钮，弹出“定义旋转槽”对话框，选择铆钉凹槽倒角草图作为旋转截面，单击“确定”按钮，完成铆钉凹槽倒角的创建，如图 15-67 所示。

5）创建倒角圆形阵列。单击“圆形阵列”按钮，弹出“定义圆形阵列”对话框，完整镜像 6 个实例，单击“确定”按钮，结果如图 15-68 所示。

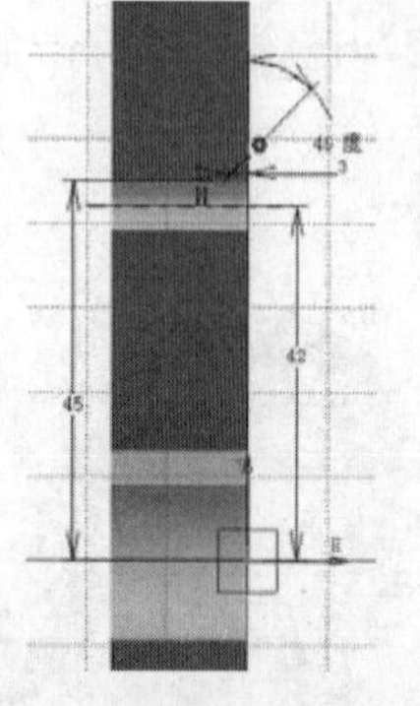

图 15-66 铆钉凹槽倒角草图

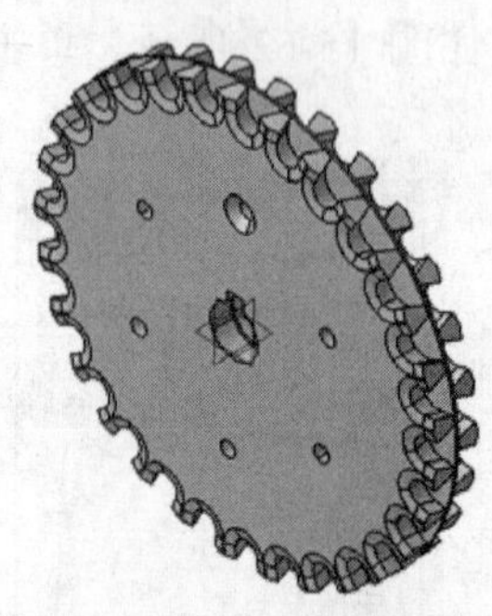

图 15-67 铆钉凹槽倒角

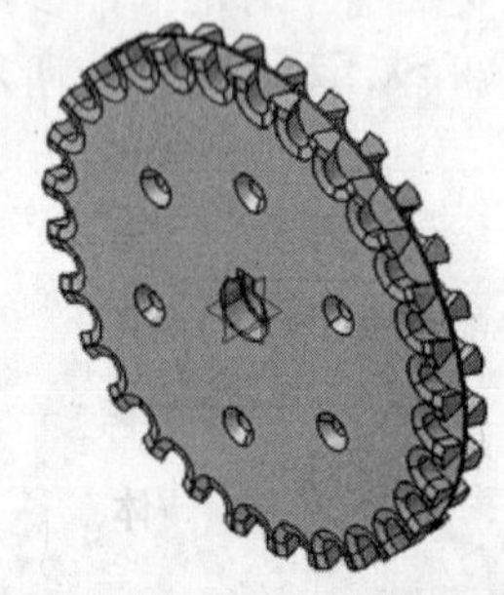

图 15-68 倒角圆形阵列

6）创建右排种盘铆钉凹槽倒角。切换至右排种盘零件设计工作台，创建右排种盘铆钉凹槽倒角需要创建参考平面，创建参考平面时的对话框参数设置如图 15-69 所示，单击“确定”按钮，生成参考平面，如图 15-70 所示。选择创建的参考平面作为右排种盘铆钉凹槽倒角草绘平面，绘制旋转槽草图；右排种盘铆钉凹槽倒角的创建过程与左排种盘相似，这里不再赘述。

（7）种盘铆钉的创建与装配

1）双击“转子装配”，在菜单栏中，依次选择“插入”→“新建零件”选项，结构树中出现可操作的零件“Part1.4”，并弹出“新零件：原点”对话框，单击“否”按钮，将装配原点定义为新零件的原点；将“Part1.4”命名为“种盘铆钉”，双击“种盘铆钉”节点下的零件图标切换至零件工作台。

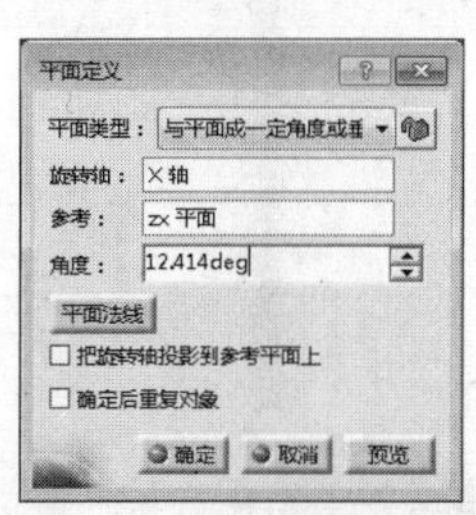

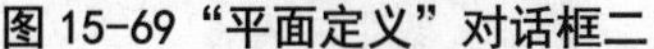
图 15-69 “平面定义”对话框二

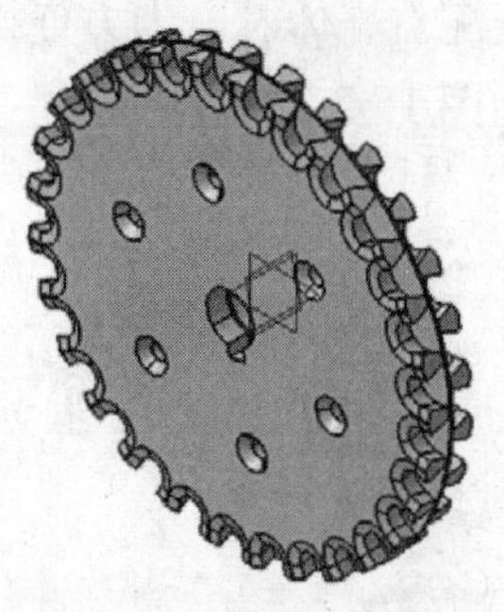
图 15-70 创建的参考平面

2）创建铆钉旋转体草图。单击“草图”按钮，选取 zx 平面作为草绘平面，进入草图工作台，绘制图形如图 15-71 所示，退出草图工作台。

3）创建铆钉旋转体。单击“旋转体”按钮，弹出“定义旋转体”对话框，选择铆钉旋转体草图作为旋转截面，单击“确定”按钮，完成铆钉旋转体的创建，如图 15-72 所示。

4）铆钉装配。双击“转子装配”，切换至装配设计工作台，将铆钉装配到铆钉孔中，如图 15-73 所示。

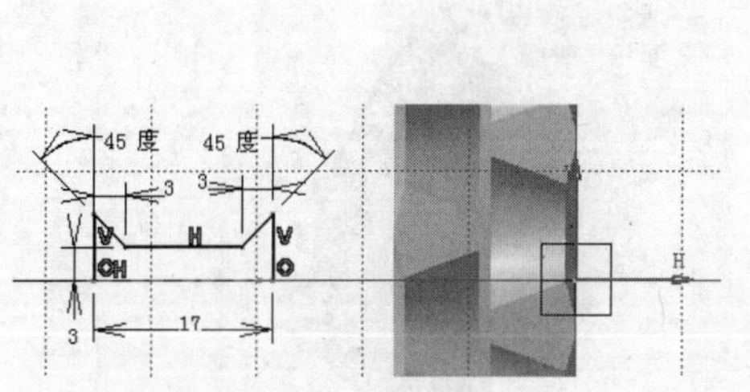

图 15-71 铆钉旋转体草图

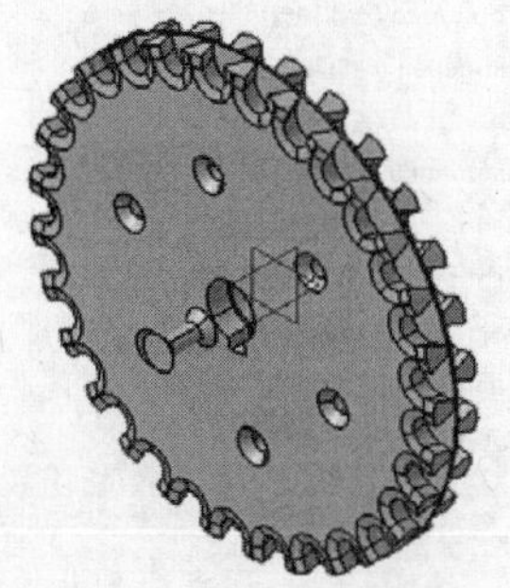
图 15-72 铆钉旋转体

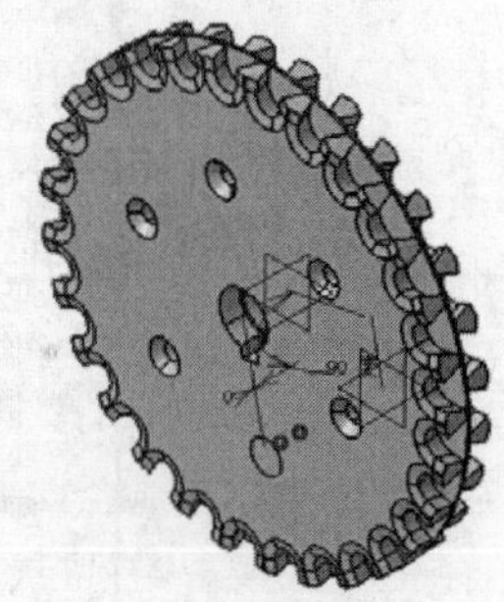
图 15-73 铆钉装配

5）重复使用阵列装配铆钉。使用重复使用阵列命令装配铆钉，“重复使用阵列定义”对话框的参数设置如图 15-74 所示，单击“确定”按钮，如图 15-75 所示。

6）转子装配设计完成，如图 15-76 所示。由于篇幅所限，排种器后续的装配过程不再详述。

15.2.3 右壳体装配

选中产品“排种器装配”，在菜单栏中，依次选择“插入”→“新建产品”选项，结构树中出现可操作的产品“Product3”，命名为“右壳体装配”。选中产品“右壳体装配”，在菜单栏中，依次选择“插入”→“现有部件”选项，弹出“选择文件”对话框，导入装配右壳体的零部件：右壳体、右护种板、种板螺钉、轴、键、轴承和轴承 1、孔卡和轴卡。在装配右壳体时，为方便操作，将转子装配隐藏，并将零部件模型调整至合适装配位置，如图 15-77 所示。

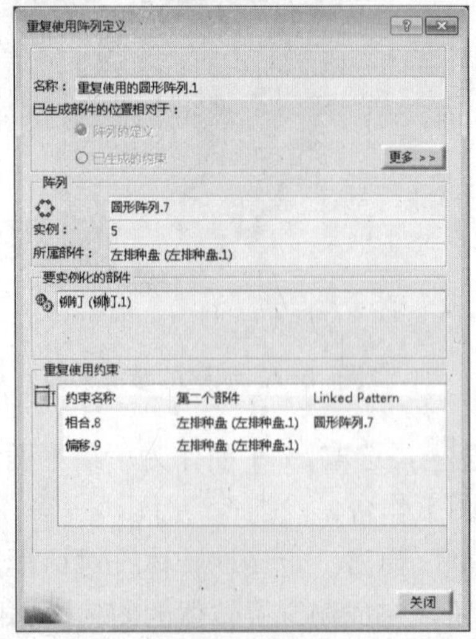

图 15-74 “重复使用阵列定义”对话框

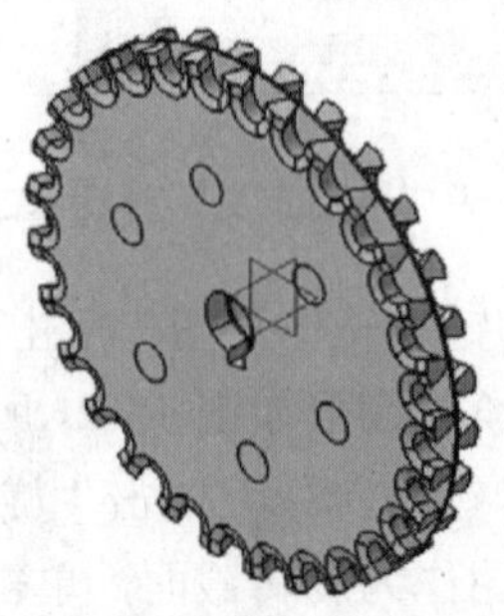

图 15-75 重复使用阵列装配铆钉

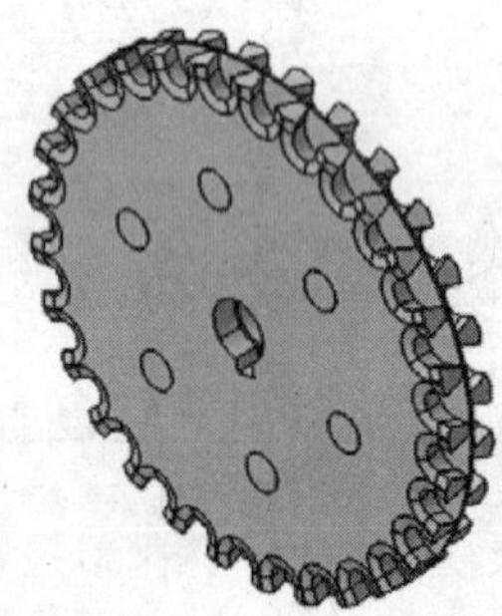

图 15-76 转子装配结构树及模型

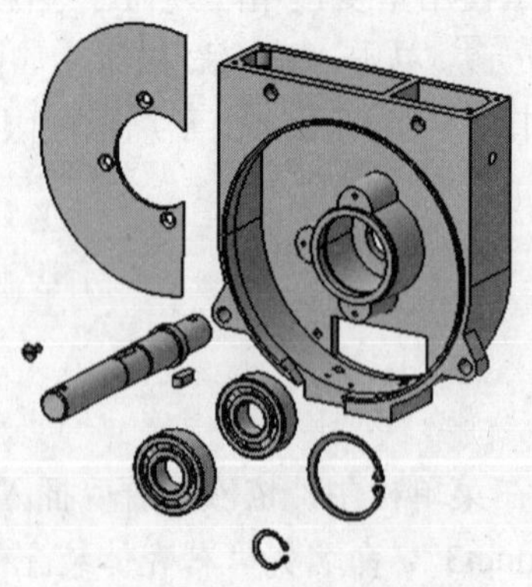

图 15-77 右壳体预装配

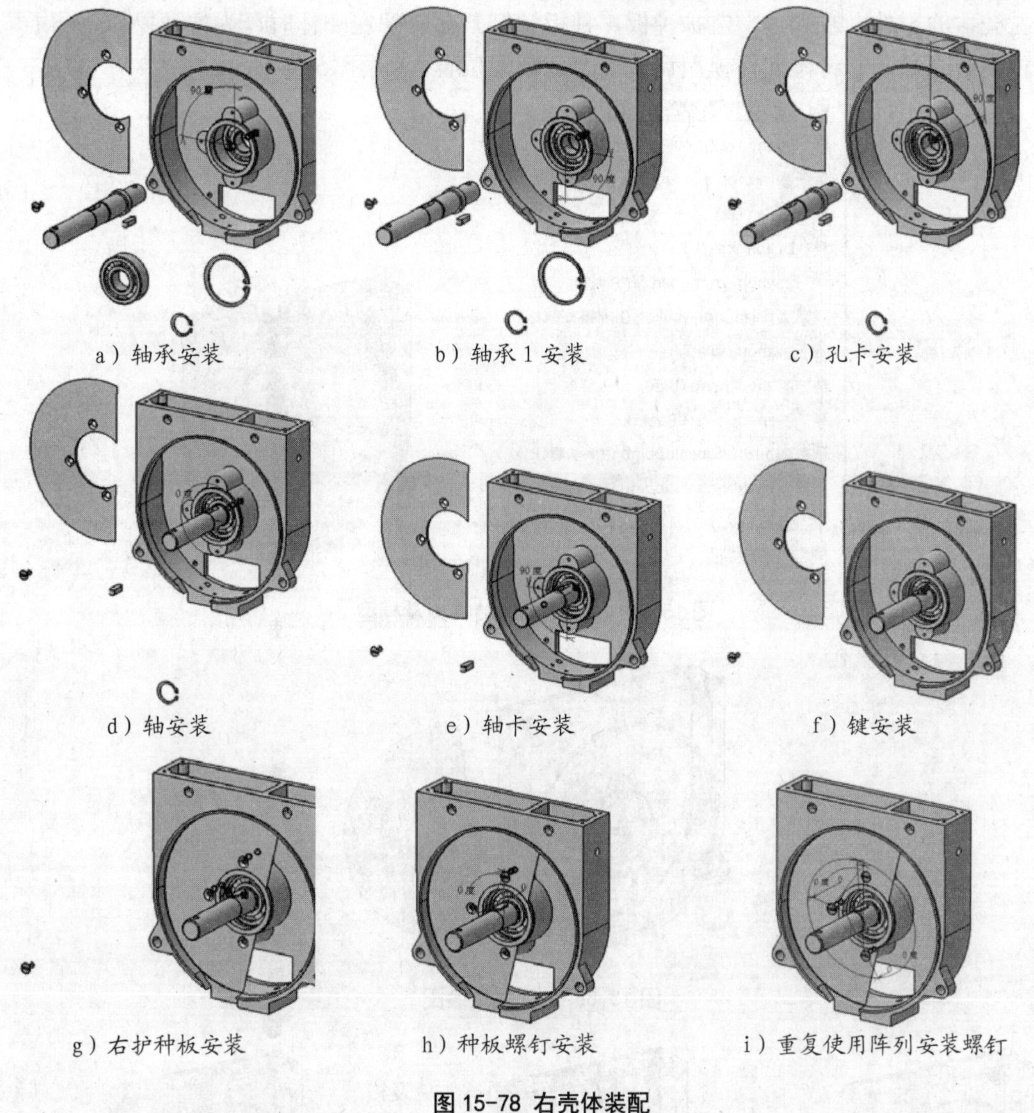

a）轴承安装　b）轴承 1 安装　c）孔卡安装

d）轴安装　e）轴卡安装　f）键安装

g）右护种板安装　h）种板螺钉安装　i）重复使用阵列安装螺钉

图 15-78 右壳体装配

1）右壳体装配流程：a. 轴承安装→b. 轴承 1 安装→c. 孔卡安装→d. 轴安装→e. 轴卡安装→f. 键安装→g. 右护种板安装→h. 种板螺钉安装→i. 重复使用阵列安装种板螺钉，如图 15-78 所示。

2）右壳体装配完成，如图 15-79 所示。

15.2.4 左壳体装配

选中产品“排种器装配”，在菜单栏中，依次选择“插入”→“新建产品”选项，结构树中出现可操作的产品“Product4”，命名为“左壳体装配”。选中“左壳体装配”，在菜单栏中，依次选择“插入”→“现有部件”选项，弹出“选择文件”对话框，导入装配左壳体的零件：左壳体、左护种板、种板螺钉。在装配左壳体时，为方便操作，将右壳体装配隐藏，并将零部件模型调整至合适装配位置，如图 15-80 所示。

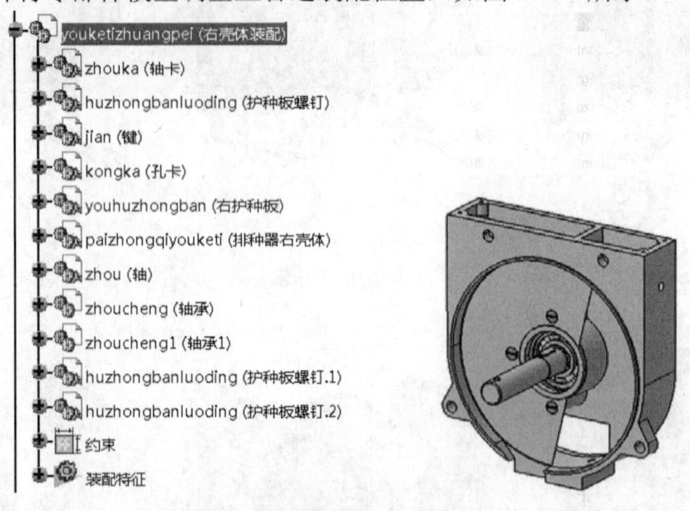

图 15-79 右壳体装配结构树及模型

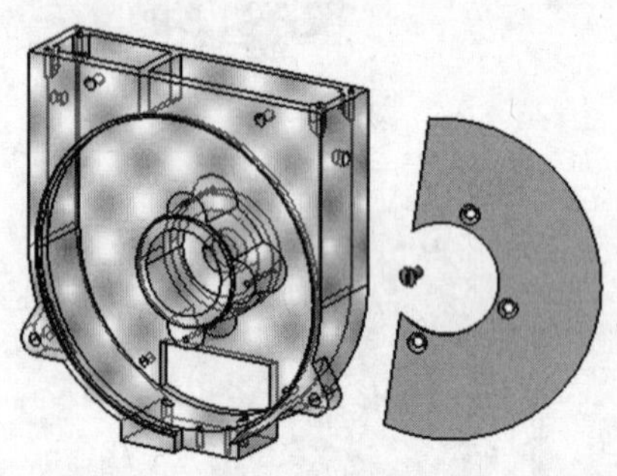

图 15-80 左壳体预装配

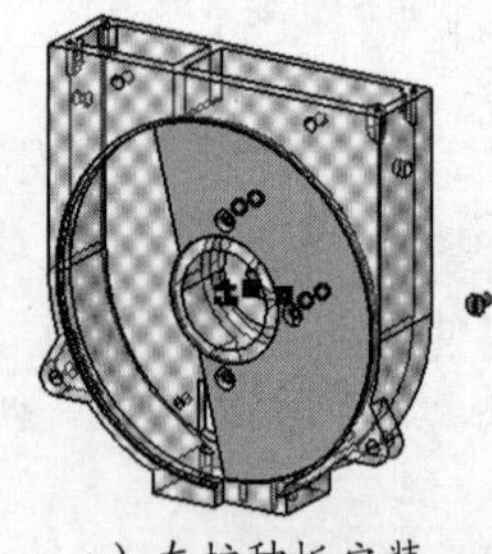

a）左护种板安装

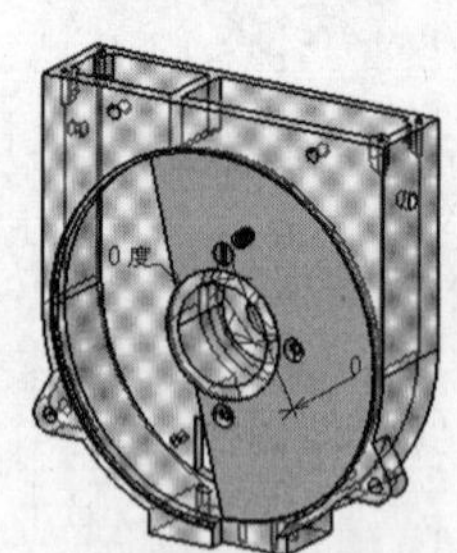

b）种板螺钉安装

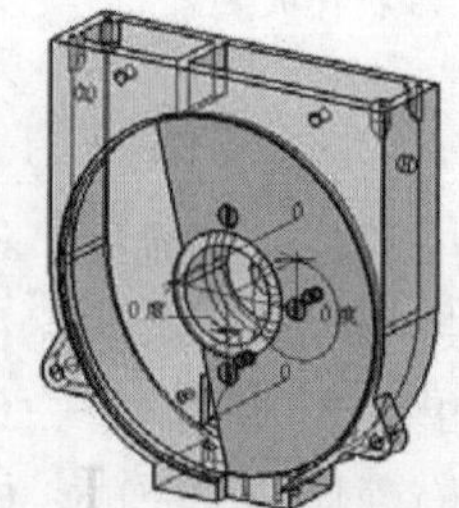

c）重复使用阵列安装种板螺钉

图 15-81 左壳体装配

1）左壳体装配流程：a. 左护种板安装→b. 种板螺钉安装→c. 重复使用阵列安装种板螺钉，如图 15-81 所示。

2）左壳体装配完成，如图 15-82 所示。

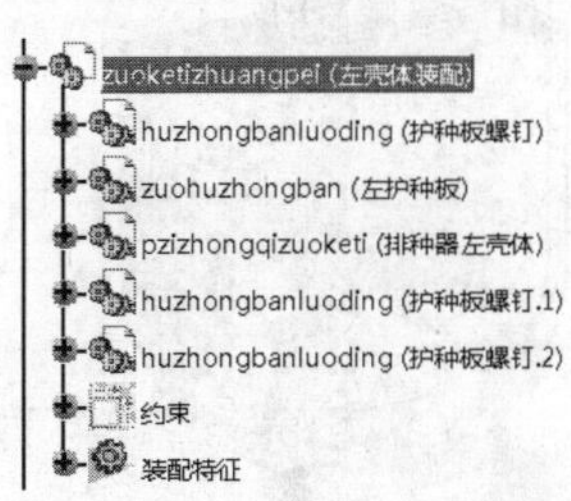

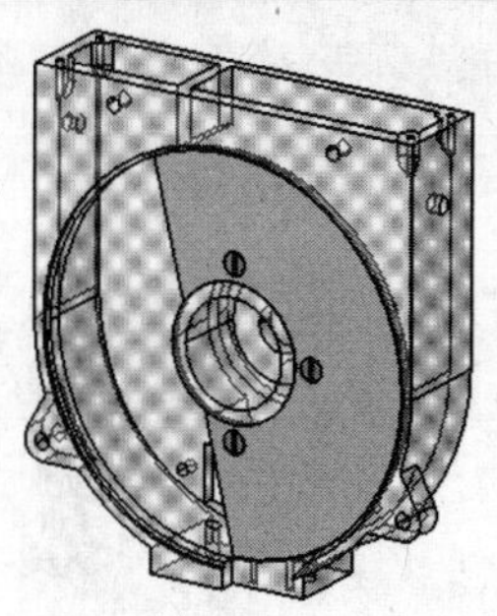

图 15-82 左壳体装配结构树及模型

15.2.5 排种器总装装配

在结构树中双击“排种器装配”，切换至排种器总装装配所在的装配工作台，将隐藏的转子装配和右壳体装配显示。使用指南针将子装配调整至合适的装配位置，如图 15-83 所示。

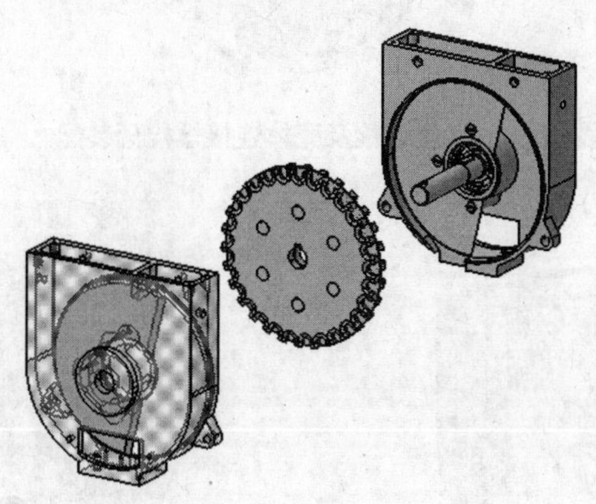

图 15-83 排种器总装预装配

排种器总装装配流程：a. 转子装配安装到右壳体装配→b. 左壳体装配安装到右壳体装配，如图 15-84 所示。

15.2.6 耳座螺栓及壳体连接螺栓装配

选中产品“排种器装配”，在菜单栏中，依次选择“插入”→“现有部件”选项，弹出“选择文件”对话框，导入耳座螺栓和壳体连接螺栓，使用指南针将零部件调整至合适的装配位置，如图 15-85 所示。

螺栓装配流程：a. 耳座螺栓安装→b. 耳座螺栓 1 安装→c. 壳体连接螺栓安装→d. 壳体连接螺栓 1 安装，如图 15-86 所示。

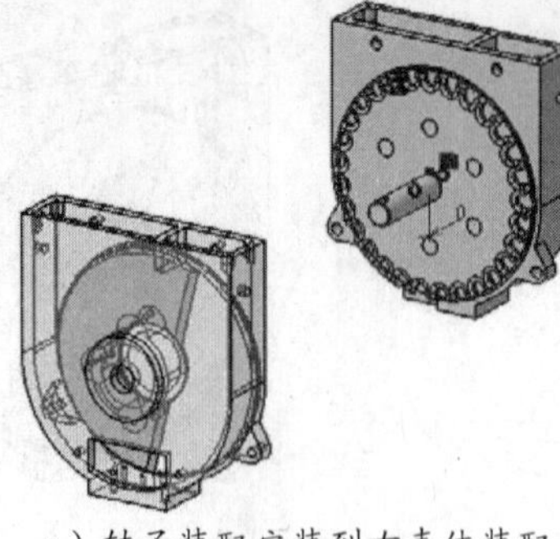

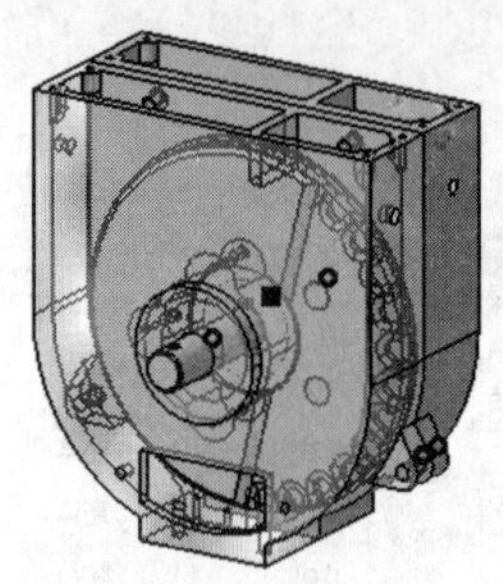

a）转子装配安装到右壳体装配　　b）左壳体装配安装到右壳体装配

图 15-84 排种器总装

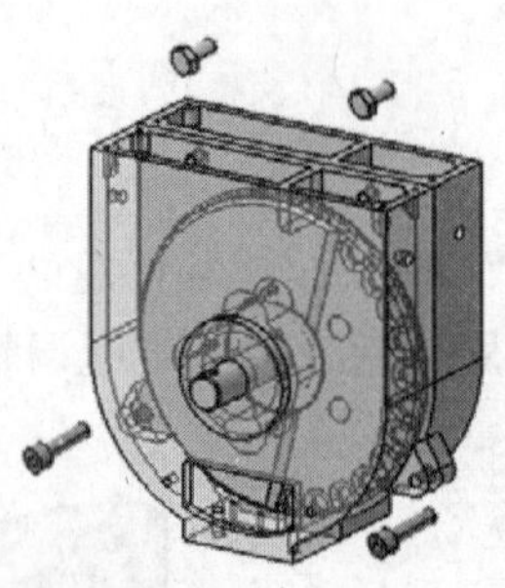

图 15-85 耳座螺栓及壳体连接螺栓预装配

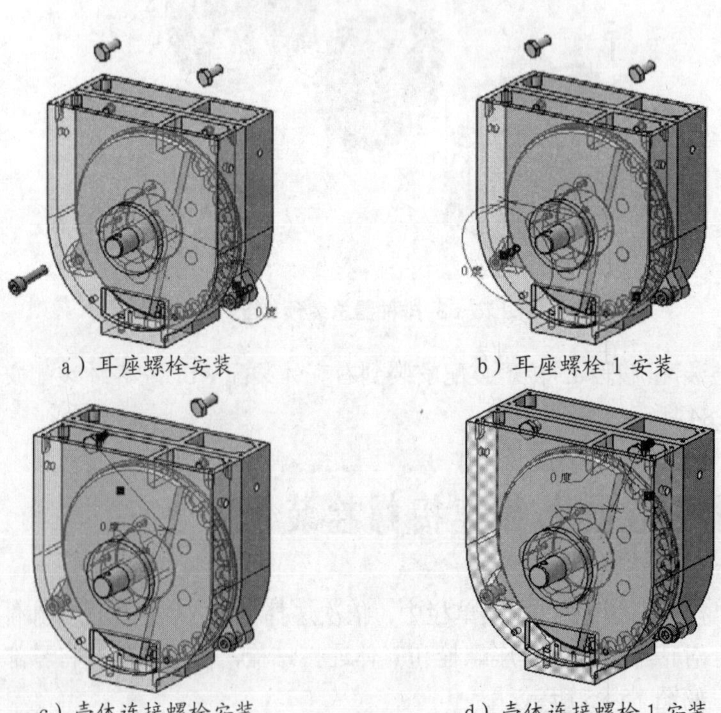

a）耳座螺栓安装　　b）耳座螺栓 1 安装

c）壳体连接螺栓安装　　d）壳体连接螺栓 1 安装

图 15-86 螺栓装配

15.2.7 保 存

排种器装配设计完成，如图 15-87 所示，将文件保存在指定路径。

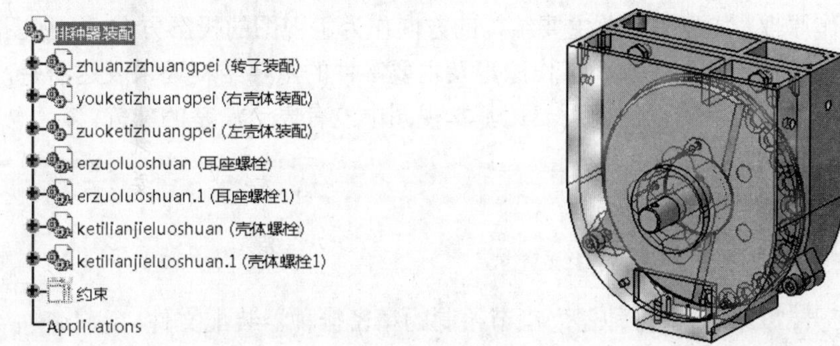

图 15-87 排种器装配结构树及模型

15.3 精密排种器装配图

15.3.1 图 形 分 析

装配图是表达机器或部件的工作原理、装配关系、传动路线、连接方式及零件的基本结构的图纸。装配图和零件图一样，是生产和科研中的重要技术文件之一。一张装配图应包括下列内容：

1）一组视图：用以表达机器或部件的工作原理、装配关系、传动路线、连接方式及零件的基本结构。

2）必要的尺寸：用以表示机器或部件的性能、规格、外形大小及装配、检验、安装所需的尺寸。

3）技术要求：用符号或文字注写的机器或部件在装配、检验、调试和使用等方面的要求、规则和说明等。

4）零件的序号和明细栏：组成机器或部件的每一种零件（结构形状、尺寸规格及材料完全相同的为一种零件），在装配图上，必须按一定的顺序编上序号，并编制出明细栏。明细栏中注明各种零件的序号、代号、名称、数量、材料、重量、备注等内容，以便读图、图纸管理及进行生产准备、生产组织工作。

5）标题栏：说明机器或部件的名称、图纸代号、比例、重量及责任者的签名和日期等内容。

绘制精密排种器装配图时，必须把其工作原理、装配关系、传动路线、连接方式及其零件的主要结构等了解清楚，作深入的分析和研究，才能确定出较为合理的表达方案。

应使所选的每一个视图都有其表达的重点内容，具有独立存在的意义。

因此，以精密排种器的工作原理为线索，从装配干线入手，将精密排种器按其在机器中的工作位置安放，以便了解与其他机器的装配关系。位置确定以后，用主视图及一个全剖视图来表达对部件功能起决定作用的主要装配干线，选择能较全面、明显地反映其主要工作原理、装配关系及主要结构的方向作为主视图的投影方向。主视图确定之后，若还有带全局性的装配关系、工作原理及主要零件的主要结构还未表达清楚，应选择其他基本视图来表达，辅以剖视图表达基本视图中没有表达清楚的部分。

15.3.2 生成基础视图

1）打开“15.2 精密排种器”小节绘制的精密排种器装配文件。

2）启动 CATIA 工程制图工作台。创建一张符合“GB”制图标准，幅面为“A2 ISO”的图纸。

3）创建主视图。在菜单栏中，依次选择“插入”→“视图”→“投影”→“正视图”选项。完成主视图的创建，结果如图 15-88 所示。

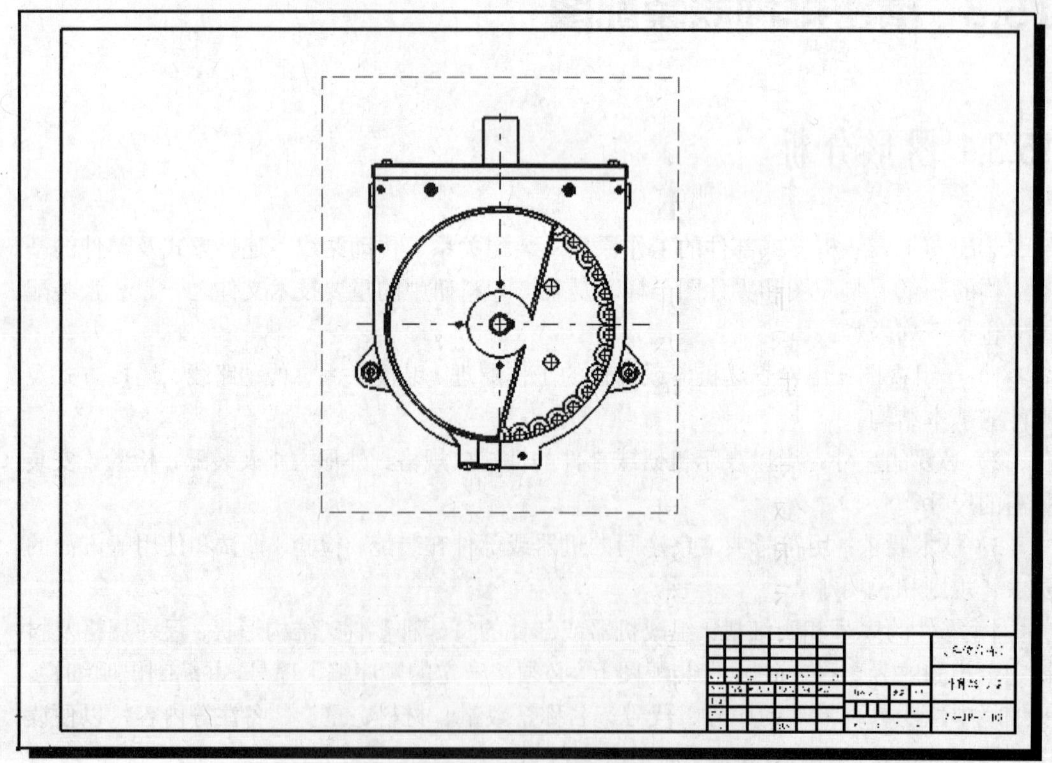

图 15-88 创建主视图

4）生成剖视图。在图纸树中双击“正视图”视图选项，或在绘图区中右键单击“正视图”视图框架，在弹出的快捷菜单中选择“激活视图”命令。

5）在菜单栏中，依次选择“插入”→“视图”→“截面”→“偏移剖视图”选项，或在“视图”→“截面”工具栏中直接单击“偏移剖视图”按钮。

6）移动光标至主视图左侧合适位置处，单击用以生成全剖视图。生成其余两处全剖视图并放置至适当位置，结果如图 15-89 所示。

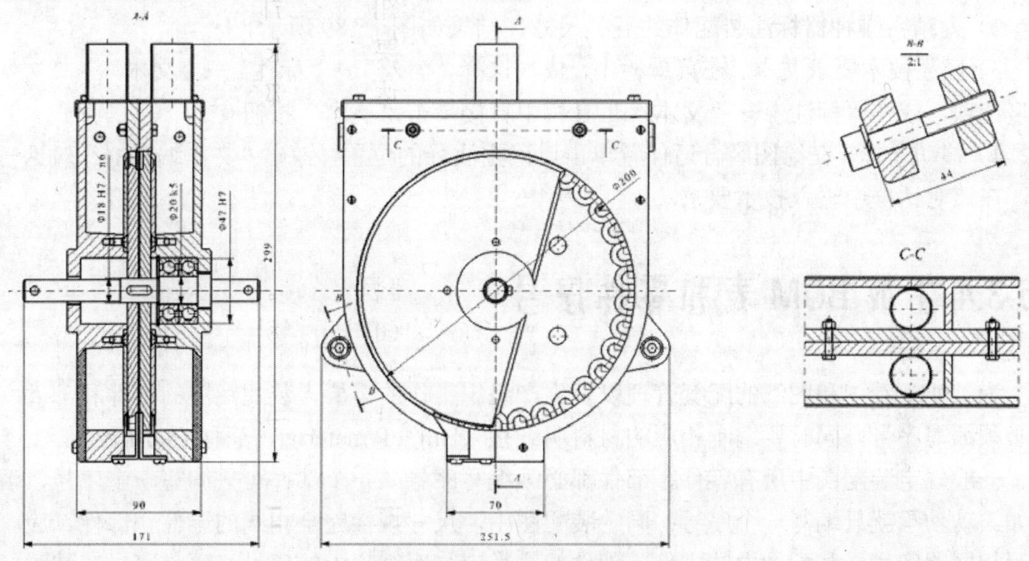

图 15-89 生成剖视图

15.3.3 标注尺寸及技术要求

装配图与零件图不同，不是用来直接指导零件生产的，不需要注出每一个零件的全部尺寸，一般仅标注出下列几类尺寸：

1）特性、规格尺寸：表示装配体的性能、规格或特征的尺寸。它常常是设计或选择使用装配体的依据。

2）装配尺寸：表示装配体各零件之间装配关系的尺寸，它包括配合尺寸（表示零件配合性质的尺寸）和相对位置尺寸（表示零件间比较重要的相对位置尺寸）。

3）安装尺寸：表示装配体安装时所需要的尺寸。

4）外形尺寸：表示装配体的外形轮廓尺寸，如总长、总宽、总高等。

5）其他重要尺寸 ：经计算或选定的不能包括在上述几类尺寸中的重要尺寸。

上述几类尺寸，并非在每一张装配图上都必须注全，应根据装配体的具体情况而定。

装配图中的技术要求，一般可从以下几个方面来考虑：

1）装配体装配后应达到的性能要求。

2）装配体在装配过程中应注意的事项及特殊加工要求。

3）检验、试验方面的要求。

4）使用要求。

与装配图中的尺寸标注一样，不是上述内容在每一张图上都要注全，而是根据装配体的需要来确定。技术要求一般注写在明细栏的上方或图纸下部空白处，如果内容很多，也可另外编写成技术文件作为图纸的附件。

1）智能标注尺寸。在菜单栏中，依次选择“插入”→“尺寸标注”→“尺寸”→“尺寸”选项，或在“尺寸标注”→“尺寸”工具栏中直接单击“尺寸”命令按钮。

2）为精密排种器标注装配体的五类尺寸，结果如图 15-89 所示。

3）标注技术要求文本。在菜单栏中，依次选择“插入”→“标注”→“文本”→“文本”选项，或在“标注”→“文本”工具栏中直接单击“文本”按钮 T。

4）移动光标，在绘图区合适位置单击以确定注释的位置，弹出“文本编辑器”对话框，在该对话框中输入技术要求。

15.3.4 生成 BOM 表和零件序号

为了便于看图和图纸的配套管理以及生产组织工作的需要，装配图中的零件和部件都必须编写序号，同时要编制相应的材料明细栏（Bill of material，简称 BOM 表）。

一般规定装配图中所有零件、部件都必须编写序号。一个部件可只编写一个序号，例如滚动轴承就只编写一个序号；同一装配图中，尺寸规格完全相同的零件、部件，应编写相同的序号。装配图中的零件、部件的序号应与明细栏中的序号一致。序号在装配图周围按水平或垂直方向排列整齐，序号数字可按顺时针或逆时针方向依次增大，以便查找。在一个视图上无法连续编完全部所需序号时，可在其他视图上按上述原则继续编写。

标注一个完整的序号，一般应有三个部分：指引线、水平线（或圆圈）及序号数字，也可以不画水平线或圆圈，如图 15-90 所示。

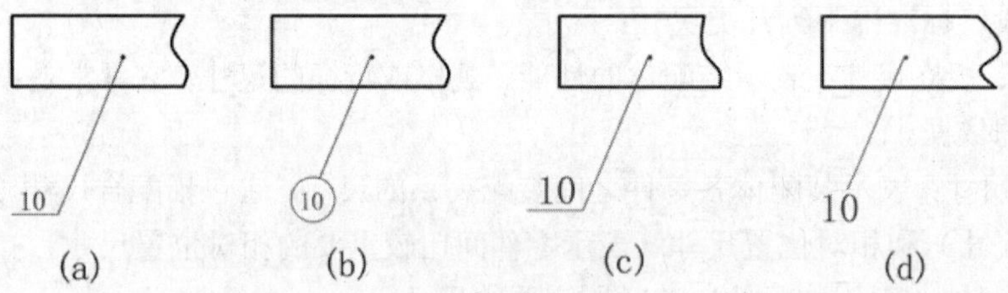

图 15-90 序号格式

装配图中的明细栏一般应紧接在标题栏上方绘制。若标题栏上方位置不够时，其余部分可画在标题栏的左方。当明细栏直接绘制在装配图中时，其格式和尺寸如图 15-91 所示。

传统的手工绘图当中，明细栏中的序号一般按自下而上的顺序填写，以便发现有漏编的零件时，可继续向上填补。CAD 绘图时也可以遵循此习惯。明细栏中的序号应与装配图上的编号一致。代号栏用来注写图纸中相应组成部分的图纸代号或标准号。备注栏中，一般填写该项的附加说明或其他有关内容。如分区代号、常用件的主要参数，如齿轮的模数、齿数，弹簧的内径或外径、簧丝直径、有效圈数、自由长度等。螺栓、螺母、垫圈、键、销等标准件，其标记通常分两部分填入明细栏中。将标准代号填入代号栏内，其余规格尺寸等填在名称栏内。

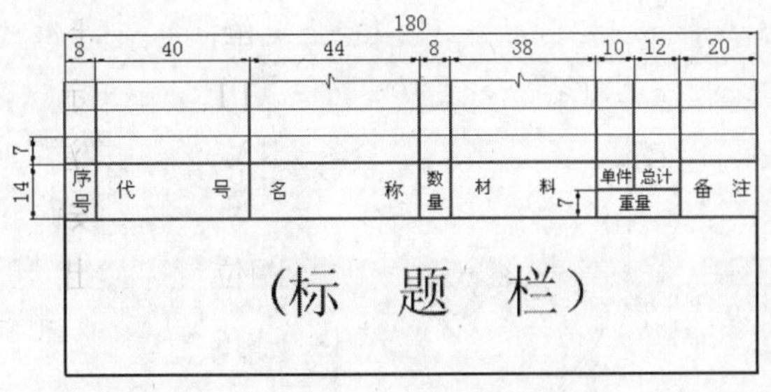

图 15-91 明细栏格式

在 CATIA 中提供了专门的工具来添加装配件的明细栏，但其前提是要先在三维装配中对明细栏进行定义，并且要同时打开二维工程图。用户可以在任何视图（包括图纸背景）中创建物料清单。

1）在三维图中选中需要添加的零件，右键单击选择属性。在“产品”选项卡中选择“定义其他属性…”，在弹出的对话框中单击选择需要定义的属性。

2）在菜单栏中，依次选择“分析”→“物料清单…”选项，定义明细栏的格式及内容。单击对话框中的“定义格式”按钮，定义物料清单列表的格式。

3）定义完毕后，切换到二维图窗口，在菜单栏中，依次选择“插入”→“生成”→“物料清单”选项，或单击相应的工具栏，则自动在二维图中添加明细栏，指定明细栏的位置。

4）单击“生成零件序号”，在活动视图中生成与物料清单中编号相对应的零件序号。显示的编号与高级物料清单中生成的编号相同，结果如图 15-92 所示。

13		螺钉 M5x12	8	8.8级			GB/T 65-2000
12		弹簧垫圈 8	2	65Mn			GB/T 93-1987
11		内六角螺钉 M8x45	2	65Mn			GB/T 70.1-2008
10	2B-JP-FL03.04	右壳体装配	1				
9		平垫圈 5	2	65Mn			GB/T 93-1987
8		螺母 M5	2	8级			GB/T 6170-2000
7		螺栓 M5x25	2	8.8级			GB/T 5782-2000
6	2B-JP-FL03.03	上盖焊合	1				
5	2B-JP-FL03.02	左壳体装配	1				
4		键 6×18	1	45			GB/T 1096-2003
3	2B-JP-FL03.01	转子装配	1				
2	2B-JP-FL03-02	右线弹舌	1	弹簧钢			
1	2B-JP-FL03-01	左线弹舌	1	弹簧钢			
序号	代号	名称	数量	材料	单件	总计	备注
					重量		

图 15-92 生成明细表及序号

5）填写标题栏，结果如图 15-93 所示。

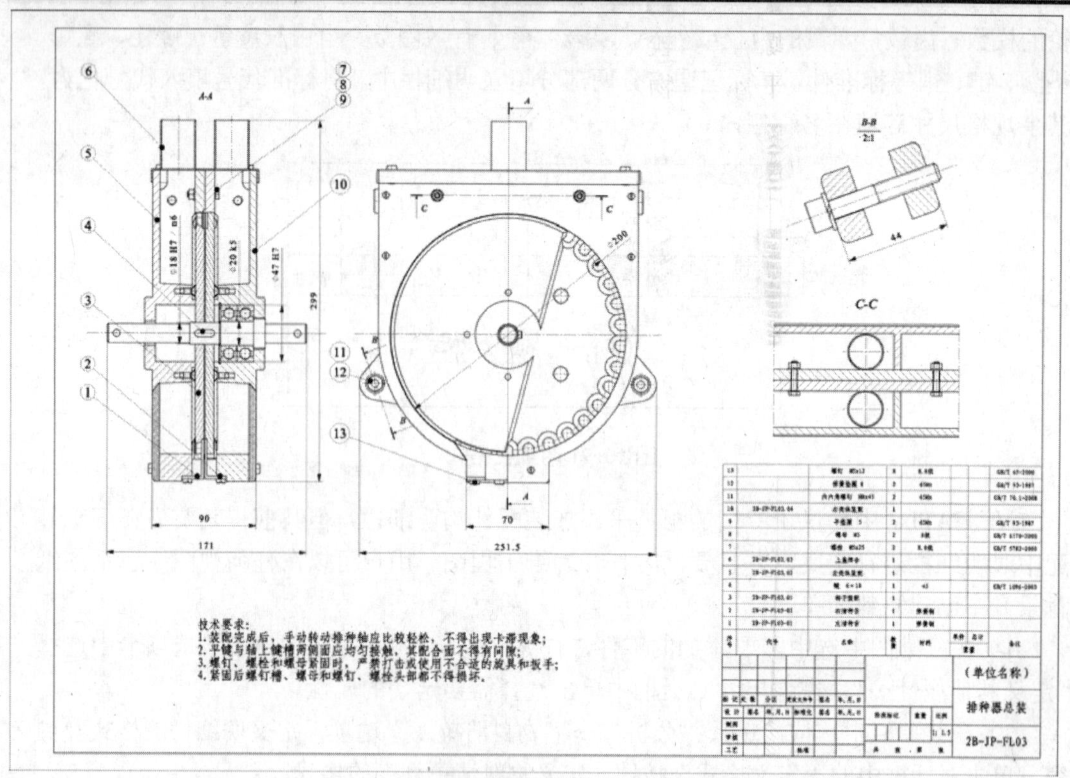

图 15-93 填写标题栏

15.4 小结

本章的主要内容为 CATIA 产品设计实例。通过深沟球轴承、精密排种器两个完整产品的设计过程，使读者熟悉 CATIA 装配设计的基本流程。在产品设计的过程中，善于借用和关联不同零部件之间的造型参数，可提高设计的效率和可靠性。本章是本书的最后一章，限于篇幅，简化了较多内容，在学习时每个实例应亲自实践，作为本书所学知识的复习和检验。

15.5 思考题

千斤顶是一种顶升重物的设备，主要用于厂矿、交通运输等行业作为车辆修理及其他起重、支撑等工作。如图 15-944 所示是一种简单千斤顶的轴测图和零件图，工作时，用可调节力臂长度的绞杠带动螺旋杆在螺套中做旋转运动，螺旋作用使螺旋杆上升，装在螺旋杆头部的顶垫顶起重物。骑缝安装的螺钉 M10 阻止螺套回转，顶垫与螺旋杆头部以球面接触，其内径与螺旋杆有较大间隙，既可减小摩擦力不使顶垫随同螺旋杆回转，又可自调心，使顶垫上平面与重物贴平。螺钉 M8 可防止顶垫脱出。

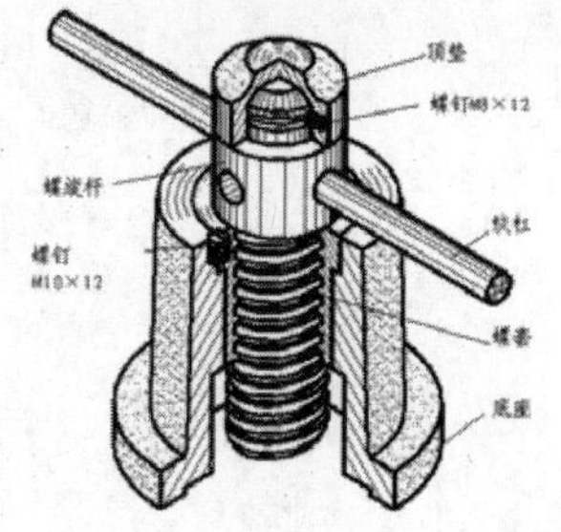

7	顶垫	1	35	
6	螺钉 M8×12	1		GB/T75
5	铰杠	1	Q235A	
4	螺钉M12×12	1		GB/T73
3	螺套	1	ZCuAl10Fe3	
2	螺旋杆	1	45	
1	底座	1	HT200	
序号	名　称	件数	材料	备　注

a）千斤顶结构

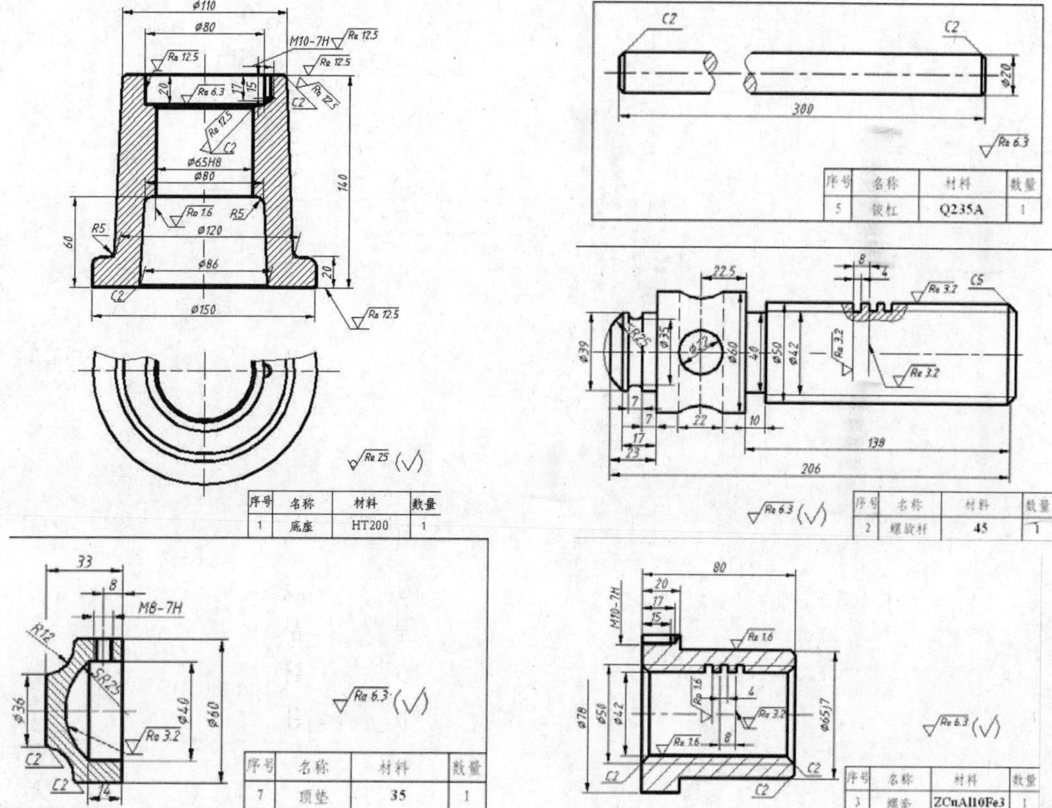

b）千斤顶零件尺寸

图 15-94 千斤顶

根据所给资料，分析各零部件的装配顺序，创建千斤顶的零件三维模型和产品装配模型，绘制千斤顶的零件图和装配图。要求模型造型准确，所绘制的工程图应尽量符合国家标准，比例和图纸幅面选择恰当。如果你在绘制过程中发现任何问题，请写出来，并提出你的解决方案。